“十四五”高等职业教育计算机类新形态一体化教材

VMware 虚拟化技术

（第 3 版）

刘海燕◎主　编
张祎萍◎副主编

中国铁道出版社有限公司
CHINA RAILWAY PUBLISHING HOUSE CO., LTD.

内容简介

本书旨在引导读者掌握服务器虚拟化平台的部署与运维技能。全书共十一章，包括虚拟化技术简介、VMware Workstation 的安装与使用、VMware ESXi 的安装与管理、VMware vCenter Server 的部署与应用、vSphere 网络的管理与使用、vSphere 存储的配置与使用、虚拟机迁移、vSphere 资源管理、vSphere 可用性、VMware vCenter Converter 的部署与应用、VMware vSphere Replication 的部署与应用、项目综合实训等。

本书结构清晰，内容循序渐进，实践性强，并配有丰富的实验内容，有助于读者在理论学习的同时，通过实践操作加深理解。

本书适用面广，符合高等职业院校信息技术类新专业需求，可作为高等职业院校云计算技术应用专业的虚拟化技术课程教材，也可供计算机网络技术、计算机应用技术等专业相关课程使用。

图书在版编目（CIP）数据

VMware 虚拟化技术 / 刘海燕主编. -- 3 版.
北京：中国铁道出版社有限公司，2024. 12. --（“十四五”高等职业教育计算机类新形态一体化教材）.
ISBN 978-7-113-31495-8
Ⅰ. TP317
中国国家版本馆 CIP 数据核字第 2024DJ0369 号

书　　名：VMware 虚拟化技术
作　　者：刘海燕

策　　划：翟玉峰　　　　编辑部电话：(010) 51873135
责任编辑：翟玉峰　徐盼欣
封面设计：尚明龙
封面制作：刘　颖
责任校对：刘　畅
责任印制：赵星辰

出版发行：中国铁道出版社有限公司（100054，北京市西城区右安门西街 8 号）
网　　址：https://www.tdpress.com/51eds
印　　刷：天津嘉恒印务有限公司
版　　次：2017 年 8 月第 1 版　2024 年 12 月第 3 版　2024 年 12 月第 1 次印刷
开　　本：787 mm×1 092 mm　1/16　印张：23　字数：544 千
书　　号：ISBN 978-7-113-31495-8
定　　价：59.80 元

前 言

随着云计算技术的飞速发展，作为云计算关键技术之一的虚拟化技术也变得越来越重要。虚拟化技术发展至今，在技术上已经非常成熟。很多虚拟化厂商推出了自己的产品，如 VMware vSphere、Microsoft Hyper-V、RedHat KVM、Citrix Xen 等。在企业级虚拟化市场上，VMware vSphere 占据了很重要的地位。VMware vSphere 8.0 涵盖的内容非常广泛，包括 VMware ESXi 主机的搭建、vCenter Server 的部署、vSphere HA 和 DRS 的使用等。

本书为《VMware 虚拟化技术》第二版的升级，在以下三方面进行了修订：

（1）在内容方面，增加了虚拟化技术简介一章；在 VMware Workstation 的安装与使用一章中增加了使用 OVF 部署虚拟机的内容；在 VMware ESXi 的安装与管理一章中增加了 VMware Host Client 的使用和升级其他版本至 ESXi 8.0 的内容；在 VMware vCenter Server 的部署与应用一章中，增加了升级其他版本至 vCenter Server 8.0 的内容，增加了使用 VMware Appliance Management Administration 管理 vCenter Server 的内容；在 vSphere 存储的配置与使用一章中，增加了安装配置 NFS 和 iSCSI 存储服务的操作内容；在 vSphere 资源管理这一章中，调整了整章的内容，增加了实操内容；在 vSphere 可用性一章中，增加了配置使用 vSphere FT 的操作内容；VMware vSphere Replication 部署与应用的内容替换掉了 VMware vSphere Data Protection 的内容；在项目综合实训一章中，修改了企业案例，增加了项目评价。

（2）在软件版本方面，VMware Workstation 版本从 14 升级为 16；紧跟 VMware 虚拟化技术的发展，VMware vSphere 的版本从 6.7 升级为 8.0。

（3）在学生实训方面，在每章增加了实践能力训练，包括实训目的、实训内容和实训环境。

本书共 12 章，从内容组织上看，主要包括虚拟化的理论基础、虚拟化平台的部署与安装、操作管理、运维管理、项目实训五部分的内容。

第 1 章为虚拟化理论基础部分，主要介绍了虚拟化技术的定义、重要概念、核心作用和 VMware vSphere 虚拟化架构以及 VMware vSphere 主要的组件等内容。

第 2~4 章为虚拟化平台的部署与安装，主要介绍了 VMware Workstation Pro 的安装与基本配置，VMware ESXi 的安装与配置以及使用 VMware Host Client 管理 VMware ESXi 的方法，VMware vCenter Server 的安装及虚拟机管理等内容，主要目的是搭建 vSphere 虚拟化平台为后续操作提供基础平台环境。

第 5~9 章为操作管理部分，主要介绍了 vSphere 标准交换机、vSphere 分布式交换机、vSphere 存储、vMotion、vSphere 集群、vSphere DRS、vSphere HA 和 vSphere FT 的配置与使用等内容，主要目的是实现 vSphere 虚拟化平台的管理，实现高可用性。

第 10、11 章为虚拟化平台运维管理部分，主要描述了 VMware vCenter Converter

和 VMware vSphere Replication 的部署与应用，主要目的是实现对 vSphere 虚拟化平台的运维。

第 12 章为项目实训部分，以企业案例为例，设置综合实训，完成服务器虚拟化平台的配置与运维，主要目的是巩固读者的虚拟化技能知识的应用能力，培养其规范的职业习惯。

本书具有以下主要特点：

（1）具有翔实的内容。内容结构清晰，每章均设计了思维导图；技术新颖，软件版本与 VMware vSphere 发布的较新版本一致，且涵盖了 VMware 虚拟化技术的主要组件。

（2）具有较强的实用性。每章均设置实践能力训练，逐步培养学生的动手操作能力、解决问题的能力以及独立自主的学习能力，最后通过一个项目综合实训检验学生对 VMware 虚拟化技术的掌握情况。

（3）配有丰富的数字化资源。每章的操作实验和一些不易理解的重点与难点的微课均可以通过扫描书中二维码进行观看学习；配套课程已在超星在线学习平台上线，学习者可以登录平台进行在线学习及资源下载；“示范教学包”为教师提供课程标准、授课计划、教案、PPT、案例、视频、题库、实训项目等一站式教学解决方案，授课教师可以调用本课程构建符合自身教学特色的 SPOC 课程。

本书建议学时为 64 课时，其中 20 课时的理论讲授，44 课时的实操练习。在实验环境中，建议每台计算机中都安装 VMware Workstation 虚拟机，在虚拟机中安装 ESXi 主机，以便学生能够利用实验环境进行实际操作。

本书由北京信息职业技术学院刘海燕任主编，负责第 1 章和第 3 章～第 12 章的编写工作，江西现代职业技术学院的张祎萍任副主编，负责第 2 章的编写工作。编写团队既有多年的项目研发的历练，又有一线教学经验。在本书编写过程中，参考了 VMware 公司的原版文档和一些学者的著作和论文，在此一并表示感谢！

由于编者水平有限，本书难免存在疏漏及不足之处，敬请广大读者批评指正，编者将不胜感激！

编　者

2024 年 5 月

目 录

第1章

虚拟化技术简介

虚拟化技术能够提高信息技术资源的利用率，降低信息技术开销。医疗、金融、教育、能源等行业都在应用该项技术，了解并掌握VMware虚拟化技术已经成为云计算工程师、运维工程师等相关从业人员必备的知识技能。

本章将引导读者初步了解虚拟化，讲解虚拟化的基础知识和常见的虚拟化产品，介绍行业领先的虚拟化软件VMware vSphere。

学习目标

（1）掌握虚拟化基础知识，了解常见虚拟化产品。

（2）了解VMware vSphere并掌握vSphere虚拟化架构。

（3）了解VMware vSphere的主要组件及其功能。

（4）了解VMware vSphere 8.0新增特性。

1.1 虚拟化技术概述

视频

虚拟化技术概述

1.1.1 虚拟化的定义

虚拟化是一种技术，是云计算的基础，它的含义很广泛。将任何一种形式的资源抽象成另一种形式的技术都是虚拟化，是资源的一种逻辑表示，解除了物理硬件和操作系统之间的紧耦合关系。使用虚拟化可以在一台物理服务器上模拟出多个独立的服务器运行多台虚拟机，每台虚拟机共享物理机的CPU、内存、I/O硬件资源，但逻辑上虚拟机之间是相互隔离的。

虚拟化的工作原理是直接在物理服务器硬件或主机操作系统上面插入一个精简的软件层。该软件层包含一个以动态和透明方式分配硬件资源的虚拟机监视器（虚拟化管理程序，也称Hypervisor）。多个操作系统可以同时运行在单台物理服务器上，彼此之间共享硬件资源。由于是将硬件资源（包括CPU、内存、操作系统和网络设备）封装起来，因此虚拟机可以与所有标准的x86操作系统、应用程序和设备驱动程序完全兼容，可以同时在一台物理服务器上安装运行多个操作系统和应用程序，每个操作系统和应用程序都可以在需要时访问其所需的资源。

1.1.2 虚拟化的重要概念

虚拟化的重要概念如图 1-1 所示。

Host Machine：物理硬件。

Host OS：宿主机操作系统，操作系统直接部署在物理硬件上。

Guest OS：虚拟机操作系统。

Host Machine 和 Guest Machine 的关系：使用了虚拟化技术后，一台 Guest Machine 可以同时使用多台 Host Machine 的资源；一台 Host Machine 上能够运行多台 Guest Machine。

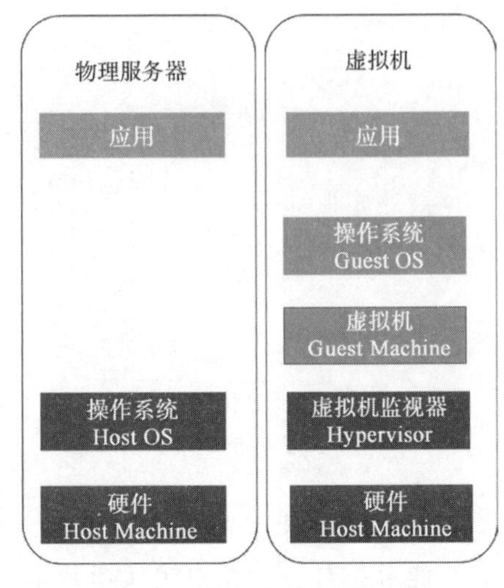

图 1-1 虚拟化的重要概念

Hypervisor/VMM（virtual machine monitor）：虚拟化软件层 / 虚拟机监视器。主要实现两个基本功能：首先是识别、捕获和响应虚拟机所发出的 CPU 特权指令或保护指令；其次是负责处理虚拟机队列和调度，并将物理硬件的处理结果返回给相应的虚拟机。也就是说，Hypervisor 将负责管理所有的资源和虚拟环境。VMM 可以看作一个为虚拟化而生的完整操作系统，掌控所有资源（CPU、内存和 I/O 设备）。

1.1.3 虚拟化技术的核心作用

1. 解除物理硬件和操作系统之间的紧耦合关系

在虚拟化前，操作系统必须与硬件紧耦合；在虚拟化后，CPU、内存、硬盘等资源抽象成共享资源池，上层操作系统与硬件解耦，操作系统从资源池中分配资源。

2. 提高资源的利用率

在虚拟化中，可以把一个物理的服务器虚拟成若干独立的逻辑服务器（见图 1-2），即可以在一台服务器上部署多台虚拟机，充分利用服务器资源。

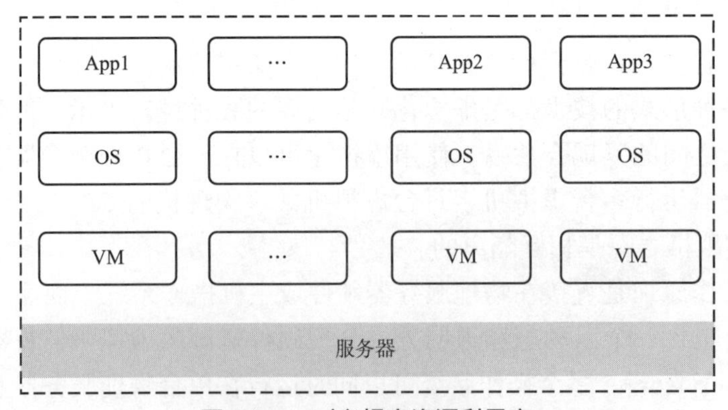

图 1-2 一对多提高资源利用率

3. 增强性能

虚拟化技术能把若干分散的物理服务器虚拟化为一个大的逻辑服务器，解决了资源不足的问题，如图 1-3 所示。

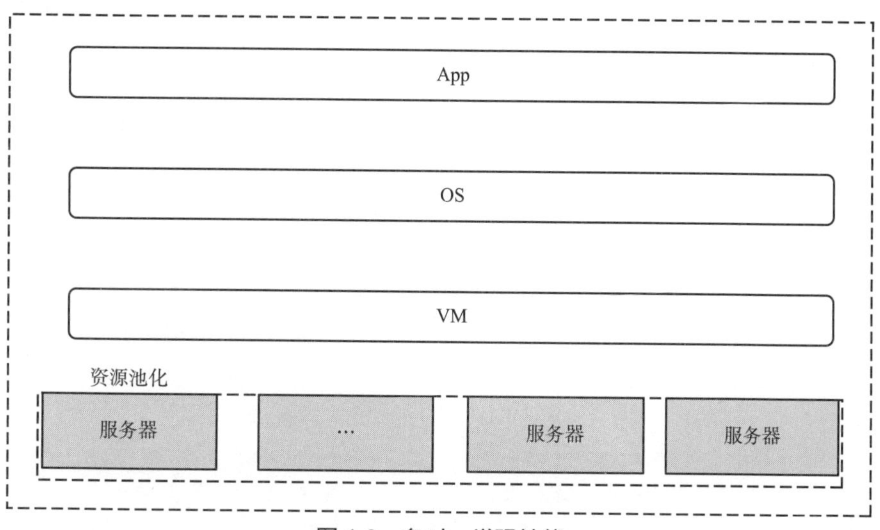

图 1-3　多对一增强性能

1.1.4　虚拟化技术的分类

虚拟化技术的分类有多种，在本书中主要依据 VMM 的位置和虚拟化的实现方法进行分类。

1. VMM 的位置分类

（1）I 型虚拟化（裸金属虚拟化）。I 型虚拟化是直接在硬件上面安装虚拟化软件，再在其上安装操作系统和应用，依赖虚拟层内核和服务器控制台进行管理。即直接把 VMM 安装在服务器硬件设备上，直接调用硬件资源，不需要底层 Host OS，创建在裸金属虚拟化上的虚拟机不要求一定使用某个类型的操作系统，所有的虚拟机和虚拟资源都由 VMM 负责统一管理并分配，如图 1-4 所示。因为直接与硬件交互，所以 I 型虚拟化提供了较好的性能和资源利用率。Xen、VMware ESXi、Huawei FusionCompute 的 CAN 以及 Hyper-v 采用 I 型虚拟化架构。

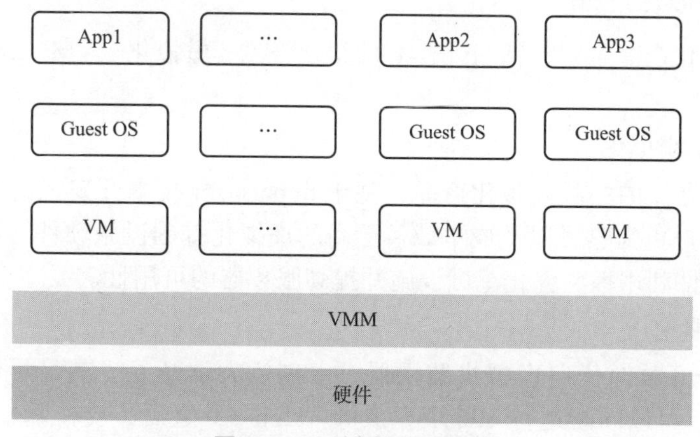

图 1-4　I 型虚拟化结构图

（2）II 型虚拟化（寄居型虚拟化）。II 型虚拟化是在宿主操作系统之上安装和运行虚拟化程序，依赖于主机操作系统对设备的支持和物理资源的管理，如图 1-5 所示。因为经过 Host OS 的翻译，所以Ⅱ型虚拟化与Ⅰ型虚拟化相比性能较弱。VMware Workstation、KVM（linux）、VirtualBox 采用Ⅱ型虚拟化架构。

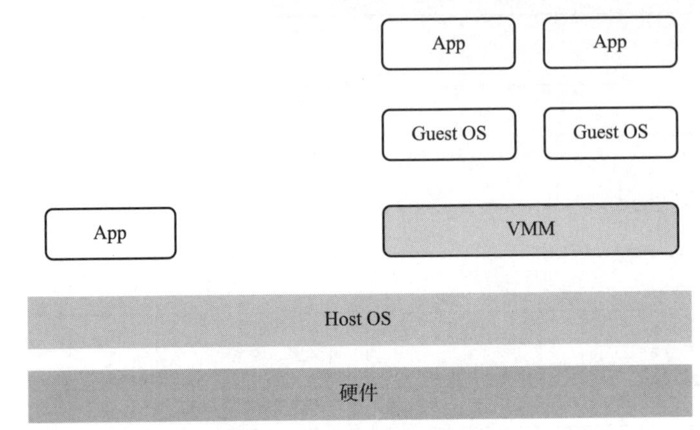

图 1-5　Ⅱ型虚拟化结构图

2. 依据虚拟化的实现方法分类

依据虚拟化的实现方法分类，虚拟化技术可以分为全虚拟化、半虚拟化和硬件辅助虚拟化，这三种虚拟化技术的说明见表 1-1。

表 1-1　全虚拟化、半虚拟化与硬件辅助虚拟化比较说明

分　类	说　明
全虚拟化	使用 VMM 实现 CPU、内存、设备 I/O 的虚拟化，而 Guest OS 和计算机系统硬件都不需要进行修改。该方式兼容性好，但会给处理器带来额外开销
半虚拟化	使用 VMM 实现 CPU 和内存虚拟化，设备 I/O 虚拟化由 Guest OS 实现。需要修改 Guest OS，使其能够与 VMM 协同工作。该方式兼容性差，但性能较好
硬件辅助虚拟化	借助硬件（主要是处理器）的支持来实现高效的全虚拟化。该方式不需要修改 Guest OS，兼容性好。该技术将逐渐消除软件虚拟化技术之间的差别，成为未来的发展趋势

1.1.5　常见虚拟化产品

常见的虚拟化产品主要包括 Hyper-V 虚拟化、Xen 虚拟化、VMware 虚拟化、KVM 虚拟化等。

1. Hyper-V 虚拟化

Hyper-V 是微软的一款虚拟化产品，基于 hypervisor 技术开发，其设计目的是为广泛的用户提供用户更为熟悉以及成本效益更高的虚拟化基础设施软件，这样可以降低运作成本、提高硬件利用率、优化基础设施并提高服务器的可用性。

2. Xen 虚拟化

Xen 是一个开放源代码虚拟机监视器，由剑桥大学开发。其最早仅支持基于 x86 平台 32 位系统，可以同时运行 100 个虚拟机。Xen 3.0 之后，支持基于 x86 平台 64 位系统。Xen 技术被业界广泛看作部署最快、性能最稳定、占用资源最少的开源虚拟化技术。

3. VMware 虚拟化

VMware 虚拟化平台基于可投入商业使用的体系结构构建。主要的虚拟化产品包括服务器虚拟化平台 VMware vSphere、网络虚拟化平台 VMware NSX、存储虚拟化产品 VMware vSAN、企业级云计算管理平台 VMware vCloud Suite、软件定义数据中心平台 VMware vCloud Foundation 虚拟桌面和应用平台 VMware Horizon 等。

4. KVM 虚拟化

KVM（kernel-based virtual machine，基于内核的虚拟机）是用于 x86 硬件上的 Linux 的完整虚拟化解决方案，是一个开源的系统虚拟化模块。KVM 虚拟化需要硬件支持（如 Intel VT 技术或者 AMD V 技术）。它由一个可加载的内核模块 kvm.ko 和一个处理器特定模块 kvm-intel.ko 或 kvm-amd.ko 组成，该模块提供核心虚拟化基础设施。

1.2　VMware vSphere 简介

视 频

VMware vSphere 简介

VMware vSphere 是 VMware 的虚拟化平台，可将数据中心转换为包括 CPU、存储和网络资源的聚合计算基础架构。VMware vSphere 可以让用户虚拟化纵向扩展和横向扩展应用、重新定义可用性和简化虚拟数据中心，最终可实现高度可用、恢复能力强的按需基础架构，是云计算环境的理想基础。这可以降低数据中心成本，增加系统和应用正常运行时间，显著简化信息技术运行数据中心的方式。

1.2.1　VMware vSphere 虚拟化架构

VMware vSphere 平台从其自身的系统架构来看，可分为三个层次：虚拟化层、管理层、接口层。vSphere 系统架构如图 1-6 所示。

1. 虚拟化层

（1）VMware vSphere 的虚拟化层是底层，包括基础架构服务和应用程序服务。

（2）基础架构服务是用来分配硬件资源的，包括计算服务、网络服务和存储服务。

（3）计算服务可提供虚拟机 CPU 和虚拟内存功能，可将不同的 x86 计算机虚拟化为 VMware 资源，使这些资源得到很好分配。

（4）网络服务是在虚拟环境中简化并增强了的网络技术集，可提供网络资源。

（5）存储服务是 VMware 在虚拟环境中高效率的存储技术，可提供存储资源。

（6）应用程序服务是针对虚拟机的，可保障虚拟机的正常运行，使虚拟机具有高可用性、安全性和可扩展性等特点。

（7）VMware 的高可用性包括 vMotion、Storage VMotion、HA、FT、Date Recovery。

（8）安全性包括 VMware vShield 和虚拟机安全，其中 VMware vShield 是专为 VMware vCenter Server 集成而构建的安全虚拟设备套件。VMware vShield 是保护虚拟化数据中心免遭攻击和误用的关键安全组件，可帮助实现合规性强制要求的目标。

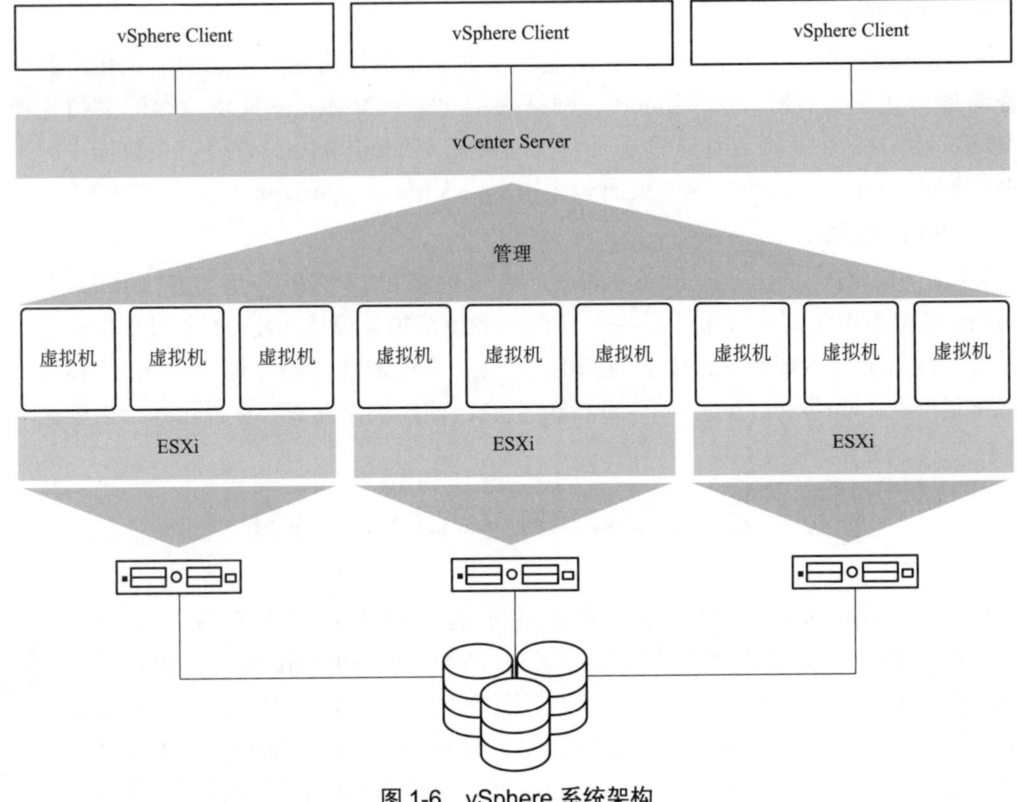

图 1-6　vSphere 系统架构

2. 管理层

管理层是非常重要的一层，是虚拟化环境的中央点。VMware vCenter Server 可提高在虚拟基础架构每个级别上的集中控制和可见性，通过主动管理发挥 vSphere 潜能，成为一个具有广泛合作伙伴体系支持的可伸缩、可扩展的平台。

3. 接口层

用户可以通过 vSphere Client 或 vSphere Web Client 客户端访问 VMware vSphere 数据中心。vSphere Client 是一个 Windows 的应用程序，用来访问虚拟平台，还可以通过命令行界面和 SDK 自动管理数据中心。

1.2.2　VMware vSphere 主要组件

vSphere 的主要组件及功能见表 1-2。

表 1-2　vSphere 主要组件及功能

组 件 名 称	组件功能描述
VMware vSphere Client	允许用户从任何 Windows PC 远程连接到 vCenter Server 或 ESXi 的界面
VMware vSphere Web Client	允许用户通过 Web 浏览的方式访问 vCenter Server 或 ESXi 的界面
VMware ESXi	VMware vSphere 核心组件之一，物理服务器上运行的虚拟化层
VMware vCenter Server	VMware vSphere 核心组件之一，可以集中管理多个 VMware ESXi 主机及其虚拟机

续表

组件名称	组件功能描述
vSphere 虚拟机文件系统（VMFS）	ESXi 虚拟机的高性能集群文件系统，使虚拟机可以访问共享存储设备（光纤通道、iSCSI 等），并且是 vMware vSphere Storage vMotion 等其他 vSphere 组件的关键促成技术
VMware Host Client	能够管理单台 ESXi 主机并在虚拟机上执行各种管理和故障排除任务
vSphere Standard Switch（VSS）	标准交换机，它是由每台 ESXi 主机虚拟出来的交换机，是连接虚拟机与物理网络的“桥梁”
vSphere Distributed Switch（VDS）	分布式交换机，以 vCenter Server 为中心创建的虚拟交换机，此虚拟交换机可以跨越多台 ESXi 主机，同时管理多台 ESXi 主机
vSphere vMotion	可以将虚拟机从一台物理服务器迁移到另一台物理服务器，同时保持零停机时间、连续的服务可用性和事务处理的完整性
VMware vSphere Storage vMotion	可以在数据存储之间迁移虚拟机文件而无须中断服务
Distributed Resource Scheduler（DRS）	分布式资源调度，通过为虚拟机收集硬件资源，动态分配和平衡计算容量
vSphere High Availability（HA）	高可用性，如果服务器出现故障，受到影响的虚拟机会在其他拥有多余容量的可用服务器上重新启动
VMware vSphere Fault Tolerance（FT）	可在发生硬件故障的情况下为所有应用提供连续可用性，不会发生任何数据丢失或停机
VMware vSphere Replication	是 VMware vCenter Server 的扩展，可以将其作为基于存储的复制的备用方案
VMware vCenter Converter	允许 IT 管理员将物理服务器和第三方虚拟机快速地转换为 VMware 虚拟机

1.2.3　VMware vSphere 8.0 新特性

VMware vSphere 8.0 是一个全新的版本，引入了许多新功能，其中最主要的新功能包括：

1. 云控制台

云控制台是 VMware vSphere 8.0 的核心升级功能之一，它融合了云计算的优势，能够管理分散的 VMware vSphere 架构。

2. 管理员服务

管理员服务通过云控制台集中对基础架构进行运维，对警示和事件进行分类、评估全局清单，还能够提供 vCenter 生命周期和配置。管理员服务能够快速更新 vCenter、维护时段较短、必要时可回滚、检测配置偏差等。

3. 附件云服务

通过云控制台可以轻松获取有关 CPU、内存和存储使用情况的详细信息，了解容量可用情况以及集群还有多长时间将耗尽容量。能够对整个环境中运行工作负载所需的容量进行优化、规模调整和自动化，并针对未来的基础架构和工作负载需求进行容量规划。

4. vSphere Distributed Services Engine

vSphere Distributed Services Engine 利用释放的 CPU 内核和更好的缓存局部性来推

动更多的工作负载流量，从而提高性能加速基础架构功能。

5. 支持 AI/ML 模型

VMware vSphere 8.0 支持复杂的 AI/ML 模型。VMware vSphere 7.0 支持四个 vGPU，VMware vSphere 8.0 支持八个 vGPU。加快模型训练速度，VMware vSphere 7.0 支持八个直通设备，VMware vSphere 8.0 支持 32 个直通设备。

6. 生命周期管理

VMware vSphere 8.0 有效缩短信息技术维护时段，维护后更快的恢复运维。同时，VMware vSphere 8.0 引入了环保指标，能够监控工作负载能耗。

7. 增强型内存监控和修复

通过将有关带宽、延迟和未命中率的内存统计数据考虑在内，从而优化工作负载布置。

8. 提供对 IaaS 的自助式访问

Cloud Consumption Interface 是一种具有直观 Web 界面的云服务，可以让 DevOps 团队轻松访问 vSphere IaaS，可用于对 Kubernetes 和云基础架构资源进行自助式访问，便于开发人员使用 API 和命令行。

9. 利用 Tanzu Kubernetes Grid 2.0 提高部署灵活性

通过可用区提高容器化工作负载的恢复能力。使用 API 驱动的集群类和 Carvel，简化 TKG 集群生命周期和软件包管理。

小　结

虚拟化技术把有限的固定的资源根据不同需求进行重新规划以达到最大利用率。本章主要介绍了虚拟化技术的定义、重要概念、核心作用和分类；重点介绍了 vMware vSphere 虚拟化的体系架构，并对该架构的每一层进行了详细描述；简单介绍了 vSphere 的组件及其功能以及 vSphere 8.0 新增的特性。

本章知识技能结构如图 1-7 所示。

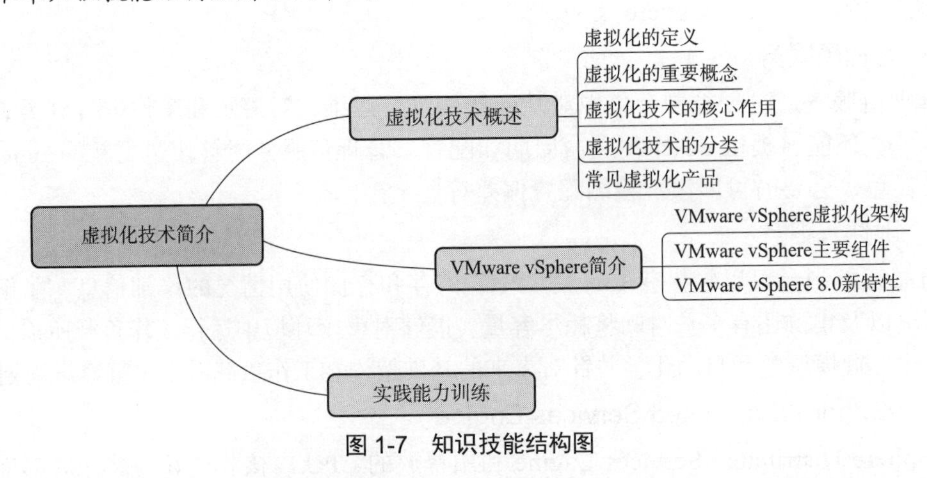

图 1-7　知识技能结构图

习　　题

（1）根据自己的理解，解释什么是虚拟化。

（2）查阅资料，简单描述物理体系结构与虚拟体系结构之间的差异。

（3）实施虚拟化有哪些意义？

（4）VMware vSphere 平台从其自身的系统架构来看，可分为三个层次：________、________、________。

（5）VMware vSphere 的两个核心组件是什么？

（6）简单描述 VMware vSphere 的组件及其功能。

实践能力训练

1. 实训目的

（1）了解虚拟化技术与云计算之间的区别与联系。

（2）了解国内的服务器虚拟化产品。

（3）了解 vSphere 的主要功能。

（4）培养学生独立自主学习能力。

2. 实训内容

（1）查阅资料了解虚拟化技术与云计算的关系。

（2）调查国内的服务器虚拟化产品。

（3）查阅资料了解 VMware vSphere 的主要功能。

3. 实训环境要求

硬件：能够联网的物理机。

第 2 章 VMware Workstation 的安装与使用

VMware Workstation（中文名“威睿工作站”）是一款功能强大的桌面虚拟计算机软件，提供用户可在单一的桌面上同时运行不同的操作系统，进行开发、测试、部署新的应用程序的最佳解决方案。对于企业的信息技术开发人员和系统管理员而言，VMware 在虚拟网络、实时快照、拖动文件等方面的特点使它成为必不可少的工具。

本章主要讲解安装 VMware Workstation Pro 的系统要求、使用 VMware Workstation 部署虚拟机的方法以及对虚拟机的一些基本操作。

学习目标

（1）掌握 VMware Workstation Pro 的安装要求及安装。

（2）掌握 VMware Workstation 虚拟机的基本操作。

（3）掌握虚拟机的四大优势。

2.1 VMware Workstation Pro 简介和系统要求

2.1.1 VMware Workstation Pro 简介

视 频

VMware Workstaion 简介

VMware Workstation Pro 是 VMware Workstation 版本号升级到 12.x 以后的名称。VMware Workstation Pro 16 是 VMware 公司推出的一款完整的虚拟化解决方案，该软件可以在一台物理计算机上创建多个虚拟机，其中每个虚拟机均独立于其他虚拟机，也独立于宿主机的操作系统。

它支持 Windows、Linux 和 macOS 等多个操作系统作为主机系统，并可以运行各种不同的客户机操作系统，如 Windows、Linux、Solaris 和 NetWare 等。此外，VMware Workstation Pro 16 的功能还包括集成的高级虚拟网络、支持最新的硬件、API 接口、快照功能以及跨平台的文件共享等。VMware Workstation Pro 16 还有各种优秀的特性，如 USB 3.0 支持、集成的 SSH 和 RESTAPI 以及连接到 vSphere 环境的多种方式。这使得用户在使用 VMware Workstation Pro 16 时拥有更大的灵活性，可以实现更丰富的功能。

2.1.2 VMware Workstation Pro 的系统要求

用于安装 VMware Workstation Pro 的物理机称为主机系统，其安装的操作系统称为主机操作系统。要运行 Workstation Pro，主机系统和主机操作系统必须满足特定的硬件和软件要求。

1. 主机系统的处理器要求

1）支持的处理器

（1）支持的主机系统：

使用 2011 年或以后发布的处理器的系统，使用以下处理器的系统除外。

①基于 2011 年 Bonnell 微架构的 Intel Atom 处理器，如 Atom Z670/Z650 和 Atom N570。

②基于 2012 年 Saltwell 微架构的 Intel Atom 处理器，如 Atom S1200、Atom D2700/D2500 和 Atom N2800/N2600。

③基于 Llano 和 Bobcat 微架构的 AMD 处理器。

（2）使用以下处理器的系统：

基于 2010 年 Westmere 微架构的 Intel 处理器，如 Xeon 5600、Xeon 3600、Core i7-970、Core i7-980 和 Core i7-990。

2）64 位客户机操作系统的处理器要求

要使支持的处理器运行 64 位客户机操作系统，主机系统必须使用具有 AMD-V 支持的 AMD CPU 或者具有 VT-x 支持的 Intel CPU。

使用了具有 VT-x 支持的 Intel CPU，必须确认已在主机系统 BIOS 中启用了 VT-x 支持。

2. 支持的主机操作系统

可以在 Windows 和 Linux 主机操作系统中安装 VMware Workstation Pro。

3. 主机系统的内存要求

（1）主机系统最少需要具有 2 GB 内存。建议具有 4 GB 或更多内存。

（2）要在虚拟机中提供 Windows 7 Aero 图形支持，至少需要 3 GB 主机系统内存。

4. 主机系统的显示要求

（1）主机系统必须具有 16 位或 32 位显示适配器。

（2）为支持 Windows 7 Aero 图形，主机系统应使用 NVIDIA GeForce 8800GT 或更高版本图形处理器，或者使用 ATI Radeon HD 2600 或更高版本图形处理器。

5. 主机系统的磁盘驱动器要求

主机系统必须满足某些磁盘驱动器要求。客户机操作系统可以驻留在物理磁盘分区或虚拟磁盘文件中。主机系统的磁盘驱动器要求见表 2-1。

表 2-1　主机系统的磁盘驱动器要求

驱动器类型	要　求
硬盘	支持 IDE、SATA、SCSI 和 NVMe 硬盘驱动器
	建议为每个客户机操作系统和其中所用的应用程序软件分配至少 1 GB 的可用磁盘空间。如果使用默认设置，则实际的磁盘空间需求大致相当于在物理机上安装 / 运行客户机操作系统及应用程序的需求
	对于基本安装，Windows 和 Linux 上应具备 1.5 GB 可用磁盘空间。可以在安装完成后删除安装程序以回收磁盘空间
CD-ROM 和 DVD 光盘驱动器	支持 IDE、SATA 和 SCSI 光驱
	支持 CD-ROM 和 DVD 驱动器
	支持 ISO 磁盘映像文件
软盘	虚拟机可以连接主机上的磁盘驱动器。另外还支持软盘磁盘映像文件

6. 主机系统的局域网络连接要求

（1）可以使用主机操作系统支持的任意以太网控制器。

（2）要提供非以太网网络支持，需要使用内置的网络地址转换（NAT）或在主机操作系统上结合使用仅主机模式网络连接与路由软件。

2.2　VMware Workstation Pro 的安装与基本配置

2.2.1　VMware Workstation Pro 的安装

（1）双击 VMware Workstation Pro 16 的安装程序，弹出“欢迎使用 VMware Workstation Pro 安装向导”界面，如图 2-1 所示，单击“下一步”按钮开始安装。

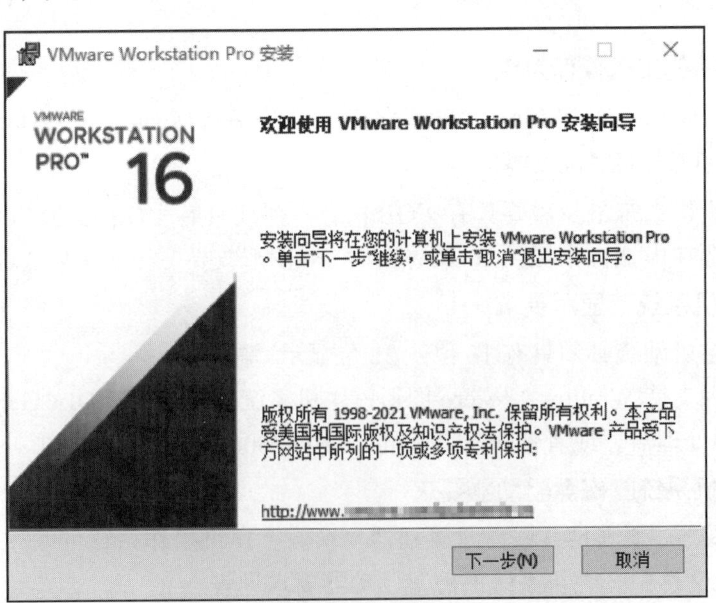

图 2-1　“欢迎使用 VMware Workstation Pro 安装向导”界面

（2）在“最终用户许可协议”界面，选中“我接受许可协议中的条款”复选框，如图 2-2 所示，单击“下一步”按钮继续安装。

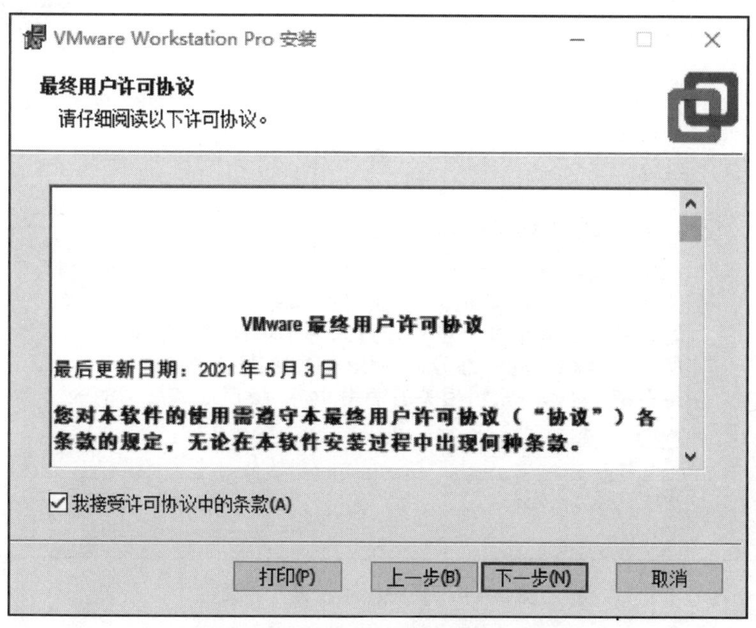

图 2-2　“最终用户许可协议”界面

（3）在“自定义安装”界面，单击“更改”按钮，选择 VMware Workstation 的安装位置，如图 2-3 所示，单击“下一步”按钮。

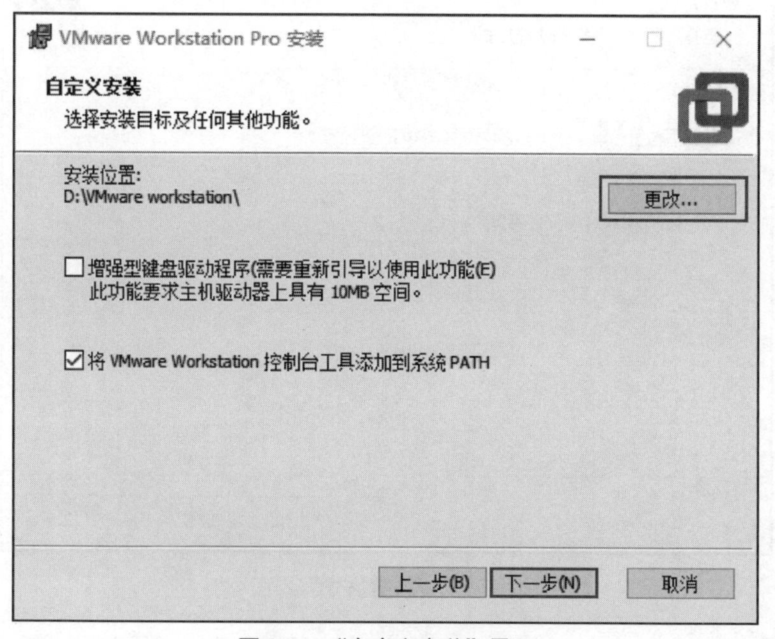

图 2-3　“自定义安装”界面

（4）在“用户体验设置”界面，勾选“启动时检查产品更新”和“加入 VMware 客户体验提升计划”复选框，如图 2-4 所示，单击“下一步”按钮。

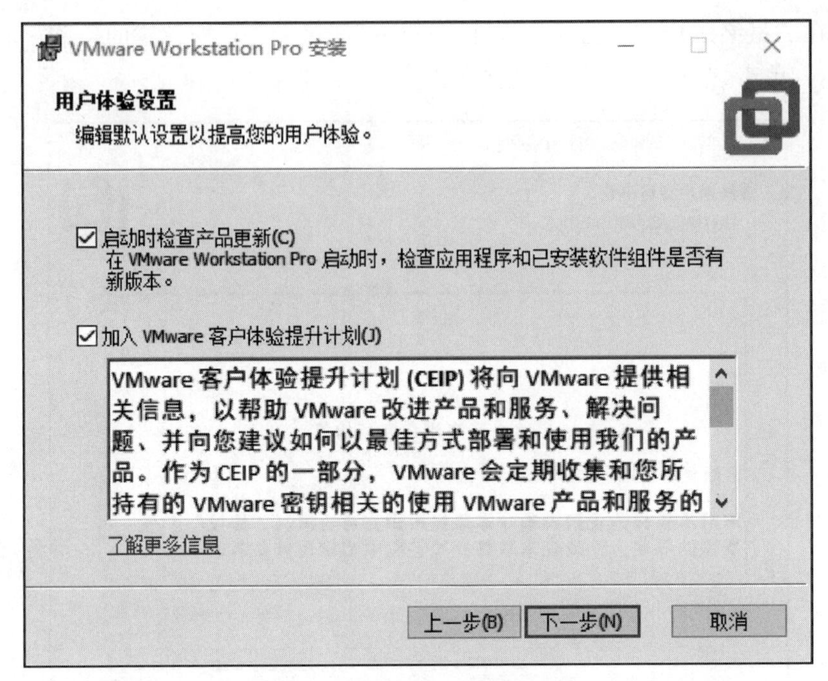

图 2-4　“用户体验设置”界面

（5）在“快捷方式”界面，选择快捷方式的存放位置，如图 2-5 所示，单击“下一步”按钮。

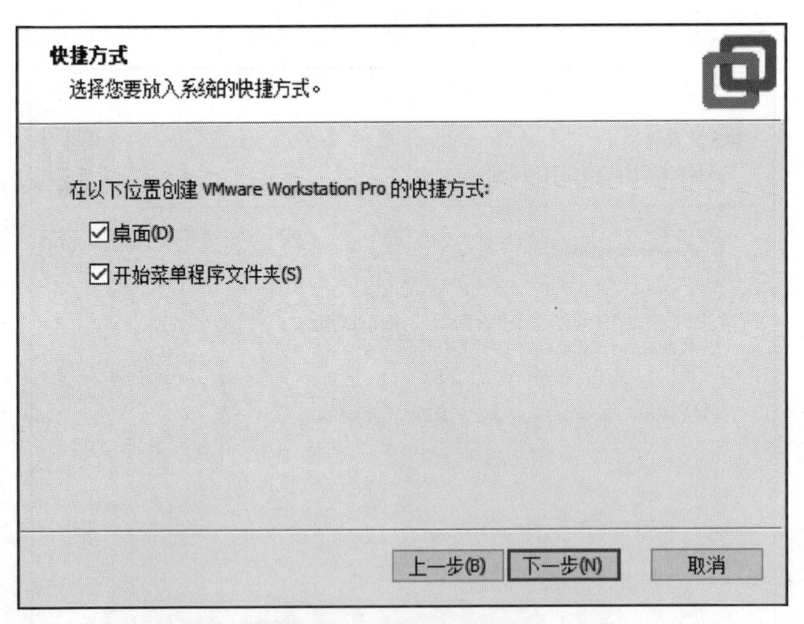

图 2-5　“快捷方式”界面

（6）在“已准备好安装 VMware Workstation Pro”界面，如图 2-6 所示，单击“安装”按钮，开始安装 VMware Workstation Pro，“正在安装 VMware Workstation Pro”界面如图 2-7 所示。

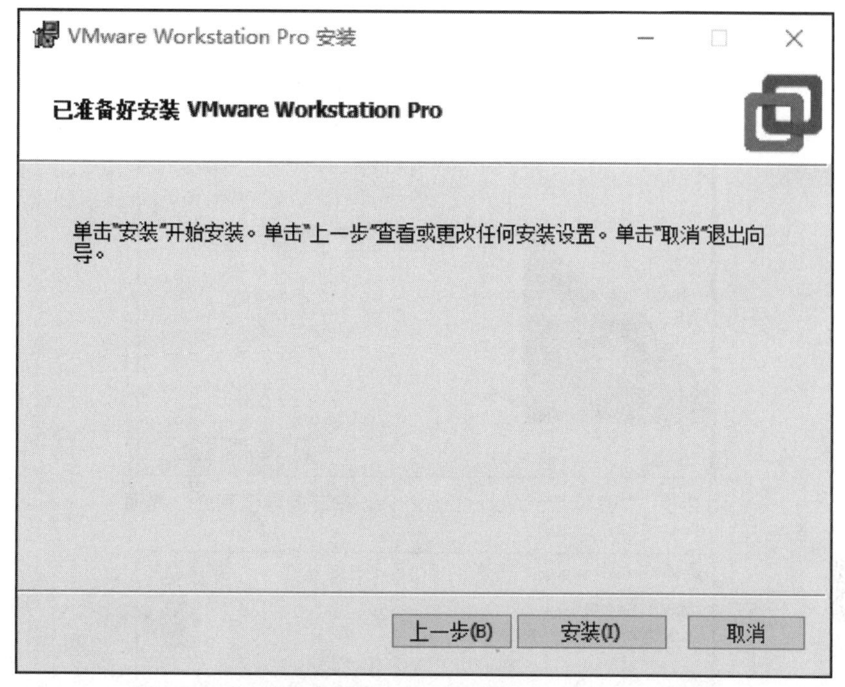

图 2-6　“已准备好安装 VMware Workstation Pro”界面

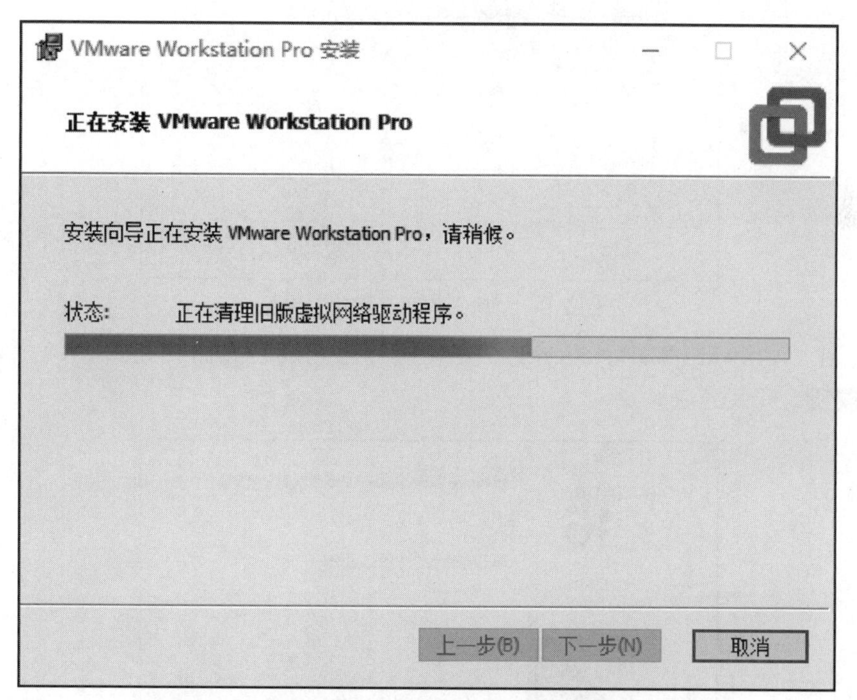

图 2-7　“正在安装 VMware Workstation Pro”界面

（7）在“VMware Workstation Pro 安装向导已完成”界面，单击“许可证”按钮，如图 2-8 所示，在弹出的“输入许可证密钥”界面，输入 VMware Workstation Pro 的序列号后，如图 2-9 所示，单击“输入”按钮。

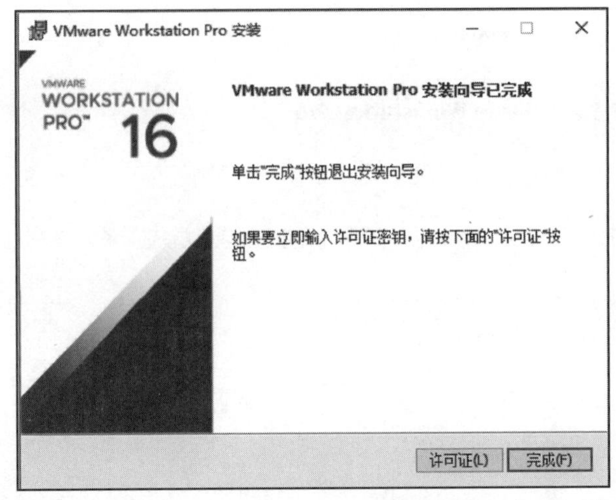

图 2-8　“VMware Workstation Pro 安装向导已完成”界面

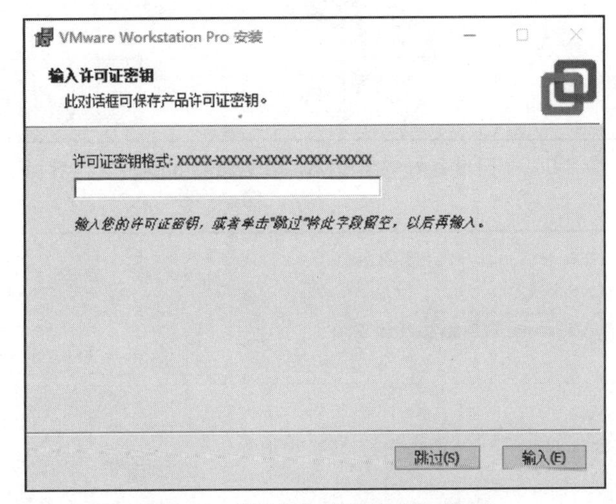

图 2-9　“输入许可证密钥”界面

（8）在“VMware Workstation Pro 安装向导已完成”界面，如图 2-10 所示，单击“完成”按钮，安装完成。

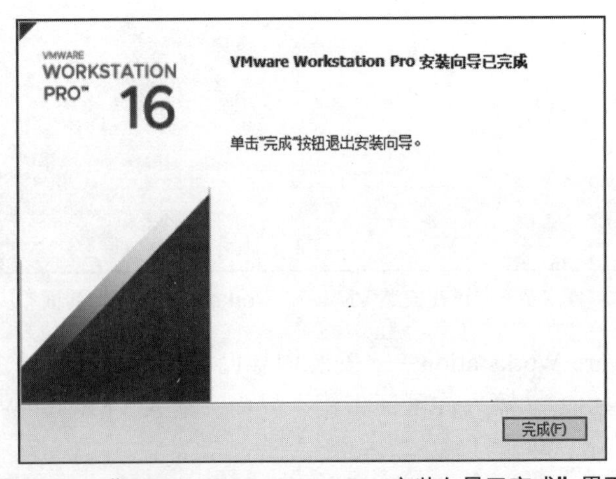

图 2-10　“VMware Workstation Pro 安装向导已完成”界面

2.2.2　VMware Workstation Pro 基本配置

在安装完 VMware Workstation Pro 后，双击桌面上的 VMware Workstation Pro 图标，运行 VMware Workstation Pro，VMware Workstation 主界面如图 2-11 所示。

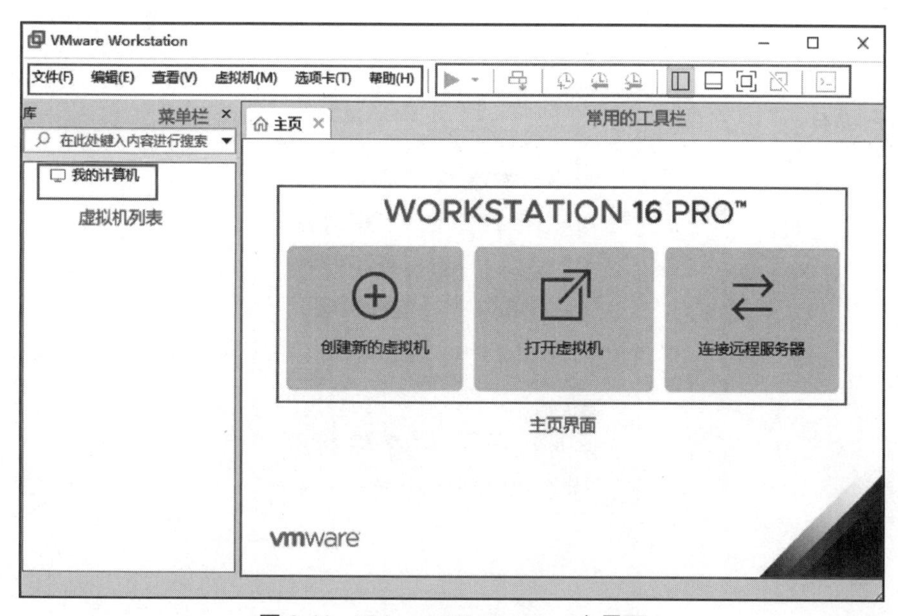

图 2-11　VMware Workstation 主界面

VMware Workstation Pro 的参数配置和虚拟网络配置可以在菜单栏的“编辑”菜单中配置。

1. 参数配置

（1）在 VMware Workstation Pro 主界面，单击菜单栏的“编辑”菜单，选择“首选项”命令，如图 2-12 所示。

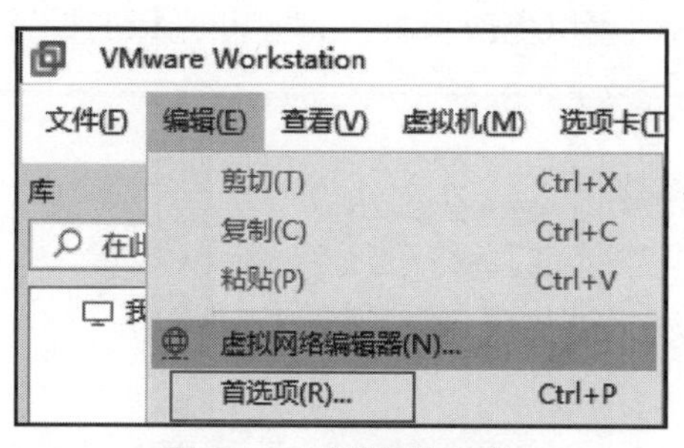

图 2-12　“编辑”菜单

（2）在“工作区”界面，在“虚拟机的默认位置”区域单击“浏览”按钮，选择虚拟机和项目组默认的保存位置，同时，选择“默认情况下启用所有共享文件夹”复选框，如图 2-13 所示。

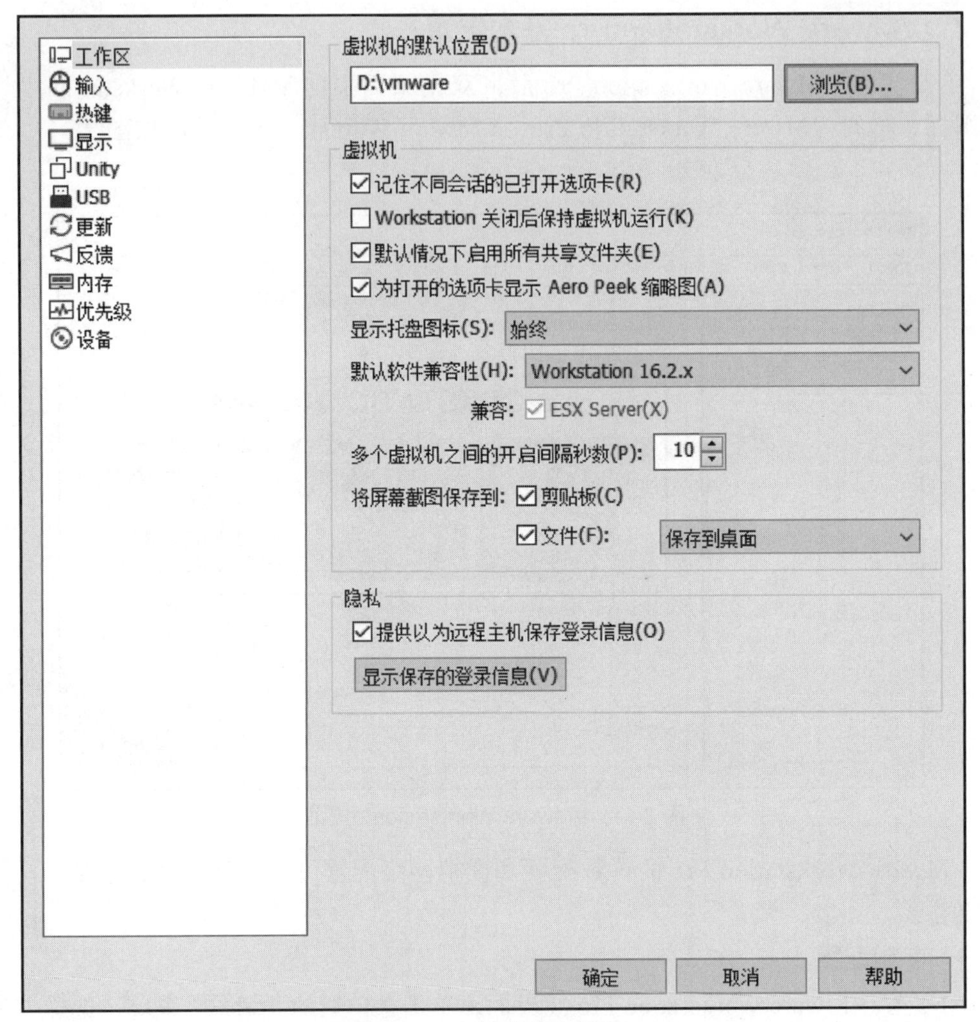

图 2-13 “工作区”界面

（3）在“输入”界面，可以更改鼠标、键盘和光标的设置，如图 2-14 所示。

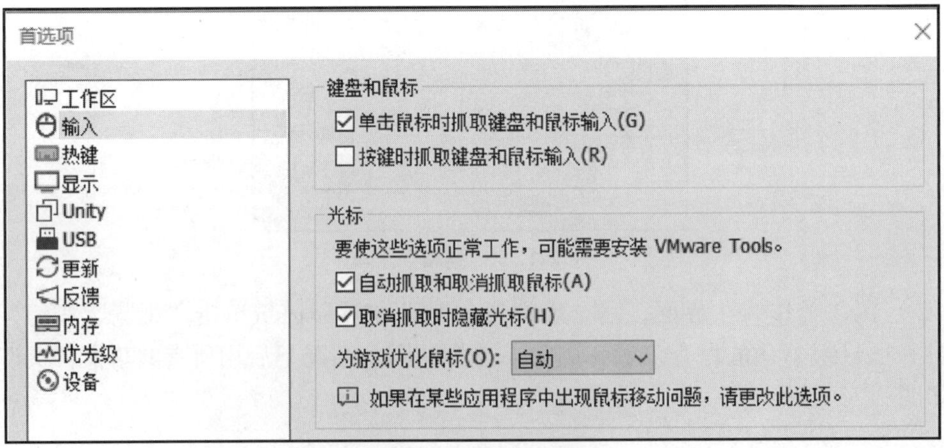

图 2-14 “输入”界面

（4）在“热键”界面，可以查看或修改虚拟机的热键，如图 2-15 所示。

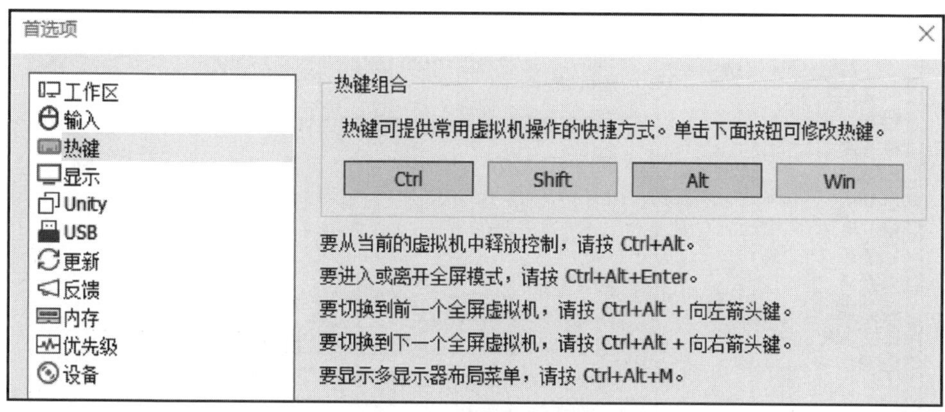

图 2-15 “热键”界面

（5）在“显示”界面，可以根据需要修改“自动适应”“全屏”“颜色主题”“图形”“菜单和工具栏”中的信息，如图 2-16 所示。

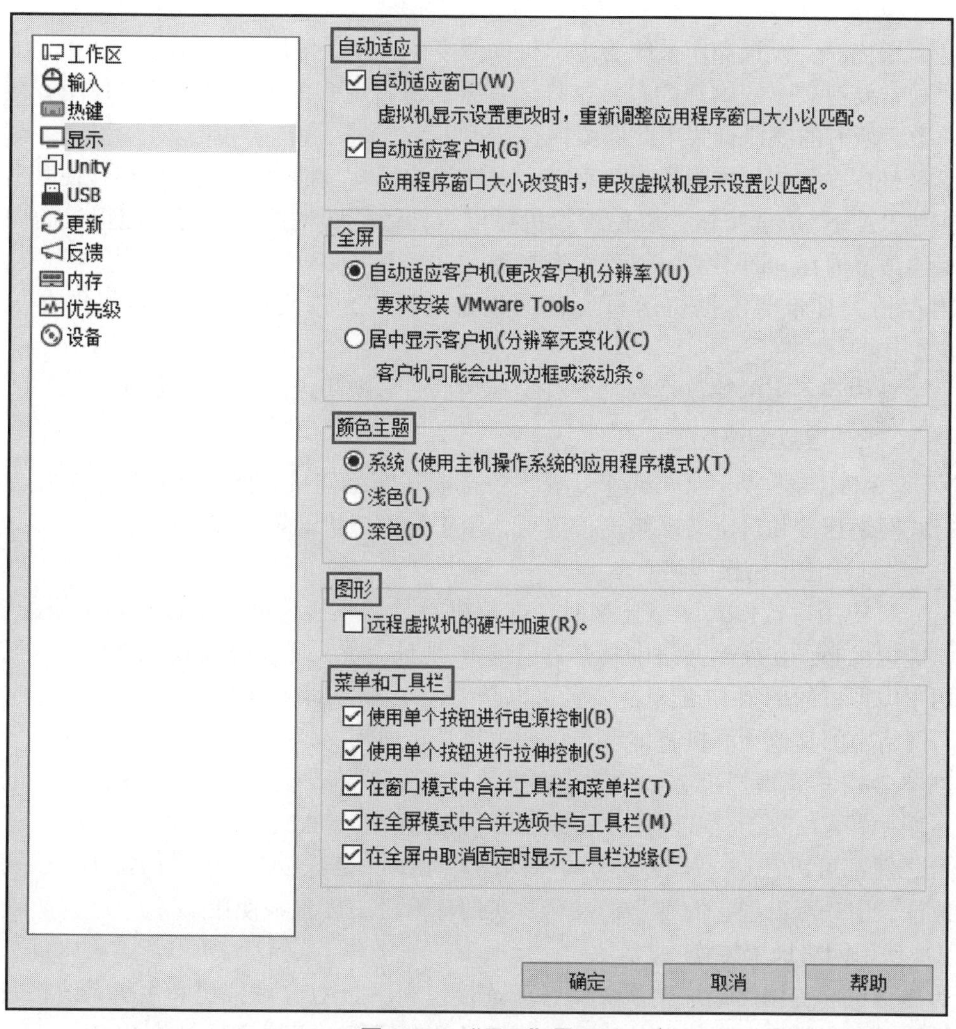

图 2-16 “显示”界面

（6）在“内存”界面，设置虚拟机的预留内存和额外内存，如图 2-17 所示。

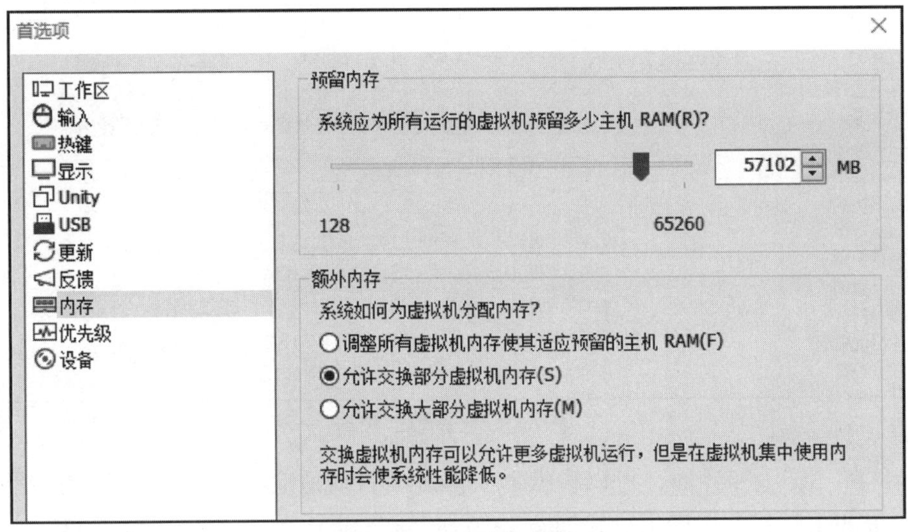

图 2-17　“内存”界面

①预留内存：设置操作系统为虚拟机保留多少内存。使用 VMware Workstation 的物理主机通常要有较多的物理内存，这样才有办法保留更多的内存给虚拟机使用。此处设置为总数，所有的虚拟机共用此保留内存。

②额外内存：如果物理主机内存较大，建议选择“调整所有虚拟机内存使其适应预备的主机 RAM”单选按钮，以使虚拟机可以得到最佳的性能。所有的虚拟机的内存将占用上述预留内存，而不使用硬盘作为交换。

内存稍大且希望虚拟机运行流畅的建议选择“允许交换部分虚拟机内存”单选按钮。

内存不多的建议选择“允许交换大部分虚拟机内存”单选按钮。

视 频

一线相连—VMware网卡工作模式

2. 虚拟网络配置

VMware Workstation Pro 提供桥接模式网络连接、网络地址转换、仅主机模式网络连接和自定义网络连接选项，用于为虚拟机配置虚拟网络连接。

1）使用桥接网络

使用桥接模式网络连接时，虚拟机将具有直接访问外部以太网网络的权限。虚拟机必须在外部网络中具有自己的 IP 地址。如果主机系统位于网络中，而且拥有可用于虚拟机的单独 IP 地址（或者可以从 DHCP 服务器获得 IP 地址），那么应选择此设置。网络中的其他计算机将能够与该虚拟机直接通信。

在图 2-18 中，虚拟机 A1、A2 是主机 A 中的虚拟机，虚拟机 B1 是主机 B 中的虚拟机。在图中，A1、A2 与 B1 采用“桥接模式”，则 A1、A2、B1 与 A、B、C 任意两台或多台之间都可以互访（需设置为同一网段）。此时，A1、A2、B1 与 A、B、C 处于相同的地位，用户可以把它们都当作一台真实的计算机去设置和使用。

2）使用网络地址转换

为虚拟机配置网络地址转换（NAT）连接。利用 NAT，虚拟机和主机系统将共享一个网络标识，此标识在网络以外不可见。如果没有可用于虚拟机的单独 IP 地址，但又希望能够连接到 Internet，那么应选择 NAT。此时虚拟机可以通过主机单向访问网络上的其他工作站（包括 Internet 网络），其他工作站不能访问虚拟机。图 2-19 为网络地址转换模式网络连接图。

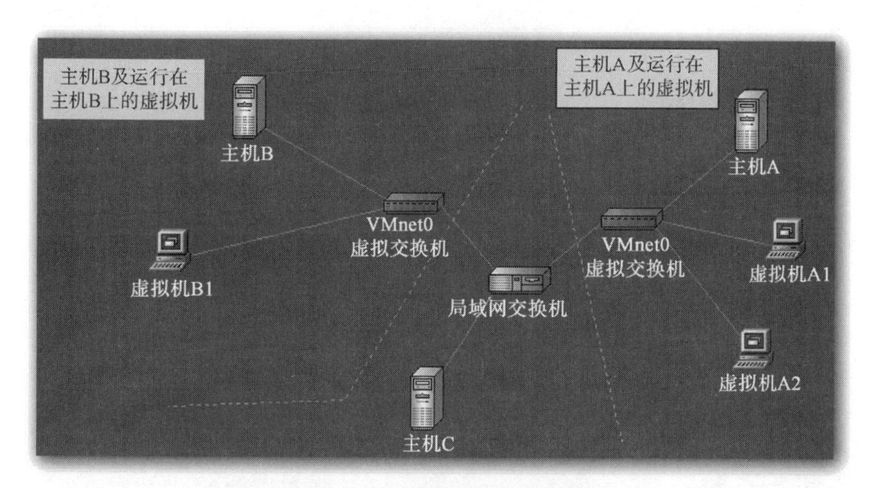

图 2-18　桥接模式网络连接图

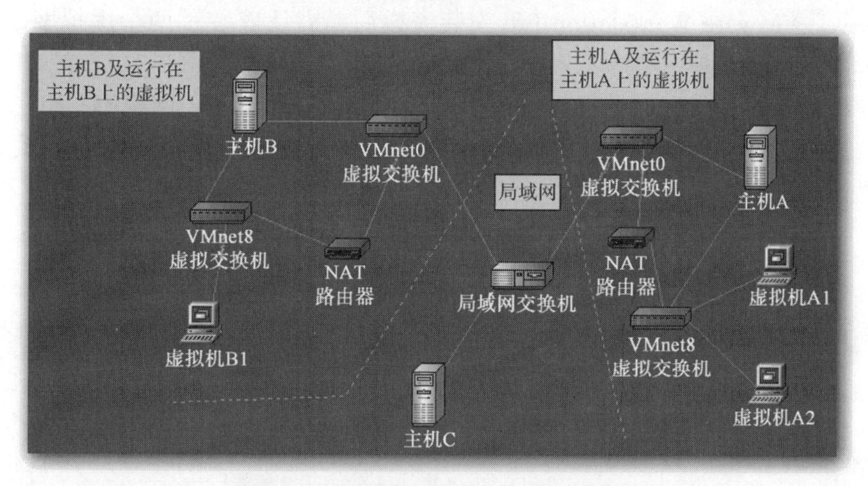

图 2-19　网络地址转换模式网络连接图

在图 2-19 中，虚拟机 A1、A2 是主机 A 中的虚拟机，虚拟机 B1 是主机 B 中的虚拟机。其中的“NAT 路由器”是只启用了 NAT 功能的路由器，用来把 VMnet8 交换机上连接的计算机通过 NAT 功能连接到 VMnet0 虚拟交换机。A1、A2、B1 设置为 NAT 方式，此时 A1、A2 可以单向访问主机 B、C，而 B、C 不能访问 A1、A2；B1 可以单向访问主机 A、C，而 A、C 不能访问 B1；A1、A2 与 A，B1 与 B 可以互访。

3）仅主机模式网络

仅主机模式网络连接使用对主机操作系统可见的虚拟网络适配器，在虚拟机和主机系统之间提供网络连接。

使用仅主机模式网络连接时，虚拟机只能与主机系统以及仅主机模式网络中的其他虚拟机进行通信。要设置独立的虚拟网络，请选择仅主机模式网络连接。

在图 2-20 中，虚拟机 A1、A2 是主机 A 中的虚拟机，虚拟机 B1 是主机 B 中的虚拟机。若 A1、A2、B1 设置成 host 方式，则 A1、A2 只能与 A 互访，A1、A2 不能访问主机 B、C，也不能被这些主机访问；B1 只能与主机 B 互访，B1 不能与主机 A、C 互访。

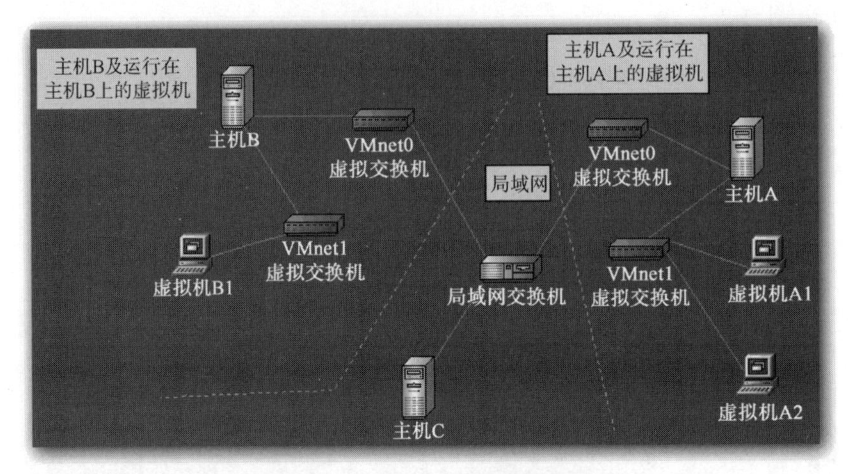

图 2-20　仅主机模式网络连接图

在图 2-12 中，选择“编辑”→“虚拟网络编辑器”命令，将弹出“虚拟网络编辑器”对话框。VMware Workstation Pro 安装完成后，默认安装了两个虚拟网卡 VMnet0 和 VMnet8。VMnet0 是一个虚拟网桥，VMnet8 是 NAT 网卡，用于 NAT 方式连接网络，如图 2-21 所示，选中 VMnet8 可以修改 NAT 模式的子网 IP 和子网掩码；单击“VMnet 信息”区域的“NAT 设置”按钮，在弹出的“NAT 设置”界面可以修改网关 IP 地址，如图 2-22 所示。

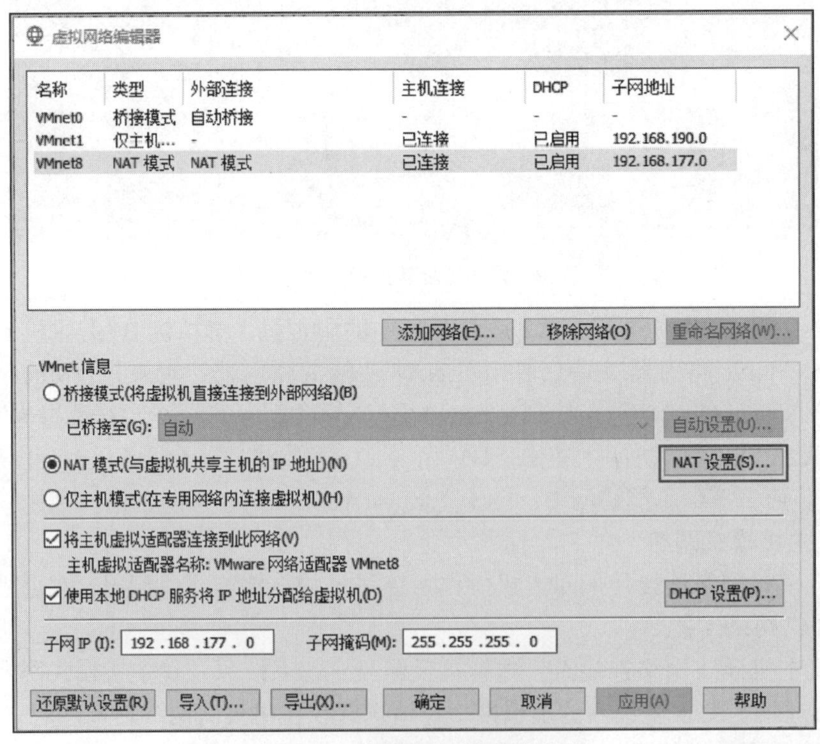

图 2-21　“虚拟网络编辑器”界面

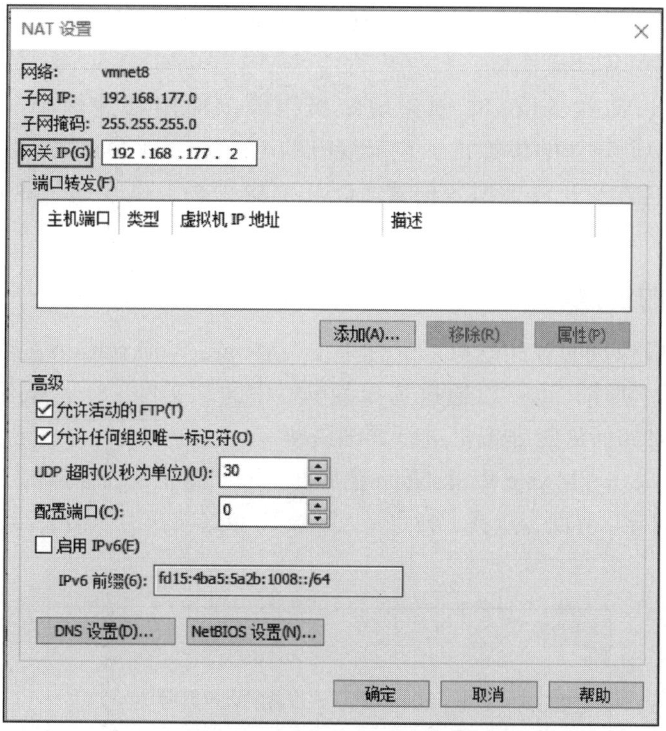

图 2-22　“NAT 设置”界面

2.3　虚拟机的创建与操作系统的安装

Virtual Machine 即虚拟机，是一种软件形式的计算机；从某种意义上看，其实也是一台物理机，其管理方式非常类似于物理机，能运行操作系统和应用程序，与物理机一样具有 CPU、内存、硬盘等硬件资源，只不过这些硬件资源是以虚拟硬件方式存在。虚拟机的优点如下：

视 频

虚拟机概述

1. 分区

在单一物理服务器上同时运行多个虚拟机。每个虚拟机有自己独立的硬件资源，虚拟机之间互不影响。

2. 隔离

隔离指对通过分区所建立的多个虚拟机采用逻辑隔离措施。虚拟化的隔离使得一个虚拟机的崩溃或故障不会影响同一服务器上的其他虚拟机。即虚拟机是独立的个体，互相不影响。

3. 封装

虚拟机安装好后都是以文件的形式体现的。封装就是整个虚拟机执行环境封装在独立文件中，可以通过移动文件的方式来迁移该虚拟机。

4. 相对于硬件独立

虚拟化技术允许虚拟机在不同的物理服务器上运行，提高了系统的可移植性和灵活性。即无须对设备驱动程序、操作系统或应用程序进行任何更改，即可在不同类型的 x86 计算机之间自由移动虚拟机。

要在 VMware Workstation 中创建虚拟机，可以使用新建虚拟机向导在 VMware Workstation Pro 中创建新的虚拟机、克隆现有的 VMware Workstation Pro 虚拟机或虚拟机模板、导入第三方及开放虚拟化格式（OVF）虚拟机，以及通过物理机创建虚拟机。本节介绍使用新建虚拟机向导的方式创建虚拟机并安装操作系统。

2.3.1 虚拟机的创建

视频

创建虚拟机与安装操作系统

新建虚拟机的方法既可以通过单击 VMware Workstation 主界面中的“创建新的虚拟机”创建，也可以通过选择菜单栏中的“文件”→“新建虚拟机”命令创建。下面对如何创建虚拟机进行详细讲解。

（1）单击 VMware Workstation 主界面中的“创建新的虚拟机”，在“欢迎使用新建虚拟机向导”界面，选择“自定义（高级）”单选按钮，如图 2-23 所示，单击“下一步”按钮。

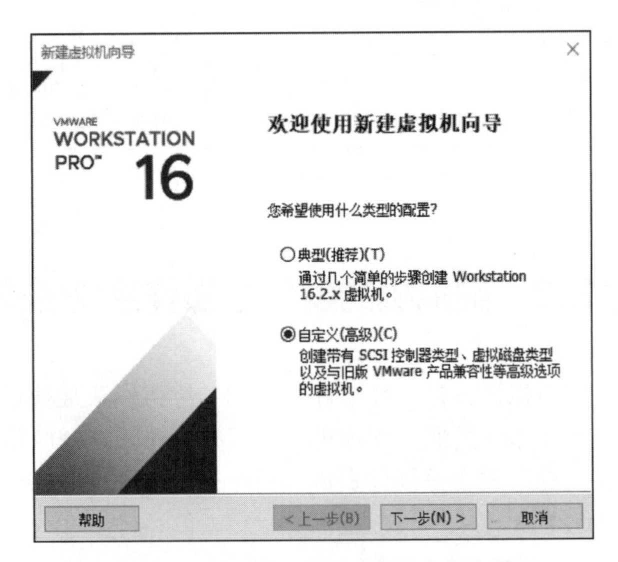

图 2-23 “欢迎使用新建虚拟机向导”界面

在图 2-23 中有两种选项：一种为“典型（推荐）”配置；另一种为“自定义（高级）”配置。

①典型配置。如果选择典型配置，则必须指定或接受一些基本虚拟机设置的默认设置。

- 客户机操作系统的安装方式。
- 虚拟机名称和虚拟机文件位置。
- 虚拟磁盘的大小，以及是否将磁盘拆分为多个虚拟磁盘文件。
- 是否自定义特定的硬件设置，包括内存分配、虚拟处理器数量和网络连接类型。

②自定义配置。如果需要执行以下任何硬件自定义工作，则必须选择自定义配置：

- 创建使用不同于默认硬件兼容性设置中的 VMware Workstation Pro 版本的虚拟机。
- 选择 SCSI 控制器的 I/O 控制器类型。

- 选择虚拟磁盘设备类型。
- 配置物理磁盘或现有虚拟磁盘，而不是创建新的虚拟磁盘。
- 分配所有虚拟磁盘空间，而不是让磁盘空间逐渐增长到最大容量。

（2）在“选择虚拟机硬件兼容性”界面，显示兼容的 VMware 产品及版本的列表，并列出所具有的限制以及兼容产品，本书硬件兼容性选择 Workstation 16.2.x，如图 2-24 所示，单击“下一步”按钮。

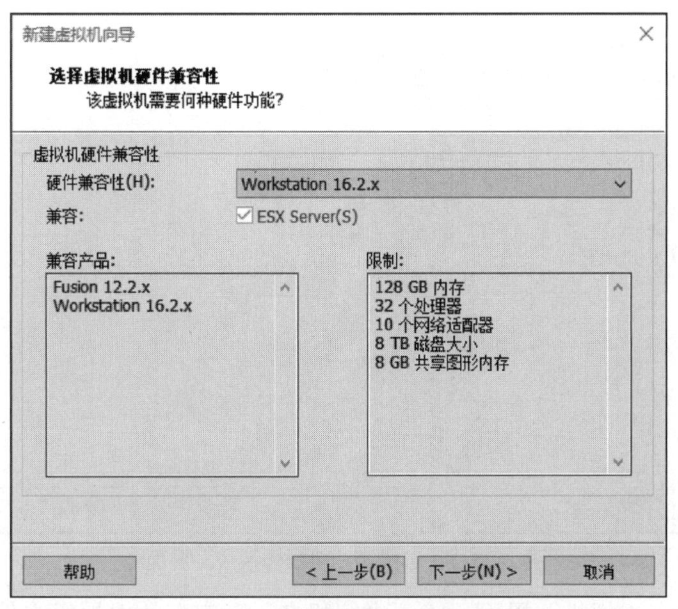

图 2-24　“选择虚拟机硬件兼容性”界面

（3）在“安装客户机操作系统”界面，选择“稍后安装操作系统”单选按钮，如图 2-25 所示，单击“下一步”按钮。

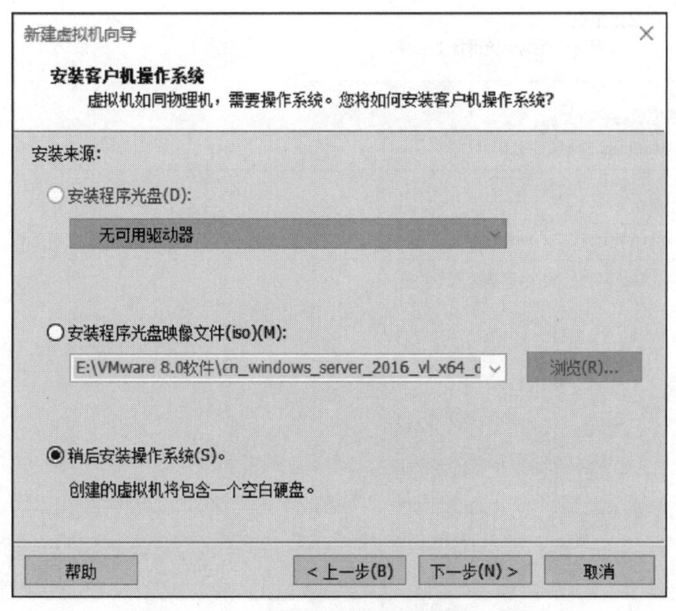

图 2-25　“安装客户机操作系统”界面

（4）在“选择客户机操作系统”界面，选择需要安装的客户机操作系统，并选择版本类型，在本书中客户机操作系统选择 Microsoft Windows 单选按钮，版本选择 Windows Server 2016，如图 2-26 所示，单击“下一步”按钮。

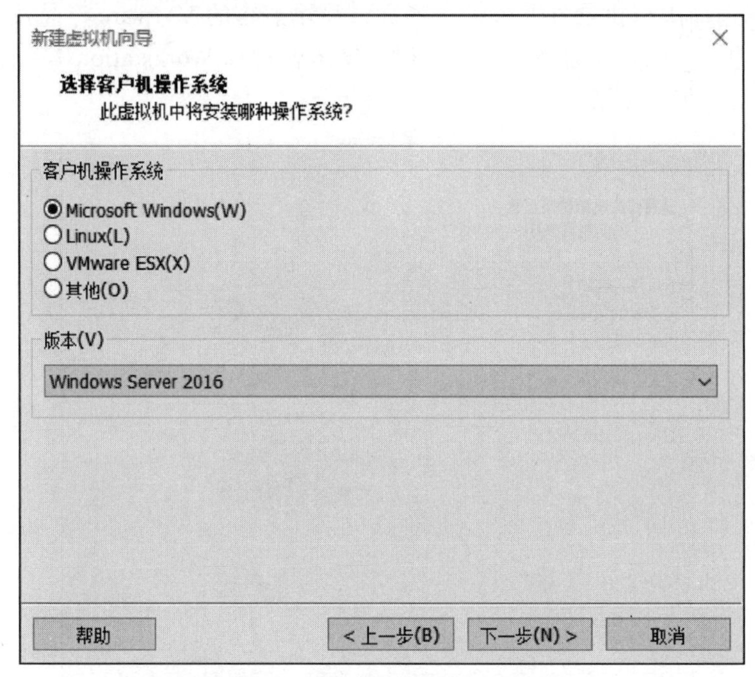

图 2-26 “选择客户机操作系统”界面

（5）在“命名虚拟机”界面，输入虚拟机名，确定存放虚拟机文件的文件夹路径，如图 2-27 所示，单击“下一步”按钮。

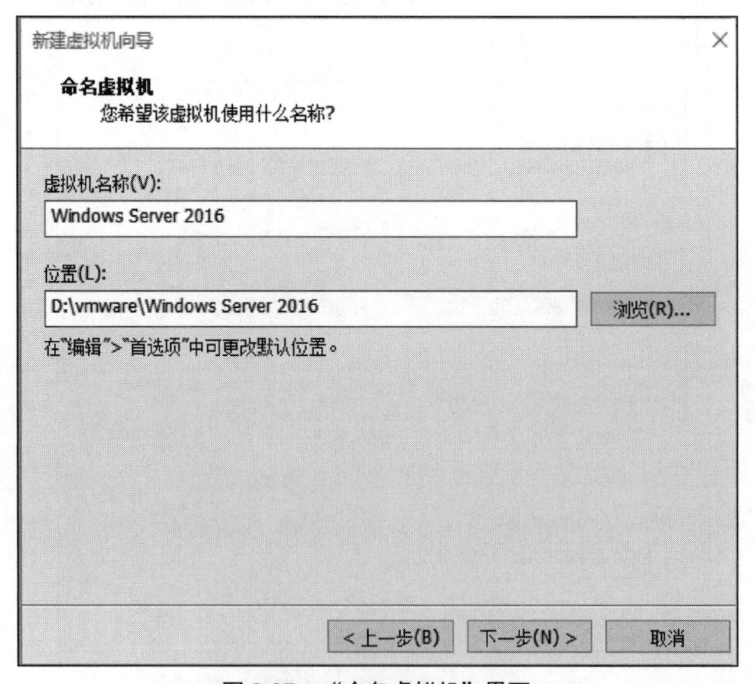

图 2-27 “命名虚拟机”界面

（6）在“固件类型”界面，勾选 UEFI 单选按钮，如图 2-28 所示，单击“下一步”按钮。

① BIOS：虚拟机在引导时使用 BIOS 固件。

② UEFI：虚拟机在引导时使用 UEFI。

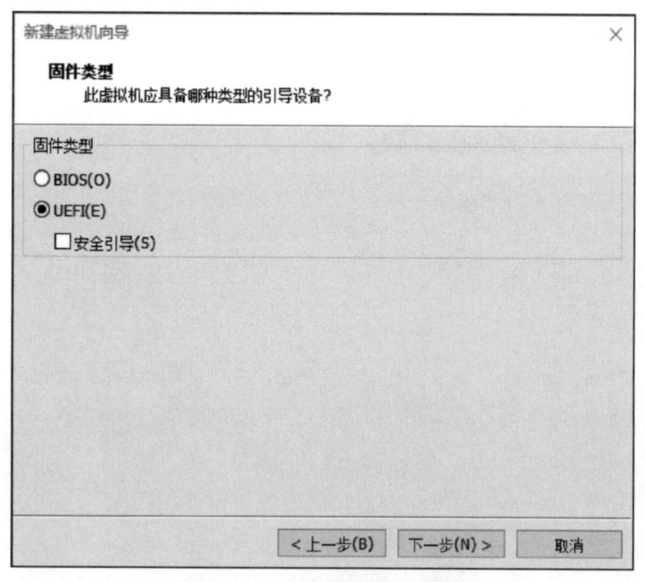

图 2-28　“固件类型”界面

（7）在“处理器配置”界面，为虚拟机指定处理器数量，如图 2-29 所示，单击“下一步”按钮。

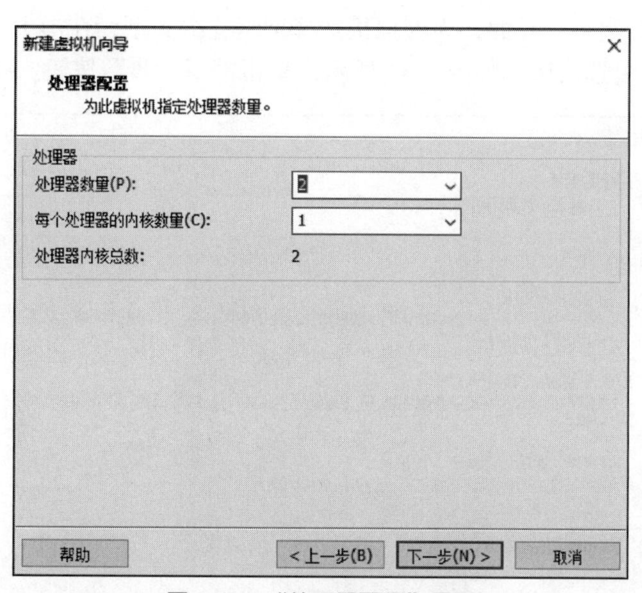

图 2-29　“处理器配置”界面

（8）在“此虚拟机的内存”界面，为虚拟机分配内存，建议不要超过最大内存推荐大小，如图 2-30 所示，单击“下一步”按钮。

在图 2-30 所示界面，颜色编码图标对应于最大推荐内存、推荐内存和客户机操作系统最低推荐内存值。要调整分配给虚拟机的内存，需沿内存值范围移动滑块。范围上限是由分配给所有运行的虚拟机的内存量决定的。如果允许交换虚拟机内存，将更改该值以反映指定的交换量。

每个虚拟机的最大内存量为 64 GB。

为单个主机中运行的所有虚拟机分配的内存总量仅受主机 RAM 量限制。

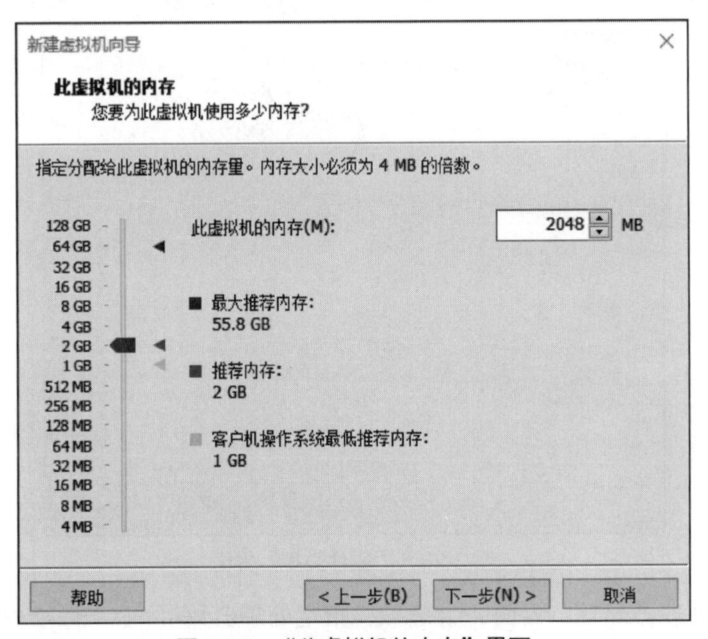

图 2-30　“此虚拟机的内存”界面

（9）在“网络类型”界面，为虚拟机选择网络连接类型，在本书中选择“使用网络地址转换 (NAT)”单选按钮，如图 2-31 所示，单击“下一步”按钮。

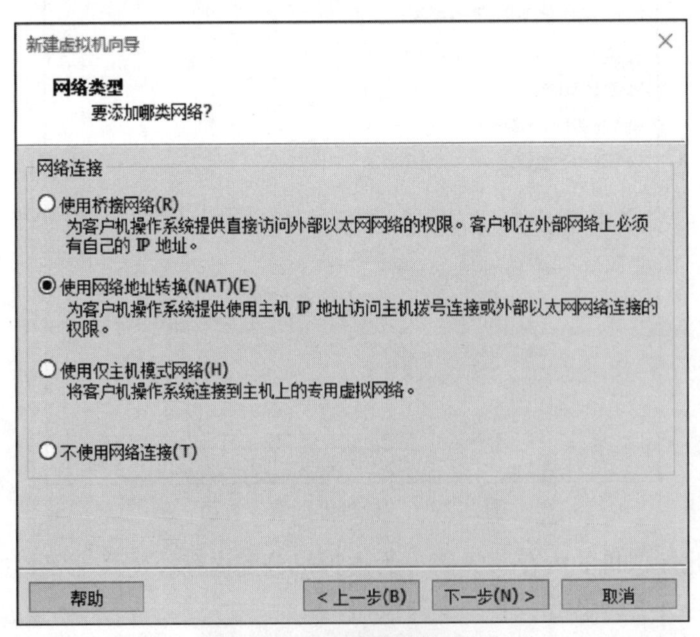

图 2-31　“网络类型”界面

（10）在“选择 1/O 控制器类型”界面，为虚拟机选择 I/O 控制器类型，此处保持默认选项，如图 2-32 所示，单击“下一步”按钮。

注：无论选择何种 SCSI 控制器，都不会影响虚拟磁盘是 IDE、SCSI 还是 SATA 磁盘。

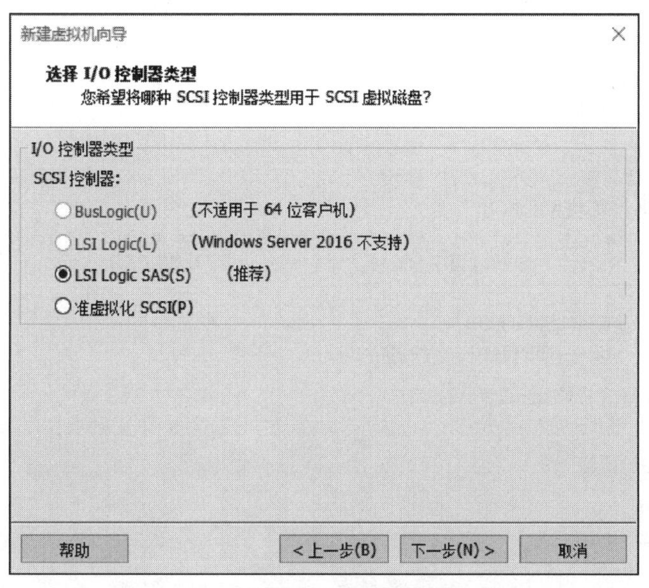

图 2-32 “选择 1/O 控制器类型”界面

（11）在“选择磁盘类型”界面，选择虚拟磁盘类型，在本书中选择 NVMe 单选按钮，如图 2-33 所示，单击“下一步”按钮。

NVMe 是非易失性内存主机控制器接口规范，是一个逻辑设备接口规范。它是与 AHCI 类似的、基于设备逻辑接口的总线传输协议规范（相当于通信协议中的应用层），用于访问通过 PCI Express（PCIe）总线附加的非易失性存储器介质（如采用闪存的固态硬盘驱动器）。

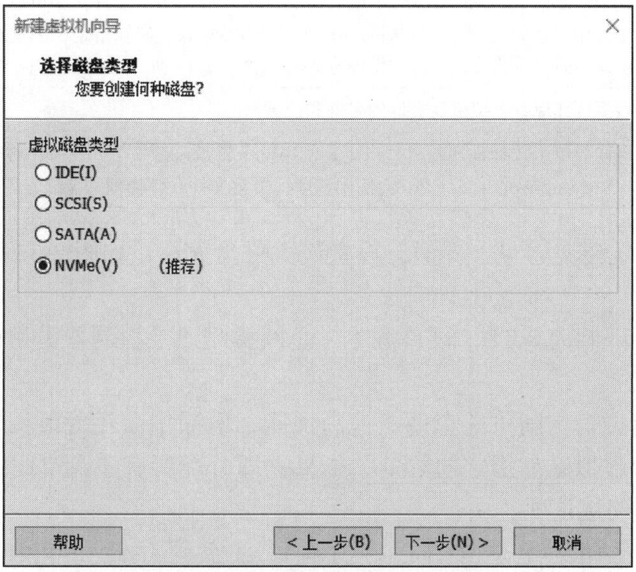

新建虚拟机向导
选择磁盘类型
您要创建何种磁盘?
虚拟磁盘类型
IDE(I)
SCSI(S)
SATA(A)
NVMe(V) (推荐)
帮助
< 上一步(B)
下一步(N) >
取消

图 2-33 “选择磁盘类型”界面

（12）在“选择磁盘”界面，提供了创建新虚拟磁盘、使用现有虚拟磁盘和使用物理磁盘三种磁盘类型，可以根据不同的需要选择磁盘的使用方式，如图 2-34 所示，单击“下一步”按钮。每种磁盘类型所需的信息，见表 2-2。

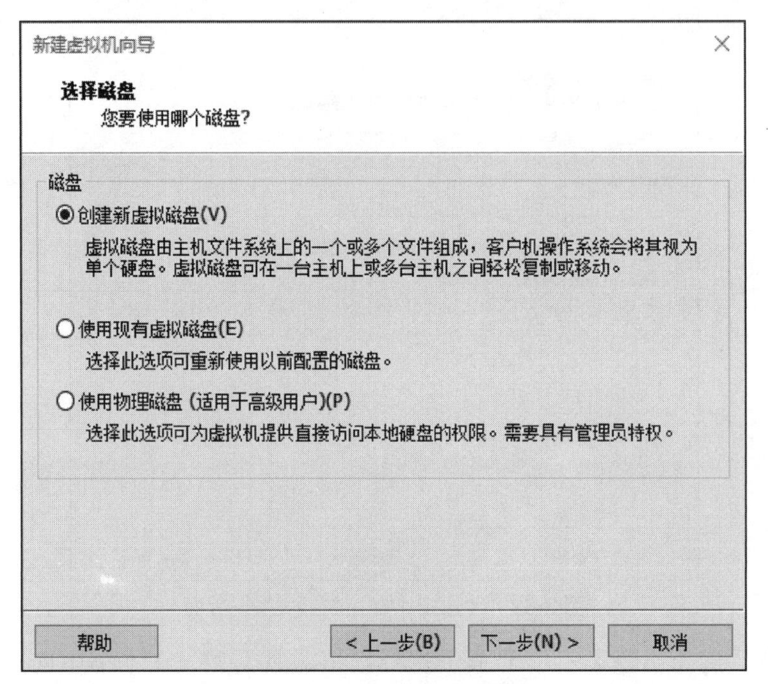

图 2-34　“选择磁盘”界面

表 2-2　每种磁盘类型所需的信息

磁盘类型	说　明
新虚拟磁盘	如果指定将所有磁盘空间存储在单个文件中，VMware Workstation Pro 会使用用户提供的文件名创建一个 40 GB 的磁盘文件。如果指定将磁盘空间存储在多个文件中，VMware Workstation Pro 会使用用户提供的文件名生成后续文件名。如果指定文件大小可以增加，后续文件名的文件编号中将包含一个 s，如 Windows 2016-s001.vmdk。如果指定在创建虚拟磁盘时立即分配所有磁盘空间，后续文件名的文件编号中将包含一个 f，如 Windows 2016-f001.vmdk
现有虚拟磁盘	需要选择现有虚拟磁盘文件的名称和位置
物理磁盘	当向导提示选择物理磁盘并指定是使用整个磁盘还是单个分区时，必须指定一个虚拟磁盘文件。VMware Workstation Pro 会使用该虚拟磁盘文件存储物理磁盘的分区访问配置信息

（13）在“指定磁盘容量”界面，设置最大磁盘大小，如图 2-35 所示，单击“下一步”按钮。

虚拟磁盘大小限制为 8 TB。硬件版本、总线类型以及控制器类型也会影响虚拟磁盘的大小。

立即分配所有磁盘空间可能有助于提高性能，但操作会耗费很长时间，需要的物理磁盘空间相当于为虚拟磁盘指定的数量。如果立即分配所有磁盘空间，将无法使用压缩磁盘功能。这里不勾选该项。

将虚拟磁盘存储为单个文件：将所有磁盘空间存储在单个文件中，VMware Workstation Pro 会使用提供的文件名创建一个 60 GB（根据设置的磁盘大小而定）的磁盘文件（.vmdk）。

将虚拟磁盘拆分成多个文件：将虚拟磁盘空间存储在多个文件中，VMware Workstation Pro 会使用提供的文件名生成后续文件名。

创建完虚拟机后，可以编辑虚拟磁盘设置并添加其他虚拟磁盘，也可以根据需要扩展磁盘的容量。

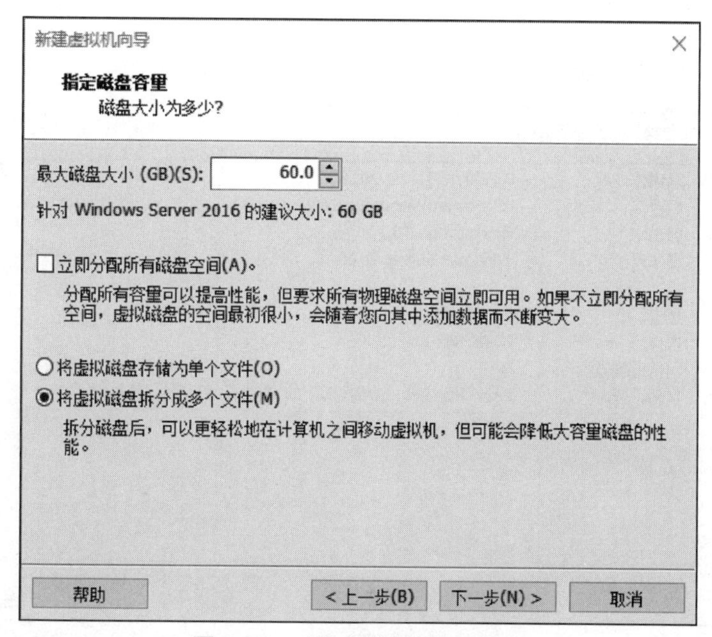

图 2-35　“指定磁盘容量”界面

（14）在“指定磁盘文件”界面，设置磁盘文件的存放位置，保持默认选项即可，如图 2-36 所示，单击“下一步”按钮。

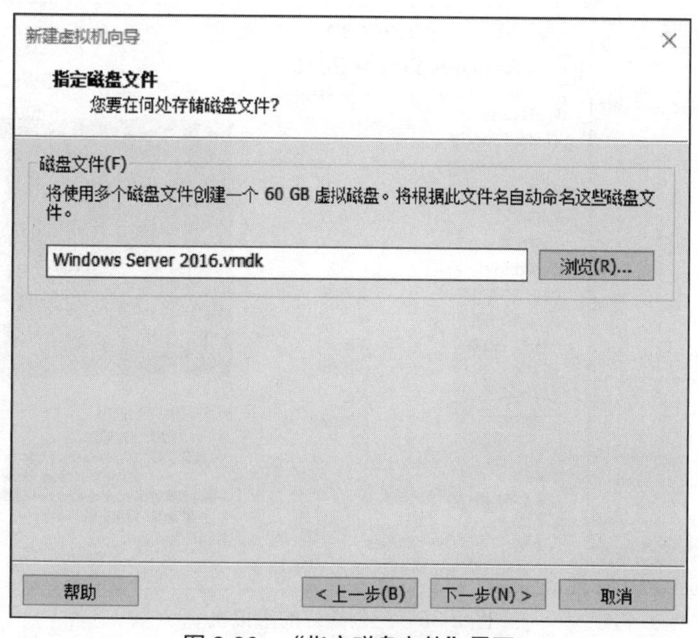

图 2-36　“指定磁盘文件”界面

（15）在“已准备好创建虚拟机”界面，显示了新建虚拟机的名称、位置、VMware Workstation 的版本、安装的操作系统的类型、硬盘与内存容量等信息，如图 2-37 所示。单击“完成”按钮，完成虚拟机的创建，图 2-38 为创建完成的虚拟机 Windows Server 2016。

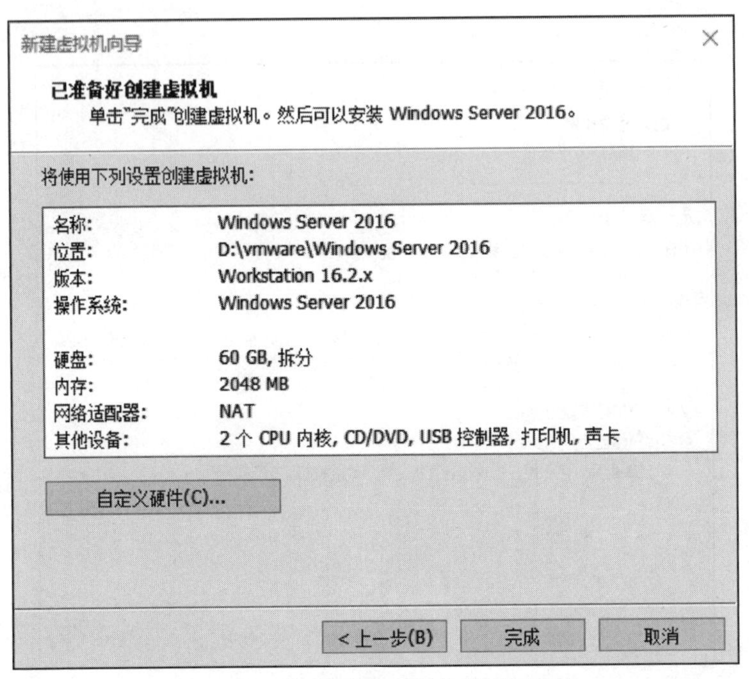

图 2-37　“已准备好创建虚拟机”界面

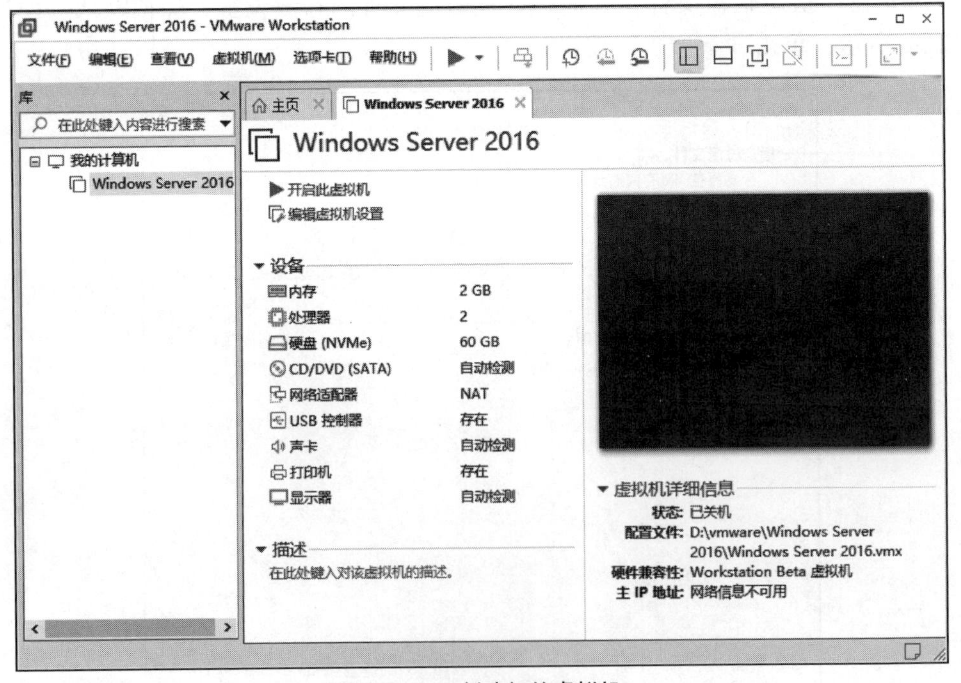

图 2-38　已创建好的虚拟机

（16）在创建虚拟机时，Workstation Pro 会专门为该虚拟机创建一组文件。这些虚拟机文件存储在虚拟机目录或工作目录中。这两种目录通常都在主机系统上，如图 2-39 所示。

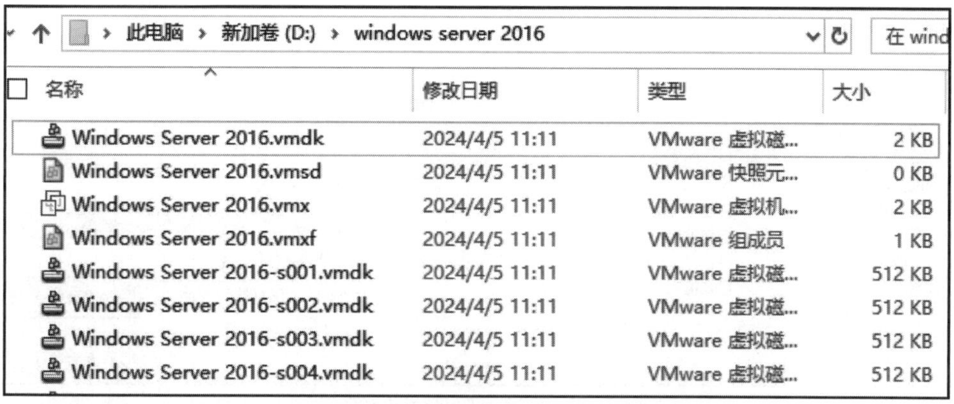

图 2-39　已创建好的虚拟机的配置文件

虚拟机文件见表 2-3。

表 2-3　虚拟机文件

扩展名	文　件　名	描　　述
.vmx	虚拟机名称 .vmx	存储虚拟机设置的主要配置文件
.log	虚拟机名称 .log 或 vmware.log	主要日志文件
.vmxf	虚拟机名称 .vmxf	VMware 组成员。该文件为虚拟机组 team 中的虚拟机的辅助配置文件
.vmdk	虚拟机名称 .vmdk	虚拟磁盘文件，用于存储虚拟机硬盘驱动器的内容。这些文件与 .vmx 文件存储在同一个目录中
.vmsd	虚拟机名称 -s###.vmdk	如果指定文件大小可以增加，文件名的文件编号部分将包含一个 s
	虚拟机名称 .vmsd	用于集中存储快照相关信息和元数据的文件

2.3.2　虚拟机操作系统的安装

安装文件的来源一般有下面几种，可以任选一种：

· 直接用安装光盘使用物理光驱来安装。

· 用 UltraISO（WinISO）将安装光盘制作成“光盘映像文件”（.iso）。

下面介绍使用 ISO 镜像的方式安装操作系统。

（1）打开 VMware Workstation Pro，选中需要安装操作系统的虚拟机，单击“编辑虚拟机设置”，在“虚拟机设置”对话框，选择“硬件”选项卡，选择 CD/DVD 驱动器，如图 2-40 所示，在“设备状态”区域中，勾选“启动时连接”复选框；在“连接”区域中，选中“使用 ISO 映像文件”单选按钮，单击“浏览”按钮，查找到 Windows Server 2016 光盘 ISO 文件，单击“确定”按钮。

（2）启动 Windows Server 2016 虚拟机，迅速单击进入虚拟机，黑屏幕上方出现 Press any key to boot from CD or DVD…时迅速按【Enter】键，开始安装虚拟机操作系统，如图 2-41 所示。

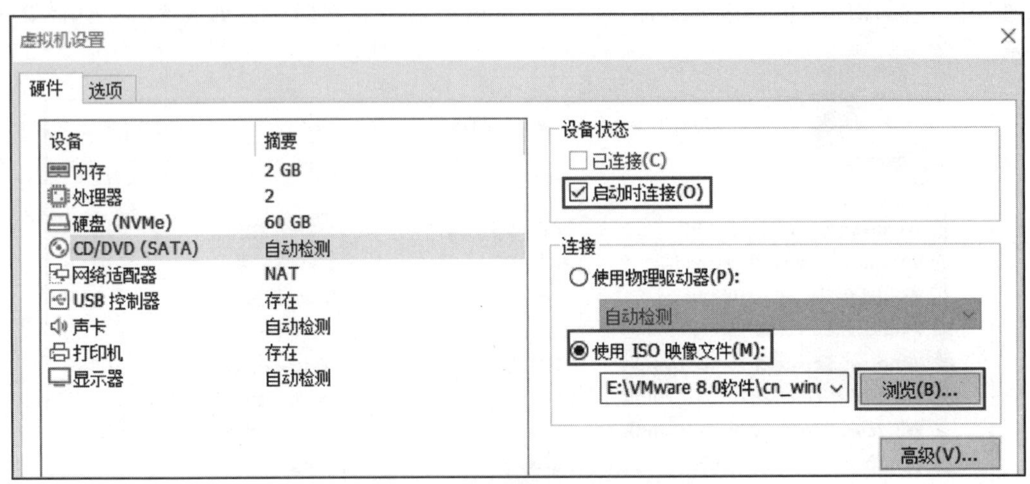

图 2-40　安装虚拟机操作系统 -1

```
Press any key to boot from CD or DVD.....
```

图 2-41　安装虚拟机操作系统 -2

（3）在“输入语言和其他首选项”界面，输入语言和其他首选项，在本书中要安装的语言选择“中文（简体，中国）”，时间和货币格式选择“中文（简体，中国）”，键盘和输入方法选择“微软拼音”，如图 2-42 所示，单击“下一步”按钮。

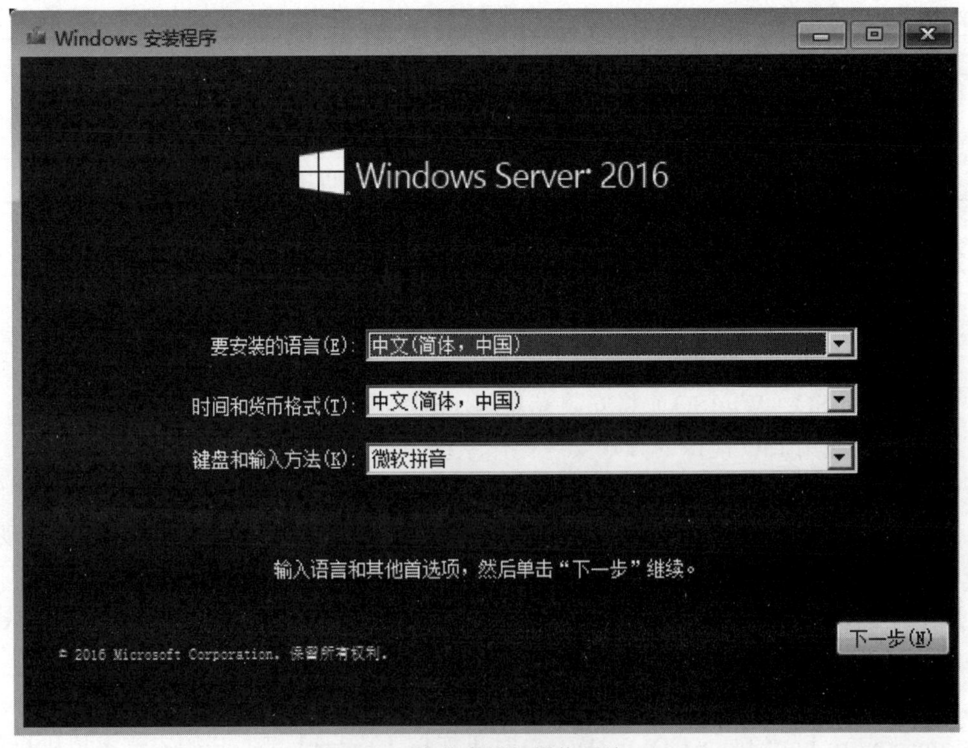

图 2-42　安装虚拟机操作系统 -3

（4）在“现在安装”界面，单击“现在安装”按钮，如图 2-43 所示，单击“下一步”按钮。

图 2-43　安装虚拟机操作系统 -4

（5）在“选择要安装的操作系统”界面，选择“Windows Server 2016 Standard（桌面体验）”，如图 2-44 所示，单击“下一步”按钮。

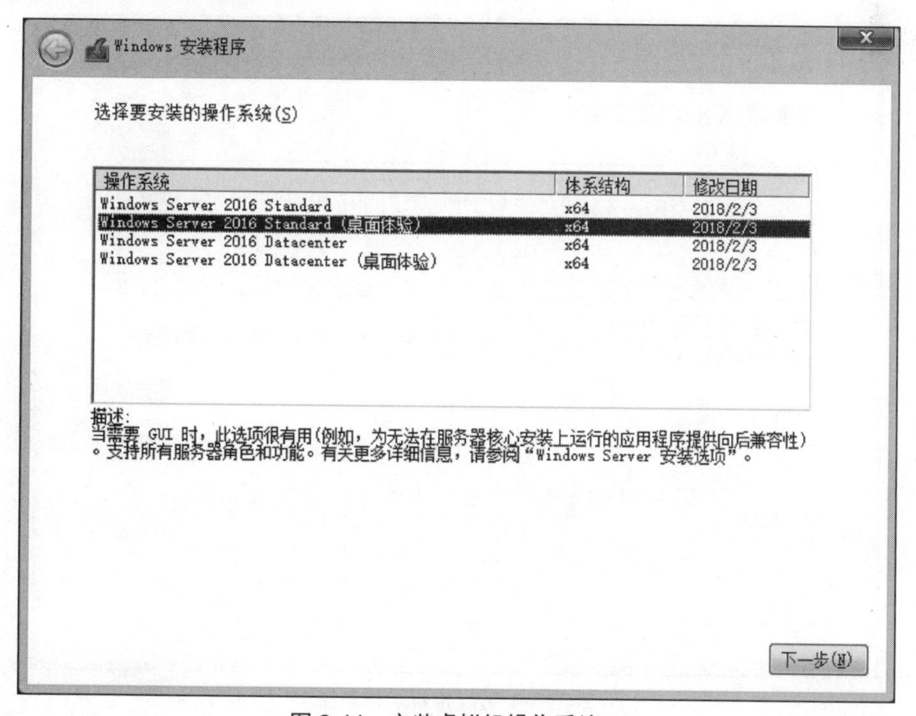

图 2-44　安装虚拟机操作系统 -5

（6）在“适用的声明和许可条款”界面，勾选“我接受许可条款”复选框，如图 2-45 所示，单击“下一步”按钮。

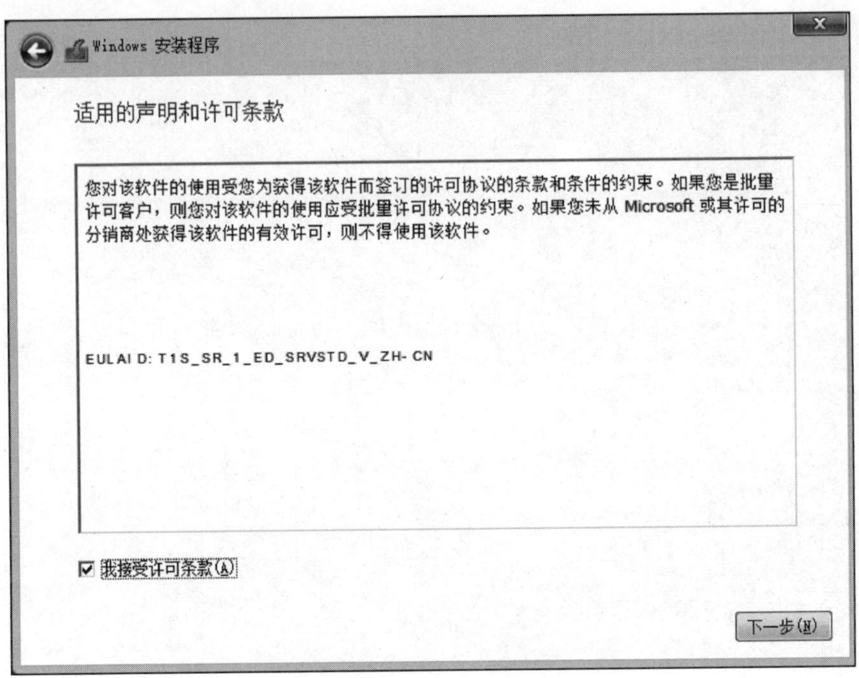

图 2-45　安装虚拟机操作系统 -6

（7）在“你想执行哪种类型的安装？”界面，单击“自定义：仅安装 Windows（高级）”继续安装，如图 2-46 所示。

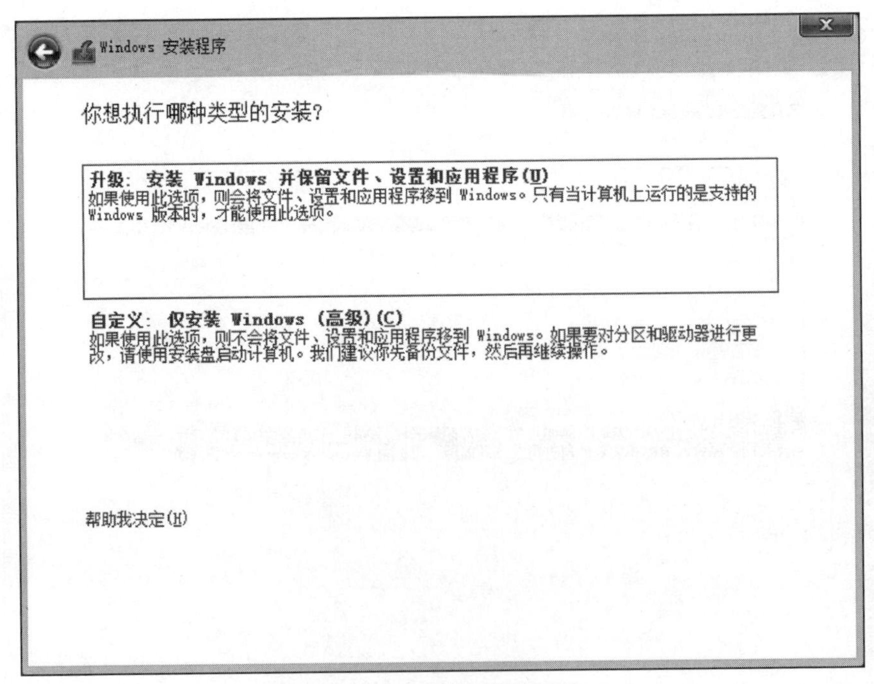

图 2-46　安装虚拟机操作系统 -7

（8）在“你想将 Windows 安装在哪里？”界面，保持默认选项，如图 2-47 所示，单击“下一步”按钮。

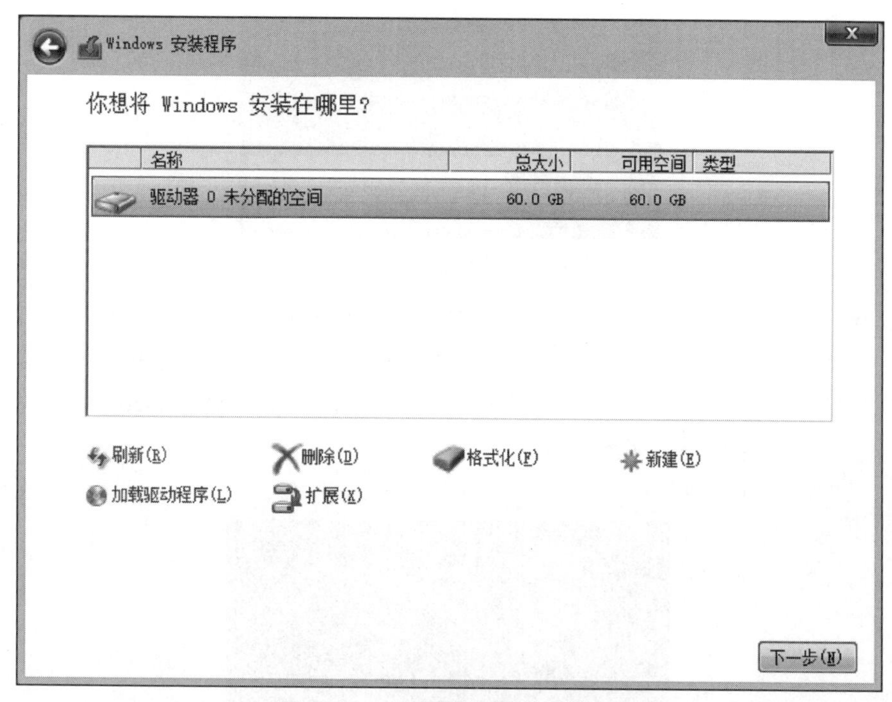

图 2-47　安装虚拟机操作系统 -8

（9）在“正在安装 Windows”界面，显示 Windows 操作系统开始安装，如图 2-48 所示。

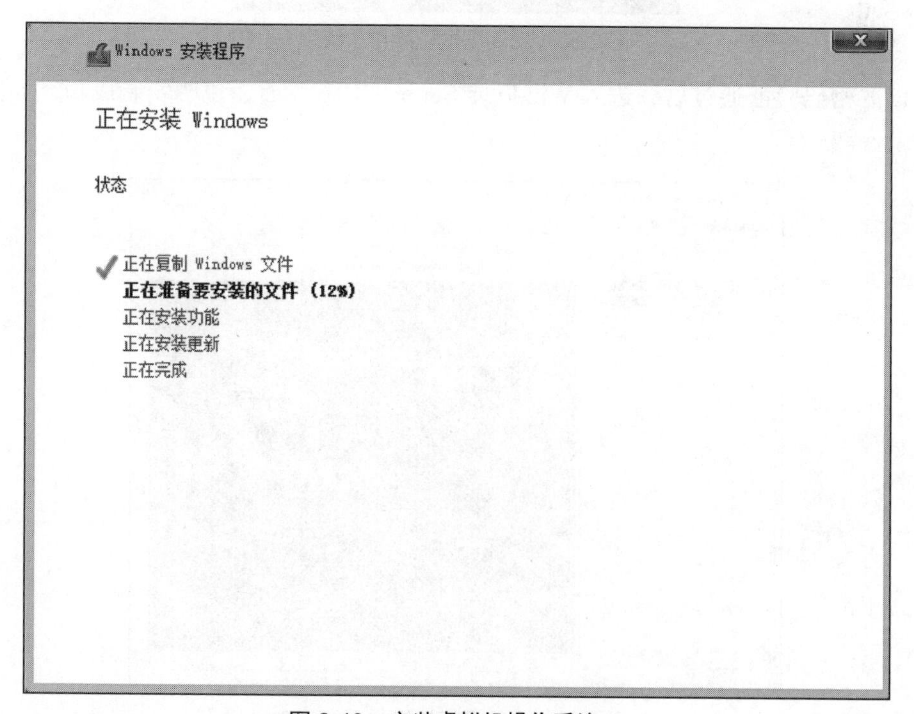

图 2-48　安装虚拟机操作系统 -9

（10）在“自定义设置”对话框，输入管理员密码，输入两遍密码，如图2-49所示，单击“完成”按钮。

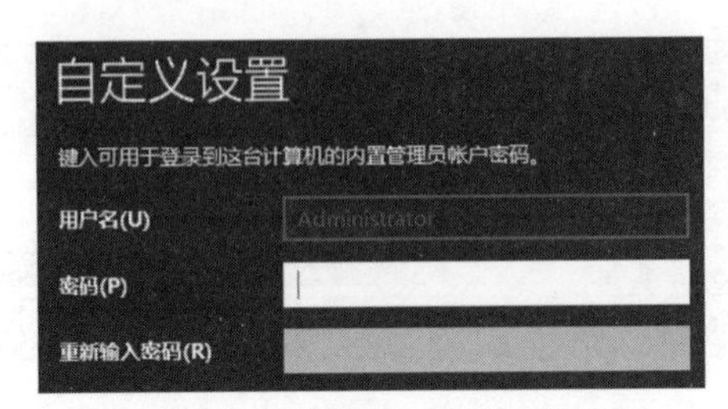

图 2-49　安装虚拟机操作系统 -10

注：Windows Server 2016 操作系统的密码必须符合复杂性要求，即密码长度不得小于 8 位，且必须由数字、英文小写字母、英文大写字母和特殊符号中的三种混合组成。

（11）Windows Server 2016 虚拟机安装完成，按【Ctrl+Alt+Insert】组合键解锁登录窗口，输入设置的密码，如图 2-50 所示。

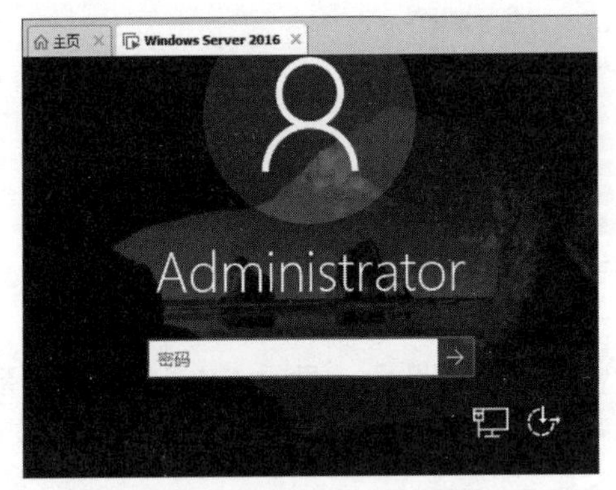

图 2-50　安装虚拟机操作系统 -11

（12）密码验证通过后，进入 Windows Server 2016 界面，说明安装成功，如图 2-51 所示。

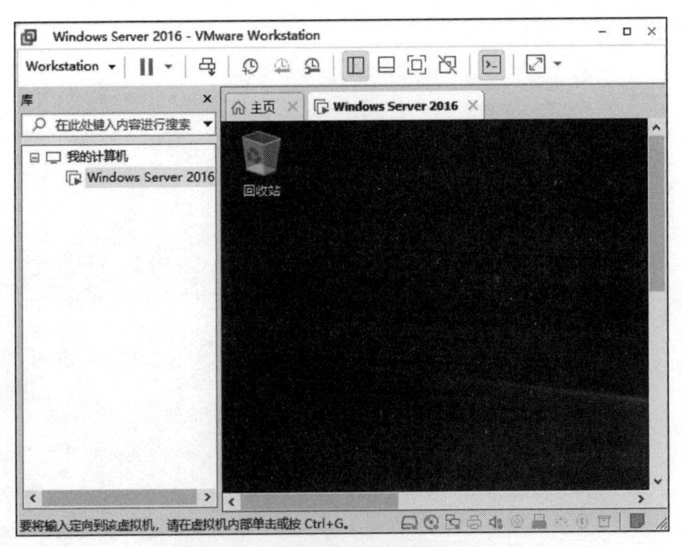

图 2-51　安装虚拟机操作系统 -12

2.3.3　VMware Tools 的安装

1. VMware Tools 的作用

VMware Tools 是 VMware 虚拟机中自带的一种增强工具，相当于 VirtualBox 中的增强功能，是 VMware 提供的增强虚拟显卡和硬盘性能，以及同步虚拟机与主机时钟的驱动程序。

在 VMware 虚拟机中安装好操作系统后，需要安装 VMware Tools。安装 VMware Tools 的作用如下：

（1）提高虚拟机性能：通过优化虚拟机的 CPU、内存、磁盘等资源的使用，提升虚拟机的性能和响应速度。

（2）支持文件共享：允许在虚拟机和主机之间共享文件和文件夹，方便文件传输。

（3）支持屏幕分辨率调整：自动调整虚拟机的屏幕分辨率，以适应不同的显示器和操作系统环境。

（4）提供时间同步功能：使虚拟机的系统时间与主机的系统时间保持一致。

（5）支持剪贴板共享：实现虚拟机和主机之间剪贴板的共享，便于复制和粘贴文本和图像。

（6）增强虚拟机安全性：包括加强防病毒能力和网络安全能力等。

（7）提供虚拟机管理功能：如快照、备份、恢复等，方便用户对虚拟机进行管理和维护。

（8）虚拟机显示效果提升：包括自动捕获和释放鼠标光标，以及改善的网络性能。

（9）更新显卡驱动：使虚拟机中的 XWindow 可以运行在 SVGA 模式下，提升图形性能。

（10）同步虚拟机和主机时钟：确保虚拟机和主机之间的时间同步。

2. VMware Tools 的安装

（1）开启虚拟机 Windows Server 2016，单击菜单栏中的“虚拟机”，选择“安装 VMware Tools”命令，如图 2-52 所示。

（2）打开“此电脑”，单击 “DVD 驱动器 (D:)”，双击 setup64，开始安装 VMware Tools，如图 2-53 所示。

（3）在“欢迎使用 VMware Tools-11.3.5.18667794 的安装向导”界面，如图 2-54 所示，单击“下一步”按钮。

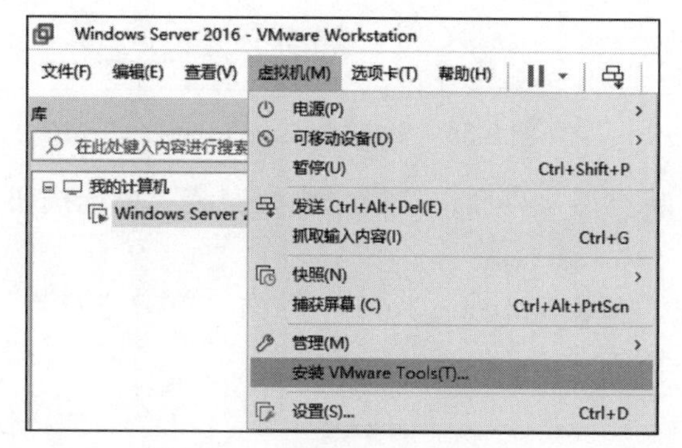

图 2-52　安装 VMware Tools -1

图 2-53　安装 VMware Tools- 2

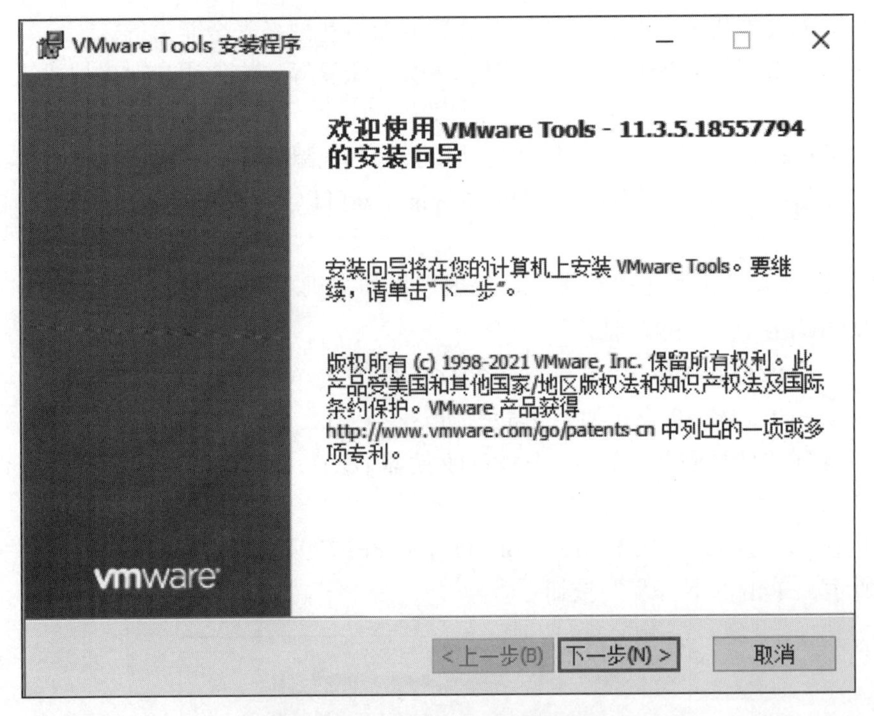

图 2-54　安装 VMware Tools-3

（4）在“选择安装类型”界面，选择“典型安装”单选按钮，如图 2-55 所示，单击“下一步”按钮。

（5）在“已准备好安装 VMware Tools”界面，单击“安装”按钮，开始 VMware Tools 的安装，如图 2-56 所示。

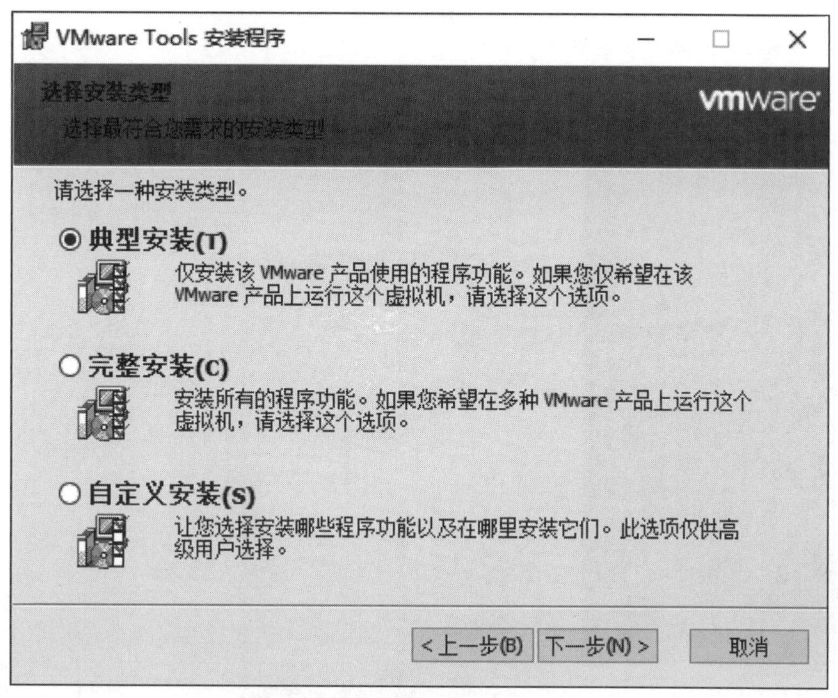

图 2-55　安装 VMware Tools -4

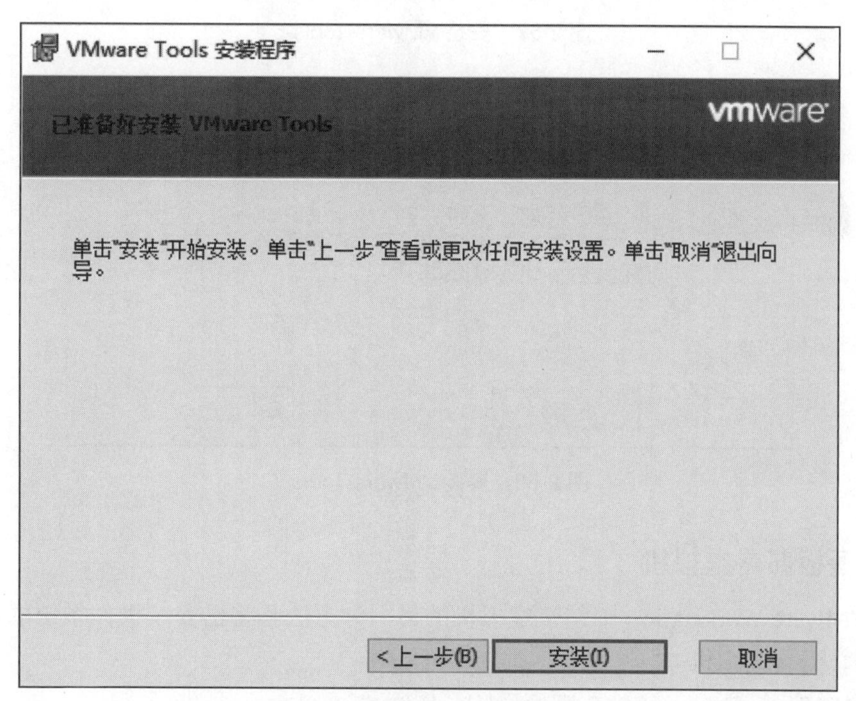

图 2-56　安装 VMware Tools-5

（6）在“VMware Tools 安装向导已完成”界面，单击“完成”按钮，完成 VMware Tools 的安装，如图 2-57 所示，在弹出的提示对话框中，单击“是”按钮，重启系统，如图 2-58 所示，对 VMware Tools 做出的配置更改生效。

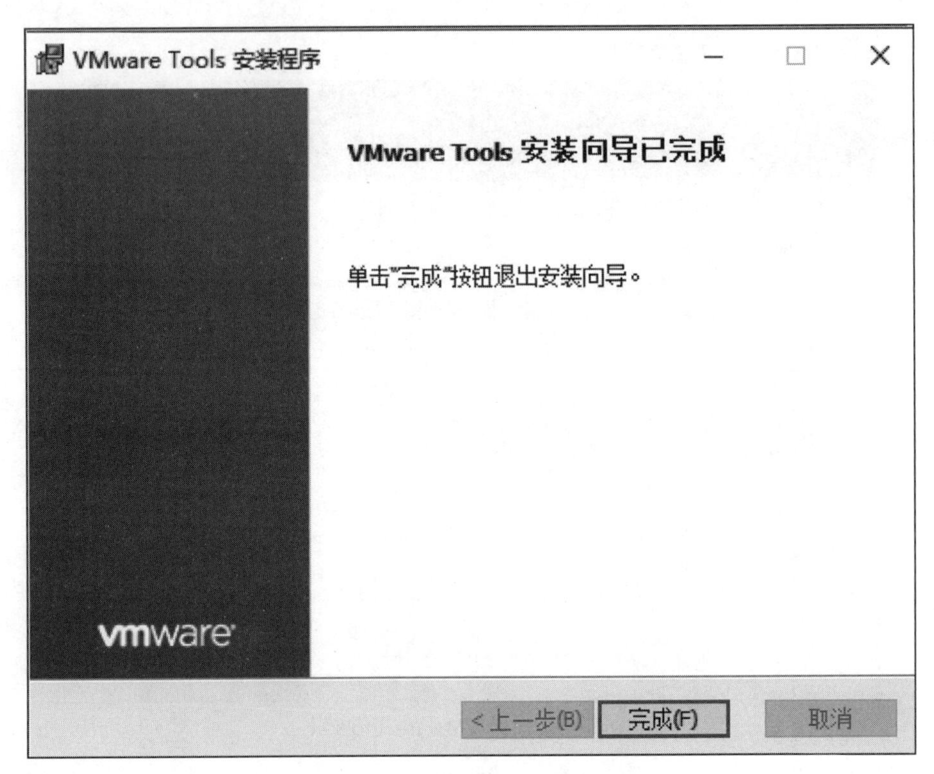

图 2-57 安装 VMware Tools-6

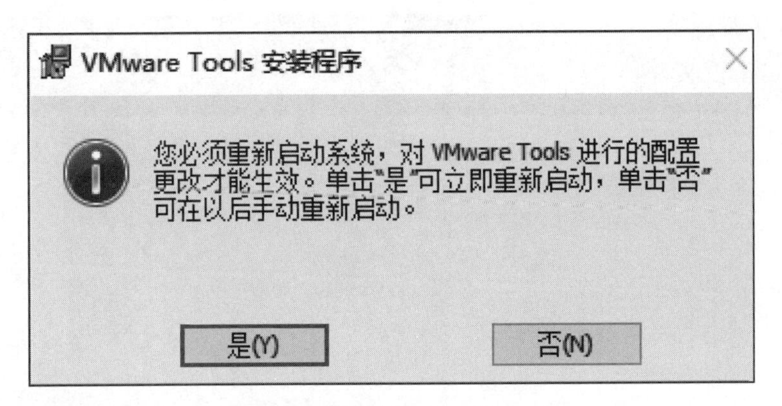

图 2-58 安装 VMware Tools-7

2.3.4 模板部署虚拟机

在 VMware Workstation 中创建虚拟机的另一种方法是将已安装操作系统的虚拟机导出为模板，部署虚拟机。

1. Windows Server 2016 模板导出

（1）在 VMware Workstation 中将已经安装好 Windows Server 2016 操作系统的虚拟机导出为模板。

（2）在导出模板之前检查虚拟机配置，需要将 CD/DVD 的连接设置为“使用物理驱动器”。单击菜单栏中的“文件”，选择“导出为 OVF”命令，如图 2-59 所示。

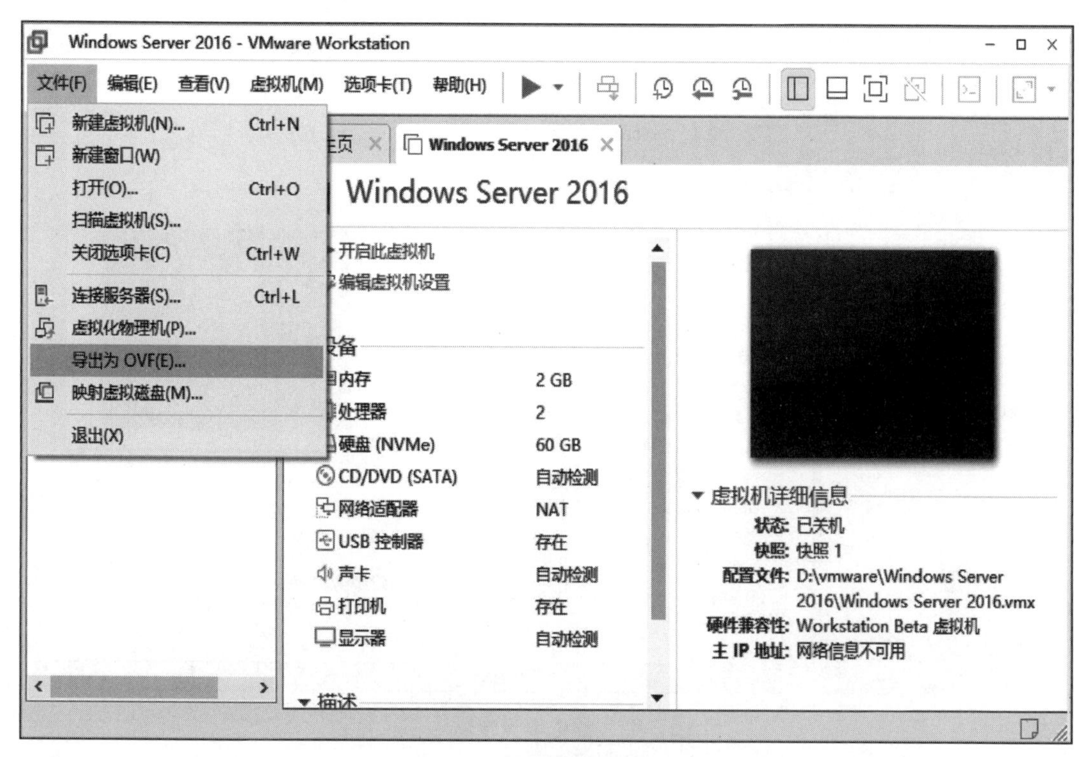

图 2-59　模板部署虚拟机 -1

（3）设置导出文件的路径及文件名，单击“保存”等待导出操作完成。图 2-60 所示为正在导出模板文件。

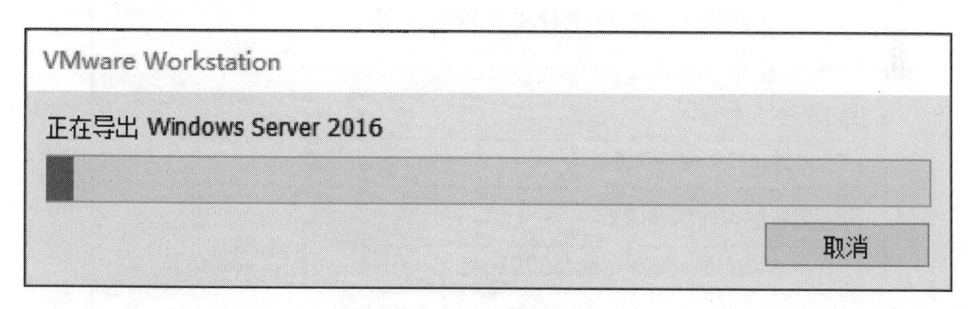

图 2-60　模板部署虚拟机 -2

（4）将虚拟机导出后，共有 Windows Server 2016.ovf、Windows Server 2016-disk1.vmdk 和 Windows Server 2016-file1.nvram 三个文件。

2. 模板导入

通过导入 Windows Server 2016 模板部署虚拟机。单击菜单栏中的“文件”，选择“打开”命令，如图 2-61 所示；找到文件 Windows Server 2016.ovf 后单击 “确定”按钮开始导入。在“导入虚拟机”对话框填写新虚拟机名称和存储路径，如图 2-62 所示，单击“导入”按钮等待导入操作完成，如图 2-63 所示。图 2-64 为使用模板部署虚拟机成功。

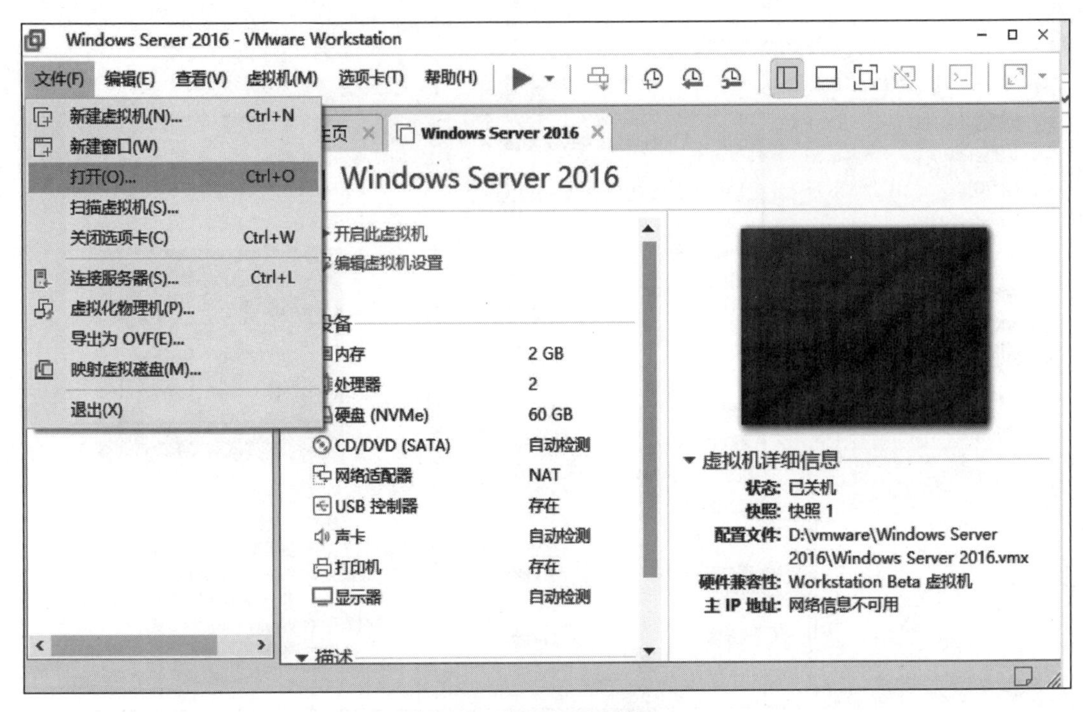

图 2-61　模板部署虚拟机 -3

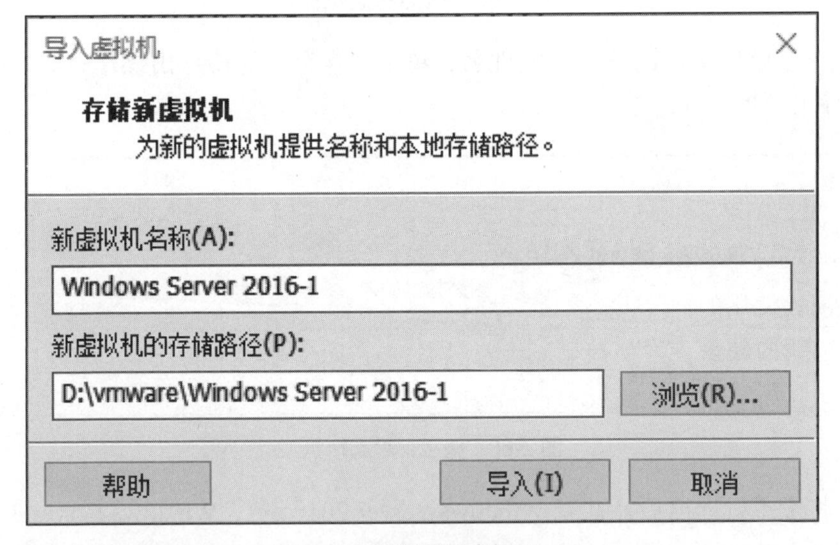

图 2-62　模板部署虚拟机 -4

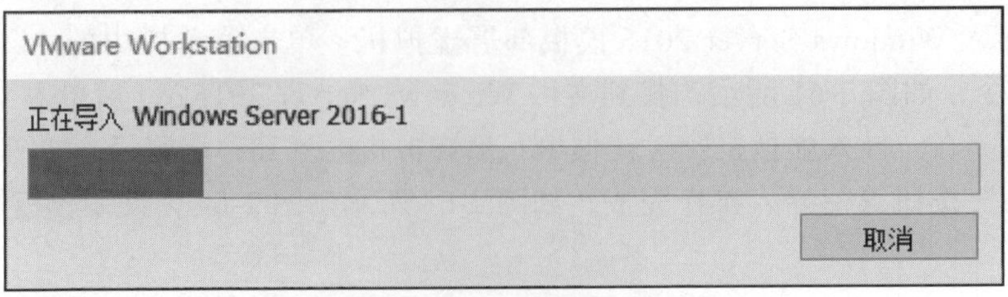

VMware Workstation

正在导入 Windows Server 2016-1

取消

图 2-63　模板部署虚拟机 -5

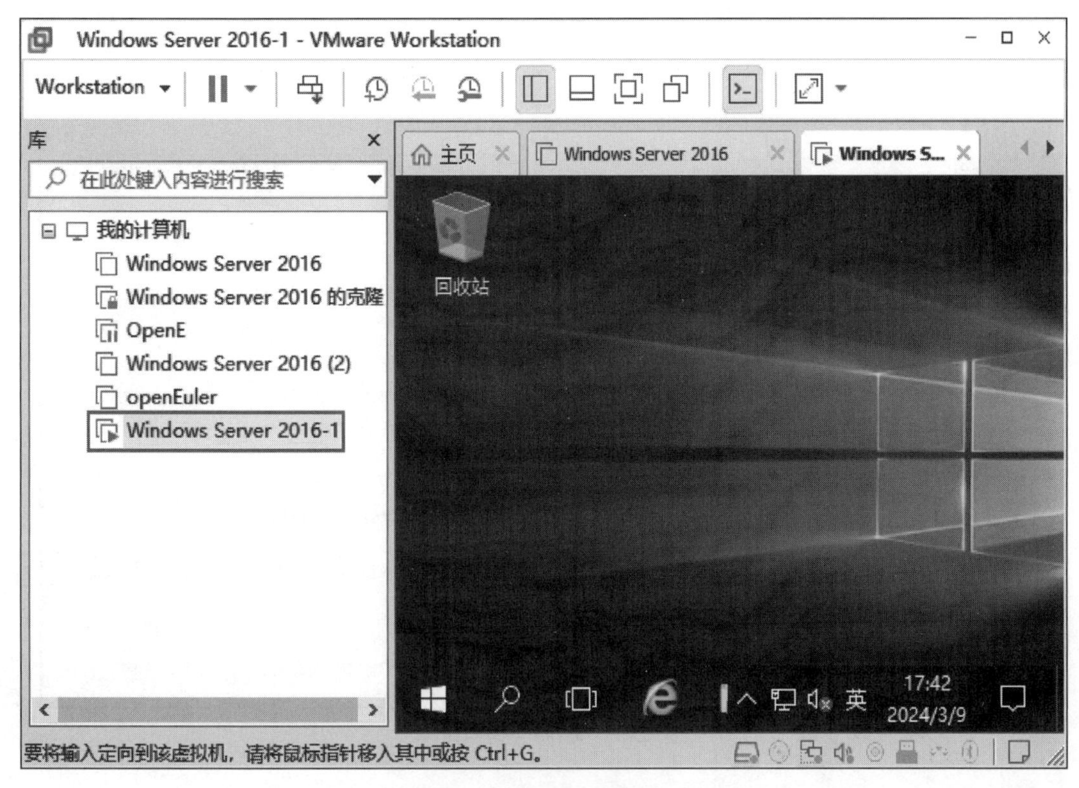

图 2-64　模板部署虚拟机 -6

2.4　虚拟机操作

1. 虚拟机扩展硬盘容量

在虚拟机使用的过程中，如果硬盘容量不足，可以通过直接扩大原有的硬盘空间和添加新的硬盘两种方法增加虚拟机硬盘容量。在本书中，采用直接扩大原有的硬盘空间的方式扩展硬盘容量。

视 频

扩展磁盘容量

（1）关闭需要扩容的虚拟机，右击该虚拟机，在弹出的快捷菜单中选择“设置”命令，在“虚拟机设置”对话框选择“硬件”选项卡，选中“硬盘”，单击界面右侧的“扩展”按钮，如图 2-65 所示。

注：如果“扩展”按钮为灰色，可能虚拟机为开机状态或者虚拟机具有快照，必须删除快照或使用 VMware vCenter Converter。

（2）在“扩展磁盘容量”对话框，指定最大虚拟磁盘大小，输入最大磁盘大小，单击“扩展”按钮，如图 2-66 所示。

目前只能将硬盘扩大不能将其缩小，在指定新的硬盘大小时要大于原来的硬盘大小。

（3）在提示信息对话框，单击“确定”按钮，如图 2-67 所示。

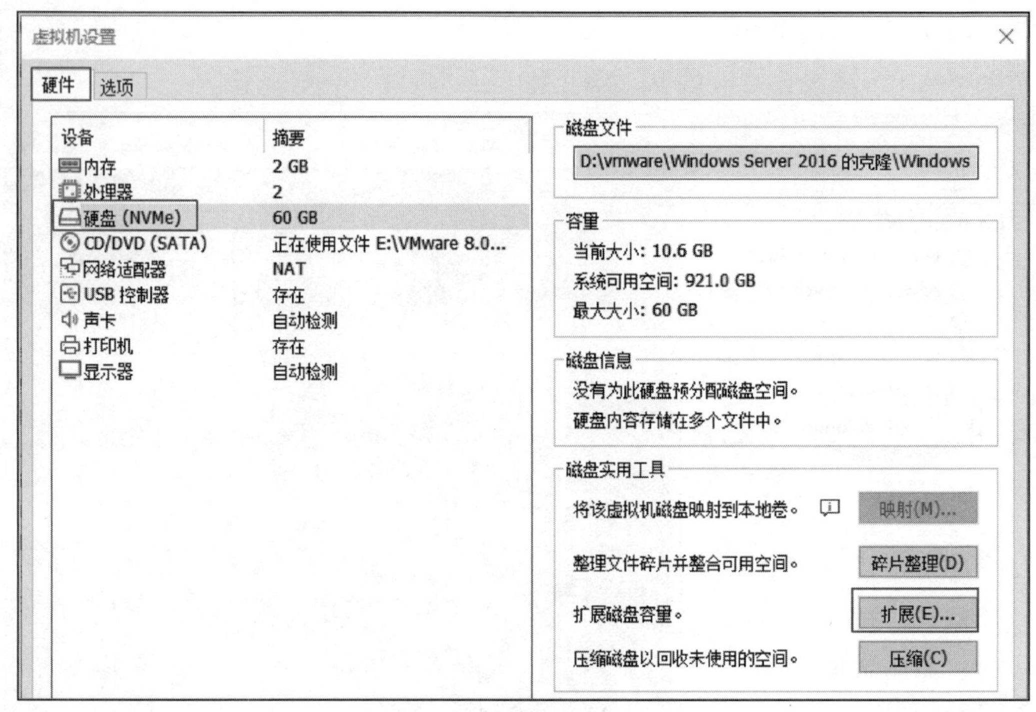

图 2-65　扩展磁盘容量 -1

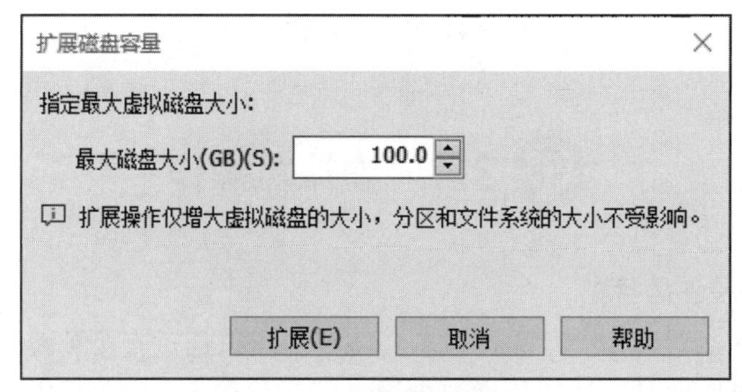

图 2-66　扩展磁盘容量 -2

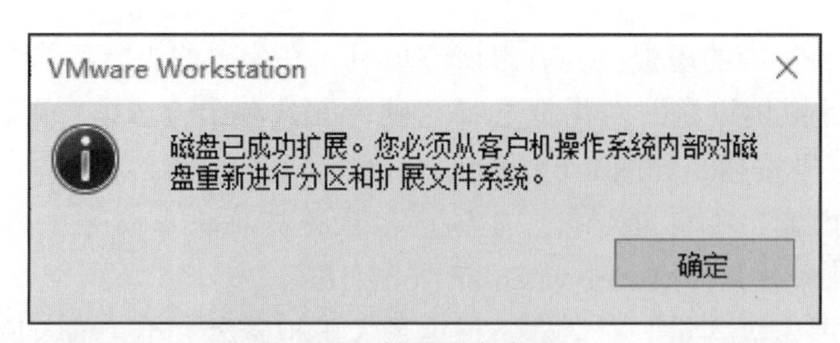

图 2-67　扩展磁盘容量 -3

（4）在扩展硬盘后，原有的分区大小不变，如果要使用扩展后的分区，需要使用磁盘工具，创建分区或扩展现有分区之后使用。

打开虚拟机，查看资源管理器，本地磁盘 C 盘的大小为 59.5 GB，并没有扩展。打开服务器管理器，依次单击“文件和存储服务”→“磁盘”，在“服务器管理器”→“文件和存储服务”→“卷”→“磁盘”界面，选中需要扩展的磁盘，右击，在弹出的快捷菜单中选择“扩展卷”命令，如图 2-68 所示。

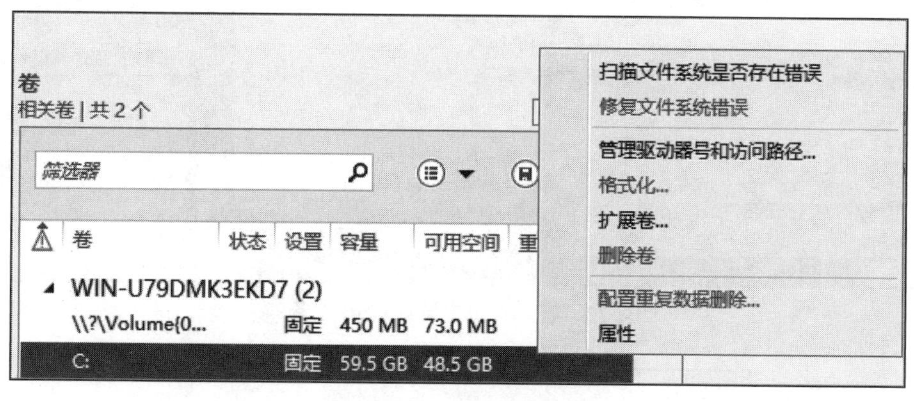

图 2-68　扩展磁盘容量 -4

（5）在“扩展卷”对话框，输入新磁盘的大小，在本书中输入 99.5，如图 2-69 所示，单击“确定”按钮。

（6）新磁盘的容量已扩展成功，如图 2-70 所示。

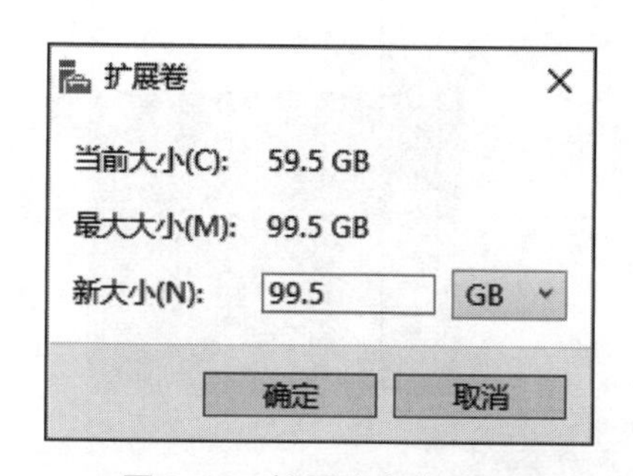

图 2-69　扩展磁盘容量 -5

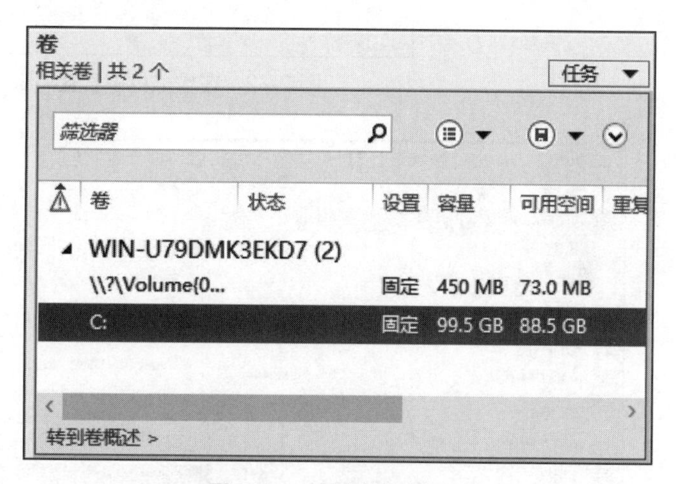

图 2-70　扩展磁盘容量 -6

2. 在虚拟机中使用 USB 设备

在虚拟机中，可以直接使用主机的 U 盘、打印机设备等。下面对如何使用 U 盘进行介绍。

（1）单击菜单栏中的“虚拟机”，选择主机上可用的 USB 设备，选中设备之后进入下级菜单，如图 2-71 所示，选择“连接（断开与主机的连接）”，表示 U 盘从主机断开连接并连接到虚拟机中。此时，会弹出图 2-72 所示的对话框，单击“确定”按钮，将会在“此电脑”中看到识别的 U 盘。

（2）如果想将该设备重新连接到主机使用，可以选中该设备后，在该设备的下级菜单中选择“断开连接（连接主机）”即可，如图 2-73 所示。

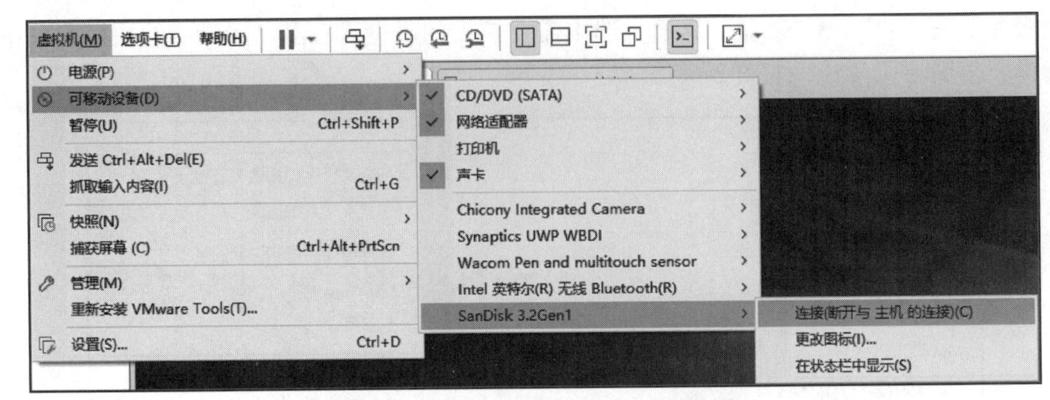

图 2-71　在虚拟机中设置 USB 设备 -1

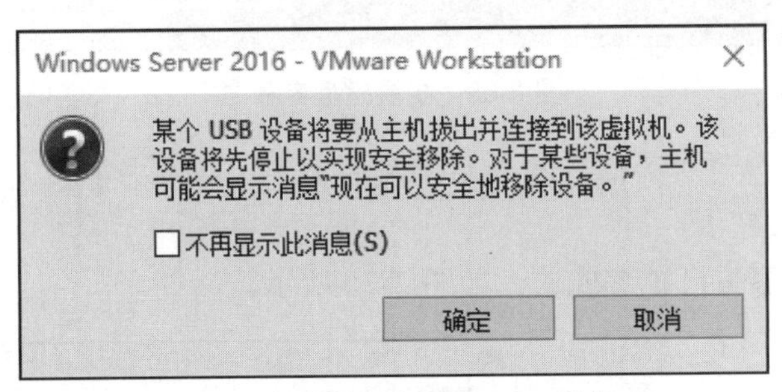

图 2-72　在虚拟机中设置 USB 设备 -2

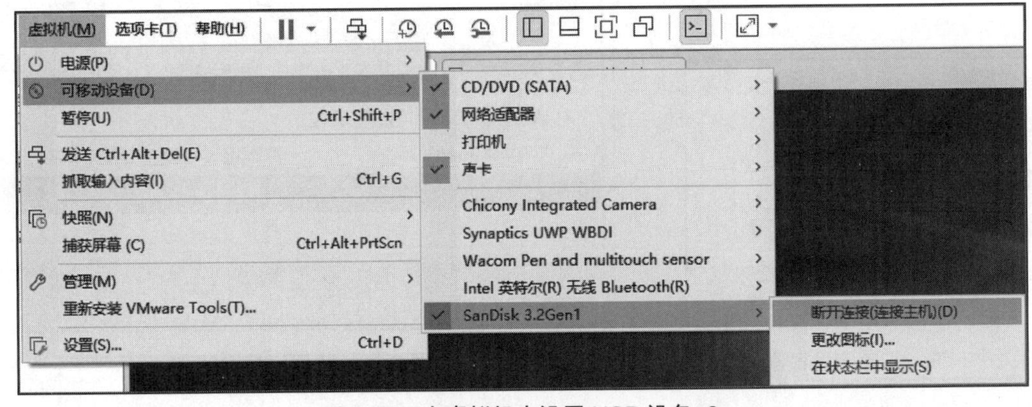

图 2-73　在虚拟机中设置 USB 设备 -3

（3）如果选中的是 USB 打印机等设备，需要在虚拟机中安装 USB 打印机的驱动程序，这和在主机中使用 USB 打印机是一样的。

（4）从 VMware Workstation 7 开始，可以在 VMware Workstation 的虚拟机中通过添加“打印机”虚拟硬件直接使用主机的打印机而无须在虚拟机中进行设置。

视 频

加密、解密虚拟机

3. 加密、解密虚拟机

VMware Workstation 的加密特性能够防止非授权用户访问虚拟机的敏感数据。加密为虚拟机提供了保护，限制了用户对虚拟机的修改。在生产环境中，不希望在没有获取正确密码的情况下就能够启动虚拟机，因为非授权用户可能会因此获取敏感数据。VMware Workstation 加密位于物理计算硬件的启动密码之上。

注：①开机的虚拟机无法加密。

②创建了快照、克隆链接的虚拟机不能启用该功能。

（1）关闭正在运行的虚拟机，单击“编辑虚拟机设置”，在“虚拟机设置”对话框，单击“访问控制”，单击界面右侧“加密”按钮，如图 2-74 所示。

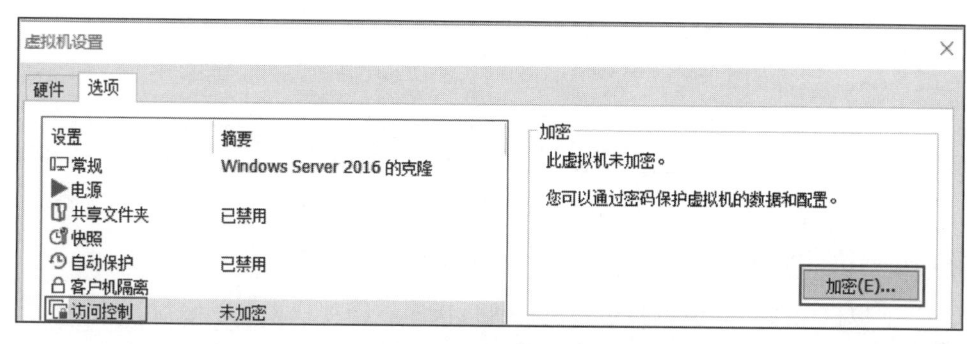

图 2-74　虚拟机加密 -1

（2）在“为此虚拟机设置密码”对话框中输入加密密码，单击“加密”按钮，如图 2-75 所示。

（3）在虚拟机加密完成后，关闭 VMware Workstation Pro，再次打开 VMware Workstation Pro，在浏览到已加密的虚拟机时，会弹出“输入密码”对话框，如图 2-76 所示，输入正确的密码，才能继续运行。

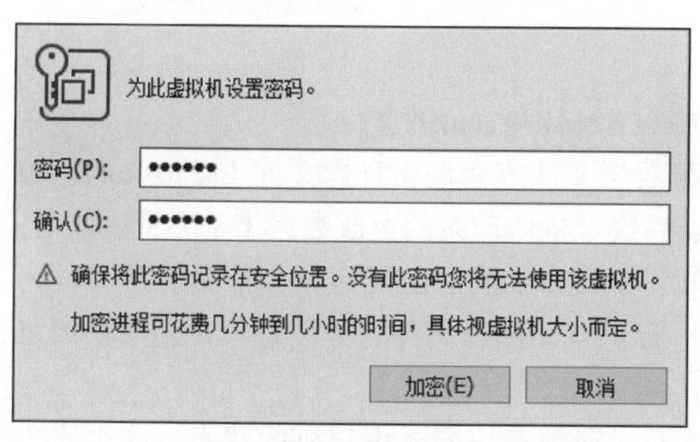

图 2-75　虚拟机加密 -2

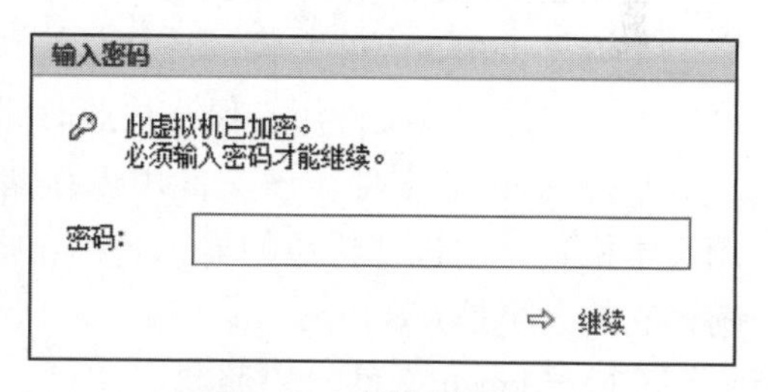

图 2-76　虚拟机加密 -3

（4）如果取消虚拟机的加密，“在虚拟机设置”界面，依次单击“选项”→“访问控制”→“加密”→“移除加密”，在弹出的“移除加密”对话框中输入加密时的密码，如图 2-77 所示，单击“移除加密”按钮即可实现对虚拟机解密。

4. 虚拟机快照管理

1）快照的定义

视频

虚拟机快照与克隆

VMware 中的快照是对 VMDK 在某个时间点的“拷贝”，这个“拷贝”并不是对 VMDK 文件的复制，而是保持磁盘文件和系统内存在该时间点的状态，以便在出现故障后虚拟机能够恢复到该时间点。如果对某个虚拟机创建了多个快照，那么就可以有多个可恢复的时间点。

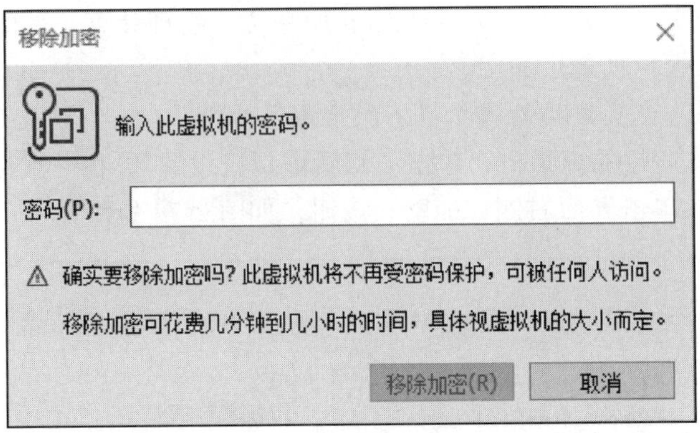

图 2-77　虚拟机加密 -4

快照保留以下信息：

（1）虚拟机设置。虚拟机目录，包含执行快照后添加或更改的磁盘。

（2）电源状况。虚拟机可以打开电源、关闭电源或挂起。

（3）磁盘状况。所有虚拟机的虚拟磁盘的状况。

（4）（可选）内存状况。虚拟机内存的内容。

恢复到快照时，虚拟机的内存、设置和虚拟磁盘都将返回拍摄快照时的状态。多个快照之间为父子项关系。作为当前状态基准的快照即是虚拟机的父快照。拍摄快照后，所存储的状态即为虚拟机的父快照。如果恢复到更早的快照，则该快照将成为虚拟机的父快照。

2）快照的文件类型

当创建虚拟机快照时会创建 -delta.vmdk、.vmsd 和 .vmsn 文件。

（1）*-delta.vmdk 文件。该文件为快照数据文件或者重做日志文件（redo-log），也称子磁盘文件。该文件用于保存快照时间点后虚拟机所产生的更改数据（即快照数据）。

（2）*.vmsd 文件。该文件用于存储有关 VMware 快照的元数据和信息。此文件采用文本格式，它包含快照的显示名称、唯一标识符和磁盘文件名等信息。在创建快照之前，它的大小是 0 B。

（3）*.vmsn 文件。快照状态文件，用于保存创建快照时虚拟机的状态。这个文件的大小取决于创建快照时是否选择保存内存的状态。如果选择，那么这个文件会比分配给这个虚拟机的内存大小还要大几兆字节。

3）创建虚拟机快照

（1）单击工具栏中的图标，或者右击虚拟机，在弹出的快捷菜单中选择“快照”→“拍摄快照”命令，如图 2-78 所示；在弹出的“拍摄快照”对话框输入创建快照的名称以及描述，单击“确定”按钮，完成快照的创建，如图 2-79 所示。

（2）快照创建完成后，单击工具栏中的图标，弹出“快照管理器”对话框，在快照管理器中多出的图标就是新建的快照，如图 2-80 所示。在快照管理器中，可以对已建的快照进行删除等操作。

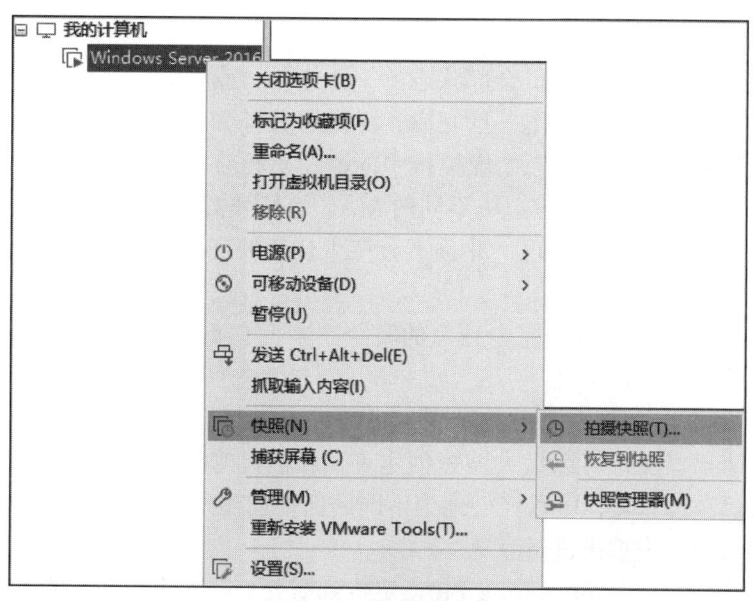

图 2-78　创建快照 -1

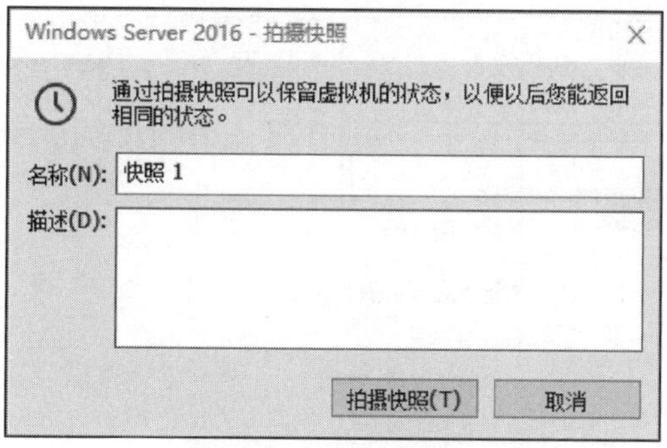

Windows Server 2016 - 拍摄快照

通过拍摄快照可以保留虚拟机的状态，以便以后您能返回相同的状态。

名称(N): 快照 1

描述(D):

拍摄快照(T)　取消

图 2-79　创建快照 -2

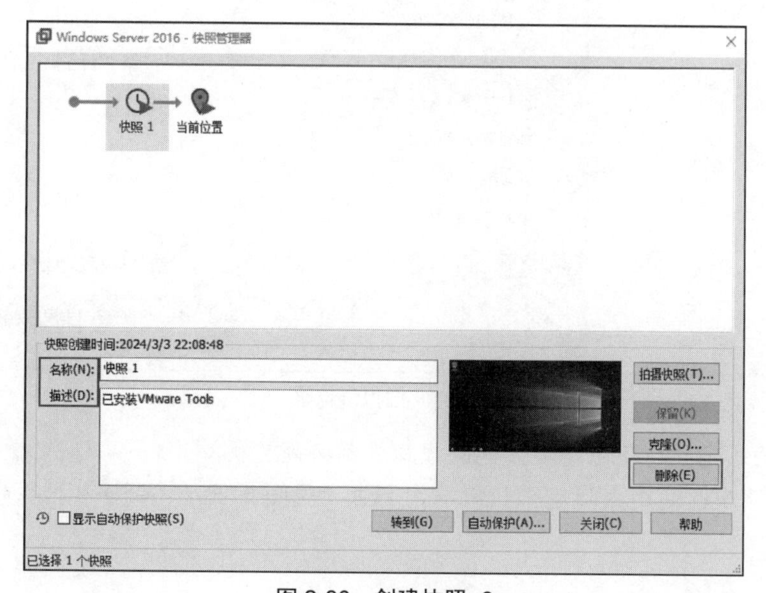

图 2-80　创建快照 -3

5. 虚拟机克隆

虚拟机的克隆是原始虚拟机全部状态的一个拷贝，或者说一个镜像。克隆的过程并不影响原始虚拟机，克隆的操作一旦完成，克隆的虚拟机就可以脱离原始虚拟机独立存在，而且在克隆的虚拟机中和原始虚拟机中的操作是相对独立的，不相互影响。克隆过程中，VMware 会生成和原始虚拟机不同的 MAC 地址和 UUID，这就允许克隆的虚拟机和原始虚拟机在同一网络中出现，并且不会产生任何冲突。VMware 支持两种类型的克隆：完整克隆和链接克隆。

完整克隆是和原始虚拟机完全独立的一个副本，它不和原始虚拟机共享任何资源，可以脱离原始虚拟机独立使用。

链接克隆需要和原始虚拟机共享同一虚拟磁盘文件，不能脱离原始虚拟机独立运行。但采用共享磁盘文件可以大大缩短创建克隆虚拟机的时间，还可以节省宝贵的物理磁盘空间。通过链接克隆，可以轻松地为不同的任务创建独立的虚拟机。

下面介绍如何对虚拟机进行克隆。

（1）运行 VMware Workstation Pro，定位到需要克隆的虚拟机，右击该虚拟机，在弹出的快捷菜单中选择“管理”→“克隆”命令，如图 2-81 所示。

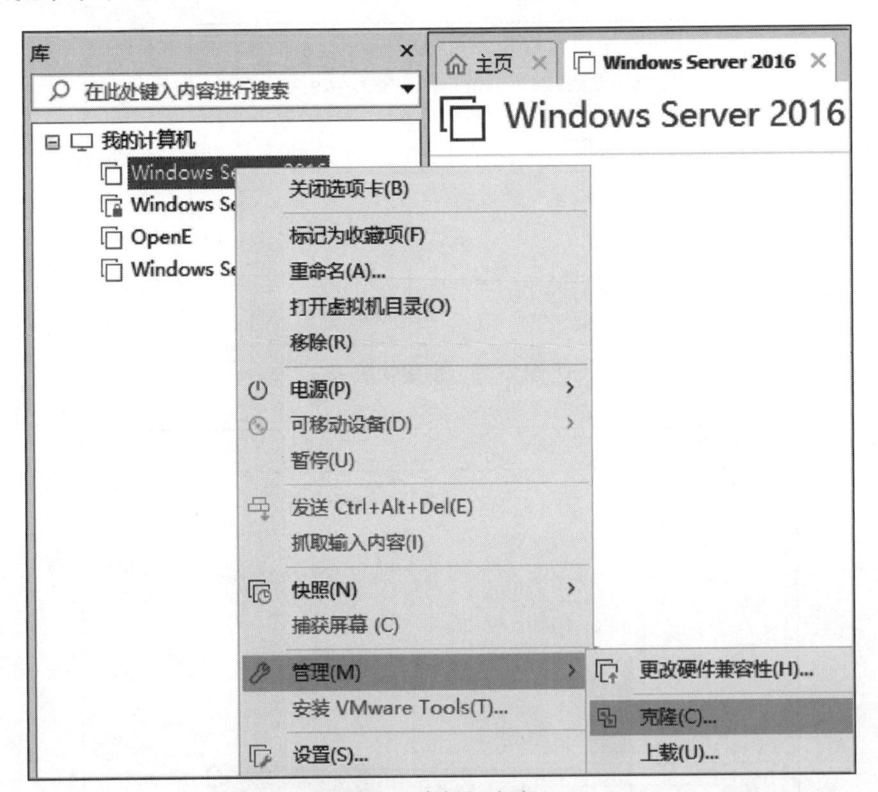

图 2-81　虚拟机克隆 -1

注：无论是完整克隆还是链接克隆虚拟机都必须关机。

（2）在“欢迎使用克隆虚拟机向导”界面（见图 2-82），单击“下一页”按钮开始克隆虚拟机。

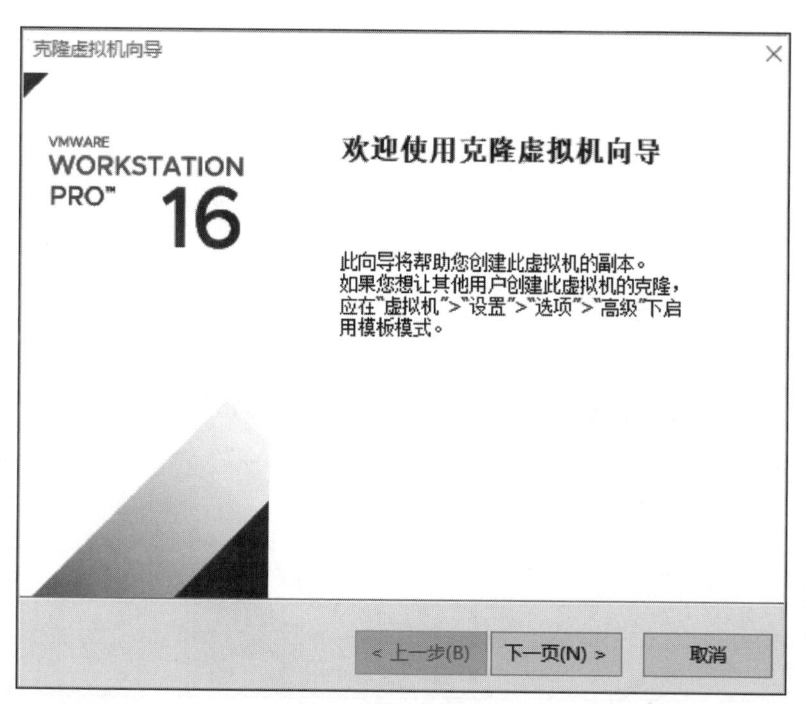

图 2-82　克隆虚拟机 -2

（3）在“克隆源”界面，选择“虚拟机中的当前状态”单选按钮，如图 2-83 所示，单击“下一页”按钮。

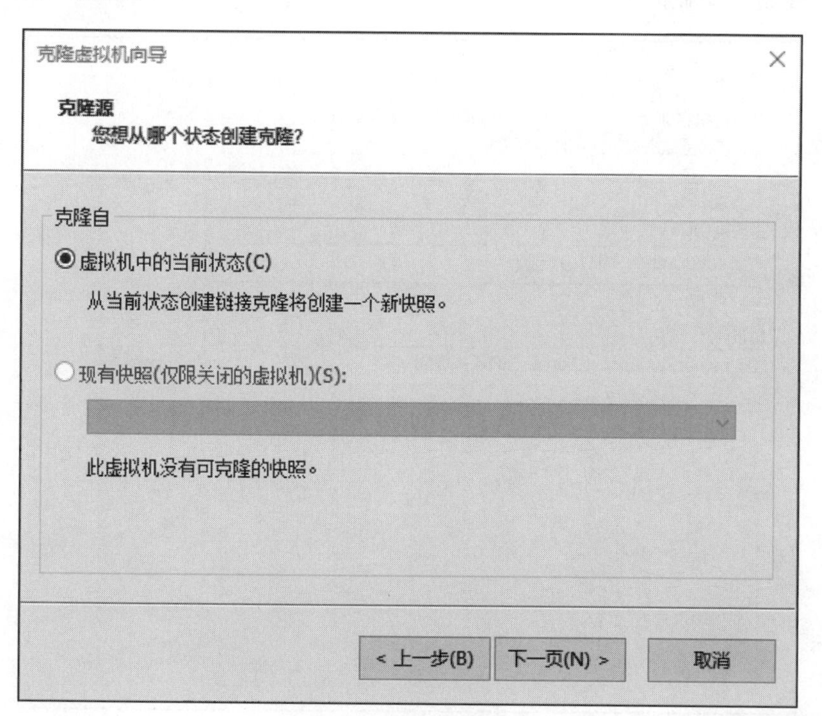

图 2-83　虚拟机克隆 -3

（4）在“克隆类型”界面，选择“创建完整克隆”单选按钮，如图 2-84 所示，单击“下一页”按钮。

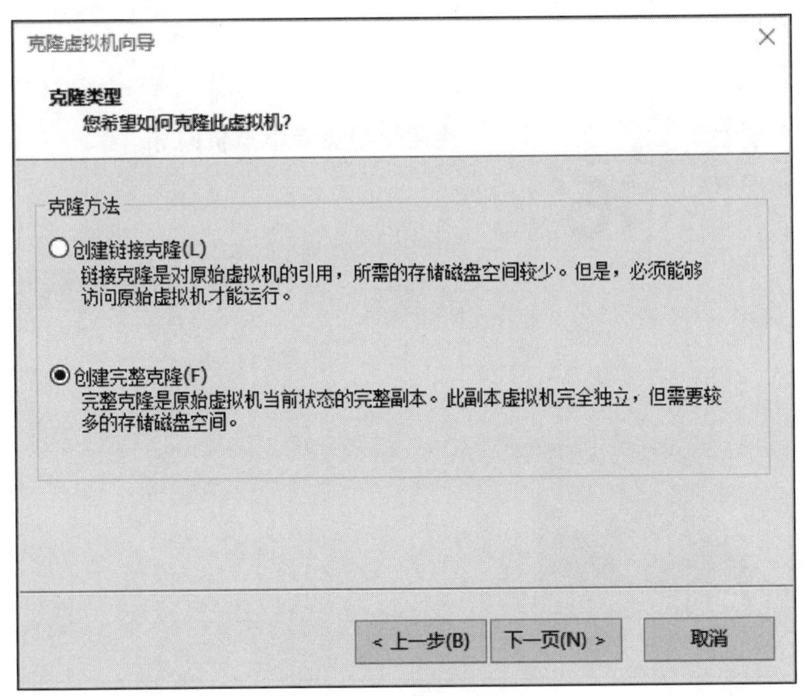

图 2-84　虚拟机克隆 -4

（5）在“新虚拟机名称”界面，设置克隆的虚拟机名称，如图2-85所示，单击“完成”按钮，开始克隆虚拟机。

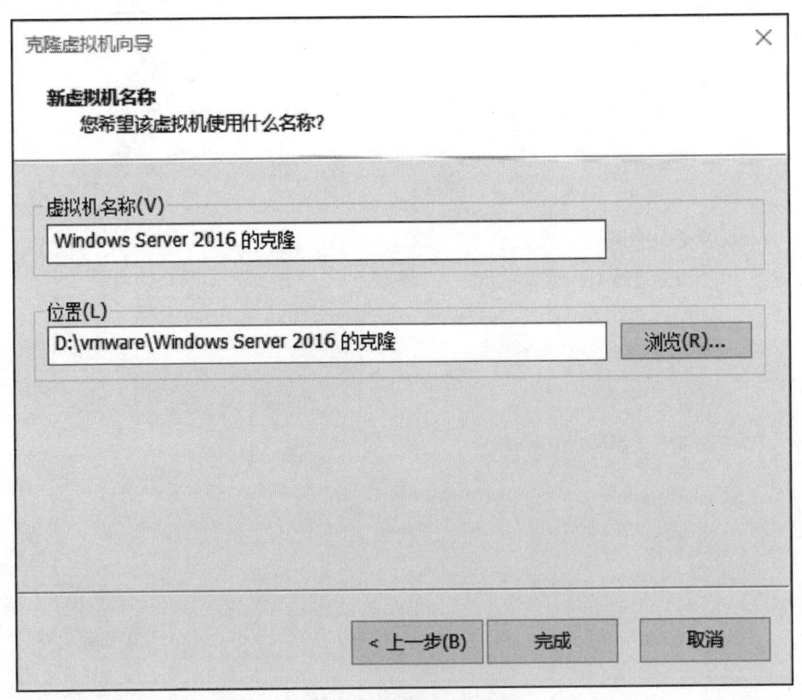

图 2-85　虚拟机克隆 -5

（6）在“正在克隆虚拟机”界面（见图 2-86），单击“关闭”按钮，完成虚拟机的克隆。

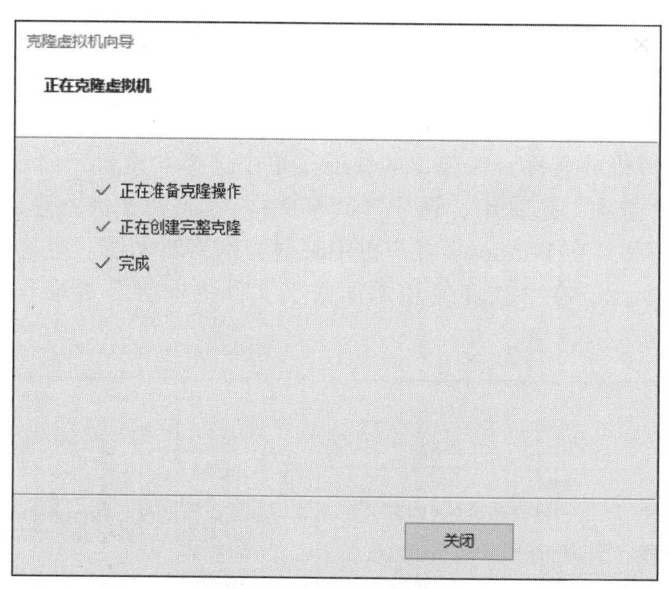

图 2-86　虚拟机克隆 -6

（7）在 VMware Workstation Pro 主界面，可以看到新克隆的虚拟机“Windows Server 2016 的克隆”，如图 2-87 所示。

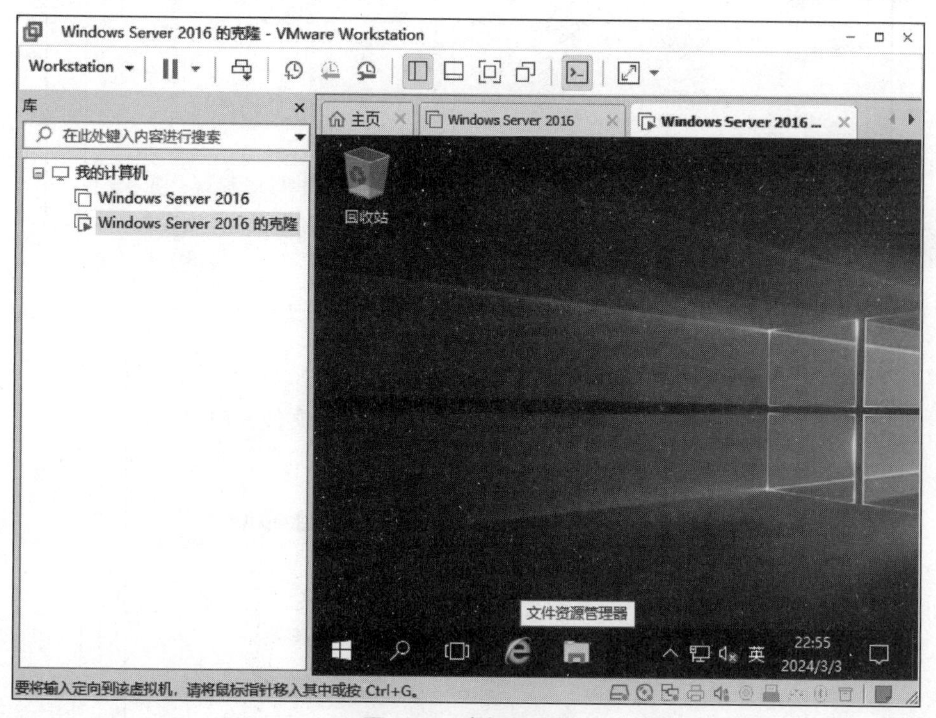

图 2-87　虚拟机克隆 -7

6. 宿主机与虚拟机之间的互动

宿主机与虚拟机之间互动的方式主要有三种：拖动方式，复制、粘贴方式，以及设置共享文件夹的方式。

- 拖动方式：在虚拟机与宿主机之间使用鼠标用拖动的方式直接传送数据。

• 复制、粘贴方式：在虚拟机与宿主机之间使用复制、粘贴的方式传送数据。

• 共享文件夹。

设置共享文件夹的具体操作步骤如下：

（1）右击虚拟机的名称，在弹出的快捷菜单中选择“设置”命令，在 “虚拟机设置”对话框选择“选项”选项卡，选中“共享文件夹”，在文件共享区域中，选择“总是启用”单选按钮和“在 Windows 客户机中映射为网络驱动器”复选框，单击“添加”按钮，如图 2-88 所示。在“欢迎使用添加共享文件夹向导”界面（见图 2-89），单击“下一步”按钮。

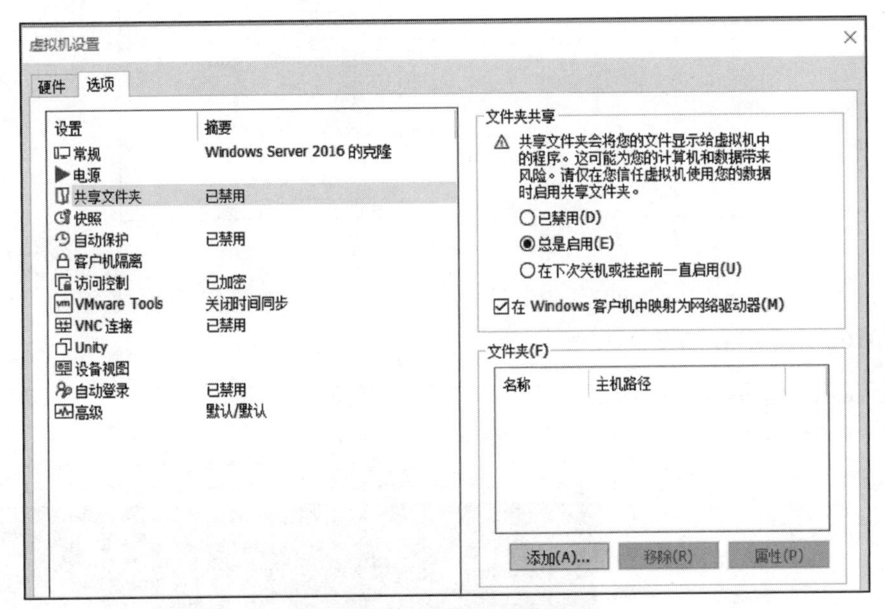

图 2-88　共享文件夹设置 -1

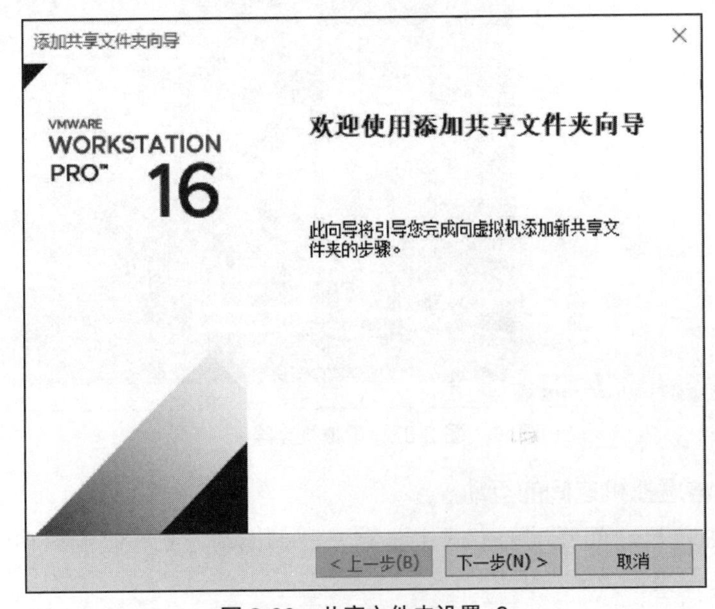

图 2-89　共享文件夹设置 -2

（2）在“命名共享文件夹”界面，选择主机路径并设置文件夹的名称，如图 2-90 所示，单击“下一步”按钮。

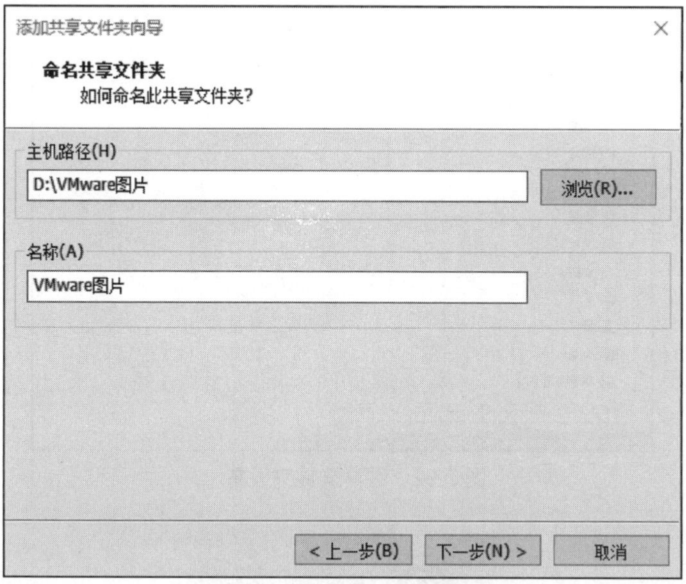

添加共享文件夹向导
命名共享文件夹
如何命名此共享文件夹?
主机路径(H)
D:\VMware图片
浏览(R)...
名称(A)
VMware图片
< 上一步(B)　下一步(N) >　取消

图 2-90　共享文件夹设置 -3

（3）在“指定共享文件夹属性”界面，设置共享文件夹的属性，勾选“启用此共享”复选框，那么被共享的文件夹中的文件或文件夹能被修改、删除、查看；如果同时选择“只读”复选框，那么只能查看共享文件夹中的文件或者文件夹。设置完成后，单击“完成”按钮，如图 2-91 所示。单击“完成”按钮后，返回到图 2-88 所示的界面，此时可以在“文件夹”区域查看新增加的文件夹的名称和路径，单击“确定”按钮。

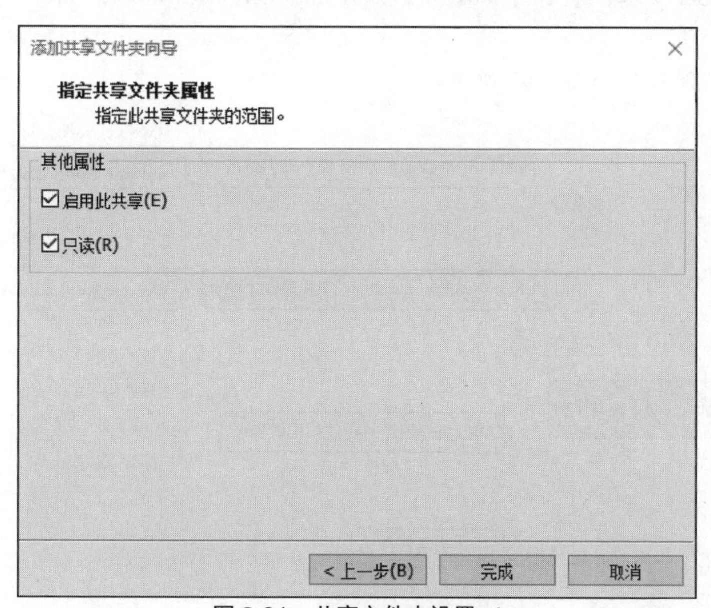

图 2-91　共享文件夹设置 -4

（4）在虚拟机的资源管理器中，可以看到一个映射的 Z 盘。此时，可通过该网络磁盘使用主机提供的文件，如图 2-92 所示。

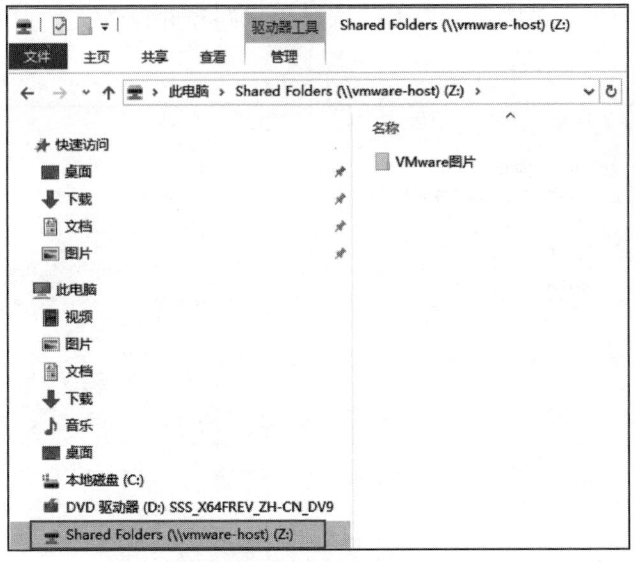

图 2-92　共享文件夹设置 -5

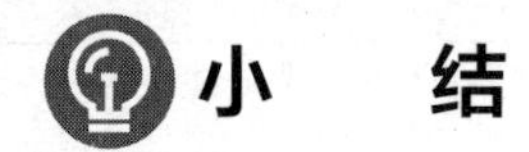

小　　结

本章首先介绍了虚拟机的定义、虚拟机的组成文件以及虚拟机的硬件组成；其次详细地描述了 vMware Workstation Pro 对系统的要求，包括主机系统的处理器要求、支持的主机操作系统、主机系统的内存要求、主机系统的显示要求、主机系统的磁盘驱动器要求和主机系统的 ALSA 要求；最后对 VMware Workstation Pro 虚拟机的安装与使用的操作进行了描述。

本章知识技能结构如图 2-93 所示。

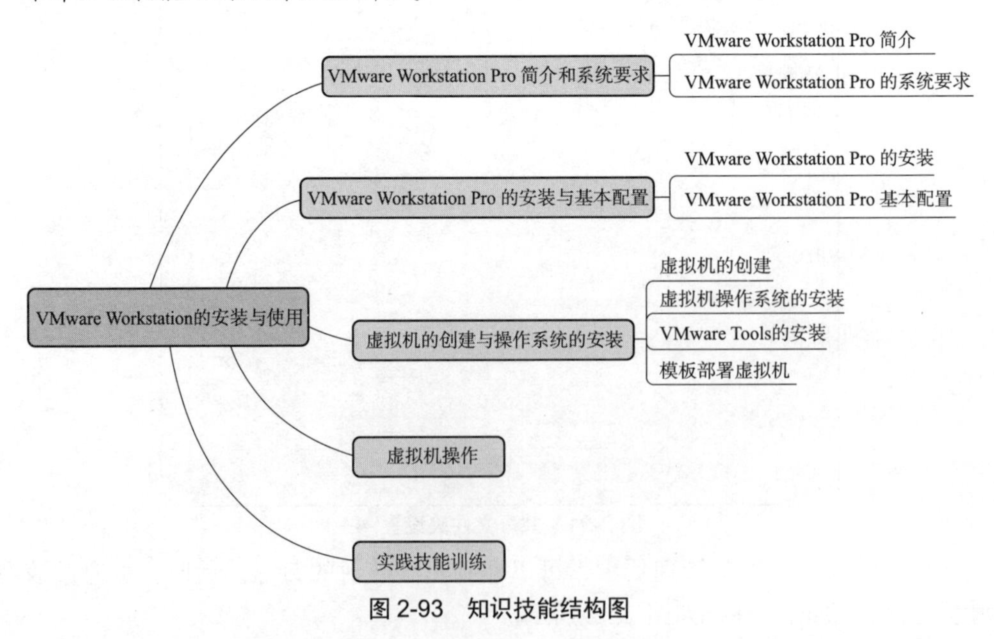

图 2-93　知识技能结构图

习　题

（1）解释虚拟机的定义。

（2）举例说明虚拟机的用途。

（3）在给虚拟机建立快照时，快照保留了虚拟机的哪些信息?

（4）简述 VMware Tools 的作用。

（5）简单描述快照与克隆的区别。

（6）VMware 支持哪两种类型的克隆？二者的区别是什么?

实践能力训练

1. 实训目的

（1）掌握 VMware Workstation Pro 16 安装。

（2）掌握虚拟机的创建与操作系统的安装。

（3）掌握虚拟机的基本操作：加解密操作、快照操作、克隆操作、扩展虚拟硬盘容量。

（4）培养学生的动手操作能力和独立自主学习能力。

2. 实训内容

（1）安装 VMware Workstation Pro 16。

（2）创建虚拟机 Win2019-Storage，安装 Windows Server 2019 操作系统；创建虚拟机 Linux，安装 openEuler 操作系统；创建虚拟机 Win2016-DNS，安装 Windows Server 2016 操作系统；三台虚拟机安装 VMware Tools。

（3）分别修改虚拟机 Win2019-Storage 和虚拟机 Linux 的 IP 地址为静态 IP 地址，并对虚拟机 Win2019-Storage 进行快照操作，通过添加新的硬盘的方法为虚拟机 Win2019-Storage 增加两块 200 GB 硬盘。

（4）对虚拟机 Linux 进行完整克隆操作和加密操作。

3. 实训环境要求

软件：VMware Workstation Pro 16、Windows Server 2019 操作系统镜像、openEuler 操作系统镜像。

硬件：物理机内存 64 GB 以上，主机系统需要使用具有 AMD-V 支持的 AMD CPU 或者具有 VT-x 支持的 Intel CPU。

第3章 VMware ESXi 的安装与管理

VMware ESXi 是 VMware 企业产品的基础，无论是 VMware vSphere，还是 VMware View，以及 vCloud，这一切产品的基础都是 VMware ESXi，可以说，VMware 云计算机企业虚拟化的基础就是 VMware ESXi。

VMware ESXi 是 vSphere 环境中的 Hypervisor，是用于创建和运行虚拟机的虚拟化平台，它将处理器、内存、存储器和资源虚拟化为多个虚拟机，其本身可以看作一个操作系统，采用 Linux 内核，安装方式为裸金属方式，可直接安装在物理服务器上，不需安装其他操作系统。通过直接访问并控制底层资源，ESXi 能有效地对硬件进行分区，以便整合应用并降低成本。

在本章中讲解 VMware ESXi 8.0 的安装要求以及安装方法，使用 VMware ESXi 控制台配置管理 ESXi 主机和使用 VMware Host Client 远程管理 ESXi 主机的方法，管理 ESXi 数据存储的方法，在 ESXi 主机上部署 Windows 虚拟机和 Linux 虚拟机的方法，以及在 ESXi 主机上如何将其他版本升级至 ESXi 8.0 版本。

学习目标

（1）掌握 ESXi 8.0 的安装要求及安装和配置方法。

（2）学会使用 VMware Host Client 管理单台 ESXi 主机的基本管理方法。

（3）掌握在 ESXi 主机上部署 Windows 和 Linux 虚拟机的方法。

（4）学会将低版本的 ESXi 主机升级至 ESXi 高版本的方法。

视频

VMware ESXi 简介

3.1 VMware ESXi 8.0 的安装要求

1. 处理器

ESXi 8.0 要求主机至少具有两个 CPU 内核。

ESXi 8.0 支持广泛的多核 64 位 x86 处理器。

ESXi 8.0 需要在 BIOS 中针对 CPU 启用 NX/XD 位。

要支持 64 位虚拟机，x64 CPU 必须能够支持硬件虚拟化（Intel VT-x 或 AMD RVI）。

视频

VMware ESXi 的安装准备

2. 内存

ESXi 8.0 需要至少 8 GB 的物理 RAM。至少提供 12 GB 的 RAM，以便能够在典型生产环境中运行虚拟机。

3. 网卡

ESXi 8.0 要求物理服务器至少具有两个 1 Gbit/s 以上的网卡，对于使用 Virtual SAN 软件定义存储的环境推荐 10 Gbit/s 以上的网卡。

4. 存储适配器

SCSI 适配器、光纤通道适配器、聚合的网络适配器、iSCSI 适配器或内部 RAID 控制器。

5. 存储

ESXi 8.0 需要至少具有 32 GB 永久存储（如 HDD、SSD 或 NVMe）的引导磁盘。引导设备不得在 ESXi 主机之间共享。

SCSI 磁盘或包含未分区空间用于虚拟机的本地（非网络）RAID LUN。

ESXi 8.0 支持主流的 SATA、SAS、SSD 硬盘安装。由于需要创建 VMFS-L 分区，官方不再推荐在 SD 卡、U 盘等非硬盘介质上安装 ESXi 8.0。

对于硬件方面的详细要求，可参考 VMware 官方网站《VMware vSphere 8.0 文档中心》。

3.2　VMware ESXi 8.0 的安装

1. ESXi 安装介质的准备

可以从 VMware 网站下载 ESXi 安装介质。在本书中使用的 VMware ESXi 版本为：VMware-VMvisor-Installer-8.0U1a-21813344.x86_64.iso。

2. ESXi 的安装方式

ESXi 有多种安装方式，包括：

（1）交互式安装：用于不超过五台主机的小型环境部署。

（2）脚本式安装：不需人工干预就可以安装部署多个 ESXi 主机。

（3）使用 vSphere Auto Deploy 进行安装：通过 vCenter Server 有效地置备和重新置备大量 ESXi 主机。

（4）ESXi Image Builder CLI 自定义安装：可以使用 ESXi Image Builder CLI 创建带有自定义的一组更新、修补程序和驱动程序的 ESXi 安装映像。

在本书中采用交互式安装。

3. 配置规划

在本书中将 ESXi 主机安装在 VMware Workstation 中。在 VMware Workstation 中安装五台 ESXi 主机，每台主机所需的硬件资源以及创建的虚拟机见表 3-1。

表 3-1　配置清单

主机名称	IP 地址	网络适配器模式	内存 /GB	CPU/ 个	硬盘 /GB	虚拟机操作系统
ESXi-1	192.168.177.132	NAT	16	4	300	Windows Server 2016
ESXi-2	192.168.177.133	NAT	8	2	142	openEuler
ESXi-3	192.168.177.134	NAT	8	2	142	Windows Server 2016
ESXi-4	192.168.177.135	NAT	8	2	142	
VMware ESXi 7 和更高版本	192.168.177.138	NAT	4	2	142	升级到 VMware ESXi 8.0

视 频

VMware ESXi 8.0的安装

4. 创建 VMware ESXi 8 实验虚拟机

（1）在 VMware Workstation 中，在“欢迎使用新建虚拟机向导”界面，采用自定义方式创建虚拟机，如图 3-1 所示，单击“下一步”按钮。

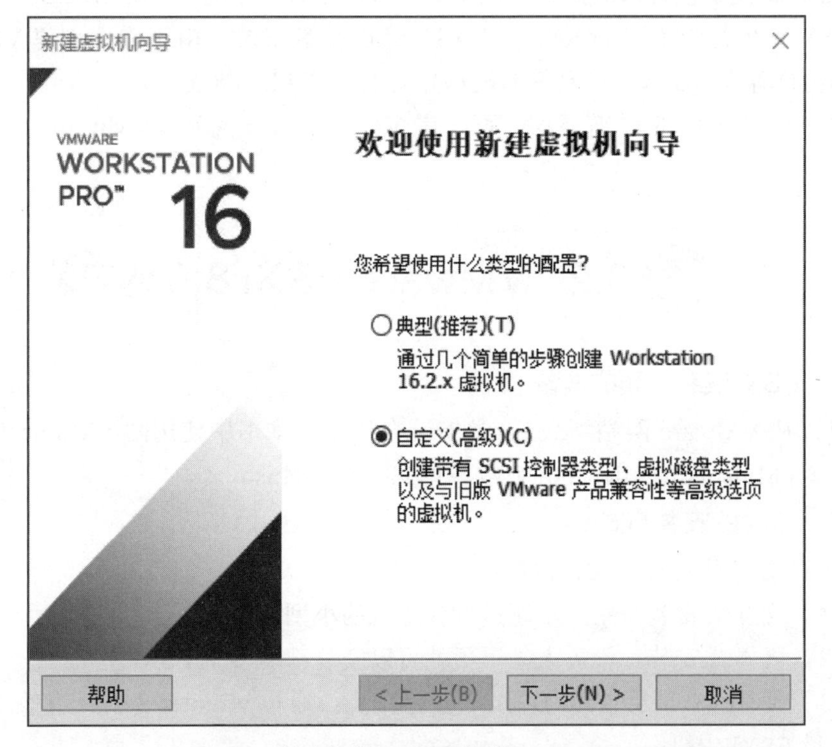

图 3-1　创建安装 ESXi 的虚拟机 -1

（2）在“选择虚拟机硬件兼容性”界面，保持默认选项，如图 3-2 所示，单击“下一步”按钮。

（3）在“安装客户机操作系统”界面，选择“稍后安装操作系统”单选按钮，如图 3-3 所示，单击“下一步”按钮。

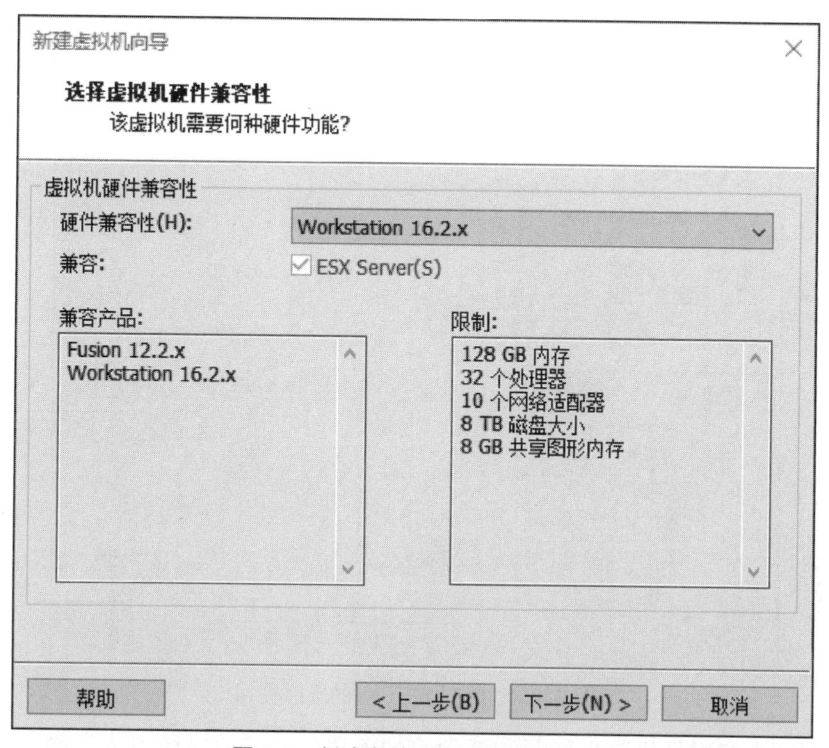

图 3-2　创建安装 ESXi 的虚拟机 -2

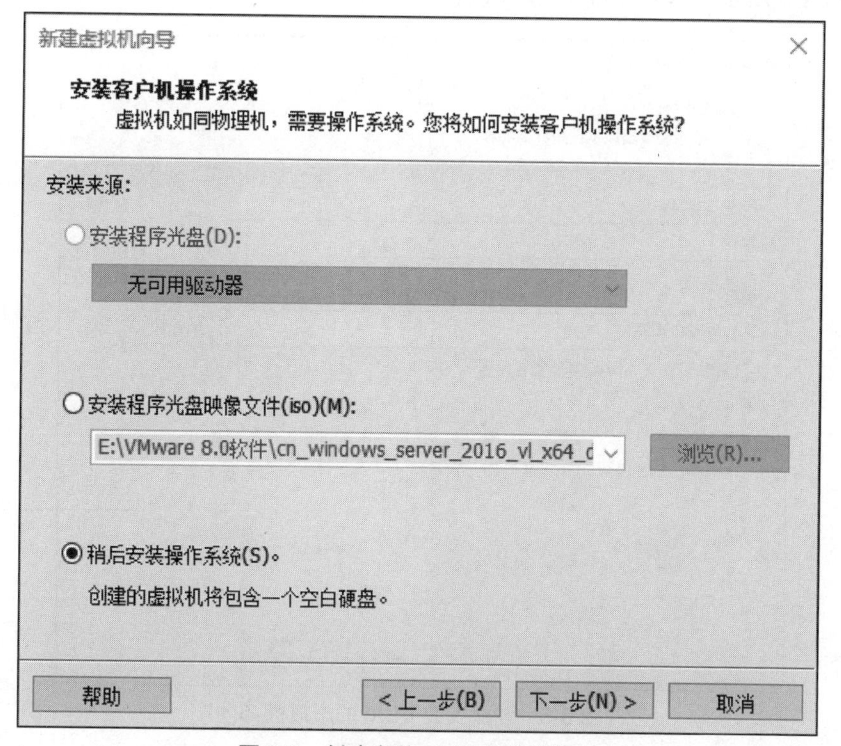

图 3-3　创建安装 ESXi 的虚拟机 -3

（4）在“选择客户机操作系统”界面，客户操作系统选择 VMware ESX，在“版本”区域选择“VMware ESXi 7 和更高版本”，如图 3-4 所示，单击“下一步”按钮。

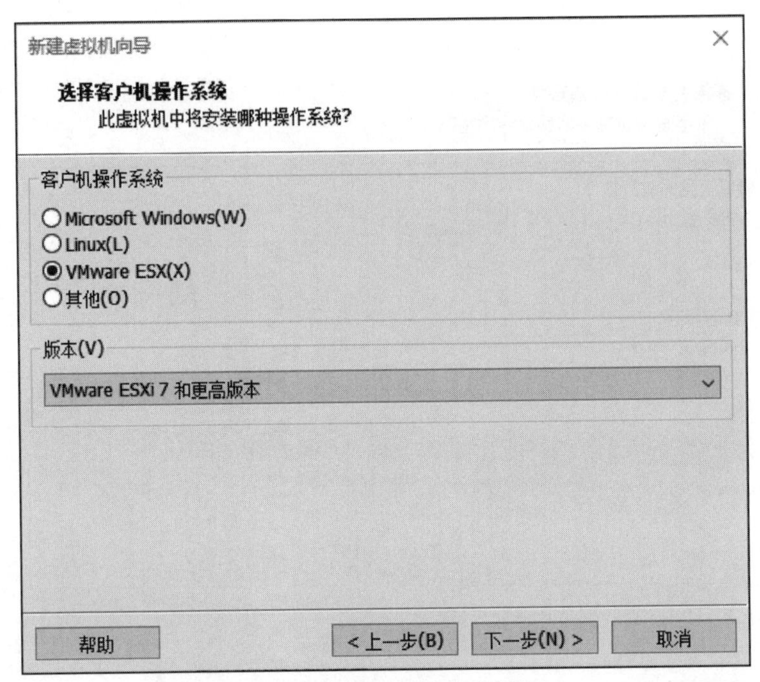

图 3-4　创建安装 ESXi 的虚拟机 -4

（5）在“命名虚拟机”界面，为新创建的虚拟机命名并选择安装位置，并选择安装位置，如图 3-5 所示，单击“下一步”按钮。

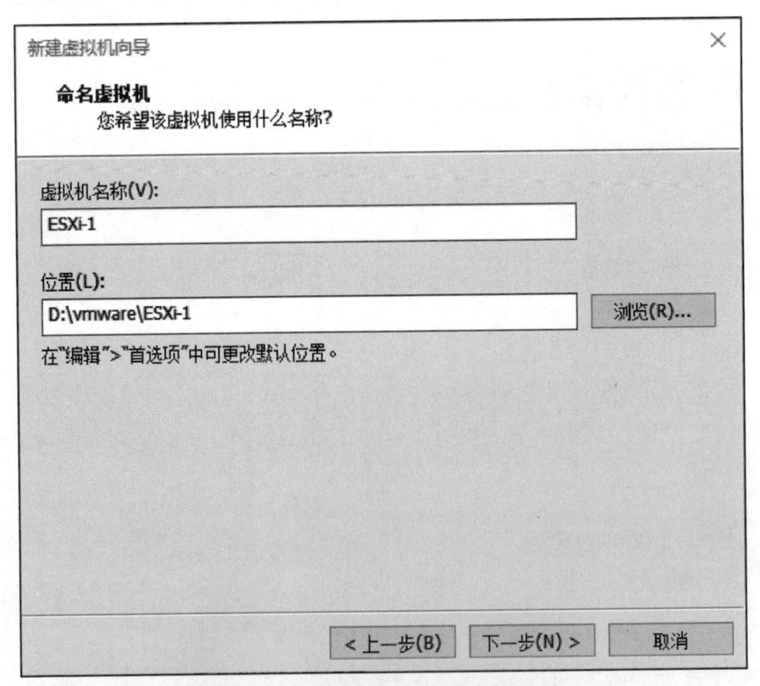

图 3-5　创建安装 ESXi 的虚拟机 -5

（6）在“处理器配置”界面，处理器内核总数设置为 4，如图 3-6 所示，单击“下一步”按钮。

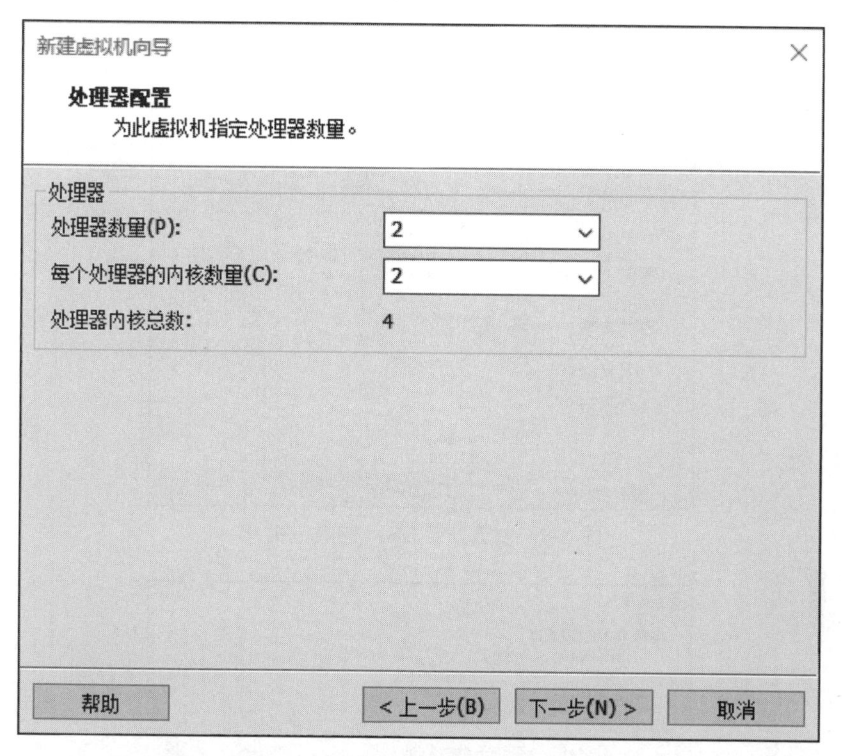

图 3-6　创建安装 ESXi 的虚拟机 -6

（7）为安装 ESXi 的虚拟机设置 16 GB 内存（见图 3-7）、使用 NAT 方式上网（见图 3-8）、SCSI 控制器选择“准虚拟化 SCSI”（见图 3-9），磁盘类型选择 SCSI（见图 3-10）。

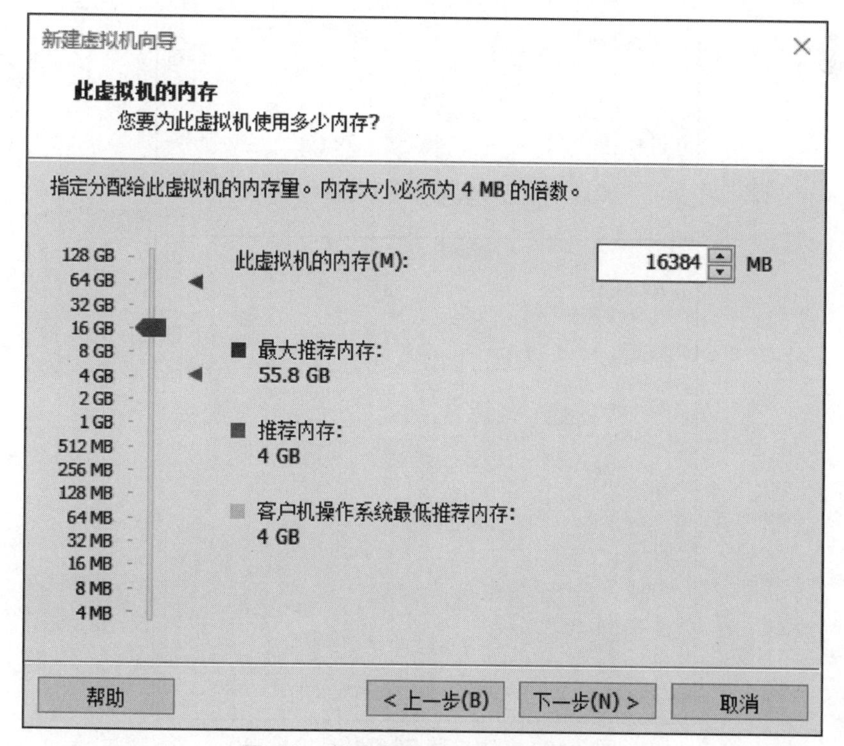

图 3-7　创建安装 ESXi 的虚拟机 -7

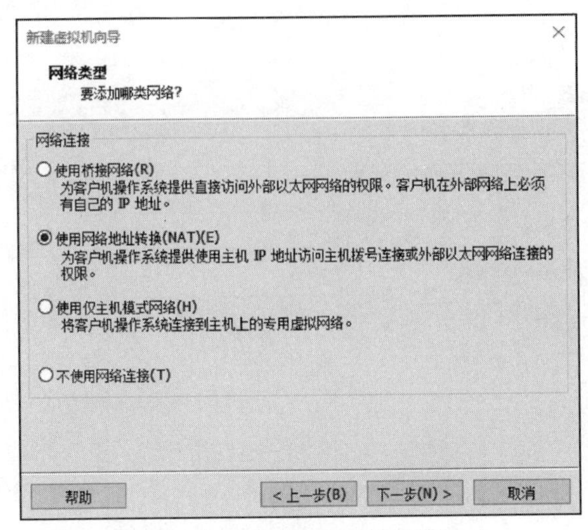

图 3-8　创建安装 ESXi 的虚拟机 -8

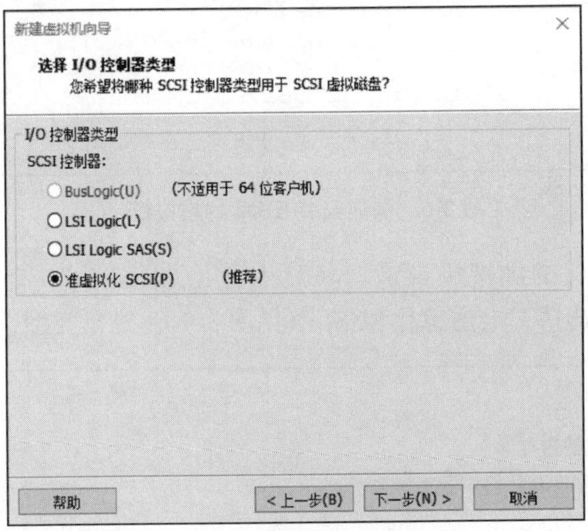

图 3-9　创建安装 ESXi 的虚拟机 -9

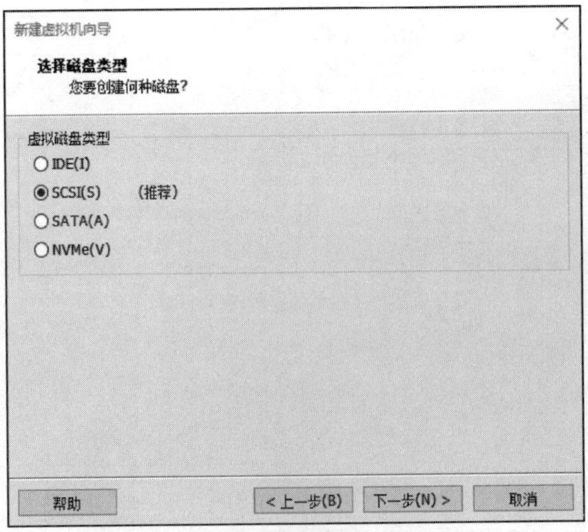

图 3-10　创建安装 ESXi 的虚拟机 -10

（8）在“选择磁盘”界面，选择“创建新虚拟磁盘”单选按钮，如图 3-11 所示，单击“下一步”按钮。

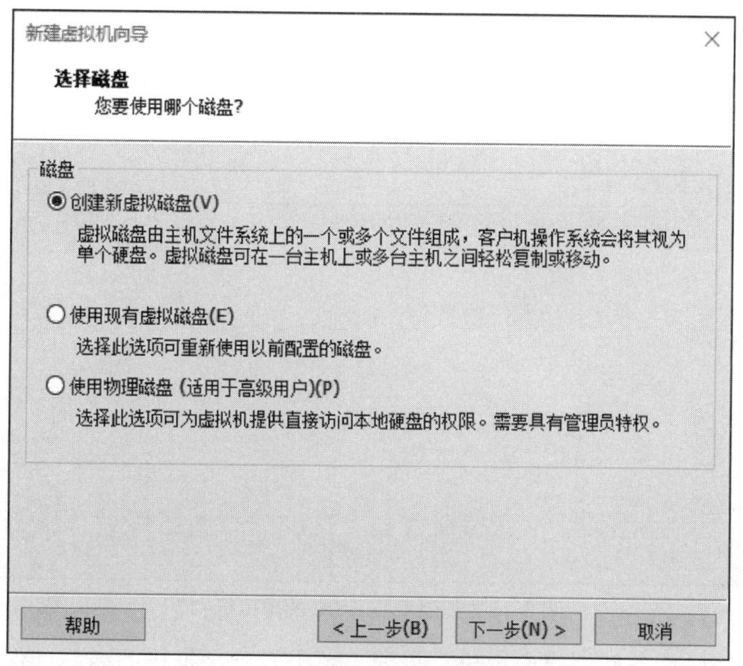

图 3-11　创建安装 ESXi 的虚拟机 -11

（9）在“指定磁盘容量”界面，设置最大磁盘大小为 300 GB，选择“将虚拟磁盘拆分成多个文件”单选按钮，如图 3-12 所示，单击“下一步”按钮；在“指定磁盘文件”界面，保持默认选项，如图 3-13 所示，单击“下一步”按钮。

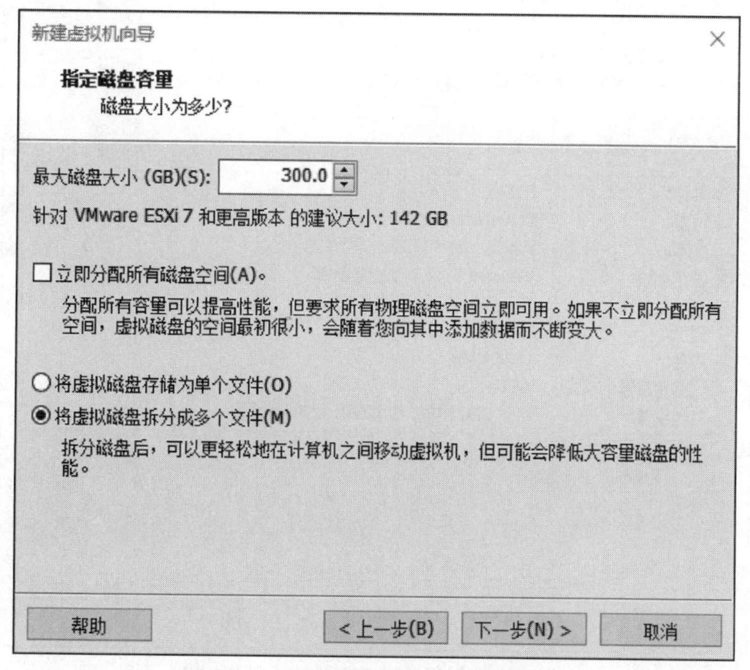

图 3-12　创建安装 ESXi 的虚拟机 -12

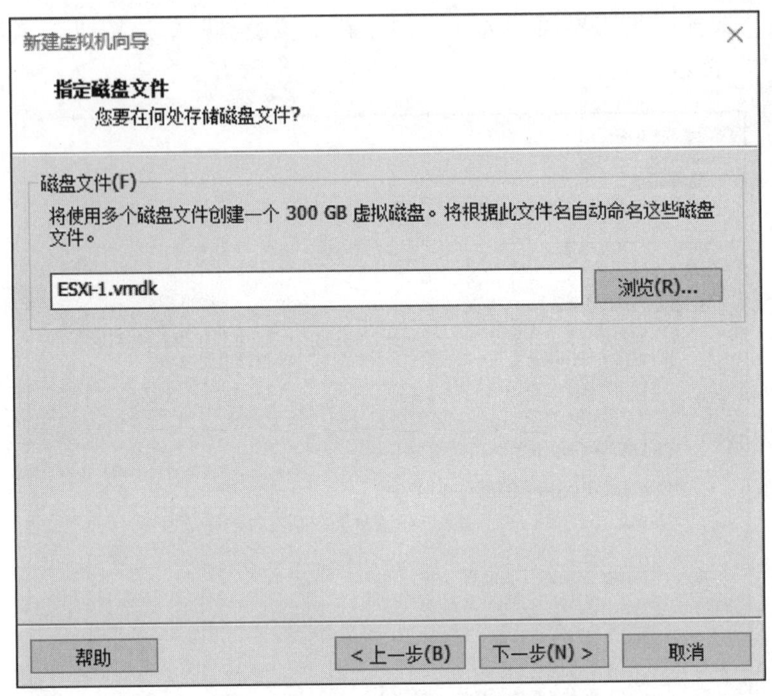

图 3-13　创建安装 ESXi 的虚拟机 -13

（10）在“已准备好创建虚拟机”界面，可以看到虚拟机的名称、保存的位置、版本号以及操作系统等信息，如图 3-14 所示。检查无误后，单击 “完成”按钮，回到 VMware Workstation 主界面，可以看到已创建好的 VMware ESXi 虚拟机，如图 3-15 所示。

新建虚拟机向导

已准备好创建虚拟机

单击"完成"创建虚拟机。然后可以安装 VMware ESXi 7 和更高版本。

将使用下列设置创建虚拟机:

名称:	ESXi-1
位置:	D:\vmware\ESXi-1
版本:	Workstation 16.2.x
操作系统:	VMware ESXi 7 和更高版本
硬盘:	300 GB, 拆分
内存:	16384 MB
网络适配器:	NAT
其他设备:	4 个 CPU 内核, CD/DVD, USB 控制器

自定义硬件(C)...

< 上一步(B)　完成　取消

图 3-14　创建安装 ESXi 的虚拟机 -14

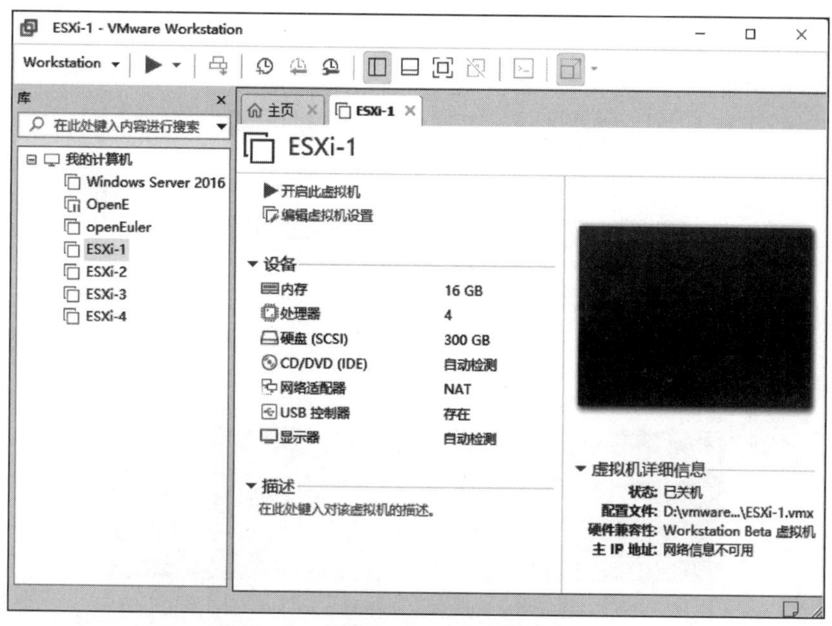

图 3-15　创建安装 ESXi 的虚拟机 -15

5. 在虚拟机中安装 VMware ESXi 8.0

（1）单击图 3-15 中“编辑虚拟机设置”，在弹出的“虚拟机设置”对话框，选择 VMware ESXi 8.0 的镜像文件，单击“确定”按钮，如图 3-16 所示，回到 VMware Workstation 主界面，开启 ESXi-1 虚拟机，开始安装 VMware ESXi。

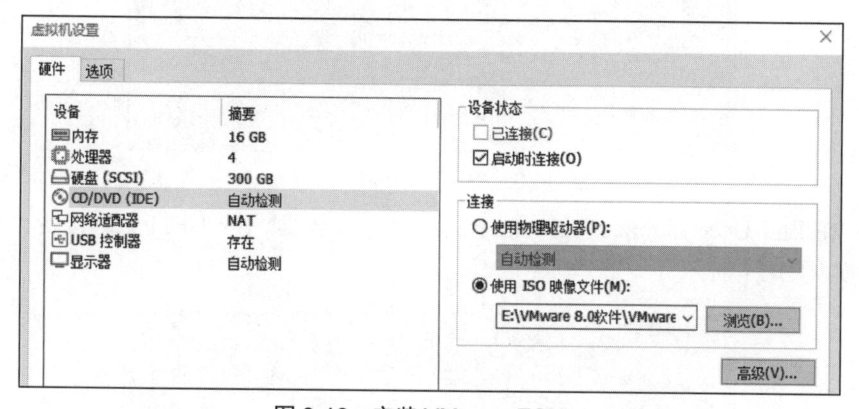

图 3-16　安装 VMware ESXi-1

（2）在开始安装界面，把光标移动到 ESXi-8.0.0-20191204001-standard Installer 上并按【Enter】键，开始 VMware ESXi 8.0 的安装。

VMware ESXi 8.0 默认存储空间中 VMFSL 占用超过 100 GB 空间，如果创建虚拟机的时候给了 142 GB，减去系统占用的空间和 VMFSL 占用的空间，实际可用空间为 14 GB 左右，所以建议压缩 VMFSL 空间的占用。

修改方法：

在出现图 3-17 所示界面时，按住【Shift+O】组合键。

在默认代码 runweasel cdromBoot 后面添加 autoPartitionOSDataSize=6144（注意区

分大小写），如图 3-18 所示。

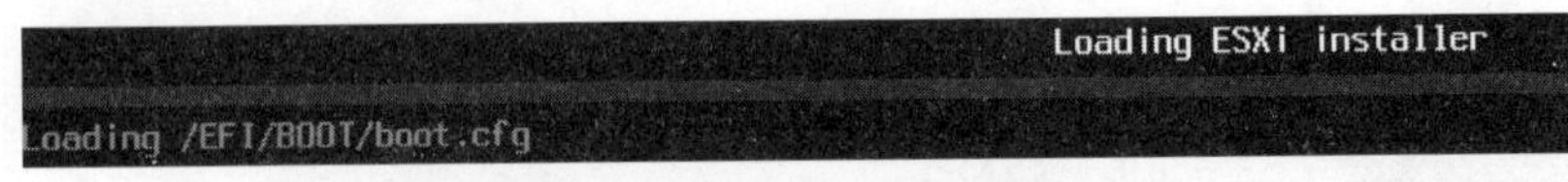

图 3-17　安装 VMware ESXi-2

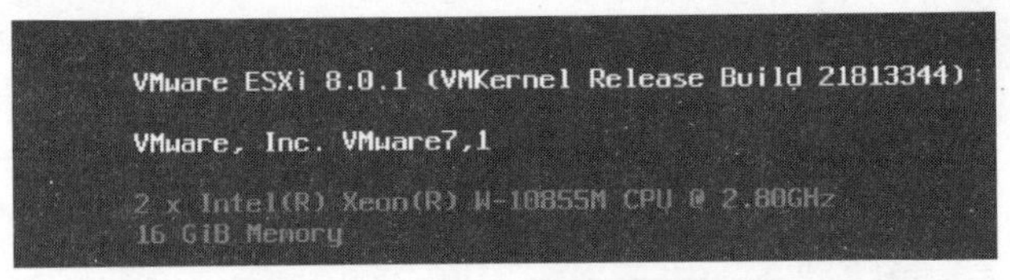

图 3-18　安装 VMware ESXi-3

（3）在安装过程中，VMware ESXi 会检测并显示当前主机的硬件配置，按【Enter】键继续安装，如图 3-19 所示。

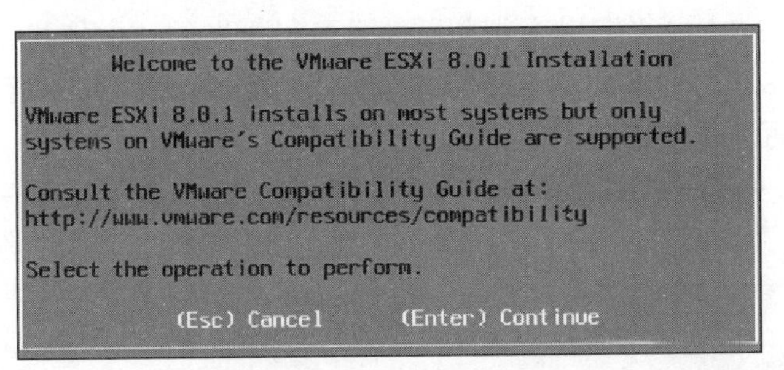

图 3-19　安装 VMware ESXi-4

（4）在 Welcome to the VMware ESXi 8.0.1 Installation 界面，按【Enter】键继续安装，按【Esc】键取消安装，如图 3-20 所示。

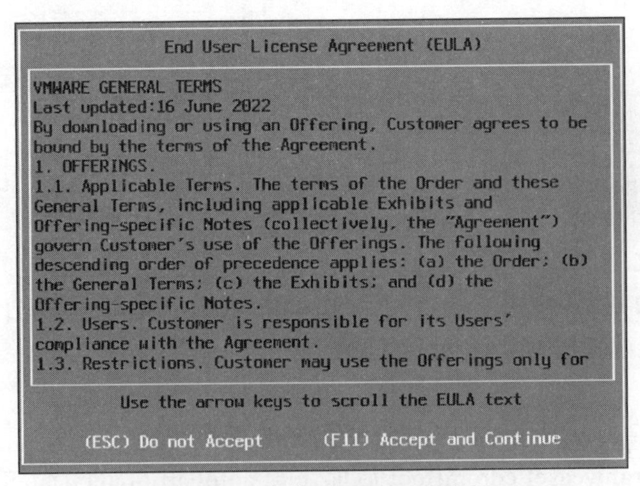

图 3-20　安装 VMware ESXi-5

（5）在 End User License Agreement（EULA）界面，按【F11】键接受许可协议继续安装，如图 3-21 所示。

图 3-21　安装 VMware ESXi-6

（6）在 Select a Disk to Install or Upgrade 界面，选择安装位置，将 VMware ESXi 安装到 300 GB 的虚拟硬盘上，如图 3-22 所示。

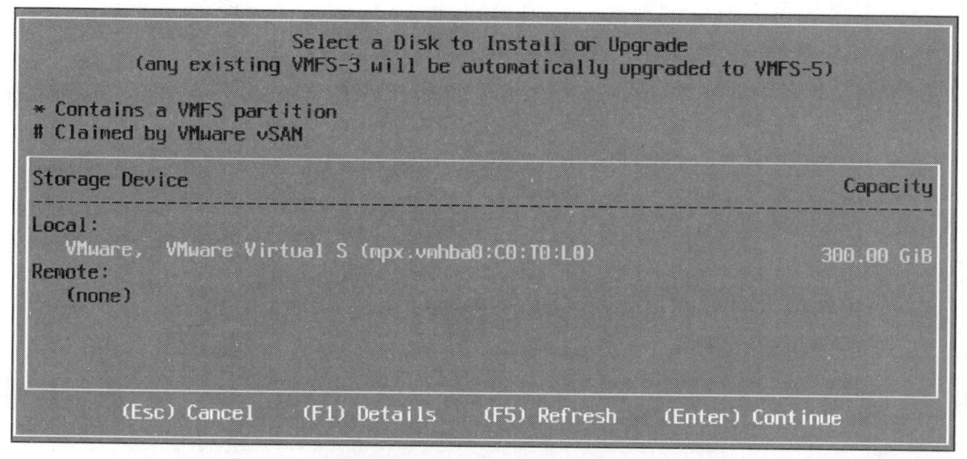

图 3-22　安装 VMware ESXi-7

（7）在 Please select a keyboard layout 界面，选择 US Default，按【Enter】键继续，如图 3-23 所示。

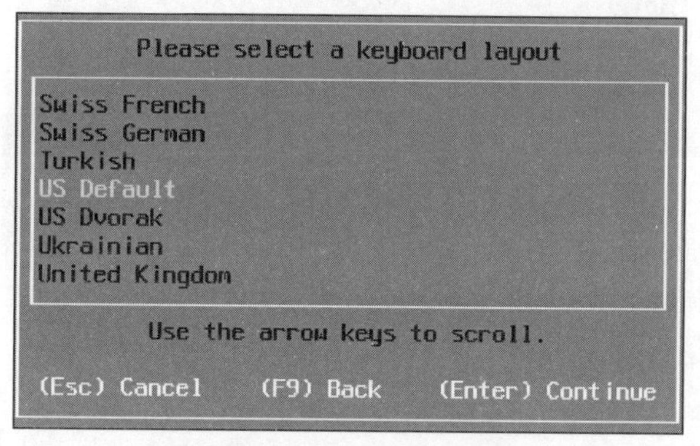

图 3-23　安装 VMware ESXi-8

（8）在 Enter a root password 界面设置管理员密码，用户名为 root，按【Enter】键继续，如图 3-24 所示。

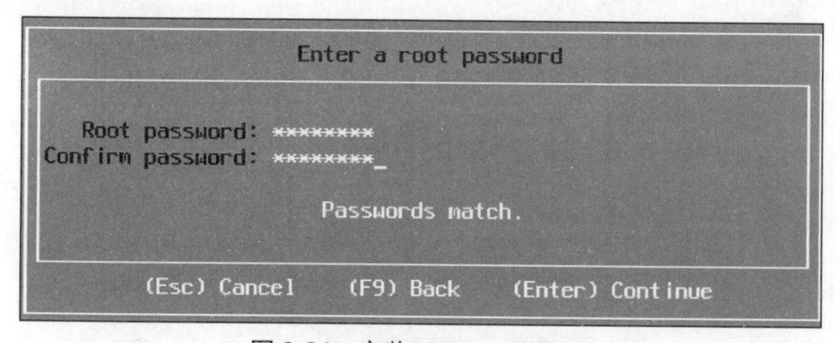

图 3-24　安装 VMware ESXi-9

root 密码设置要求：

· 默认情况下，在创建密码时，必须至少包括以下四类字符中三类字符的组合：小写字母、大写字母、数字和特殊字符（如下画线或短画线）。

· 默认情况下，密码长度至少为 7 个字符，且小于 40 个字符。

· 密码不得包含字典单词或部分字典单词。

· 密码不得包含用户名或部分用户名。

（9）在 Confirm Install 界面，按【F11】键，开始安装 ESXi，如图 3-25 所示。

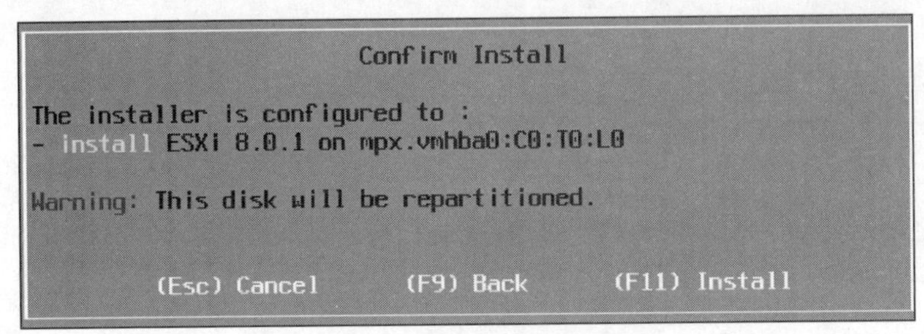

图 3-25　安装 VMware ESXi-10

（10）VMware ESXi 开始安装，并显示安装进度，如图 3-26 所示。

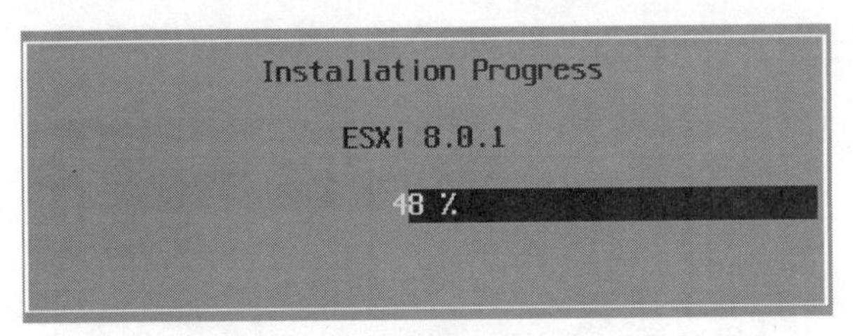

图 3-26　安装 VMware ESXi-11

（11）在 VMware ESXi 安装完成后，弹出 Installation Complete 界面，按【Enter】键重新启动，如图 3-27 所示。当 VMware ESXi 启动成功后，在控制台窗口中显示 VMware ESXi 当前运行服务器的 CPU 型号、主机内存大小与管理地址等信息，如图 3-28 所示。

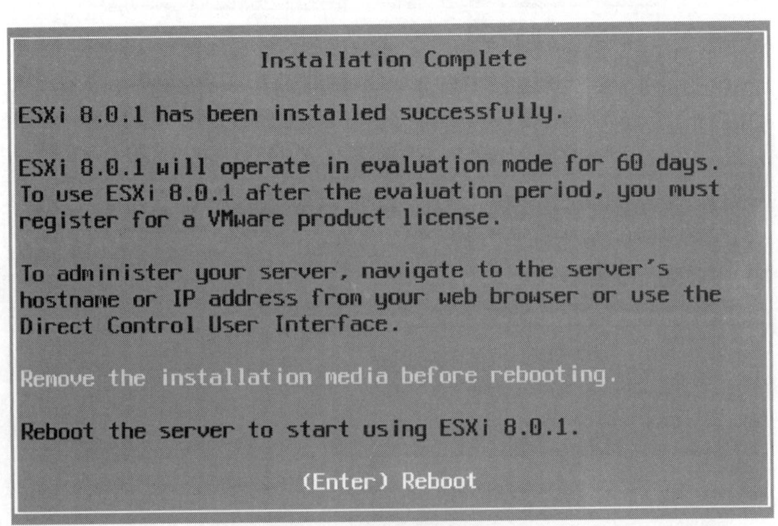

图 3-27　安装 VMware ESXi-12

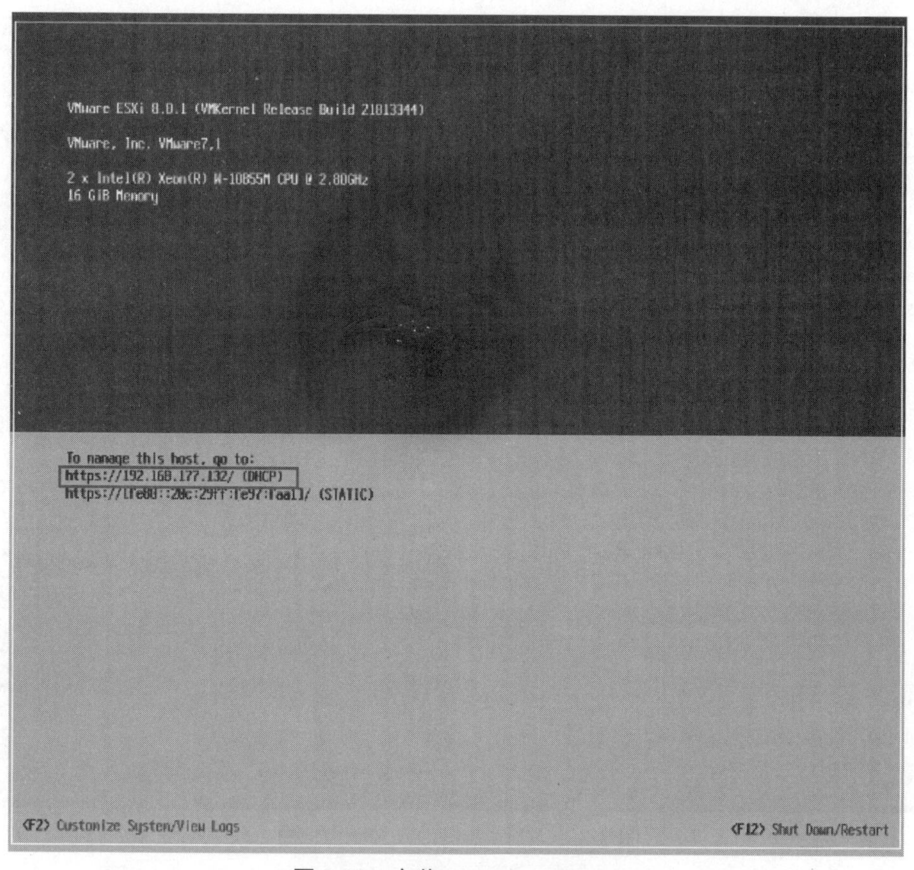

图 3-28　安装 VMware ESXi-13

3.3　VMware ESXi 8.0 控制台设置

视频
VMware ESXi 8.0控制台设置

安装完 ESXi 主机后，需要对 ESXi 的控制台进行设置。

1. 进入控制台界面

开启已安装好的 ESXi，按【F2】键，进入系统，输入管理员密码，如图 3-29 所示；输入之后按【Enter】键，进入控制台界面，如图 3-30 所示。在控制台设置过程中，会使用一些按键，见表 3-2。

Authentication Required
Enter an authorized login name and password for localhost.localdomain.
Configured Keyboard (US Default)
Login Name: [root]
Password: [ ]
<Enter> OK　<Esc> Cancel

图 3-29　登录 VMware ESXi 控制台

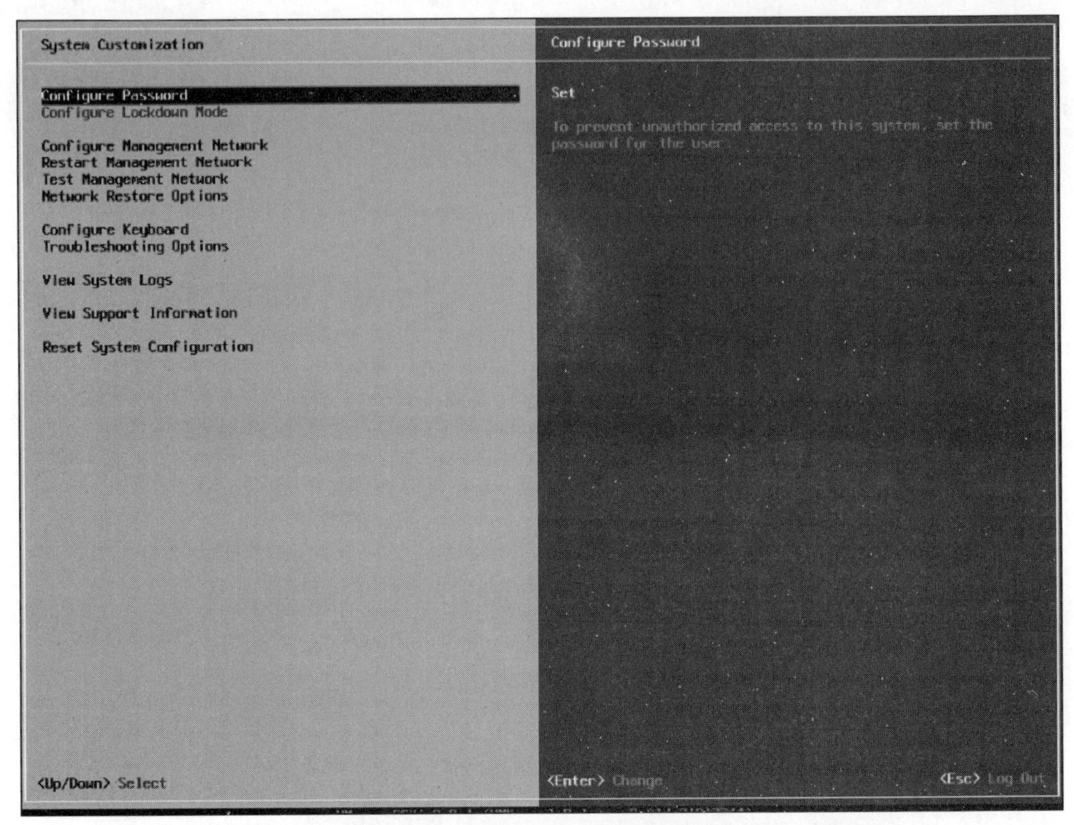

图 3-30　VMware ESXi 控制台信息

表 3-2　设置 ESXi 8.0 所使用的按键及说明

按键操作	使用说明
F2	查看和更改配置
F4	将用户界面更改为高对比度模式
F12	关机或重启主机
Alt+F12	查看 VMkernel 日志
Alt+F1	切换到 shell 控制台
Alt+F2	切换到直接控制台用户界面
光标键	在字段间移动所选内容
Enter	选择菜单项
空格（Space）	切换值
F11	确认敏感命令，如重置配置默认值
Enter	保存并退出
Esc	退出但不保存更改
q	退出系统日志

Configure Password：修改管理员口令。

Configure Lockdown Mode：配置锁定模式。启用锁定模式后，除 vpxuser 以外的任何用户都没有身份验证权限，也无法直接对 ESXi 执行操作。锁定模式将强制所有操作都通过 vCenter Server 执行。

Configure Management Network：配置管理网络。

Restart Management Network：重启管理网络。

Test Management Network：使用 Ping 命令测试网络。

Network Restore Options：还原网络配置。

Configure Keyboard：配置键盘布局。

Troubleshooting Options：故障排除设置。

View System Logs：查看系统日志。

View Support Information：查看支持信息。

Reset System Configuration：还原系统配置。

2. 修改管理员口令

如果要修改 VMware ESXi 8.0 的管理员密码，将光标移动到 Configure Password 处按【Enter】键，在弹出的 Configure Password 界面中修改 VMware ESXi 8.0 的管理员密码。输入原来的密码，然后再输入两次新密码，如图 3-31 所示。

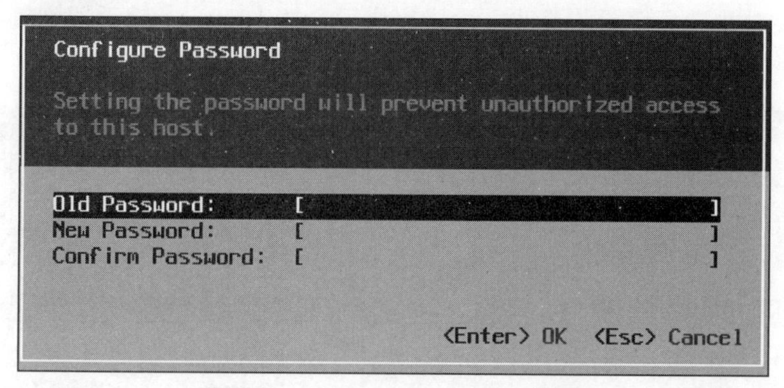

图 3-31　Configure Password 界面

3. 配置管理网络

将光标移动到 Configure Management Network，按【Enter】键，开始配置主机管理网络，如图 3-32 所示。

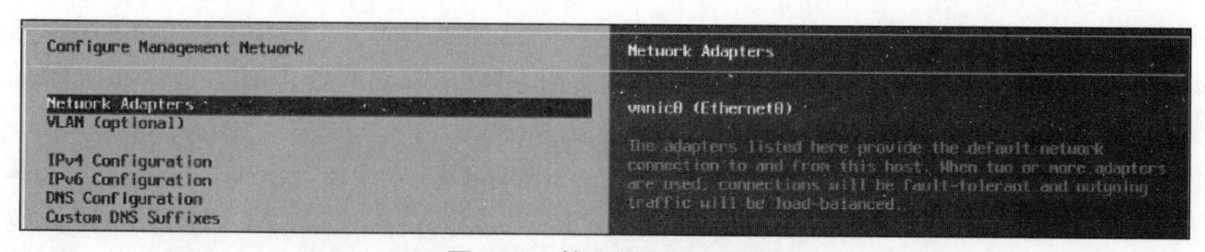

图 3-32　管理网络设置界面

（1）Network Adapters。在配置管理网络界面，将光标移到 Network Adapter 选项，按【Enter】键，打开 Network Adapters 界面，在此选择默认的管理网卡，按【Enter】键返回到管理网络界面，如图 3-33 所示。

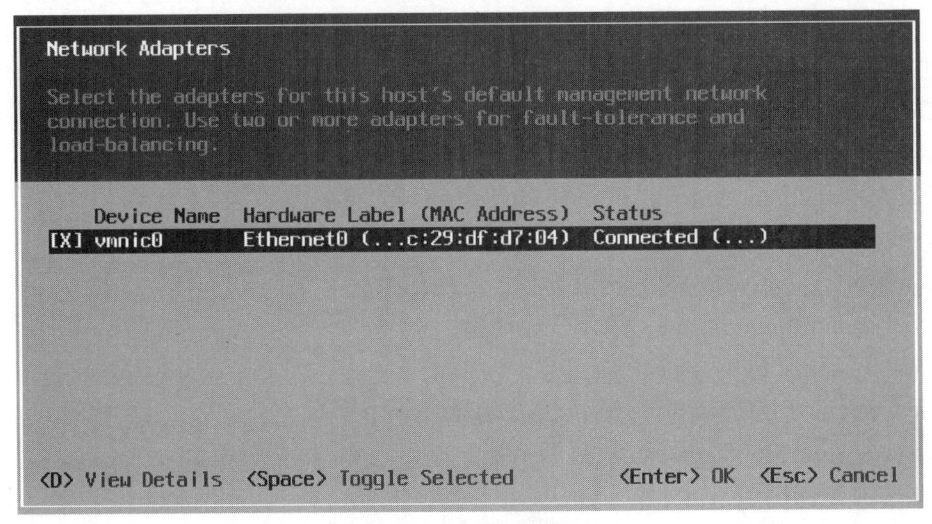

图 3-33 网卡设置界面

（2）VLAN（optional）。在配置管理网络界面，将光标移到 VLAN（optional）选项，按【Enter】键，在 VLAN（optional）选项中，为管理网络设置一个 VLAN ID。一般情况下不要对此进行设置与修改。设置完成后，按【Enter】键返回到管理网络界面，如图 3-34 所示。

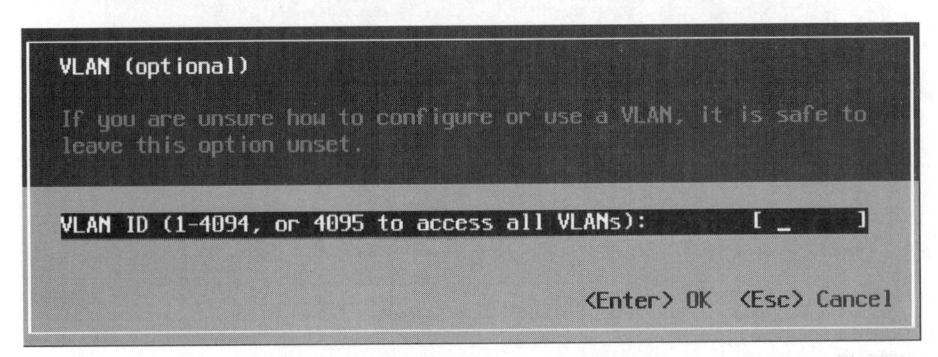

图 3-34 VLAN（optional）设置界面

（3）IP Configuration。在配置管理网络界面，将光标移到 IPv4 Configuration 选项，按【Enter】键，打开 IPv4 Configuration 界面，设置 VMware ESXi 管理地址，如图 3-35 所示。默认情况下，VMware ESXi 的默认选择是 Use dynamic IPv4 and network configuration，即使用 DHCP 来分配网络，使用 DHCP 来分配管理 IP，适用于大型的数据中心的 ESXi 部署。在实际使用中，应该为 VMware ESXi 设置一个静态的 IP 地址，用【Space】键选择 Set static IPv4 address and network configuration，并设置一个静态的 IP 地址，同时，在这里应该为 VMware ESXi 主机设置正确的子网掩码与网关地址，让 VMware ESXi 主机能连接到 Internet，或者至少能连接到局域网内部的“时间服务器”。

Disable IPv4 configuration for management network　　禁用 IPv4 地址
Use dynamic IPv4 address and network configuration　　配置动态 IPv4 地址
Set static IPv4 address and network configuration　　配置静态 IPv4 地址

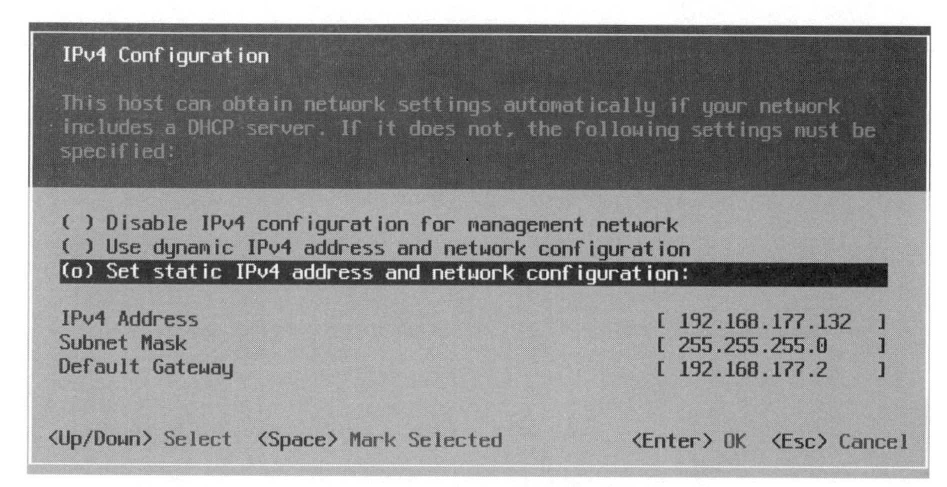

图 3-35　IP 地址配置界面

（4）DNS Configuration。在 DNS Configuration 选项中，设置 DNS 的地址与 VMware ESXi 主机名称，如图 3-36 所示。需要在此项中设置正确的 DNS 服务器以能实现时间服务器的域名解析。在 Hostname 处设置 VMware ESXi 主机名。

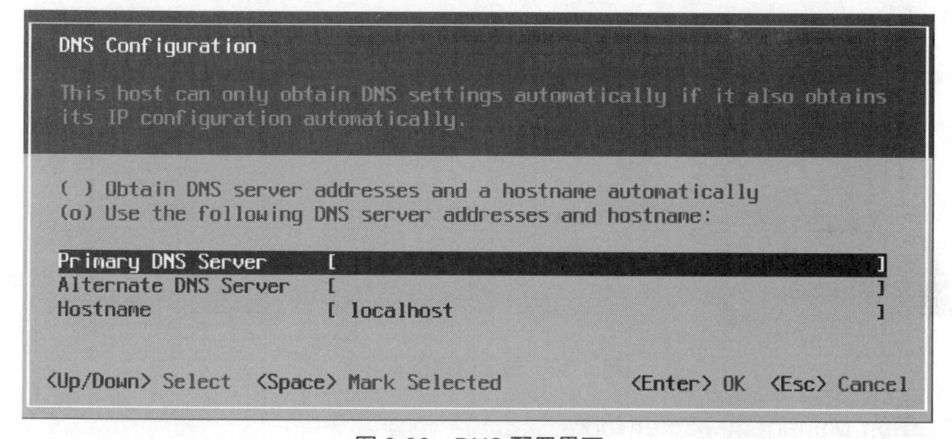

图 3-36　DNS 配置界面

（5）Custom DNS Suffixes。在 Custom DNS Suffixes 选项中，设置 DNS 的后缀名称，如图 3-37 所示。

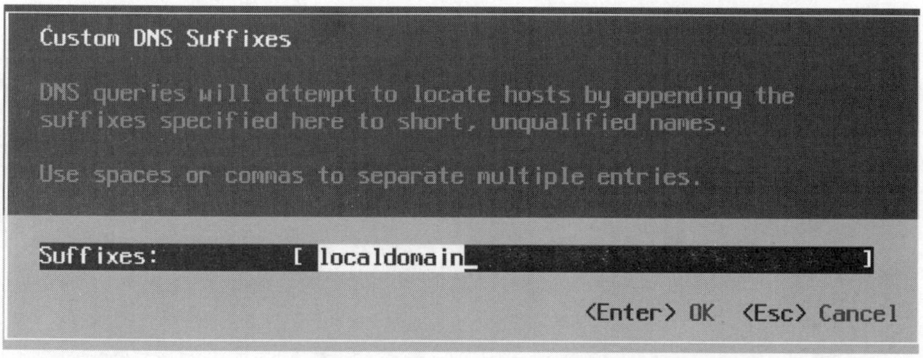

Custom DNS Suffixes

DNS queries will attempt to locate hosts by appending the suffixes specified here to short, unqualified names.

Use spaces or commas to separate multiple entries.

Suffixes: [localdomain]

<Enter> OK <Esc> Cancel

图 3-37　DNS 的后缀名称设置界面

（6）配置好管理网络后，按【Esc】键返回到系统设置界面，在弹出的 Configure Management Network:Confirm 界面，按【Y】键，确认修改，如图 3-38 所示。

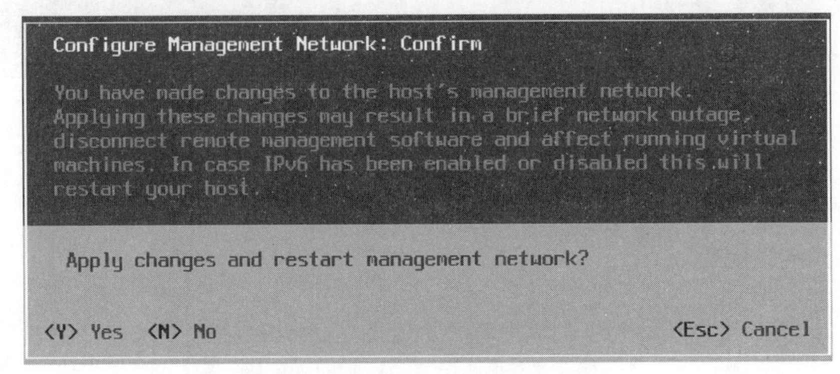

图 3-38　确认网络配置是否修改界面

4. Restart Management Network

如果出现错误而导致 VMware Host Client 无法连接到 VMware ESXi，可选择 Restart Management Network，在弹出的界面按【F11】键，重新启动管理网络，如图 3-39 所示。

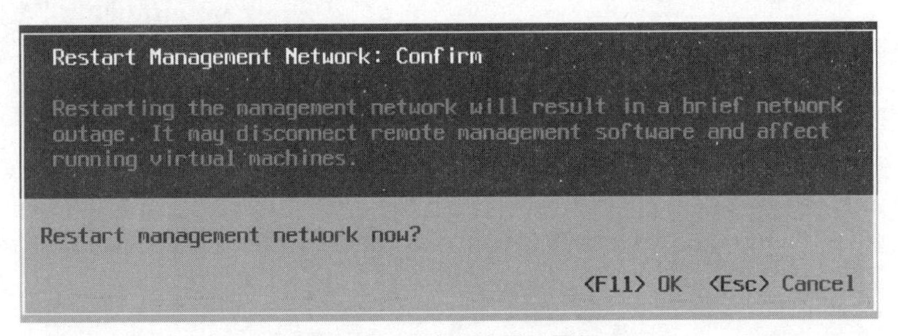

图 3-39　重启网络配置界面

5. Test Management Network

测试当前的 VMware ESXi 的网络配置是否正确。在图 3-40 中，输入要测试的 IP 地址，按【Enter】键，测试完成后弹出图 3-41 所示的结果。测试结果为 OK 则表明网络没有问题，反之则表示网络配置有问题，需要排查。

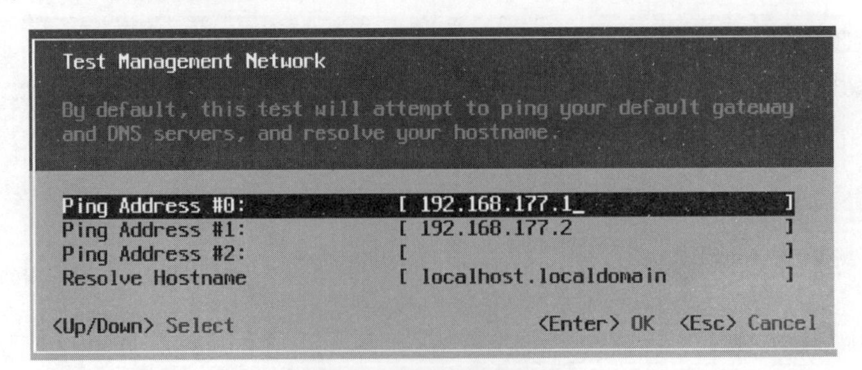

图 3-40　管理网络测试界面

```
Testing Management Network

You may interrupt the test at any time.

Pinging address #1 (192.168.177.1).                    OK.
Pinging address #2 (192.168.177.2).                    OK.
Resolving hostname (localhost.localdomain).            OK.

                                                <Enter> OK
```

图 3-41　网络测试结果界面

6. 还原网络配置

Network Restore Options 用来还原网络配置，如图 3-42 所示。选中 Restore Network Settings（还原网络配置）后，系统会出现提示，确认是否将网络设置还原到出厂状态，如图 3-43 所示，按【F11】键确认。

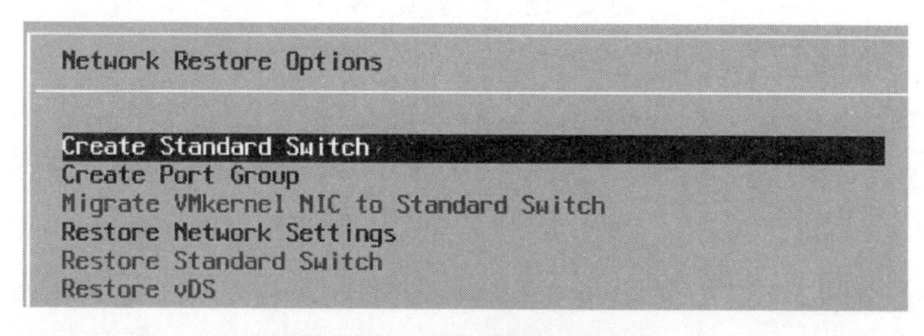

图 3-42　还原网络配置界面

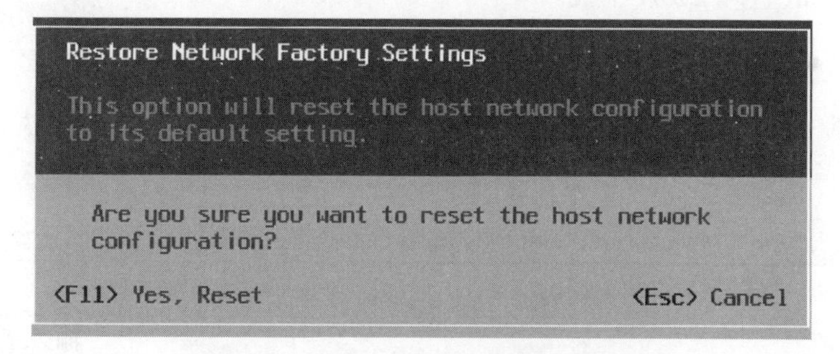

图 3-43　确认是否恢复网络设置界面

7. 启用 ESXi Shell 与 SSH

进入 Troubleshooting Options（故障排除）选项，在 Troubleshooting Mode Options 界面，启用 SSH 功能、启用 ESXi Shell、修改 ESXi Shell 的超时时间等，如图 3-44 所示。

图 3-44　故障排除设置界面

8. 恢复系统配置

Reset System Configuration 可以恢复 VMware ESXi 的默认设置。即 ESXi 主机的全部设置被清除，恢复到原始状态，安装时的密码也会被清空，如图 3-45 所示。

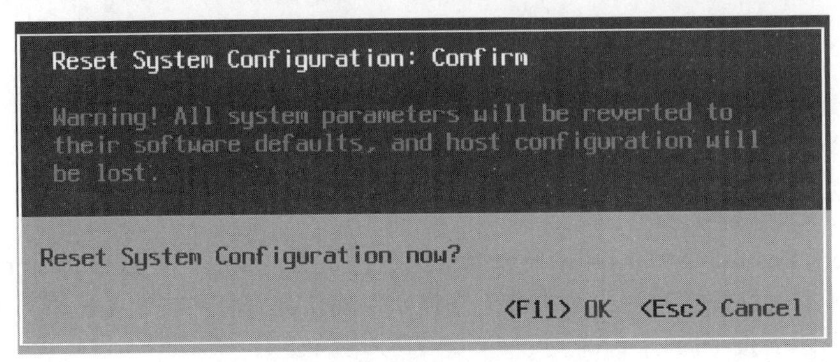

图 3-45　恢复系统界面

3.4 管理 VMware ESXi

视频

管理VMware ESXi 8.0

在安装和设置完 VMware ESXi 主机后，可以使用 VMware Host Client、vSphere Web Client 和 vCenter Server 管理 ESXi 主机。下面介绍使用 VMware Host Client 管理 ESXi 主机。

3.4.1 ESXi Host Client 的使用

VMware Host Client 能够管理单台 ESXi 主机并在虚拟机上执行各种管理和故障排除任务。它支持的客户机操作系统和 Web 浏览器版本见表 3-3。

表 3-3　VMware Host Client 支持的客户机操作系统和 Web 浏览器版本

支持的浏览器	Mac OS	Windows 32 位和 64 位版本	Linux
Google Chrome	89+	89+	75+
Mozilla Firefox	80+	80+	60+
Microsoft Edge	90+	90+	不适用
Safari	9.0+	不适用	不适用

（1）在 VMware ESXi 主机配置完成后，在 Web 浏览器地址栏输入 https:// VMware ESXi 主机的 IP 地址，在登录界面输入用户名、该用户的密码。

在本书中，以 ESXi-1 主机（IP 地址：192.168.177.132）为例介绍使用 VMware Host Client 管理 ESXi 主机。

打开谷歌浏览器，在浏览器中输入 https://192.168.177.132，用户名为 root，密码为安装 VMware ESXi 过程中设置的管理员密码，如图 3-46 所示。

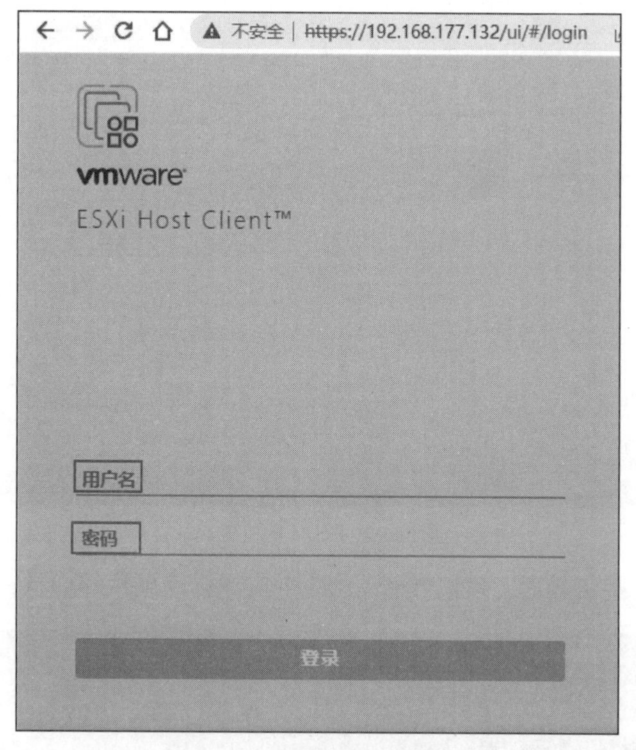

图 3-46　登录 ESXi 主机 -1

（2）在登录 ESXi 主机时，在出现的“帮助我们改善 VMware Host Client”界面，勾选“加入 VMware 客户体验改进计划”复选框，如图 3-47 所示，单击“确定”按钮。

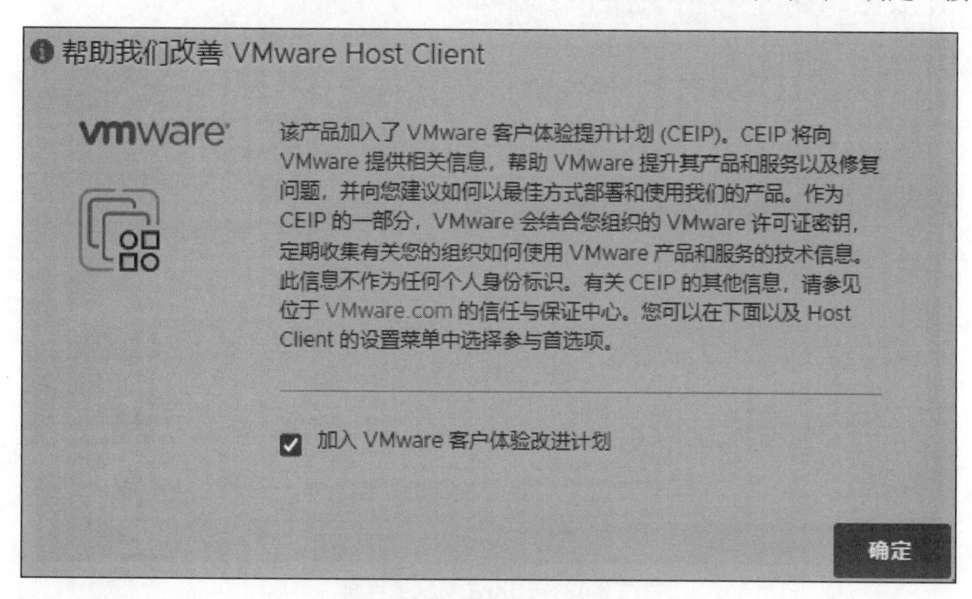

图 3-47　登录 ESXi 主机 -2

（3）成功登录 ESXi 主机界面，如图 3-48 所示。

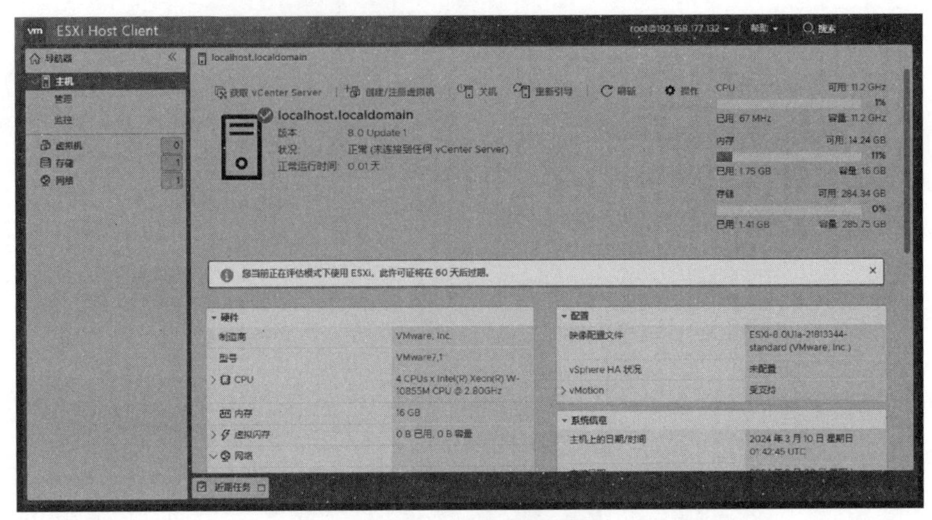

图 3-48　ESXi 主机信息

（4）在 ESXi 主机界面，可以查看 ESXi 主机详细的硬件等信息，如图 3-49 所示。

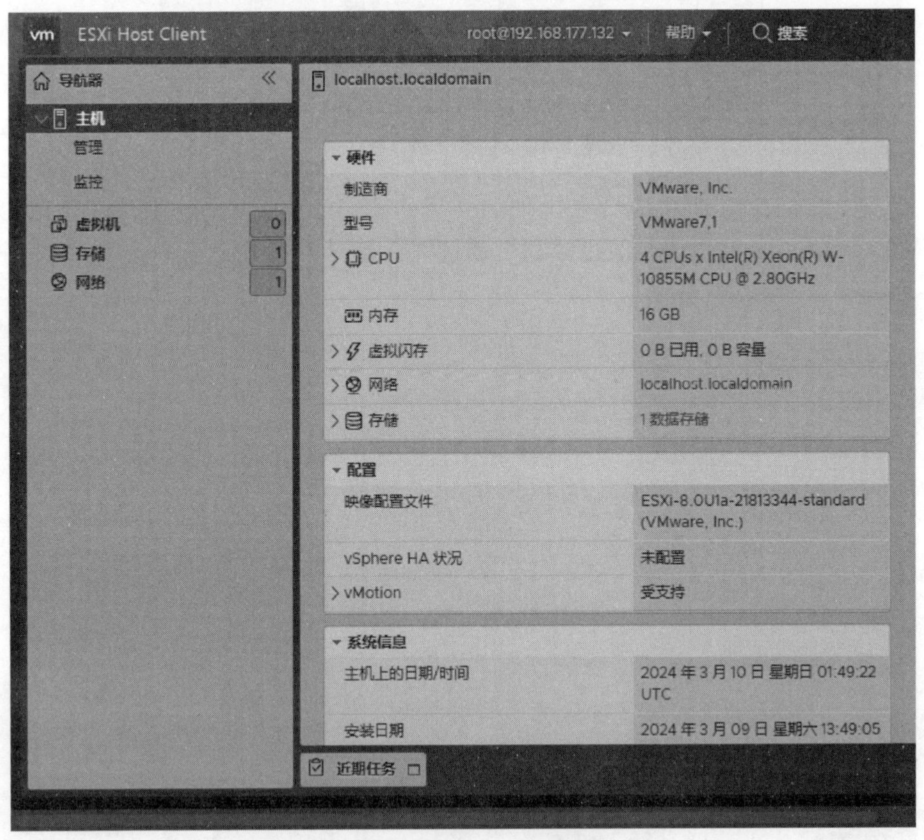

图 3-49　ESXi 主机摘要界面

（5）在 ESXi 主界面的导航器中包括主机、虚拟机、存储和网络四部分。主机又包括管理和监控两个选项。依次单击“管理”→“系统”→“高级设置”，配置 ESXi 主机高级选项，如图 3-50 所示。

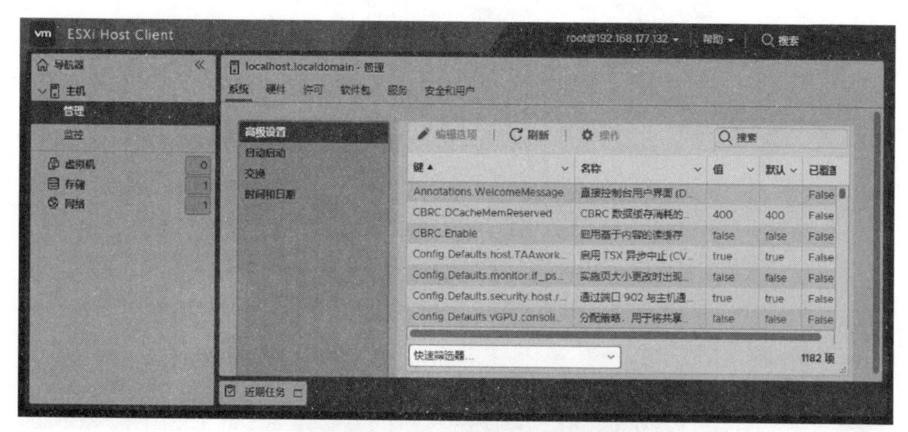

图 3-50　“高级设置”菜单

（6）“系统”菜单中的“自动启动”用于配置虚拟机自动开机以及关机，如图 3-51 所示。

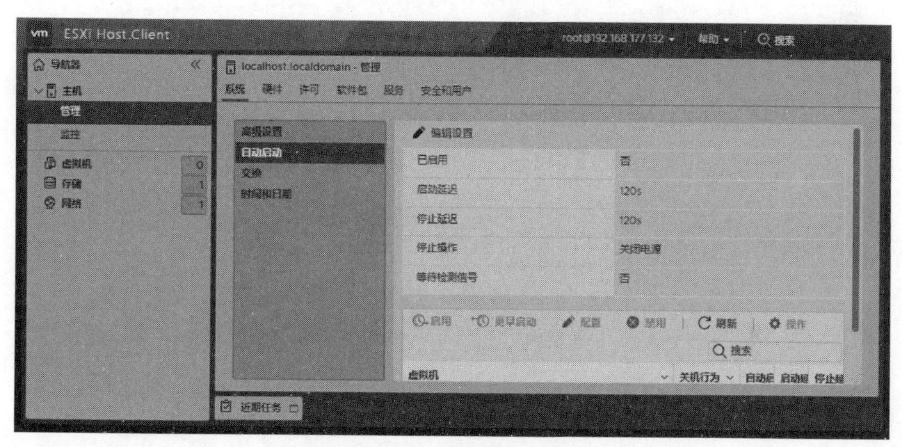

图 3-51　“自动启动”菜单

（7）“系统”菜单中的“交换”用于配置 ESXi 主机的缓存，如图 3-52 所示。

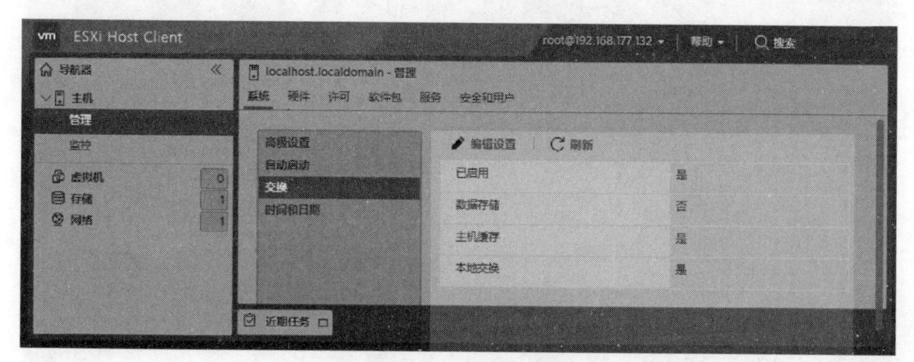

图 3-52　“交换”菜单

（8）“系统”菜单中的“时间和日期”用于配置 ESXi 主机时间和日期，如图 3-53 所示。在该菜单中，可以配置 NTP 以及 PTP 配置，单击“编辑 NTP 设置”，在弹出的“编辑 NTP 设置”对话框可以配置 NTP，如图 3-54 所示。

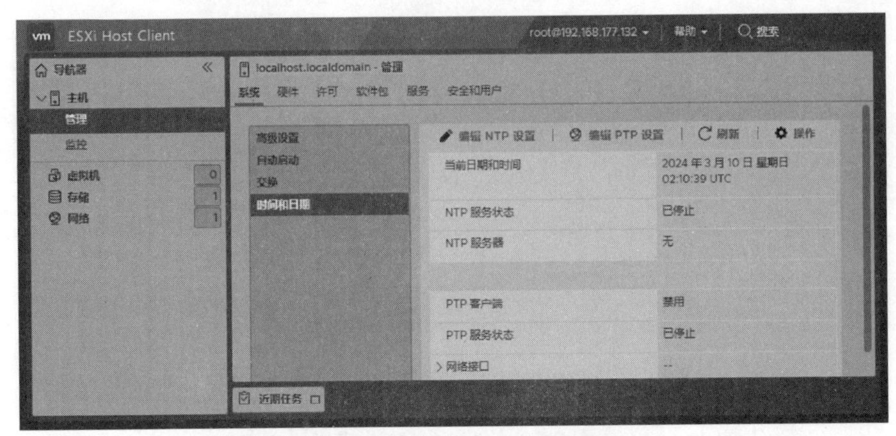

图 3-53 “时间和日期”菜单

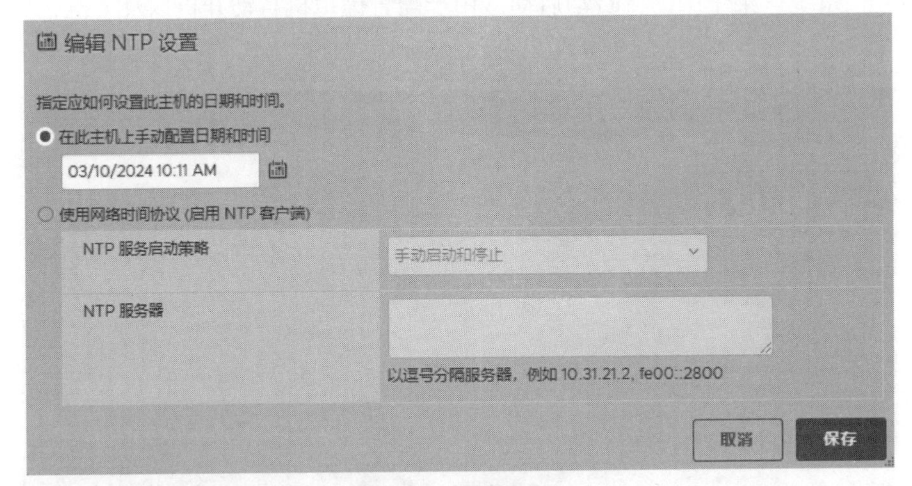

图 3-54 配置 NTP

（9）在“许可”菜单，可以添加分配 ESXi 许可证，如图 3-55 所示。

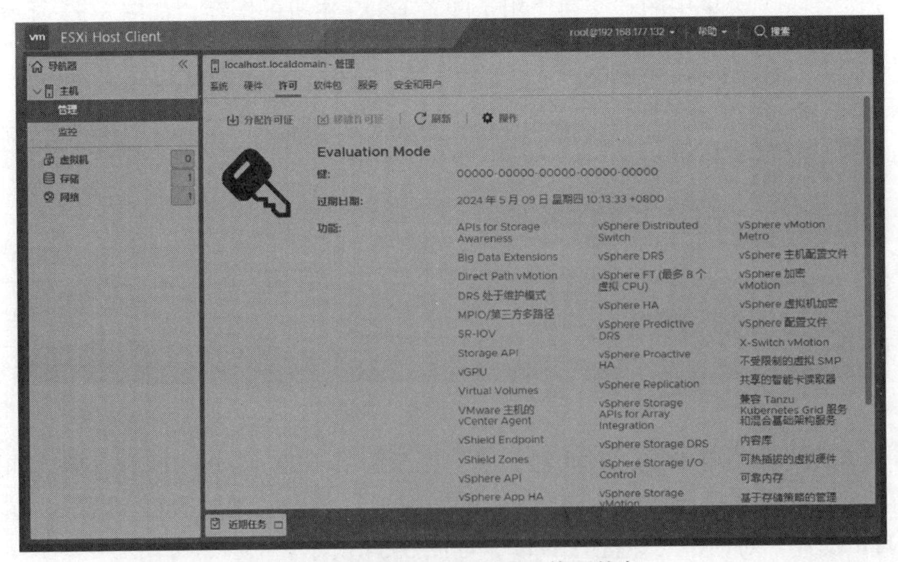

图 3-55 VMware ESXi 8.0 许可信息

（10）在“服务”菜单，可以停止或者启动某项服务，如图 3-56 所示。

名称	描述	状态	源	防火墙规则
attestd	attestd	已停止	基础系统	无
DCUI	直接控制台 UI	正在运行	基础系统	无
dpd	dpd	已停止	vmware-dp	无
entropyd	entropyd	已停止	基础系统	无
gpuManager	gpuManager	已停止	基础系统	无
kmxd	kmxd	已停止	基础系统	无
lbtd	基于负载的绑定守护...	正在运行	基础系统	无
lwsmd	Active Directory 服务	已停止	基础系统	无

图 3-56　“服务”菜单

例如，可以配置 ESXi 主机防火墙。在“服务”菜单中，右击 TSM-SSH，在弹出的快捷菜单中选择“启动”命令（见图 3-57），开启 SSH 服务。

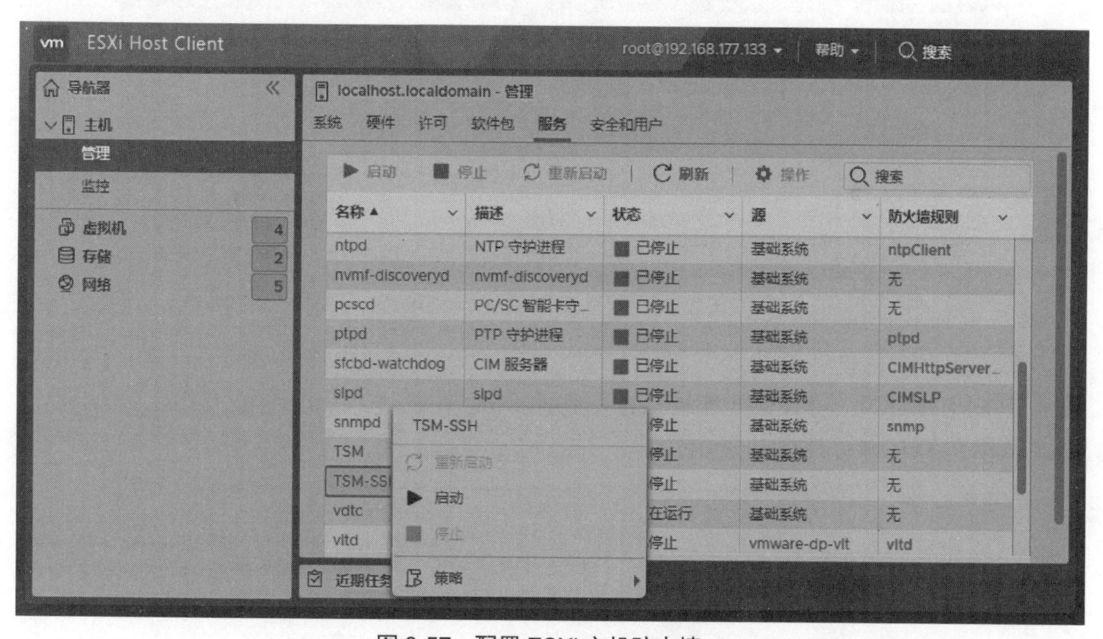

图 3-57　配置 ESXi 主机防火墙 -1

在 SSH 服务开启后，可以使用 PuTTY 等远程连接工具通过 SSH 协议登录 ESXi 主机，进行命令管理，如图 3-58 所示。

开启 SSH 服务后，默认所有地址都可以访问 ESXi 主机。可以通过设置 SSH 服务防火墙规则，指定的 IP 地址才可以访问 ESXi 主机。在 ESXi 主界面导航器中单击“网络”，单击右侧界面的“防火墙规则”，在防火墙列表信息中选中“SSH 服务器”，单击“编辑设置”，如图 3-59 所示。

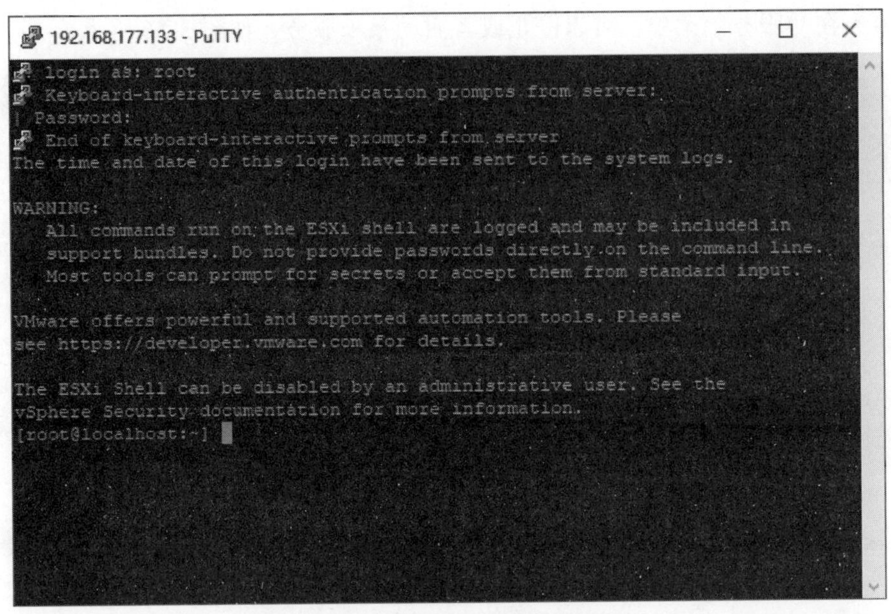

图 3-58　配置 ESXi 主机防火墙 -2

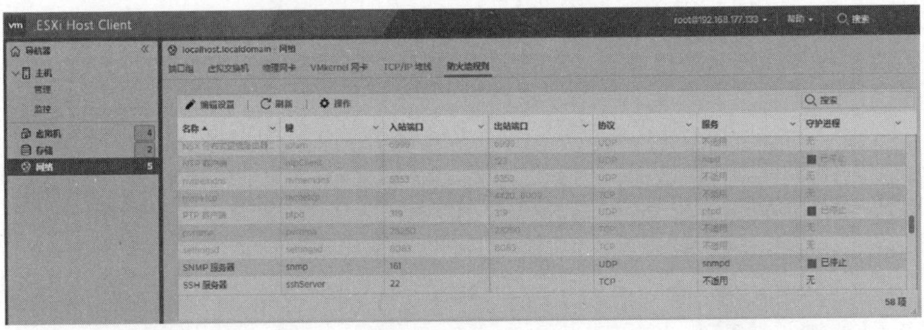

图 3-59　配置 ESXi 主机防火墙 -3

在“防火墙设置”对话框，勾选“仅允许从以下网络连接”单选按钮，在文本框中输入允许访问 ESXi 主机的 IP 地址范围，如图 3-60 所示，单击“确定”按钮。通过该方法，提升了 SSH 服务连接的安全性。

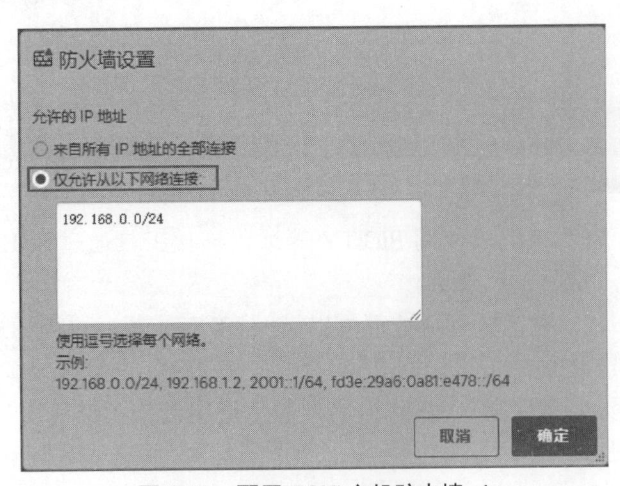

图 3-60　配置 ESXi 主机防火墙 -4

（11）“安全和用户”菜单包括接受级别、身份验证、证书、用户、角色、锁定模式，如图 3-61 所示。单击“角色”，可以为 ESXi 主机的管理用户新增一种角色。

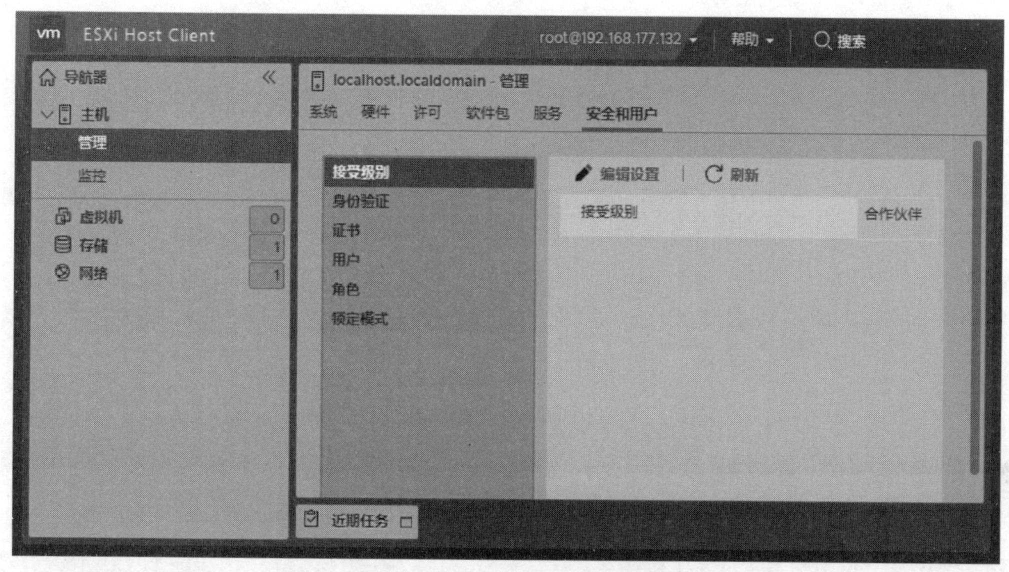

图 3-61　“安全和用户”菜单

（12）单击 ESXi Host Client 中的“监控”可以查看 ESXi 主机的性能（CPU、内存、网络、磁盘）、硬件运行情况、事件、任务、日志、通知信息。在“监控”选项的“性能”菜单，可以查看 ESXi 主机 CPU、内存、硬盘的使用情况。图 3-62 是 ESXi 主机过去 1 h CPU 的使用情况。

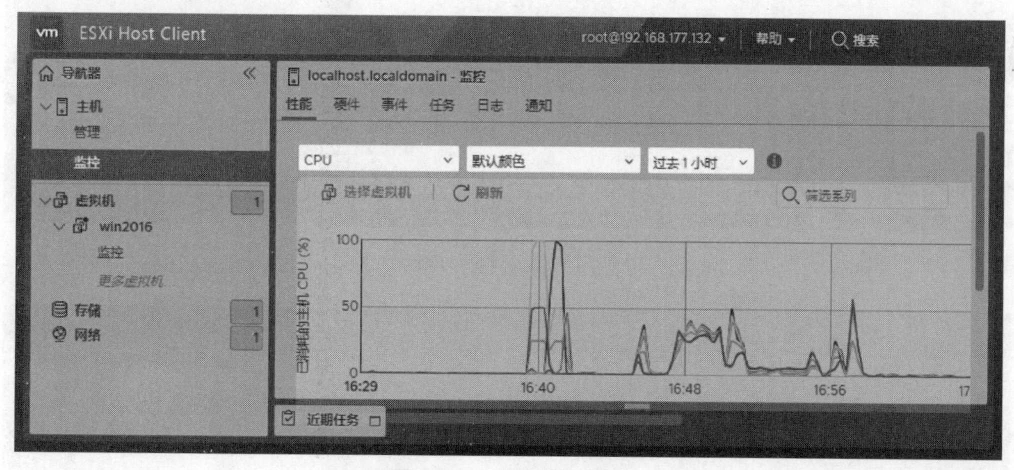

图 3-62　“性能”菜单

（13）“监控”选项的“硬件”菜单中的“系统传感器”，用于收集 ESXi 主机硬件运行状况，如图 3-63 所示。

（14）“监控”选项的“事件”菜单用于收集 ESXi 主机各种事件信息，如图 3-64 所示。

（15）“监控”选项的“任务”菜单用于查看 ESXi 主机运行的任务状况，如图 3-65 所示。

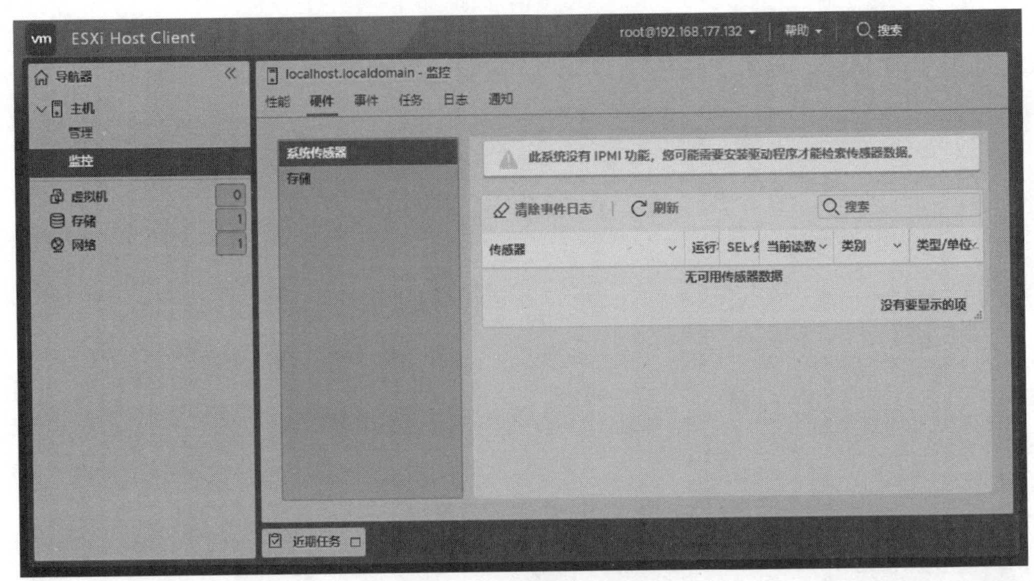

图 3-63 “硬件”菜单

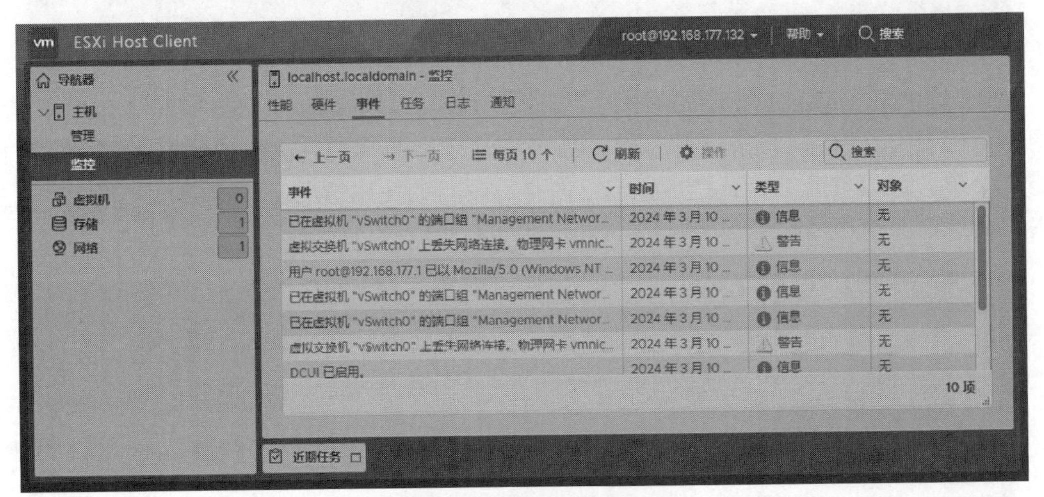

图 3-64 “事件”菜单

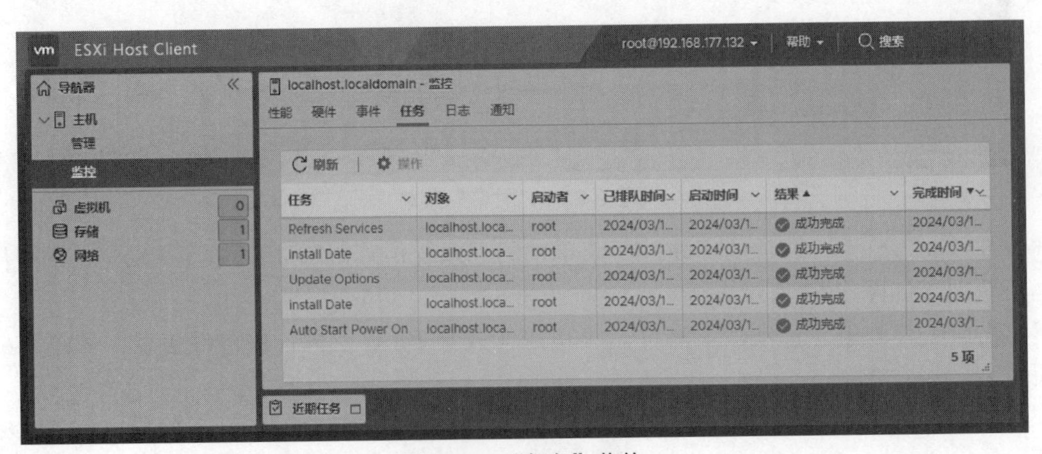

图 3-65 “任务”菜单

（16）“监控”选项的“日志”菜单用于收集 ESXi 主机运行日志，可以生成支持包提交给 VMware 处理，如图 3-66 所示。

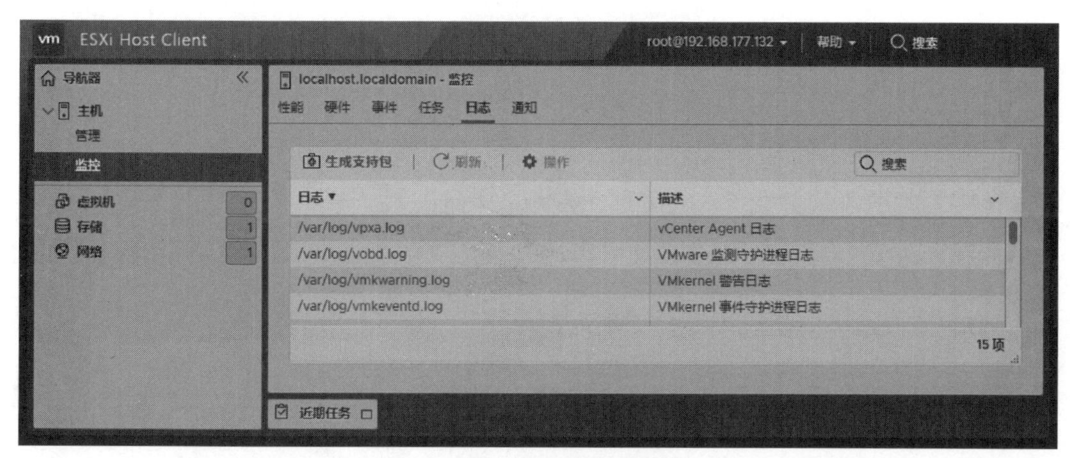

图 3-66　“日志”菜单

（17）在 ESXi Host Client 中，用户界面会话每 15 min 自动超时，然后必须重新登录到 ESXi Host Client。可以通过“用户设置”进行修改。单击 ESXi Host Client 窗口顶部的用户名，在下拉菜单中，依次选择“设置”→“应用程序超时”。指定非活动超时，选择时间；禁用非活动超时，选择关闭，如图 3-67 所示。

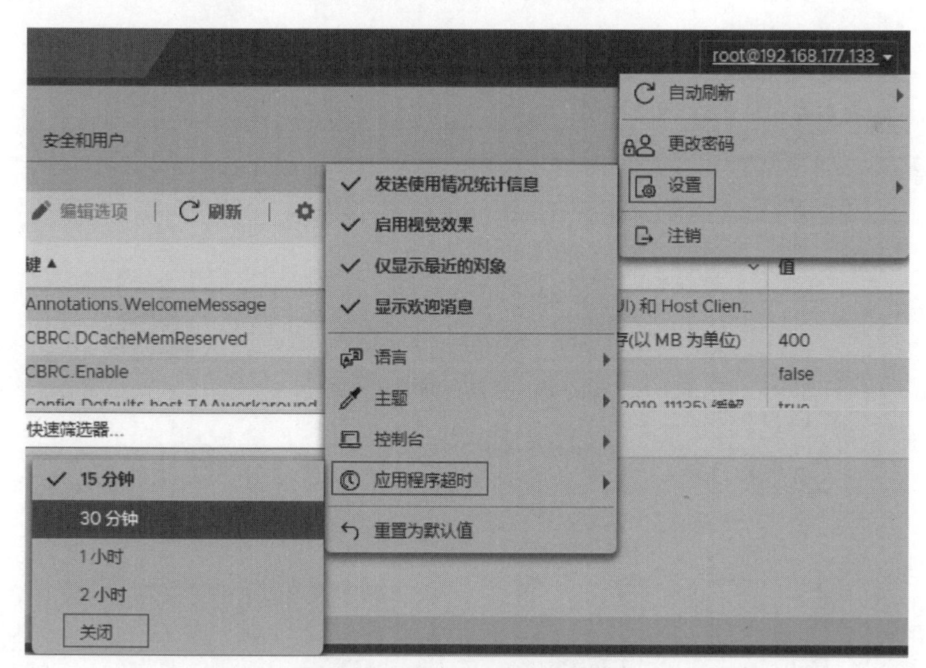

图 3-67　修改应用程序超时界面

3.4.2　VMware ESXi 数据存储管理

1. 管理 VMware ESXi 数据存储

（1）在 ESXi 主机界面导航器中，单击“存储”，单击右侧操作界面的“数据存储”，可以新建数据存储，为已有的数据存储增加容量，注册虚拟机，通过数据存储浏览器对存储器进行管理，也可查看 ESXi 主机数据存储的情况，如图 3-68 所示。

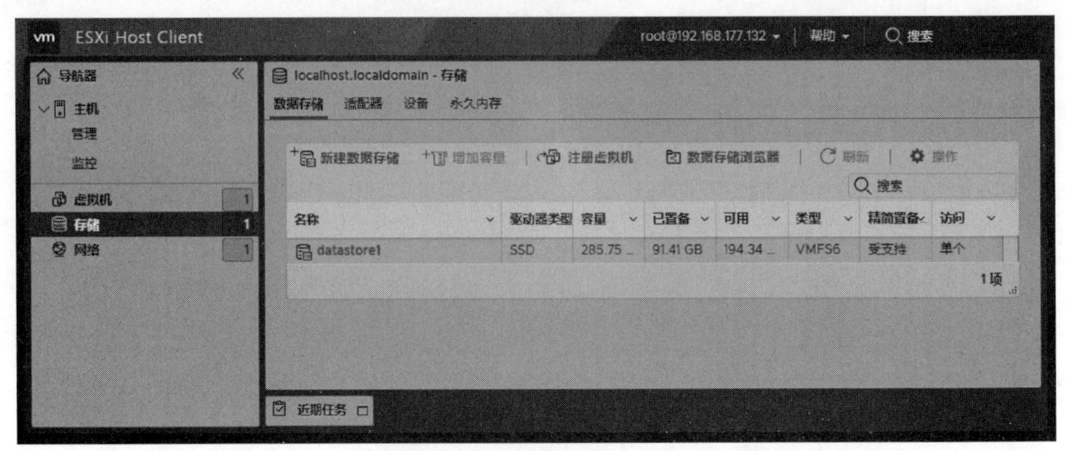

图 3-68　“数据存储”界面

（2）在图3-68中，单击“浏览数据存储器”，在“数据存储浏览器”界面可以上载、下载、删除、移动、复制文件，也可以创建目录，如图 3-69 所示。单击“创建目录”，在“新建目录”界面的目录名称右侧文本框中输入目录名称 ISO，单击“创建目录”，如图 3-70 所示，完成目录的创建。

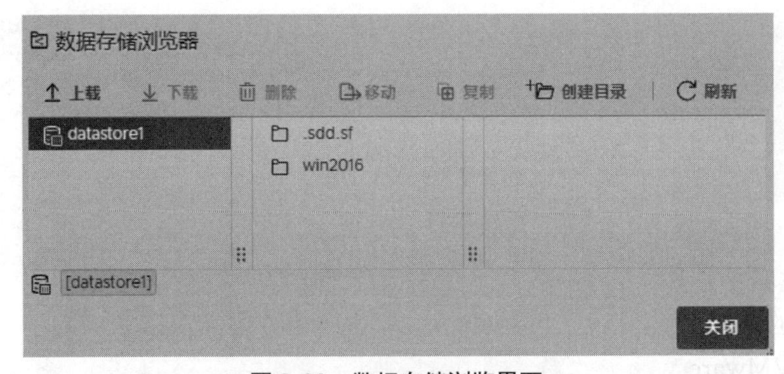

图 3-69　数据存储浏览界面

图 3-70　创建目录界面

（3）选中 ISO 目录，单击“上载”，选择需要上传到 VMware ESXi 的数据存储的文件。在本书中，将 Windows Server 2016 操作系统的镜像上传至 ISO 目录。在上载过程中，在“数据存储浏览器”界面右上会有上传进度条，如图 3-71 所示。图 3-72 为镜像文件上传完成界面。

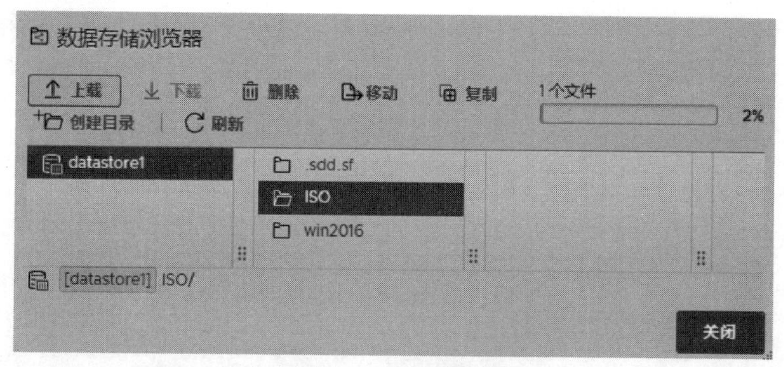

图 3-71　上传文件界面

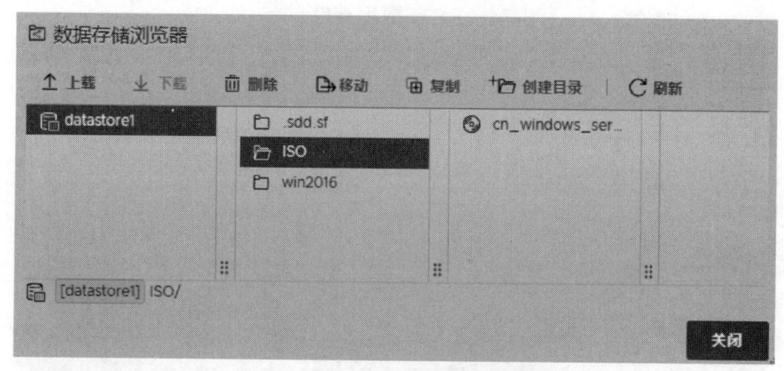

图 3-72　文件上传完成界面

2. ESXi 数据存储扩容

在使用过程中，如果 ESXi 数据存储容量不够使用，可以通过“新建数据存储”或“增加容量”的方式对 ESXi 数据存储扩容。在本书中采用“增加容量”的方式。

（1）在 VMware Workstation 中关闭增加存储容量的 ESXi 主机，单击“编辑虚拟机设置”，在“虚拟机设置”界面单击“硬件”，选中“硬盘”，单击 “添加” 按钮，增加一块 100 GB 的硬盘，如图 3-73 所示。

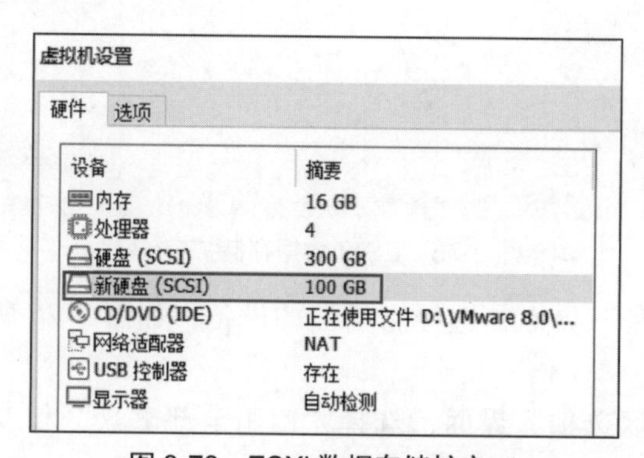

图 3-73　ESXi 数据存储扩容 -1

（2）开启 ESXi 主机并登录，在 ESXi 主机界面导航器中单击“存储”，单击右侧操作界面的“数据存储”，选中扩容的数据存储 datastore1（容量为 127.75 GB），然后单击“增加容量”，如图 3-74 所示。

图 3-74　ESXi 数据存储扩容 -2

（3）在“选择创建类型”界面，选中“向现有 VMFS 数据存储添加数据区”，如图 3-75 所示，单击 “下一页”按钮。

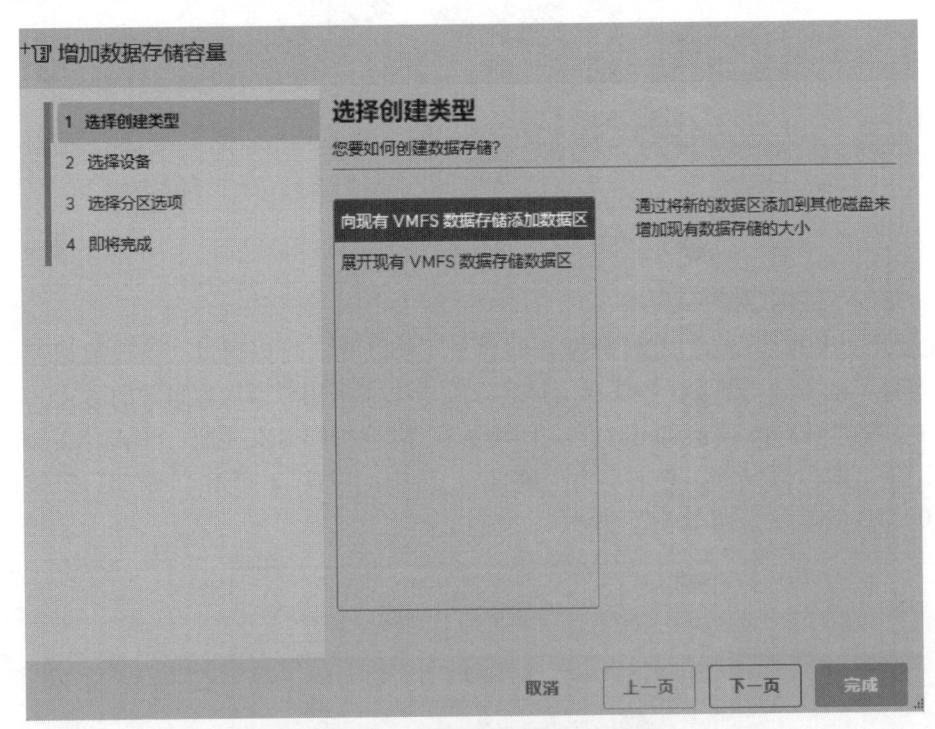

图 3-75　ESXi 数据存储扩容 -3

（4）在“选择设备”界面，选择新增加的设备，如图 3-76 所示，单击 “下一页”按钮。

（5）在“选择分区选项”界面，选择“使用全部磁盘”和 VMFS 6，如图 3-77 所示，单击 “下一页”按钮。

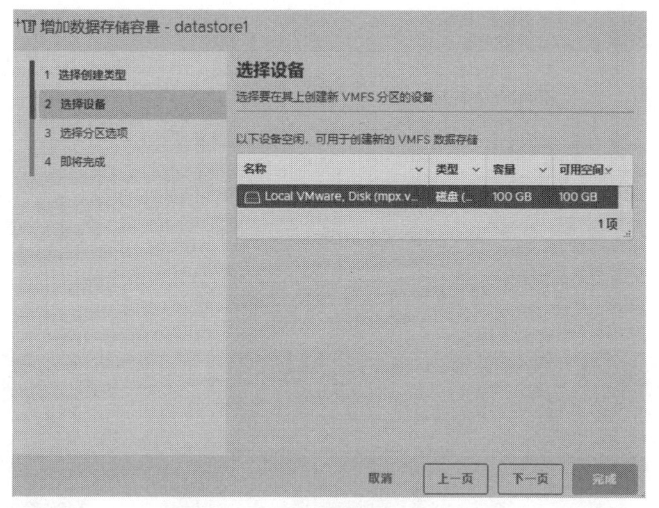

图 3-76　ESXi 数据存储扩容 -4

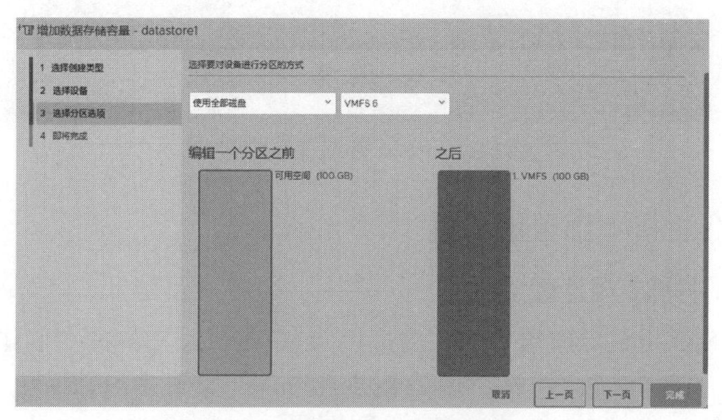

图 3-77　ESXi 数据存储扩容 -5

（6）在“即将完成”界面，确认各参数值是否正确，如图 3-78 所示，确认无误后单击“完成”按钮。在弹出的“警告”界面，单击“是”按钮，如图 3-79 所示。在 ESXi 主机界面，数据存储 datastore1 容量已经增加到 227.5 GB，如图 3-80 所示。

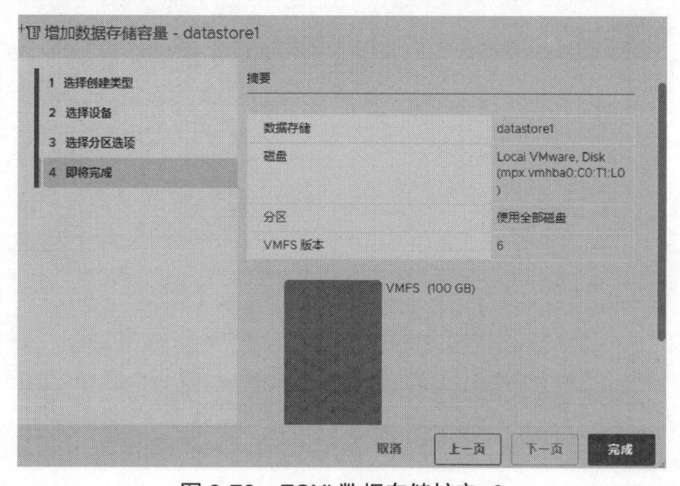

图 3-78　ESXi 数据存储扩容 -6

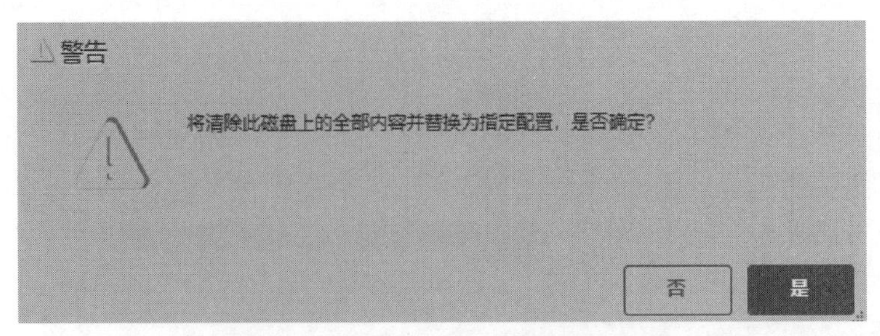

图 3-79　ESXi 数据存储扩容 -7

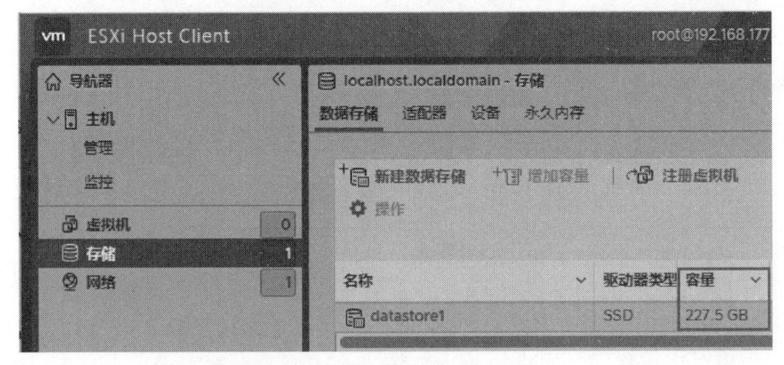

图 3-80　ESXi 数据存储扩容 -8

3.4.3　在 ESXi 主机上部署虚拟机

1.　在 ESXi 主机上创建虚拟机

（1）单击 ESXi 主机导航器中的“虚拟机”，单击界面右侧的“创建 / 注册虚拟机”，在“选择创建类型”界面，选择“创建新虚拟机”，如图 3-81 所示，单击“下一页”按钮。

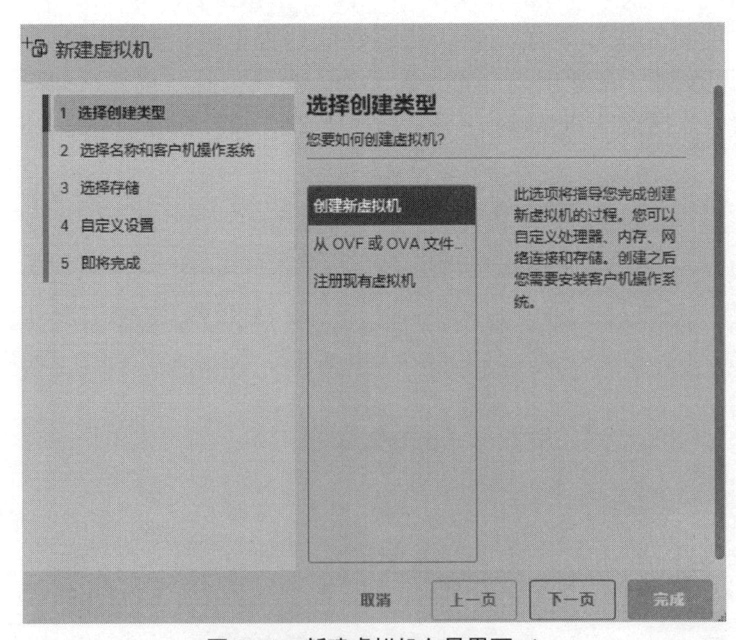

图 3-81　新建虚拟机向导界面 -1

（2）在“选择名称和客户机操作系统”界面，为创建的虚拟机指定名称和操作系统，如图 3-82 所示，单击“下一页”按钮。在“名称”文本框输入新建虚拟机名称。在 VMware ESXi 中，每个虚拟机的名称最多可以包含 80 个英文字符，且名称在每个 ESXi 实例中必须是唯一的。选择虚拟机操作系统类型和虚拟机操作系统版本。在本书中创建的虚拟机名称为 win2016，虚拟机操作系统类型选择 Windows，虚拟机操作系统版本选择 Microsoft Windows Server2016（64 位），表示创建一个 Windows Server 2016 的虚拟机，并在虚拟机中安装 Windows Server 2016 的操作系统。

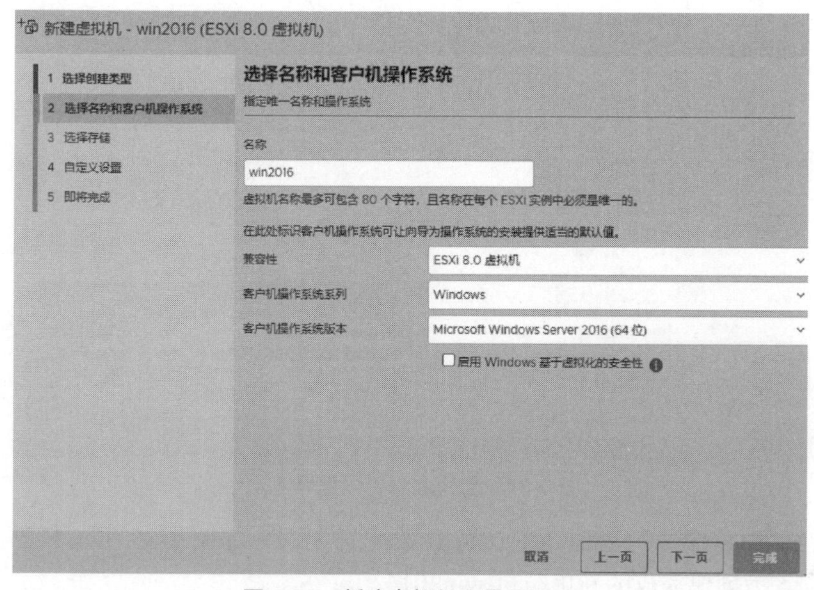

图 3-82　新建虚拟机向导界面 -2

（3）在“选择存储”界面，为虚拟机的配置文件及其所有虚拟机磁盘选择数据存储，如图 3-83 所示，单击“下一页”按钮。

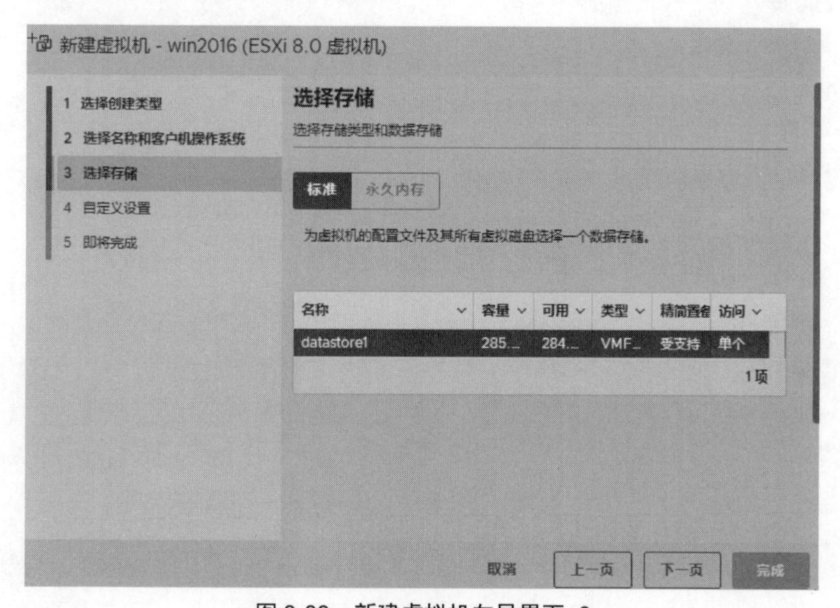

图 3-83　新建虚拟机向导界面 -3

（4）在“自定义设置”界面，包括虚拟硬件和虚拟机选项两部分，如图 3-84 所示。在“虚拟硬件”部分为新建的虚拟机设置 CPU、内存等。在“虚拟机选项”部分，设置 VMware Remote Console、电源管理、VMware Tools、引导选项、光纤通道 NPIV。单击“下一页”按钮。

图 3-84　新建虚拟机向导界面 -4

（5）在“即将完成”界面，确认各参数配置无误，如图 3-85 所示，单击“完成”按钮。图 3-86 为创建完成的新虚拟机 win2016。

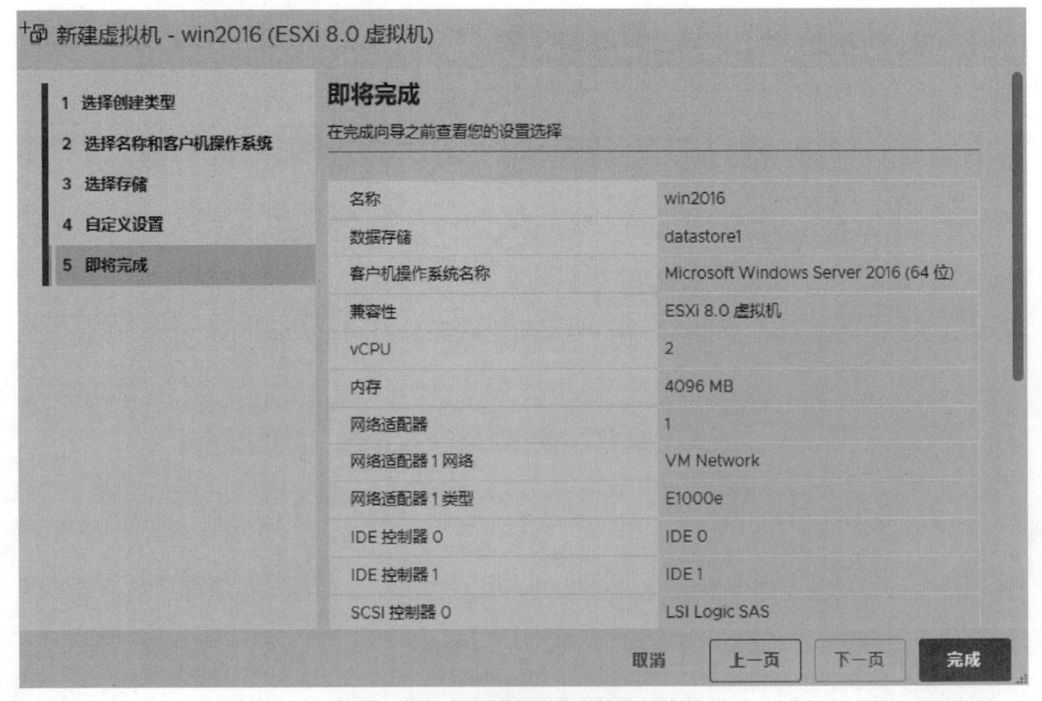

图 3-85　新建虚拟机向导界面 -4

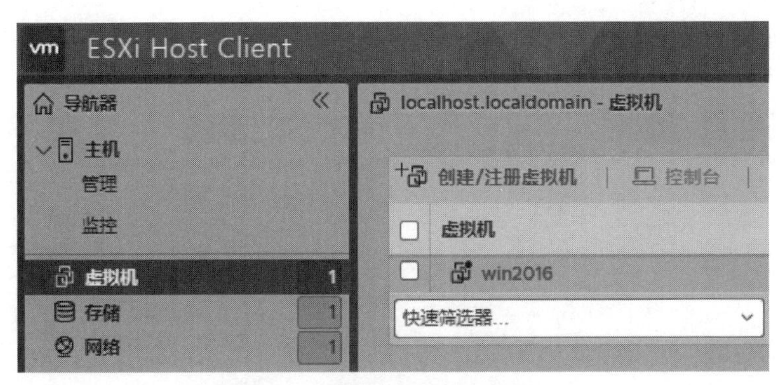

图 3-86　新建虚拟机向导界面 -5

2. 在 ESXi 主机中安装 Windows 操作系统

在 ESXi 主机中使用操作系统镜像有两种方式：一是将操作系统镜像上传到 ESXi 数据存储；二是采用远程控制台的方式，使用存储在物理磁盘的操作系统镜像安装。下面以为虚拟机安装 Windows 操作系统为例介绍这两种安装方式。

（1）在图 3-86 中，右击新创建的虚拟机 win2016，在弹出的快捷菜单中选择“编辑设置”命令，在“编辑设置”界面，单击“CD/DVD 驱动器 1”右侧文本框向下箭头，如图 3-87 所示，选择“数据存储 ISO 文件”，勾选“连接”前的复选框；在“数据存储浏览器”界面，选择 Windows Server 2016 镜像文件，如图 3-88 所示，单击“选择”按钮，返回到“编辑设置”界面，单击“保存”按钮后返回到 ESXi 主界面，开启虚拟机 win2016，根据安装向导开始为虚拟机安装操作系统。

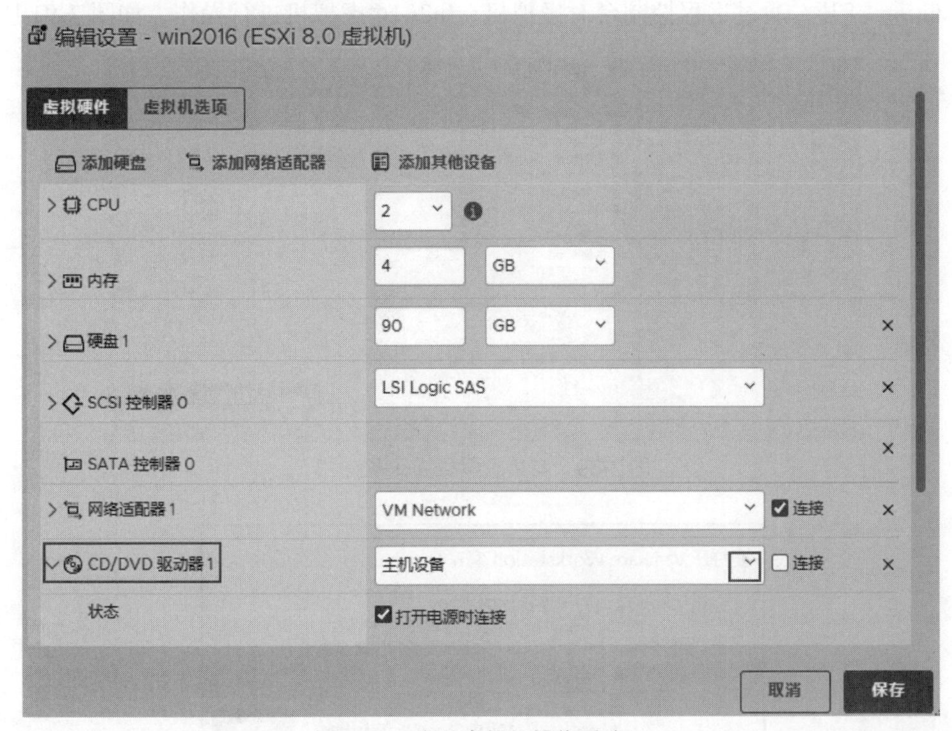

图 3-87　安装虚拟机操作系统 -1

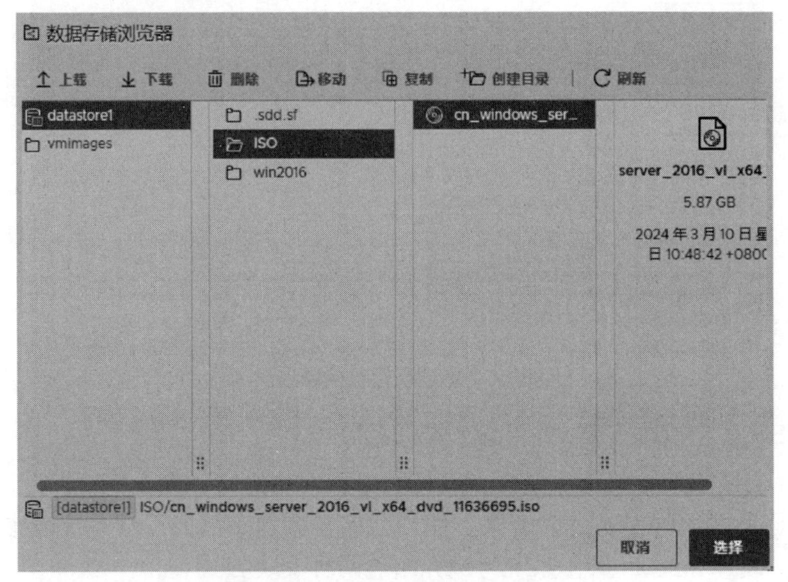

图 3-88　安装虚拟机操作系统 -2

（2）另一种方式是，在“编辑设置”界面，单击“CD/DVD 驱动器 1”右侧文本框向下箭头，选择“主机设备”，勾选“连接”前的复选框，单击“保存”按钮，如图 3-87 所示。在 ESXi 主界面，右击虚拟机 win2016，在弹出的快捷菜单中选择“控制台”命令，启动远程控制台，如图 3-89 所示。此时弹出“要打开 VMware Workstation 吗？”提示对话框，如图 3-90 所示，单击“打开 VMware Workstation”后 VMware Workstation 打开，通过远程控制台对虚拟机 win2016 虚拟机进行操作，如图 3-91 所示。

图 3-89　安装虚拟机操作系统 -3

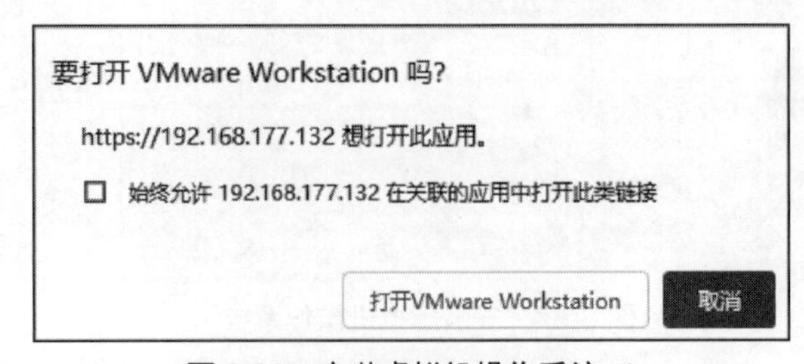

图 3-90　安装虚拟机操作系统 -4

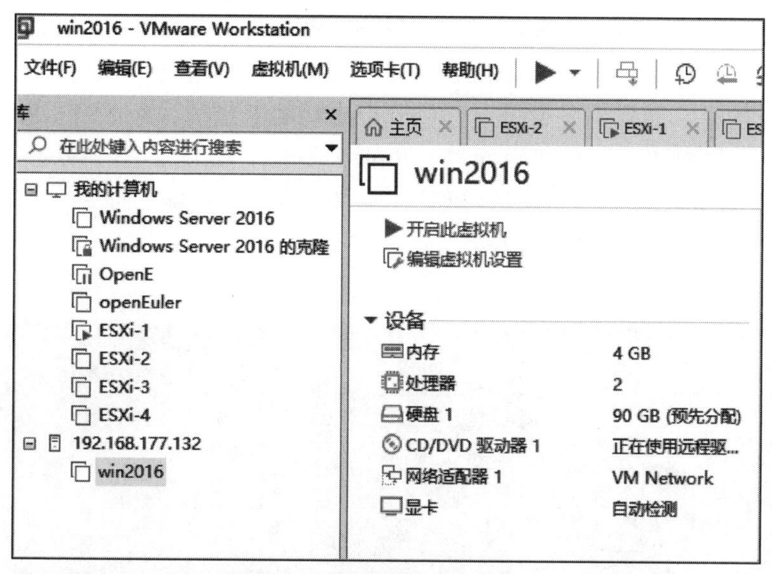

图 3-91　安装虚拟机操作系统 -5

选中虚拟机 win2016，单击“编辑虚拟机设置”，在“虚拟机设置”对话框，依次单击“硬件”→“CD/DVD 驱动器 1”，在界面右侧，“位置”选择“本地客户端”，选中“使用 ISO 映像文件”，导入 ISO 文件，单击“确定”按钮，如图 3-92 所示。

返回到 VMware Workstation 主界面，开启虚拟机 win2016，根据安装向导开始为虚拟机安装操作系统。

图 3-92　安装虚拟机操作系统 -6

在安装完虚拟机操作系统后，需要安装 VMware Tools。安装方法与在 VMware Workstation 中为操作系统安装 VMware Tools 过程一样，这里不再赘述。

需要注意的是，如果不是通过远程控制台启动的虚拟机，在 ESXi 界面直接启动虚拟机进入系统，需要单击虚拟机界面右上角的“操作”，如图 3-93 所示，在下拉菜单中选择“客户机操作系统”→“发送键值”→“Ctrl-Alt-Delete”命令，如图 3-94 所示。安装 VMware Tools 也需要按照该方法。

图 3-93　安装虚拟机操作系统 -7

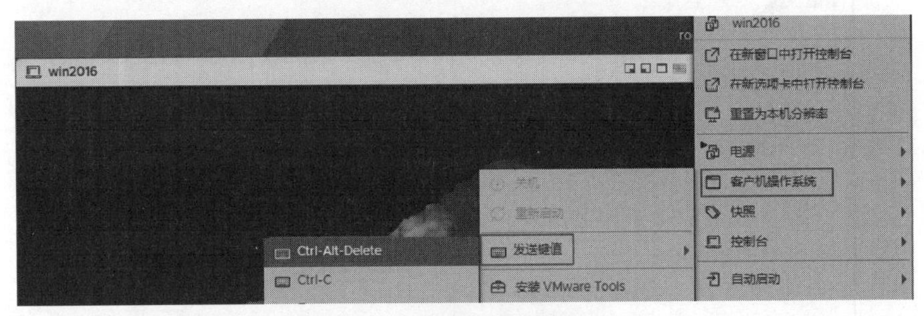

图 3-94　安装虚拟机操作系统 -8

3. 在 ESXi 主机中安装 Linux 操作系统

在 ESXi 主机中安装 Linux 操作系统首先要创建虚拟机，其次为虚拟机安装操作系统。在本书中安装的 Linux 操作系统为 openEuler，版本为 22.03-LTS。

（1）在创建虚拟机时，在“新建虚拟机 - 选择名称和客户机操作系统”界面，虚拟机名称设置为 openEuler，“客户机操作系统系列”选择 Linux，“客户机操作系统版本”选择“其他 5.x Linux(64 位)”，如图 3-95 所示。

（2）创建 Linux 虚拟机的其他操作与创建 Windows 虚拟机的操作一样，这里不再赘述。

（3）在本书中，使用远程控制台的方式安装 Linux 虚拟机的操作系统。当安装镜像导入完成后，开启虚拟机可能会识别不到镜像，如图 3-96 所示。

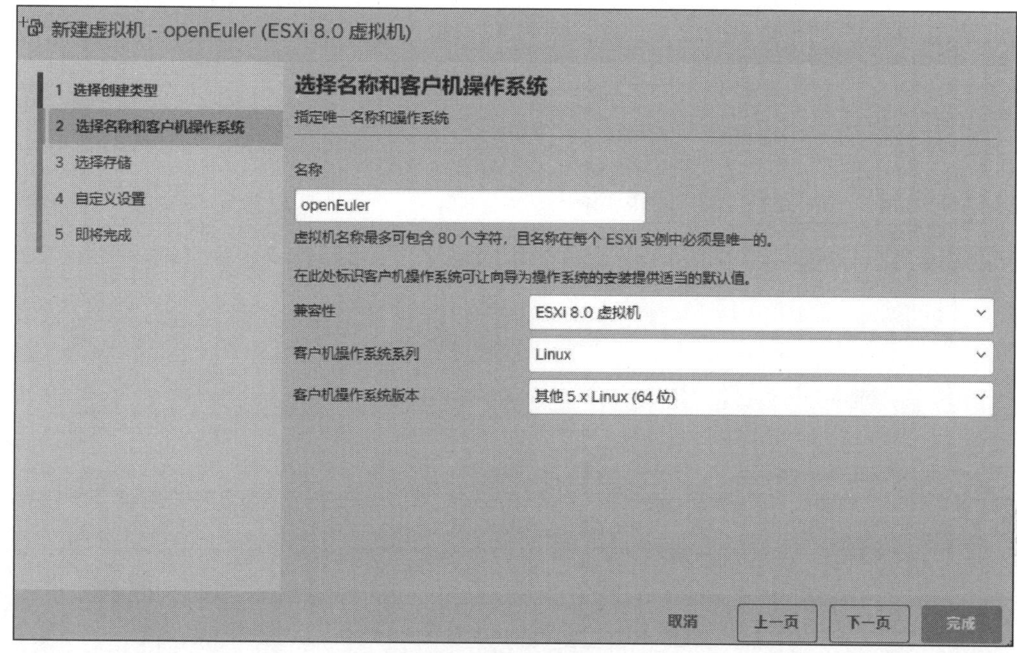

图 3-95　创建 Linux 虚拟机

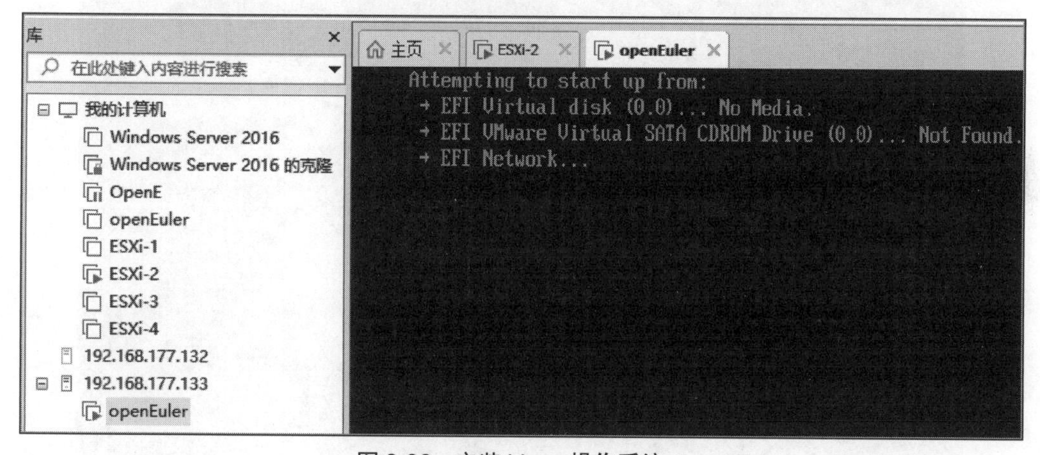

图 3-96　安装 Linux 操作系统 -1

解决方法：在 ESXi 主界面，打开虚拟机的“编辑设置”，在“编辑设置”界面依次单击“虚拟机选项”→“引导选项”，单击“引导选项”前面的“>”，取消勾选“是否为此虚拟机启用 UEFI 安全引导”复选框，单击“保存”按钮，如图 3-97 所示。返回到 VMware Workstation，开启虚拟机 openEuler，开始 Linux 操作系统的安装。

（4）进入 openEuler 操作系统的安装界面，通过按【↑】键选择第一项，按【Enter】键进行安装，如图 3-98 所示。

· Install openEuler 22.03-LTS: 直接安装。

· Test this media&install openEuler 22.03-LTS：测试后安装。

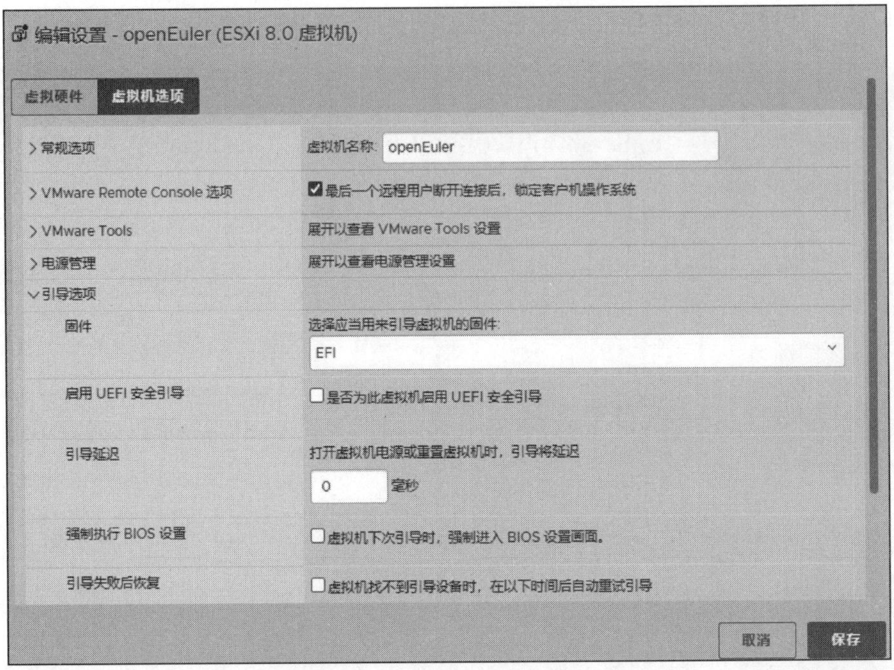

编辑设置 - openEuler (ESXi 8.0 虚拟机)
虚拟硬件　虚拟机选项
> 常规选项　虚拟机名称 openEuler
> VMware Remote Console 选项　最后一个远程用户断开连接后，锁定客户机操作系统
> VMware Tools　展开以查看 VMware Tools 设置
> 电源管理　展开以查看电源管理设置
∨ 引导选项
固件　选择应当用来引导虚拟机的固件: EFI
启用 UEFI 安全引导　是否为此虚拟机启用 UEFI 安全引导
引导延迟　打开虚拟机电源或重置虚拟机时，引导将延迟 0 毫秒
强制执行 BIOS 设置　虚拟机下次引导时，强制进入 BIOS 设置画面。
引导失败后恢复　虚拟机找不到引导设备时，在以下时间后自动重试引导
取消　保存

图 3-97　安装 Linux 操作系统 -2

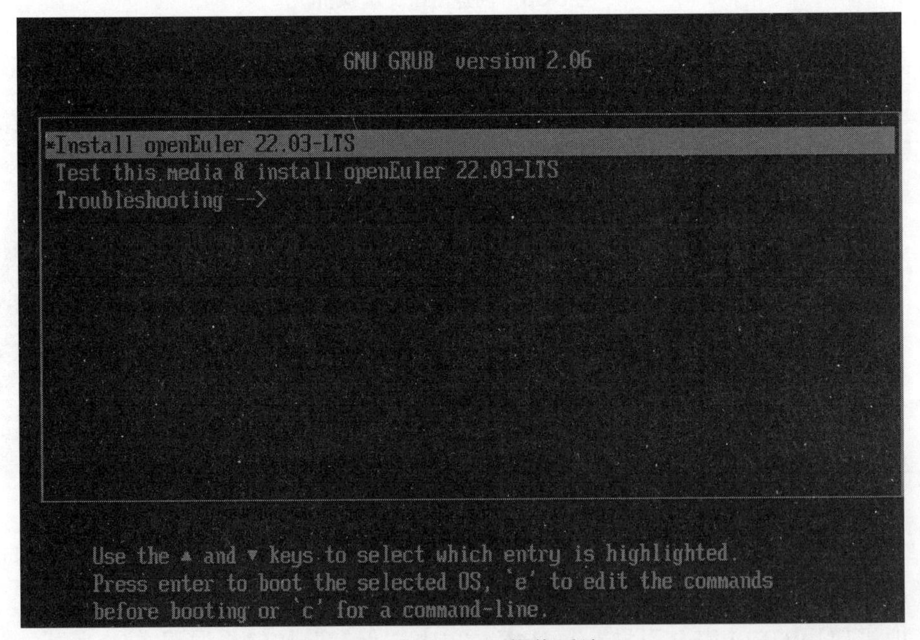

图 3-98　安装 Linux 操作系统 -3

（5）在“欢迎使用 openEuler 22.03-LTS”界面，语言选择中文，如图 3-99 所示，单击“继续”按钮。

（6）在“安装信息摘要”界面，需要完成“安装目的地”“根密码”的设置，如图 3-100 所示。单击界面的“安装目的地”选项，出现“安装目标位置”界面，如图 3-101 所示，选择需要安装的设备，这里保持默认，单击“完成”按钮，返回到“安装信息摘要”界面。

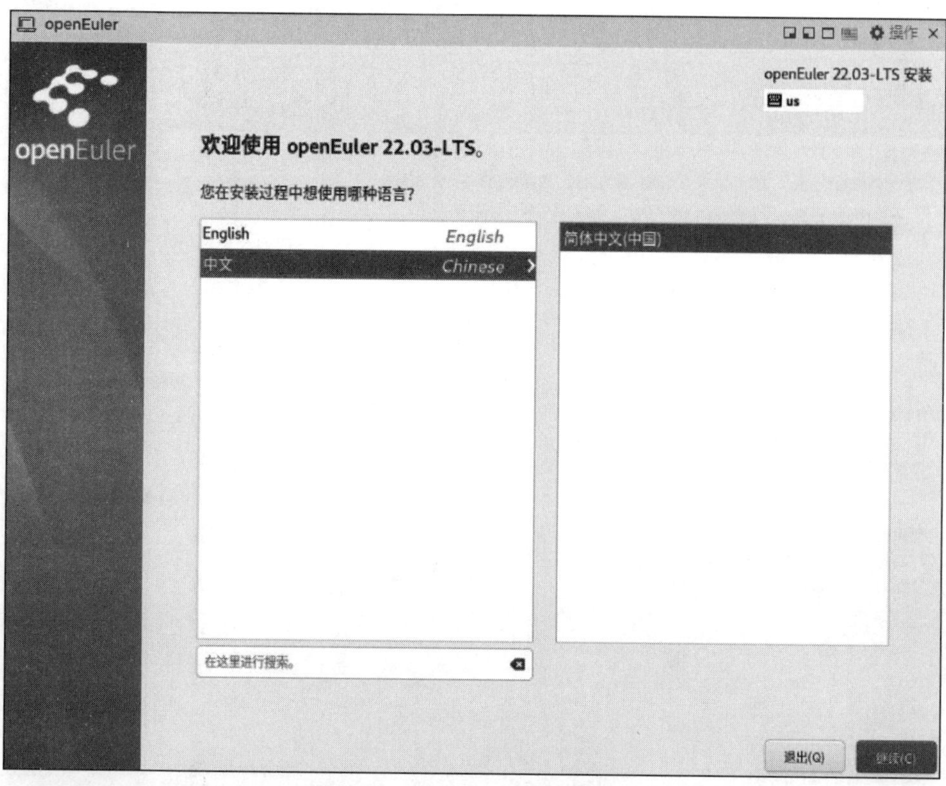

图 3-99　安装 Linux 操作系统 -4

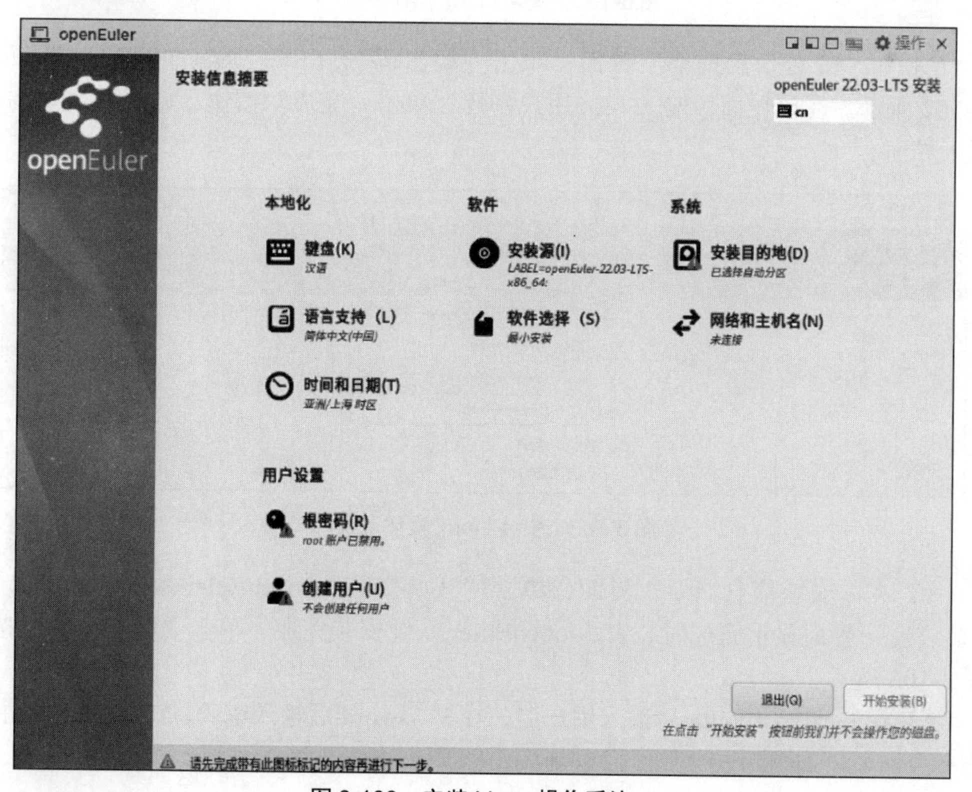

图 3-100　安装 Linux 操作系统 -5

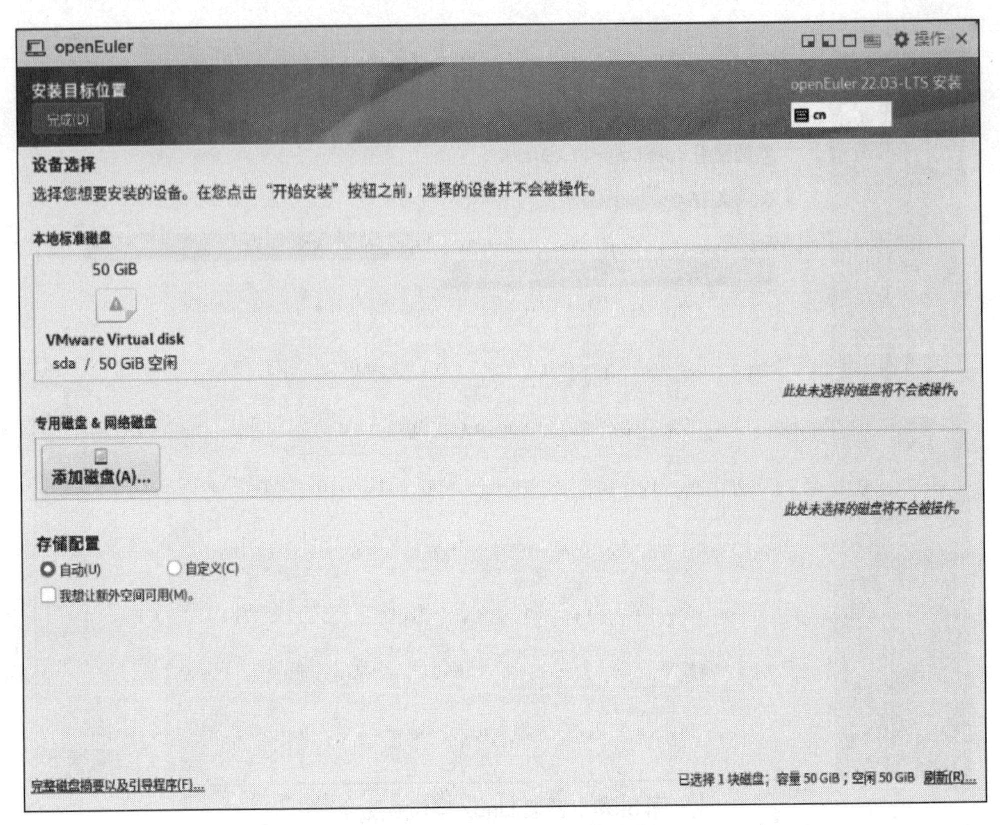

图 3-101　安装 Linux 操作系统 -5

（7）在“安装信息摘要”界面，单击“根密码”，出现“ROOT 密码”界面，如图 3-102 所示。在该界面，输入 root 用户密码，单击“完成”按钮，返回到“安装信息摘要”界面。

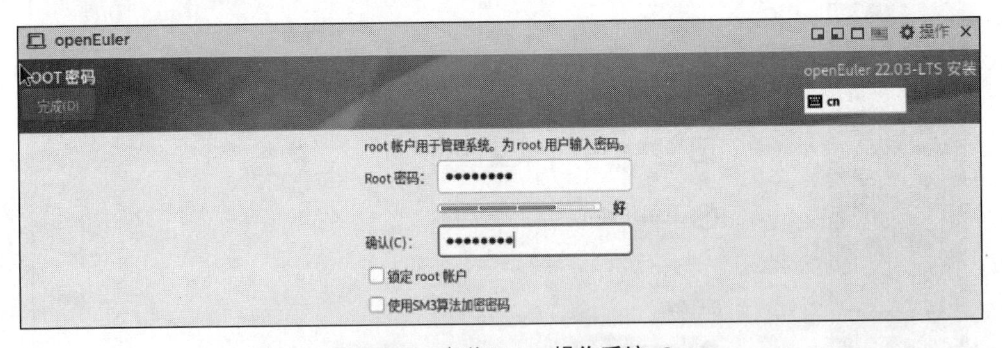

图 3-102　安装 Linux 操作系统 -6

（8）在“安装信息摘要”界面，单击“开始安装”，openEuler 系统开始安装，当“安装进度”界面显示完成时，表示 openEuler 系统安装完成，单击“重启系统”按钮，如图 3-103 所示。

（9）在 localhost login 后输入用户名，在 Password 后输入密码，注意 Linux 输入密码均不会回显，如图 3-104 所示。

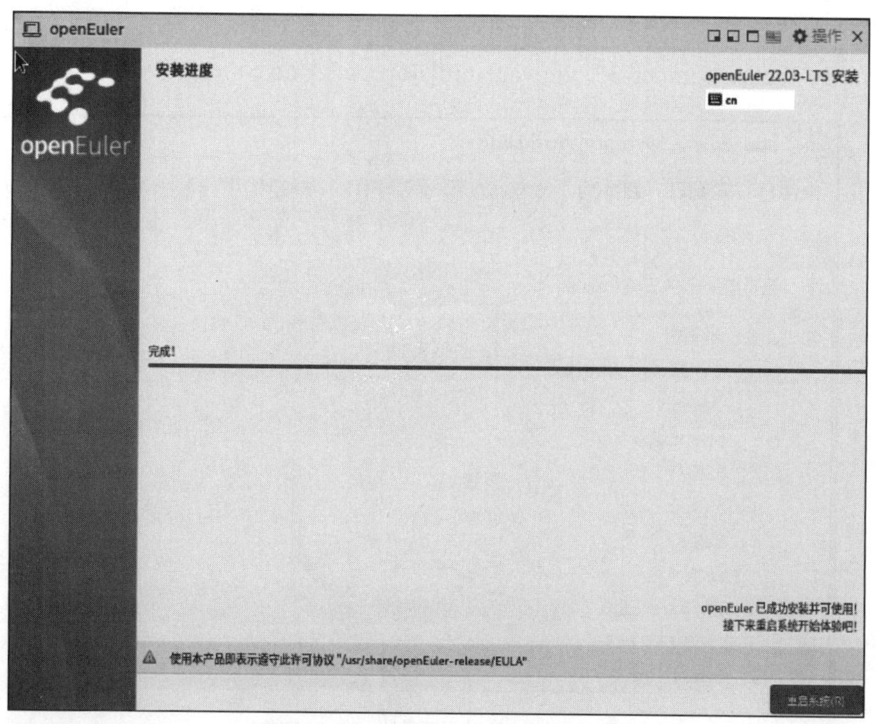

图 3-103　安装 Linux 操作系统 -7

```
localhost login: root
Password:

Authorized users only. All activities may be monitored and reported.


Welcome to 5.10.0-60.18.0.50.oe2203.x86_64

System information as of time:  Sun Mar 10 10:37:05 PM CST 2024

System load:     0.21
Processes:       191
Memory used:     11.6%
Swap used:       0%
Usage On:        5%
IP address:      192.168.177.137
Users online:    1
```

图 3-104　安装 Linux 操作系统 -8

安装 VMware Tools：

单击菜单栏“虚拟机”，选择“安装 VMware Tools”命令，挂载 VMware Tools，如图 3-105 所示。

[root@localhost ~]# ls /dev |grep cdrom // 查看 VMware Tools 镜像是否挂载成功

[root@localhost ~]# mkdir /mnt/cdrom // 创建目录

[root@localhost ~]# mount /dev/cdrom /mnt/cdrom // 将 VMware Tools 的磁盘，挂载到创建目录 /mnt/cdrom 里

[root@localhost ~]# ls /mnt/cdrom // 查看挂载是否成功，/mnt/ cdrom 是否有 VMware

Tools 相关的文件查看的结果：manifest.txt run_upgrader.sh VMware Tools- 10.3.25-20206839.tar.gz vmware-tools-upgrader-32 vmware-tools-upgrader-64

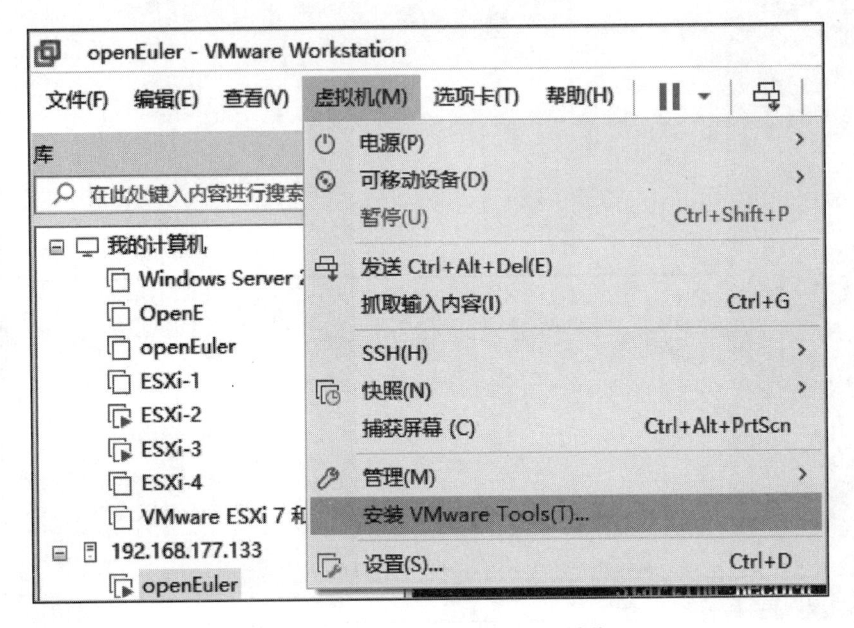

图 3-105 挂载 VMware Tools 镜像

[root@localhost ~]# cp /mnt/cdrom/VMwareTools-10.3.25-20206839.tar.gz ~ // 将 VMware Tools 压缩包 VMwareTools-10.3.25-20206839.tar.gz 复制到家目录

[root@localhost ~]# tar -xvzf VMwareTools-10.3.25-20206839.tar.gz // 解压压缩包

[root@localhost ~]# ls

查看的结果：anaconda-ks.cfg VMwareTools-10.3.25-20206839.tar.gz vmware-tools-distrib

[root@localhost ~]# cd vmware-tools-distrib/ // 进入解压后的目录 vmware-tools-distrib

[root@localhost vmware-tools-distrib]# ls // 查看 vmware-tools-distrib 目录内容

查看的结果：bin doc etc FILES INSTALL installer lib vgauth vmware-install.pl

[root@localhost vmware-tools-distrib]# ./vmware-install.pl // 安装脚本文件为 vmware-install.pl，开始安装 VMware Tools。

[root@localhost vmware-tools-distrib]# cd

[root@localhost ~]# reboot // 重启虚拟机

图 3-106 为 VMware Tools 安装完成界面。

3.4.4 升级其他版本至 ESXi 8.0

本书使用的 VMware ESXi 的原版本为 ESXi 7.0.3 U3，升级到 ESXi 8.0 U1，ESXi 7.0 使用的版本号为 19482573。

（1）登录到 VMware ESXi 7.0 控制台，查看版本为 7.0.3，如图 3-107 所示。

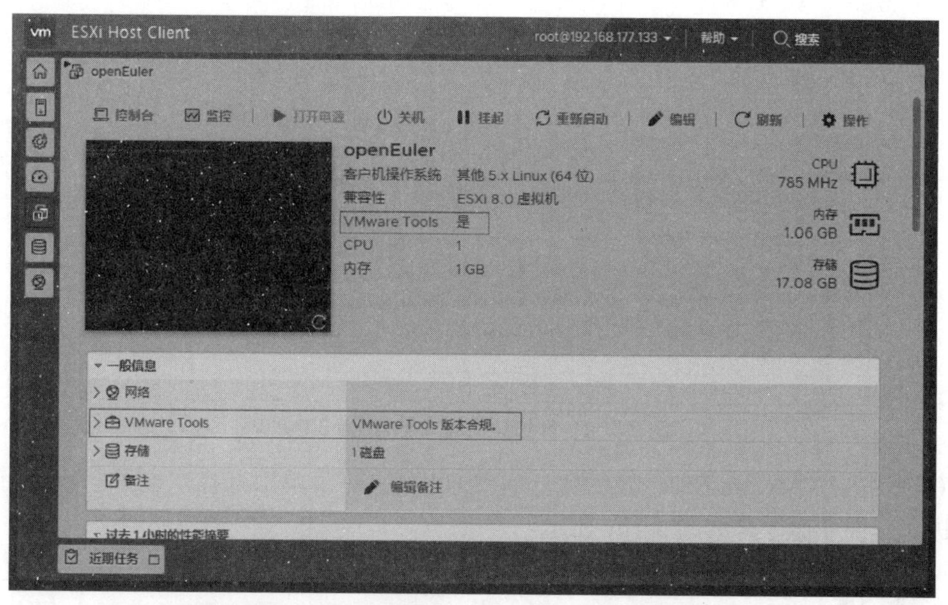

图 3-106　Linux 虚拟机 VMware Tools 安装完成界面

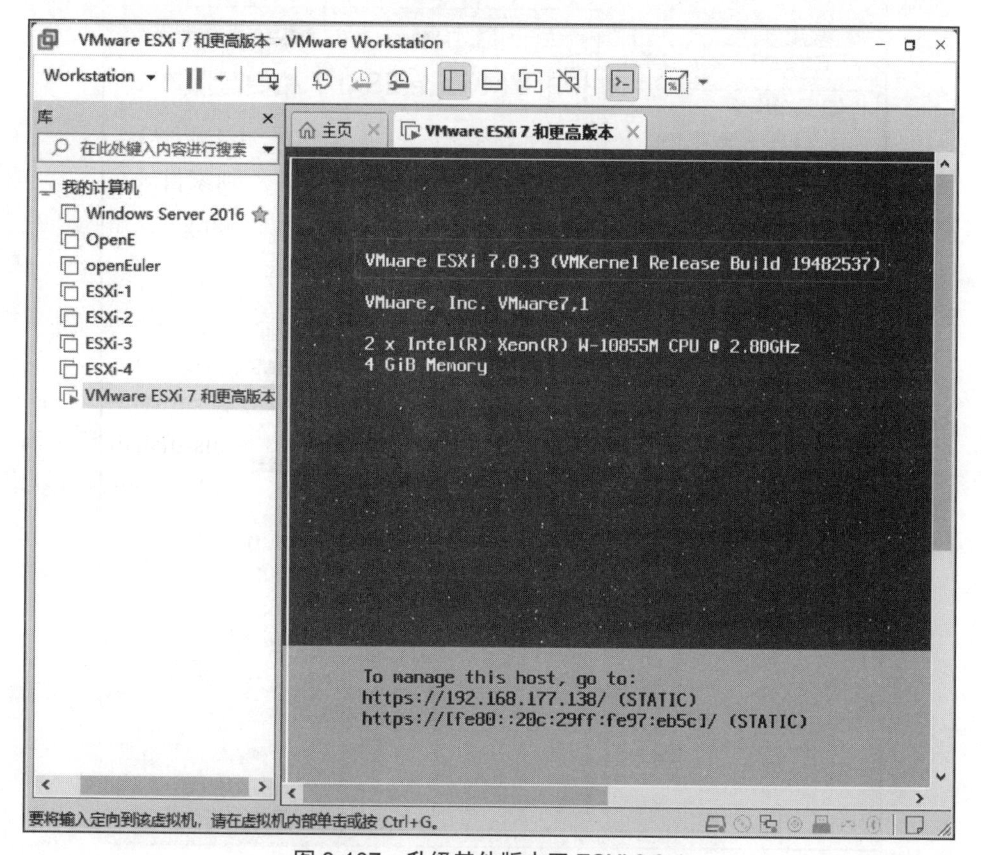

图 3-107　升级其他版本至 ESXi 8.0-1

（2）关闭 VMware ESXi 7.0 主机，挂载好 VMware ESXi 8.0 ISO 镜像，如图 3-108 所示。

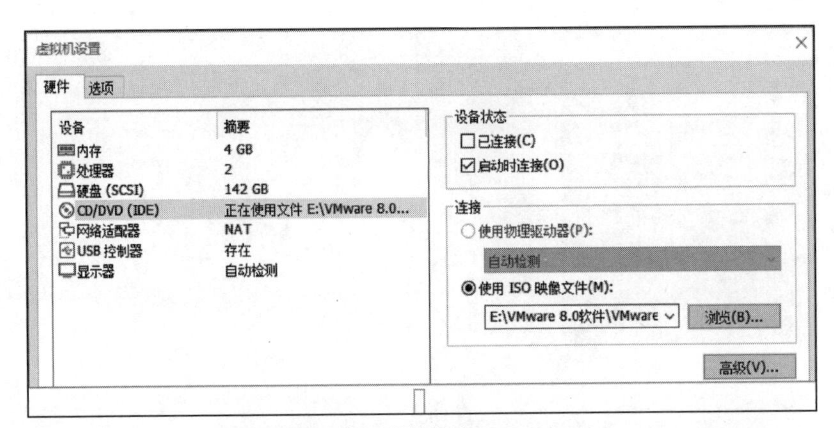

图 3-108　升级其他版本至 ESXi 8.0-2

（3）右击 VMware ESXi 7.0 主机，在弹出的快捷菜单中选择“电源”→“打开电源时进入固件”命令，如图 3-109 所示。

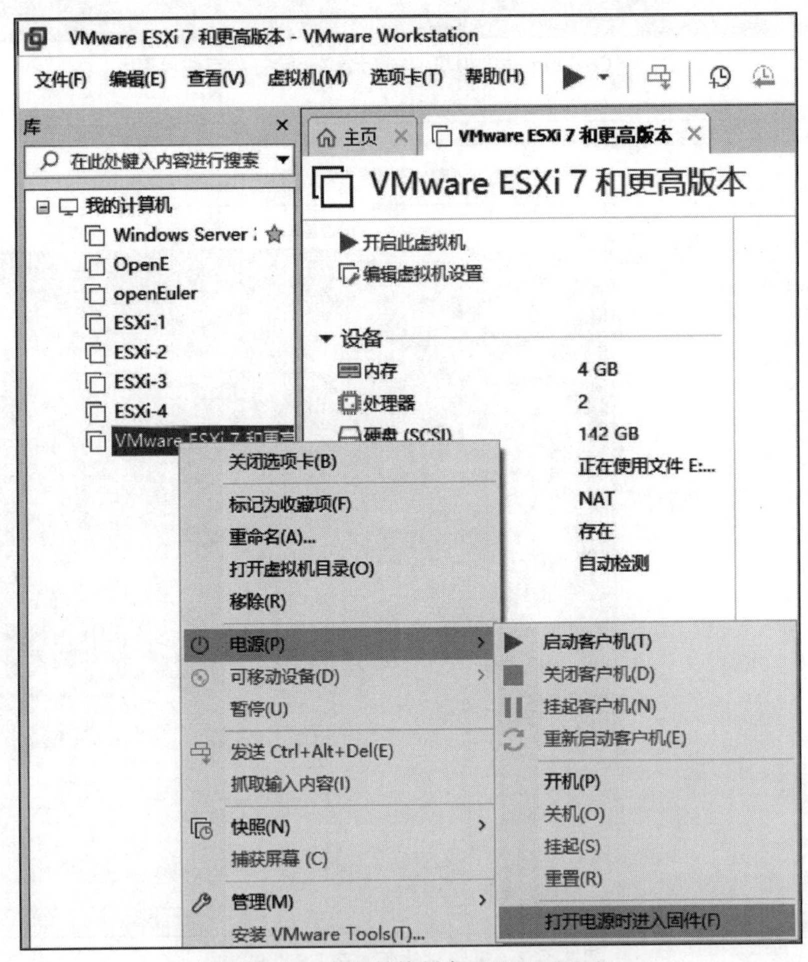

图 3-109　升级其他版本至 ESXi 8.0-3

（4）在 BIOS 界面，将光标移动到 EFI VMware Virtual IDE CDROM Drive (IDE 1:0)，按【Enter】键，如图 3-110 所示。

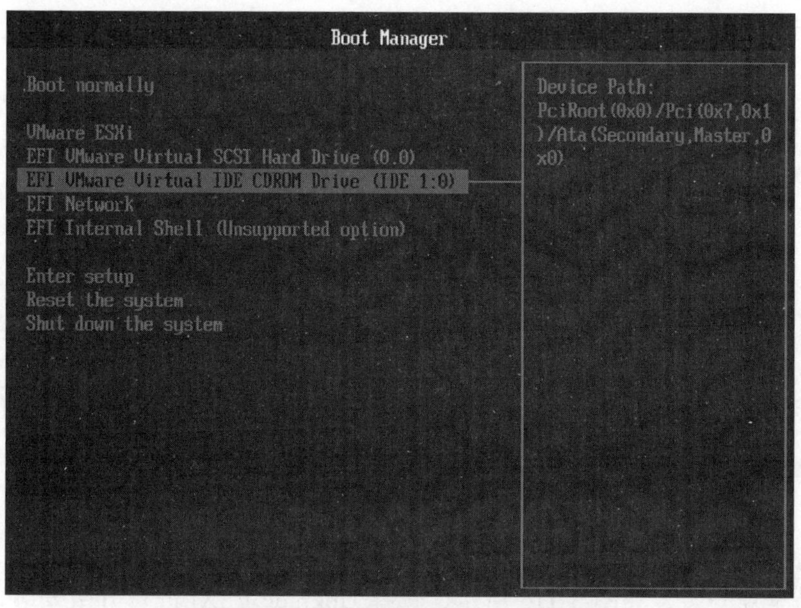

图 3-110　升级其他版本至 ESXi 8.0-4

（5）进入安装向导，如图 3-111 所示，按【Enter】键开始部署 VMware ESXi 8.0。

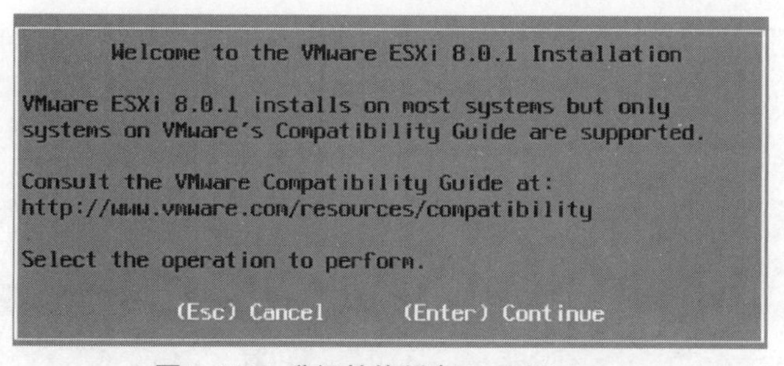

图 3-111　升级其他版本至 ESXi 8.0-5

（6）在 End User License Agreement（EULA）界面，按【F11】键接受许可协议继续安装，如图 3-112 所示。

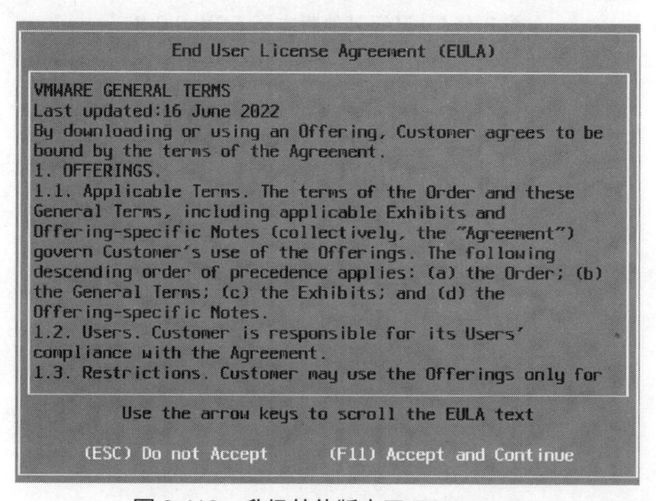

图 3-112　升级其他版本至 ESXi 8.0-6

（7）选择部署使用的硬盘，按【Enter】键继续安装，如图 3-113 所示。

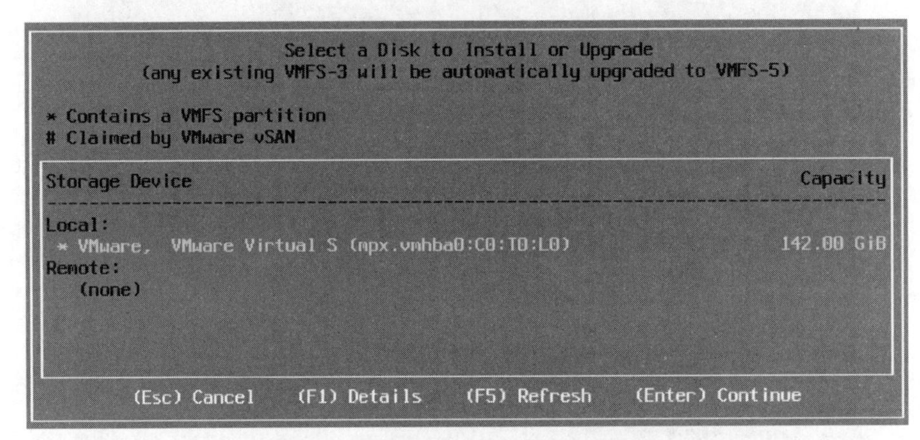

图 3-113　升级其他版本至 ESXi 8.0-7

（8）系统进行自检，如图 3-114 所示；因已部署 VMware ESXi 7.0，所以系统提示是升级还是全新安装，如图 3-115 所示，选择 Upgrade ESXi 进行升级安装，同时保留 VMFS 存储以及配置；在 Confirm Upgrade 界面，按【F11】键开始升级系统，如图 3-116 所示。

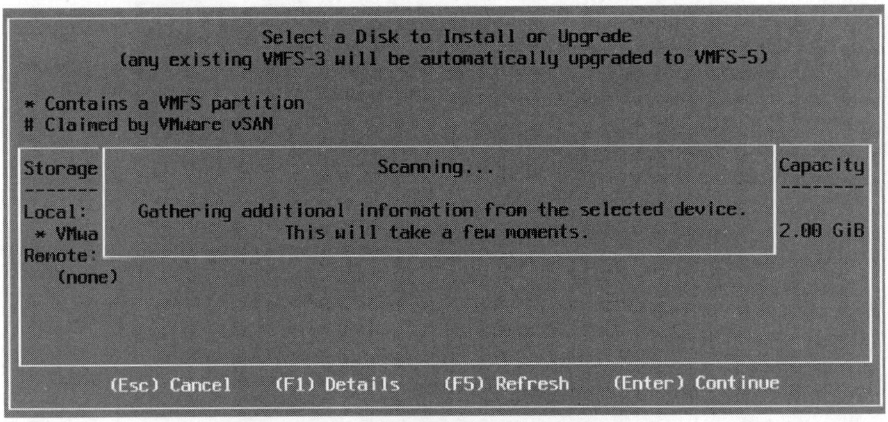

图 3-114　升级其他版本至 ESXi 8.0-8

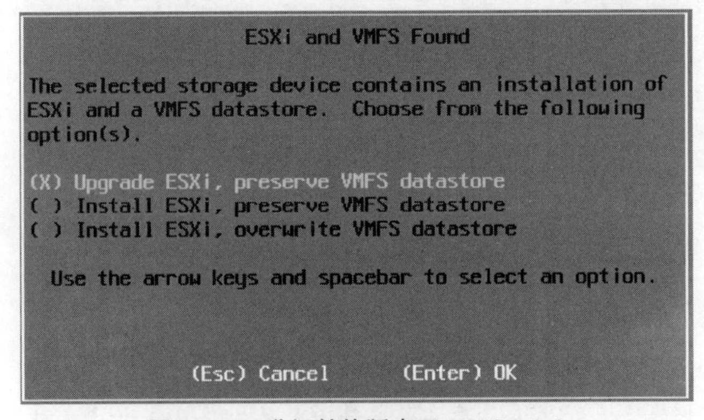

图 3-115　升级其他版本至 ESXi 8.0-9

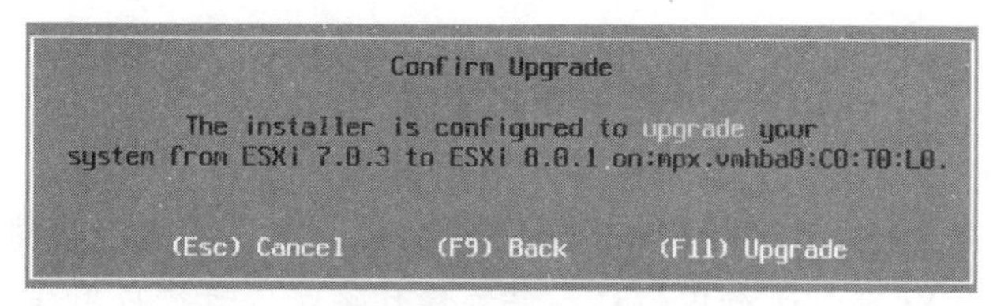

图 3-116　升级其他版本至 ESXi 8.0-10

（9）在 Upgrade Complete 界面完成升级操作后按【Enter】键重启 VMware ESXi 8.0，如图 3-117 所示。

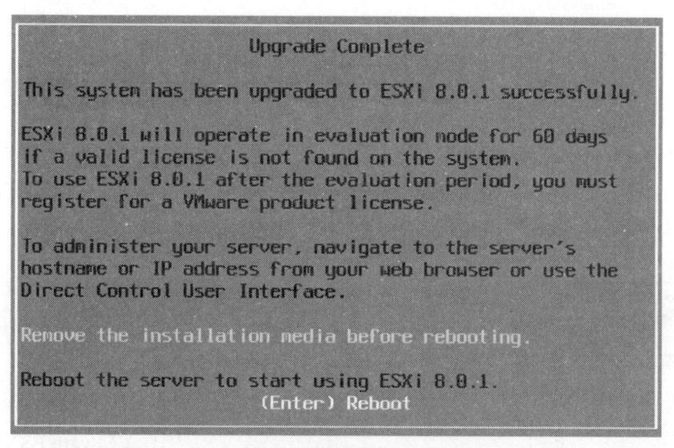

图 3-117　升级其他版本至 ESXi 8.0-11

（10）进入 VMware ESXi 控制台，可以看到版本已经升级至 ESXi 8.0 版本，如图 3-118 所示。

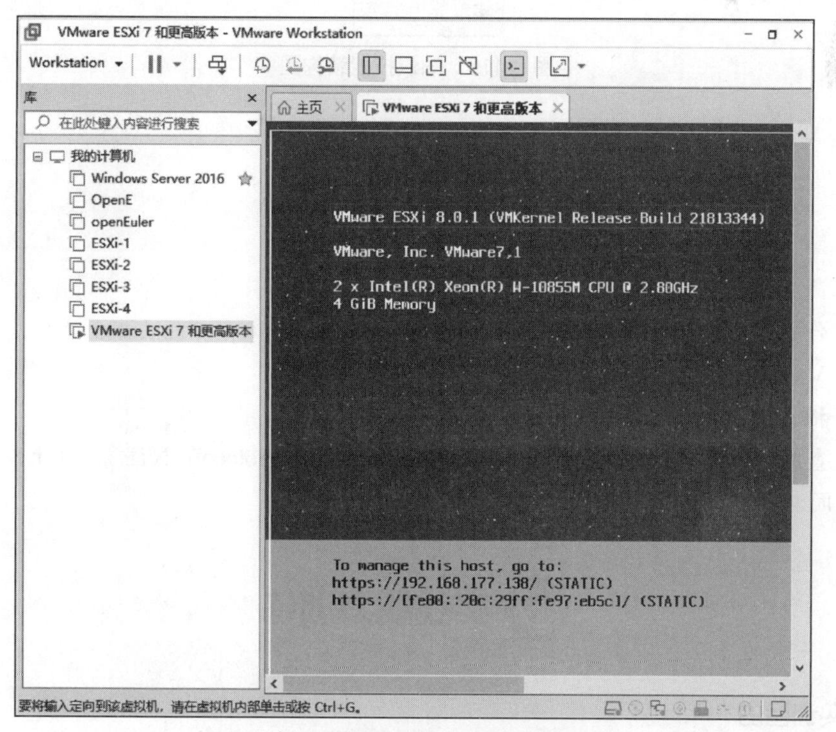

图 3-118　升级其他版本至 ESXi 8.0-12

小　　结

VMware ESXi 是 vSphere 的核心组件之一，将处理器、内存、存储器和资源虚拟化为多个虚拟机。通过 ESXi 可以运行虚拟机、安装操作系统、运行应用程序以及配置虚拟机。本章介绍了 VMware ESXi 8.0 的硬件安装要求和安装方式，重点描述了如何安装 VMware ESXi、如何配置控制台，以及如何使用 ESXi Host Client 管理 VMware ESXi。

本章知识技能结构如图 3-119 所示。

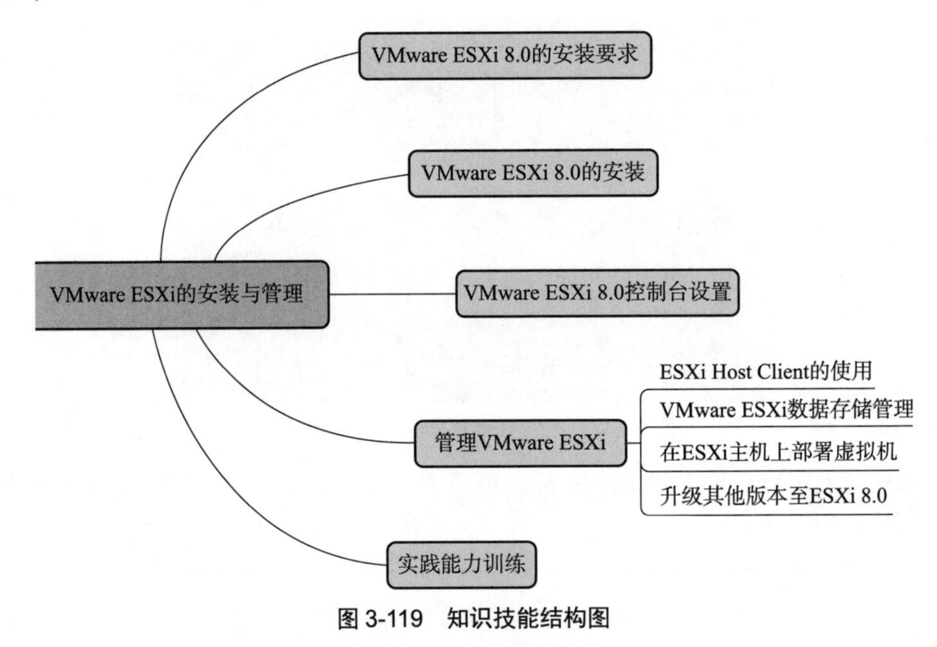

图 3-119　知识技能结构图

习　　题

（1）简单描述 VMware ESXi 的作用。

（2）什么是 VMFS-L（Local VMFS）?

（3）VMware ESXi 安装方式包括哪四种?

（4）描述 VMware ESXi 控制台的作用。

（5）查阅资料回答什么网络时间协议（Network Time Protocol，NTP）。为什么让 VMware ESXi 的时间与所在的时区时间同步?

实践能力训练

1. 实训目的

（1）掌握 VMware ESXi 的安装。

（2）掌握在 VMware ESXi 主机中创建虚拟机与安装操作系统。

（3）掌握为 VMware ESXi 主机扩容的方法。

（4）掌握升级 VMware ESXi 版本的方法。

（5）培养学生的动手操作能力和独立自主学习能力。

2. 实训内容

（1）在 VMware Workstation 中创建四台 ESXi 虚拟机，命名为：姓名缩写 - 学号后三位 -ESXiX（X 用数字 1~4 代替）；在 ESXi1-ESXi3 中安装 VMware ESXi 8.0，在 ESXi4 中安装 VMware ESXi 7.0，将四台 ESXi 的 IP 地址设置为静态。

（2）在 ESXi1 主机中创建一台 Windows Server 2016 虚拟机，命名为 Win2016，在 ESXi2 主机中创建一台 Linux 虚拟机（操作系统为 openEuler），并为两台虚拟机安装 VMware Tools，尝试克隆驻留在 ESXi1 中的虚拟机。

（3）通过“新建数据存储”和“增加容量”的方式分别对 ESXi1 和 ESXi4 的数据存储扩容。

（4）尝试将 ESXi 主机的时钟与 NTP 服务器同步。

（5）在 VMware Workstation 中安装一台 VMware ESXi 7.0 主机，将其版本升级至 VMware ESXi 8.0。

3. 实训环境要求

软件：VMware Workstation Pro 16、VMware ESXi 7.0 镜像和 VMware ESXi 8.0 镜像。

硬件：物理机内存 64 GB 以上，主机系统需要使用具有 AMD-V 支持的 AMD CPU 或者具有 VT-x 支持的 Intel CPU，硬盘至少 1 TB。

第 4 章 VMware vCenter Server 的部署与应用

vCenter Server 是 vSphere 核心组件之一，是一种服务，充当连接到网络的 ESXi 主机的中心管理员。vCenter Server 还提供了很多功能，用于监控和管理物理和虚拟基础架构。本章介绍如何部署 vCenter Server 8.0 以及使用 vCenter Server 8.0 管理虚拟机。

学习目标

（1）了解 vCenter Server 的作用以及可扩展性。
（2）掌握使用 GUI 部署 vCenter Server 8.0 的方法。
（3）掌握使用 VMware Appliance Management Administration 管理 vCenter Server 的方法。
（4）学会将低版本的 vCenter Server 升级至 vCenter Server 高版本的方法。
（5）学会基于 vCenter Server 环境部署和管理虚拟机的方法。

4.1 VMware vCenter Server 简介

4.1.1 VMware vCenter Server 介绍

视 频

vCenter Server简介

VMware vCenter Server 提供了一个可伸缩、可扩展的平台，为虚拟化管理奠定了基础，可集中管理 VMware vSphere 环境。利用 vCenter Server，能够集中管理多 ESXi 主机及其虚拟机，极大地提高了信息技术管理员对虚拟环境的控制。

从 vSphere 7.0 开始，部署新的 vCenter Server 或升级到 vCenter Server 7.0 需要使用 vCenter Server Appliance，它是针对运行 vCenter Server 而优化的预配置虚拟机。

安装、配置和管理 vCenter Server 不当可能会导致管理效率降低，或者导致 ESXi 主机和虚拟机停机。

4.1.2 VMware vCenter Server 可扩展性

vCenter Server 8.0 具有很高的可扩展性，具体见表 4-1。

表 4-1　vCenter Server 8.0 可扩展性

指　　标	支持数量
每个 vCenter Server 支持的主机数	2 500
每个 vCenter Server 支持的启动虚拟机	40 000
每个 vCenter Server 支持的注册虚拟机	45 000
每个集群支持的主机数	96
每个集群支持的虚拟机数	8 000

 4.2　VMware vCenter Server Appliance 部署

vCenter Server 安装方法有两种：第一种是作为应用程序安装在 Windows Server 操作系统上，但从 vSphere 6.7 版本之后不再提供更新版本；第二种是基于 Linux 的虚拟设备安装。本书采用第二种方式安装。

4.2.1　VMware vCenter Serve Appliance 部署环境

vCenter Serve 8.0 对硬件及操作系统提出了新的要求，下面对部署 vCenter Serve 8.0 的硬件条件、存储要求以及软件要求进行介绍。vCenter Server 的所需端口和 vCenter Server Appliance 的 DNS 要求参考 vSphere 文档。

1. vCenter Server 设备的硬件要求

不同 vCenter Server 环境需要的 vCPU 数目和内存情况见表 4-2。

表 4-2　不同 vCenter Server 环境需要的 vCPU 数目和内存情况

部署类型	vCPU 数目	内存 /GB
微型环境（最多 10 个主机或 100 个虚拟机）	2	14
小型环境（最多 100 个主机或 1 000 个虚拟机）	4	21
中型环境（最多 400 个主机或 4 000 个虚拟机）	8	30
大型环境（最多 1 000 个主机或 10 000 个虚拟机）	16	39
超大型环境（最多 2 000 个主机或 35 000 个虚拟机）	24	58

2. vCenter Server 设备的存储要求

不同 vCenter Server 环境需要的存储情况见表 4-3。

表 4-3　不同 vCenter Server 环境需要的存储情况

部署类型	默认存储大小 /GB	大型存储大小 /GB	超大型存储大小 /GB
微型环境（最多 10 个主机或 100 个虚拟机）	579	2 019	4 279
小型环境（最多 100 个主机或 1 000 个虚拟机）	694	2 044	4 304
中型环境（最多 400 个主机或 4 000 个虚拟机）	908	2 208	4 468
大型环境（最多 1 000 个主机或 10 000 个虚拟机）	1 358	2 258	4 518
超大型环境（最多 2 000 个主机或 35 000 个虚拟机）	2 283	2 383	4 643

3. vCenter Server Appliance 的软件要求

vCenter Server Appliance 可以部署在 ESXi 6.7 或更高版本的主机上，也可以部署在 6.7 或更高版本的 vCenter Server 实例上。可以从受支持版本的 Windows、Linux 或 Mac 操作系统上的客户机运行 vCenter Server GUI 或 CLI 安装程序。

vCenter Server GUI 或 CLI 安装程序支持的操作系统版本见表 4-4。

表 4-4 GUI 和 CLI 安装程序的系统要求

操作系统	受支持的版本	确保最佳性能的最低硬件配置
Windows	Windows 10、11 Windows 2016 x64 位 Windows 2019 x64 位 Windows 2022 x64 位	4 GB RAM、两个 2.3 GHz 四核 CPU、32 GB 硬盘、一个网卡
Linux	SUSE 15 Ubuntu 18.04、20.04、21.10	4 GB RAM、一个 2.3 GHz 双核 CPU、16 GB 硬盘、一个网卡 注：CLI 安装程序要求 64 位操作系统
Mac	macOS 10.15、11、12 macOS Catalina、Big Sur 和 Monterey	8 GB RAM、一个 2.4 GHz 四核 CPU、150 GB 硬盘、一个网卡

视频

vCenter Server 8.0安装-1

4.2.2 VMware vCenter Server Appliance 部署步骤

1. 安装介质的准备

可以从 VMware 网站下载 VCSA 8.0 安装介质。在本书中使用的 VCSA 8.0 版本为 VMware-VCSA-all-8.0.1-21860503.iso。

视频

vCenter Server 8.0安装-2

2. 配置规划

本书中使用四台 ESXi 主机，主机的名称和 IP 地址分配见表 4-5。在 ESXi-1 主机中创建的虚拟机 win2016 中安装 vCenter Server，ESXi2~ESXi4 作为硬件资源添加到 vCenter Server 中。

表 4-5 ESXi 主机的名称和 IP 地址分配

主机名称	IP 地址	网络适配器模式	内存 / GB	CPU/个	硬盘 / GB	备　注
ESXi-1	192.168.177.132	NAT	16	4	300	部署 VCSA
ESXi-2	192.168.177.133	NAT	16	4	442	修改了内存和 CPU 个数，扩展了硬盘
ESXi-3	192.168.177.134	NAT	8	2	142	
ESXi-4	192.168.177.135	NAT	8	2	242	
win2016	192.168.177.136	NAT	4	2	90	部署位置：ESXi-1 主机
Win2016-DNS	192.168.177.137	NAT	2	2	60	DNS 服务器
VMware vCenter Server	192.168.177.150	NAT	14	2	587	在部署过程中，硬盘设置为精简置备

3. VCSA 的部署

在本书中采用 vCenter Server Appliance GUI 方式部署。具体部署方法如下：

（1）开启 ESXi 主机 (IP 地址为 192.168.177.132)，登录到 ESXi，将 VMware-VCSA-all-8.0.1-21860503 ISO 镜像文件上传到 ESXi 数据存储。

（2）开启虚拟机 win2016，修改虚拟机 win2016 的 IP 地址为固定 IP 地址 (192.168.177.136)，关闭防火墙。

（3）对虚拟机 win2016 进行快照。

（4）单击虚拟机 win2016 菜单栏中的“操作”，选择“编辑设置”命令，在“编辑设置”界面，单击“CD/DVD 驱动器”，选择“数据存储 ISO 文件”，挂载 VCSA8.0 的镜像文件（安装程序）。

（5）打开文件管理器，找到挂载好的 VCSA8 镜像，双击进入 DVD 驱动器目录中，如图 4-1 所示。

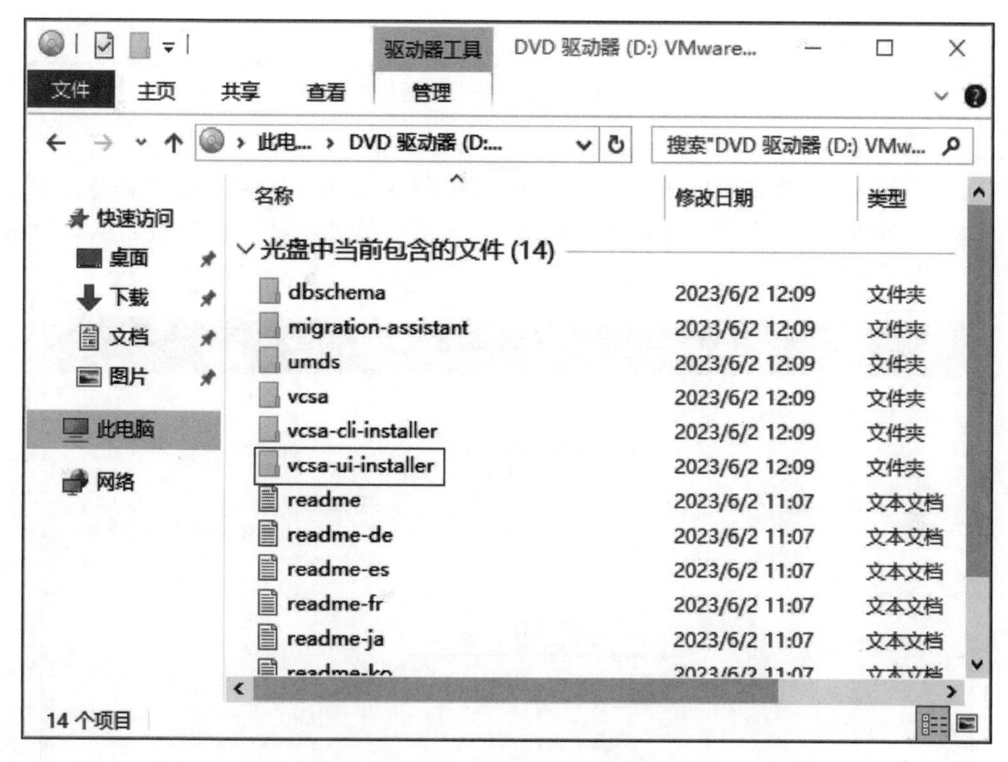

图 4-1　vCenter Server 安装程序界面 -1

（6）打开 vcsa-ui-installer 文件夹，该文件夹下存放着 GUI 方式安装 VCSA 的执行程序。

（7）根据安装程序运行的操作系统选择相应的安装格式。在这里宿主机是 Windows 系统，因此打开 win32 目录，双击 install.exe 后弹出“vCenter Server 8.0 安装程序”对话框，如图 4-2 所示，单击“安装”按钮后开始安装 vCenter Server。在图 4-2 的右上角可以选择安装时使用的语言，默认使用英语。

lin64：Linux 安装目录。

mac：Mac OS 安装目录。

win32：Windows 安装目录。

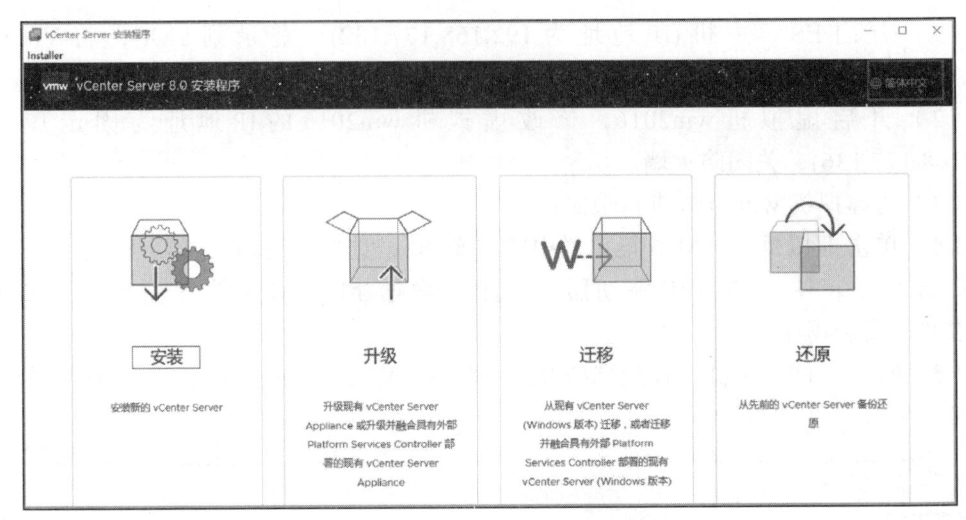

图 4-2　vCenter Server 安装程序界面 -2

（8）在“简介”界面中提示 vCenter Server 8.0 的安装分为两个阶段：第一阶段是将新 vCenter Server 部署到目标 ESXi 主机或目标 vCenter Server 中的计算资源；第二阶段是完成已部署 vCenter Server 设置，如图 4-3 所示。单击“下一步”按钮继续执行第一阶段工作。

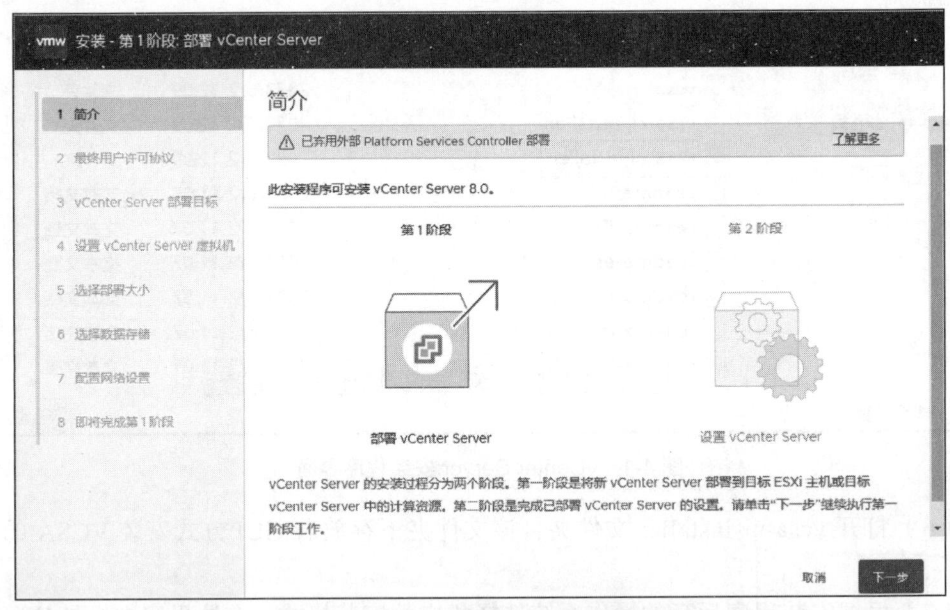

图 4-3　vCenter Server 安装程序界面 -3

（9）在“最终用户许可协议”界面，选择“我接受许可协议条款”复选框，如图 4-4 所示，单击“下一步”按钮。

（10）在“vCenter Server 部署目标”界面，输入部署 vCenter Server 的 ESXi 主机名、用户名和密码，在本书中，ESXi 的主机名输入 192.168.177.132，用户名为 root，密码为登录 ESXi 的密码，HTTPS 端口保持默认，如图 4-5 所示，单击“下一步”按钮。

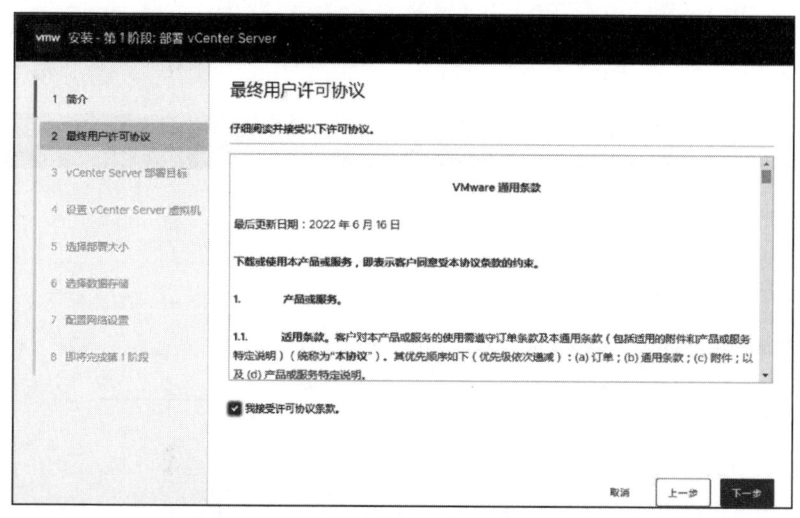

图 4-4　vCenter Server 安装程序界面 -4

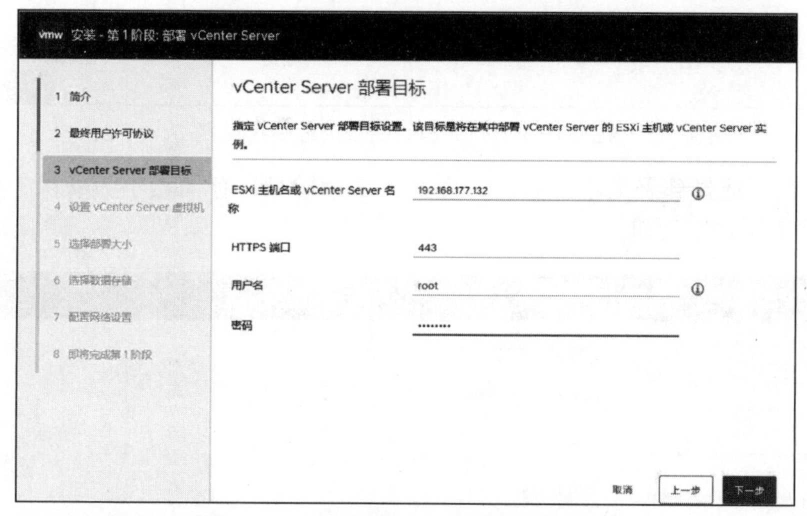

图 4-5　vCenter Server 安装程序界面 -5

（11）弹出“证书警告”对话框，当安装程序与 ESXi 主机正常通信后，为了安全起见，会向用户核实目标 ESXi 主机的 SHA1 指纹。确认无误后，单击“是”按钮，如图 4-6 所示。

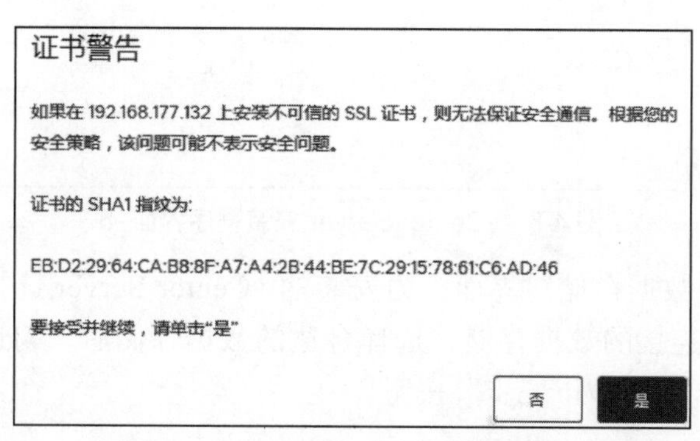

图 4-6　vCenter Server 安装程序界面 -6

（12）在“设置 vCenter Server 虚拟机”界面，设置 vCenter Server 虚拟机的名称和密码，如图 4-7 所示，单击 “下一步” 按钮。

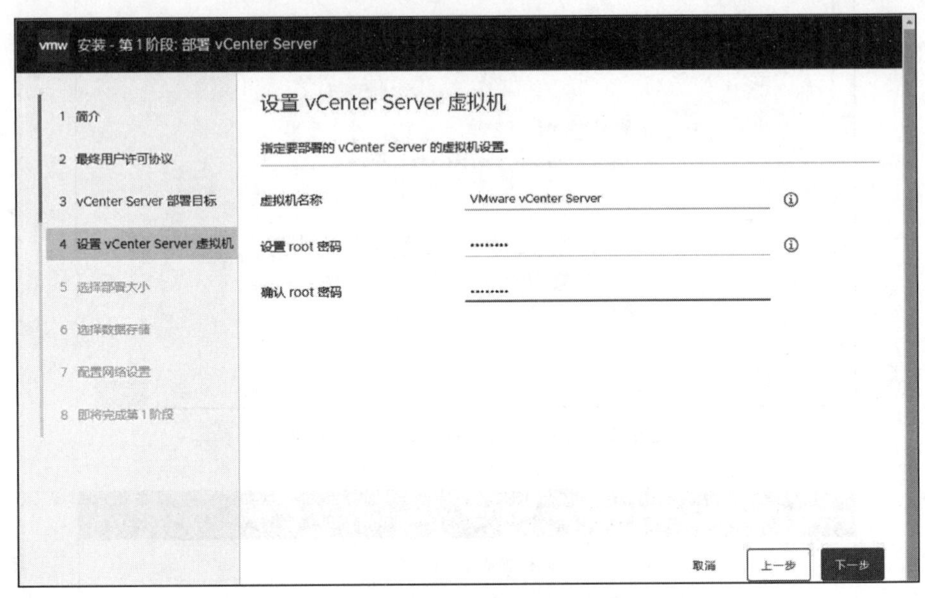

图 4-7　vCenter Server 安装程序界面 -7

（13）在“选择部署大小”界面，部署大小为微型，存储大小为默认，如图 4-8 所示，单击 “下一步” 按钮。

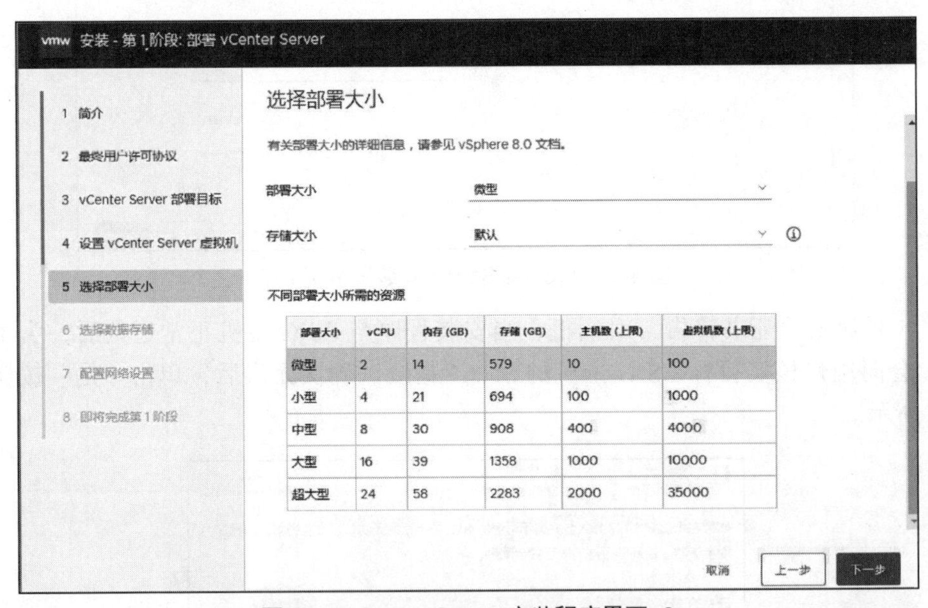

图 4-8　vCenter Server 安装程序界面 -8

（14）在“选择数据存储”界面，为安装的 vCenter Server 选择存储位置，这里的数据存储也是 ESXi 连接的数据存储，选择合适的数据存储后，勾选“启用精简磁盘模式”，如图 4-9 所示，单击“下一步”按钮。

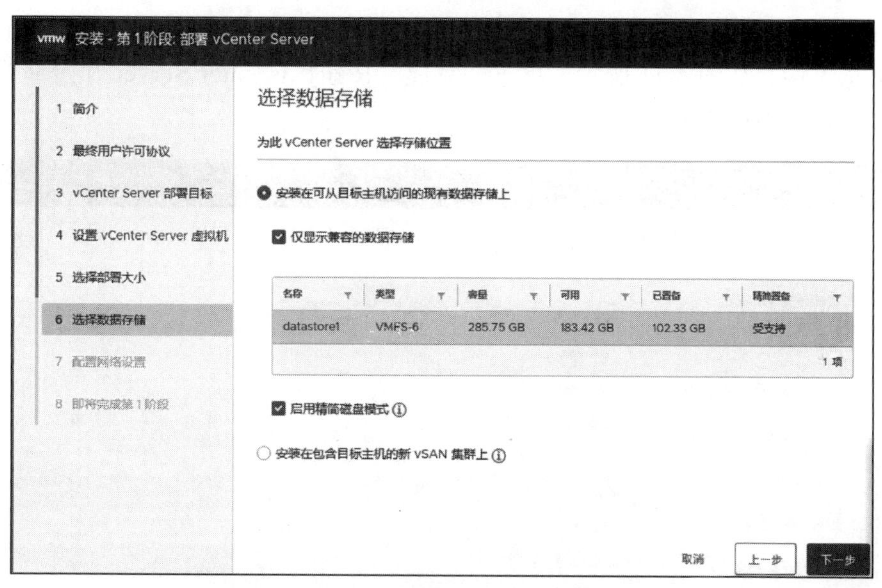

图 4-9　vCenter Server 安装程序界面 -9

（15）在“配置网络设置”界面，“网络”“IP 版本”“IP 分配”分别选择“VMNetwork”“IPv4”“静态”。若部署了 DNS 服务器且为 VMware vCenter Server 配置了与其主机名对应的 A 记录和反向解析记录，DNS 服务器能正常访问到，则可在 FQDN 栏中填写 VMware vCenter Server 的完全限定域名，在“DNS 服务器”栏中填写 DNS 服务器的 IP 地址。如果没有部署 DNS 服务器，在 FQDN 和“DNS 服务器”栏中都填写为 VMware vCenter Server 设置的 IP 地址。在本任务中未部署 DNS 服务器，因此，FQDN 和“DNS 服务器”栏中均填写 VMware vCenter Server 设置的 IP 地址 192.168.177.150，“常见端口”列出的所有选项保持默认值，如图 4-10 所示，单击“下一步”按钮。

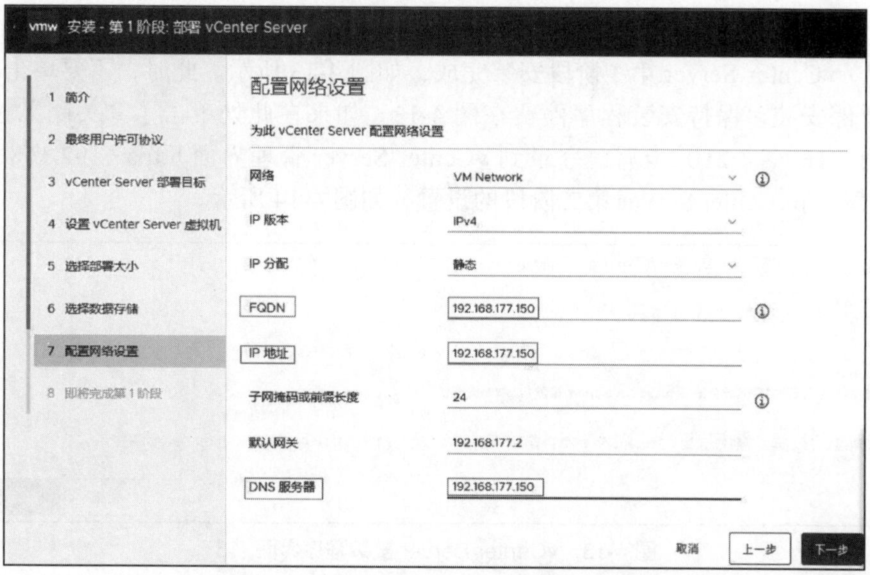

图 4-10　vCenter Server 安装程序界面 -10

（16）在“即将完成第 1 阶段”界面，确认部署详细信息、数据存储详细信息和网络详细信息无误，如图 4-11 所示，单击“完成”按钮，vCenter Server 开始部署第一阶段的部署，如图 4-12 所示。

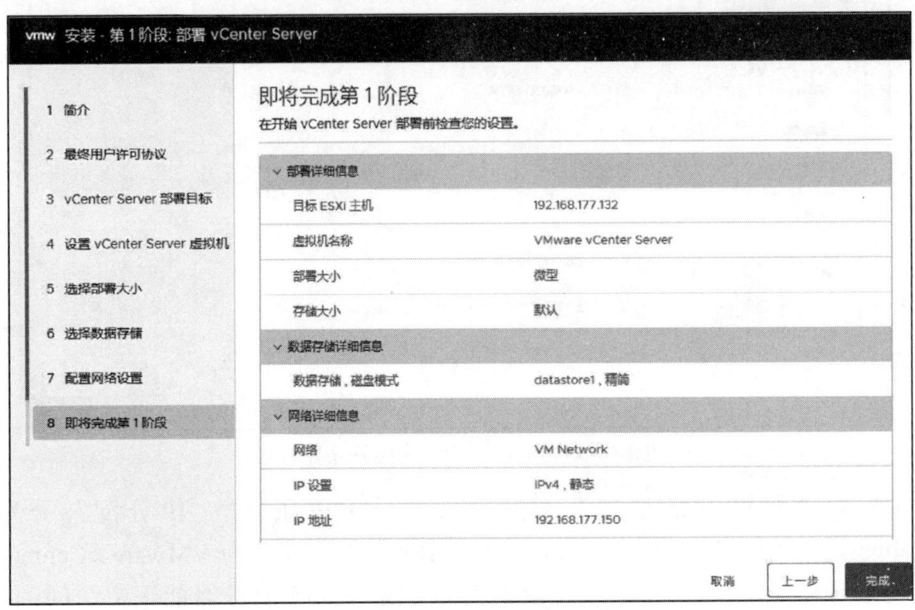

图 4-11　vCenter Server 安装程序界面 -11

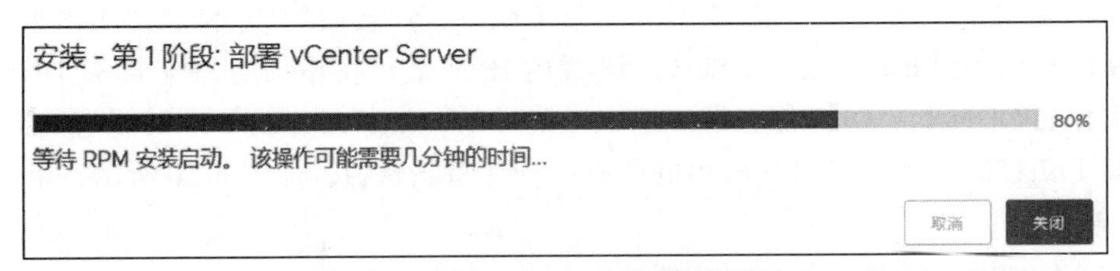

图 4-12　vCenter Server 安装程序界面 -12

（17）vCenter Server 第 1 阶段安装完成，如图 4-13 所示。此时，不要单击“继续”按钮，暂停安装，保持安装程序停留在图 4-13。如果在此处单击了“关闭”按钮，在完成了第（18）~（21）步后，登录到 vCenter Server 管理界面 https://192.168.177.150:5480 继续进行 vCenter Server 第二阶段的设置，如图 4-14 所示。

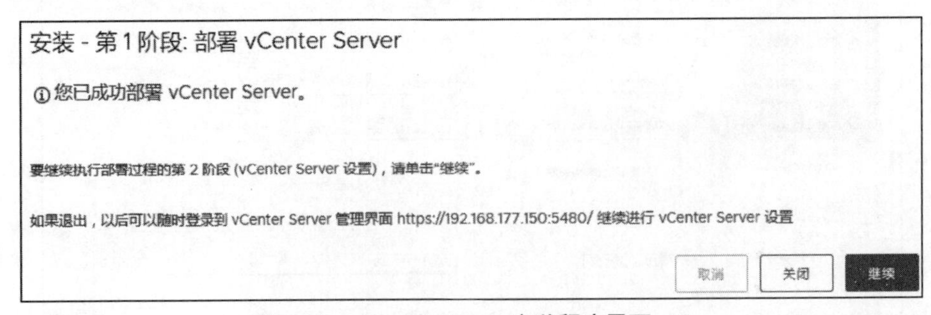

图 4-13　vCenter Server 安装程序界面 -13

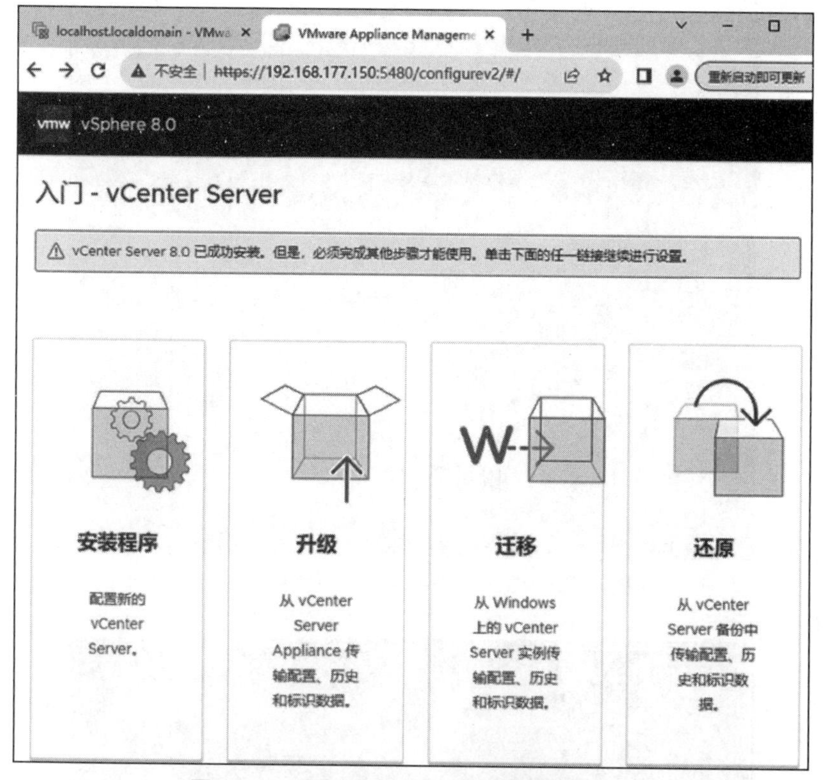

图 4-14　vCenter Server 安装程序界面 -14

（18）导航到 ESXi 主机，此时已安装了 VMware vCenter Server 虚拟机，如图 4-15 所示。单击 VMware vCenter Server 虚拟机右侧黑色窗体后按【F2】键，结果如图 4-16 所示，继续按【F2】键，在弹出的 Authentication Required 界面，输入用户名为 root，密码是登录 ESXi 主机 的密码，如图 4-17 所示，按【Enter】键，弹出 System Customization 界面，如图 4-18 所示，将光标移动到 Troubleshooting Mode Options 选项，按【Enter】键。

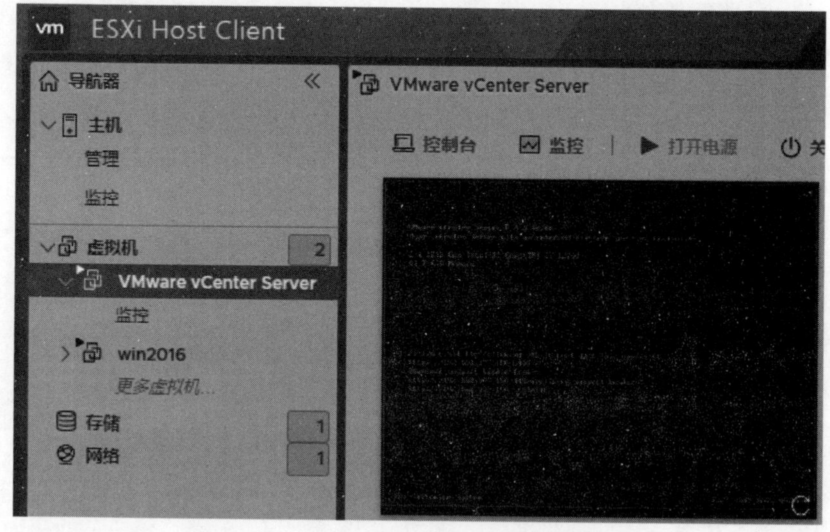

图 4-15　vCenter Server 安装程序界面 -15

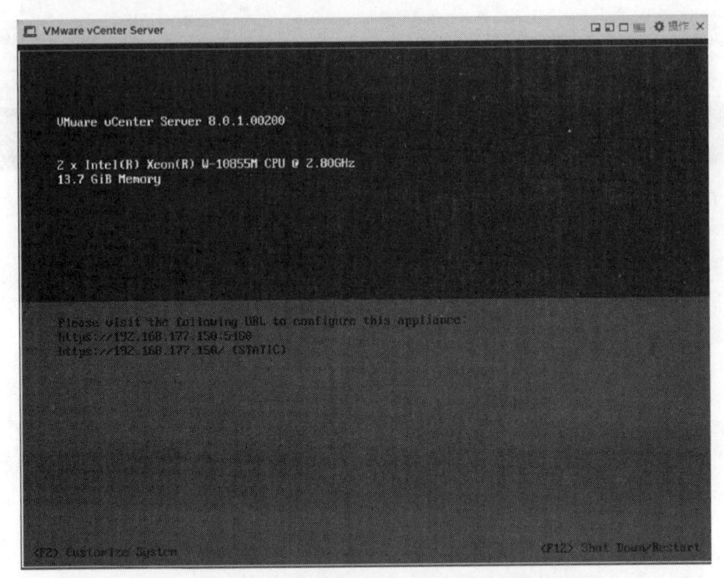

图 4-16　vCenter Server 安装程序界面 -16

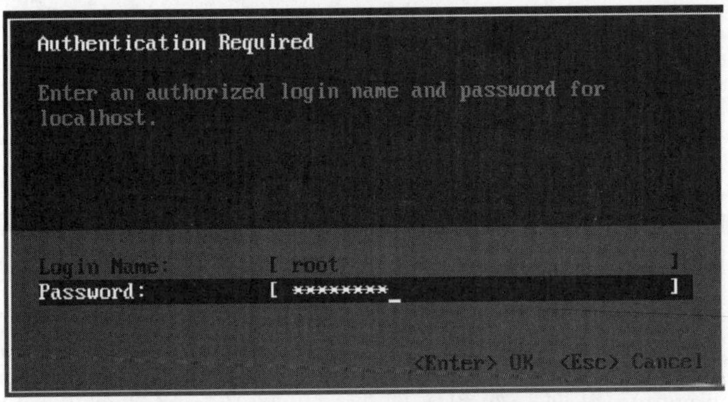

Authentication Required

Enter an authorized login name and password for localhost.

Login Name: [root]

Password: [********_]

<Enter> OK　<Esc> Cancel

图 4-17　vCenter Server 安装程序界面 -17

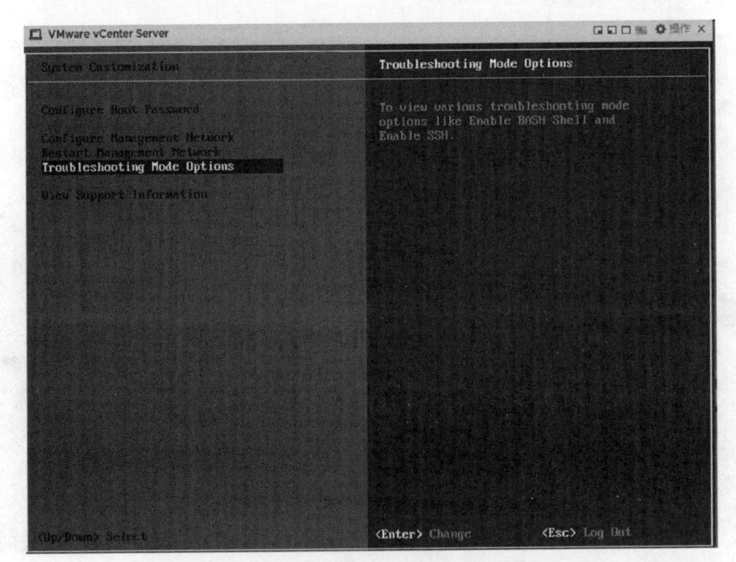

图 4-18　vCenter Server 安装程序界面 -18

（19）在 Troubleshooting Mode Options 界面，将光标移动到 Enable SSH，当前 SSH 的状态是 SSH is Disabled，如图 4-19 所示，按【Enter】键，将 SSH 的状态改变为 SSH is Enabled，开启 vCenter Server 的 SSH 功能，如图 4-20 所示。

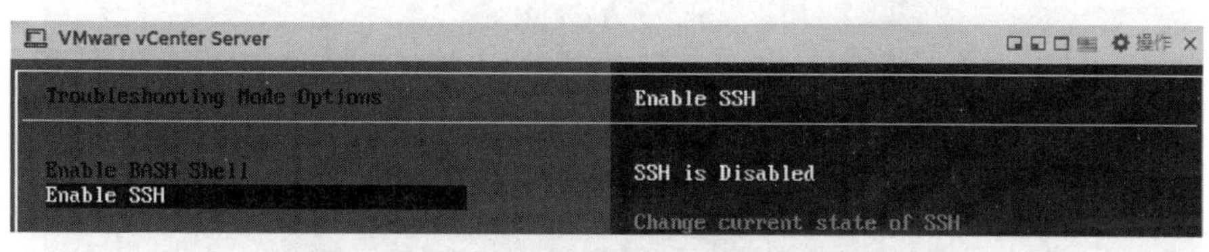

图 4-19　vCenter Server 安装程序界面 -19

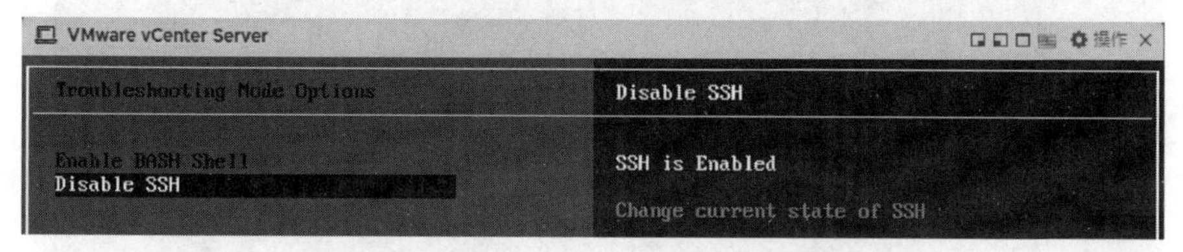

图 4-20　vCenter Server 安装程序界面 -20

（20）使用 Putty 远程访问工具，以 root 用户身份远程访问 VMware vCenter Server(IP 地址：192.168.177.150)。在 PuTTY Configuration 对话框，在 Host Name（or IP address）下面的文本框输入 192.168.177.150，Port 为 22 保持不变，单击 Open 按钮，如图 4-21 所示。

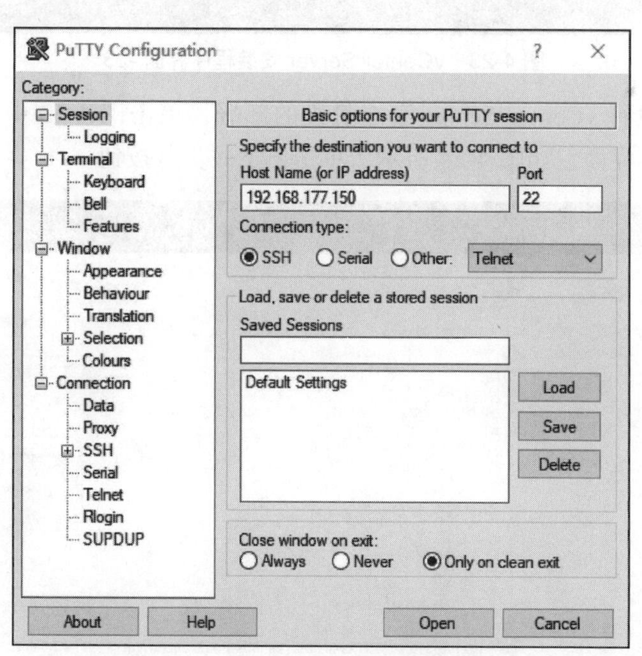

图 4-21　vCenter Server 安装程序界面 -21

（21）登录后，用户名为 root，密码为在安装过程中设置的密码，输入 shell 命令，按【Enter】键，再输入“vi /etc/hosts”命令，编辑 hosts 文件，如图 4-22 所示。在图 4-23 中，首先输入“i”编辑 hosts 文件，在 hosts 文件中加入配置“192.168.177.150 localhost”，完成后按【Esc】键，输入“:wq”保存 hosts 文件。

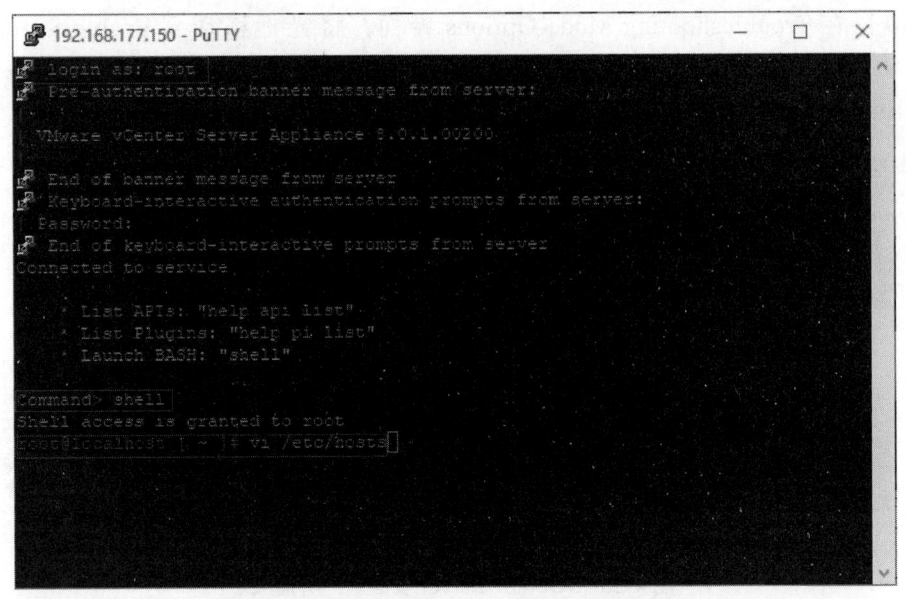

图 4-22　vCenter Server 安装程序界面 -22

图 4-23　vCenter Server 安装程序界面 -23

（22）开始执行 vCenter Server 第 2 阶段的部署，单击图 4-13 中的“继续”按钮，在弹出的“简介”界面，如图 4-24 所示，单击“下一步”按钮。

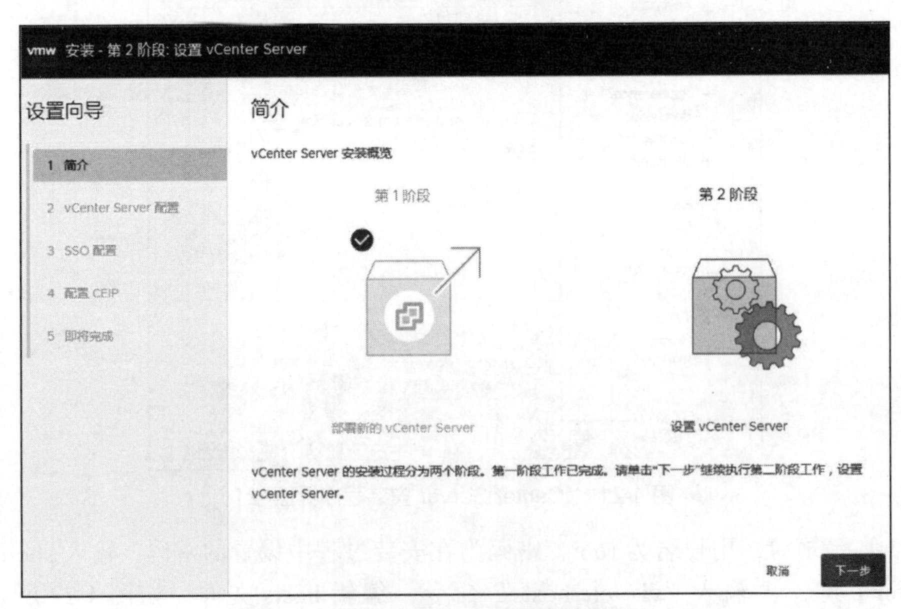

图 4-24　vCenter Server 安装程序界面 -24

（23）在“vCenter Server 配置”界面，时间同步模式选择“与 ESXi 主机同步时间”，SSH 访问默认为已激活，如图 4-25 所示，单击“下一步”按钮。

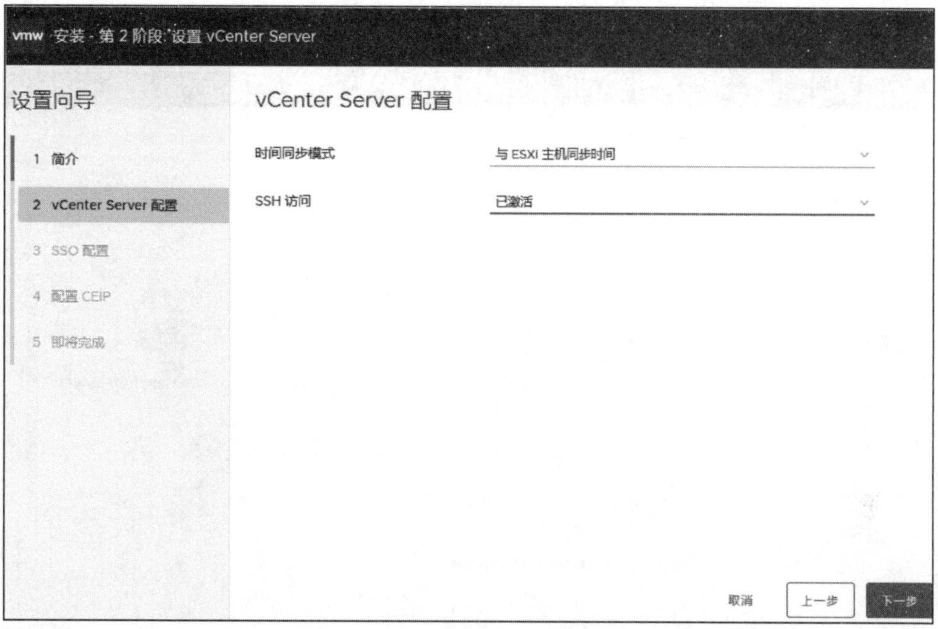

图 4-25　vCenter Server 安装程序界面 -25

（24）在“SSO 配置”界面，选择“创建新 SSO 域”，在“Single Sign-On 域名”栏输入 vsphere.local，在“Single Sign-On 密码”栏输入密码并再次输入该密码进行确认，该密码是登录 vCenter Server 平台的密码，设置完成后，如图 4-26 所示，单击“下一步”按钮。

密码要求：长度至少为 8 字符，但不能超过 20 字符；至少包含一个大写字母；至少包含一个小写字母；至少包含一个数字；至少包含一个特殊字符，如 @、#、& 等。

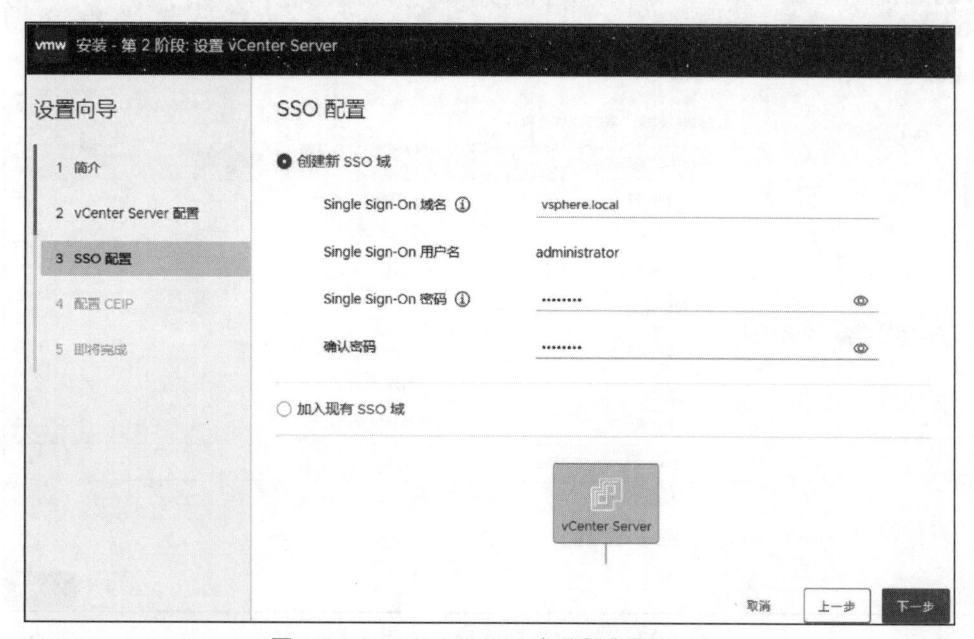

图 4-26　vCenter Server 安装程序界面 -26

（25）在“配置 CEIP”界面，勾选“加入 VMware 客户体验提升计划 (CEIP)”复选框，如图 4-27 所示，单击“下一步”按钮。

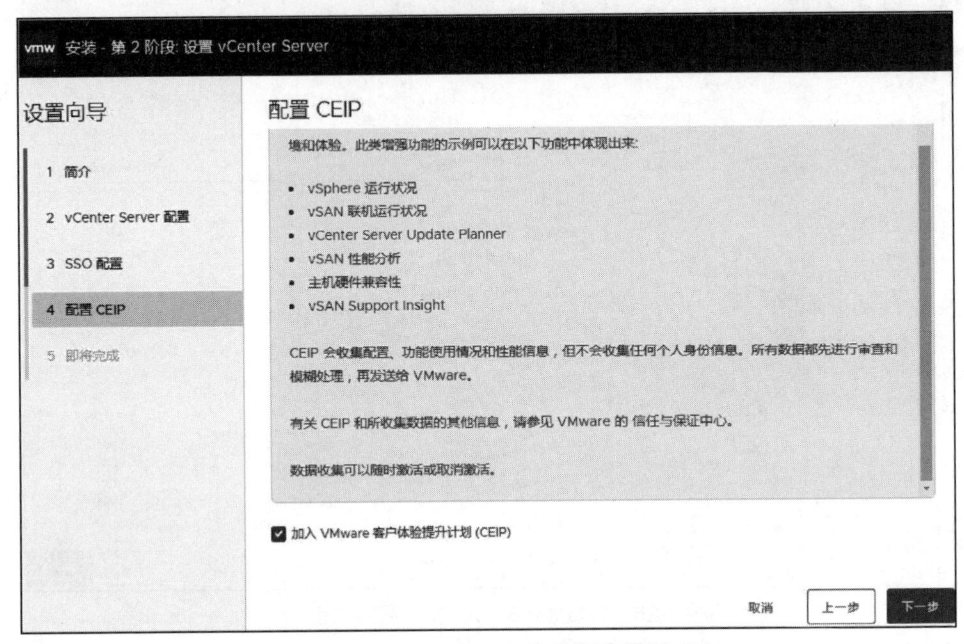

图 4-27　vCenter Server 安装程序界面 -27

（26）在“即将完成”界面，确认网络详细信息、vCenter Server 详细信息、SSO 详细信息和客户体验提升计划参数无误后，如图 4-28 所示，单击“完成”按钮；在“警告”界面，单击“确定”按钮，如图 4-29 所示；开始 vCenter Server 第 2 阶段的部署，如图 4-30 所示。

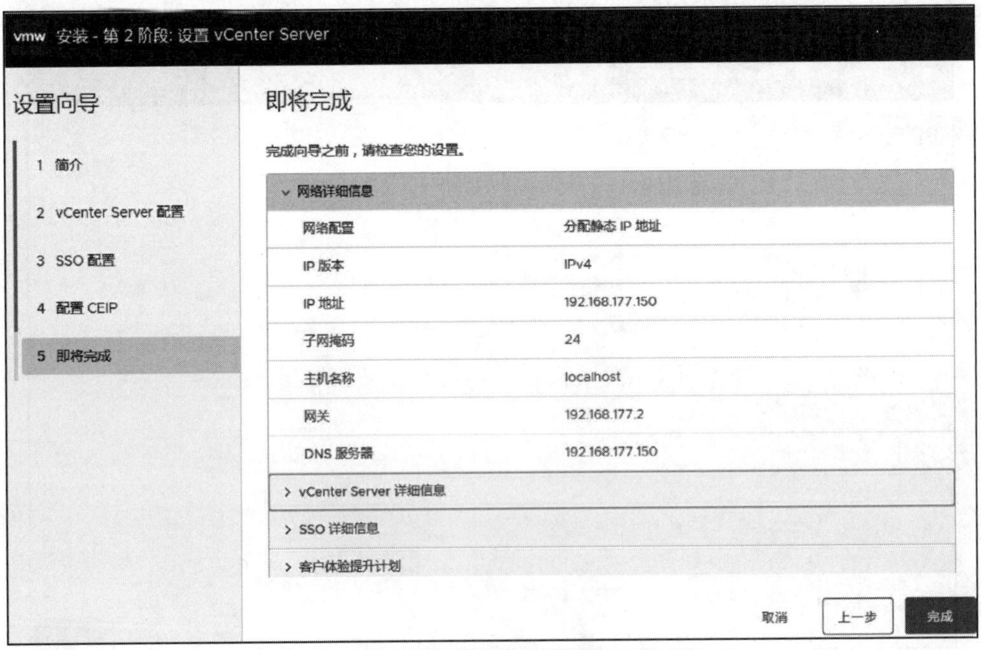

图 4-28　vCenter Server 安装程序界面 -28

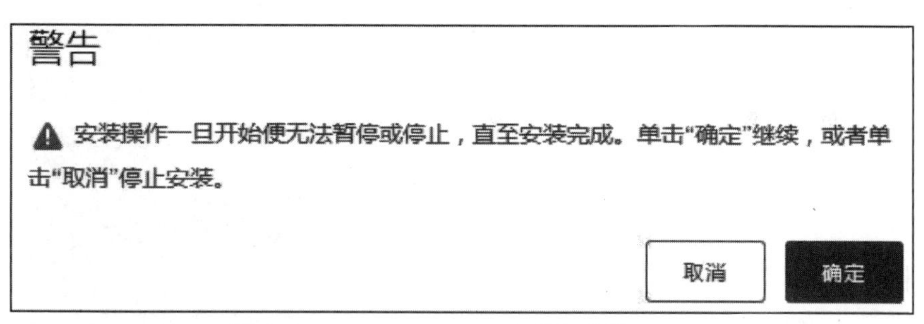

图 4-29　vCenter Server 安装程序界面 -29

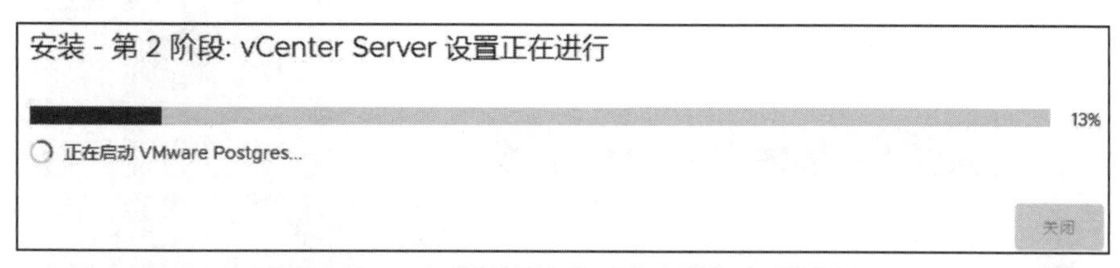

图 4-30　vCenter Server 安装程序界面 -30

（27）在“安装 - 第 2 阶段：完成”界面（见图 4-31），单击“关闭”界面完成 vCenter Server 的部署。

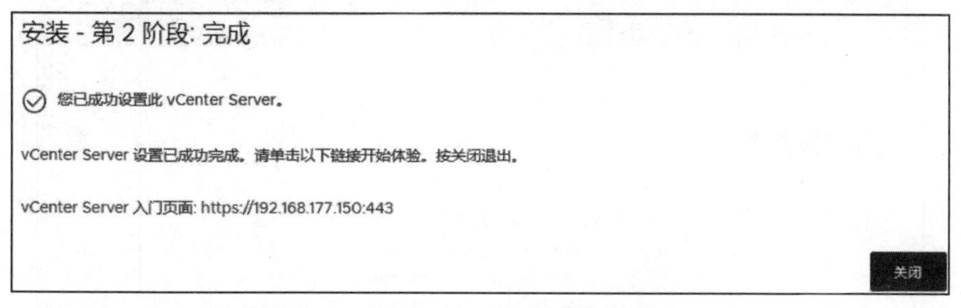

图 4-31　vCenter Server 安装程序界面 -31

（28）使用浏览器登录 vCenter Server，在浏览器中输入 https://192.168.177.150(格式为 https://ip 或者 https://domain)，如图 4-32 所示，单击“启动 VSPHERE CLIENT”。在登录界面输入用户名 administrator@vsphere.local，密码为 SSO 配置时设置的密码，单击“登录”按钮，如图 4-33 所示，图 4-34 为登录到 vCenter Server 管理界面。

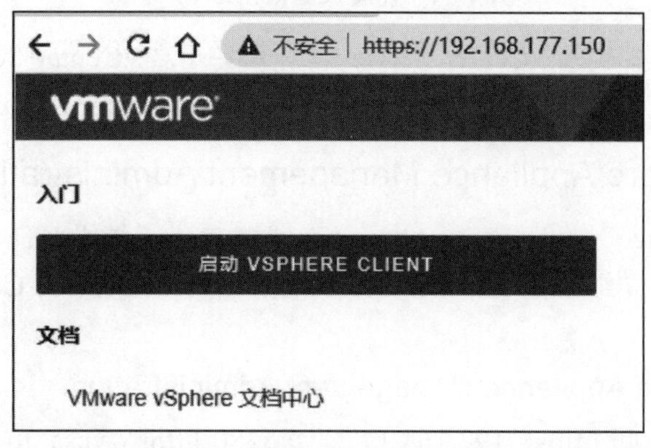

图 4-32　登录 vCenter Server-1

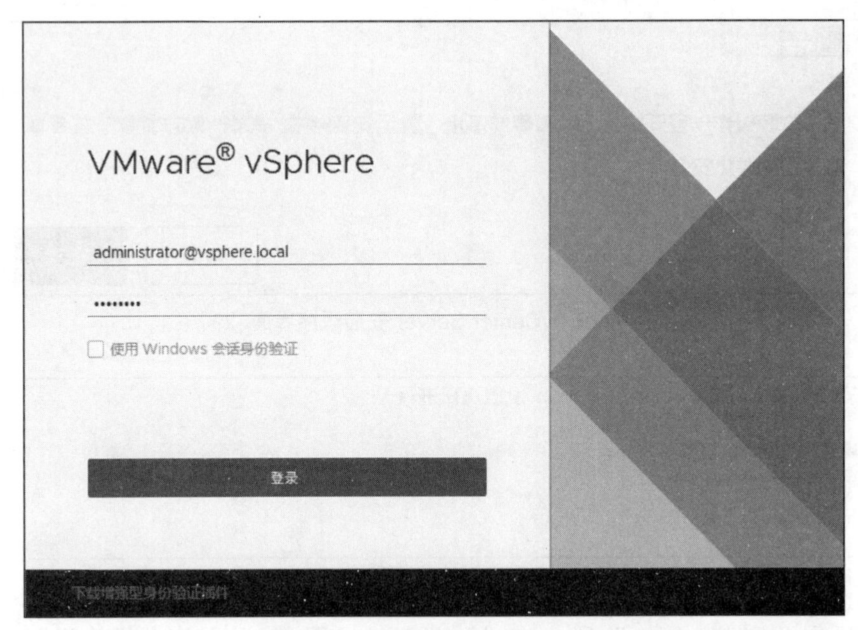

图 4-33　登录 vCenter Server-2

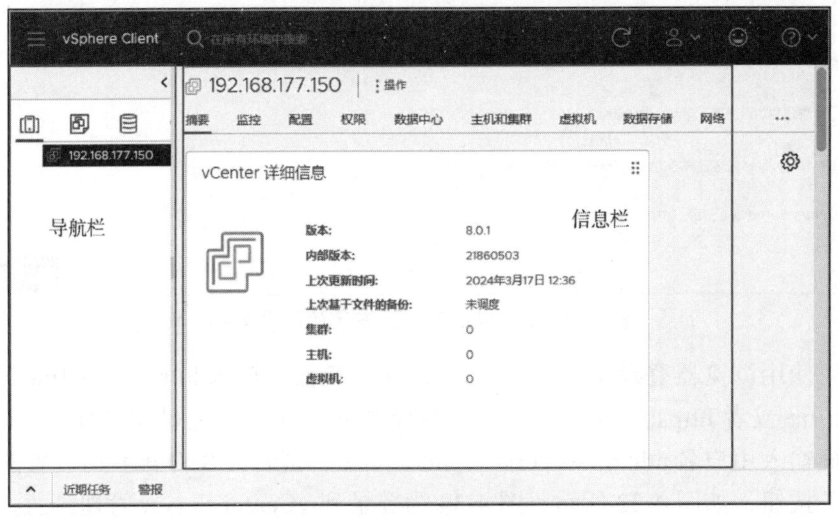

图 4-34　登录 vCenter Server-3

注：在使用浏览器登录 vCenter Server 前，需要开启 vCenter Server 所在的 ESXi 主机，开启 VMware vCenter Server 虚拟机，并登录部署 vCenter Server 的虚拟机。

4.2.3　使用 VMware Appliance Management Administration

VMware Appliance Management Administration 提供了基于 HTML5 方式管理 vCenter Server 的方法，可以详细了解 vCenter Server 或 Platform Service Controller 主机和引用程序状态。

1. 访问 VMware Appliance Management Administration

通过浏览器访问 https://192.168.177.150:5480(https://vcsa_fqdn:5480 或者 https://appliance-IP-address:5480)，以 root 用户登录，密码为部署 VCSA 时设置的密码。

2. 使用 VMware Appliance Management Administration

VMware Appliance Management Administrator 包括 11 个模块：摘要、监控、访问、网络、防火墙、时间、服务、更新、系统管理、Syslog、备份，如图 4-35 所示。

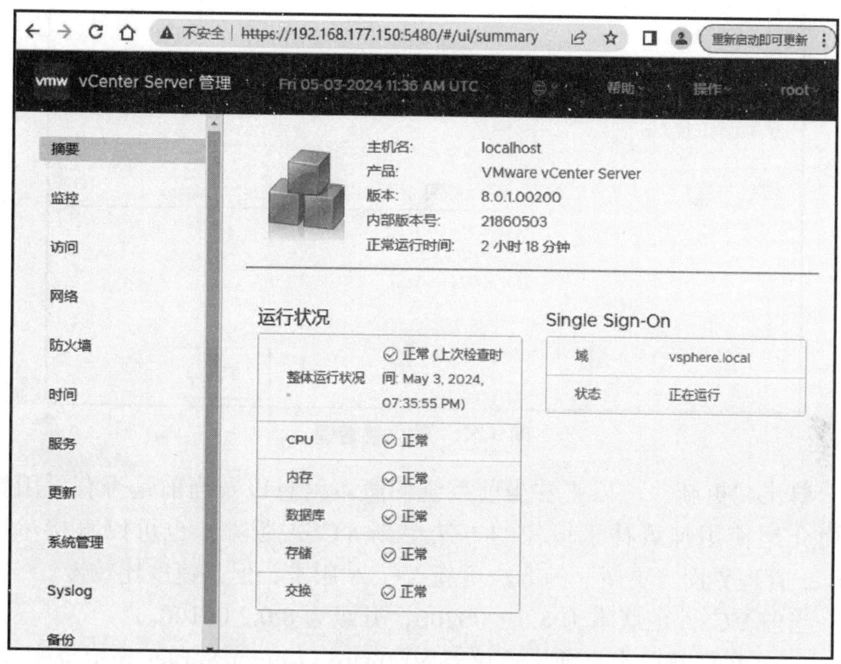

图 4-35　查看 vCenter Server 管理后台

单击“服务”可以查看 vCenter Server 服务运行状况，如图 4-36 所示。

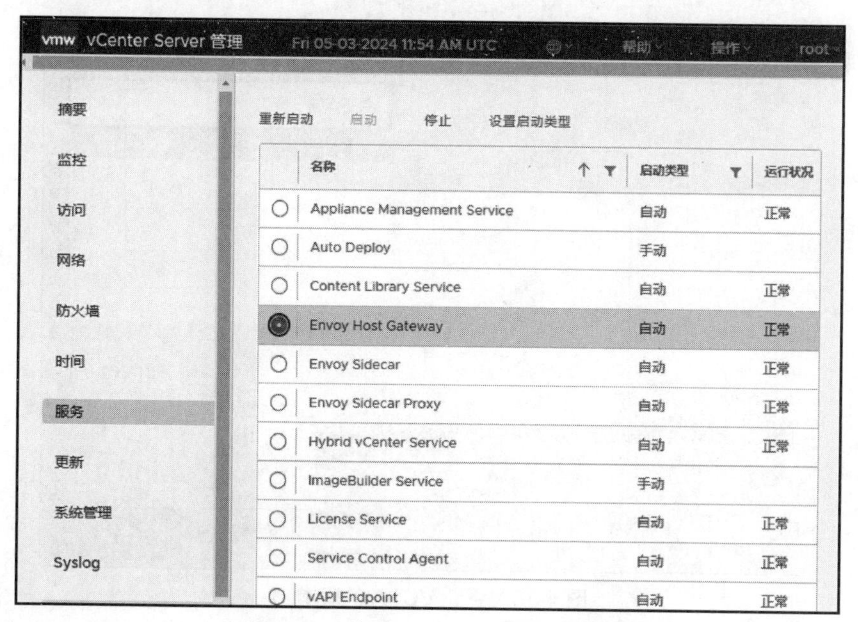

图 4-36　查看 vCenter Server 服务

单击“防火墙”可以对防火墙规则进行编辑、删除、重新排序，单击“添加”可以设立新的防火墙规则，如图 4-37 所示。

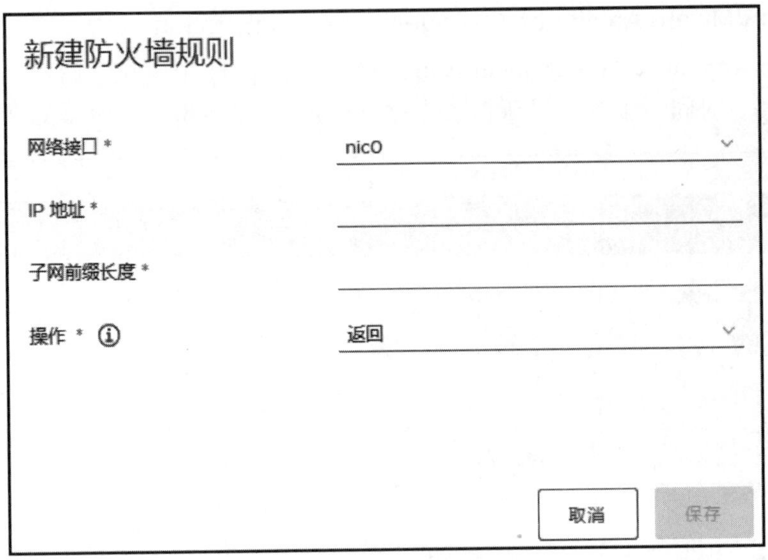

新建防火墙规则

网络接口 * nic0

IP 地址 *

子网前缀长度 *

操作 * 返回

取消 保存

图 4-37　防火墙管理

视频

更新vCenter Server版本

单击“更新”可以查看当前系统的版本信息以及当前是否有可用的新版本。下面介绍使用挂载补丁镜像的方法更新 VCSA 版本。也可以直接单击 vCenter Server 管理界面“更新”的方法更新 VCSA 版本，但是速度比较慢。

当前 VCSA 的版本为 8.0.1.00200，升级为 8.0.2.00100。

（1）在更新版本之前，建议对 VMware vCenter Server 虚拟机生成快照，如图 4-38 所示。

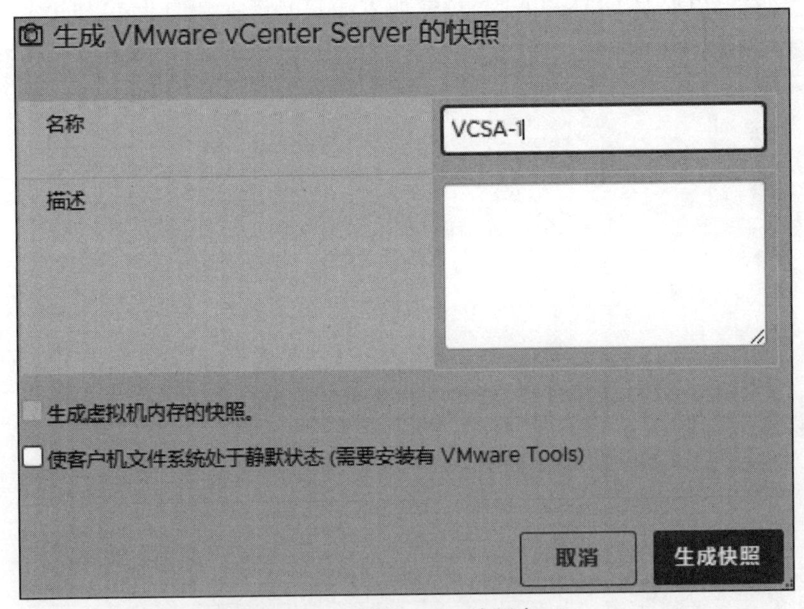

图 4-38　更新 VCSA 的版本 -1

（2）将补丁的镜像上传至数据存储，补丁包一般以 FP 结尾，如图 4-39 所示，为虚拟机 VMware vCenter Server 挂载镜像，如图 4-40 所示。

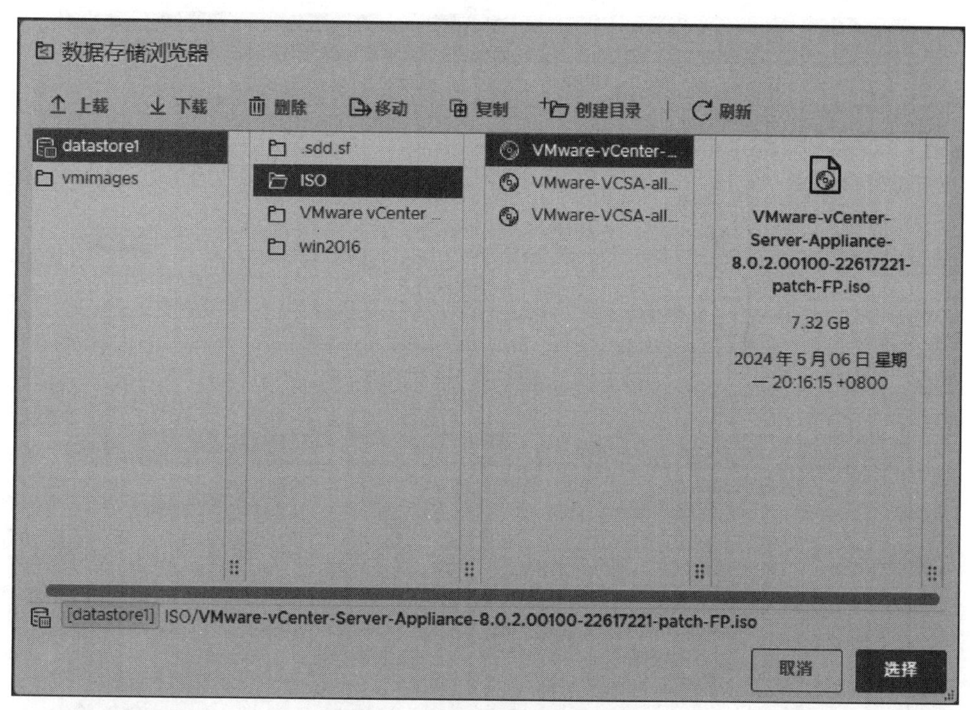

图 4-39　更新 VCSA 的版本 -2

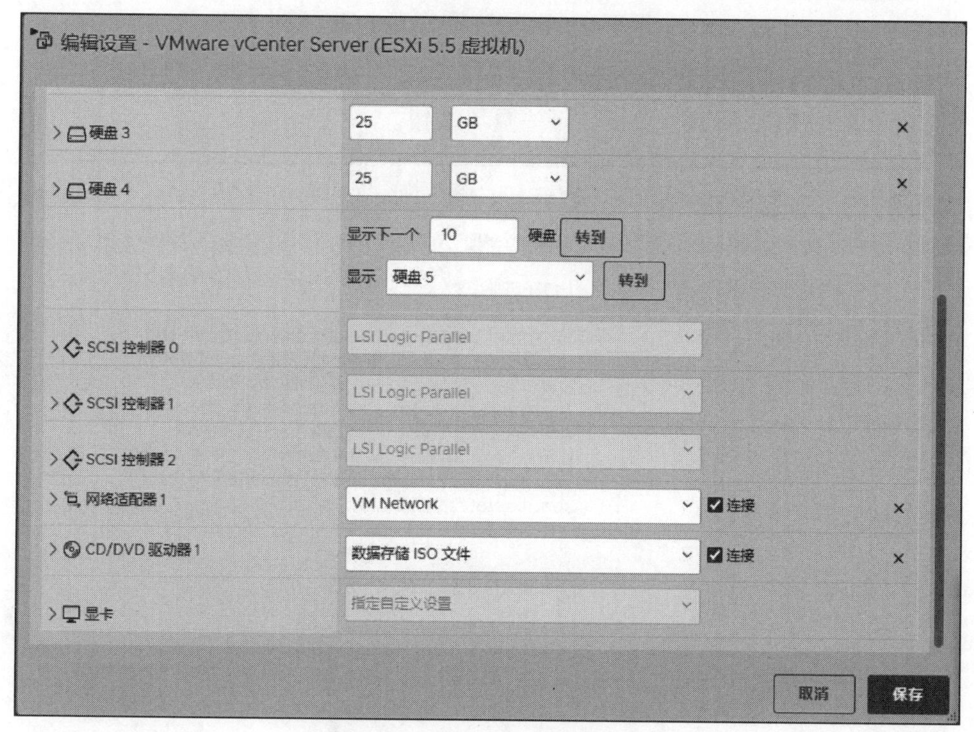

图 4-40　更新 VCSA 的版本 -3

（3）在 vCenter Server 管理界面 (https://appliance-IP-address:5480)，依次单击“更新”→“检查更新”“检查 CD ROM”，如图 4-41 所示，系统会检测到挂载的补丁镜像，如图 4-42 所示，选择该补丁，单击“转储并安装”。

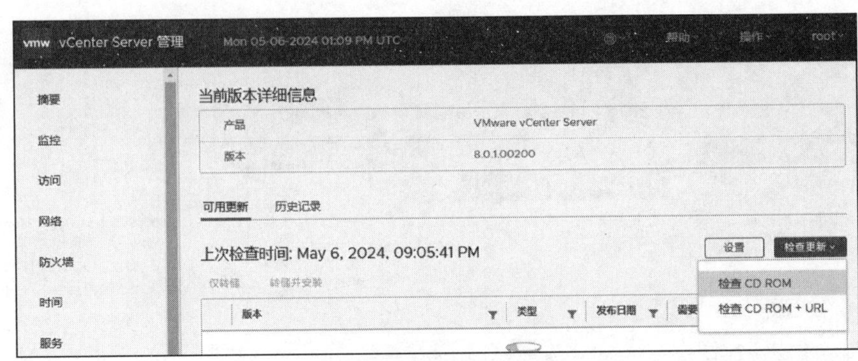

图 4-41　更新 VCSA 的版本 -4

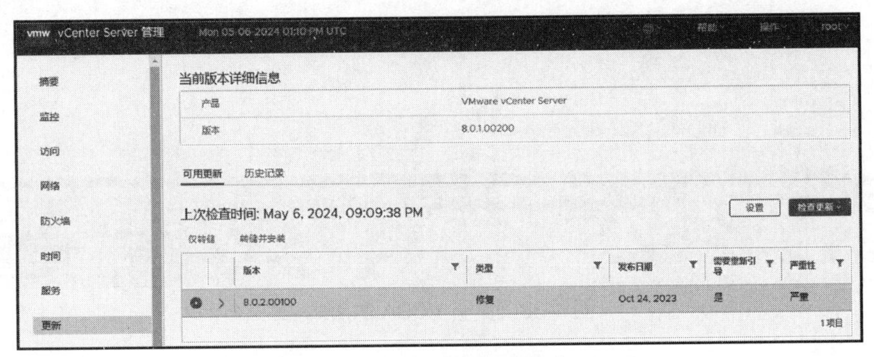

图 4-42　更新 VCSA 的版本 -5

（4）在“转储并安装更新 - 最终用户许可协议”界面，勾选“我接受许可协议条款”复选框，如图 4-43 所示，单击“下一页”按钮。

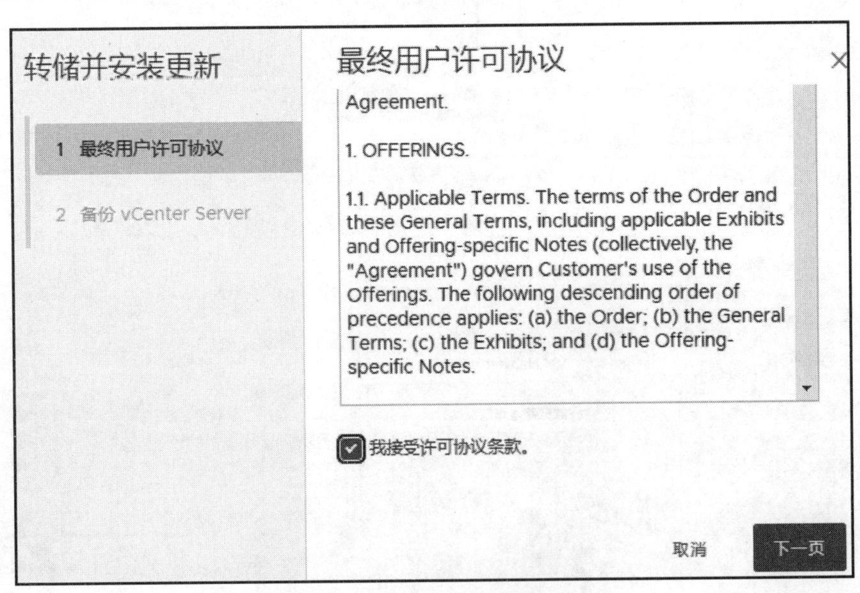

图 4-43　更新 VCSA 的版本 -6

（5）在更新之前，系统进行更新前检查，如图 4-44 所示；在弹出的“更新前检查结果”对话框，单击“忽略并继续”按钮，如图 4-45 所示。

图 4-44　更新 VCSA 的版本 -7

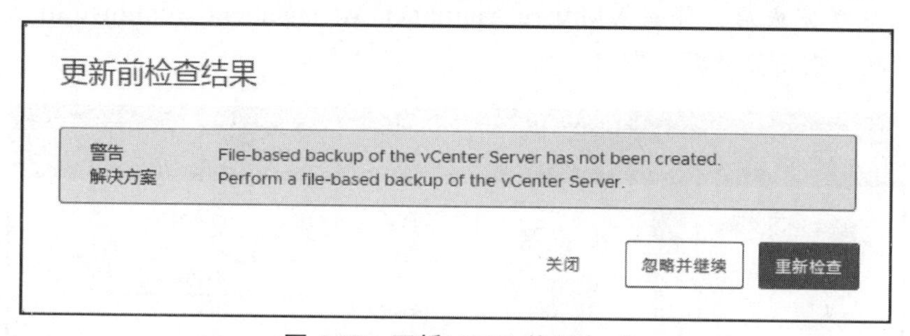

图 4-45　更新 VCSA 的版本 -8

（6）在“转储并安装更新 - 备份 vCenter Server”界面，勾选“我已备份 vCenter Server 及其关联数据库”单选按钮，如图 4-46 所示，单击“完成”按钮。开始进行更新，如图 4-47 所示。

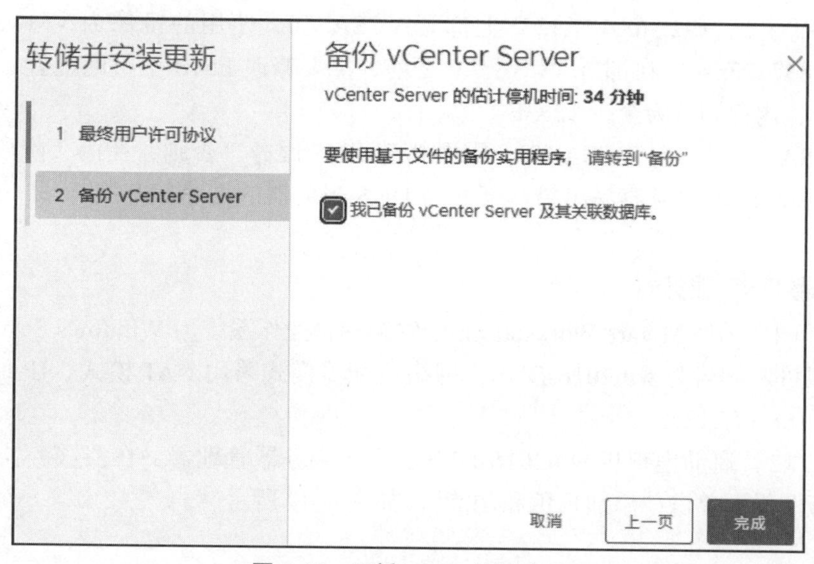

图 4-46　更新 VCSA 的版本 -9

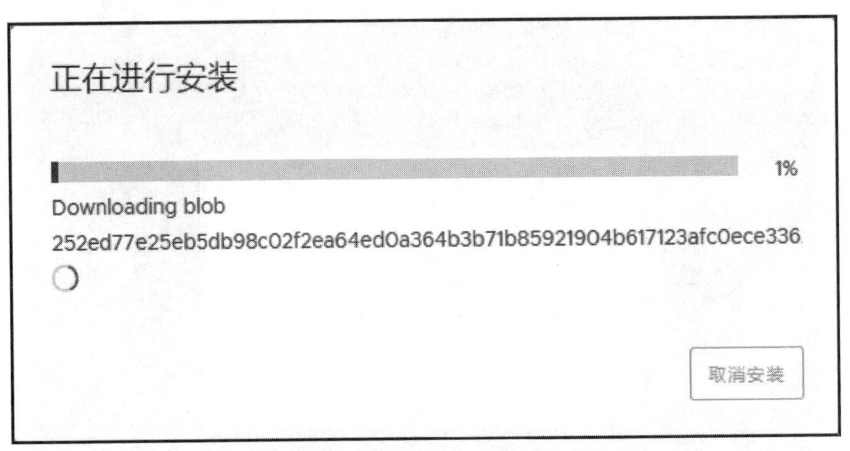

图 4-47　更新 VCSA 的版本 -10

（7）在更新完成后，登录到 vCenter Server 管理界面，单击“摘要”，可以看到 VCSA 的版本已经从 8.0.1.00200 更新为 8.0.2.00100，如图 4-48 所示。

注：在更新完成后，登录 VMware Appliance Management Administration 可能会出现闪退的情况，刷新登录界面即可。

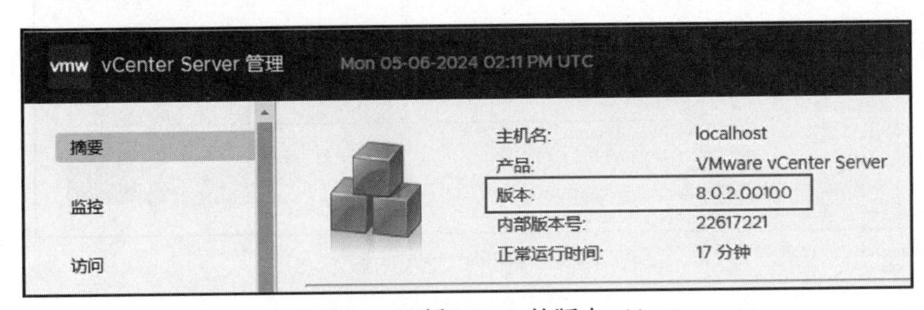

图 4-48　更新 VCSA 的版本 -11

4.2.4　升级其他版本至 vCenter Server 8.0

在 ESXi 主机 (192.168.177.133) 上部署 VCSA 7.0，使用的镜像为 VMware-VCSA-all-7.0.3-22837322.iso。在部署 VCSA 7.0 之前，需要修改 ESXi 主机的配置：CPU 个数设置为四个，内存调整为至少 12 GB。

将 VCSA 7.0 升级至 VCSA 8.0，需要搭建 DNS 服务。否则，在第 2 阶段数据传输和 vCenter Server 设置时容易出错。下面为 DNS 服务器的搭建和升级 vCenter Server 的操作。

1. 部署 DNS 服务器

（1）在 VMware Workstation 中安装一台操作系统为 Windows Server 2016 的虚拟机，命名为 win2016-DNS，网络适配器模式采用 NAT 模式，IP 地址设置为 192.168.177.137。

视频

部署DNS服务器

（2）启动虚拟机 win2016-DNS，打开服务器管理器，在“服务器管理器 仪表板”界面单击“添加角色和功能”，如图 4-49 所示。

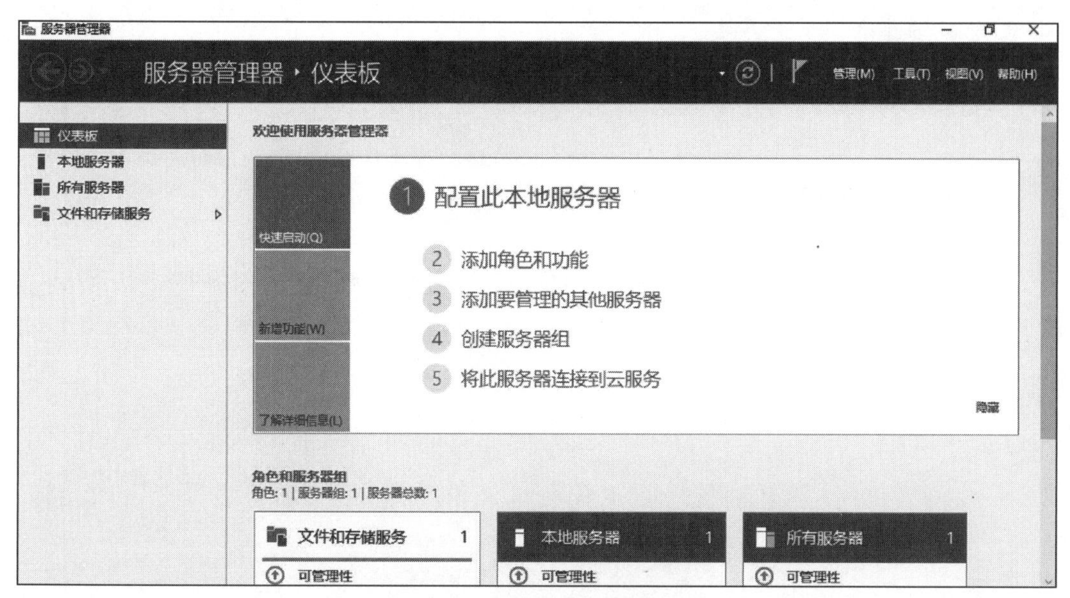

图 4-49 部署 DNS 服务器 -1

（3）在“开始之前”界面保持默认配置，如图 4-50 所示，单击“下一步”按钮。

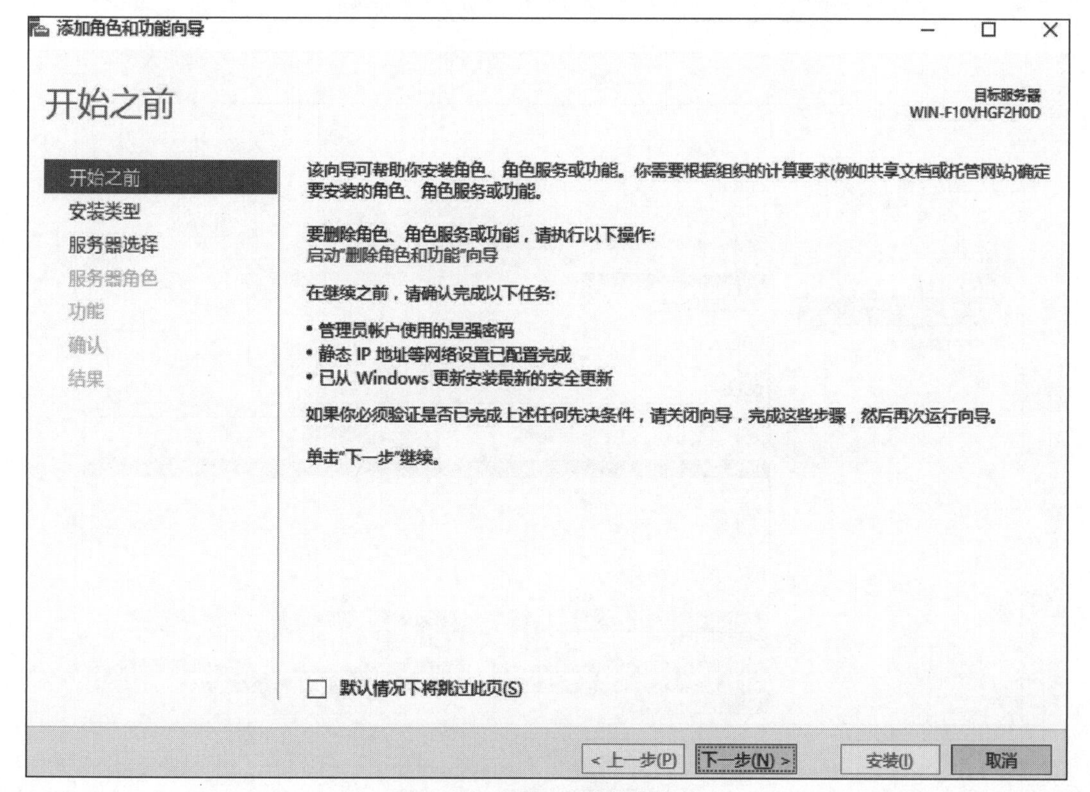

图 4-50 部署 DNS 服务器 -2

（4）在“选择安装类型”界面保持默认配置，如图 4-51 所示，单击“下一步”按钮。

（5）在“选择目标服务器”界面保持默认配置，如图 4-52 所示，单击“下一步”按钮。

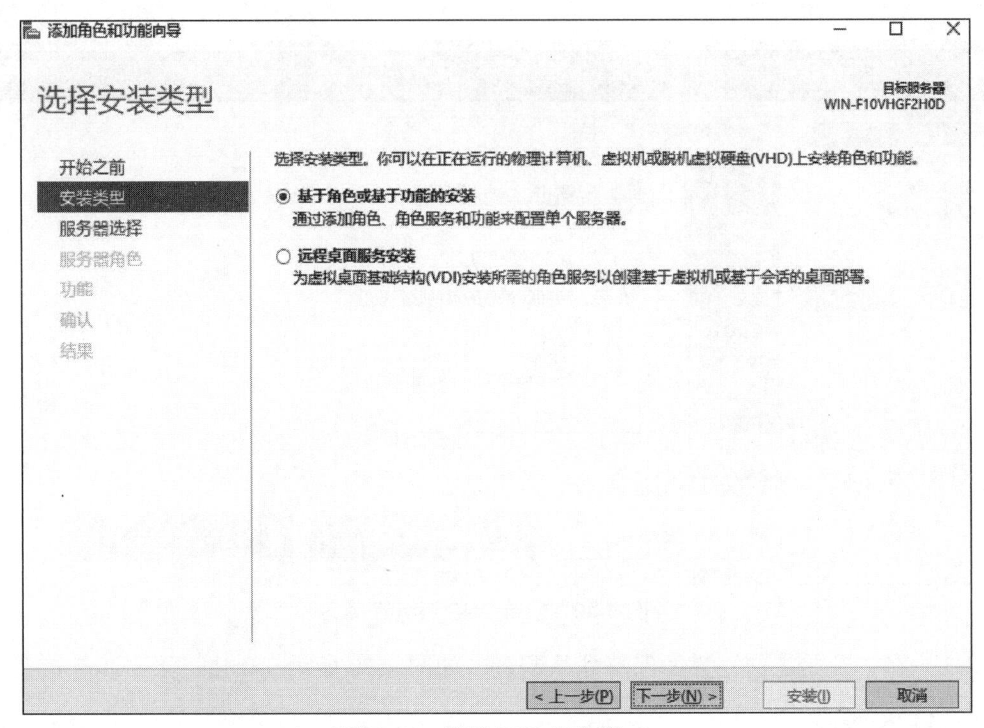

图 4-51　部署 DNS 服务器 -3

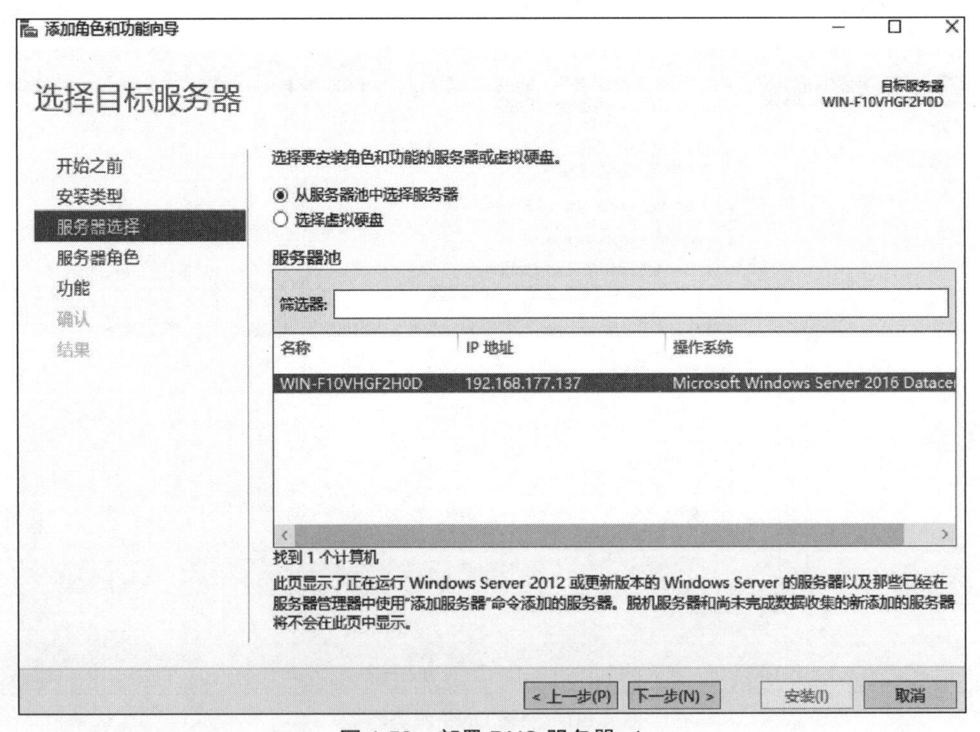

图 4-52　部署 DNS 服务器 -4

（6）在“选择服务器角色”界面勾选“DNS 服务器”复选框，如图 4-53 所示，弹出“添加 DNS 服务器所需的功能？”界面，如图 4-54 所示，单击“添加功能”按钮后，“DNS 服务器”复选框将被选中，在图 4-53 中单击“下一步”按钮。

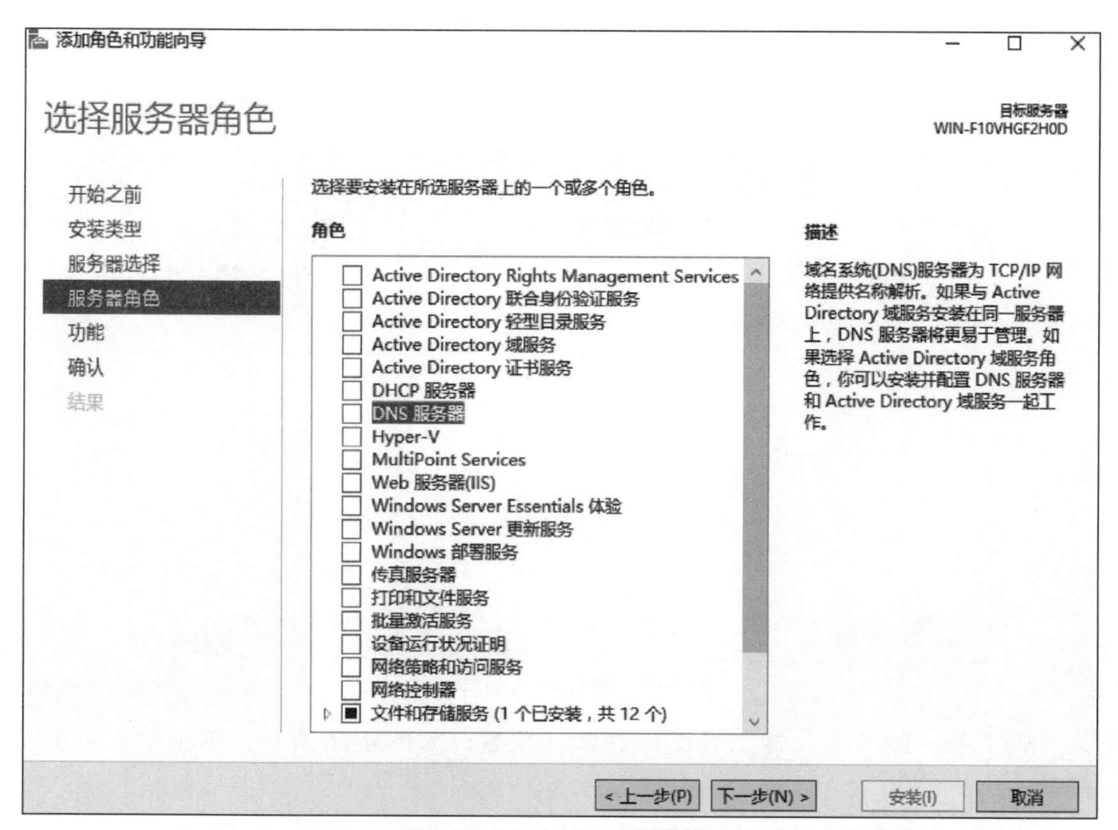

图 4-53　部署 DNS 服务器 -5

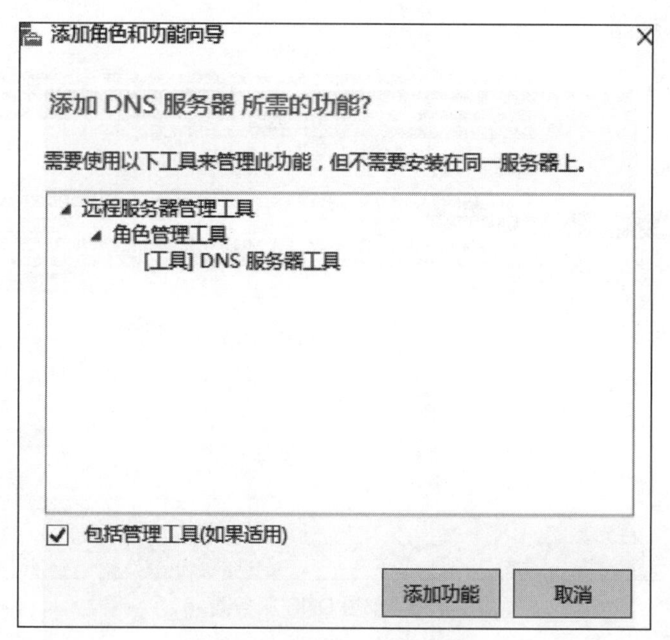

图 4-54　部署 DNS 服务器 -6

（7）在“选择功能”界面勾选“.NET Framework 4.6 功能 (2 个已安装，共 7 个)”复选框，如图 4-55 所示，单击“下一步”按钮。

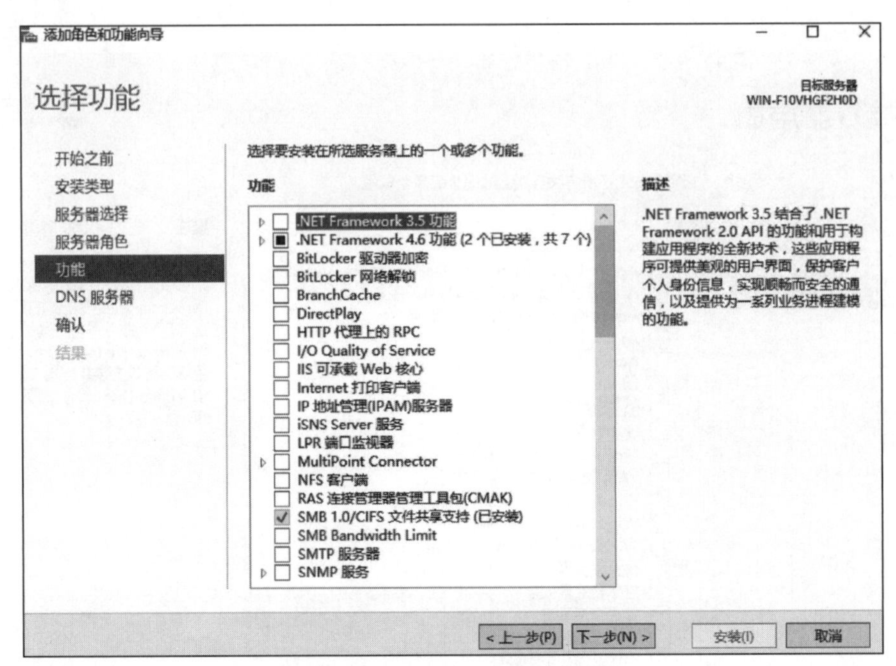

图 4-55　部署 DNS 服务器 -7

（8）在“DNS 服务器”界面保持默认配置，如图 4-56 所示，单击“下一步”按钮。

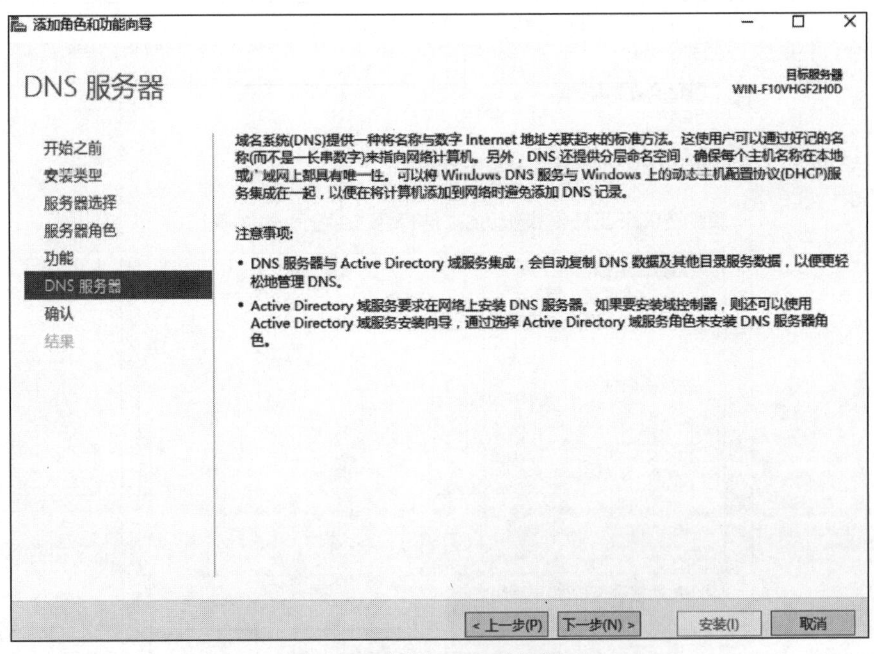

图 4-56　部署 DNS 服务器 -8

（9）在“确认安装所选内容”界面保持默认配置，如图 4-57 所示，单击“安装”按钮。在“安装进度”界面可以查看 DNS 服务器的安装进度，安装成功后，单击“关闭”按钮，如图 4-58 所示。

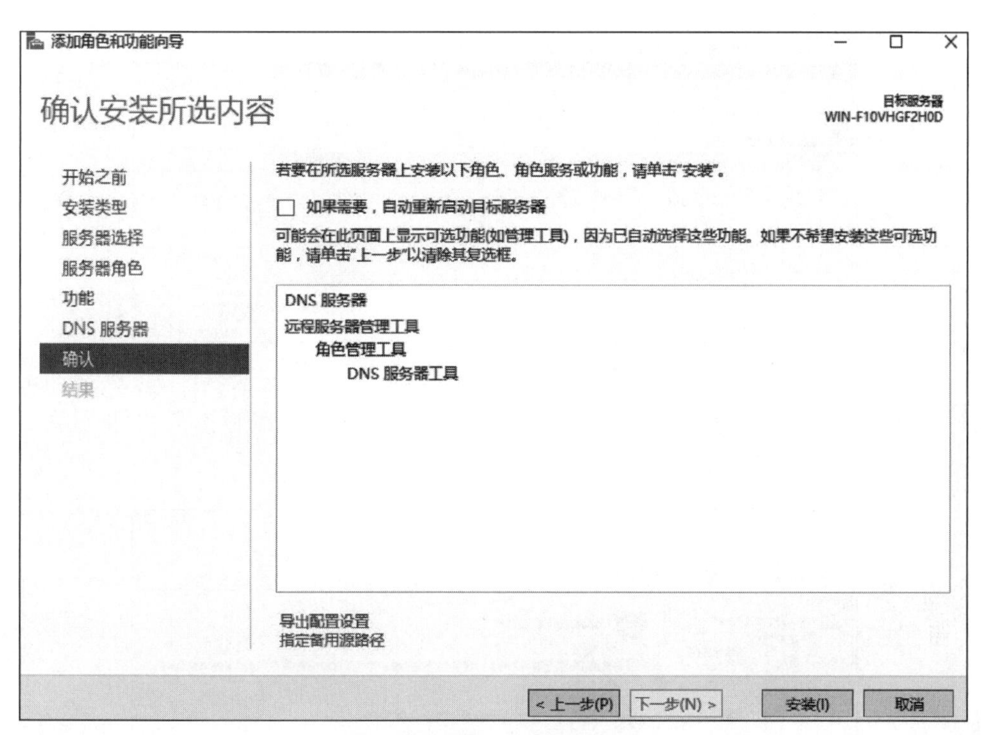

图 4-57　部署 DNS 服务器 -9

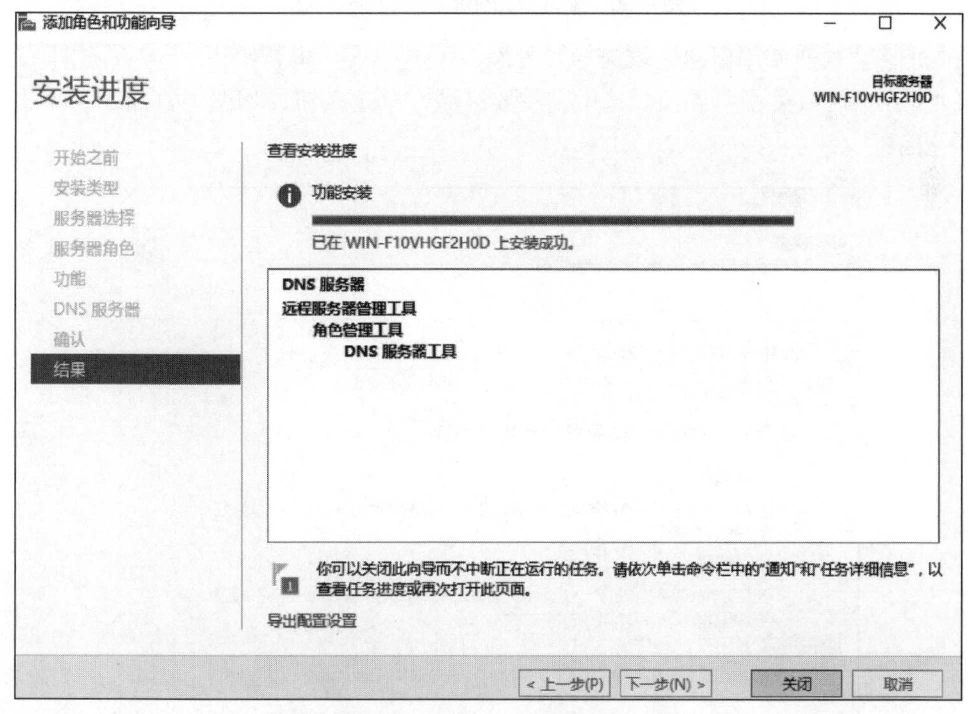

图 4-58　部署 DNS 服务器 -10

2. 配置 vCenter Server 域名

（1）在“服务器管理器 DNS”界面，单击“工具”菜单，在弹出的快捷菜单中选择 DNS 选项，如图 4-59 所示。

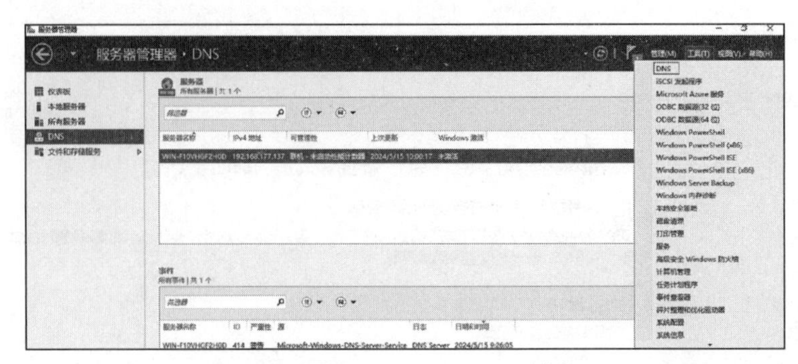

图 4-59　配置 vCenter Server 域名 -1

（2）在“DNS 管理器”窗口，右击“正向查找区域”，在弹出的快捷菜单中选择“新建区域”命令，如图 4-60 所示。

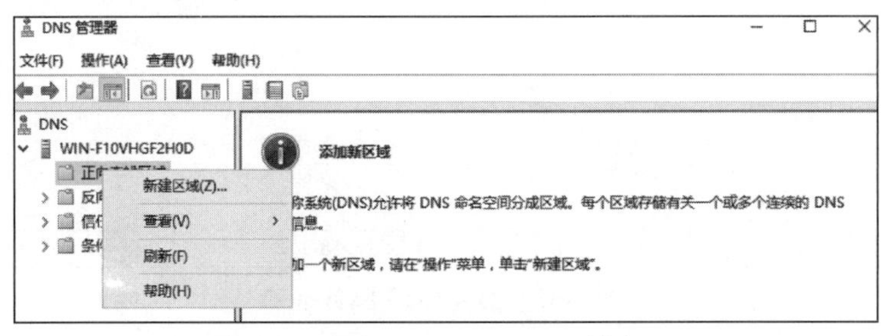

图 4-60　配置 vCenter Server 域名 -2

（3）在“欢迎使用新建区域向导”界面，单击“下一步”按钮。

（4）在“区域类型”界面，选中“主要区域”单选按钮，如图 4-61 所示，单击“下一步”按钮。

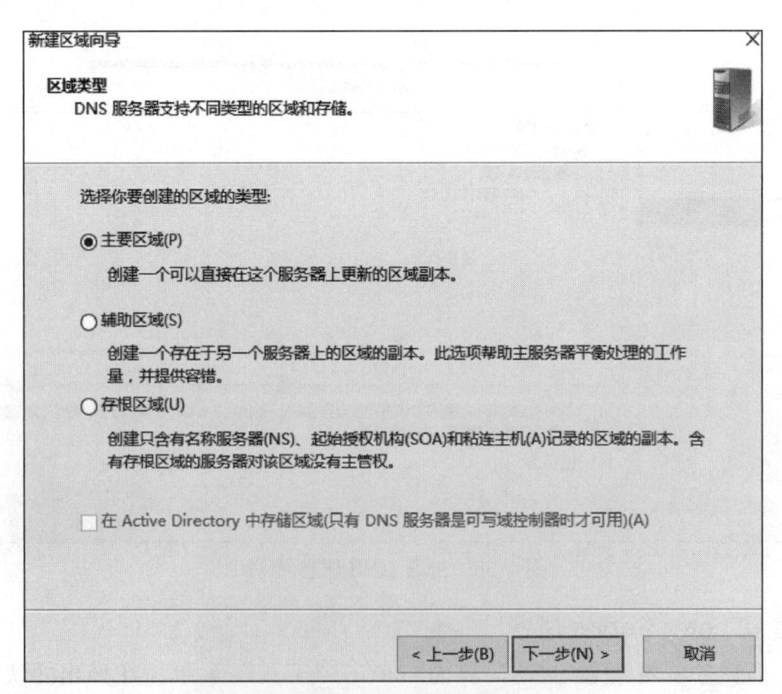

图 4-61　配置 vCenter Server 域名 -3

（5）在“区域名称”界面，设置新建区域名称为 bitc.cn，如图 4-62 所示，单击“下一步”按钮。

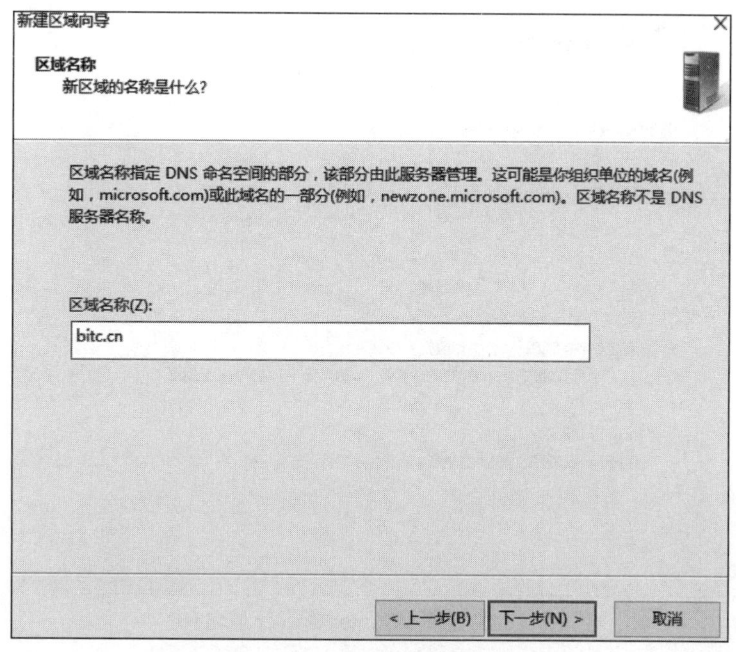

图 4-62　配置 vCenter Server 域名 -4

（6）在“区域文件”界面，选中“创建新文件，文件名为”单选按钮，输入文件名 bitc.cn.dns，如图 4-63 所示，单击“下一步”按钮。

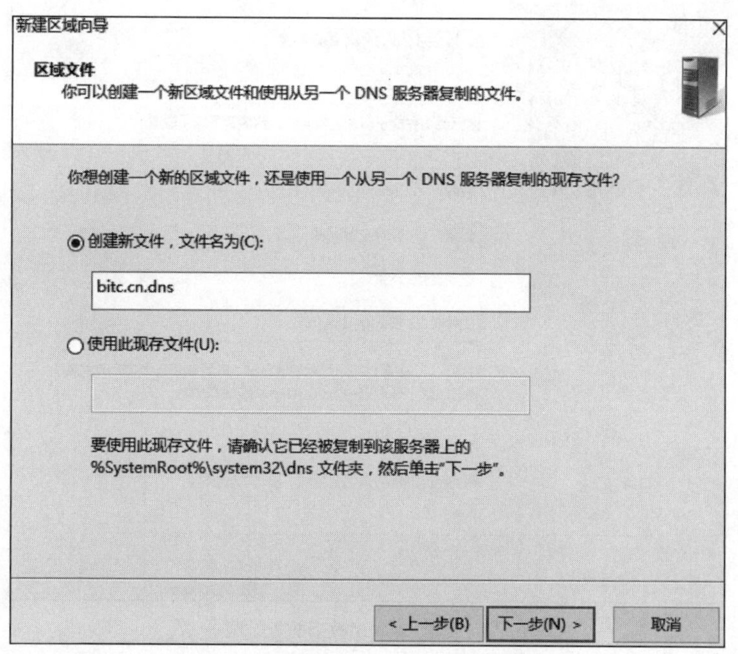

图 4-63　配置 vCenter Server 域名 -5

（7）在“动态更新”界面，选中“不允许动态更新”单选按钮，如图 4-64 所示，单击“下一步”按钮。

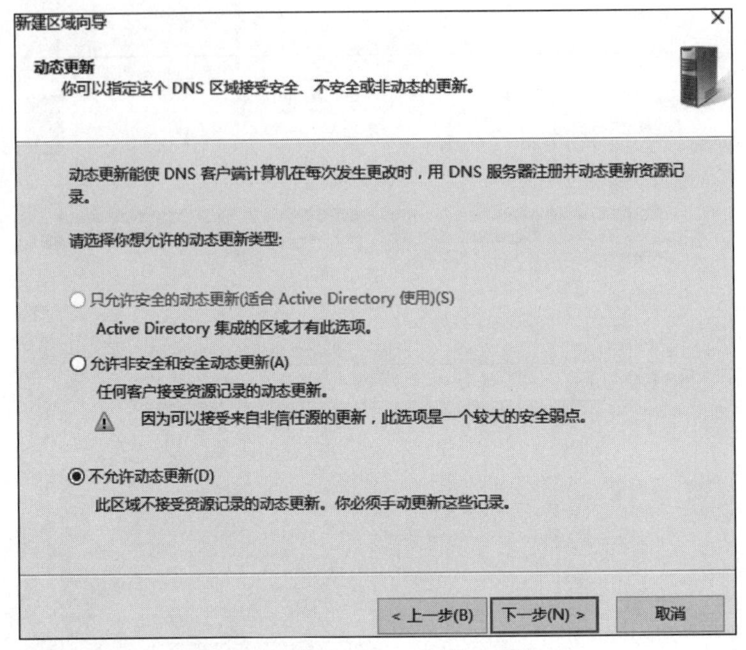

图 4-64　配置 vCenter Server 域名 -6

（8）在“正在完成新建区域向导”界面，检查配置无误，如图 4-65 所示，单击“完成”按钮。

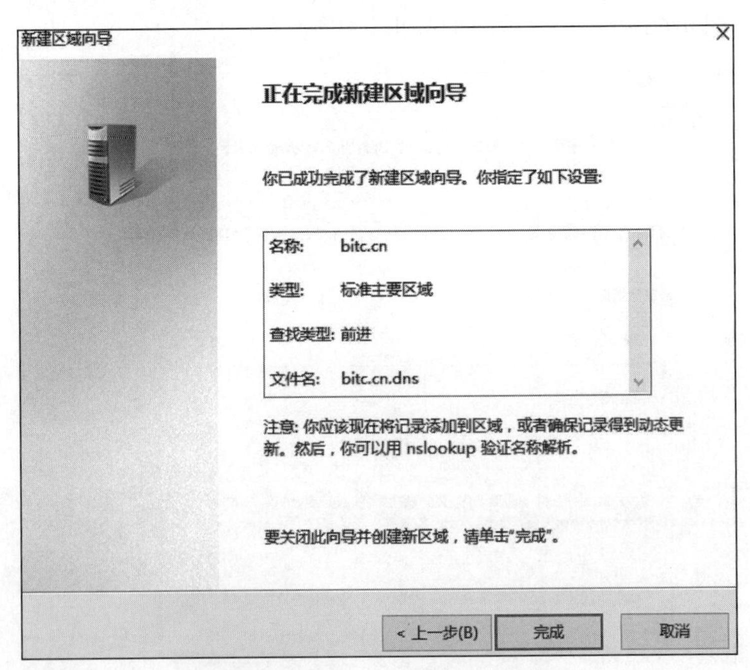

图 4-65　配置 vCenter Server 域名 -7

（9）在“DNS 管理器”窗口，右击“反向查找区域”，在弹出的快捷菜单中选择“新建区域”命令，如图 4-66 所示。

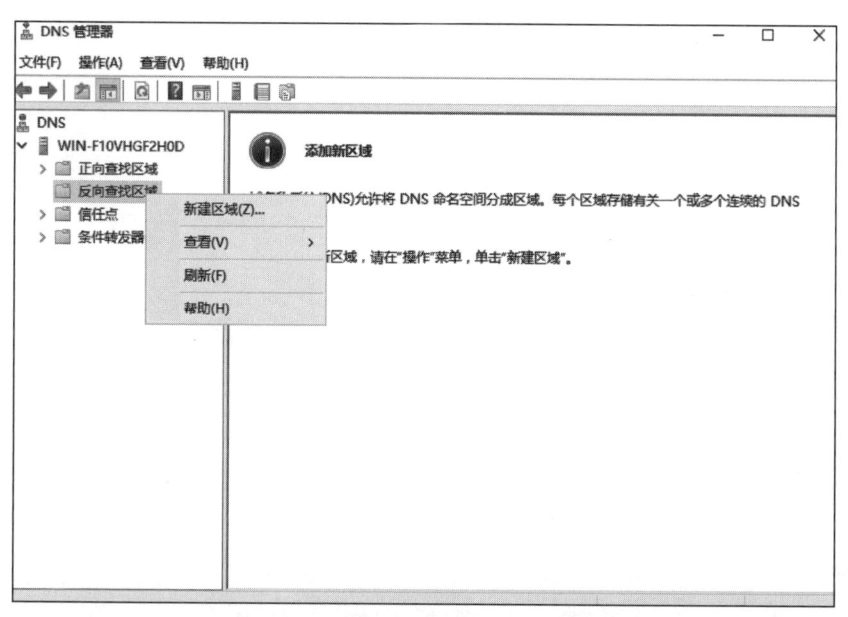

图 4-66　配置 vCenter Server 域名 -8

（10）在“欢迎使用新建区域向导”界面，单击“下一步”按钮。

（11）在“区域类型”界面，选中“主要区域”单选按钮，如图 4-67 所示，单击“下一步”按钮。

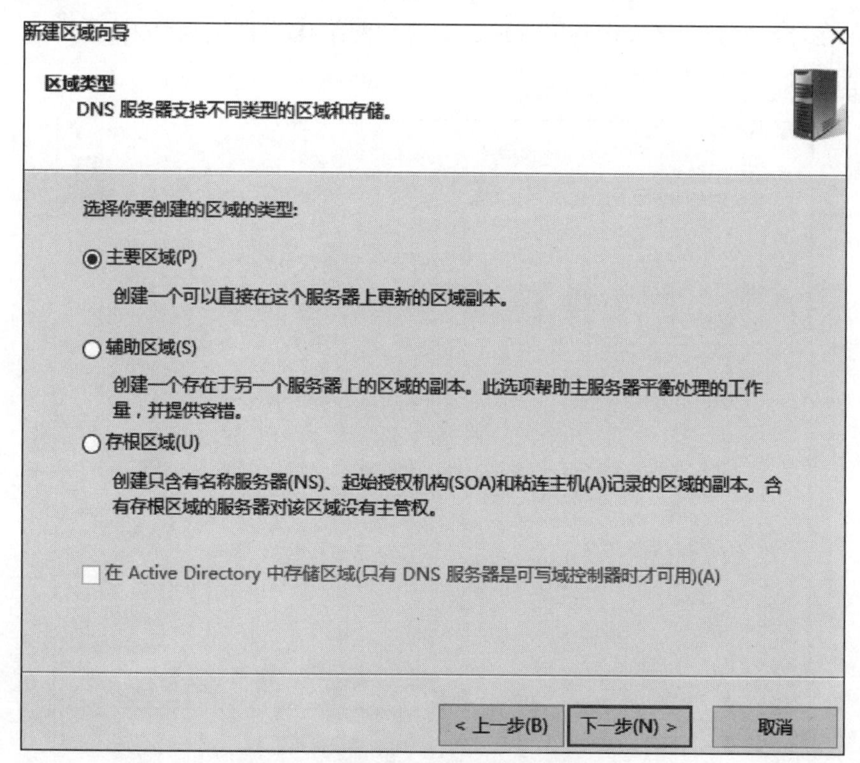

图 4-67　配置 vCenter Server 域名 -9

（12）在“反向查找区域名称”界面，选中“IPv4 反向查找区域 (4)”单选按钮，如图 4-68 所示，单击“下一步”按钮。

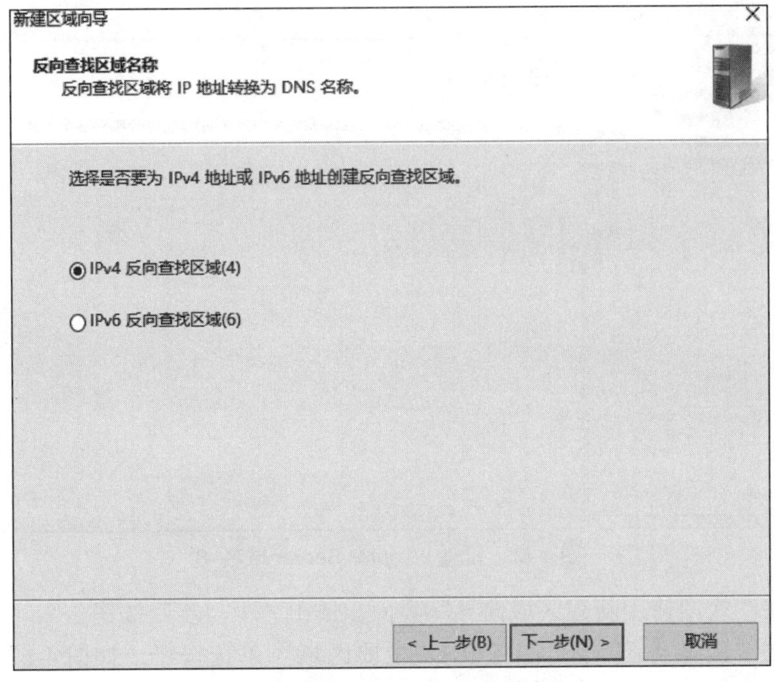

图 4-68　配置 vCenter Server 域名 -10

（13）在“反向查找区域名称”界面，设置“网络ID”地址为192.168.177，如图4-69所示，单击“下一步”按钮。

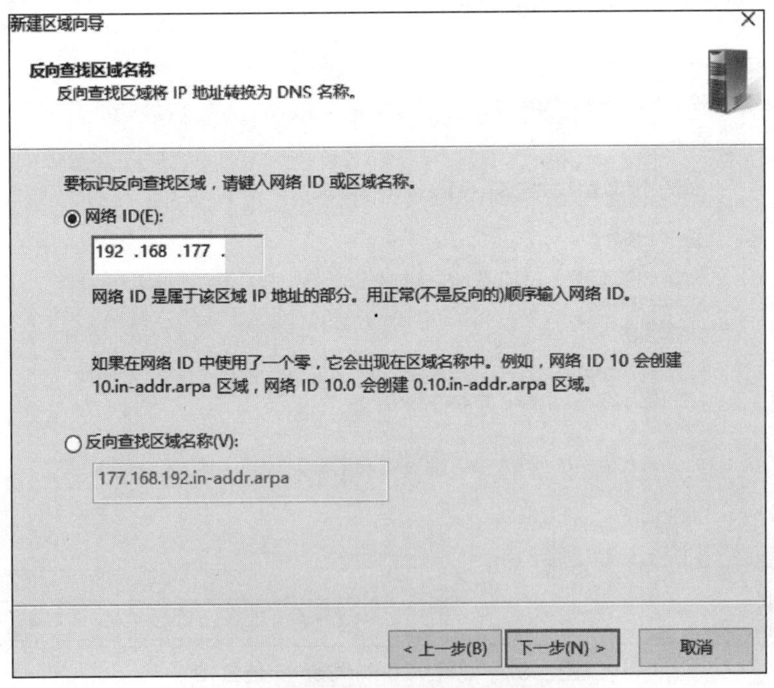

图 4-69　配置 vCenter Server 域名 -11

（14）在“区域文件”界面保持默认配置，如图 4-70 所示，单击“下一步”按钮。

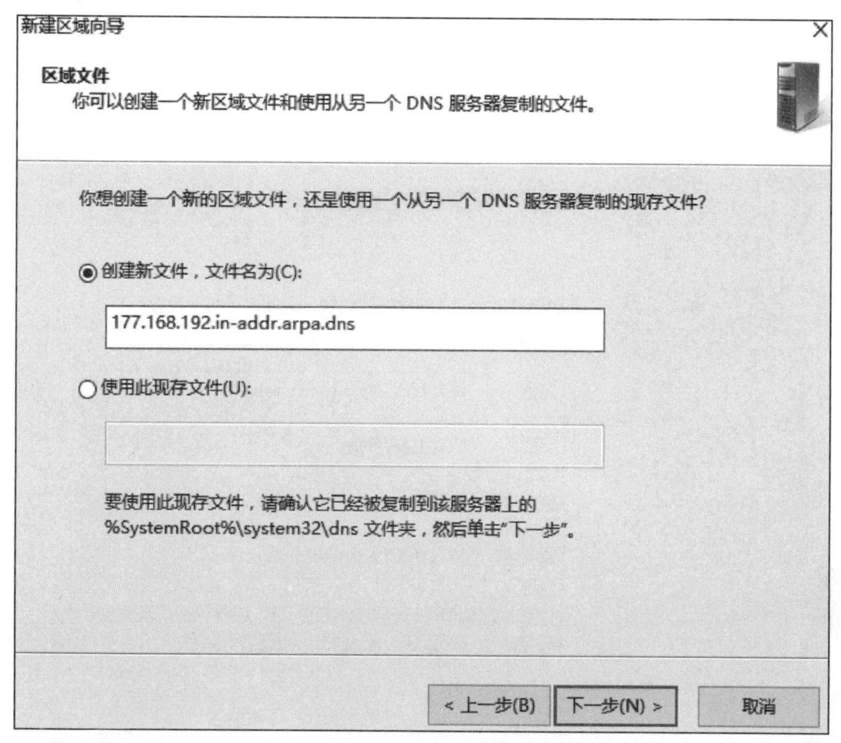

图 4-70　配置 vCenter Server 域名 -12

（15）在“动态更新”界面，选中“不允许动态更新”单选按钮，如图 4-71 所示，单击“下一步”按钮。

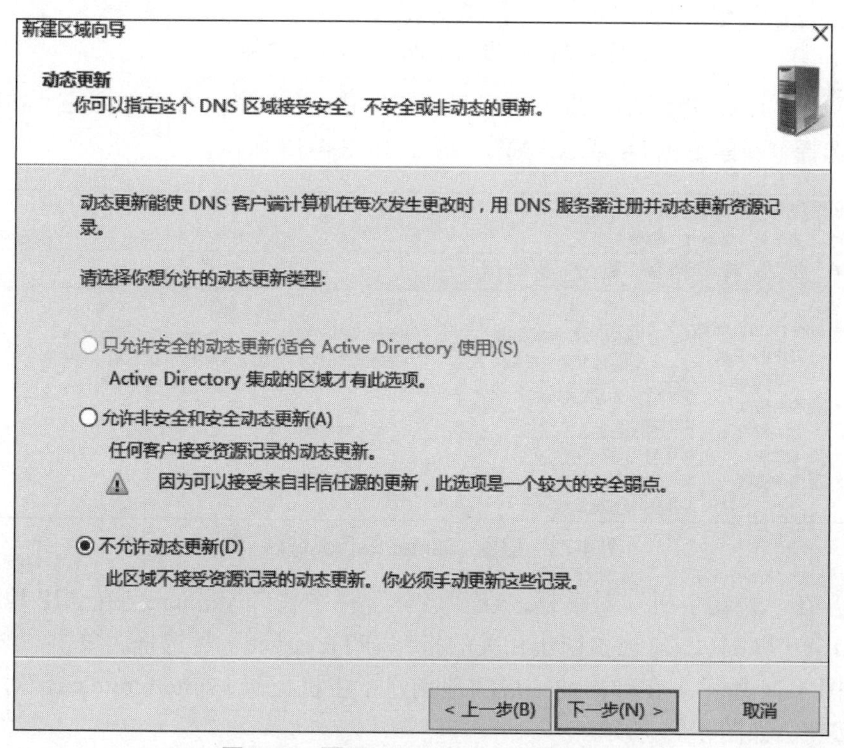

图 4-71　配置 vCenter Server 域名 -13

（16）在“正在完成新建区域向导”界面（见图 4-72），检查配置无误后，单击“完成”按钮。

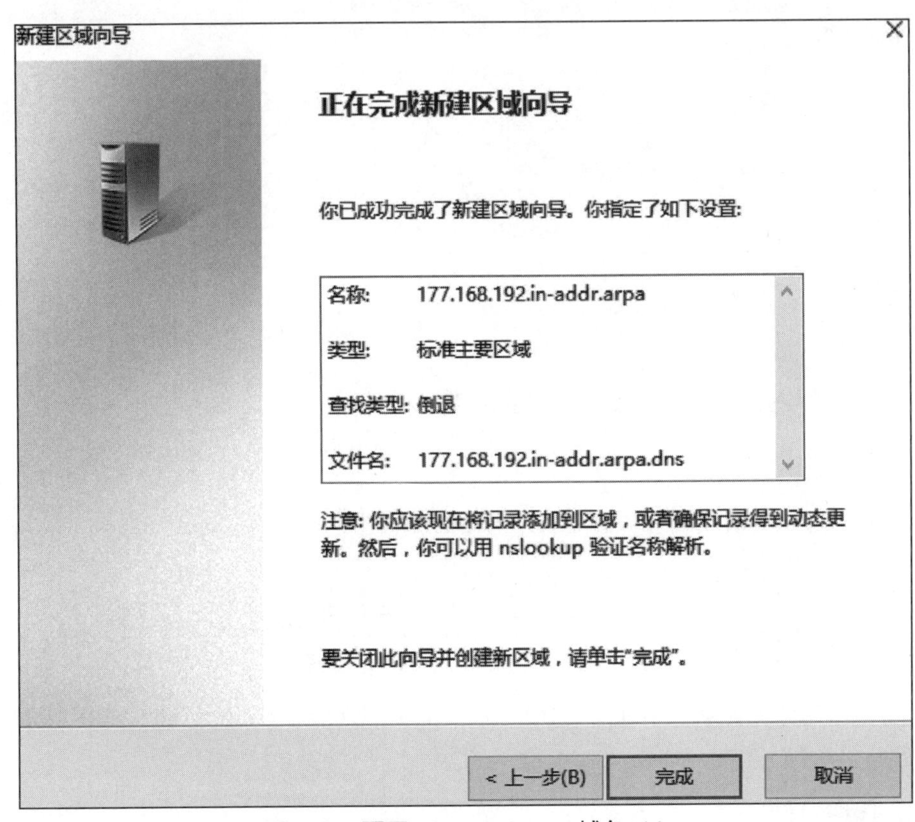

图 4-72　配置 vCenter Server 域名 -14

（17）在“DNS 管理器”窗口，展开“正向检查区域”，右击 bitc.cn，在弹出的快捷菜单中选择“新建主机 (A 或 AAA)”命令，如图 4-73 所示。

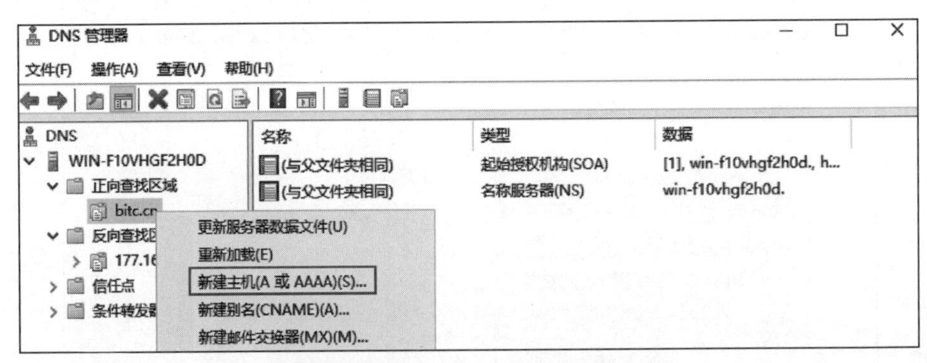

图 4-73　配置 vCenter Server 域名 -15

（18）在“新建主机”对话框，在“名称”栏中输入 vsphere，在“IP 地址”栏中输入 192.168.177.210，勾选“创建相关的指针 (PTR) 记录”复选框，单击“添加主机”按钮，如图 4-74 所示。在弹出的“成功地创建了主机记录 vsphere.bitc.cn”对话框单击“确定”按钮，如图 4-75 所示。

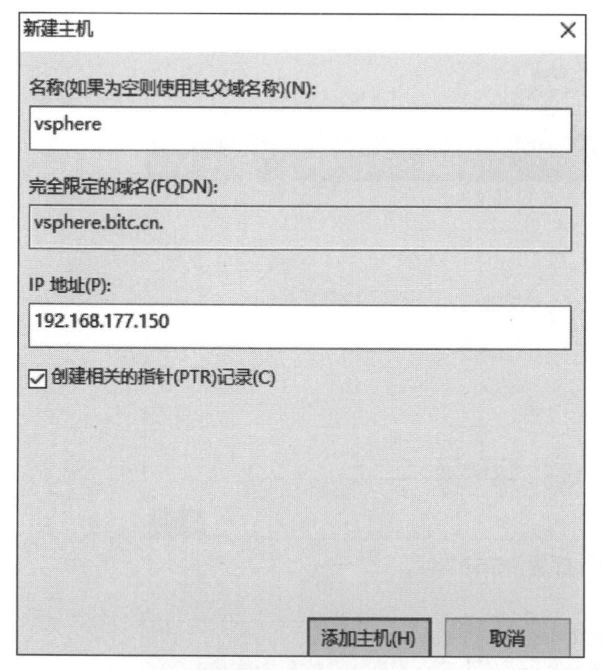

图 4-74　配置 vCenter Server 域名 -16

图 4-75　配置 vCenter Server 域名 -17

（19）在物理机解析 vCenter Server 的服务器域名是否正确。打开物理机的命令行界面，输入 nslookup 命令，输入 vsphere.bitc.cn，能够解析到 vCenter Server 的正确 IP 地址，如图 4-76 所示。

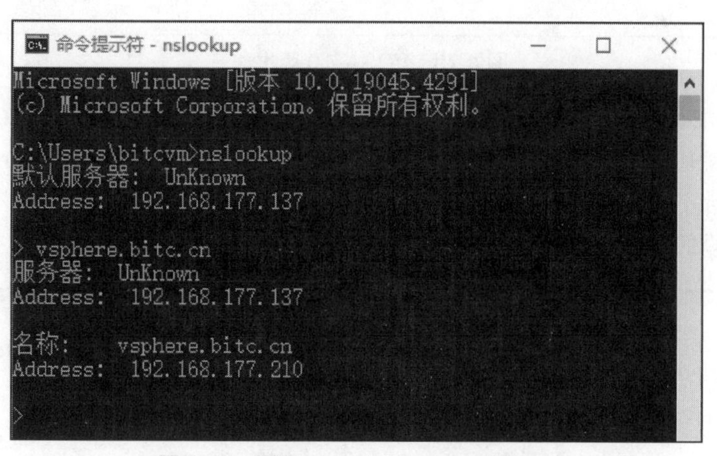

图 4-76　配置 vCenter Server 域名 -18

3. 部署 VCSA7.0

部署 VCSA 7.0 的过程与部署 VCSA 8.0 过程一致。但是在第 1 阶段：部署 vCenter Server- 配置网络设置中，FQDN 栏中填写 vsphere.bitc.cn，“IP 地址”栏中填写 192.168.177.210，DNS 服务器栏中填写 192.168.177.137，如图 4-77 所示。

4. 升级 VCSA7.0 至 VCSA8.0

现将 VCSA 7.0 升级至 VCSA 8.0。VCSA8.0 使用的镜像为 VMware-VCSA-all-8.0.2-22617221。

（1）使用 vSphere Client 登录 vCenter Server，检查更新前 VCSA 版本信息，当前版本是 7.0.3，如图 4-78 所示。

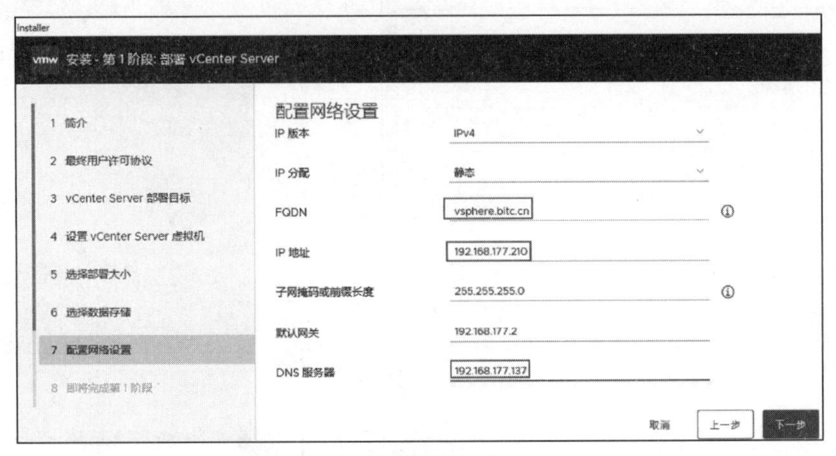

图 4-77　部署 VCSA7.0

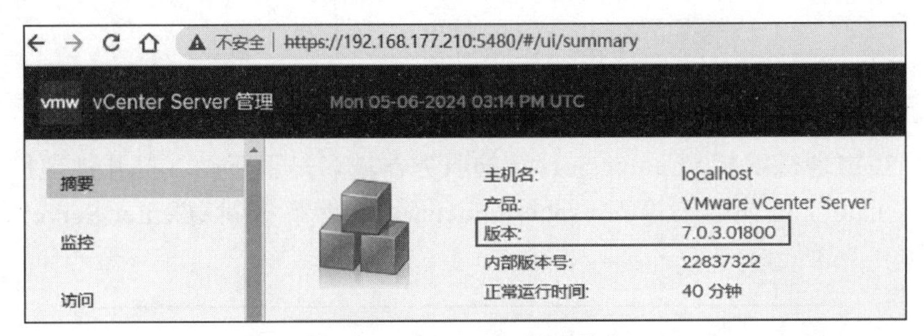

图 4-78　VCSA 7.0 版本信息

（2）为驻留在 ESXi 主机 (192.168.177.133) 的虚拟机 win2016 挂载 vCenter Server8.0.2 的镜像到光驱，挂载后进入 vcsa-ui-installer 文件夹，进入 win32 文件夹，双击 installer 开始安装，在“vCenter Server 安装程序”窗口，单击“升级”，开始 vCenter Server 第 1 阶段的部署，如图 4-79 所示。

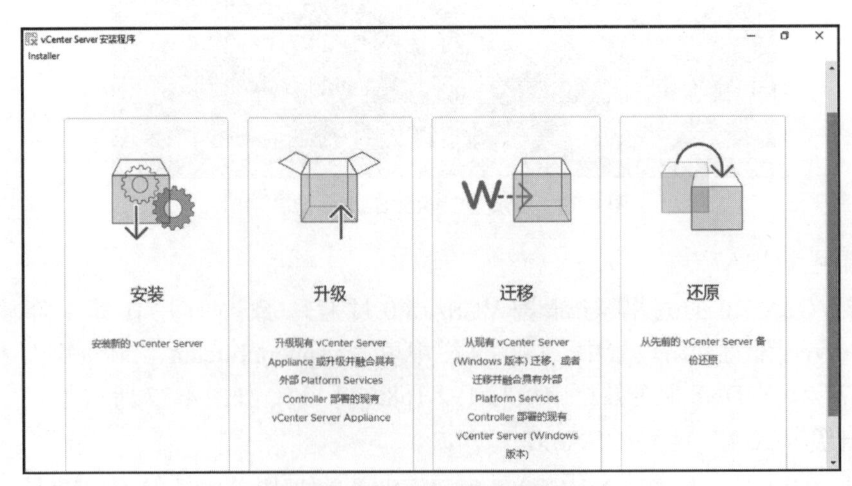

图 4-79　升级 vCenter Server-1

（3）在“简介”界面（见图 4-80），单击“下一步”按钮。

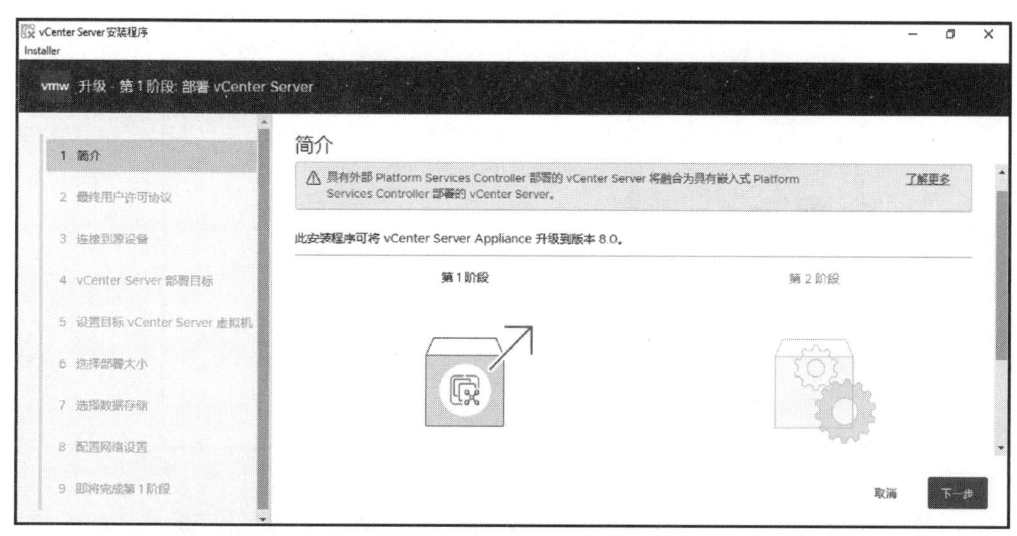

图 4-80　升级 vCenter Server-2

（4）在“最终用户许可协议”界面，勾选“我接受许可协议条款”复选框，如图 4-81 所示，单击“下一步”按钮。

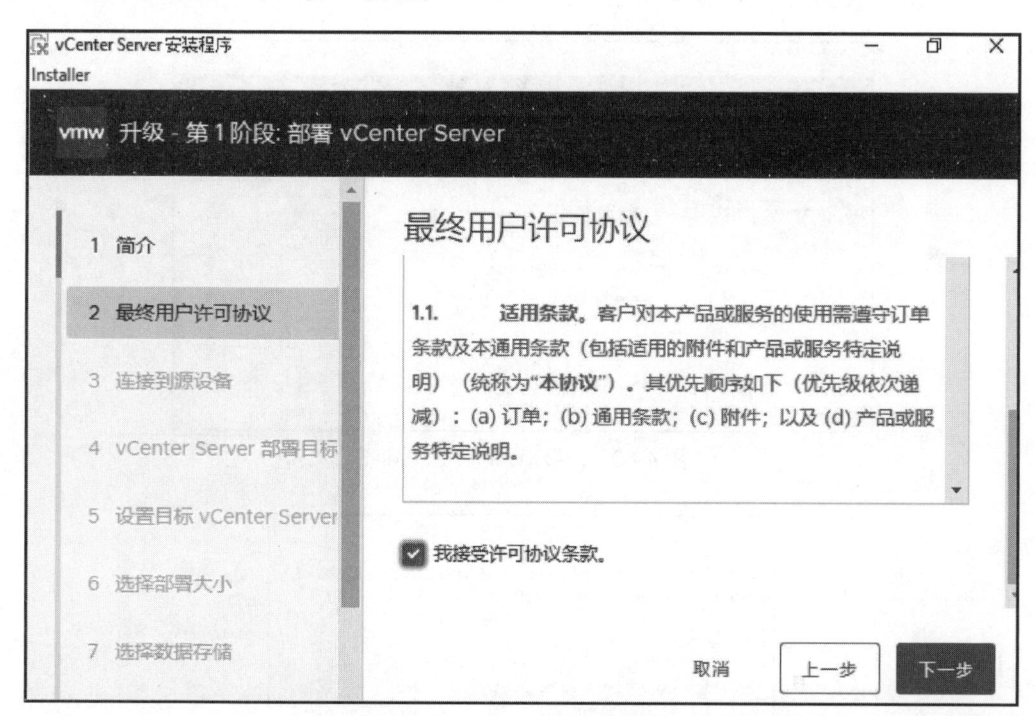

图 4-81　升级 vCenter Server-3

（5）在“连接到源设备”界面，提供要升级的源 vCenter Server Appliance 的详细信息，输入 VCSA 7.0 的 IP 地址 192.168.177.210，设备 HTTPS 端口默认，单击“连接到源”按钮，如图 4-82 所示。

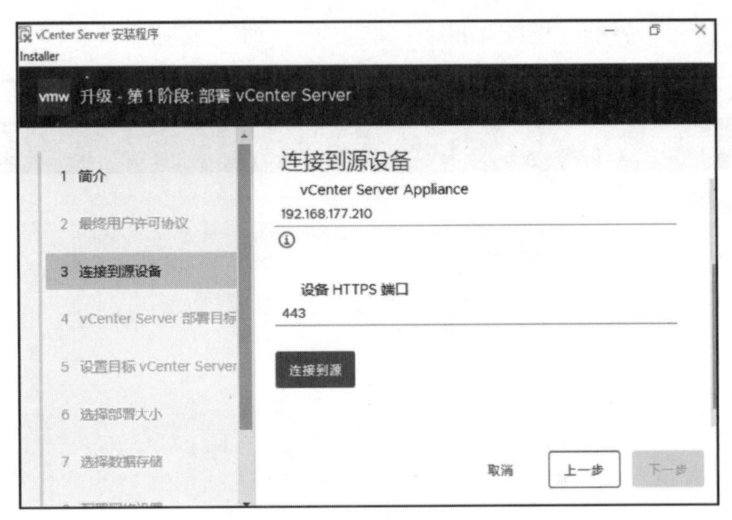

图 4-82　升级 vCenter Server-4

（6）连接到源后输入 vCenter Server 7.0 的 SSO 密码和设备 root 密码；在管理源设备的 ESXi 主机名或 vCenter Server 部分输入 vCenter Server 7.0 所在 ESXi 主机的 IP 地址和用户名密码，如图 4-83 所示，单击“下一步”按钮，在弹出的“证书警告”对话框，单击“是”按钮，如图 4-84 所示。

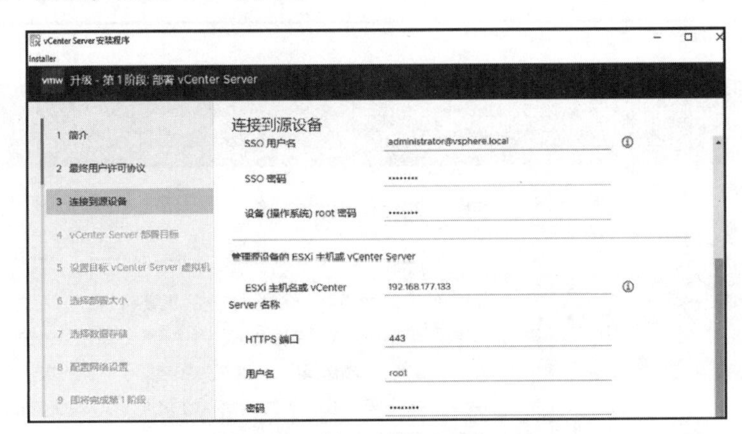

图 4-83　升级 vCenter Server-5

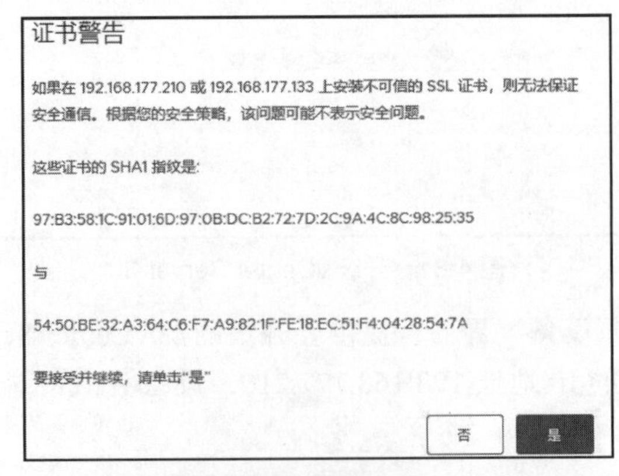

图 4-84　升级 vCenter Server-6

（7）在“vCenter Server 部署目标”界面指定 vCenter Server 部署目标设置。在“ESXi 主机名或 vCenter Server 名称”右侧文本框中输入部署 vCenter Server 的 ESXi 主机的 IP 地址，HTTPS 端口默认，用户名为 root，设置 root 密码，如图 4-85 所示，单击“下一步”按钮。

图 4-85　升级 vCenter Server-7

（8）在“设置目标 vCenter Server 虚拟机”界面指定要部署的 vCenter Server 的虚拟机设置。在虚拟机名称右侧的文本框中输入新的 vCenter Server 虚拟机名称，设置 root 密码，如图 4-86 所示，单击“下一步”按钮。

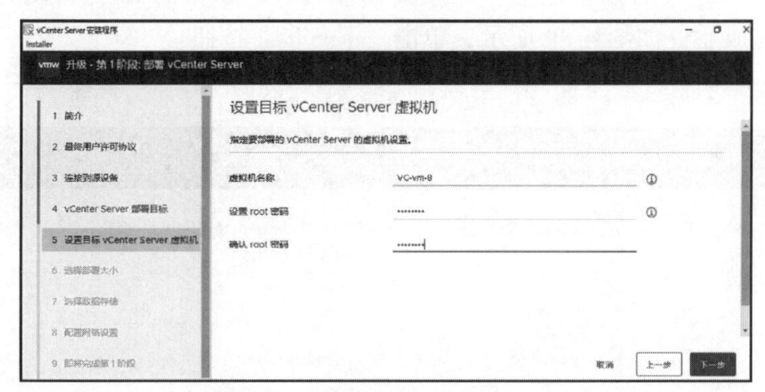

图 4-86　升级 vCenter Server-8

（9）在“选择部署大小”界面，部署大小选择“微型”，存储大小选择“大型”，如图 4-87 所示，单击“下一步”按钮。

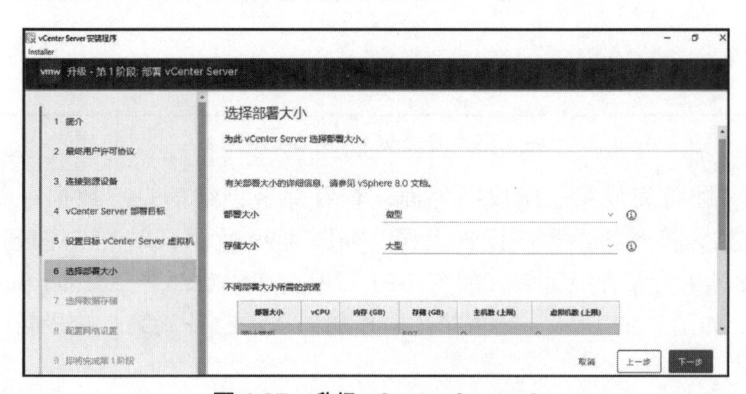

图 4-87　升级 vCenter Server-9

（10）在“选择数据存储”界面，为 vCenter Server 选择数据存储，勾选“启用精简磁盘模式”复选框，如图 4-88 所示，单击“下一步”按钮。

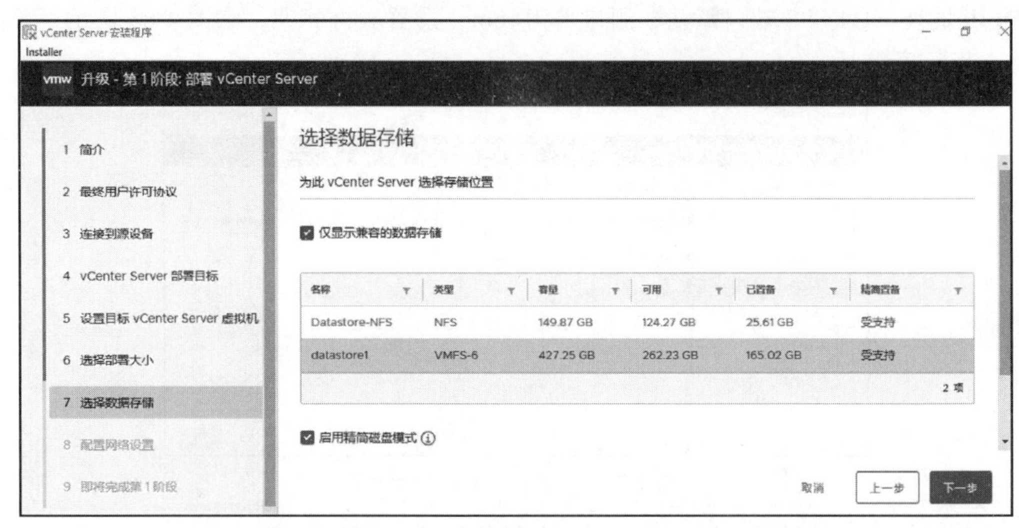

图 4-88　升级 vCenter Server-10

（11）在“配置网络设置”界面，vCenter Server 设置临时 IP 地址，用来进行新旧 vCenter Server 之间的数据迁移。在数据迁移之后，原始的 IP 将移动到新的 vCenter Server。设置完成后，如图 4-89 所示，单击“下一步”按钮。

图 4-89　升级 vCenter Server-11

（12）在“即将完成第 1 阶段”界面，查看部署详细信息、数据存储详细信息以及网络详细信息，核对各参数项设置无误，如图 4-90 所示，单击“完成”按钮；开始 vCenter Server 第 1 阶段升级部署，如图 4-91 所示；在成功部署 vCenter Server 后，单击“继续”按钮，如图 4-92 所示。结束第 1 阶段的部署后，开始第 2 阶段新旧 VCSA 同步数据。

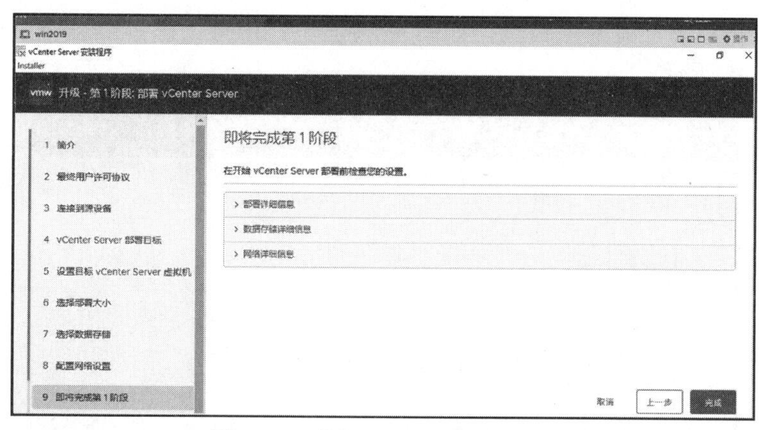

图 4-90　升级 vCenter Server-12

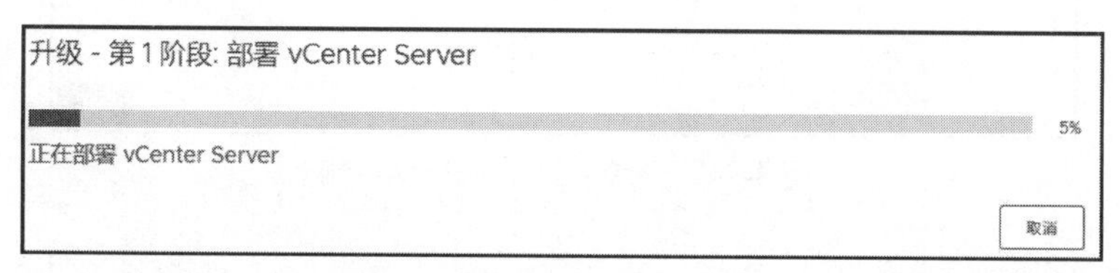

图 4-91　升级 vCenter Server-13

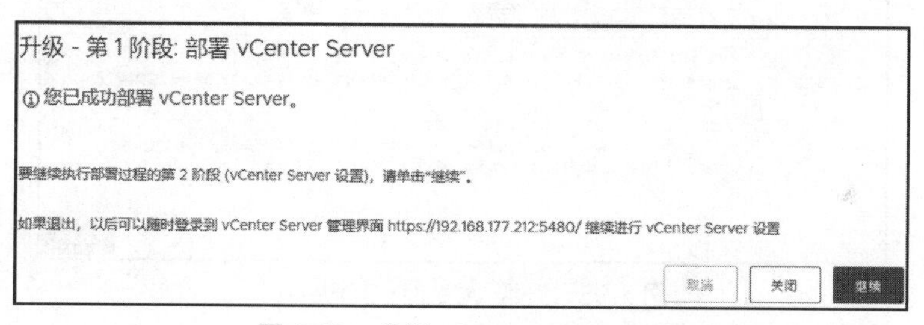

图 4-92　升级 vCenter Server-14

（13）开始第 2 阶段升级 VCSA，在“简介”界面，如图 4-93 所示，单击“下一步”按钮。

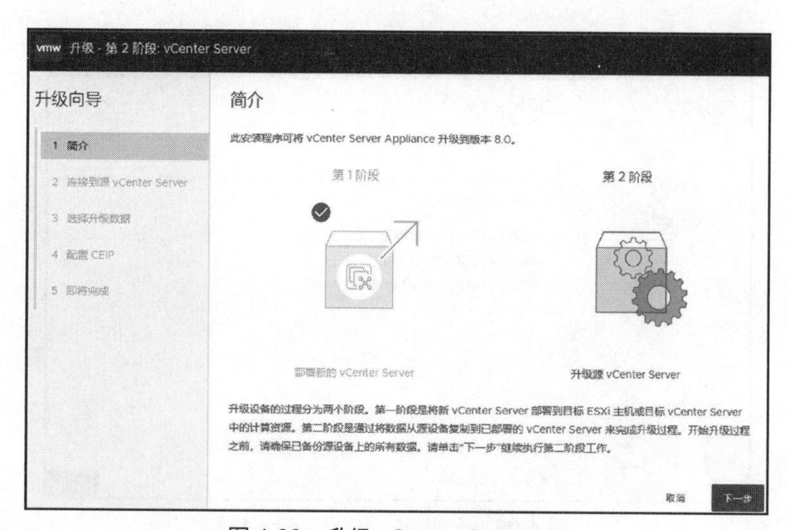

图 4-93　升级 vCenter Server-15

（14）升级 VCSA 前进行检查，如图 4-94 所示，检查结果可以忽略，单击“关闭”按钮，如图 4-95 所示。

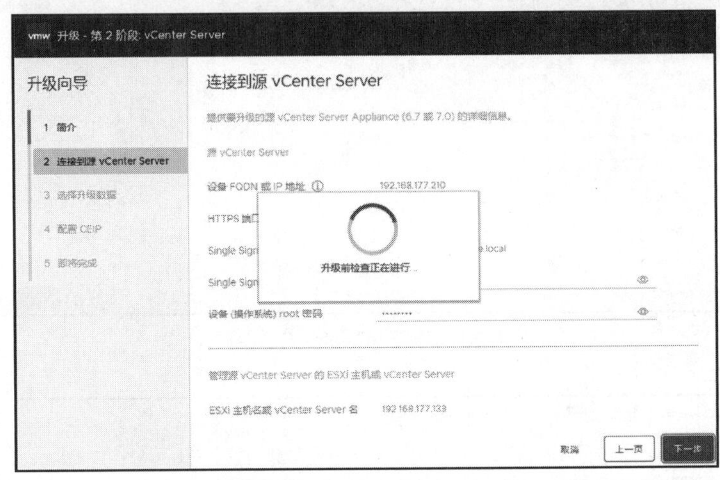

图 4-94　升级 vCenter Server-16

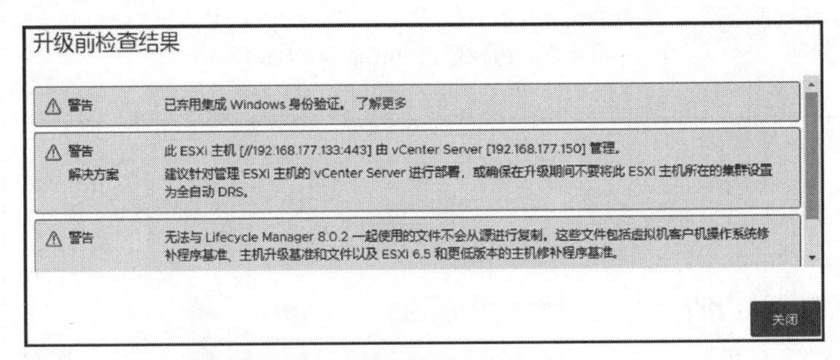

图 4-95　升级 vCenter Server-17

（15）在“选择升级数据”界面，选择需要从源 vCenter Server 中保留的数据，在生产环境选择第三项，在本次升级中，选择第一项，如图 4-96 所示，单击“下一步”按钮。

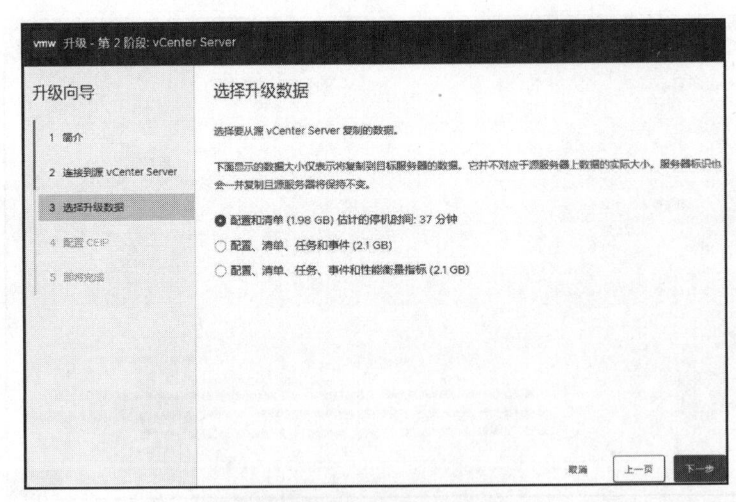

图 4-96　升级 vCenter Server-18

（16）在“配置 CEIP”界面，勾选“加入 VMware 客户体验提升计划”复选框，如图 4-97 所示，单击“下一步”按钮。

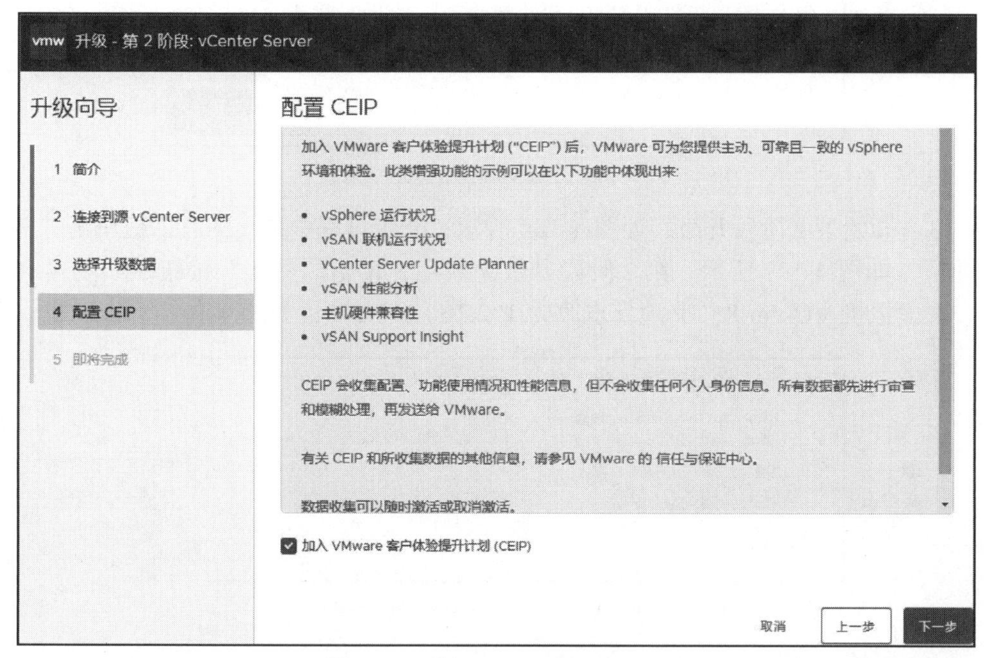

图 4-97　升级 vCenter Server-19

（17）在“即将完成”界面，勾选“我已备份源 vCenter Server 和数据库中的所有所需数据”，如图 4-98 所示，单击“完成”按钮；在弹出的“警告”对话框，单击“确定”按钮，如图 4-99 所示；在弹出的“登录 vCenter Server Appliance”界面，输入配置 vCenter Server Appliance 时设置的密码，单击“登录”按钮。

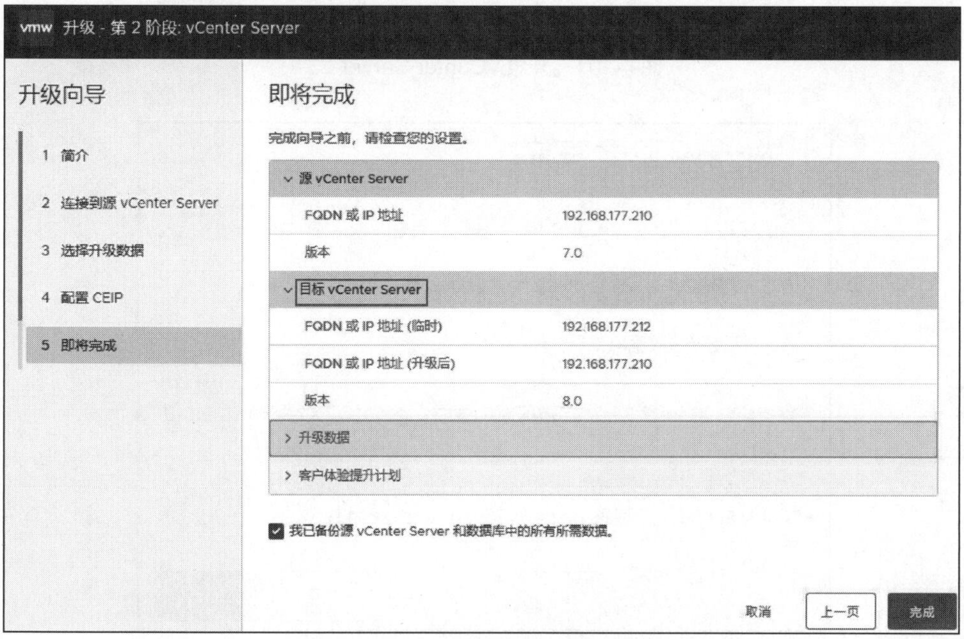

vmw 升级 - 第 2 阶段: vCenter Server
升级向导
1 简介
2 连接到源 vCenter Server
3 选择升级数据
4 配置 CEIP
5 即将完成
即将完成
完成向导之前，请检查您的设置。
源 vCenter Server
FQDN 或 IP 地址　192.168.177.210
版本　7.0
目标 vCenter Server
FQDN 或 IP 地址 (临时)　192.168.177.212
FQDN 或 IP 地址 (升级后)　192.168.177.210
版本　8.0
升级数据
客户体验提升计划
我已备份源 vCenter Server 和数据库中的所有所需数据。
取消　上一页　完成

图 4-98　升级 vCenter Server-20

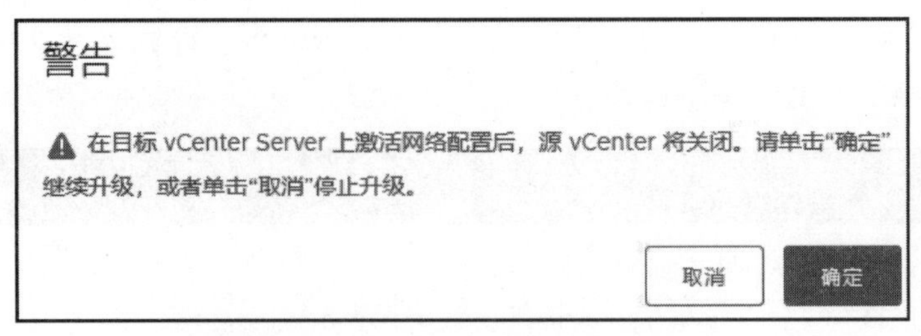

图 4-99　升级 vCenter Server-21

（18）开始第 2 阶段升级，如图 4-100 所示；升级过程中弹出的对话框单击“关闭”按钮即可，如图 4-101 所示；第 2 阶段升级完成后，单击“关闭”按钮，如图 4-102 所示；查看虚拟机 VC-vm-8，IP 地址也改为 192.168.177.210，如图 4-103 所示。

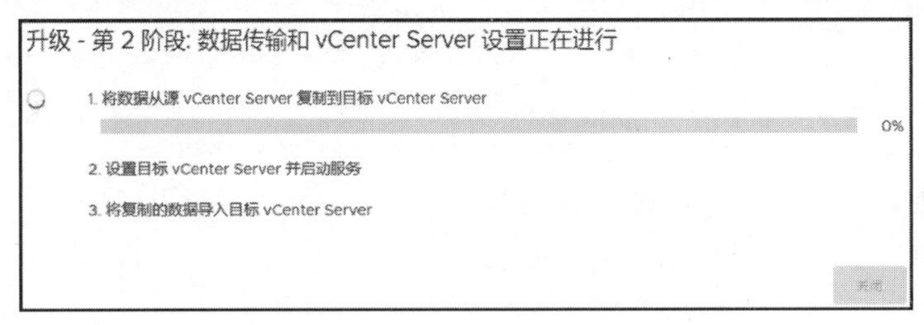

图 4-100　升级 vCenter Server-22

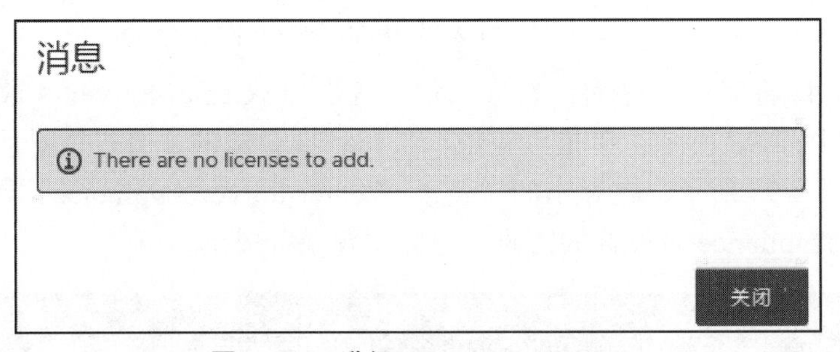

图 4-101　升级 vCenter Server-23

图 4-102　升级 vCenter Server-24

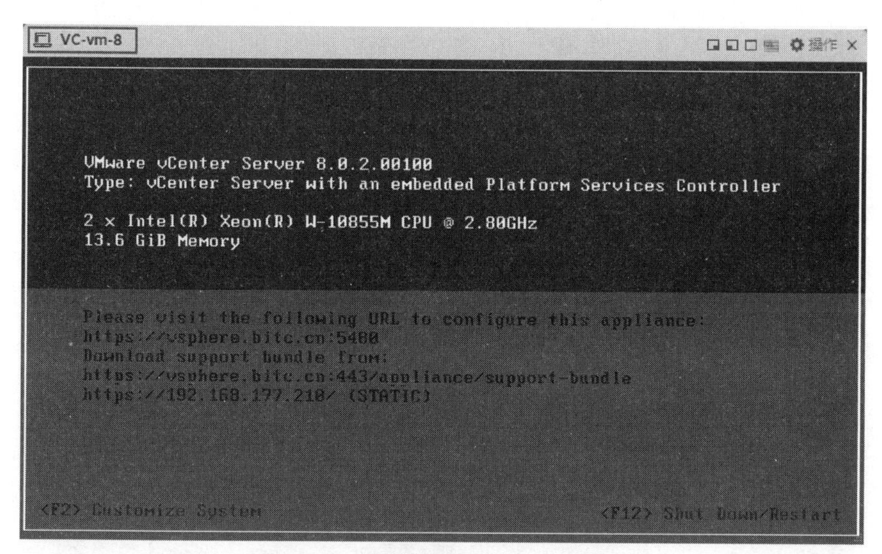

图 4-103　升级 vCenter Server-25

（19）使用原来 vCenter Server 地址 (https://192.168.177.210）登录 vCenter Server，显示新的版本号，升级完成，如图 4-104 所示。

图 4-104　升级 vCenter Server-26

4.3　虚拟机管理

4.3.1　创建数据中心

虚拟数据中心是一种容器，其中包含配齐用于操作虚拟机的完整功能环境所需的全部清单对象，可以创建多个数据中心以组织各组环境。vSphere 数据中心主要包括 ESXi 主机、存储网络和阵列、IP 网络、vCenter Server 和管理客户端。下面介绍如何在 vSphere 环境中创建数据中心以及向数据中心添加 ESXi 主机。

（1）使用 vSphere Client 登录到 vCenter Server，在“主页”视图中选择“主机和集群”。

（2）在 vCenter Server 的 IP 地址上右击，在弹出的快捷菜单中选择“新建数据中心”命令，如图 4-105 所示，在“创建数据中心”对话框，输入数据中心的名称，单击“确定”按钮，如图 4-106 所示。图 4-107 为创建完成的数据中心。

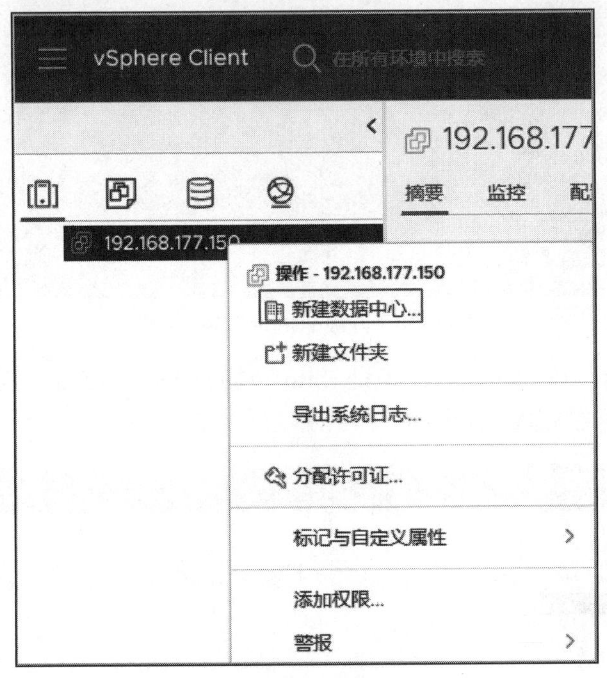

图 4-105　创建数据中心 -1

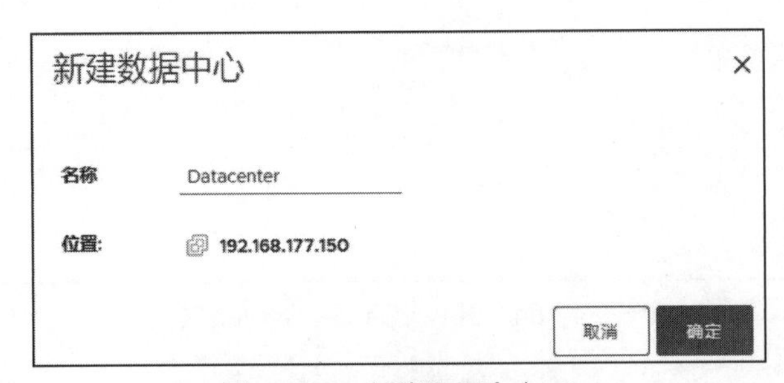

图 4-106　创建数据中心 -2

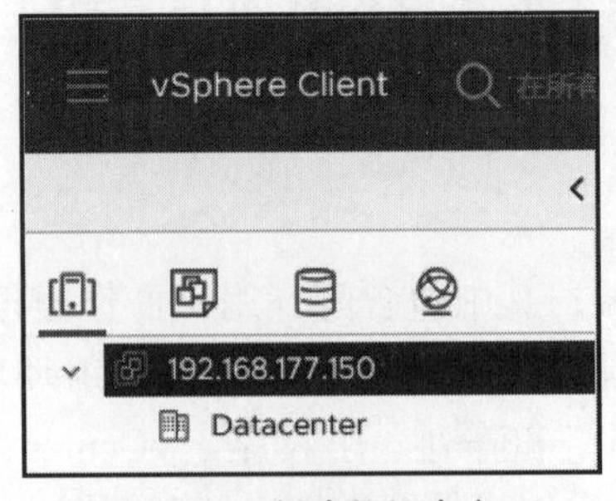

图 4-107　创建数据中心 -3

4.3.2　向数据中心添加主机

在添加数据中心（或集群）后，可以在数据中心对象、文件夹对象或集群对象下添加主机。如果主机包含虚拟机，则这些虚拟机将与主机一起添加到清单。

在 vCenter Server 中，可以创建多个“数据中心”，每个“数据中心”可以添加多个 VMware ESXi 或 VMware ESXi 服务器。在每台 VMware ESXi 服务器中，可以有多个虚拟机。使用 vCenter Client 可以管理多台 VMware ESXi 服务器，并且可以在不同 VMware ESXi 之间“迁移”虚拟机。

（1）使用 vSphere Client 登录到 vCenter Server，右击数据中心的名称，在弹出的快捷菜单中选择“添加主机”命令，如图 4-108 所示。

图 4-108　向数据中心添加主机 -1

（2）在“1. 名称和位置”界面，输入添加 VMware ESXi 主机的主机名或 IP 地址，如图 4-109 所示，单击“下一页”按钮。

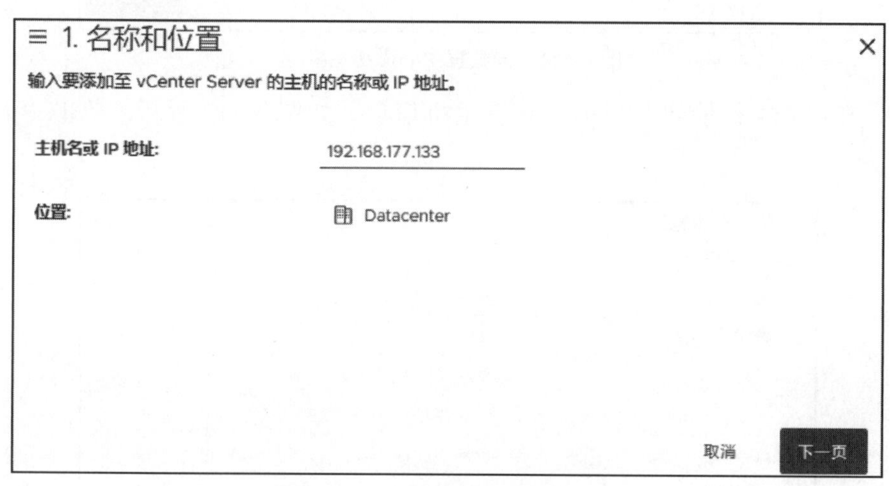

图 4-109　向数据中心添加主机 -2

（3）在“2. 连接设置”界面，输入添加 VMware ESXi 主机的用户名和登录密码，如图 4-110 所示，单击“下一页”按钮。

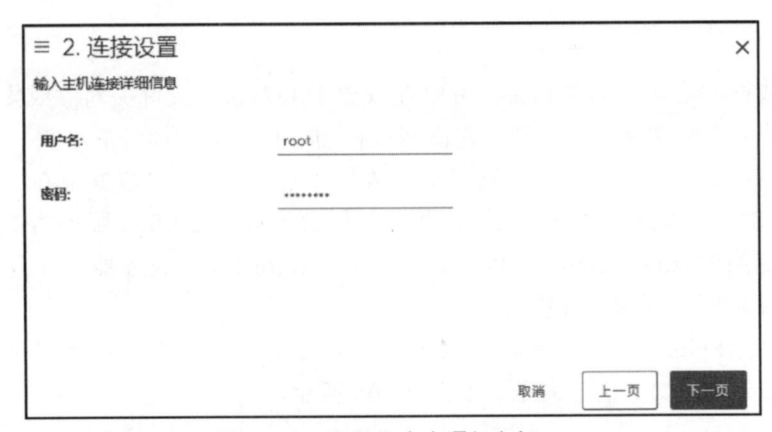

图 4-110　向数据中心添加主机 -3

（4）在“安全警示”对话框，单击“是”按钮，如图 4-111 所示。

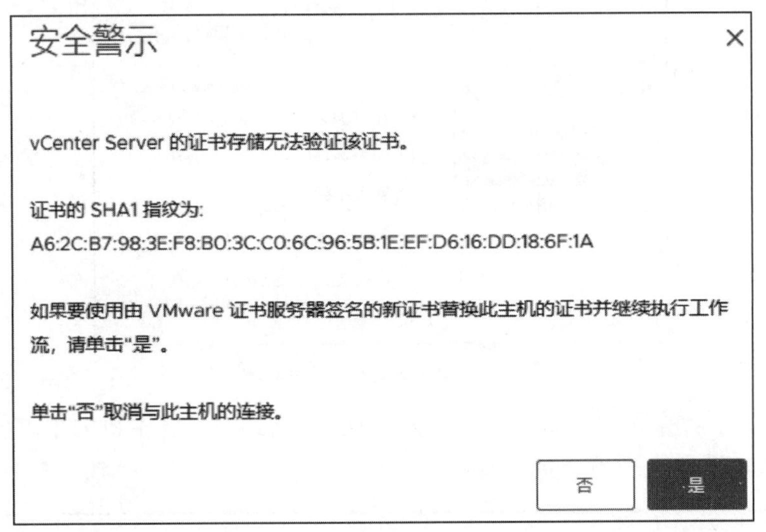

图 4-111　向数据中心添加主机 -4

（5）在“3. 主机摘要”界面，查看主机信息，如图 4-112 所示，单击“下一页”按钮。

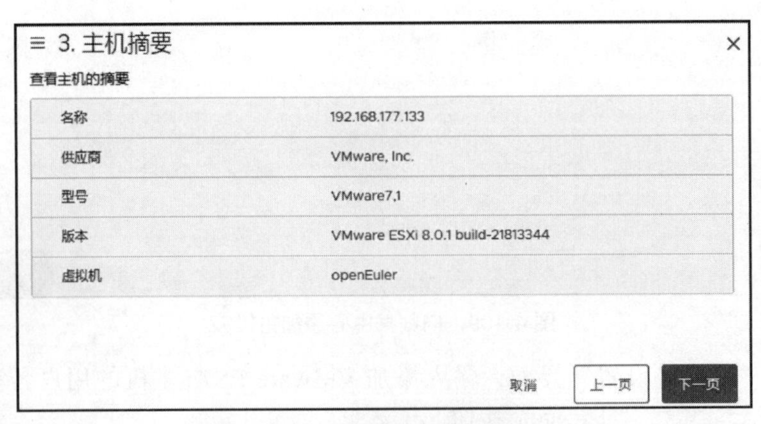

图 4-112　向数据中心添加主机 -5

（6）在“4.Host lifecycle”界面，取消勾选 Manage host with an image 复选框，如图 4-113 所示，单击“下一页”按钮。

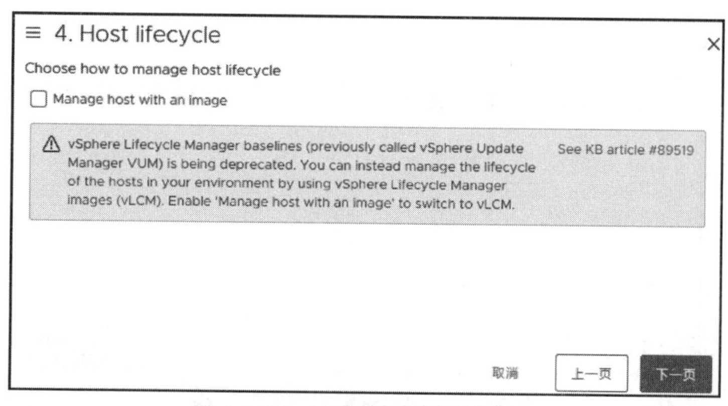

图 4-113　向数据中心添加主机 -6

（7）在“5. 分配许可证”界面，提示许可证将在 60 天后过期，如图 4-114 所示，单击“下一页”按钮。

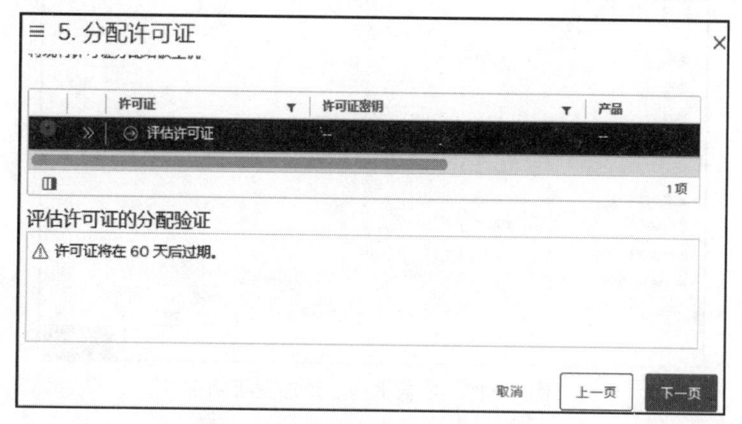

图 4-114　向数据中心添加主机 -7

（8）在“6. 锁定模式”界面，指定是否在主机上启用锁定模式，选择“禁用”单选按钮，如图 4-115 所示，单击“下一页”按钮。

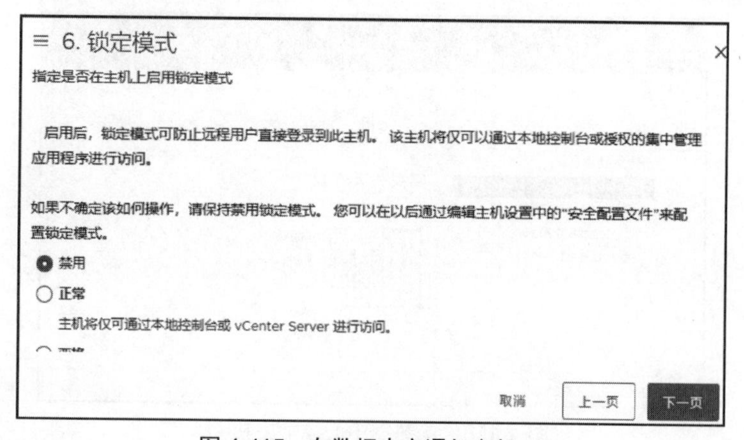

图 4-115　向数据中心添加主机 -8

（9）在“7. 虚拟机位置”界面，为新添加的 VMware ESXi 主机选择一个保存位置，选择已建立的 Datacenter 数据中心，如图 4-116 所示，单击“下一页”按钮。

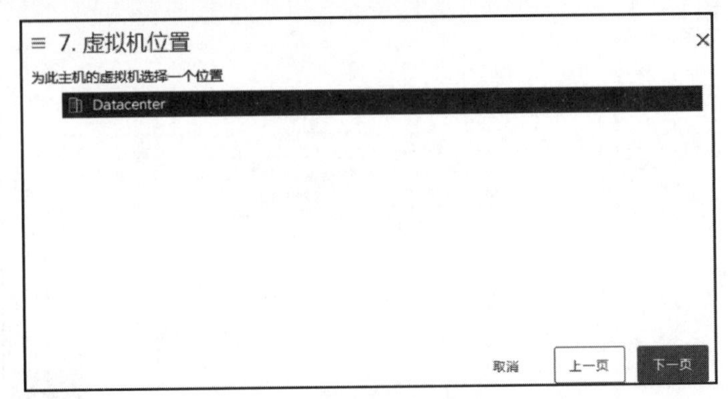

图 4-116　向数据中心添加主机 -9

（10）在“8. 即将完成”界面，确认新添加的 VMware ESXi 主机信息无误后，如图 4-117 所示，单击“完成”按钮。

图 4-117　向数据中心添加主机 -10

如果继续添加其他主机，可以右击数据中心名称，在弹出的快捷菜单中选择“添加主机”命令。然后参照步骤（1）~（10），将其他 ESXi 主机添加到数据中心。图 4-118 为数据中心 Datacenter 添加了三台 ESXi 主机。

图 4-118　向数据中心添加主机 -11

注：向数据中心添加 VMware ESXi 主机时，需 VMware ESXi 主机处于开启状态。

将 VMware ESXi 主机添加到 vCenter Server 中进行统一集中管理后，可以选择锁定模式，从而无法单独登录 ESXi 主机进行管理，也无法将其添加到其他 vCenter Server 中进行管理。

（1）在 vCenter Server 管理界面选中 ESXi 主机 (192.168.177.133)，在右侧的操作界面，单击“配置”，展开“系统”，单击“安全配置文件”命令，单击“锁定模式”右侧的“编辑”，如图 4-119 所示。

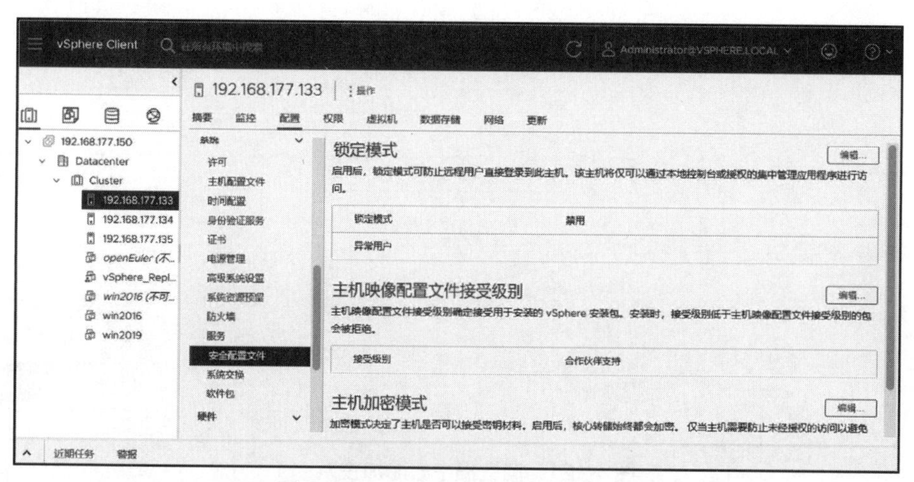

图 4-119　向数据中心添加主机 -12

（2）在“锁定模式”对话框，勾选“正常”单选按钮，如图 4-120 所示；单击“异常用户”命令，添加 ESXi 主机锁定模式下不受影响的用户信息，如图 4-121 所示，单击“确定”按钮完成修改。

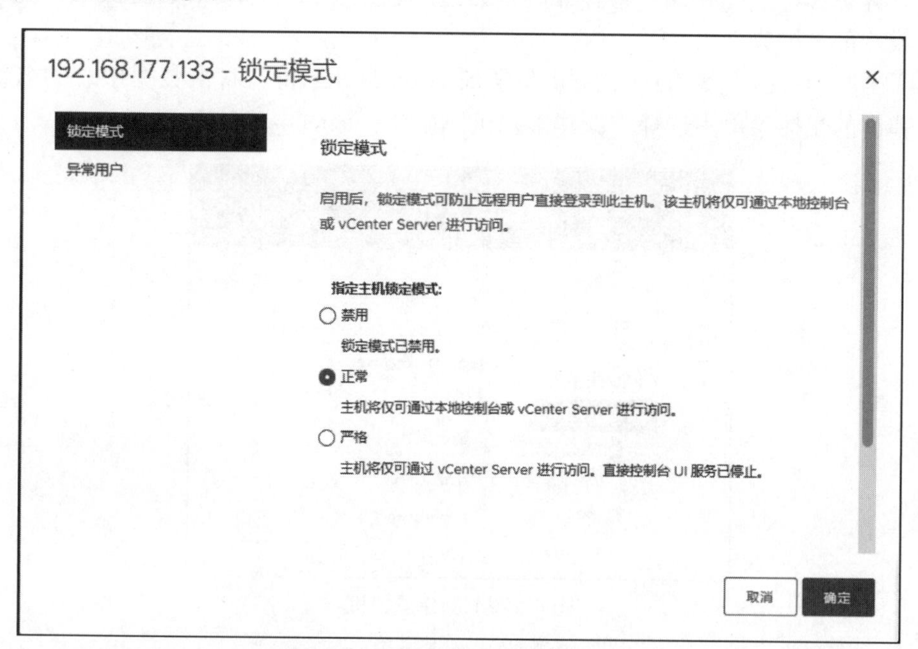

图 4-120　向数据中心添加主机 -13

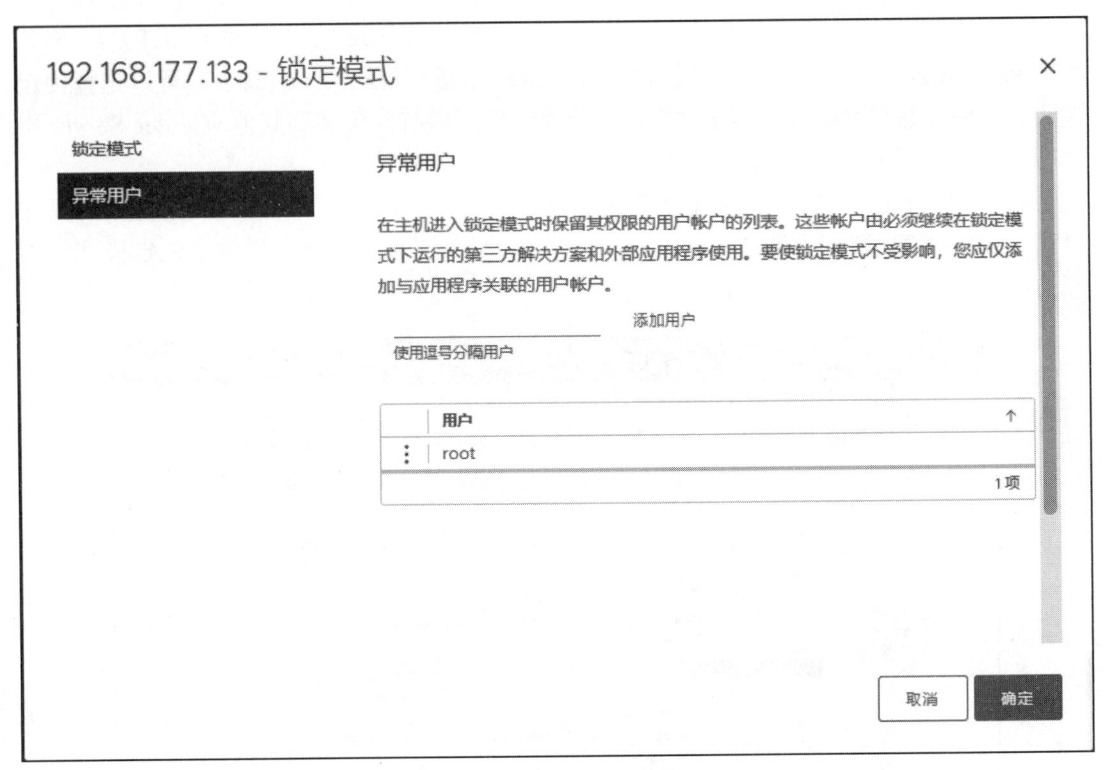

图 4-121　向数据中心添加主机 -14

4.3.3　创建虚拟机

视 频

创建虚拟机

在 vSphere 环境中创建虚拟机包括选择创建类型、选择名称和文件夹、选择计算资源、选择存储、选择兼容性、选择客户机操作系统、自定义硬件和即将完成八部分组成。

（1）使用 vSphere Client 登录到 vCenter Server，右击数据中心的名称，在弹出的快捷菜单中选择“新建虚拟机”命令，如图 4-122 所示。

图 4-122　新建虚拟机 -1

（2）在“1. 选择创建类型”界面，创建虚拟机的方法有六种，选择“创建虚拟机”，如图 4-123 所示，单击“下一页”按钮。

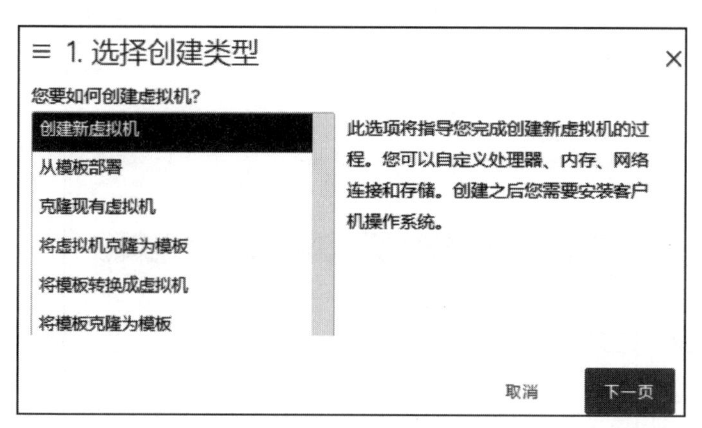

图 4-123　新建虚拟机 -2

（3）在“2. 选择名称和文件夹”界面，输入虚拟机名称，并为该虚拟机选择位置，如图 4-124 所示，单击“下一页”按钮。

图 4-124　新建虚拟机 -3

（4）在“3. 选择计算资源”界面，选择目标计算资源，当兼容性检查成功后，如图 4-125 所示，单击“下一页”按钮。

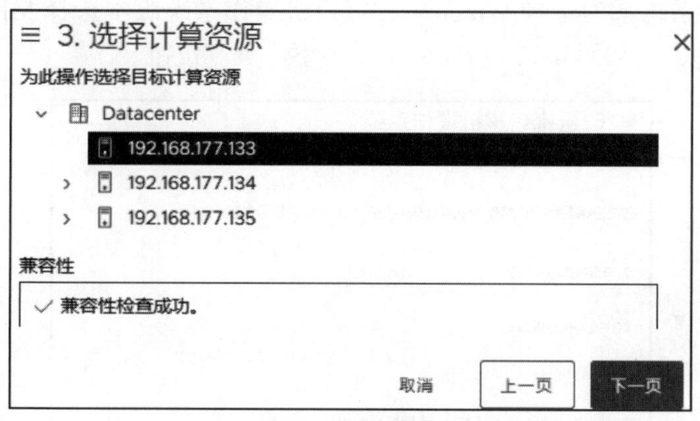

图 4-125　新建虚拟机 -4

（5）在“4. 选择存储”界面，选择存储虚拟机配置文件和磁盘文件的数据存储，当兼容性检查成功后，如图 4-126 所示，单击“下一页”按钮。

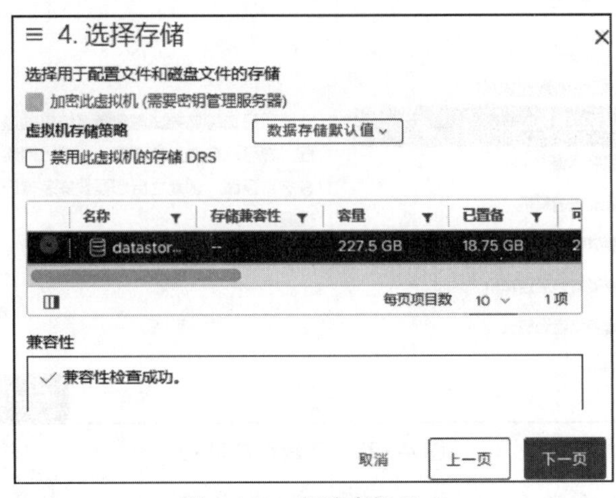

图 4-126　新建虚拟机 -5

（6）在“5. 选择兼容性”界面，根据环境中的 ESXi 主机为新建的虚拟机选择兼容性，当兼容性检查成功后，如图 4-127 所示，单击“下一页”按钮。

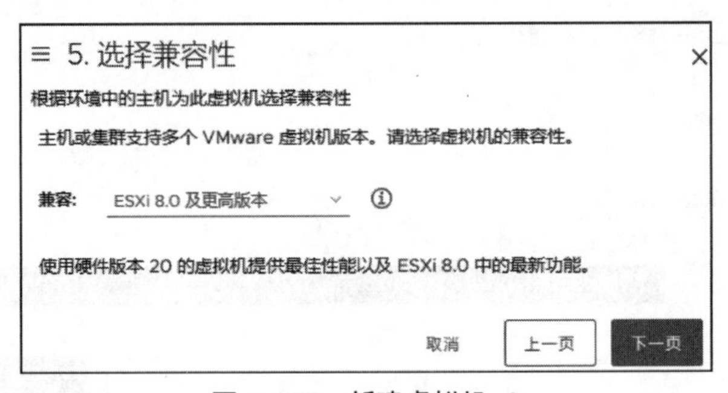

图 4-127　新建虚拟机 -6

注：如果集群中 ESXi 版本有低于 8.0 版本的主机，那么需要选择低硬件版本，否则可能出现虚拟机无法启动的情况。

（7）在“6. 选择客户机操作系统”界面，选择在虚拟机中安装的操作系统，在本书中，客户机操作系统系列选择 Windows，客户机操作系统版本选择 Microsoft Windows Server 2019（64 位），如图 4-128 所示，单击“下一页”按钮。

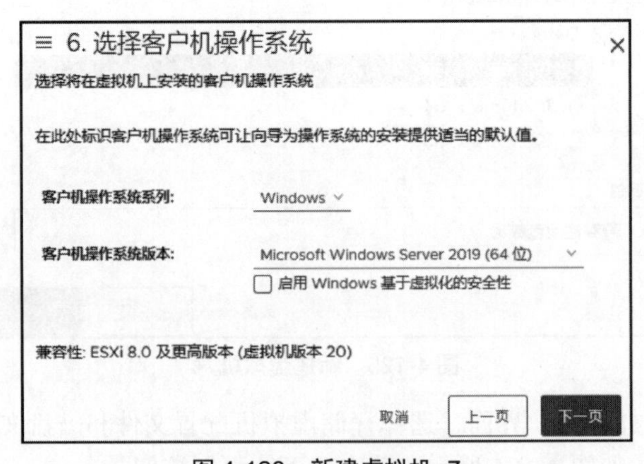

图 4-128　新建虚拟机 -7

（8）在“7. 自定义硬件”界面，配置虚拟机硬件，在“虚拟机硬件”选项卡中可以设置新虚拟机的 CPU、内存和硬盘等，如图 4-129 所示，单击“下一页”按钮。

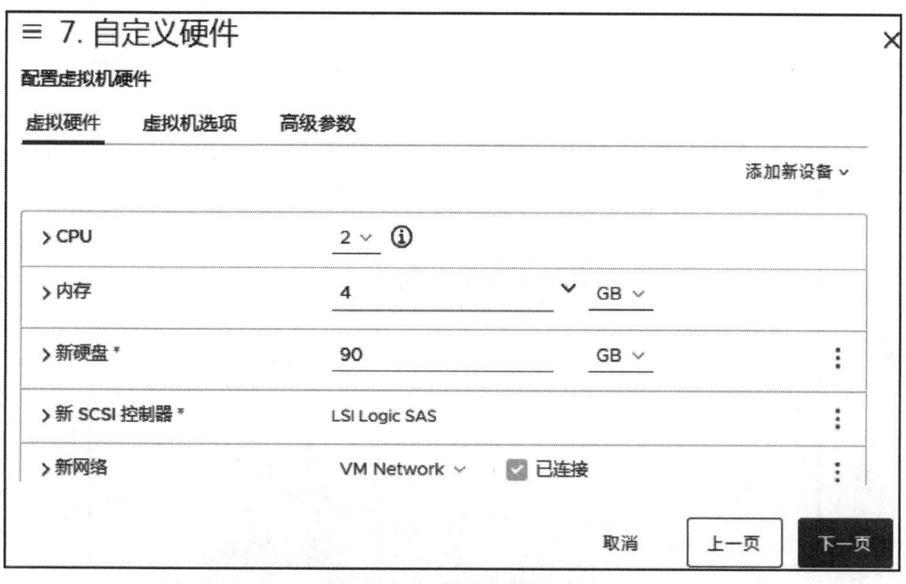

图 4-129　新建虚拟机 -8

（9）在“8. 即将完成”界面，查看新建虚拟机的参数设置，如图 4-130 所示，检查无误后，单击“完成”按钮，开始创建虚拟机。

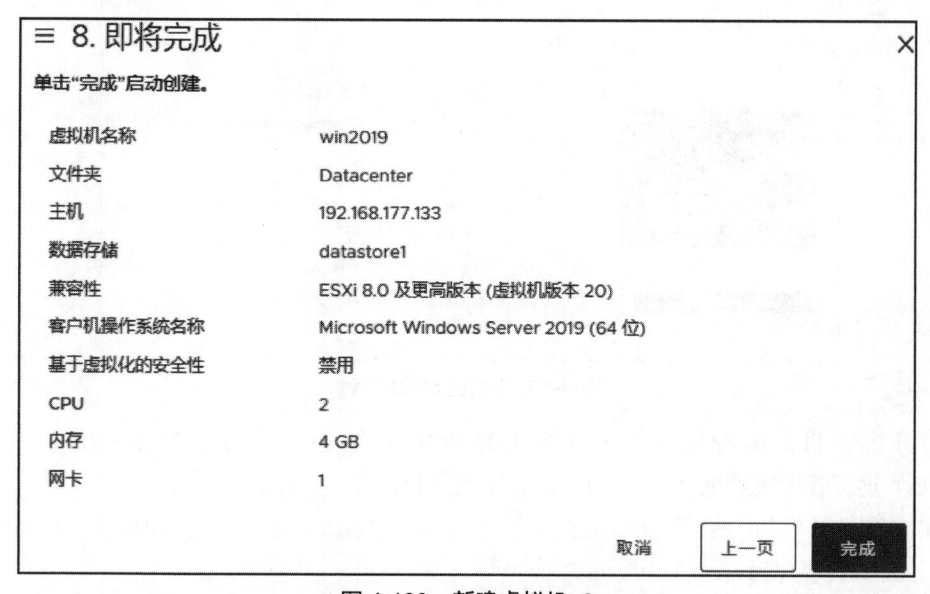

图 4-130　新建虚拟机 -9

（10）创建完成的虚拟机如图 4-131 所示。虚拟机创建完成后需要安装操作系统，单击“启动 REMOTE CONSOLE”按钮，使用远程控制台安装 Windows Server 2019 操作系统，安装过程与在 ESXi 主机中使用远程控制台安装操作系统过程一样，这里不再赘述。图 4-132 为已安装好操作系统的虚拟机。

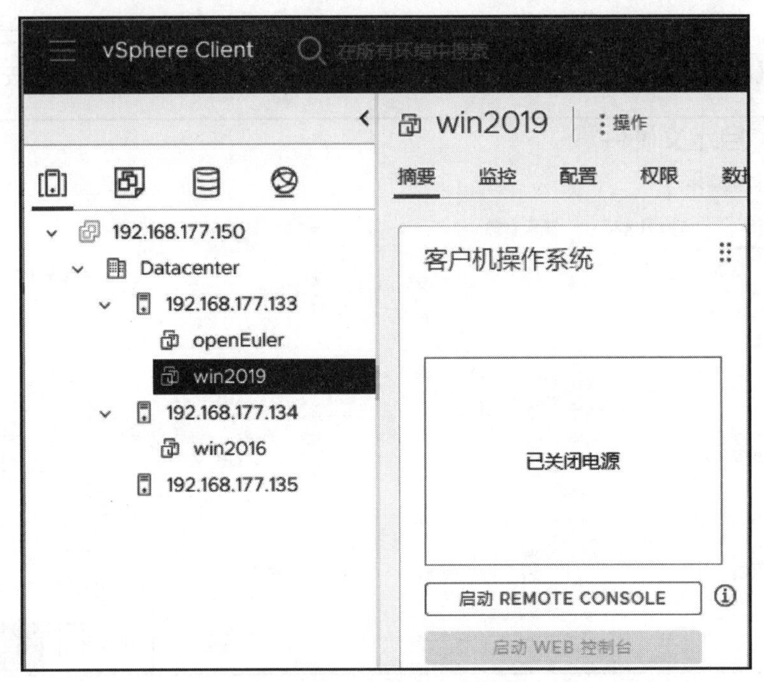

图 4-131　新建虚拟机 -10

图 4-132　新建虚拟机 -11

打开虚拟机的电源后，管理虚拟机有两种方法：一是使用 vMware Remote Console（VMRC）远程管理虚拟机；二是使用 Web 控制台的方式。选择其中一种即可。

在虚拟机开启后，需要对虚拟机安装 VMware Tools，安装方法可参考 3.6.3 节中在 ESXi 主机中安装 VMware Tools 的方法。

在 vSphere 环境中，可以根据操作向导完成虚拟机的快照与克隆。需要注意的是，在 ESXi 主机中仅仅能够对虚拟机进行快照操作。

4.3.4　使用模板部署虚拟机

使用虚拟机模板的目的是在企业环境中大量快速部署虚拟机。

使用模板部署虚拟机，首先需要创建虚拟机自定义规范，其次创建虚拟机模板，最后使用虚拟机模板创建虚拟机。

1. 创建 windows 虚拟机自定义规范

创建虚拟机自定义规范的目的是，模板虚拟机的所有内容不可能都能用在新建的虚拟机上，对于特殊属性，可以以规范的形式进行确定，如虚拟机的名称、IP 地址的设置、SID 的设置等。

（1）单击 vSphere Client 菜单，选择“策略和配置文件”命令，如图 4-133 所示。

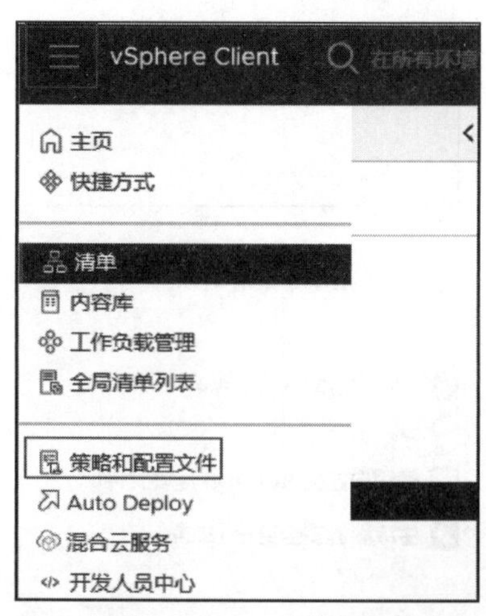

图 4-133　创建 Windows 虚拟机自定义规范 -1

（2）在“策略和配置文件”菜单中选择“虚拟机自定义规范”后，单击界面右侧的“新建”，如图 4-134 所示。

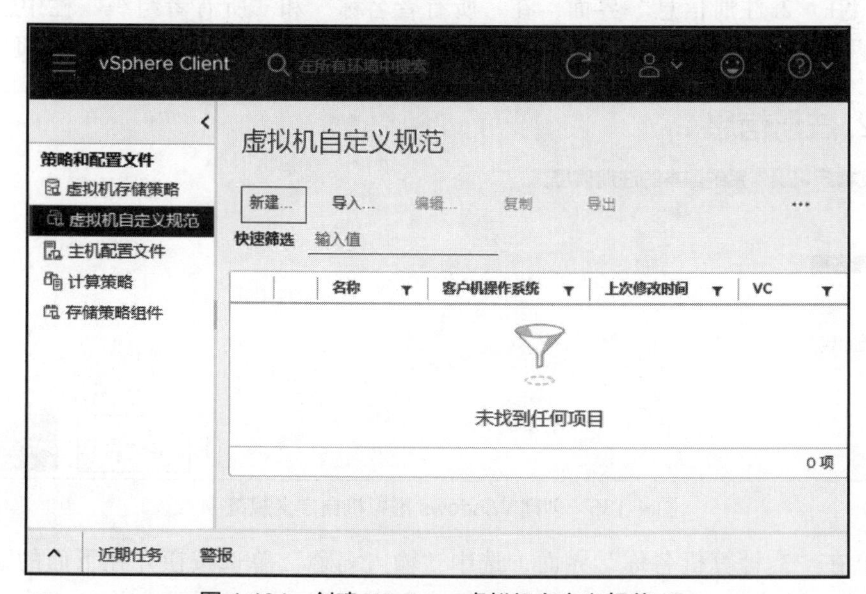

图 4-134　创建 Windows 虚拟机自定义规范 -2

（3）在“1. 名称和目标操作系统”界面，在“名称”栏中输入 Windows Server 2016，“目标客户机系统”选择 Windows，勾选“生成新的安全身份（SID）”单选按钮，如

图 4-135 所示，单击“下一页”按钮。SID 是标识用户、组、计算机账户的唯一编号，用于对操作系统的资源进行访问控制，每个账户都有一个唯一的 SID，SID 重复有可能引起安全问题。

≡ 1. 名称和目标操作系统

名称 Windows Server 2016

描述

vCenter Server 192.168.177.150

目标客户机操作系统 Windows Linux

使用自定义 SysPrep 应答文件

生成新的安全身份 (SID)

取消 下一页

图 4-135　创建 Windows 虚拟机自定义规范 -3

（4）在“2. 注册信息”界面，在“所有者名称”和“所有者组织”栏中输入信息 Bitc，这两个选项可以根据实际情况自行定义，如图 4-136 所示，单击“下一页”按钮。

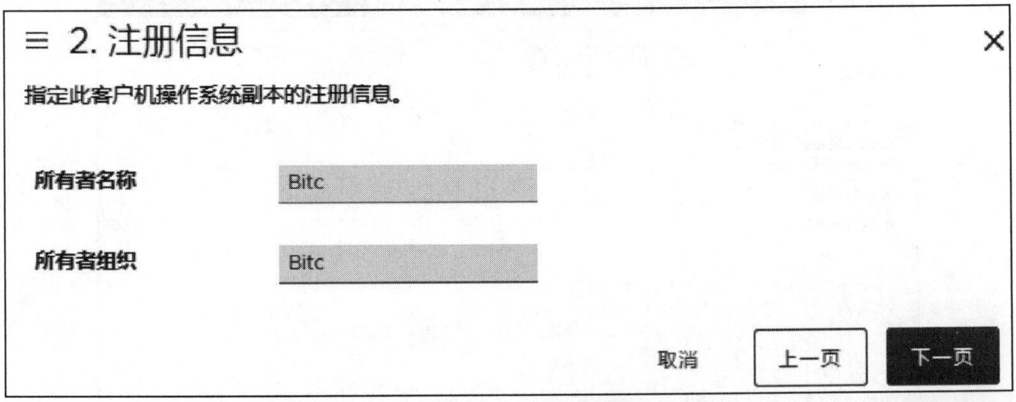

≡ 2. 注册信息

指定此客户机操作系统副本的注册信息。

所有者名称 Bitc

所有者组织 Bitc

取消 上一页 下一页

图 4-136　创建 Windows 虚拟机自定义规范 -4

（5）在“3. 计算机名称”界面，选中“输入名称”单选按钮并在下面的输入栏中输入 Win2016，勾选“附加唯一数值”复选框，如图 4-137 所示，单击“下一页”按钮。通过该设置，在使用自定义规范创建虚拟机时，将自动生成主机名称并带上唯一序号。

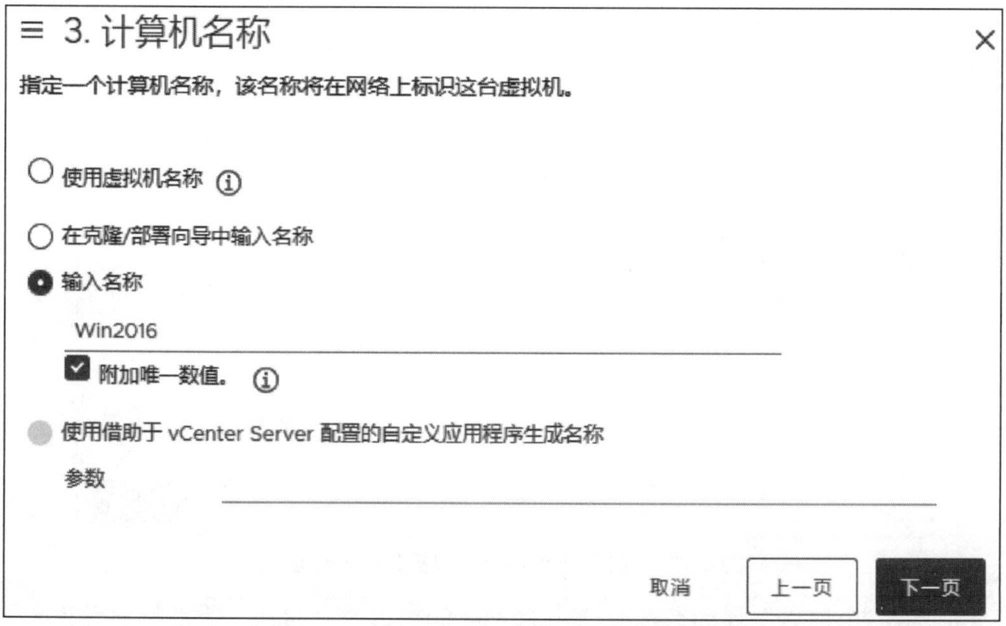

≡ 3. 计算机名称

指定一个计算机名称，该名称将在网络上标识这台虚拟机。

使用虚拟机名称

在克隆/部署向导中输入名称

输入名称

Win2016

附加唯一数值。

使用借助于 vCenter Server 配置的自定义应用程序生成名称

参数

取消　上一页　下一页

图 4-137　创建 Windows 虚拟机自定义规范 -5

（6）在“4.Windows 许可证”界面，输入相关产品密钥，在本书中所有配置选项保持默认值，如图 4-138 所示，单击“下一页”按钮。

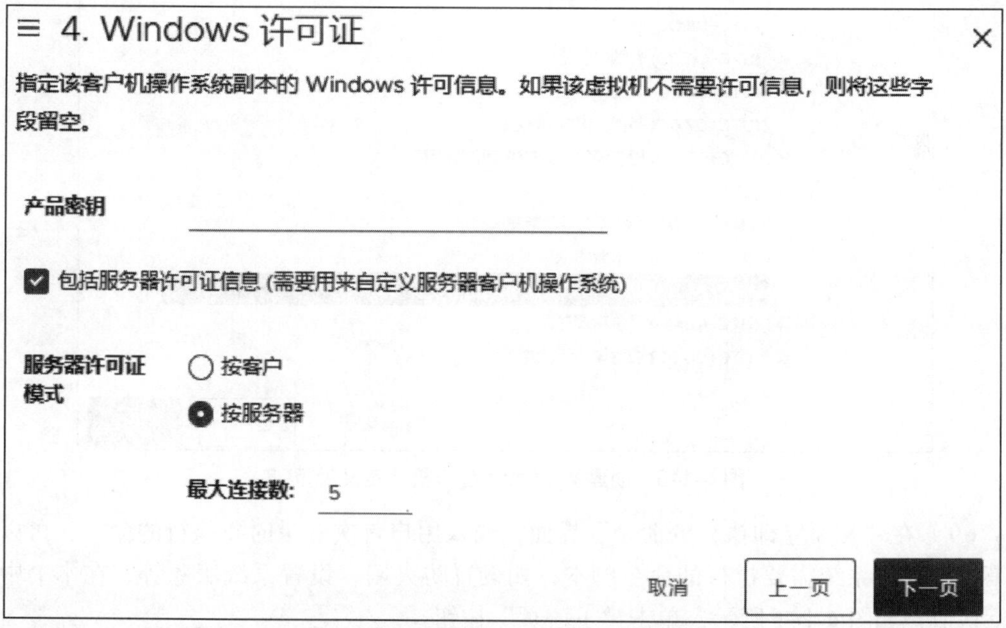

≡ 4. Windows 许可证

指定该客户机操作系统副本的 Windows 许可信息。如果该虚拟机不需要许可信息，则将这些字段留空。

产品密钥

包括服务器许可证信息 (需要用来自定义服务器客户机操作系统)

服务器许可证模式　按客户

按服务器

最大连接数:　5

取消　上一页　下一页

图 4-138　创建 Windows 虚拟机自定义规范 -6

（7）在“5. 管理员密码”界面，输入管理员 administrator 账户的密码，勾选“以管理员身份自动登录”复选框，自动登录的次数设置为 1，如图 4-139 所示，单击“下一页”按钮。

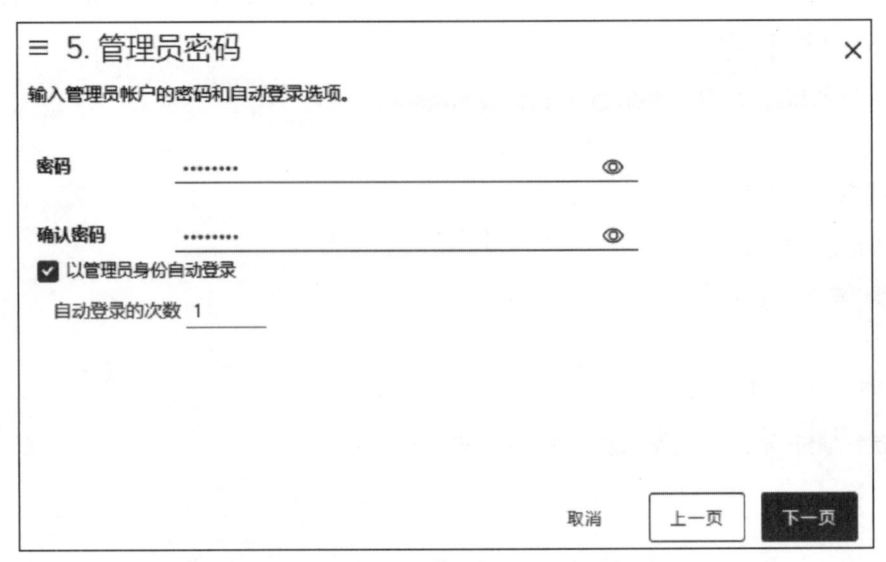

图 4-139　创建 Windows 虚拟机自定义规范 -7

（8）在“6. 时区”界面，选择“（UTC+08:00）北京、重庆、香港特别行政区，乌鲁木齐”，如图 4-140 所示，单击“下一页”按钮。

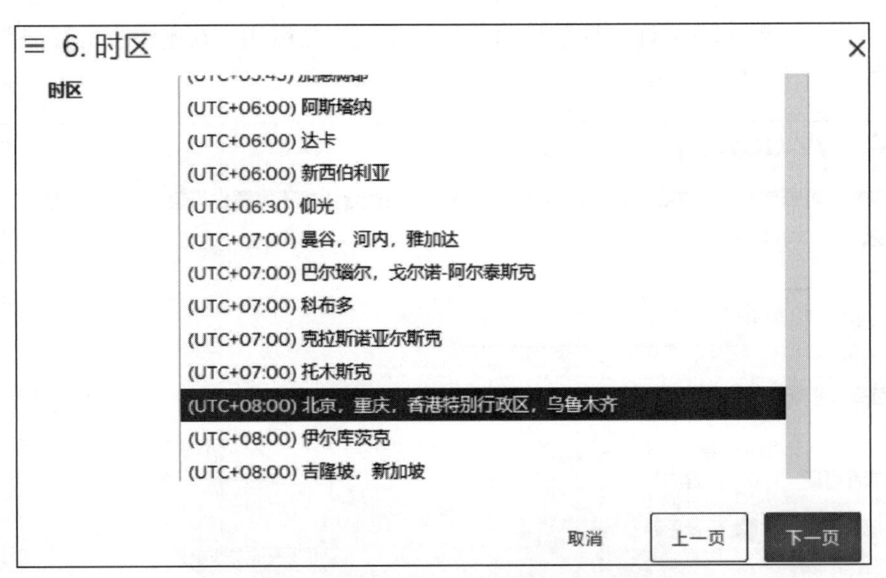

图 4-140　创建 Windows 虚拟机自定义规范 -8

（9）在“7. 要立即执行的命令”界面，输入用户首次登录时要执行的命令，可以编写第一次登录系统需要执行的命令脚本，如设置防火墙、设置系统服务等，在本书中保持默认值，如图 4-141 所示，单击“下一页”按钮。

（10）在“8. 网络”界面，指定虚拟机网络设置，如图 4-142 所示。勾选“手动选择自定义设置”单选按钮后可以添加、编辑、删除网卡。选中“网卡 1”，单击“编辑”，弹出“网络编辑”对话框，如图 4-143 所示，勾选“当使用规范时，提示用户输入 IPv4 地址”单选按钮，在“子网掩码”右侧输入栏中输入 255.255.255.0，在“ 默认网关”右侧输入栏中输入 192.168.177.2，单击“确定”按钮，返回到图 4-142 后，单击“下一页”按钮。

图 4-141　创建 Windows 虚拟机自定义规范 -9

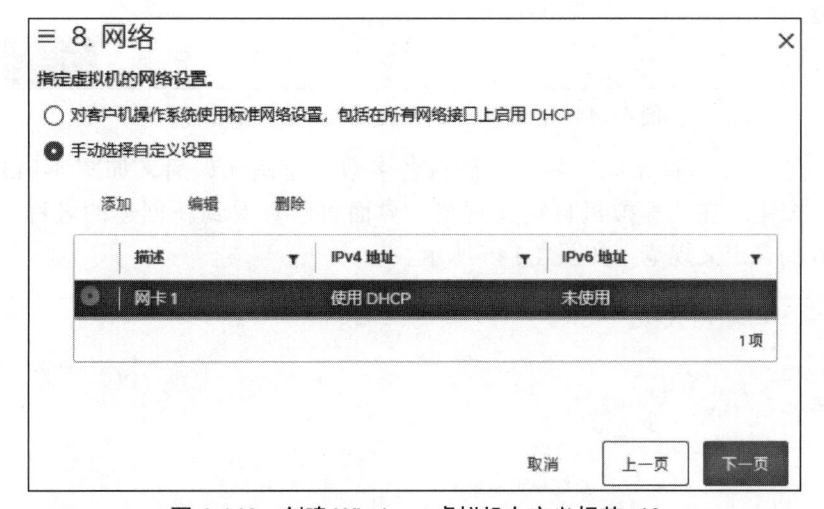

图 4-142　创建 Windows 虚拟机自定义规范 -10

编辑网络
网卡 1
IPv4　IPv6　DNS　WINS
设置
使用 DHCP 自动获取 IPv4 地址。
当使用规范时，提示用户输入 IPv4 地址
使用在 vCenter Server 上配置的应用程序生成 IP 地址
参数
使用自定义设置
子网和网关
子网掩码　255.255.255.0
默认网关　192.168.177.2
备用网关
取消　确定

图 4-143　创建 Windows 虚拟机自定义规范 -11

（11）在“9. 工作组或域”界面设置新建虚拟机加入域，在本书中没有设置服务器域，保持默认值，如图 4-144 所示，单击“下一页”按钮。

图 4-144　创建 Windows 虚拟机自定义规范 -12

（12）在“10. 即将完成”界面，确认各参数值正确无误后，如图 4-145 所示，单击“完成”按钮。在“虚拟机自定义规范”界面可以查看到新创建的名称为 Windows Server 2016 的自定义规范，如图 4-146 所示。

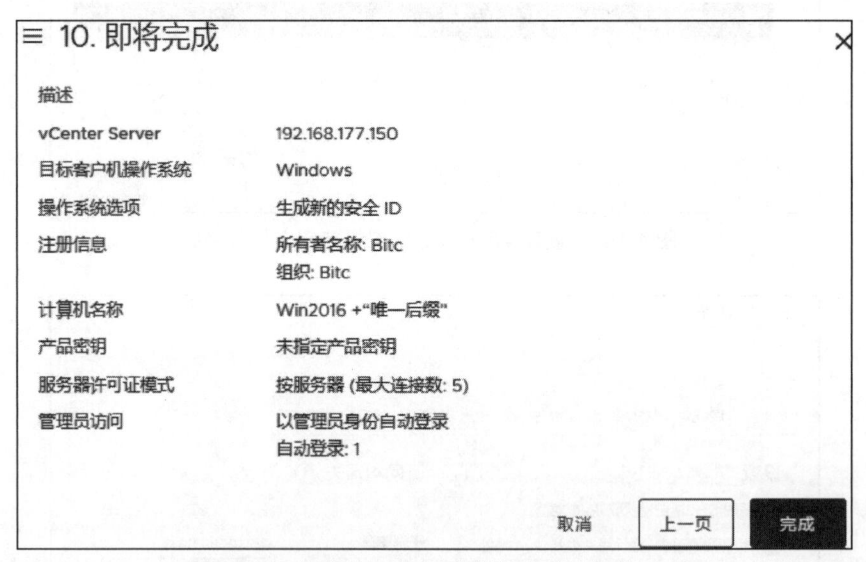

图 4-145　创建 Windows 虚拟机自定义规范 -13

2. 创建 Windows 虚拟机模板

创建虚拟机模板有两种模式：一种是通过克隆的方式，“克隆为模板”虚拟机通过复制的方式产生模板而原虚拟机保留；另一种是通过转换的方式，“转换为模板”直接将虚拟机转换为模板而原来的虚拟机不保留，既虚拟机转换为模板后将不会在主机管理列表显示，而只能在模板中看到，且不能编辑或启动模板，配置文件 .vmx 也转为 .vmtx。

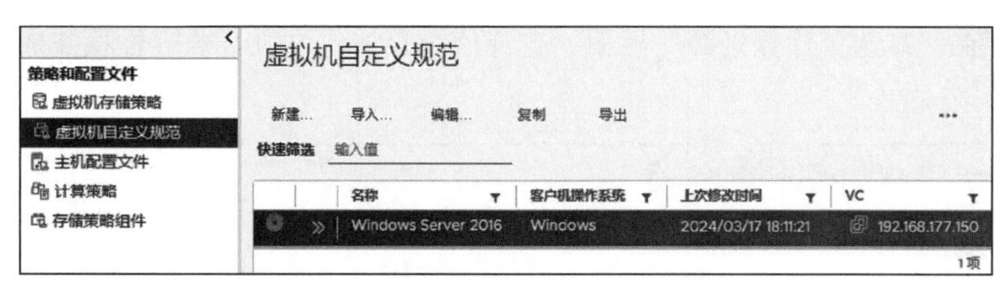

图 4-146　创建 Windows 虚拟机自定义规范 -14

1）将虚拟机克隆为模板

（1）右击目标虚拟机，在弹出的快捷菜单中选择“克隆”→“克隆为模板”命令，如图 4-147 所示。

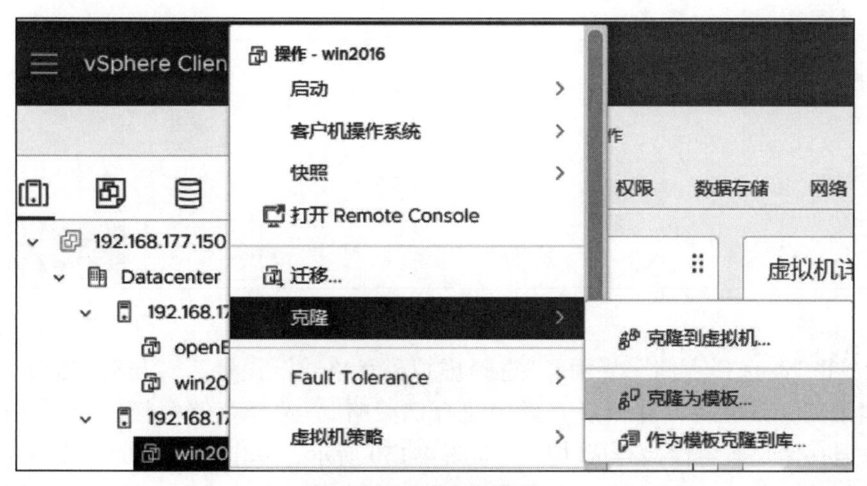

图 4-147　克隆为模板 -1

（2）在“1. 选择名称和文件夹”界面，输入虚拟机模板名称并为创建的模板选择存放位置，如图 4-148 所示，单击“下一页”按钮。

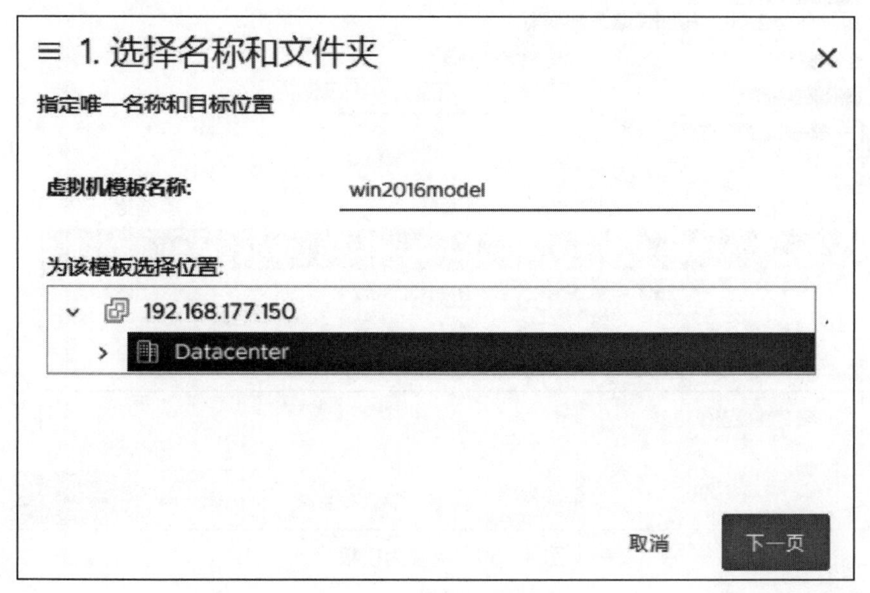

图 4-148　克隆为模板 -2

（3）在“2. 选择计算资源”界面，选择模板存放的主机，兼容性检查成功后，如图 4-149 所示，单击“下一页”按钮。

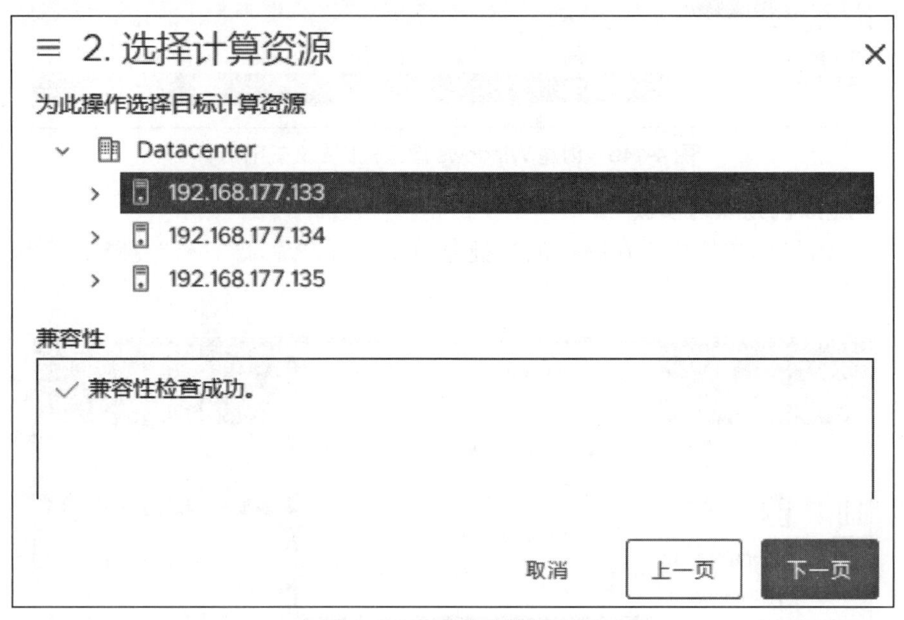

图 4-149　克隆为模板 -3

（4）在“3. 选择存储”界面，“选择虚拟磁盘格式”设置为“与源格式相同”，“虚拟机存储策略”设置为“保留现有虚拟机存储策略”，选择存储模板的配置文件和磁盘文件的数据存储，兼容性检查成功后，如图 4-150 所示，单击“下一页”按钮。

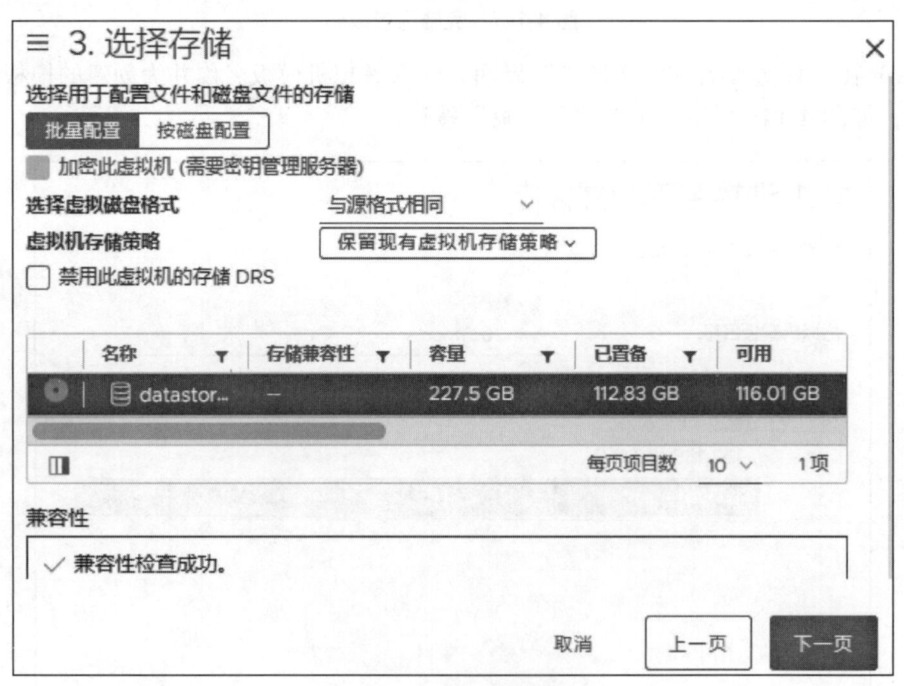

图 4-150　克隆为模板 -4

（5）在“4. 即将完成”界面，确认参数正确无误，如图 4-151 所示，单击“完成”

按钮，开始将虚拟机克隆为模板。

（6）导航到 vSphere Client 界面，单击“虚拟机和模板”图标，可以看到数据中心中所有的虚拟机和模板，克隆为模板的虚拟机 win2016 虚拟机仍然保留，模板 win2016model 也已创建完成，如图 4-152 所示。

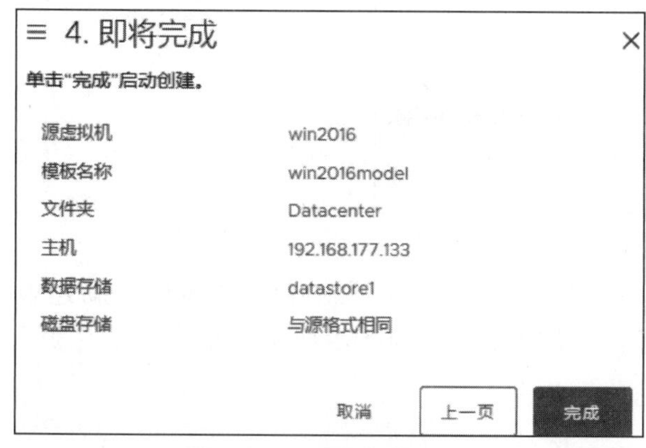

图 4-151　克隆为模板 -5

192.168.177.150
Datacenter
openEuler
win2016
win2016model
win2019

图 4-152　克隆为模板 -6

2）虚拟机转换为模板

右击目标虚拟机，在弹出的快捷菜单中选择“模板”→“转换成模板”命令，如图 4-153 所示，即可转换为模板。

图 4-153　转换为模板

3. 使用 Windows 虚拟机模板部署虚拟机

使用模板部署虚拟机有两种方式：一种为从此模板新建虚拟机；另一种为转换为虚拟机。在本书中，采用从模板新建虚拟机的方式。

（1）右击 win2016model，在弹出的快捷菜单中选择“从此模板新建虚拟机”命令，如图 4-154 所示。

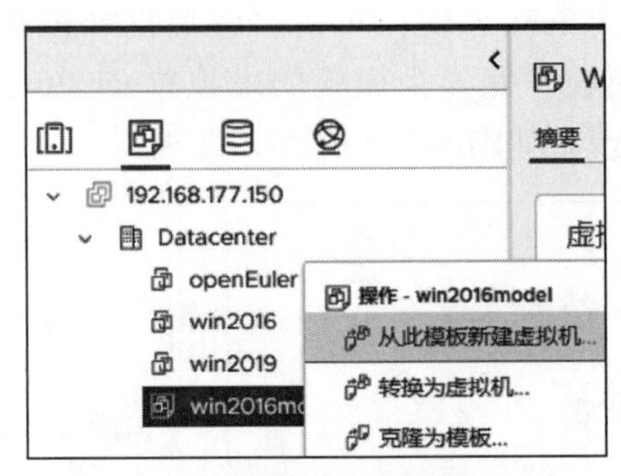

图 4-154　使用模板部署虚拟机 -1

（2）在“1. 选择名称和文件夹”界面，在“虚拟机名称”右侧文本框输入新建虚拟机名称，这里输入 win2016-1，选择部署的位置，如图 4-155 所示，单击“下一页”按钮。

图 4-155　使用模板部署虚拟机 -2

（3）在“2. 选择计算资源”界面，选择部署虚拟机 win2016-1 的 ESXi 主机，兼容性检查成功，如图 4-156 所示，单击“下一页”按钮。

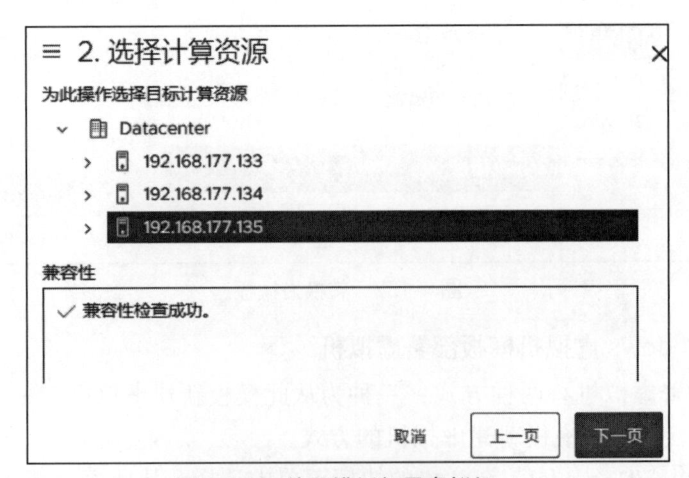

图 4-156　使用模板部署虚拟机 -3

（4）在“3. 选择存储”界面，“虚拟机存储策略”设置为“保留现有虚拟机存储策略”，选择存放虚拟机 win2016-1 配置文件和磁盘文件的数据存储，兼容性检查成功，如图 4-157 所示，单击“下一页”按钮。

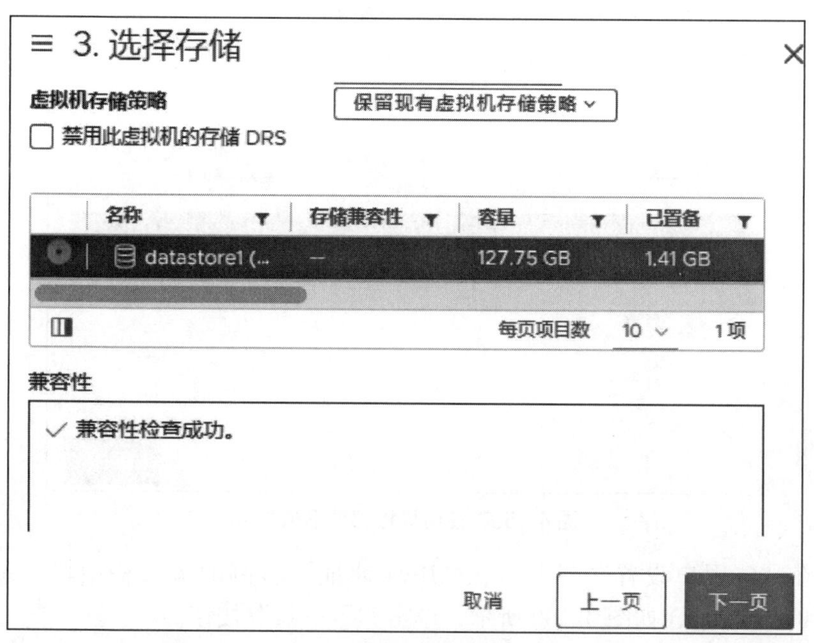

图 4-157　使用模板部署虚拟机 -4

（5）在“4. 选择克隆选项”界面，勾选“自定义操作系统”复选框，如图 4-158 所示，单击“下一页”按钮。

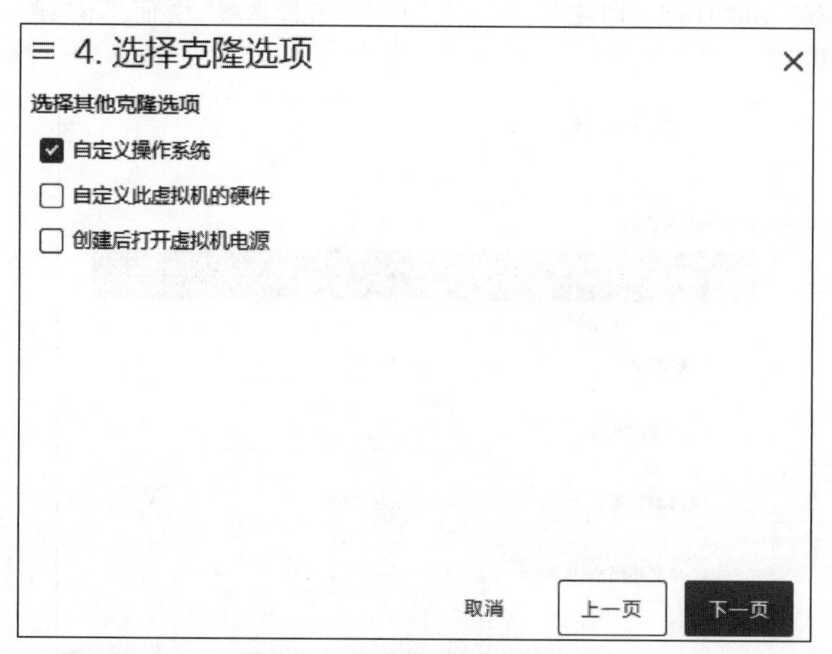

图 4-158　使用模板部署虚拟机 -5

（6）在“5. 自定义客户机操作系统”界面，选中已创建的自定义规范 Windows

Server 2016，如图 4-159 所示，单击“下一页”按钮。

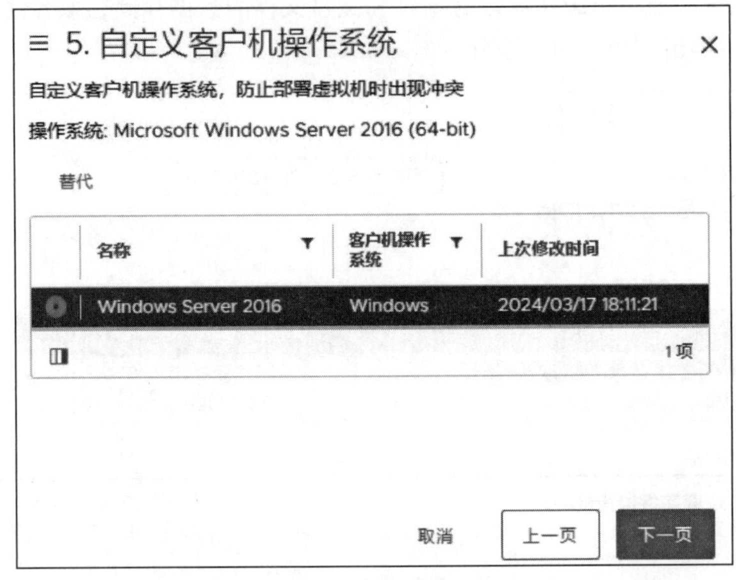

图 4-159　使用模板部署虚拟机 -6

（7）在“6. 用户设置”界面，在“IPv4 地址”右侧的输入栏中输入新建虚拟机 win2016-1 的 IP 地址，如图 4-160 所示，单击“下一页”按钮。

（8）在“7. 即将完成”界面，列出了新建虚拟机的信息，如图 4-161 所示，单击“完成”按钮，完成从模板部署虚拟机。

（9）图 4-162 显示了使用模板创建好的虚拟机。图 4-163 是不使用自定义规范模板部署的虚拟机 win2016-2，即在第（5）步“4. 选择克隆选项”界面，不勾选“自定义操作系统”复选框。

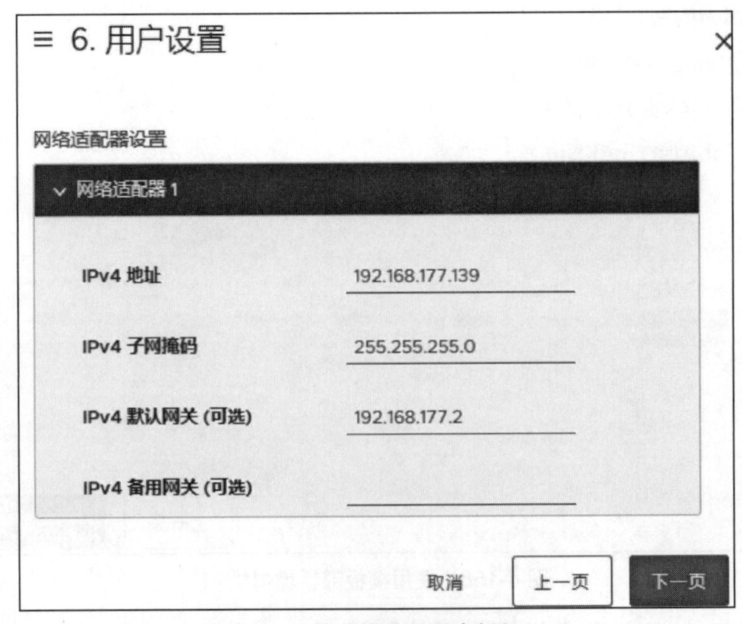

图 4-160　使用模板部署虚拟机 -7

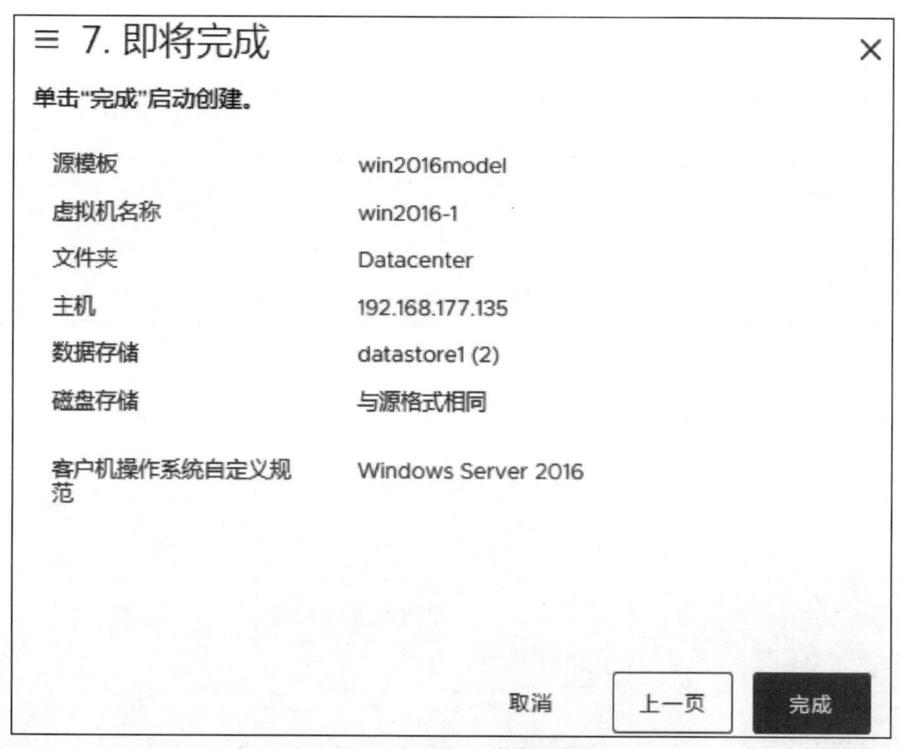

图 4-161　使用模板部署虚拟机 -8

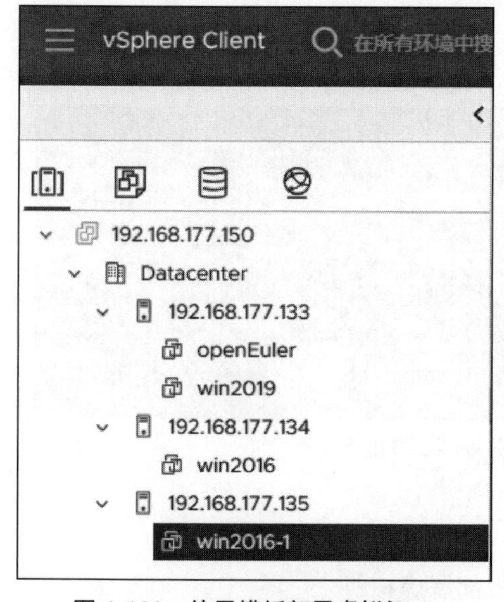

图 4-162　使用模板部署虚拟机 -9

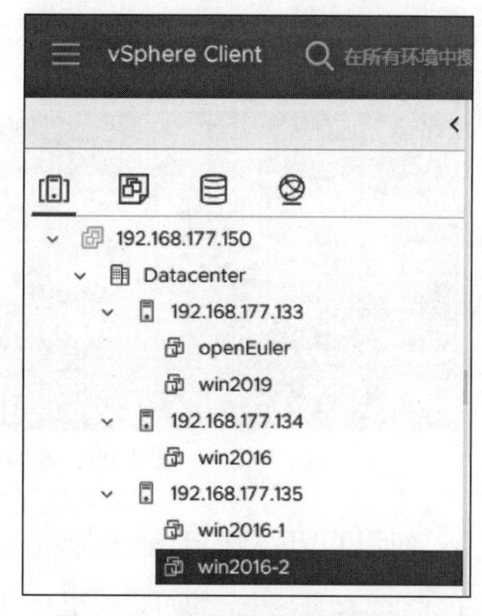

图 4-163　使用模板部署虚拟机 -10

（10）分别开启虚拟机 win2016、虚拟机 win2016-1、虚拟机 win2016-2，进入虚拟机系统，在 cmd 命令窗口中输入“whoami /user”，可查看本机的 SID 号，如图 4-164~图 4-166 所示。可以看出，不使用自定义规范模板部署的虚拟机的 SID 号和原始虚拟机的 SID 号一样，有可能引起安全问题。

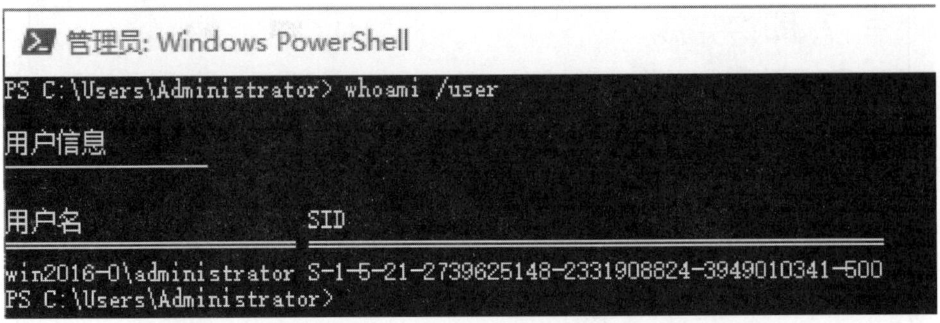

```
管理员: Windows PowerShell
PS C:\Users\Administrator> whoami /user

用户信息
----------------

用户名                     SID
========================== ==============================================
win2016-0\administrator S-1-5-21-2739625148-2331908824-3949010341-500
PS C:\Users\Administrator>
```

图 4-164　使用自定义规范部署的虚拟机 win2016-1 的 SID

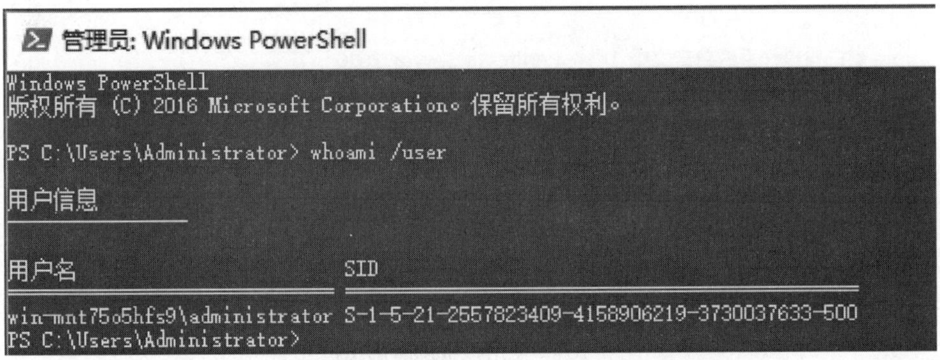

```
管理员: Windows PowerShell
Windows PowerShell
版权所有 (C) 2016 Microsoft Corporation。保留所有权利。

PS C:\Users\Administrator> whoami /user

用户信息
----------------

用户名                           SID
================================ ==============================================
win-mnt75o5hfs9\administrator S-1-5-21-2557823409-4158906219-3730037633-500
PS C:\Users\Administrator>
```

图 4-165　不使用自定义规范部署的虚拟机 win2016-2 的 SID

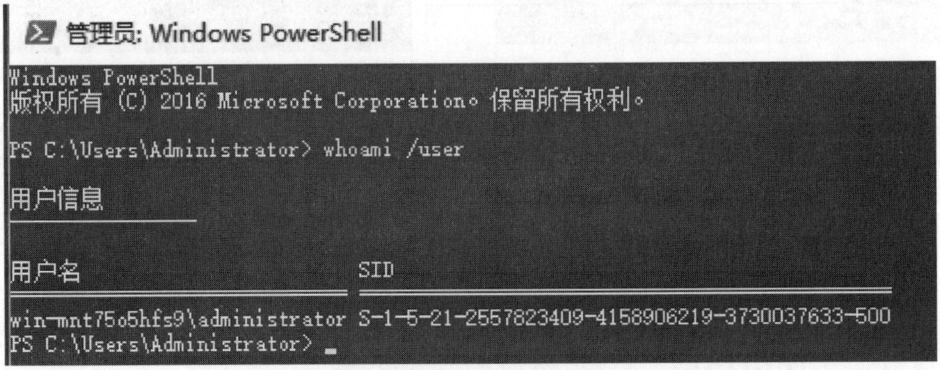

```
管理员: Windows PowerShell
Windows PowerShell
版权所有 (C) 2016 Microsoft Corporation。保留所有权利。

PS C:\Users\Administrator> whoami /user

用户信息
----------------

用户名                           SID
================================ ==============================================
win-mnt75o5hfs9\administrator S-1-5-21-2557823409-4158906219-3730037633-500
PS C:\Users\Administrator> _
```

图 4-166　原始虚拟机 win2016 的 SID

4.3.5　使用 OVF 模板部署虚拟机

在 vSphere 环境中，也可以使用 OVF 模板部署虚拟机。

（1）导出 OVF 模板。使用 vSphere Client 登录到 vCenter Server，右击目标虚拟机，在弹出的快捷菜单中选择“模板”→“导出 OVF 模板”命令，如图 4-167 所示。

（2）在“导出 OVF 模板”对话框，输入模板名称，单击“确定”按钮，开始导出 OVF 模板，如图 4-168 所示。查看“近期任务”，可以看到导出 OVF 模板和导出 OVF 软件包的进度，如图 4-169 所示。

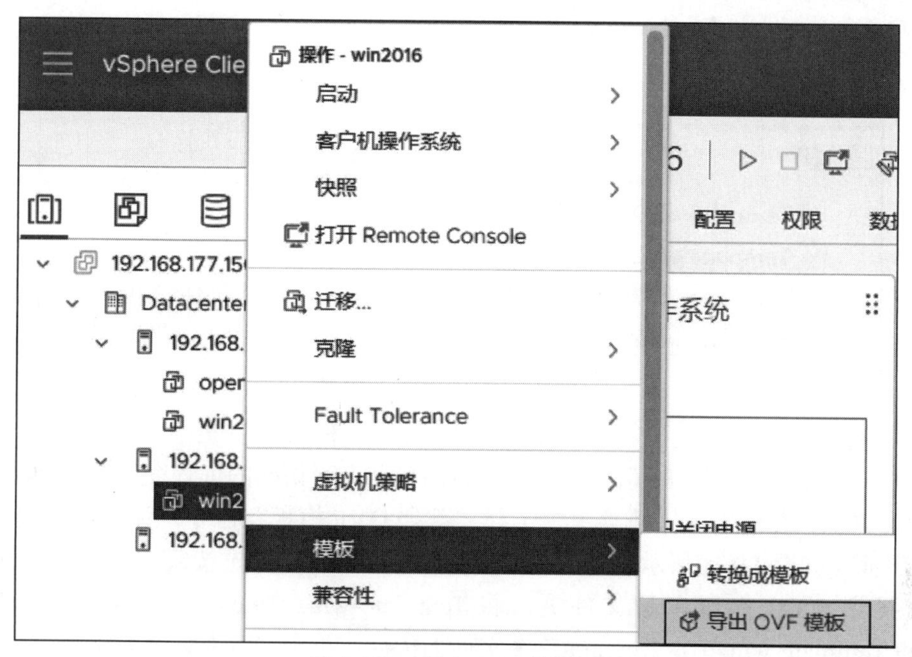

图 4-167　导出 OVF 模板 -1

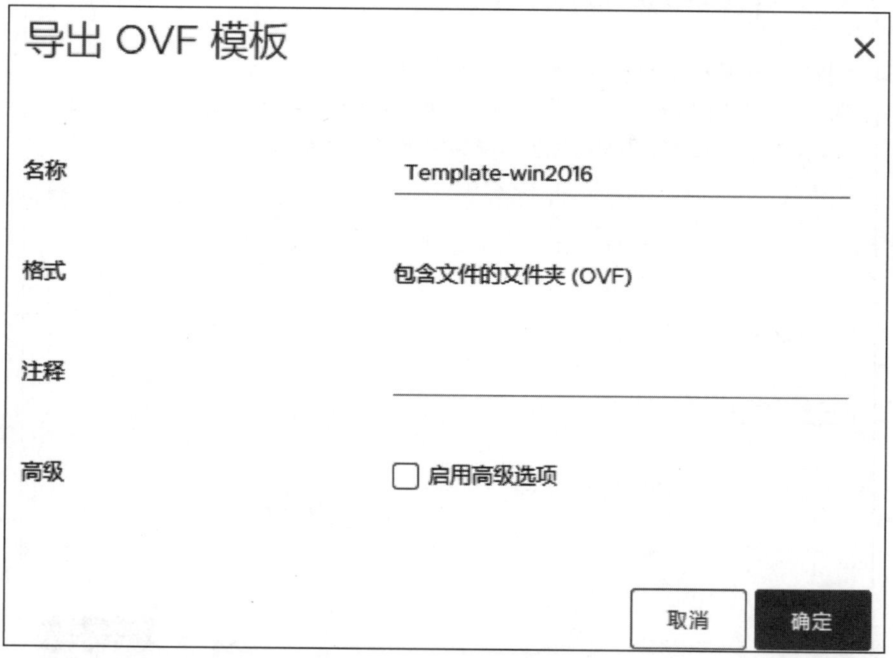

导出 OVF 模板

名称　Template-win2016

格式　包含文件的文件夹 (OVF)

注释

高级　启用高级选项

取消　确定

图 4-168　导出 OVF 模板 -2

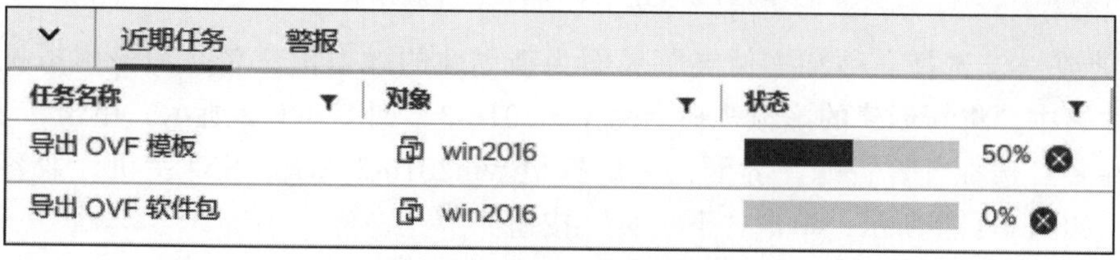

近期任务　警报

任务名称	对象	状态
导出 OVF 模板	win2016	50%
导出 OVF 软件包	win2016	0%

图 4-169　导出 OVF 模板 -3

（3）导出的文件包括 MF 文件、开放虚拟化格式程序包、VMware 虚拟磁盘文件和 VMware 虚拟机非易变 RAM 四个文件，如图 4-170 所示。

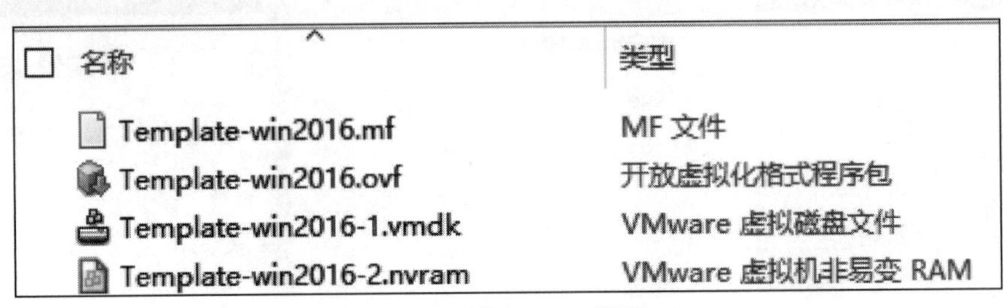

图 4-170　导出 OVF 模板 -4

（4）部署 OVF 模板。使用 OVF 部署模板是一种快速部署管理的方法。vCenter Server 支持本地存储的 OVF 模板部署，也支持通过 URL 访问的远程存储 OVF 模板部署。右击数据中心，在弹出的快捷菜单中选择“部署 OVF 模板”命令，弹出“1. 选择 OVF 模板”界面，如图 4-171 所示，在该界面选择“本地文件”单选按钮，单击“上载文件”按钮，找到 ovf 文件所在的文件夹，将 Template-win2016.ovf、Template-win2016-1.vmdk 和 Template-win2016-2.nvram 三个文件上传后，单击“下一页”按钮。

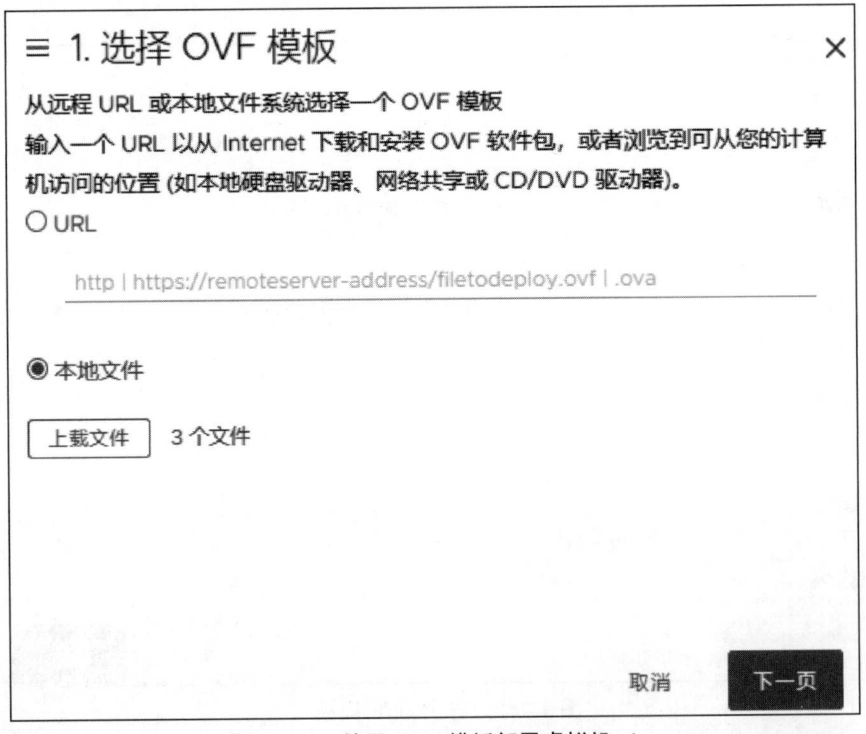

图 4-171　使用 OVF 模板部署虚拟机 -1

（5）在“2. 选择名称和文件夹”界面为新创建的虚拟机命名并为该虚拟机选择位置，在本书中，将新创建的虚拟机命名为 win2016-3，如图 4-172 所示，单击“下一页”按钮。在“3. 选择计算资源”界面，为虚拟机 win2016-3 选择 ESXi 主机，兼容性检查成功后，如图 4-173 所示，单击“下一页”按钮。

图 4-172　使用 OVF 模板部署虚拟机 -2

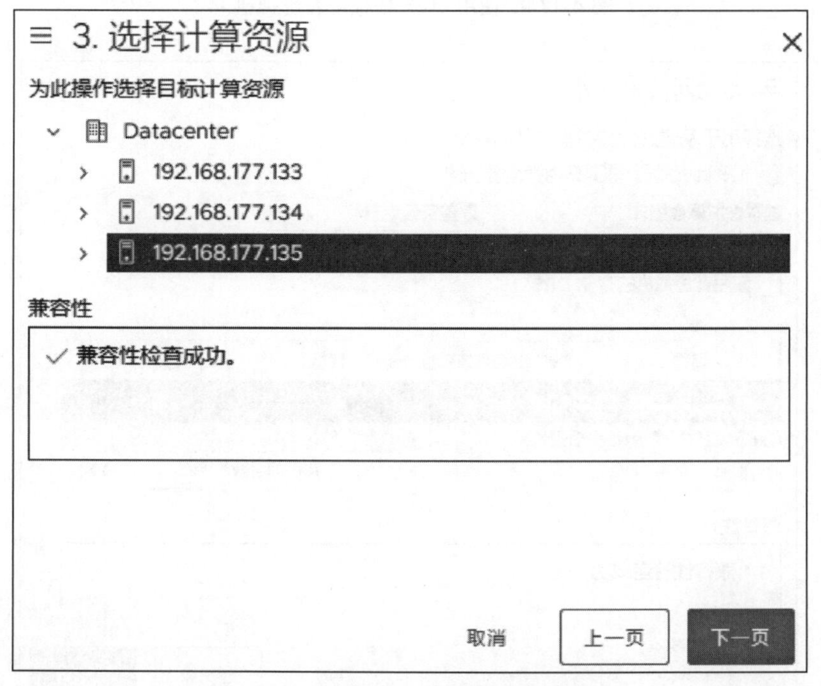

图 4-173　使用 OVF 模板部署虚拟机 -3

（6）在“4. 查看详细信息”界面查看 OVF 模板的详细信息，如图 4-174 所示，单击“下一页”按钮。

（7）在“5. 选择存储”界面，虚拟机磁盘格式选择“厚置备延迟置零”，选择存储虚拟机 win2016-3 配置文件和磁盘文件的数据存储，在兼容性检查成功后，如图 4-175

所示，单击“下一页”按钮。

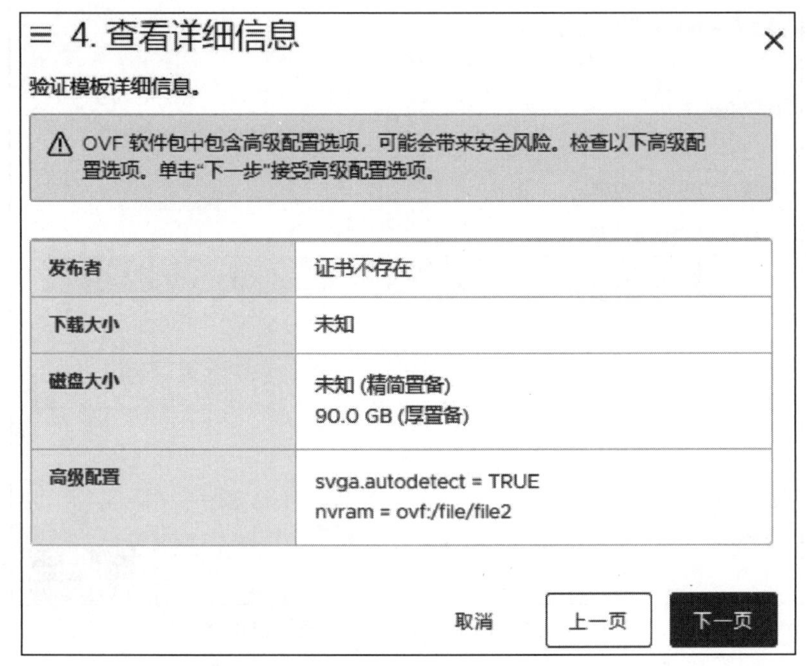

图 4-174　使用 OVF 模板部署虚拟机 -4

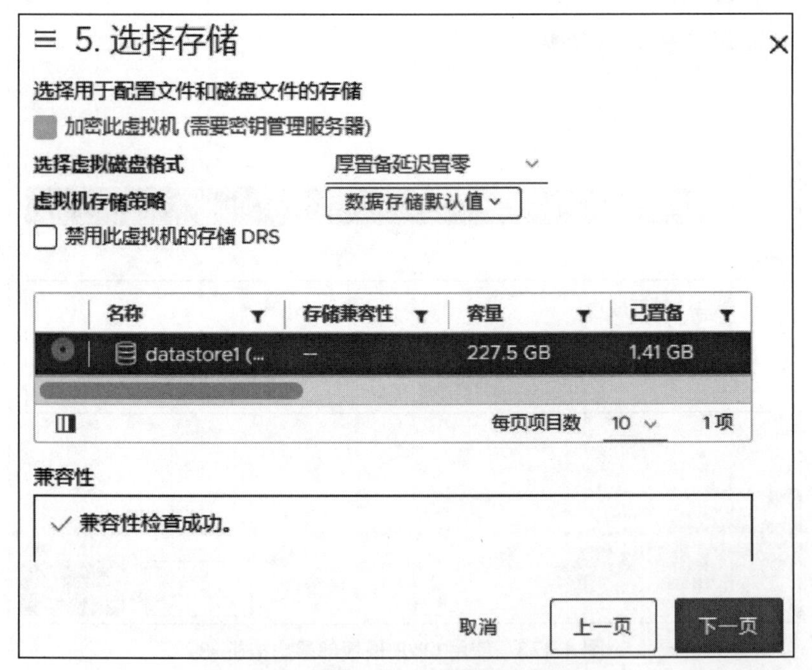

图 4-175　使用 OVF 模板部署虚拟机 -5

（8）在“6. 选择网络”界面，目标网络默认，如图 4-176 所示，单击“下一页”按钮。

（9）在“7. 即将完成”界面，确认选择名称和文件夹、选择计算资源、查看详细信息、选择存储、选择网络中的参数配置无误，如图 4-177 所示，单击“完成”按钮，开始部署虚拟机 win2016-3。

图 4-176　使用 OVF 模板部署虚拟机 -6

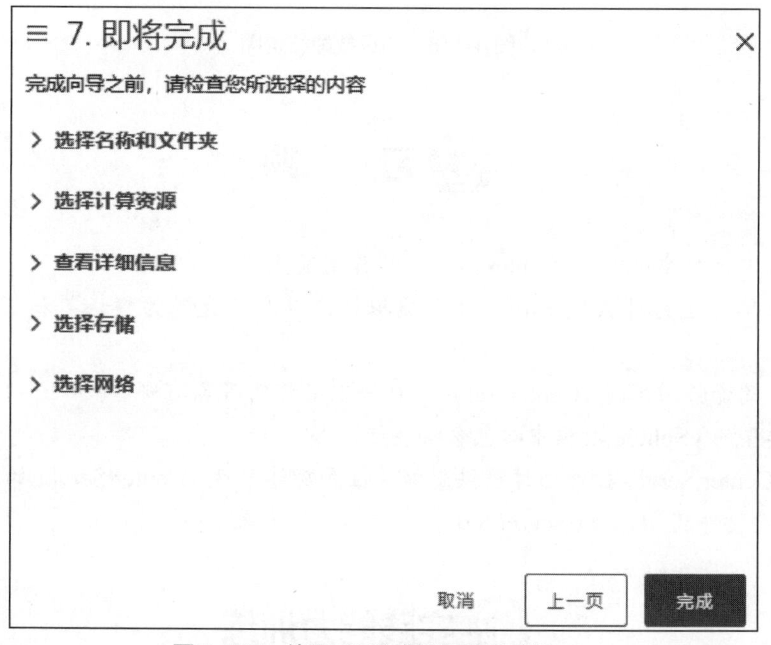

图 4-177　使用 OVF 模板部署虚拟机 -7

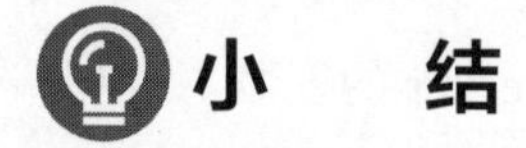

小　结

vCenter Server 是一种服务，充当连接到网络的 ESXi 主机的中心管理员。正确安装 vCenter Server 是非常重要的。本章简单描述了 vCenter Server 的功能、作用及其安装环境后，重点介绍了 vCenter Server 的安装以及创建数据中心、添加主机、使用模板和 OVF 部署虚拟机的操作。

本章知识技能结构如图 4-178 所示。

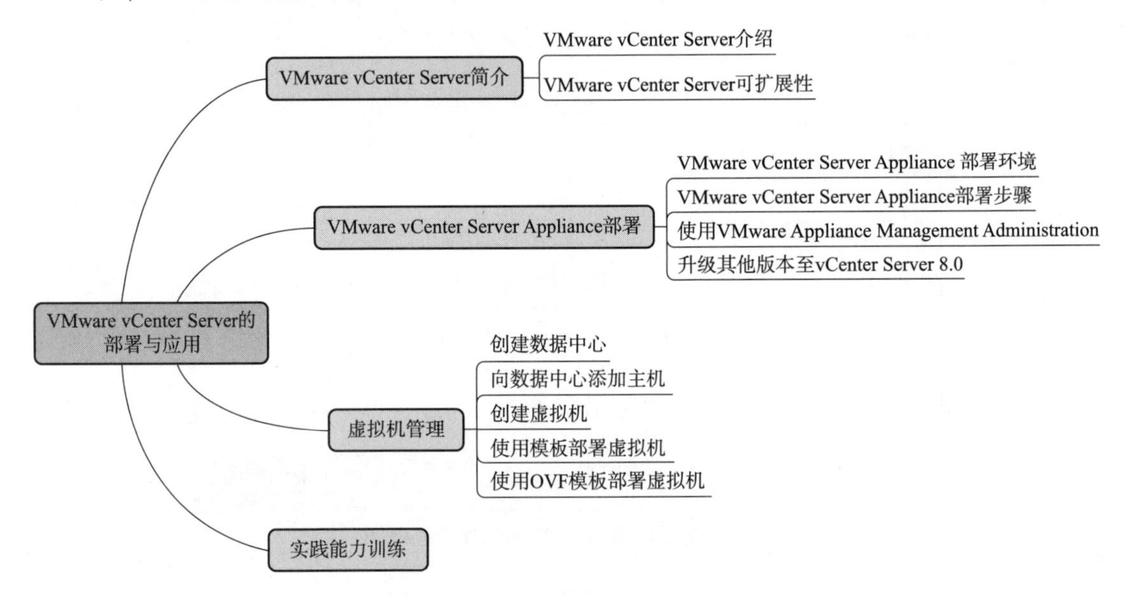

图 4-178　知识技能结构图

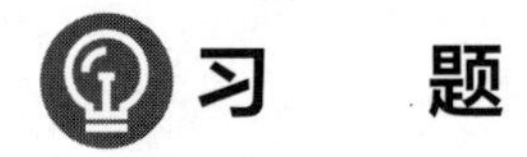

习　题

（1）简单介绍 VMware vCenter Server 的作用及主要功能。

（2）简单描述为什么使用模板部署虚拟机，以及“克隆为模板”和“转换为模板”有何区别。

（3）查阅资料回答随 vCenter Server 8.0 一起安装的服务有哪些？

（4）典型的 vSphere 数据中心包含哪些组件？

（5）vCenter Server 插件通过提供附加特性和功能扩展 vCenter Server 的功能。请查阅资料回答哪些插件随 vCenter Server 8.0 基本产品一起安装。

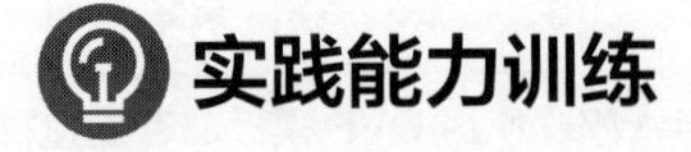

实践能力训练

1. 实训目的

（1）掌握 VMware vCenter Server 的安装。

（2）掌握升级 VMware vCenter Server 的方法。

（3）掌握管理虚拟机的基本操作。

（4）培养学生的动手操作能力、独立自主学习能力以及思考问题的能力。

2. 实训内容

（1）搭建 DNS 服务器。使用已安装的虚拟机 Win2016-DNS 作为 DNS 服务器。

（2）在 ESXi1 主机中使用 GUI 的方式部署 VMware vCenter Server 7.0，并升级至 VMware vCenter Server 8.0。在部署 VMware vCenter Server 7.0 过程中，要求在第 1 阶段：部署 vCenter Server- 配置网络设置中，FQDN、“IP 地址”和“DNS 服务器”中输入的内容与 DNS 服务器配置一致。

（3）创建数据中心，添加主机。

（4）将驻留在主机 ESXi2 的虚拟机 Linux 制作成模板，并部署到 ESXi3 主机中，命名为虚拟机 Linux-1，对虚拟机 Linux-1 进行克隆和快照操作。

（5）尝试使用 CLI 的方式部署 VMware vCenter Server 8.0。

3. 实训环境要求

软件：VMware Workstation Pro 16、VCSA 8.0 镜像和 VCSA 7.0 镜像。

硬件：物理机内存 64 GB 以上，主机系统需要使用具有 AMD-V 支持的 AMD CPU 或者具有 VT-x 支持的 Intel CPU，硬盘至少 1 TB。

第 5 章

vSphere 网络的管理与使用

在 vSphere 虚拟化运行环境中，网络管理对 vSphere 非常重要。vSphere 网络负责 ESXi 主机之间、ESXi 主机与 vCenter Server 之间、虚拟机与物理网络之间的数据流量，承担 vMotion、vSphere HA、vSphere FT 等数据流量。

本章介绍 vSphere 标准交换机和 vSphere 分布式交换机的体系架构，讲解 vSphere 标准交换机和 vSphere 分布式交换机的基本配置。

学习目标

（1）了解 vSphere 虚拟网络。

（2）掌握管理 vSphere 标准交换机的方法。

（3）掌握管理分布式交换机的方法。

5.1 vSphere 网络介绍

视 频

vSphere虚拟网络介绍

5.1.1 vSphere 标准交换机简介

vSphere Standard Switch 即标准交换机，简称 VSS。它是由每台 ESXi 主机虚拟出来的交换机，与物理以太网交换机非常类似。它检测与其虚拟端口进行逻辑连接的虚拟机，并使用该信息向正确的虚拟机转发流量。可使用物理以太网适配器（也称上行链路适配器）将虚拟网络连接至物理网络，以将 vSphere 标准交换机连接到物理交换机。此类型的连接类似于将物理交换机连接在一起以创建较大型的网络。vSphere 标准交换机的运行方式与物理交换机十分相似，但不具备物理交换机所拥有的一些高级功能。

主机上的虚拟机网络适配器和物理网卡使用交换机上的逻辑端口，每个适配器使用一个端口。标准交换机上的每个逻辑端口都是单一端口组的成员。图 5-1 为 vSphere 标准交换机架构图。

（1）上行链路端口 / 端口组：在虚拟交换机上用于连接物理网卡的端口 / 端口组，多个端口组合成为端口组。

（2）虚拟交换机：由 ESXi 内核提供，上行链路端口 / 端口组和虚拟端口 / 端口组组合而成，用于虚拟机、物理机、管理界面之间的正常通信。

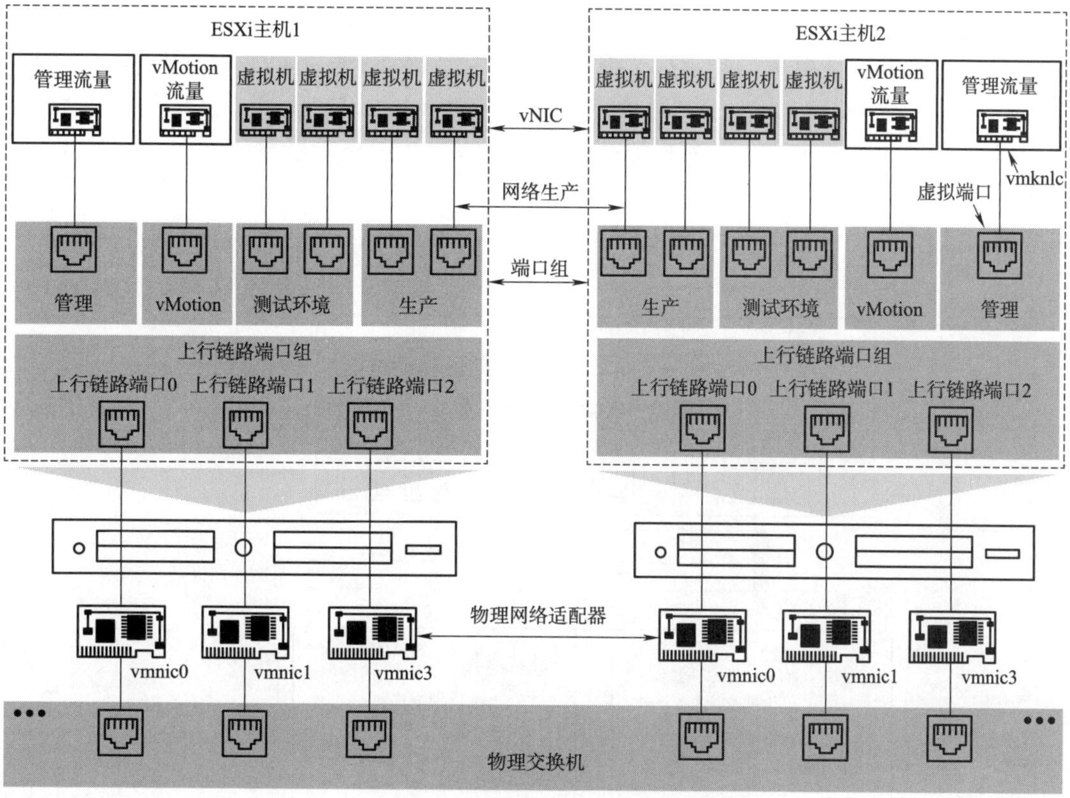

图 5-1　vSphere 标准交换机架构

（3）vmnic：在 ESXi 中，物理网卡名称都为 vmnic，第一片物理网卡为 vmnic0，第二片为 vmnic1，依此类推。在安装完 ESXI 后，默认会添加第一片网卡 vmnic0。vSphere 的高级功能，必须通过多片网卡来实现。

（4）vmknic：也是物理网卡，是分配给虚拟端口 / 端口组的网卡。

（5）标准端口组：标准交换机上的每个标准端口组都由一个对于当前主机必须保持唯一的网络标签来标识。可以使用网络标签来使虚拟机的网络配置可在主机间移植。应为数据中心的端口组提供相同标签，这些端口组使用在物理网络中连接到一个广播域的物理网卡。反过来，如果两个端口组连接不同广播域中的物理网卡，则这两个端口组应具有不同的标签。

例如，可以创建生产和测试环境端口组来作为在物理网络中共享同一广播域的主机上的虚拟机网络。

（6）VLAN ID：是可选的，它用于将端口组流量限制在物理网络内的一个逻辑以太网网段中。要使端口组接收同一个主机可见但来自多个 VLAN 的流量，必须将 VLAN ID 设置为 VGT（VLAN 4095）。

（7）标准端口数：为了确保高效使用主机资源，在运行 ESXi 5.5 及更高版本的主机上，标准交换机的端口数将按比例自动增加和减少。此主机上的标准交换机可扩展至主机上支持的最大端口数。

5.1.2 vSphere 分布式交换机简介

vSphere Distributed Switch 即分布式交换机，简称 vDS 或 vNDS，以 vCenter Server 为中心创建的虚拟交换机，此虚拟交换机可以跨越多台 ESXi 主机，同时管理多台 ESXi 主机。可以在 vCenter Server 系统上配置 vSphere Distributed Switch，该配置将传播至与该交换机关联的所有主机。这使得虚拟机可在跨多个主机进行迁移时确保其网络配置保持一致。

图 5-2 所示为 vSphere 分布式交换机架构。

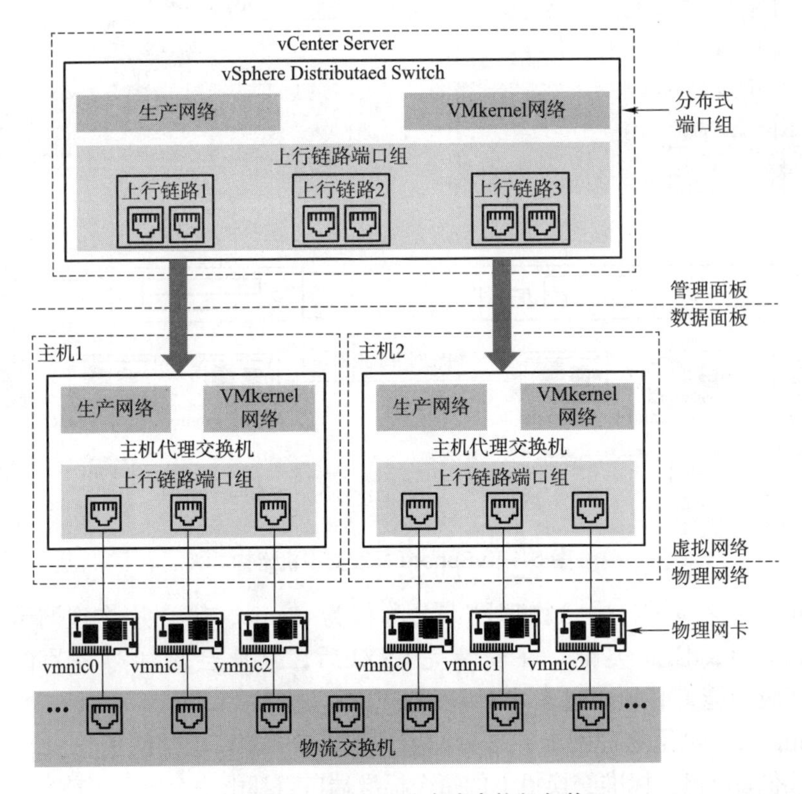

图 5-2　vSphere 分布式交换机架构

vSphere 中的网络交换机由两个逻辑部分组成：数据面板和管理面板。数据面板可实现软件包交换、筛选和标记等。管理面板是用于配置数据面板功能的控制结构。vSphere 标准交换机同时包含数据面板和管理面板，可以单独配置和维护每个标准交换机。

vSphere Distributed Switch 的数据面板和管理面板相互分离。Distributed Switch 的管理功能驻留在 vCenter Server 系统上，可以在数据中心级别管理环境的网络配置。数据面板则保留在与 Distributed Switch 关联的每台主机本地。Distributed Switch 的数据面板部分称为主机代理交换机。在 vCenter Server（管理面板）上创建的网络配置将被自动向下推送至所有主机代理交换机（数据面板）。

vSphere Distributed Switch 引入的上行链路端口组和分布式端口组用于为物理网卡、虚拟机和 VMkernel 服务创建一致的网络配置。

上行链路端口组：上行链路端口组或 dvuplink 端口组在创建 Distributed Switch 期间进行定义，可以具有一个或多个上行链路。上行链路是可用于配置主机物理连接以及故障切换和负载平衡策略的模板。可以将主机的物理网卡映射到 Distributed Switch 上的上行链路。在主机级别，每个物理网卡将连接到特定 ID 的上行链路端口。可以对上行链路设置故障切换和负载平衡策略，这些策略将自动传播到主机代理交换机或数据面板。因此，可以为与 Distributed Switch 关联的所有主机的物理网卡应用一致的故障切换和负载平衡配置。

分布式端口组：分布式端口组可向虚拟机提供网络连接并供 VMkernel 流量使用。使用对于当前数据中心唯一的网络标签来标识每个分布式端口组。可以在分布式端口组上配置网卡成组、故障切换、负载平衡、VLAN、安全、流量调整和其他策略。连接到分布式端口组的虚拟端口具有为该分布式端口组配置的相同属性。与上行链路端口组一样，在 vCenter Server（管理面板）上为分布式端口组设置的配置将通过其主机代理交换机（数据面板）自动传播到 Distributed Switch 上的所有主机。因此，可以配置一组虚拟机以共享相同的网络配置，方法是将虚拟机与同一分布式端口组关联。

5.2　管理 vSphere 标准交换机

完成 ESXi 的主机安装后，系统会自动创建一个虚拟交换机 vSwitch0，仅有一个网卡。虚拟交换机通过物理网卡实现 ESXi 主机、虚拟机与外界通信。系统会在 vSwitch0 交换机上创建名为 VM Network 的端口组，如图 5-3 所示。在图 5-3 中，VM Network 端口是 ESXi 主机中最基本的通信端口，主要承载 ESXi 主机运行的虚拟机通信流量。Management Network 端口：需要配置 IP 地址和网关，其主要用于管理网络、VMotion、vSphere Replication、FT 网络等，可以建立多个 VMKernel 网络将每个网络都独立开来。

图 5-3　ESXi 主机端口组界面

在本节中主要完成 vSphere 标准交换机的管理与使用，具体内容包括在 ESXi 主机上创建基于虚拟机流量的标准交换机；管理 vSphere 标准交换机的网络适配器，实现标准交换机的多网卡绑定；在 ESXi 主机上添加 VMkernel 适配器，用于承载管理流量。

在进行以上操作之前，需要为 VMware ESXi 主机增加虚拟网卡。

在关机状态下，打开三台 VMware ESXi 主机的设置，添加八块虚拟机网卡。网卡的用途以及网络连接模式设置见表 5-1。图 5-4 是其中一台 ESXi 主机新增加的网卡截图。

表 5-1　ESXi 主机网卡用途规划

主机名称	网卡编号	IP/ 掩码 / 网关	网络适配器模式	用　途
ESXi-1	0	192.168.177.132/24/2	NAT 模式	部署 vCenter Server
VMware vCenter Server	0	192.168.177.150/24/2	NAT 模式	管理 ESXi 主机
ESXi-2	0	192.168.177.133/24/2	NAT 模式	管理 / 业务流量
	1			
	2	192.168.177.200/24/2	NAT 模式	VMotion 流量 FT 与 VR 流量
	3			
	4	192.168.177.200/24/2	NAT 模式	用于分布式端口组
	5			
	6	192.168.177.170/24/2	NAT 模式	管理流量
	7		NAT 模式	虚拟机流量
	8			
ESXi-3	0	192.168.177.134/24/2	NAT 模式	管理 / 业务流量
	1			
	2	192.168.177.201/24/2	NAT 模式	VMotion 流量 FT 与 VR 流量
	3			
	4	192.168.177.201/24/2	NAT 模式	用于分布式端口组
	5			
	6	192.168.177.134/24/2	NAT 模式	管理流量
	7		NAT 模式	虚拟机流量
	8			
ESXi-4	0	192.168.177.135/24/2	NAT 模式	管理 / 业务流量
	1			
	2	192.168.177.202/24/2	NAT 模式	VMotion 流量 FT 与 VR 流量
	3			
	4	192.168.177.202/24/2	NAT 模式	用于分布式端口组
	5			
	6	192.168.177.135/24/2	NAT 模式	管理流量
	7		NAT 模式	虚拟机流量
	8			

开启 VMware ESXi 主机，在导航栏单击“网络”，单击操作界面的“物理网卡”，可以查看 VMware ESXi 主机物理网卡的情况，如图 5-5 所示。

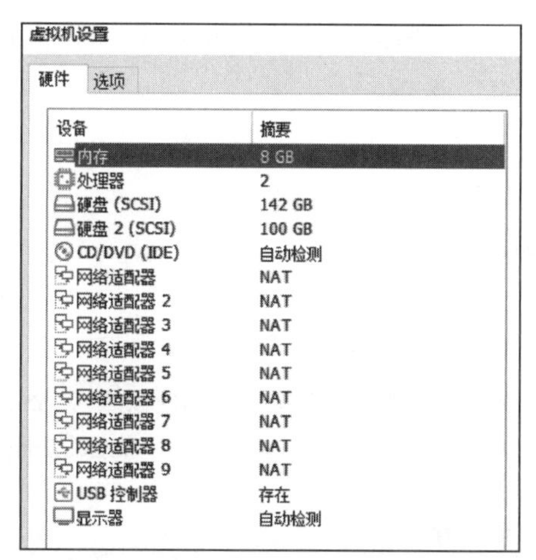

图 5-4　在 VMware Workstation 中新增加网络适配器界面

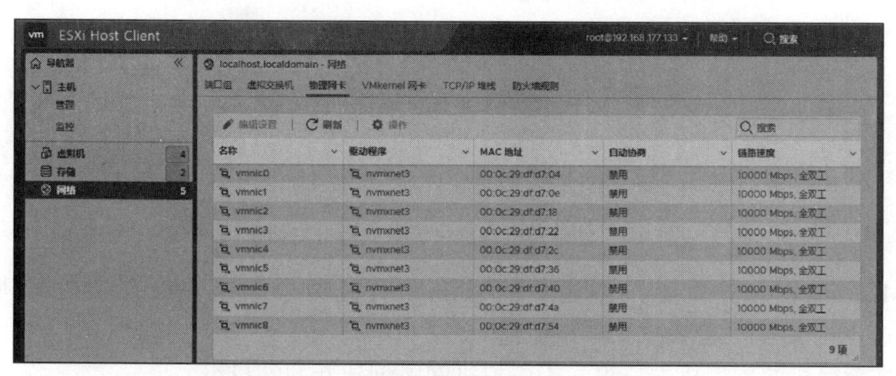

图 5-5　VMware ESXi 中物理网卡情况

5.2.1　创建基于虚拟机流量的标准交换机

1.　创建运行虚拟机流量的标准交换机

（1）使用 vSphere Client 登录到 vCenter Server，选择需要配置的 ESXi 主机。在本书中以 ESXi 主机 192.168.177.133 为例介绍。在右侧操作界面单击“配置”，展开“网络”，依次单击“虚拟交换机”→“添加网络”选项，如图 5-6 所示。

图 5-6　创建运行虚拟机流量的标准交换机 -1

（2）在“1. 选择连接类型”界面，选择“标准交换机的虚拟机端口组”单选按钮，如图 5-7 所示，单击“下一页”选项。

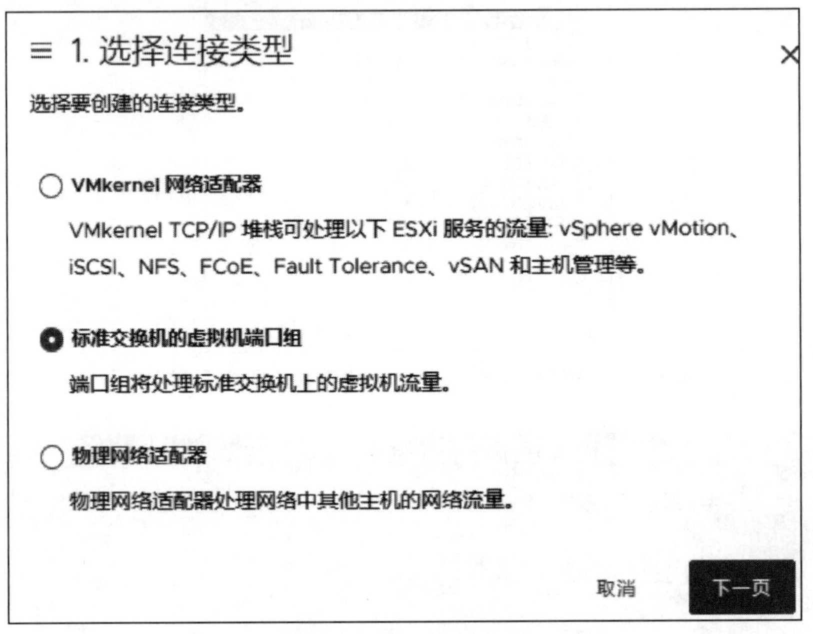

图 5-7　创建运行虚拟机流量的标准交换机 -2

VMkernel 网络适配器：创建新的 VMkernel 适配器，以便处理主机管理流量、vMotion、网络存储、容错或 vSAN 流量。

标准交换机的虚拟机端口组：为虚拟机网络创建新的端口组。

物理网络适配器：将物理网络适配器添加到现有或新的标准交换机。

（3）在“2. 选择目标设备”界面，选择“新建标准交换机”单选按钮，MTU 值保持默认，如图 5-8 所示，单击“下一页”选项。

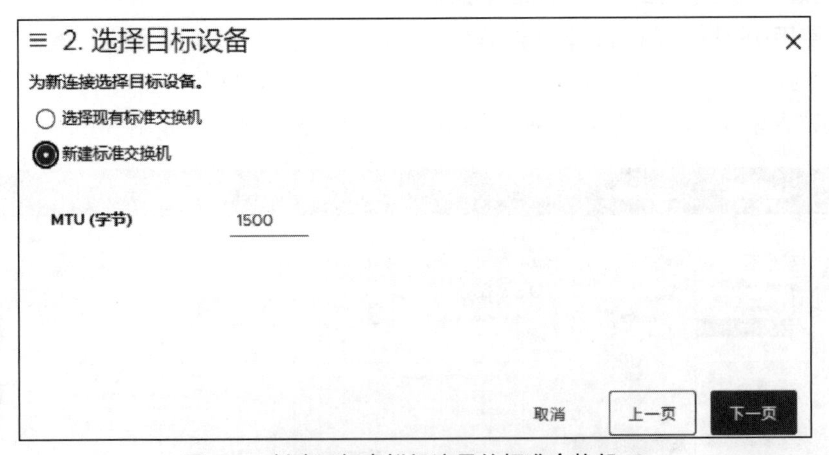

图 5-8　创建运行虚拟机流量的标准交换机 -3

MTU 为最大传输单元，可以通过更改 MTU 的大小，增加使用单个数据包传输的负载数据量（也就是启用巨帧）来提高网络效率，设置的 MTU 大小不能超过 9 000 字节。

（4）在“3. 创建标准交换机”界面（见图 5-9），在空闲适配器中，选择空闲的适配器，在这里选中 vmnic7 和 vmnic8，单击 “下移”，将选中的适配器移动到活动适配器，为新创建的标准交换机添加适配器，单击“下一页”按钮。

图 5-9　创建运行虚拟机流量的标准交换机 -4

活动适配器：如果网络适配器连接运行正常并处于活动状态，则继续使用上行链路。

备用适配器：如果其中一个活动适配器停机，则使用此上行链路。

未用的适配器：不使用此上行链路。

（5）在“4. 连接设置”界面，为端口组输入网络标签和 VLAN ID，如图 5-10 所示，单击“下一页”按钮。

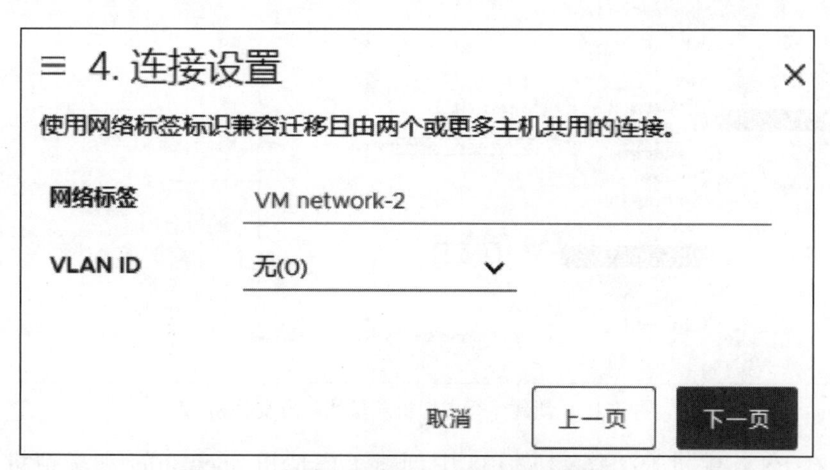

图 5-10　创建运行虚拟机流量的标准交换机 -5

在本书中，所有 ESXi 主机的网卡都是 VMware workstation 创建的虚拟网卡，没有接入真实的物理交换网络环境，因此 VLAN ID 选择“无 (0)”。

（6）在“5. 即将完成”界面，确认新创建的虚拟交换机参数设置正确，如图 5-11 所示，单击“完成”按钮。

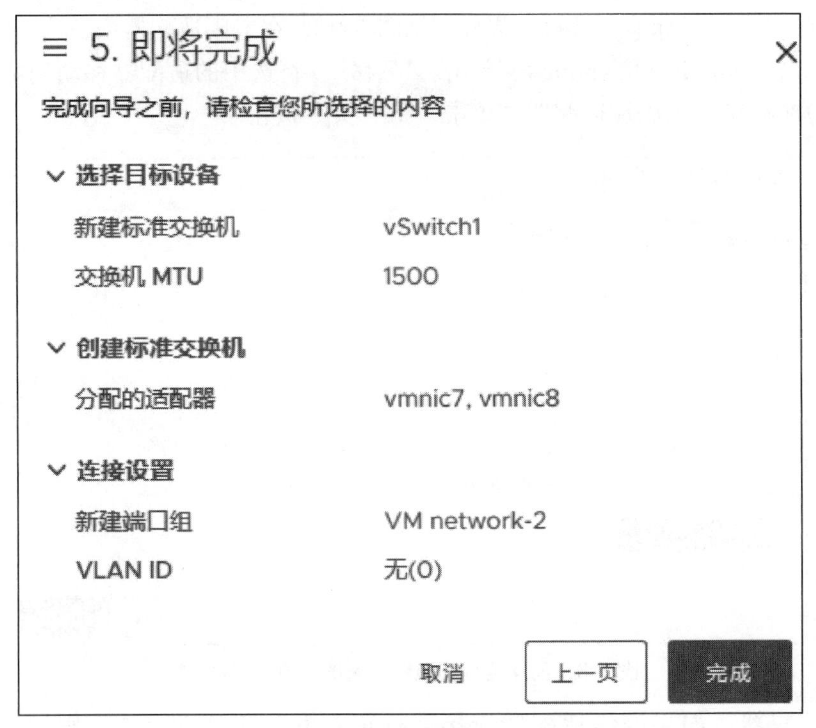

图 5-11　创建运行虚拟机流量的标准交换机 -6

（7）在 vCenter Server 窗口，可以看到新创建的标准交换机 vSwitch1，此时虚拟机端口组还没有分配虚拟机，如图 5-12 所示。

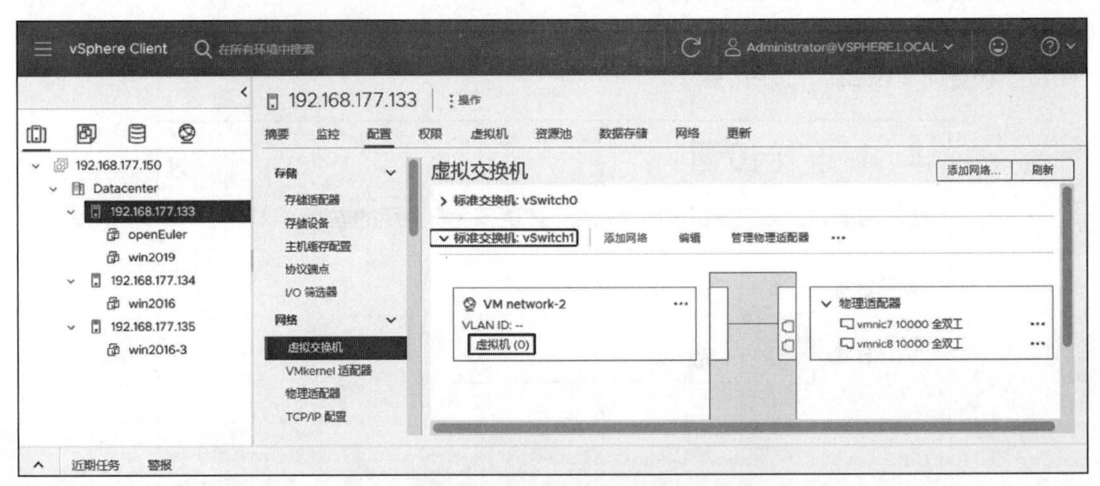

图 5-12　创建运行虚拟机流量的标准交换机 -7

（8）在 ESXi 主机 192.168.177.133 中创建了虚拟机 openEuler 和虚拟机 win2019，这两个虚拟机使用的端口组为 VM Network，现在将虚拟机 openEuler 使用的网络端口组修改为 VM network2，右击虚拟机 openEuler，在弹出的快捷菜单中选择“编辑设置”命令，在“编辑设置”对话框，单击网络适配器右侧 VM Network 旁的向下箭头，选择“浏览”，如图 5-13 所示；在弹出的“选择网络”对话框中，选择 VM network-2 即新建的标准端口组，如图 5-14 所示；调整后，虚拟机 openEuler 使用的网络端口组为名为 VM network-2 的端口组，如图 5-15 所示。此时，可以看到端口组已分配了虚拟机 openEuler，如图 5-16 所示。

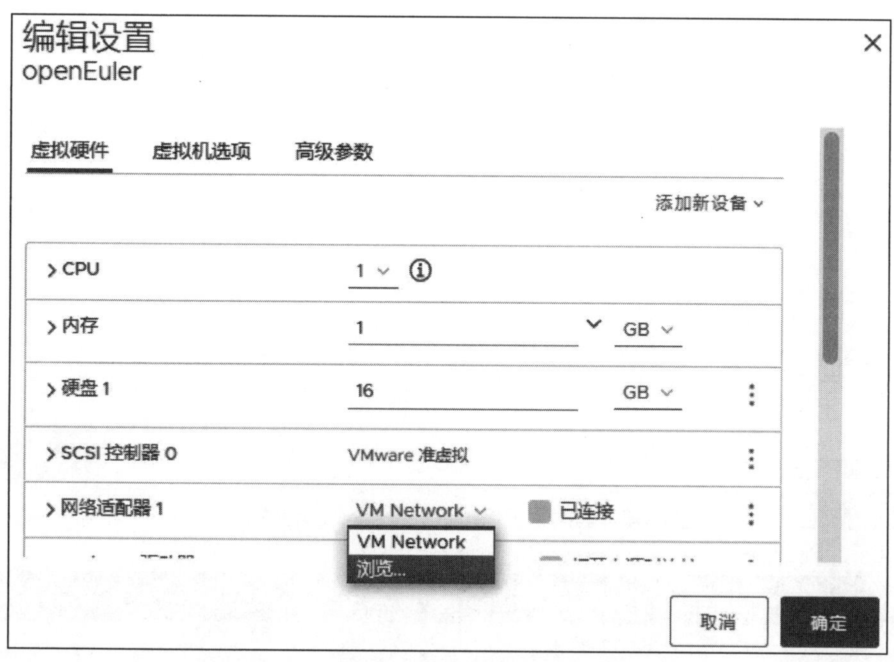

图 5-13　创建运行虚拟机流量的标准交换机 -8

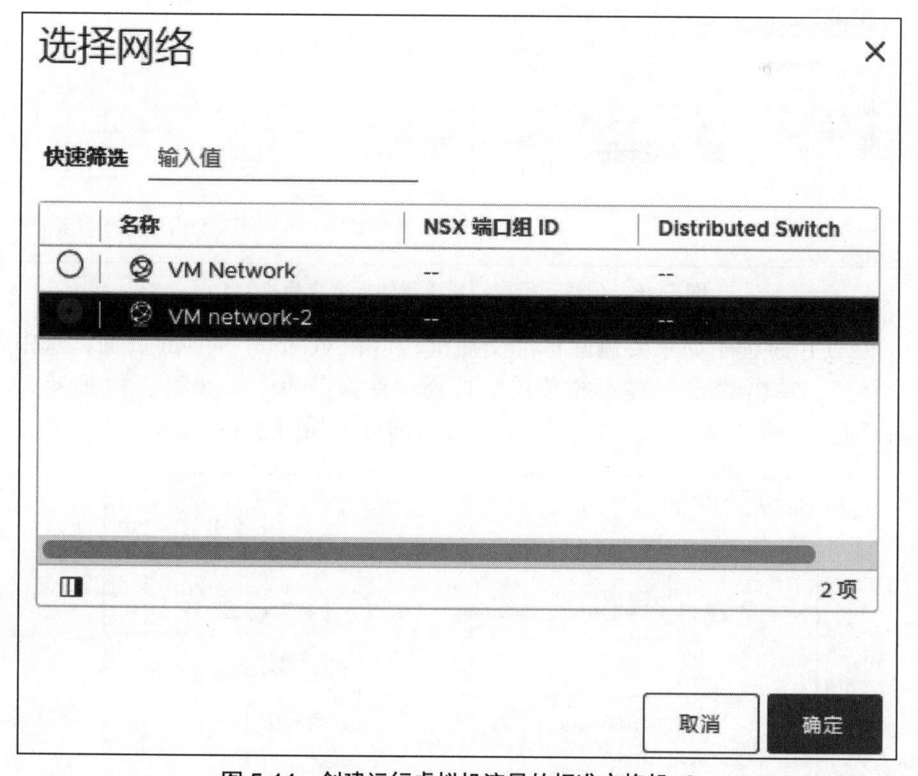

图 5-14　创建运行虚拟机流量的标准交换机 -9

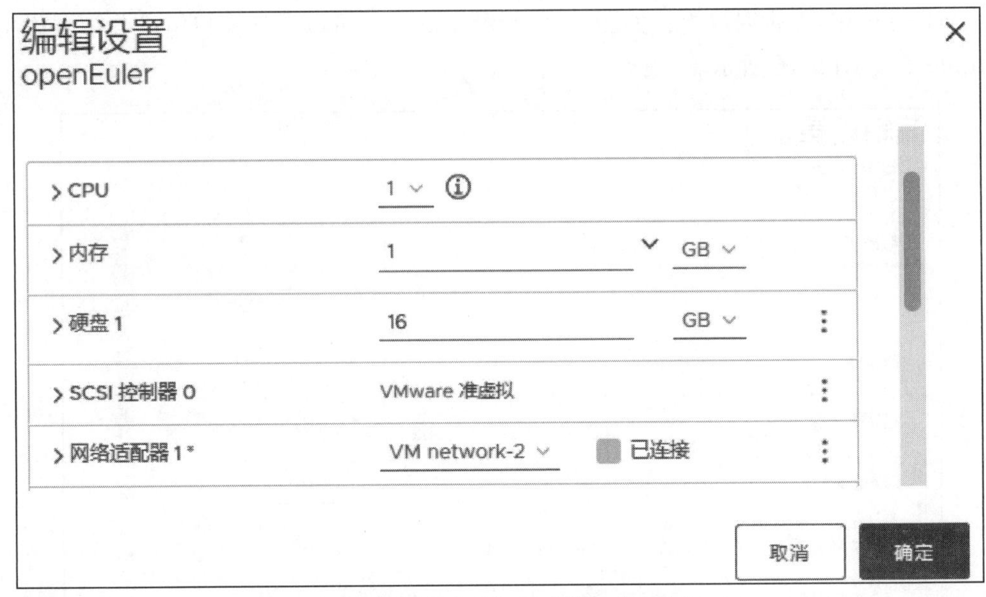

图 5-15　创建运行虚拟机流量的标准交换机 -10

图 5-16　创建运行虚拟机流量的标准交换机 -11

（9）在使用过程中如果要删除标准交换机，可在 vCenter Server 界面，选中要删除的标准交换机，单击“...”，在下拉菜单中选择“移除”命令，如图 5-17 所示，在弹出的“移除标准交换机”对话框中单击“是”按钮即可，如图 5-18 所示。

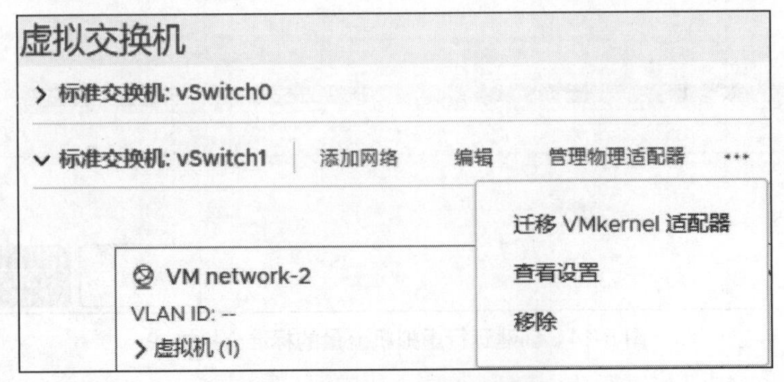

图 5-17　删除标准交换机界面 -1

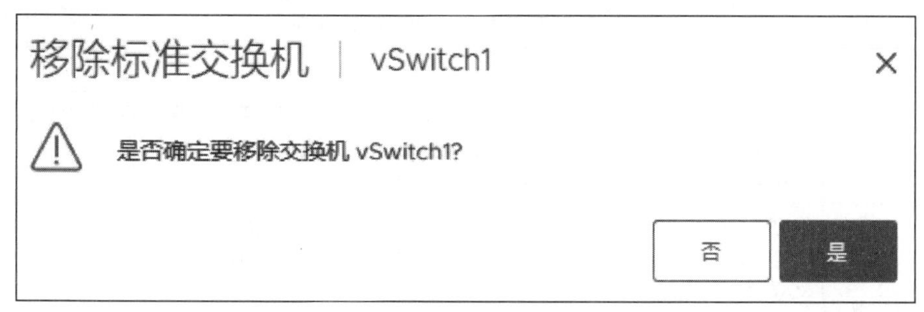

图 5-18　删除标准交换机界面 -2

2. 编辑标准交换机配置

（1）对标准交换机进行编辑配置。在图 5-15 中，单击标准交换机 vSwitch1 右侧的“编辑”，在弹出的“vSwitch1- 编辑设置”对话框，单击“属性”，端口数设置为“弹性”，MTU 设置为 1 500，如图 5-19 所示。

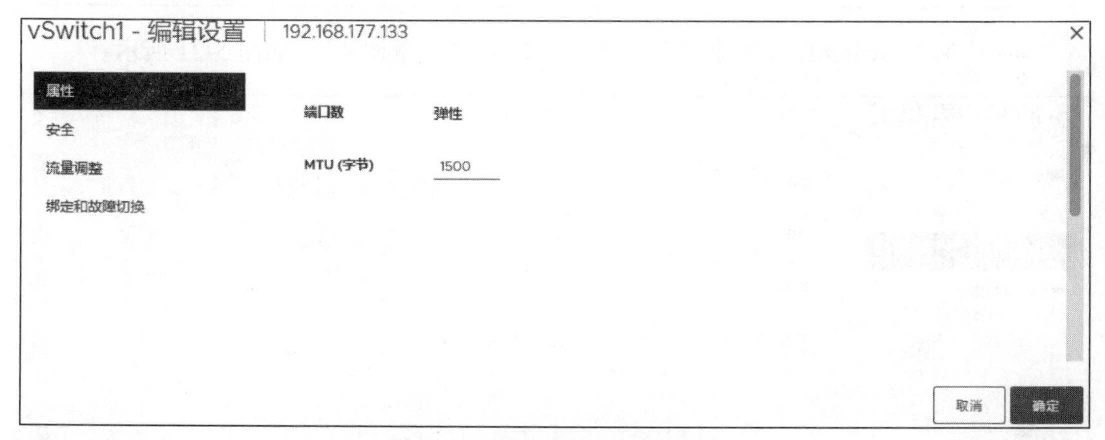

图 5-19　编辑标准交换机配置 -1

（2）在“vSwitch1- 编辑设置”对话框，单击 “安全”，如图 5-20 所示。标准交换机安全配置包含混杂模式、MAC 地址更改、伪传输三种，在“安全”页面可以根据实际需要设置“接受”还是“拒绝”这三种模式。虚拟交换机安全配置选项见表 5-2。

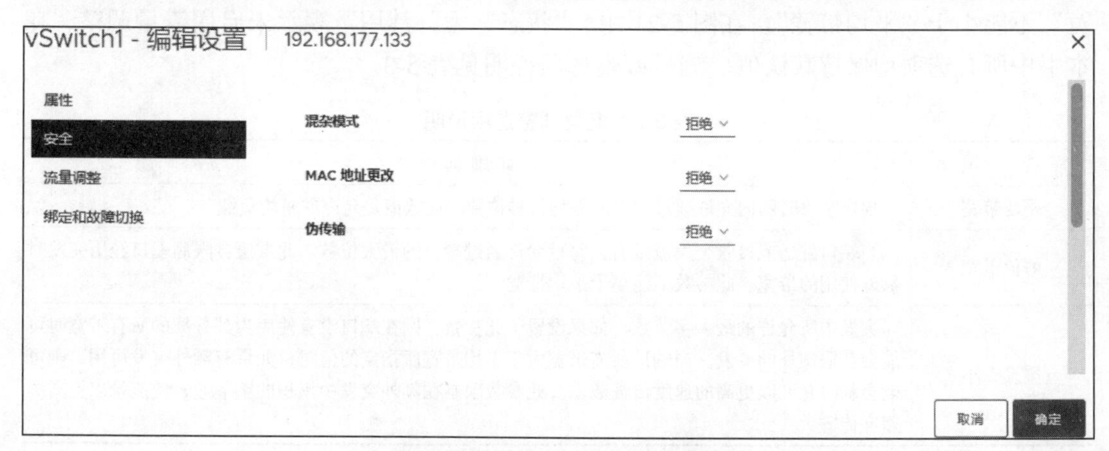

图 5-20　编辑标准交换机配置 -2

表 5-2　虚拟交换机安全配置选项

选　项	详 细 选 项
混杂模式	清除虚拟机适配器执行的任何接收筛选，以便客户机操作系统接收在网络上观察到的所有流量。默认情况下，虚拟机适配器不能在混杂模式中运行。 在本书中，该选项设置为“拒绝”
MAC 地址更改	比较虚拟机虚拟网卡的“有效地址”与“初始地址”是否相符。 当 MAC 地址更改选项设置为接受时，ESXi 接受将虚拟机的有效 MAC 地址更改为非初始 MAC 地址的其他地址的请求。 当 MAC 地址更改选项设置为拒绝时，ESXi 不接受将虚拟机有效 MAC 地址更改为非初始 MAC 地址的其他地址的请求。 在本书中，该选项设置为“拒绝”
伪传输	当伪传输选项设置为接受时，ESXi 不会比较源 MAC 地址和有效 MAC 地址。伪传输选项设置为拒绝，主机将对客户机操作系统传输的源 MAC 地址与其虚拟机适配器的有效 MAC 地址进行比较，以确认是否匹配。如果地址不匹配，ESXi 主机将丢弃数据包。 在本书中，该选项设置为“拒绝”

（3）在“vSwitch1- 编辑设置”对话框，单击 “流量调整”，如图 5-21 所示。

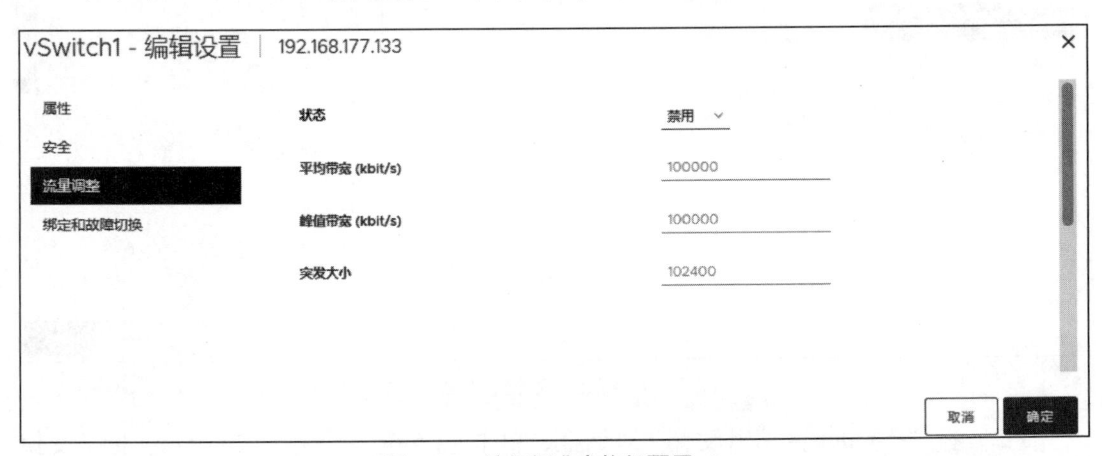

图 5-21　编辑标准交换机配置 -3

在该界面可以设置“平均带宽”“峰值带宽”“突发大小”，需要注意的是“峰值带宽”不能小于“平均带宽”。在图 5-21 中，“状态”为”禁用”表示未启用流量调整，在本书中所有选项均保持默认值。流量调整选项说明见表 5-3。

表 5-3　流量调整选项说明

选　项	详 细 选 项
平均带宽	规定某段时间内允许通过端口的平均每秒位数。此数值是允许的平均负载
峰值带宽	当端口发送或接收突发流量时，每秒允许通过端口的最大位数。此数值会限制端口经历突发时额外使用的带宽。此参数不能小于平均带宽
突发大小	突发中所允许的最大字节数。如果设置了此参数，则在端口没有使用为其分配的所有带宽时可能会获取额外的突发。当端口所需带宽大于平均带宽所指定的值时，如果有额外突发可用，则可能会临时允许以更高的速度传输数据。此参数限制在额外突发中累积的字节数，使流量以更高的速度传输

（4）在“vSwitch1- 编辑设置”对话框，单击 “绑定和故障切换”，如图 5-22 所示。

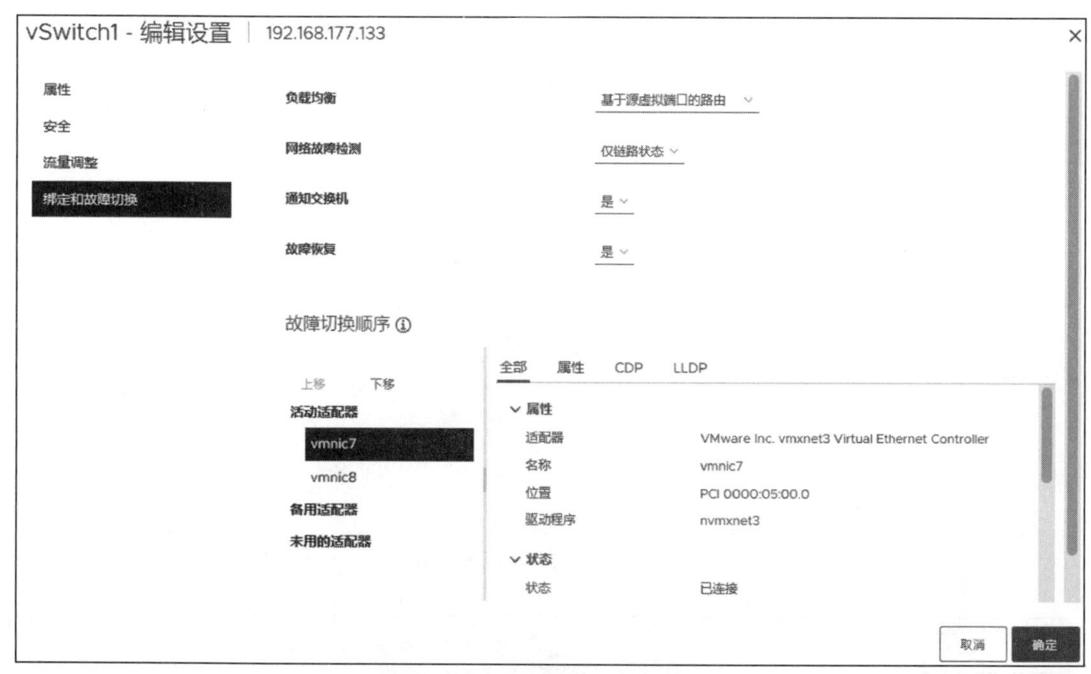

图 5-22　编辑标准交换机配置 -4

在该界面可以设置“负载均衡”“网络故障检测”“通知交换机”“故障恢复”，在本书中，“负载均衡”设置为“基于源虚拟端口的路由”，“网络故障检测”设置为“仅链路状态”。绑定和故障切换选项说明见表 5-4。

表 5-4　绑定和故障切换选项说明

选　项	详细选项
网卡绑定策略	将虚拟交换机连接至主机上的多个物理网卡，以增加交换机的网络带宽以及提供冗余
负载均衡	确定网络流量如何在网卡组中的网络适配器之间分布
网络故障检测策略	包含了两种方式：一种是仅链路状态；另一种是信标探测
通知交换机策略	可以确定 ESXi 主机如何传达故障切换事件。当物理网卡连接到虚拟交换机或流量重新路由到网卡组中的其他物理网卡时，虚拟交换机将通过网络发送通知，以更新物理交换机上的查找表。为物理交换机发送通知可以在出现故障切换或使用 vSphere vMotion 进行迁移时获得最低延迟
故障恢复策略	在主用网卡发生故障时，将流量切换至组中正常可用网卡或备用适配器组可用网卡，确保业务快速恢复的一种策略

3. 编辑端口组配置

（1）在 vSwitch1 的拓扑图中单击 VM network-2，可以看到 VM network-2 端口组有两块物理网卡 vmnic7 和 vmnic8，如图 5-23 所示。继续单击 VM network-2 右侧的“…”，在弹出的下拉菜单中选择“编辑设置”命令。

（2）单击“VM network-2- 编辑设置”对话框中的“属性”，在该界面可以更改端口组的名称，因为已经存在使用该端口组的虚拟机，如果修改端口组的名字，vCenter Server 会使用指定的新名称将该端口组映射到一个标准网络，虚拟机需要重新连接到该新的标准网络，如图 5-24 所示。

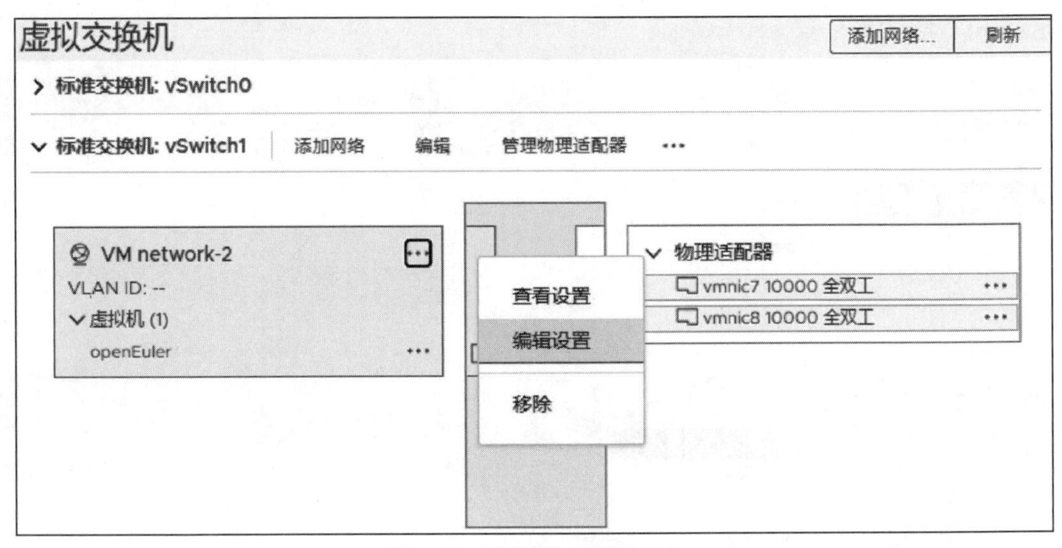

图 5-23　编辑端口组配置 -1

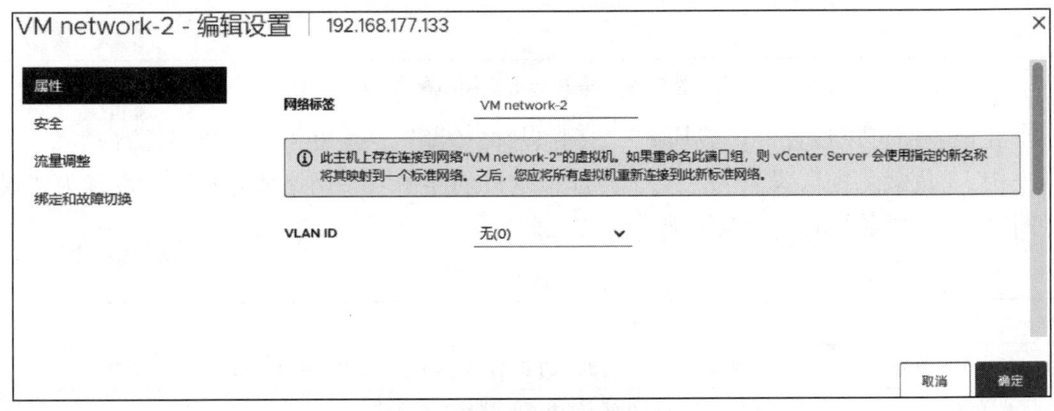

图 5-24　编辑端口组配置 -2

（3）在“安全”界面，可以设置“混杂模式”“MAC 地址更改”“伪传输”为“拒绝”还是“接受”，还可以设置使用虚拟机网络端口组替代从 vSwitch1 继承过来的设置。在本书中，各选项均设置为“拒绝”，如图 5-25 所示。

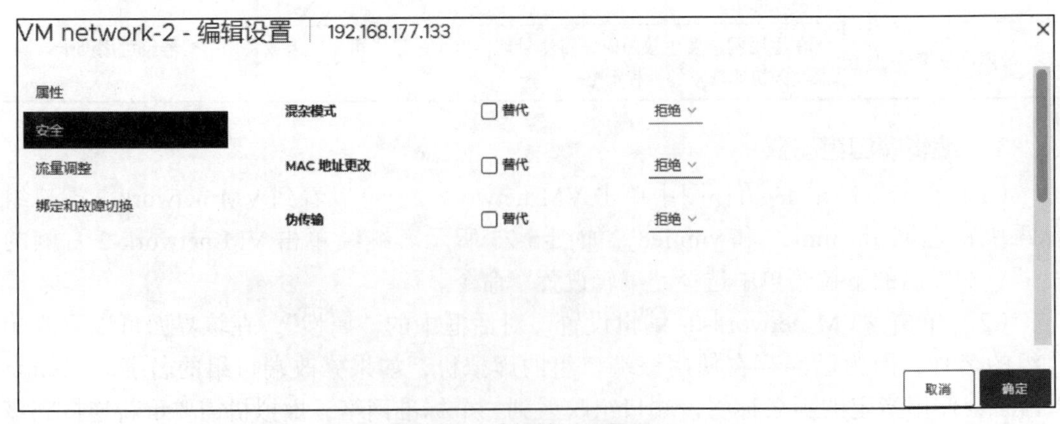

图 5-25　编辑端口组配置 -3

（4）在“流量调整”界面可以设置端口组的流量调整策略。在本书中所有参数值保持默认，如图 5-26 所示。

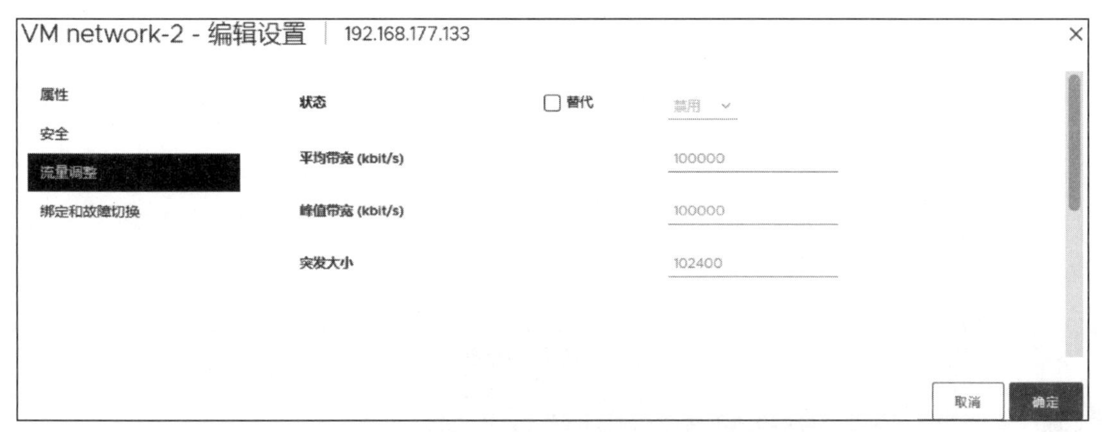

图 5-26　编辑端口组配置 -4

（5）在“绑定和故障切换”界面可以设置“负载均衡”“网络故障检测”“通知交换机”“故障恢复”的选项值。在本书中，选中所有选项后的“替代”复选框，继承 vSwitch1 的设置，并将适配器 vmnic8 下移到备用适配器，这样 vmnic7 成为主用网卡，vmnic8 成为备用网卡，当 vmnic7 自身或其关联的上行链路发生故障时，流量自动切换到 vmnic8。因为“故障恢复”选择的是“是”，当 vmnic7 自身或其关联的上行链路恢复时流量切换到 vmnic7，单击“确定”按钮，如图 5-27 所示。

图 5-27　编辑端口组配置 -5

（6）回到 vSwitch1 的拓扑图，在拓扑图中单击 VM network-2，可以看到 VM network-2 只有 vmnic7 承载 VM network-2 端口组的数据流量，如图 5-28 所示。

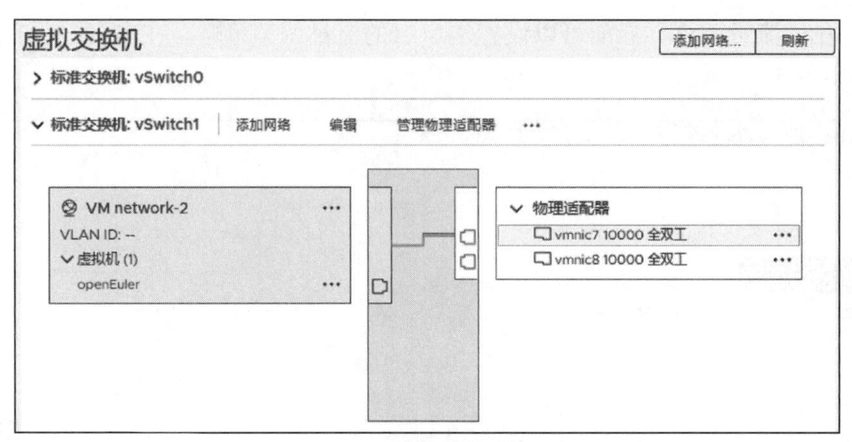

图 5-28　编辑端口组配置 -6

5.2.2　管理网络适配器

标准交换机只使用一个物理适配器容易造成单点故障。为解决该问题，可以根据需要为一个标准交换机增加一个或多个物理适配器，在链路出现故障时提供冗余。为 ESXi 主机 192.168.177.133 的虚拟标准交换机 vSwitch0 添加一块网卡。

（1）使用 vSphere Client 登录到 vCenter 界面，选择目标 ESXi 主机 192.168.177.133，在右侧“配置”标签中，展开“网络”，单击“虚拟交换机”，选中标准交换机 vSwitch0，单击“管理物理适配器”标签。在“管理物理网络适配器”界面中的“空闲适配器”中选中 vmnic1，单击“下移”，将 vmnic1 网卡移动到“活动适配器”，如图 5-29 所示，单击“确定”按钮。

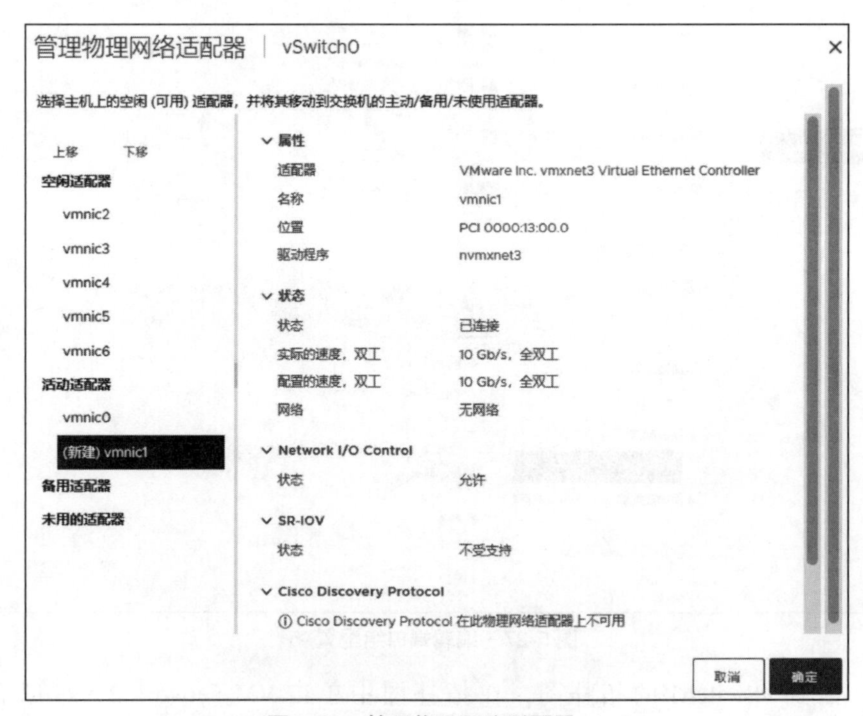

图 5-29　管理物理网络适配器 -1

（2）返回 vCenter Server 界面，查看 vSwitch0 的物理适配器，已由原来的一块物理是配置增至两块，如图 5-30 所示。

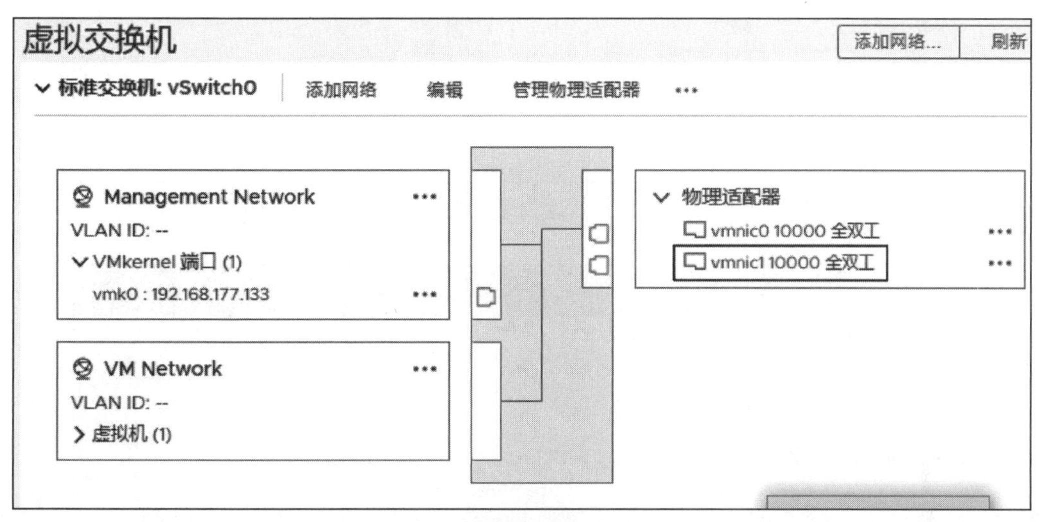

图 5-30　管理物理网络适配器 -2

（3）测试 ESXi 主机 192.168.177.133 的连通性。在物理机中使用命令“ping 192.168.177.133 –t”持续监测 ESXi 主机的网络连通性，如图 5-31 所示。打开 ESXi 主机在 VMware Workstation 中的编辑设置对话框，选中第一块虚拟网卡，取消“已连接”和“启动时连接”复选框的选中状态，如图 5-32 所示。在 vCenter 界面，可看到 vSwitch0 的第一块物理适配器 vmnic0 断开，ESXi 主机 192.168.177.133 的图标右上方出现红色叹号，如图 5-33 所示。从图 5-31 中可以看出，尽管断开了 vSwitch0 上的一个物理适配器，但 ESXi 主机 192.168.177.133 仍然能与物理机通信，说明新增加的网卡 vmnic1 已用于通信。

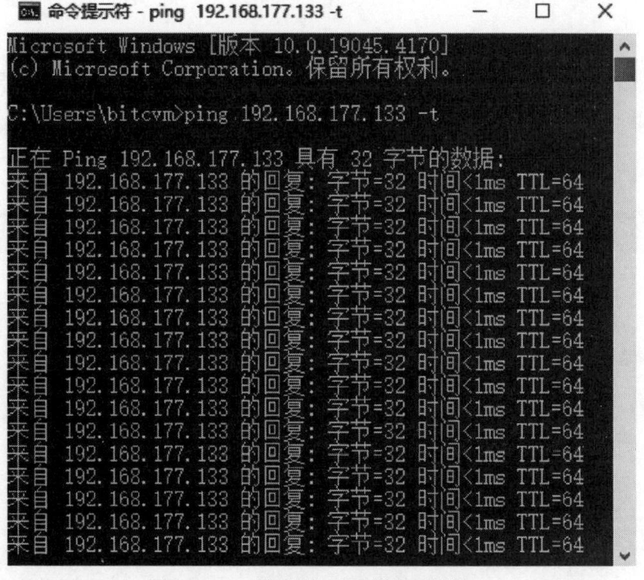

图 5-31　管理物理网络适配器 -3

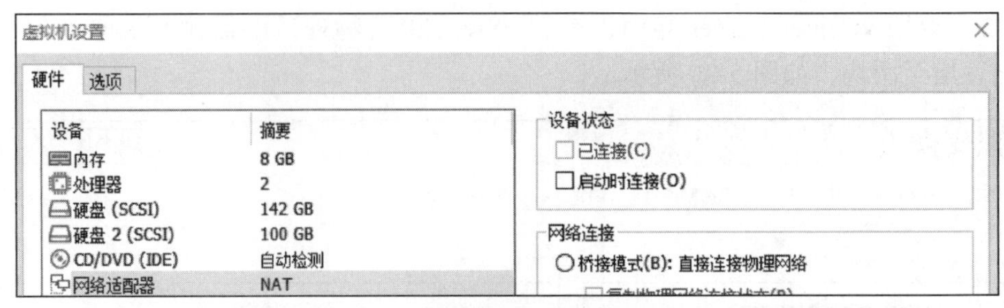

图 5-32　管理物理网络适配器 -4

图 5-33　管理物理网络适配器 -5

5.2.3　添加 VMkernel 适配器

视 频

添加VMkernel适配器

VMkernel 是 VMware 自定义的特殊端口，可以承载 iSCSI、vMotion、NFS 等流量。本节为 ESXi 主机 192.168.177.133 添加一个用于管理的 VMkernel 适配器。

（1）使用 vSphere Client 登录到 vCenter 管理界面，选择需要配置的 ESXi 主机，在右侧“配置”标签中，展开“网络”，依次单击“VMkernel 适配器”→“添加网络”，如图 5-34 所示。

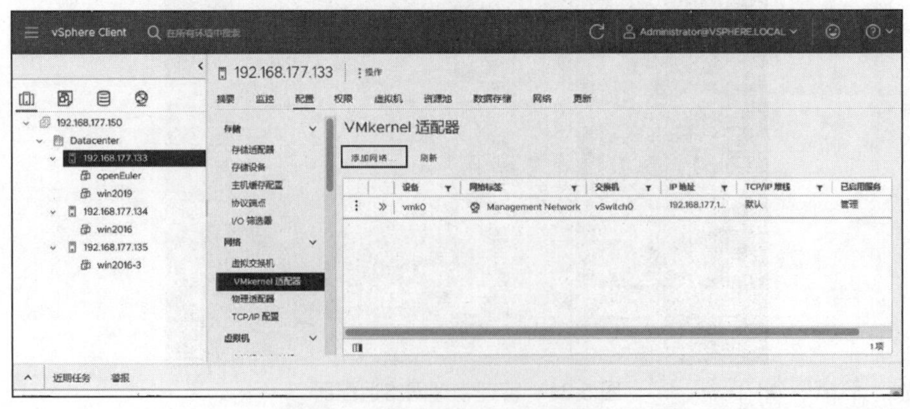

图 5-34　添加 VMkernel 适配器 -1

（2）在“1. 选择连接类型”界面，选中“VMkernel 网络适配器”单选按钮，如图 5-35 所示，单击“下一页”按钮。

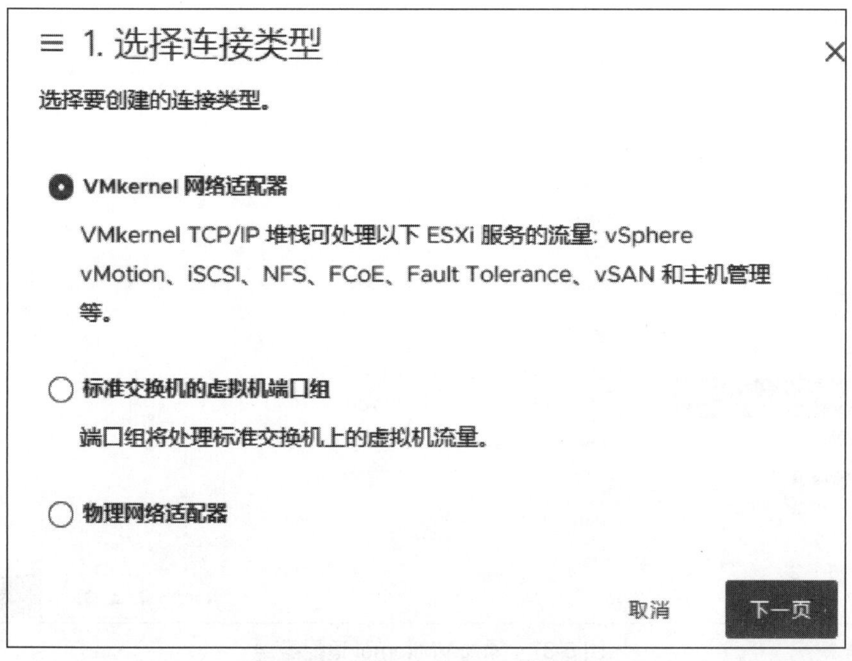

图 5-35　添加 VMkernel 适配器 -2

（3）在“2. 选择目标设备”界面，选择“新建标准交换机”单选按钮，MTU 保持默认值，如图 5-36 所示，单击“下一页”按钮。

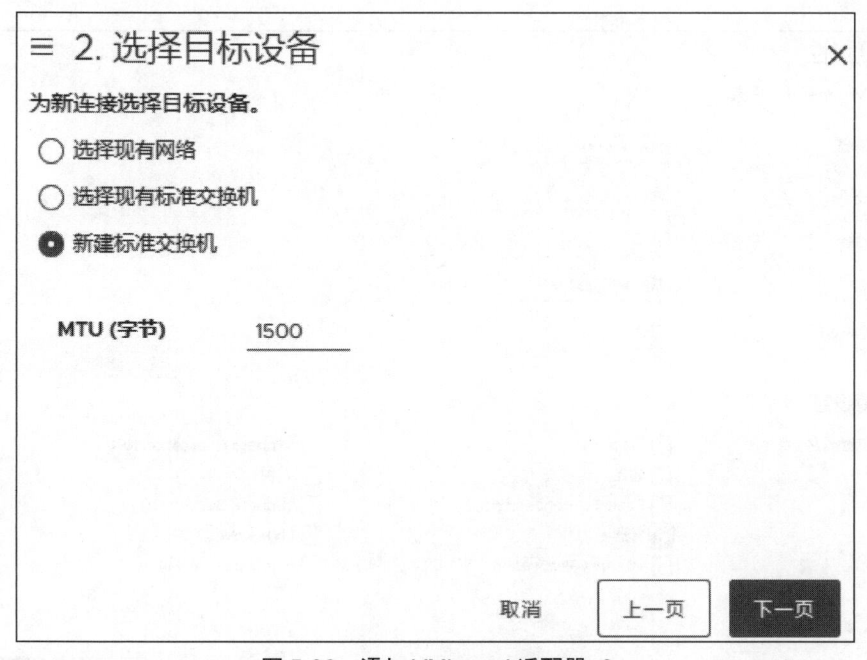

图 5-36　添加 VMkernel 适配器 -3

（4）在“3. 创建标准交换机”界面，在空闲适配器中选择 vmnic6，单击“下移”，将 vmnic6 移动到活动适配器，如图 5-37 所示，单击“下一页”按钮。

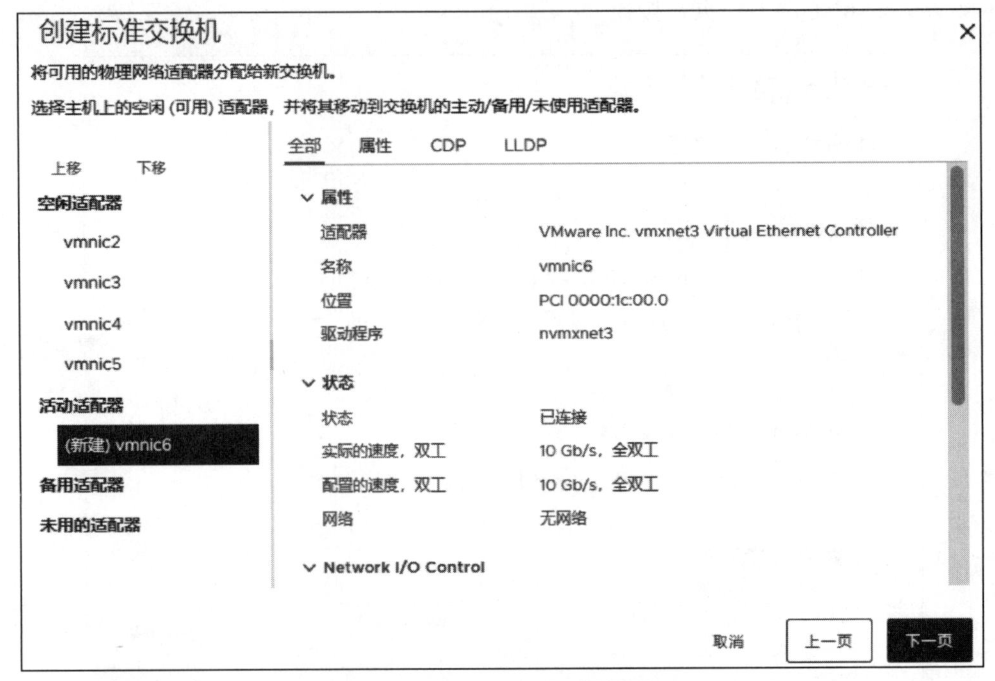

图 5-37　添加 VMkernel 适配器 -4

（5）在“4. 端口属性”界面，在网络标签右侧的文本框中输入 Management Network-2，在已启用的服务中勾选“管理”复选框，其他选项值保持默认，如图 5-38 所示，单击“下一页”按钮。

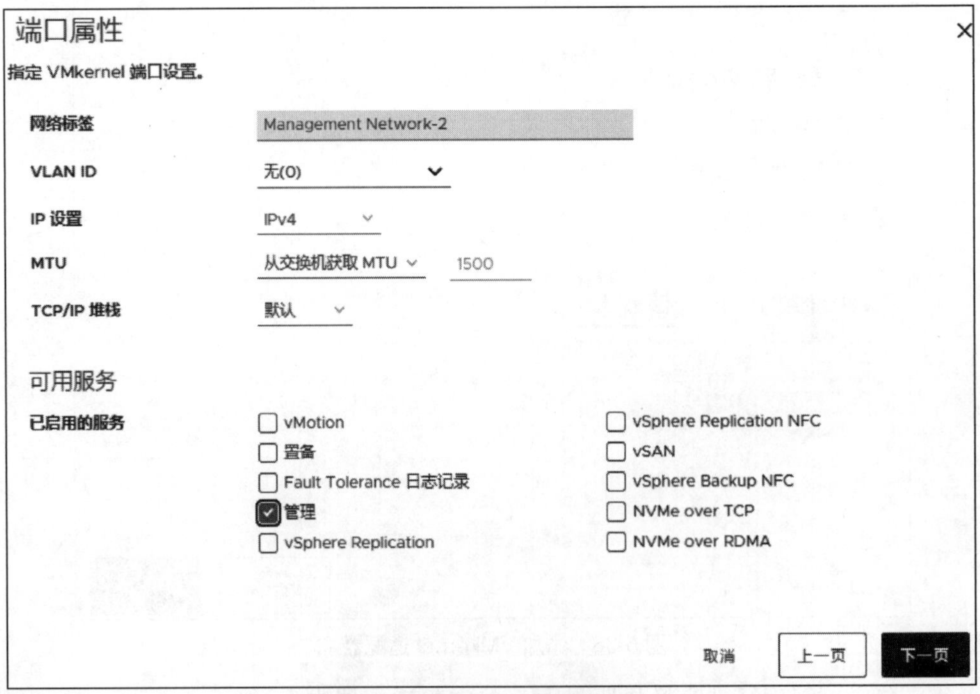

图 5-38　添加 VMkernel 适配器 -5

（6）在“5.IPv4 设置”界面，选中“使用静态 IPv4 设置”单选按钮，根据规划表输入 IPv4 的网址和子网掩码，如图 5-39 所示，单击“下一页”按钮。

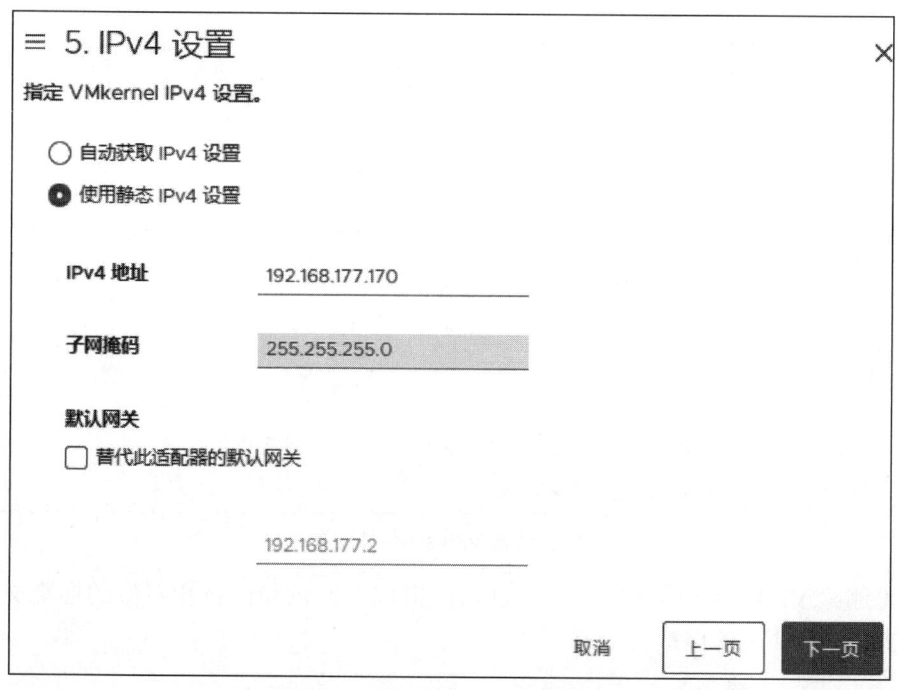

图 5-39　添加 VMkernel 适配器 -6

（7）在“6. 即将完成”界面，信息确认无误，如图 5-40 所示，单击“完成”按钮。已创建成功的 VMkernel 适配器如图 5-41 所示。

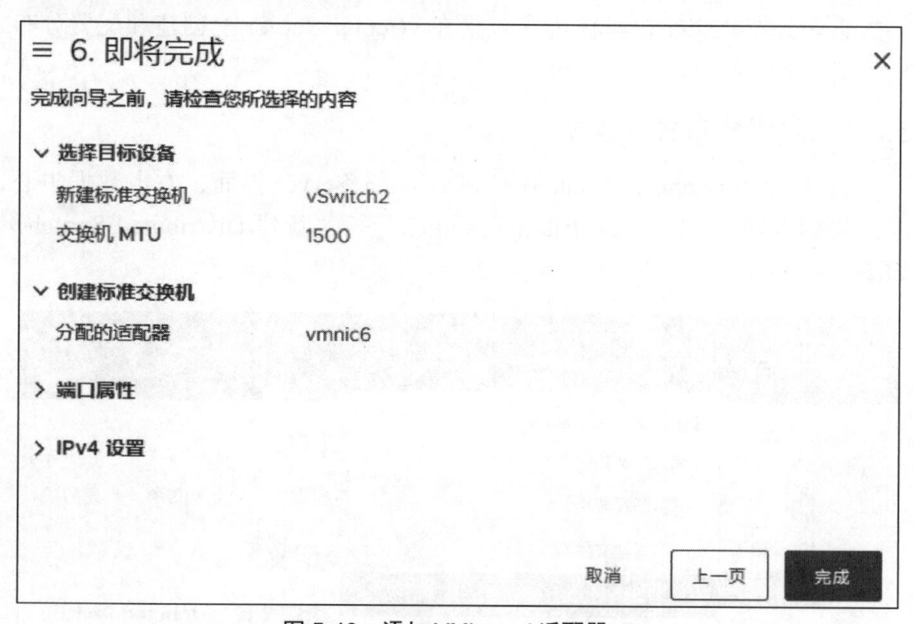

图 5-40　添加 VMkernel 适配器 -7

（8）重复步骤（1）~（7）添加承载 vMotion、FT 和 vSphere Replication 的 VMkernel 适配器。已创建成功的 VMkernel 适配器如图 5-42 所示。

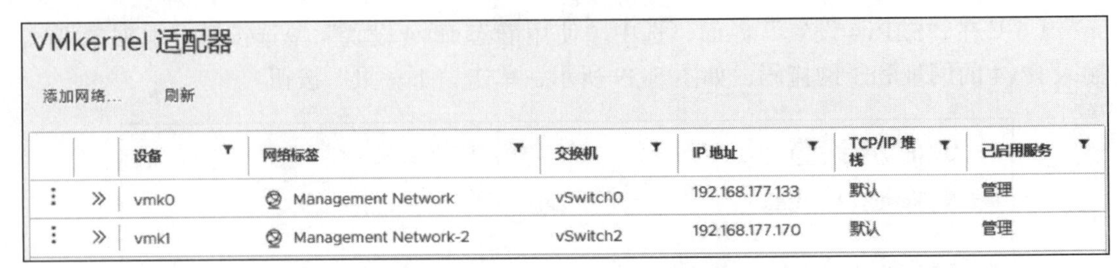

图 5-41　添加 VMkernel 适配器 -8

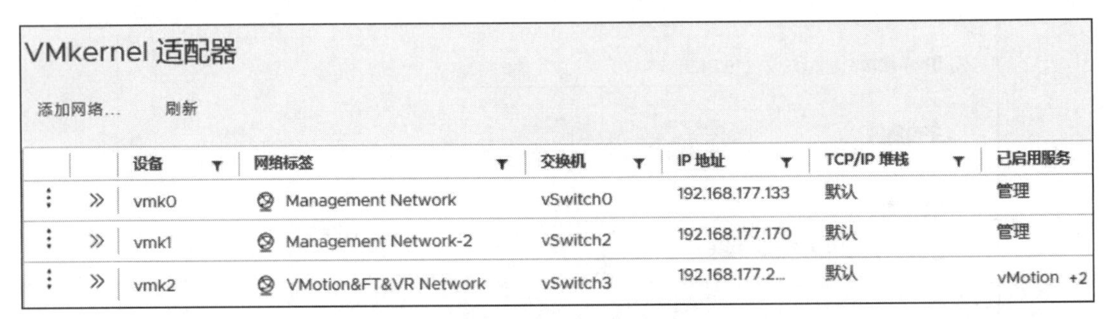

图 5-42　添加 VMkernel 适配器 -10

如果删除 VMkernel 适配器，还需进入虚拟机交换机界面将相对应的标准交换机删除，才能释放已使用的虚拟网卡。

5.3　管理分布式交换机

视 频

创建分布式交换机

管理分布式交换机具体内容包括在 vCenter Server 上创建和配置分布式交换机，实现网络管理。

5.3.1　创建分布式交换机

（1）使用 vSphere Client 登录到 vCenter Server 界面，右击数据中心，在弹出的快捷菜单中选择“Distributed Switch”→“新建 Distributed Switch”命令，如图 5-43 所示。

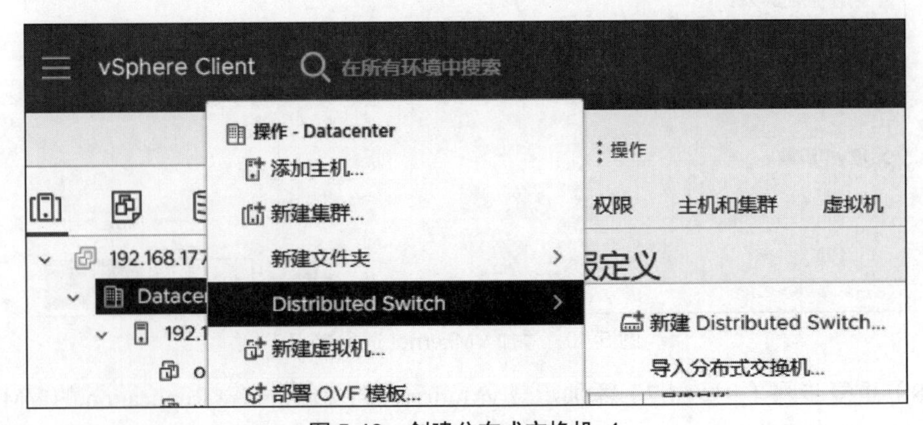

图 5-43　创建分布式交换机 -1

（2）在“1. 名称和位置”界面，为新建的 Distributed Switch 输入名称和选择位置，如图 5-44 所示，单击“下一页”按钮。

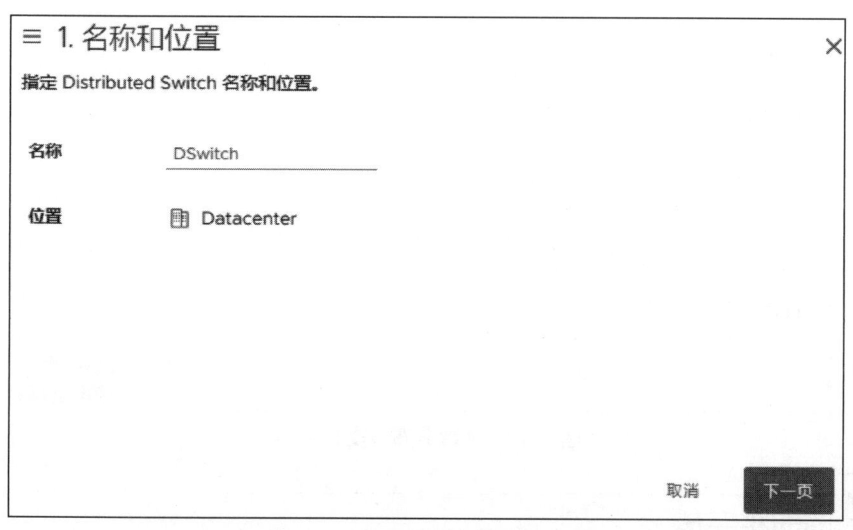

图 5-44　创建分布式交换机 -2

（3）在“2. 选择版本”界面，为创建的分布式交换机选择版本，如果数据中心中有低版本的 ESXi，主要选择低版本的 ESXi 版本号，如图 5-45 所示，单击“下一页”按钮。

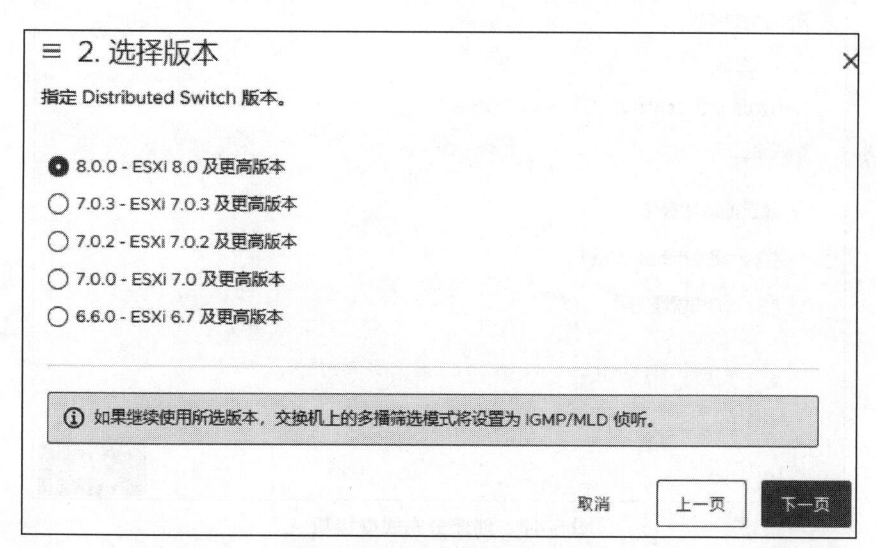

图 5-45　创建分布式交换机 -3

（4）在“3. 配置设置”界面，设置上行链路数。在本书中上行链路数设置为 2，填写端口组名称，Network I/O Control 设置为“已启用”，如图 5-46 所示，单击“下一页”按钮。

Network I/O Control 持续监控整个网络的 I/O 负载，并动态地分配可用资源。

（5）在“4. 即将完成”界面，检查参数设置是否正确，如图 5-47 所示，单击“完成”按钮。

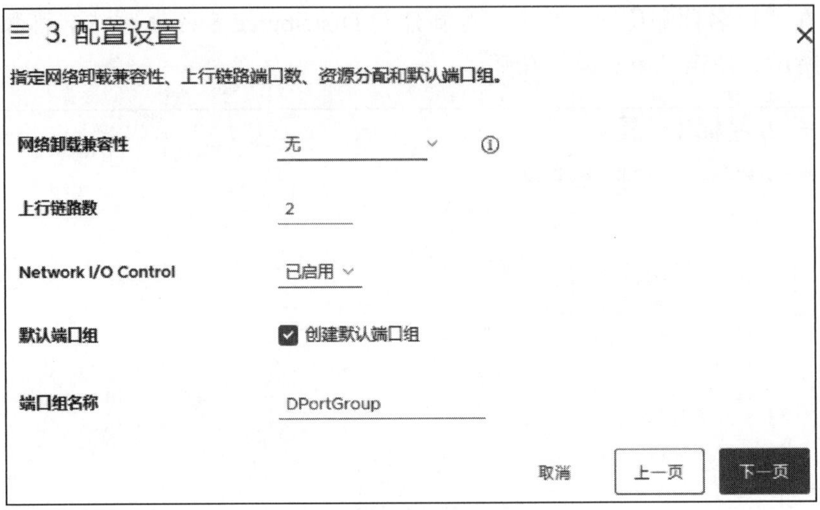

≡ 3. 配置设置

指定网络卸载兼容性、上行链路端口数、资源分配和默认端口组。

网络卸载兼容性 无

上行链路数 2

Network I/O Control 已启用

默认端口组 创建默认端口组

端口组名称 DPortGroup

取消 上一页 下一页

图 5-46　创建分布式交换机 -4

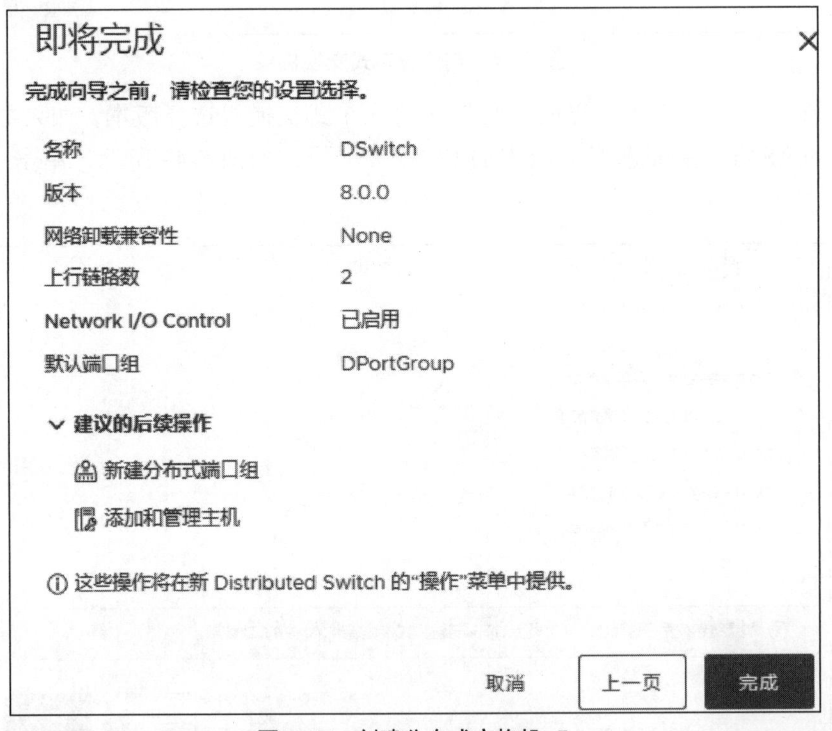

图 5-47　创建分布式交换机 -5

（6）单击 vCenter 导航器中的网络，可以看到分布式交换机已经创建完成，端口组名称为 DPortGroup，如图 5-48 所示。

至此，分布式交换机创建完成。

5.3.2　创建分布式端口组

（1）右击创建完成的分布式交换机 DSwitch，在弹出的快捷菜单中选择“分布式端口组”→“新建分布式端口组”命令，如图 5-49 所示。

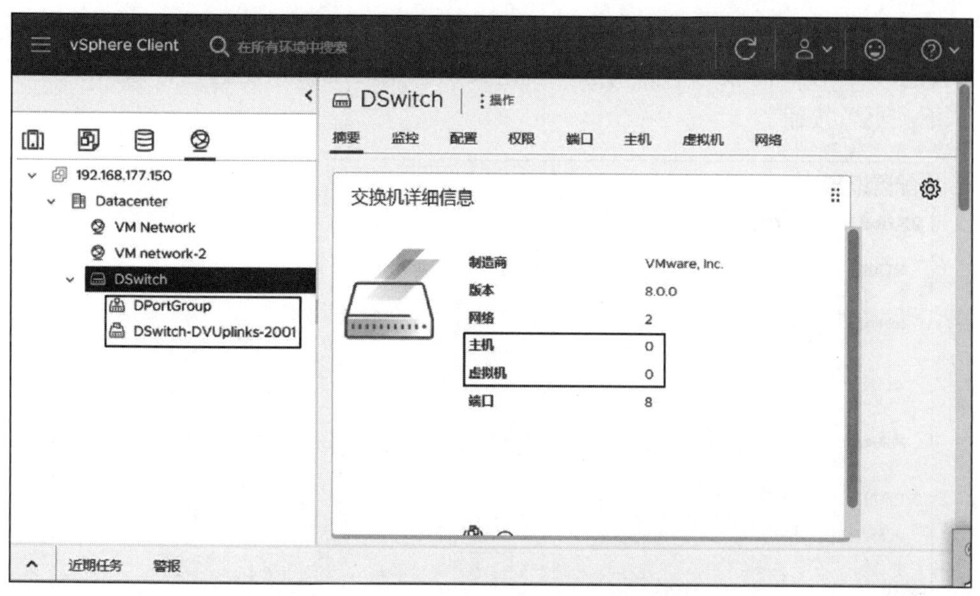

图 5-48　Distributed Switch 创建完成界面

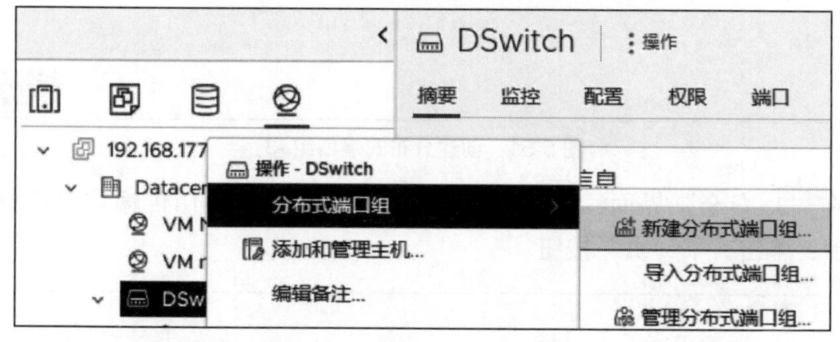

图 5-49　创建分布式端口组 -1

（2）在“1. 名称和位置”界面中指定分布式端口组的名称和位置。在“名称”右侧的输入栏中输入分布式端口组的名称，如图 5-50 所示，单击“下一页”按钮。

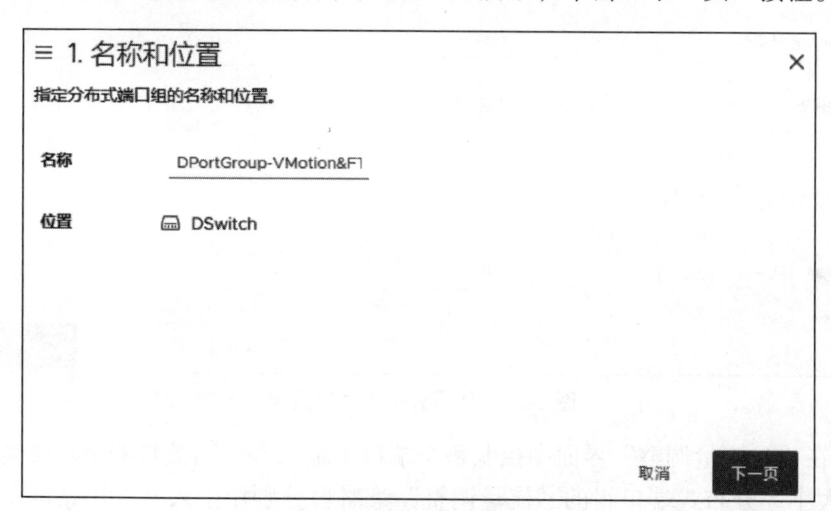

图 5-50　创建分布式端口组 -2

（3）在“2. 配置设置”界面中设置新端口组的常规属性。在本节中所有常规属性均保持默认参数，在“高级”下方勾选“自定义默认策略配置”复选框，如图 5-51 所示，单击“下一页”按钮。

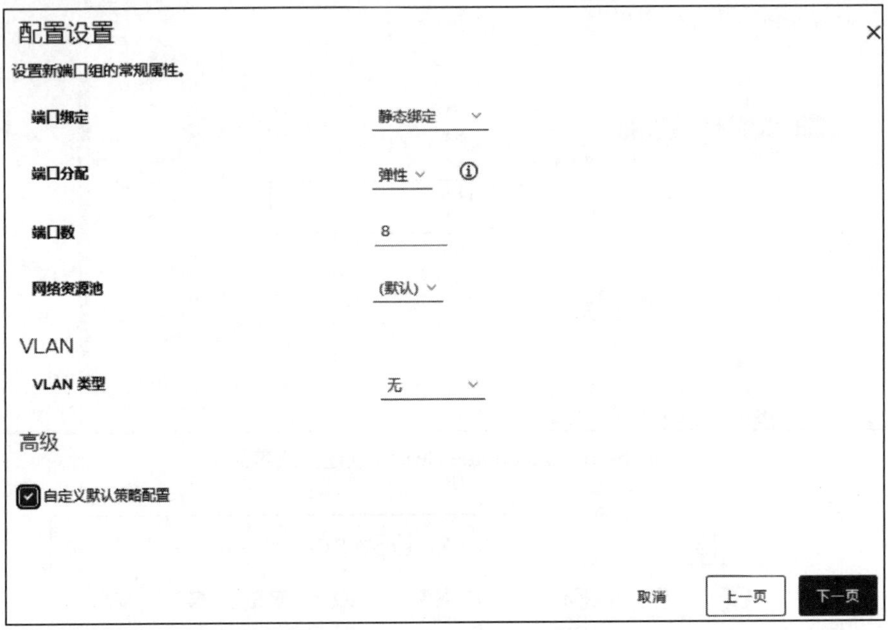

图 5-51　创建分布式端口组 -3

（4）在“3. 安全”界面，混杂模式、MAC 地址更改和伪传输均保持默认值，如图 5-52 所示，单击“下一页”按钮。

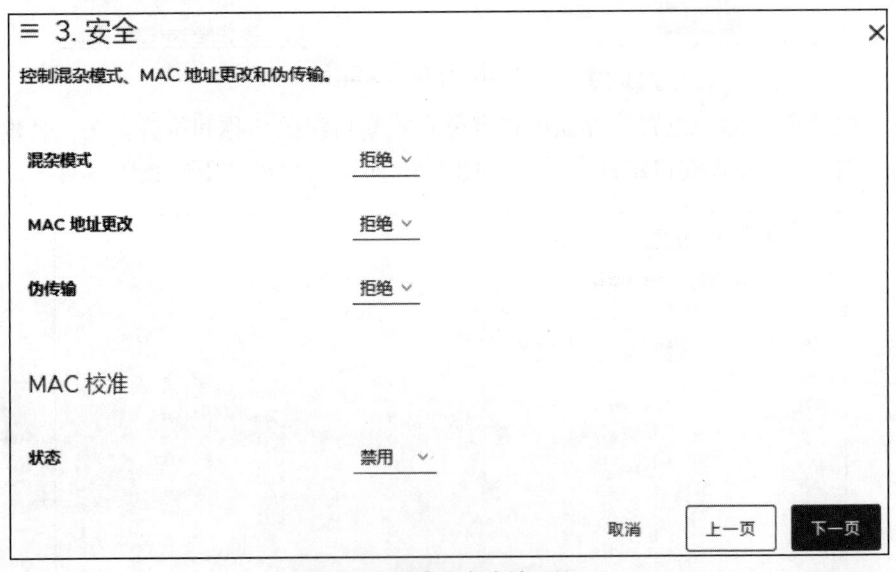

图 5-52　创建分布式端口组 -4

（5）在“4. 流量调整”界面中控制每个端口上输入和输出流量的平均带宽、带宽峰值和突发大小。分布式端口组的“流量调整”策略可分别用于入站和出站两个方向的流量，可根据实际需要设置“流量调整”的各配置项，在本节中保持默认值，如图 5-53 所示，单击“下一页”按钮。

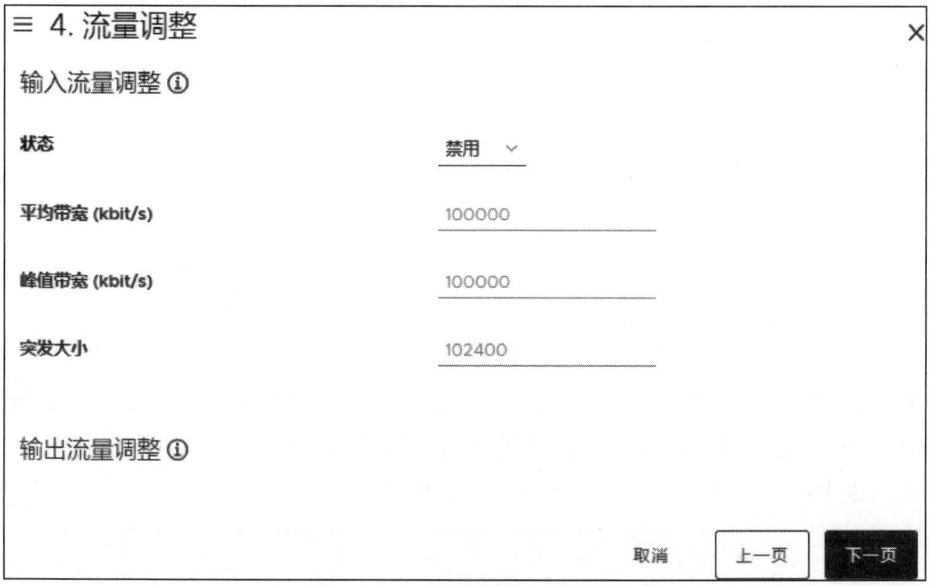

≡ 4. 流量调整

输入流量调整

状态　禁用

平均带宽 (kbit/s)　100000

峰值带宽 (kbit/s)　100000

突发大小　102400

输出流量调整

取消　上一页　下一页

图 5-53　创建分布式端口组 -5

（6）在“5. 绑定和故障切换”界面中控制负载均衡、网络故障检测、交换机通知、故障恢复和上行链路故障切换顺序。“负载均衡”选择基于物理网卡负载的路由，其他配置项均保持默认值，如图 5-54 所示，单击“下一页”按钮。

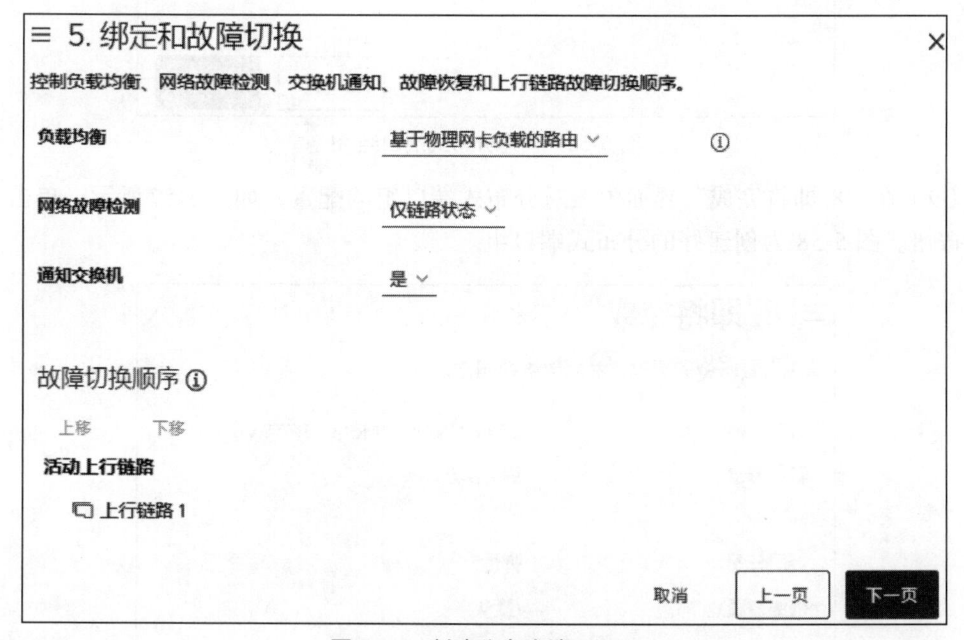

图 5-54　创建分布式端口组 -6

（7）在“6. 监控”界面中控制 NetFlow 配置，选择“禁用”，如图 5-55 所示，单击“下一页”按钮。启用 NetFlow 主要是监控通过分布式端口组的端口或通过单个分布式端口的 IP 数据包。

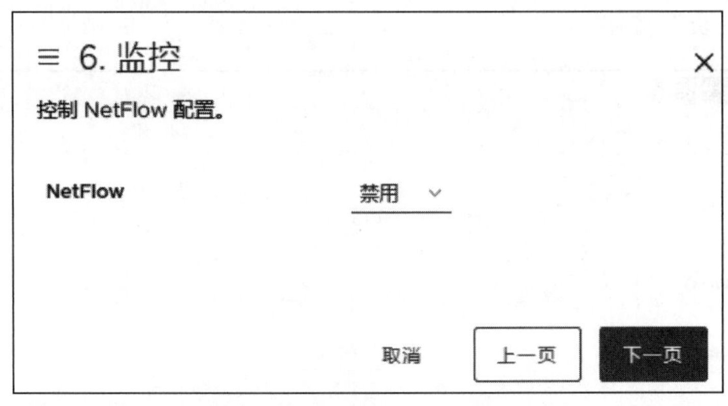

图 5-55　创建分布式端口组 -7

（8）在“7. 其他”界面中控制端口组织配置，在本节中选择“否”，如果选择“是”将阻止该分布式端口组所有端口数据流量通过，这可能会中断正在使用这些端口的主机或虚拟机，如图 5-56 所示，单击“下一页”按钮。

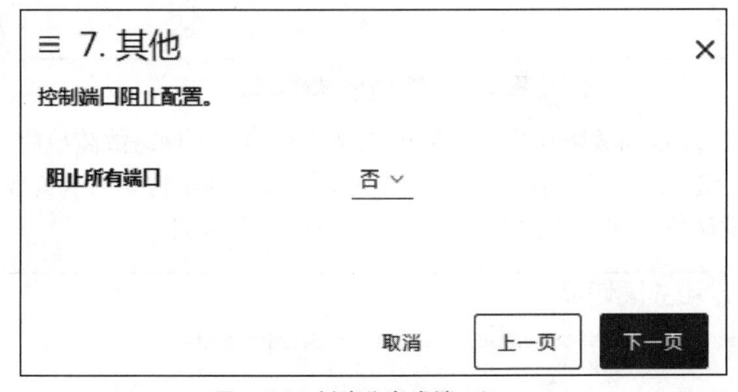

图 5-56　创建分布式端口组 -8

（9）在“8. 即将完成”界面中核对分布式端口组的配置，如图 5-57 所示，单击“完成”按钮。图 5-58 为创建好的分布式端口组。

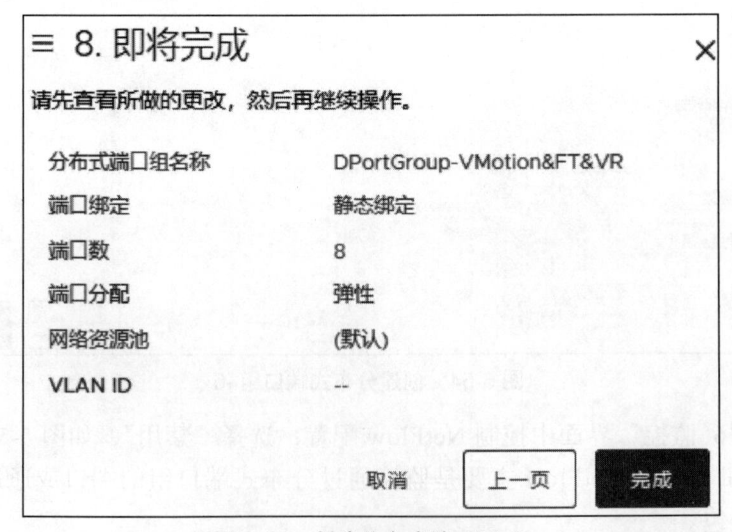

图 5-57　创建分布式端口组 -9

图 5-58　创建分布式端口组 -10

5.3.3　添加和管理主机

在创建完成分布式交换机后，还需要添加主机和对应的端口才能正式使用分布式交换机。

（1）单击 vCenter Server 导航器中的网络，右击创建完成的分布式交换机 DSwitch，在弹出的快捷菜单中选择“添加和管理主机”，在弹出的“1. 选择任务”界面选中“添加主机”单选按钮，如图 5-59 所示，单击“下一页”按钮。

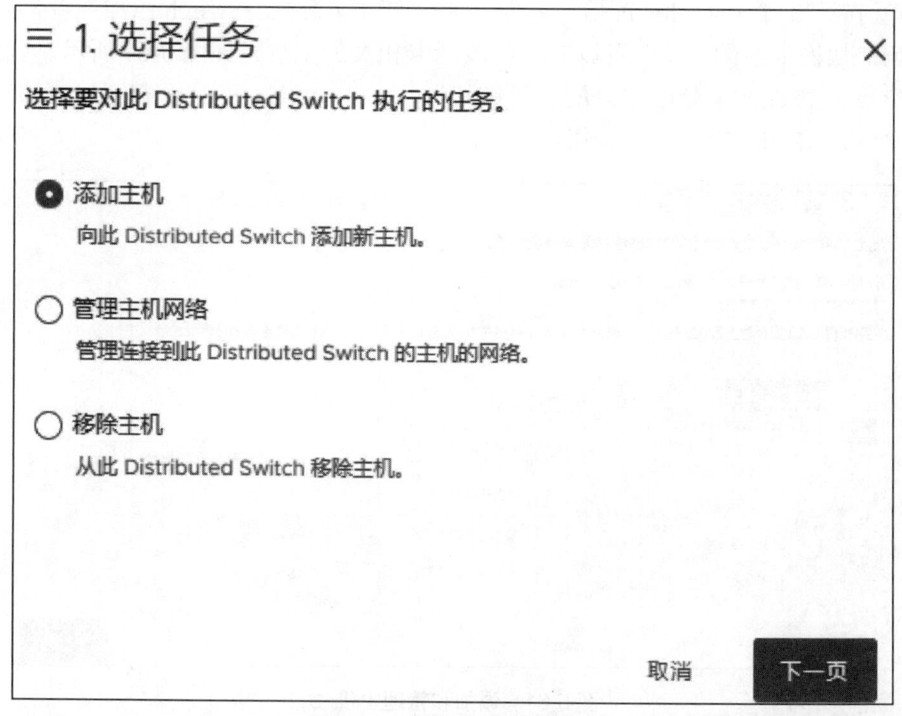

图 5-59　添加和管理主机 -1

（2）在“2. 选择主机”界面，选择主机，在本节中，选中全部主机，如图 5-60 所示，单击“下一页”按钮。

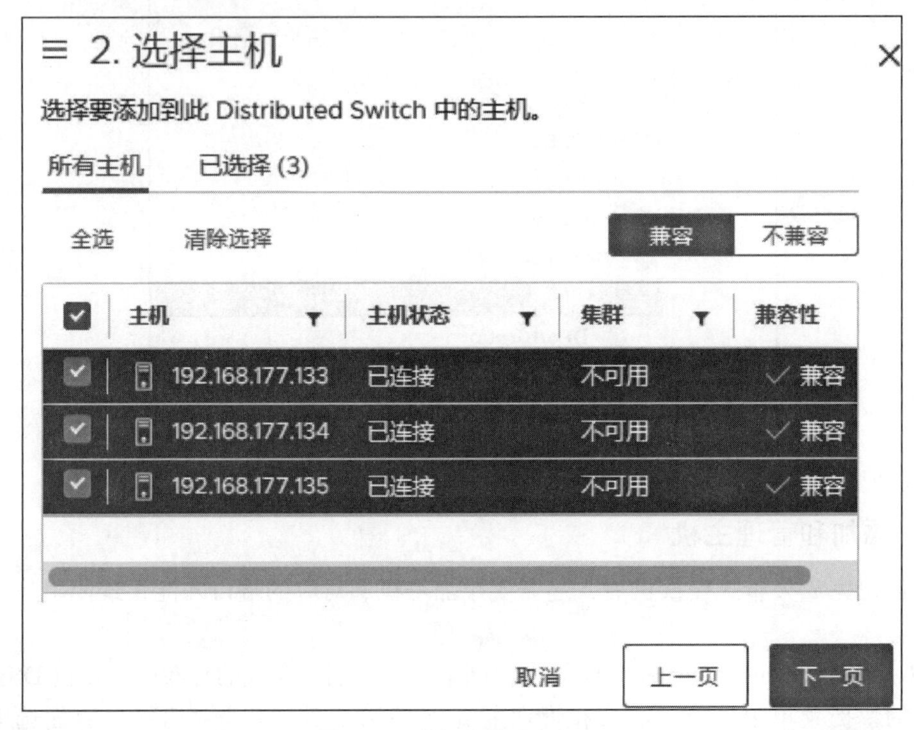

图 5-60　添加和管理主机 -2

（3）在“3. 管理物理适配器”界面，为分布式交换机 DSwitch 添加或者移除网卡，单击任何一块网卡前的“《”可以查看与该网卡相关的主机，如图 5-61 所示。找到每台主机上空闲的物理网卡分配“分配上行链路”，分配 vmnic4 和 vmnic5 为上行链路，如图 5-62 所示，单击“下一页”按钮。

图 5-61　添加和管理主机 -3

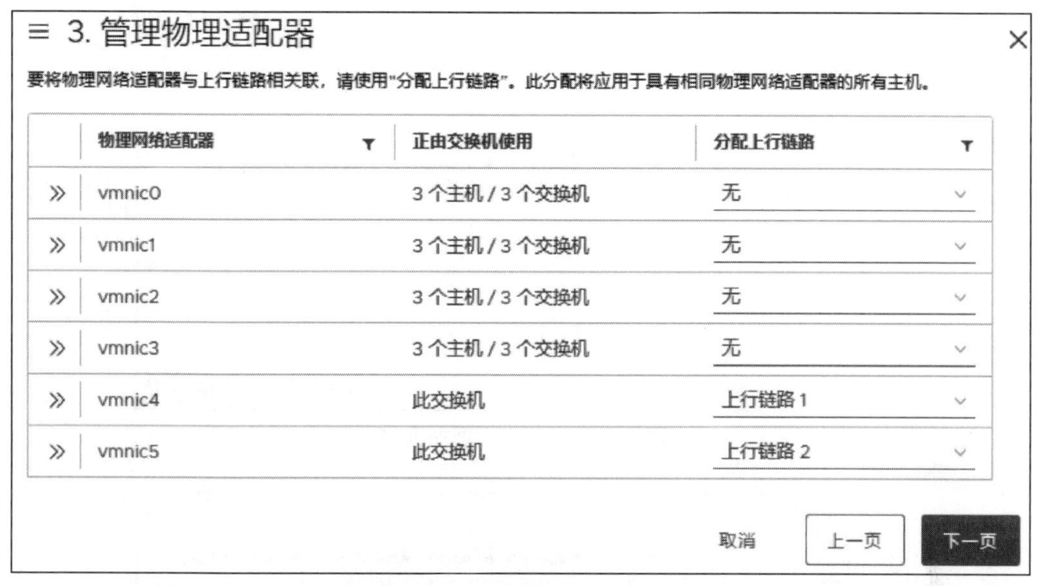

图 5-62　添加和管理主机 -4

（4）在“4. 管理 VMkernel 适配器”界面，为 VMkernel 适配器分配端口组，如图 5-63 所示，单击端口组前面的“《”或者后面的“分配端口组”，为 vmk0、vmk1 和 vmk2 分配端口组，如图 5-64 所示，分配完后，单击端口组前面的“《”能看到分配结果，如图 5-65 所示，单击“下一页”按钮。

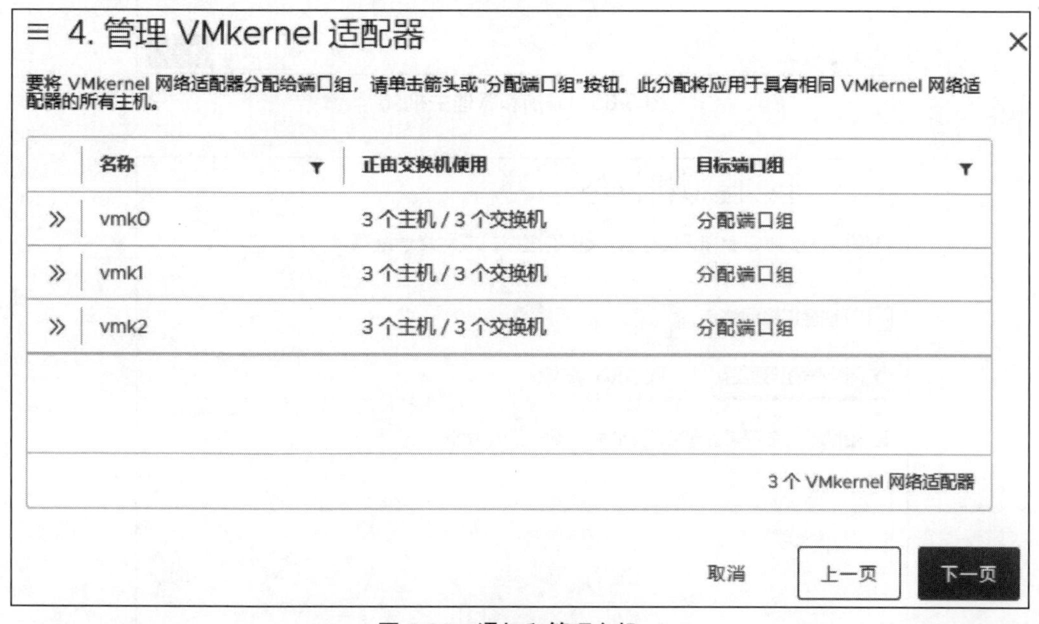

图 5-63　添加和管理主机 -4

此步骤是将端口组 vmk2 迁移到分布式交换机上并与分布式端口组 DPortGroup-VMotion&FT&VR 关联。

（5）在“5. 迁移虚拟机网络”界面，取消勾选“迁移虚拟机网络”复选框，如图 5-66 所示，单击“下一页”按钮。

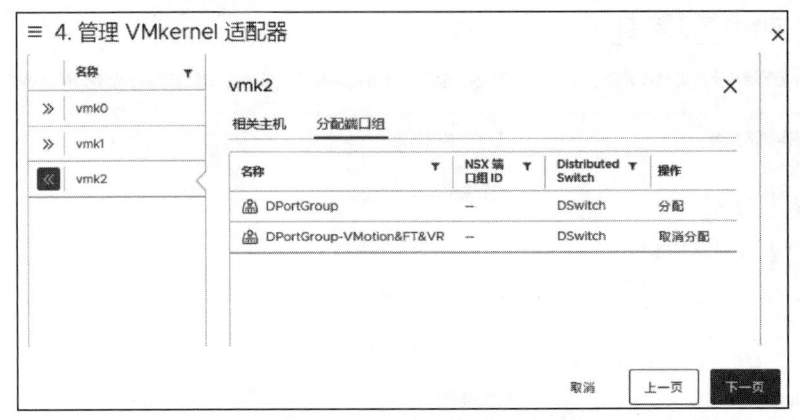

图 5-64　添加和管理主机 -4

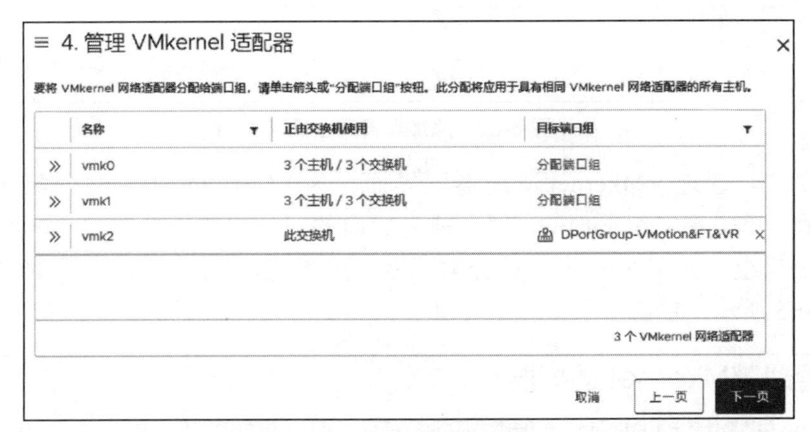

图 5-65　添加和管理主机 -5

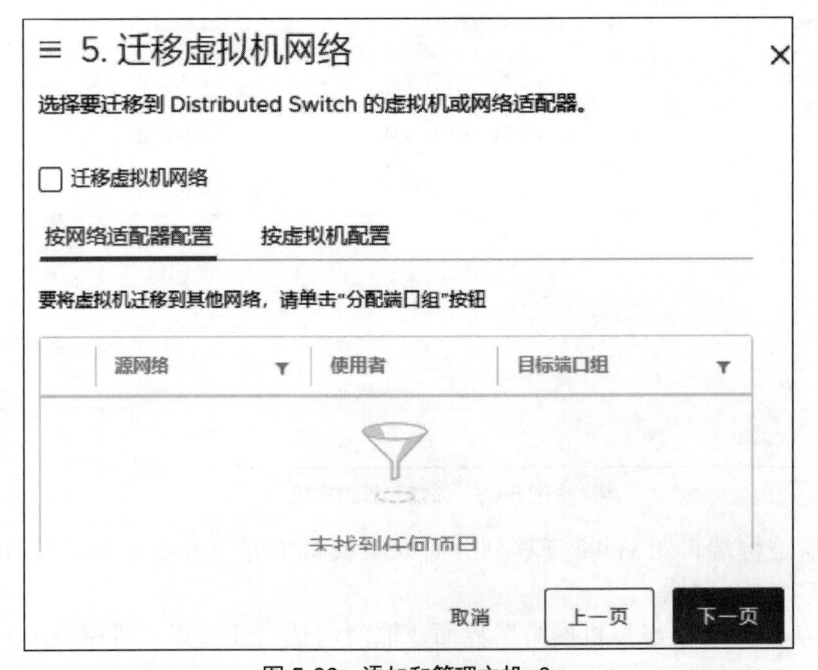

图 5-66　添加和管理主机 -6

（6）在“6. 即将完成”界面，检查所有选项的设置，如图 5-67 所示，无误后单击“完成”按钮。

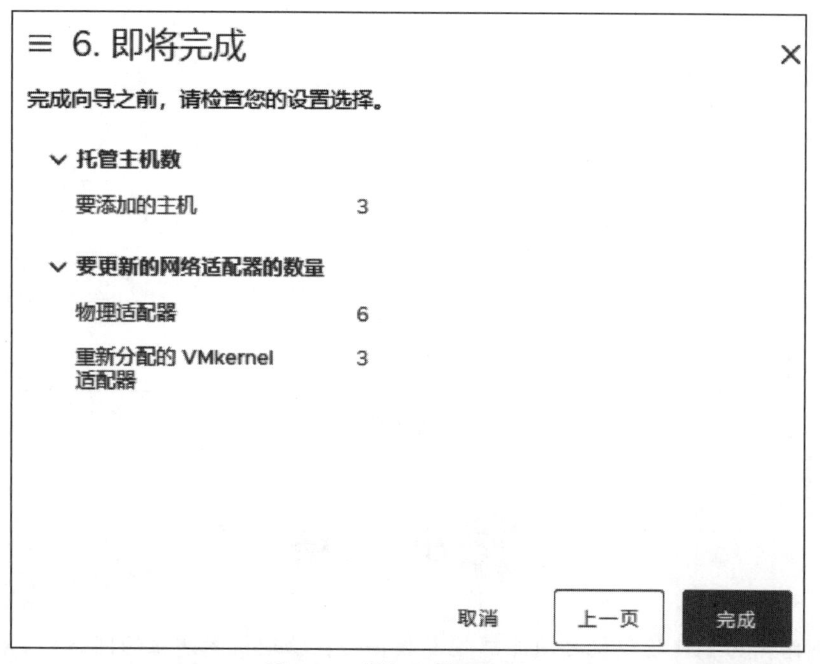

图 5-67　添加和管理主机 -7

（7）单击 vCenter Server 导航器中的网络，单击分布式交换机 DSwitch，单击页面右侧的“摘要”，可以看到分布式交换机 DSwitch 的主机数为 3，添加主机成功，如图 5-68 所示。依次单击右侧页面的“配置”→“设置”→“拓扑”，可以看到分布式交换机 DSwitch 的拓扑情况，如图 5-69 所示。

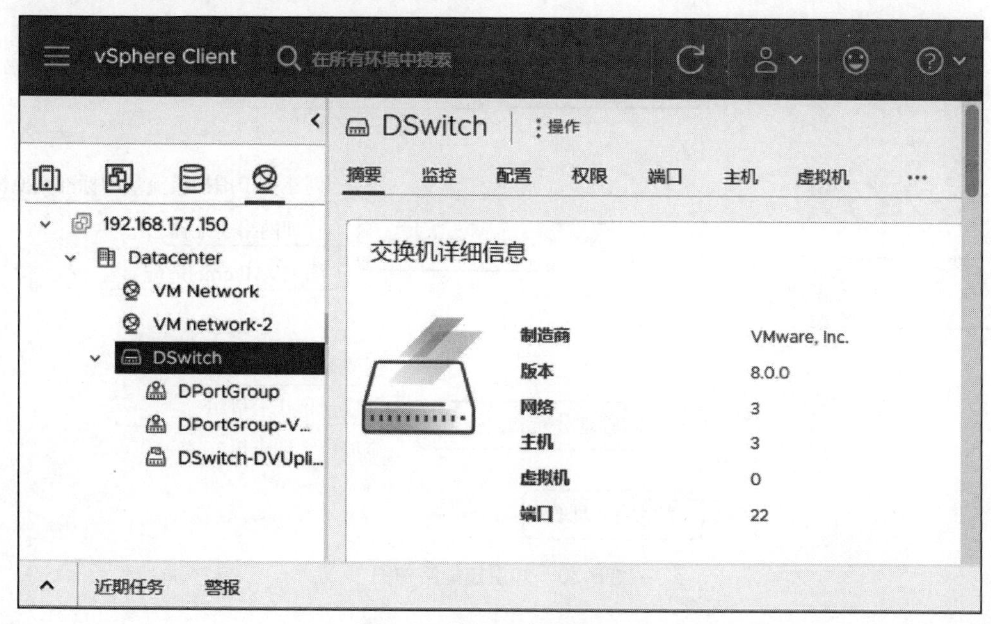

图 5-68　添加和管理主机 -8

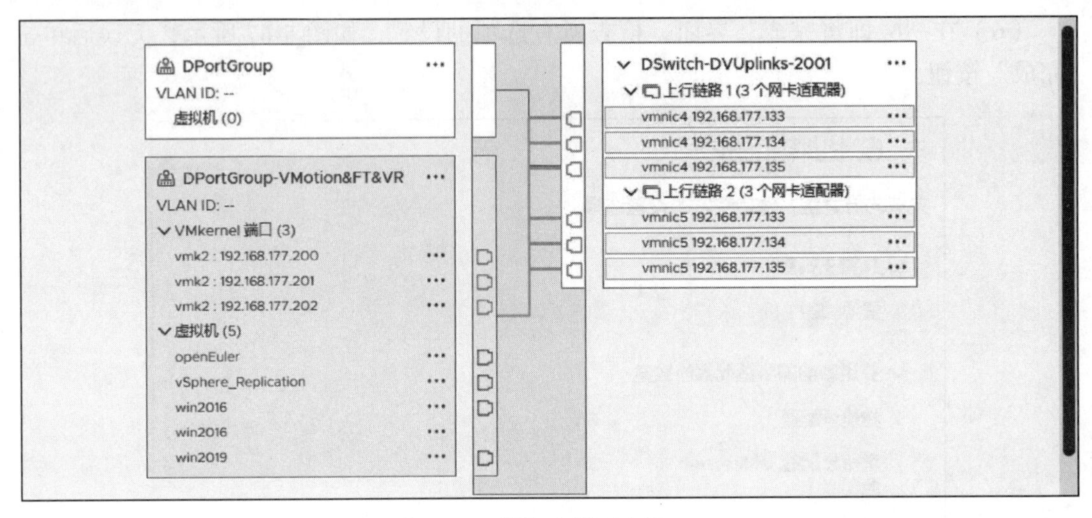

图 5-69　添加和管理主机 -9

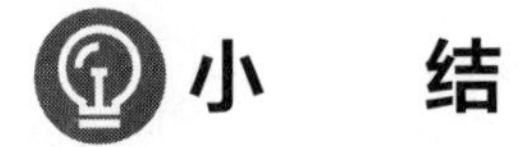

小　　结

物理网络是为了使物理机之间能够收发数据而在物理机间建立的网络。VMware ESXi 运行于物理机之上。虚拟网络是运行于单台物理机之上的虚拟机之间为了互相发送和接收数据而相互逻辑连接所形成的网络。在本章中主要讲述了 vSphere 标准交换机的概念，体系架构；vSphere 虚拟分布式交换机的概念、功能及其体系架构，重点描述了如何管理和配置标准交换机和分布式交换机。

本章知识技能结构如图 5-70 所示。

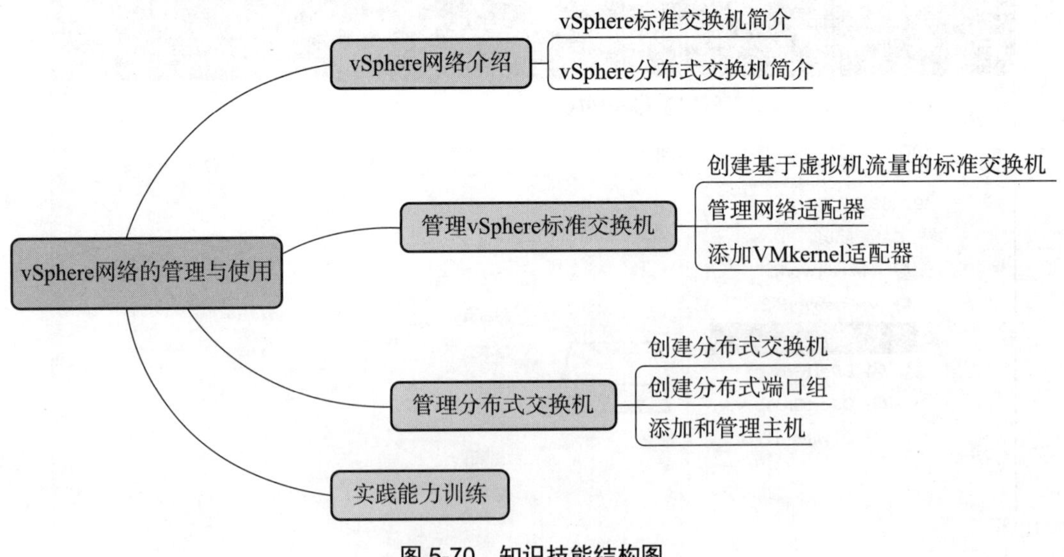

图 5-70　知识技能结构图

习　题

（1）简述标准交换机与虚拟交换机之间的差异。

（2）名词解释：上行链路端口组，分布式端口组。

（3）vSphere 标准交换机具有哪些功能？

（4）为 ESXi 主机添加一个名为 wan 的标准交换机。

（5）分布式交换机与标准交换机的英文缩写是什么？

实践能力训练

1. 实训目的

（1）掌握创建与管理 vSphere 标准交换机的方法。

（2）掌握创建与管理分布式交换机的方法。

2. 实训内容

（1）为 ESXi2、ESXi3、ESXi4 每台主机增加八个网络适配器，为每台 ESXi 主机的标准交换机 vSwitch0 添加一块网卡，并测试 ESXi2 主机的连通性（断开 vmnic0 网卡的连接）。

（2）为 ESXi2、ESXi3、ESXi4 每台主机增加一个承载管理流量的 VMkernel 适配器。

（3）为 ESXi2、ESXi3、ESXi4 每台主机增加一个承载 vMotion、VR、FT 流量的 VMkernel 适配器，网络标签命名为 vMotion&VR&FT。

（4）在 vSphere 环境，创建分布式交换机，命名为 vSwitch，为其创建一个名为 DPortGroup-VMotion&FT&VR 的端口组，为该分布式交换机 vSwitch 添加三台主机 ESXi2、ESXi3、ESXi4，将网络标签名为 vMotion&VR&FT 的端口组 vmk2 迁移到分布式交换机上并与分布式端口组 DPortGroup-VMotion&FT&VR 关联。

（5）培养学生动手操作能力和解决问题的能力。

3. 实训环境要求

硬件：物理机内存 64 GB 以上，主机系统需要使用具有 AMD-V 支持的 AMD CPU 或者具有 VT-x 支持的 Intel CPU，硬盘至少 1 TB。

第6章 vSphere 存储的配置与使用

存储虚拟化是指从虚拟机及其应用程序中对物理存储资源和容量进行逻辑虚拟化。vSphere 提供 ESXi 主机级别的存储虚拟化和软件定义的存储。

在本章中介绍常用的存储设备、ESXi 支持的物理存储类型和 vSphere 支持的存储文件格式，详细讲解了安装配置 NFS 存储服务和安装配置 iscsi 存储服务的方法。

学习目标

（1）了解常用的存储设备的优缺点。

（2）了解 ESXi 支持的物理存储类型。

（3）了解 vSphere 支持的存储文件格式。

（4）学会安装配置 NFS 存储服务。

（5）学会安装配置 iSCSI 存储服务。

6.1 存储设备介绍

视频

常用存储设备介绍

存储根据服务器类型可以分为封闭系统的存储和开放系统的存储。封闭式存储主要指大型机；开放系统主要指基于包括 Windows、UNIX、Linux 等操作系统的服务器，分为内置存储和外挂存储，其中，外挂存储包括直连式存储（direct-attached storage，DAS）和网络存储（fabric-attached storage，FAS）。FAS 根据传输协议又分为网络接入存储（network-attached storage，NAS）和存储区域网络（storage area network，SAN）。常见存储类型分类如图 6-1 所示。

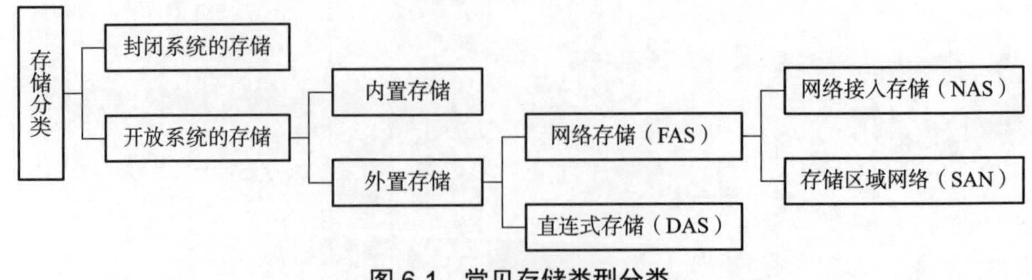

图 6-1 常见存储类型分类

6.1.1　直连式存储

DAS（direct-attached storage，开放系统直连式存储）是指将存储设备通过 SCSI 接口直接连接到一台服务器上使用，如图 6-2 所示。

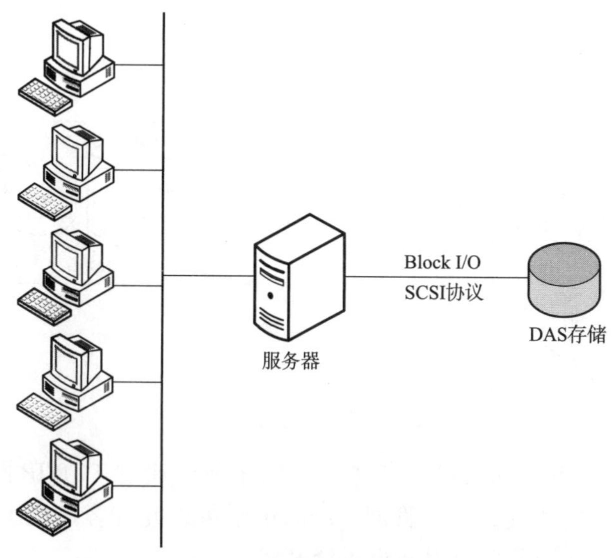

图 6-2　DAS 连接示意图

DAS 购置成本低，配置简单，使用过程和使用本机硬盘并无太大差别，对于服务器的要求仅仅是一个外接的 SCSI 口，因此对于小型企业很有吸引力。

DAS 的不足之处：

（1）服务器本身容易成为系统瓶颈，专属连接、空间资源无法与其他服务器共享。

直连式存储与服务器主机之间的连接通道通常采用 SCSI 连接，带宽为 10 MB/s、20 MB/s、40 MB/s、80 MB/s 等，随着服务器 CPU 的处理能力越来越强，存储硬盘空间越来越大，阵列的硬盘数量越来越多，SCSI 通道将会成为 I/O 瓶颈；服务器主机 SCSI ID 资源有限，能够建立的 SCSI 通道连接有限。

（2）服务器发生故障，数据不可访问。

（3）对于存在多个服务器的系统来说，设备分散，不便管理。同时多台服务器使用 DAS 时，存储空间不能在服务器之间动态分配，可能造成相当的资源浪费，致使总拥有成本提高。

（4）数据备份操作复杂。

备份到与服务器直连的磁带设备上，硬件失败将导致更高的恢复成本。

6.1.2　网络接入存储

NAS（network attached storage，网络接入存储）基于标准网络协议实现数据传输，为网络中的 Windows/Linux/MacOS 等各种不同操作系统的计算机提供文件共享和数据备份。NAS 连接示意图如图 6-3 所示。

NAS 文件系统一般包括 NFS（network file system，网络文件系统）和 CIFS（common internet file system，通用 Internet 文件系统）两种。

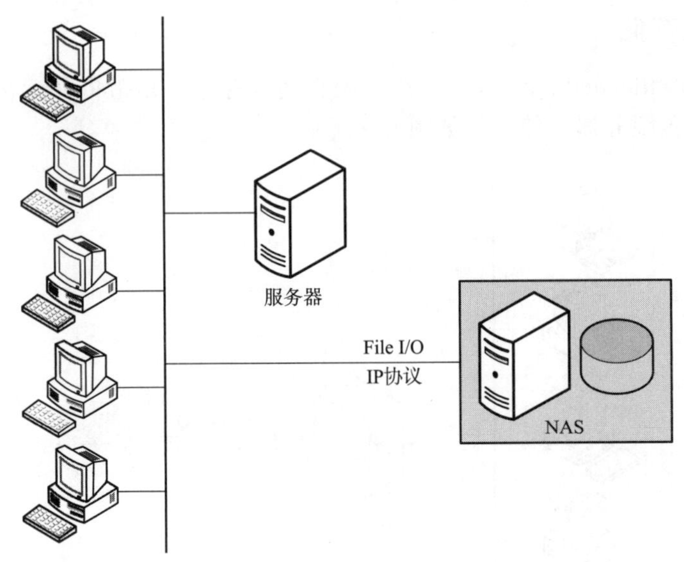

图 6-3　NAS 连接示意图

NAS 设备直接连接到 TCP/IP 网络上，网络服务器通过 TCP/IP 网络存取管理数据。NAS 作为一种瘦服务器系统，易于管理。同时由于可以允许客户机不通过服务器直接在 NAS 中存取数据，因此服务器可以减少系统开销。

NAS 为异构平台使用统一存储系统提供了解决方案。由于 NAS 只需要在一个基本的磁盘阵列柜外增加一套瘦服务器系统，因此对硬件要求很低，软件成本也不高，甚至可以使用免费的 LINUX 解决方案，成本只比直接附加存储略高。

NAS 存在的主要问题是：

（1）一些应用会占用带宽资源。由于存储数据通过普通数据网络传输，因此易受网络上其他流量的影响。当网络上有其他大数据流量时会严重影响系统性能。

（2）存在安全问题。由于存储数据通过普通数据网络传输，因此容易产生数据泄露等安全问题。

（3）不适应某些数据库的应用。存储只能以文件方式访问，而不能像普通文件系统一样直接访问物理数据块，因此会在某些情况下严重影响系统效率，如大型数据库就不能使用 NAS。

（4）扩展性有限。

6.1.3　存储区域网络

SAN（storage area network，存储区域网络）是一种专门为存储建立的独立于 TCP/IP 网络之外的专用网络，由多供应商存储系统、存储管理软件、应用程序服务器和网络硬件组成。SAN 连接示意图如图 6-4 所示。

SAN 支持服务器与存储设备之间的直接高速数据传输，并且其基础是一个专用网络，因此具有非常好的扩展性。同时，SAN 支持服务器集群技术，性能比较高。通过 SAN 接口的磁带机，SAN 系统可以方便高效地实现数据的集中备份。

SAN 作为一种新兴的存储方式，是未来存储技术的发展方向，但是，它也存在一些缺点：

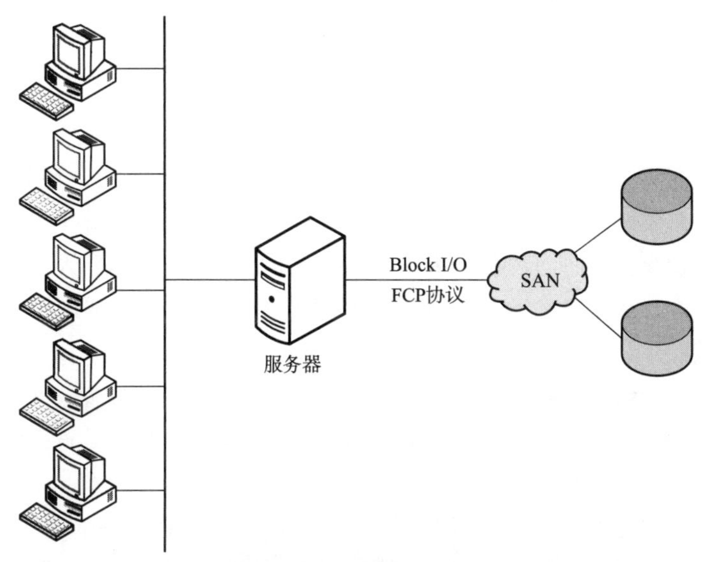

图 6-4　SAN 连接示意图

（1）成本较高：不论是 SAN 阵列柜还是 SAN 必需的光纤通道交换机价格都是十分昂贵的，就连服务器上使用的光通道卡的价格也是不容易被小型商业企业所接受的。

（2）SAN 孤岛：需要单独建立光纤网络，异地扩展比较困难。

（3）技术较为复杂：需要专业的技术人员维护。

6.1.4　小型计算机系统接口

iSCSI（internet small computer system interface，小型计算机系统接口）是一种基于 TCP/IP 的协议，用来建立和管理 IP 存储设备、主机和客户机等之间的相互连接，并创建存储区域网络（SAN）。SAN 使得 SCSI 协议应用于高速数据传输网络成为可能。使用专门的存储区域网成本很高，而利用普通的数据网来传输 ISCSI 数据实现和 SAN 相似的功能可以大大降低成本，同时提高系统的灵活性。

iSCSI 主要由 iSCSI 地址和命名规则、iSCSI 会话管理、iSCSI 差错处理和安全性组成。

iSCSI 目前存在的主要问题是：

（1）新兴的技术，提供完整解决方案的厂商较少，对管理者技术要求高。

（2）通过普通网卡存取 iSCSI 数据时，解码成 SCSI 需要 CPU 进行运算，增加了系统性能开销，如果采用专门的 iSCSI 网卡虽然可以减少系统性能开销，但会大大增加成本。

（3）使用数据网络进行存取，存取速度冗余受网络运行状况的影响。

6.2　vSphere 存储介绍

视 频

vSphere存储介绍

vSphere 支持传统和软件定义的存储环境中的各种存储选项和功能。

6.2.1 ESXi 支持的物理存储类型

ESXi 支持本地存储和联网存储。

1. 本地存储

本地存储一般是指服务器上自身本地硬盘，可以安装 ESXi，可以创建虚拟机等。本地存储不支持在多个主机之间共享，只有一个主机可以访问本地存储设备上的数据存储。因此，虚拟化架构的所有高级特性，如 vMotion、HA、DRS 等均无法使用。ESXi 支持各种本地存储设备，包括 SCSI、IDE、SATA、USB、SAS、闪存和 NVMe 设备。

2. 联网存储

联网的存储由 ESXi 主机用于远程存储虚拟机文件的外部存储系统组成。网络存储设备将被共享。网络存储设备上的数据存储可同时由多个主机来访问。ESXi 支持多种网络存储技术。

（1）FC SAN。FC SAN 是一种将主机连接到高性能存储设备的专用高速网络。网络使用光纤通道协议将 SCSI 或 NVMe 流量从虚拟机传输到 FC SAN 设备，能够最大限度发挥虚拟化架构的优势，虚拟化架构所有的高级特性，如 vMotion、HA、DRS 等均可实现。

（2）Internet SCSI（iSCSI）存储。iSCSI 将 SCSI 存储流量打包在 TCP/IP 协议中，使其通过标准 TCP/IP 网络（而不是专用 FC 网络）传输。相对于 FC SAN 存储来说，iSCSI 是相对便宜的 IPSAN 解决方案。

（3）NAS 存储。通过标准 TCP/IP 网络访问的远程文件服务器上存储虚拟机文件，是中小企业使用得最多的网络文件系统，其优点是配置管理简单，vSphere 虚拟化中的 vMotion、HA、DRS 等均可实现。但 NAS 存储的安全性存在一定的不足。

6.2.2 vSphere 支持的存储文件格式

vSphere 支持的存储文件格式主要有 VMFS、NFS 和 RDM。

（1）VMFS（VMware virtual machine file system，VMware 文件系统）。VMFS 是一种高性能的集群文件系统。它使虚拟化技术的应用超出了单个系统的限制。VMFS 的设计、构建和优化针对虚拟服务器环境，可让多个虚拟机共同访问一个整合的集群式存储池，从而显著提高资源利用率。ESXi 支持 VMFS5 和 VMFS6。

（2）NFS（network file system，网络文件系统）。NFS 是 FreeBSD 支持的文件系统中的一种，允许一个系统在网络上与他人共享目录文件。通过使用 NFS，用户和程序可以像访问本地文件一样访问远端系统上的文件。vSphere 支持 NFS 协议版本 3 和 4.1。

（3）RDM（raw device mapping，裸设备映射）。RDM 让运行在 ESXi 主机上的虚拟机直接访问和使用存储设备，不再经过虚拟硬盘进行转换，从而减少时延问题，读写的效率取决于存储的性能。

6.3 配置 vSphere 存储

在本节中，使用第 2 章在 VMware Workstation 中创建的 Windows Server 2016（IP:

192.168.177.131）虚拟机搭建 NFS 外部存储和 iSCSI 外部存储。在配置 vSphere 存储之前，需要在 Windows Server 2016 虚拟机中增加两块 150 GB 的 iSCSI 硬盘，具体过程如下：

（1）为 Windows Server 2016 虚拟机中增加两块 150 GB 的 iSCSI 硬盘，如图 6-5 所示。

虚拟机设置

硬件　选项

设备	摘要
内存	2 GB
处理器	2
新硬盘 (SCSI)	150 GB
新硬盘 (SCSI)	150 GB
硬盘 (NVMe)	60 GB
CD/DVD (SATA)	自动检测
网络适配器	NAT
USB 控制器	存在
声卡	自动检测
打印机	存在
显示器	自动检测

图 6-5　搭建存储环境 -1

（2）开启虚拟机 Windows Server 2016，打开服务器管理器，单击“文件和存储服务”，如图 6-6 所示。

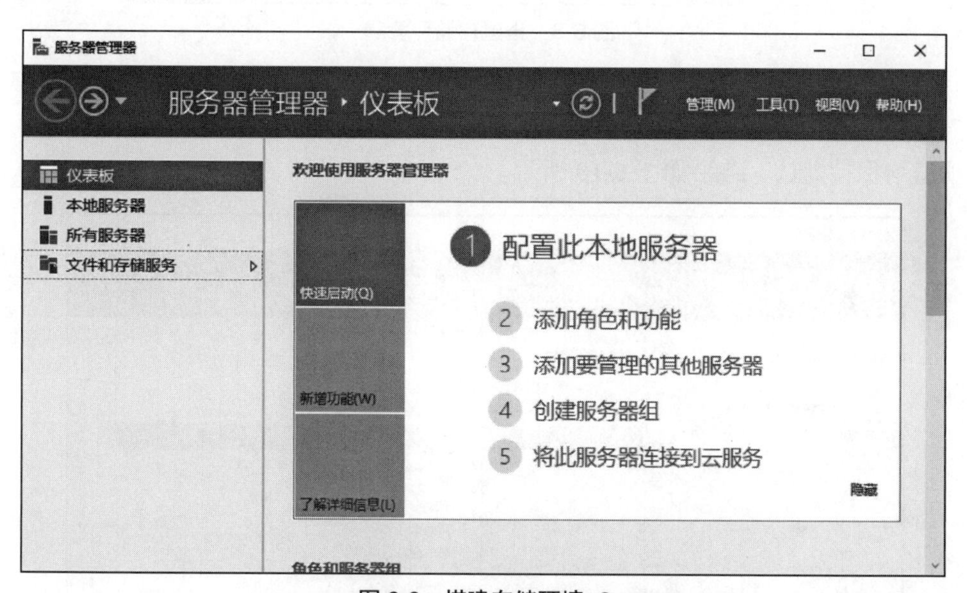

图 6-6　搭建存储环境 -2

（3）单击“磁盘”，可以看到新增加的两块磁盘是脱机状态，右击新增加的磁盘，在弹出的快捷菜单中选择“联机”命令，如图 6-7 所示。在弹出的“使磁盘联机”对话框，单击“是”按钮，如图 6-8 所示。

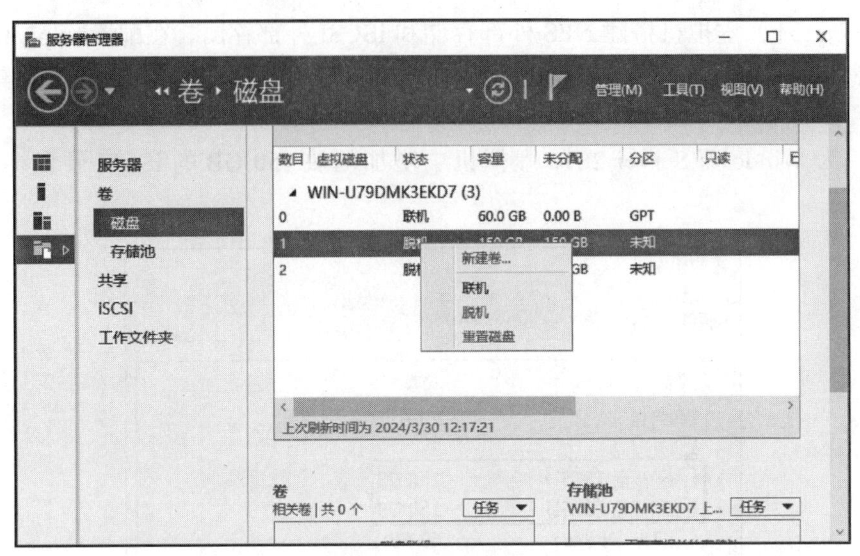

图 6-7　搭建存储环境 -3

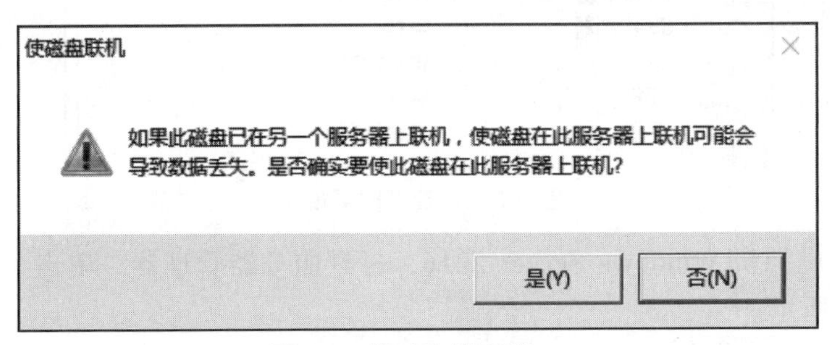

图 6-8　搭建存储环境 -4

（4）磁盘状态变为“联机”后，右击新增加的磁盘，在弹出的快捷菜单中选择“新建卷”命令，如图 6-9 所示。按照“新建卷向导”完成新卷的创建，在创建过程中，所有选项值均保持默认，结果如图 6-10 所示。

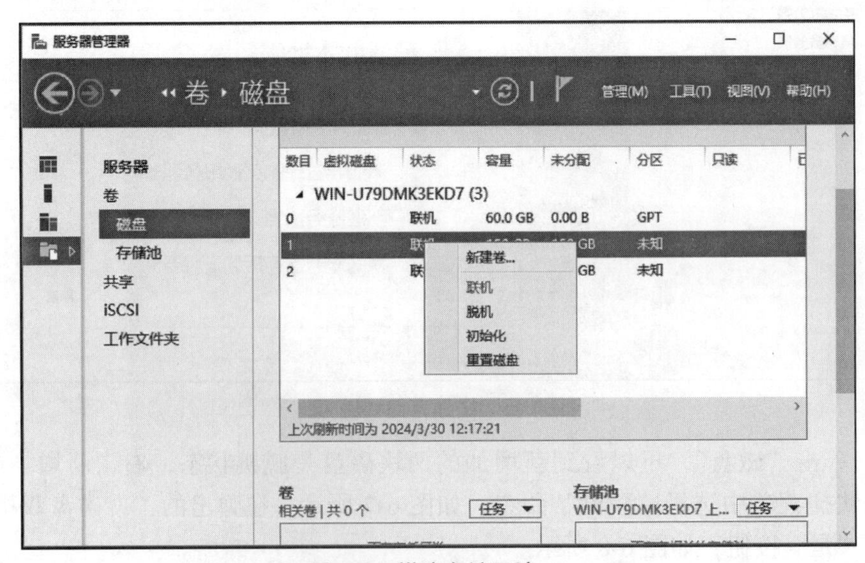

图 6-9　搭建存储环境 -5

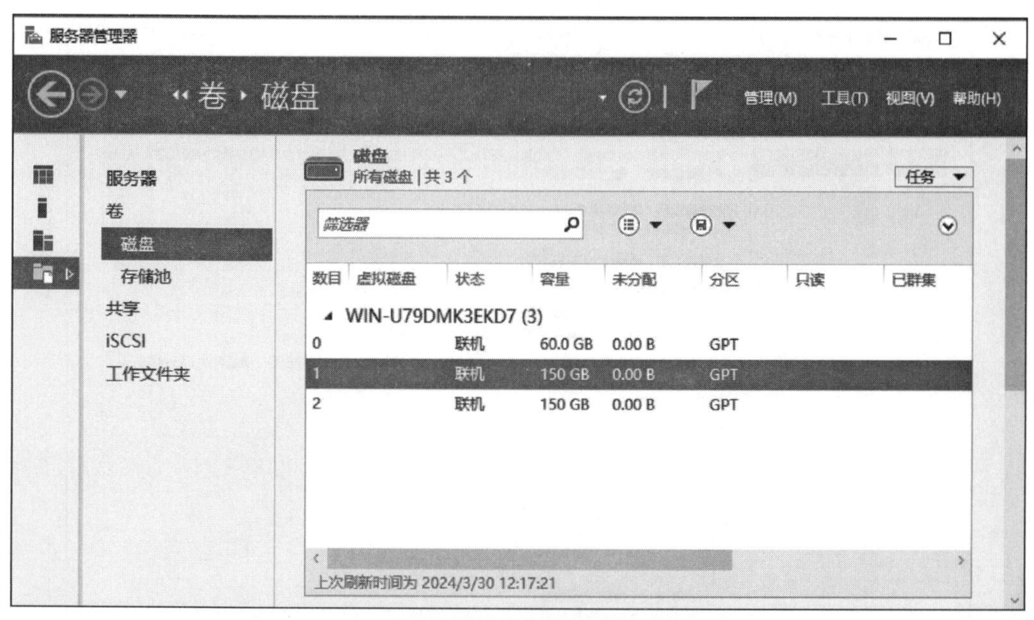

图 6-10　搭建存储环境 -6

6.3.1　安装配置 NFS 存储服务

视　频
安装配置NFS存储服务

1. 安装 NFS 服务

（1）启动虚拟机 Windows Server 2016，打开服务器管理器，在“服务器管理器 - 仪表板”界面单击“添加角色和功能”，如图 6-11 所示。

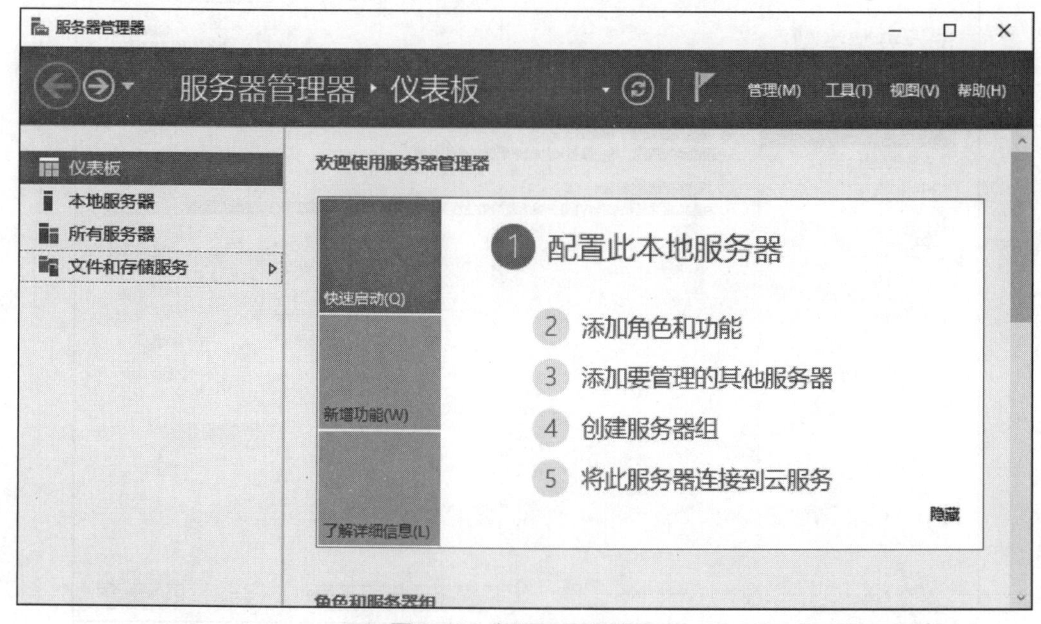

图 6-11　安装 NFS 服务 -1

（2）在“添加角色和功能向导”的“开始之前”界面，保持默认，如图 6-12 所示，单击“下一步”按钮。

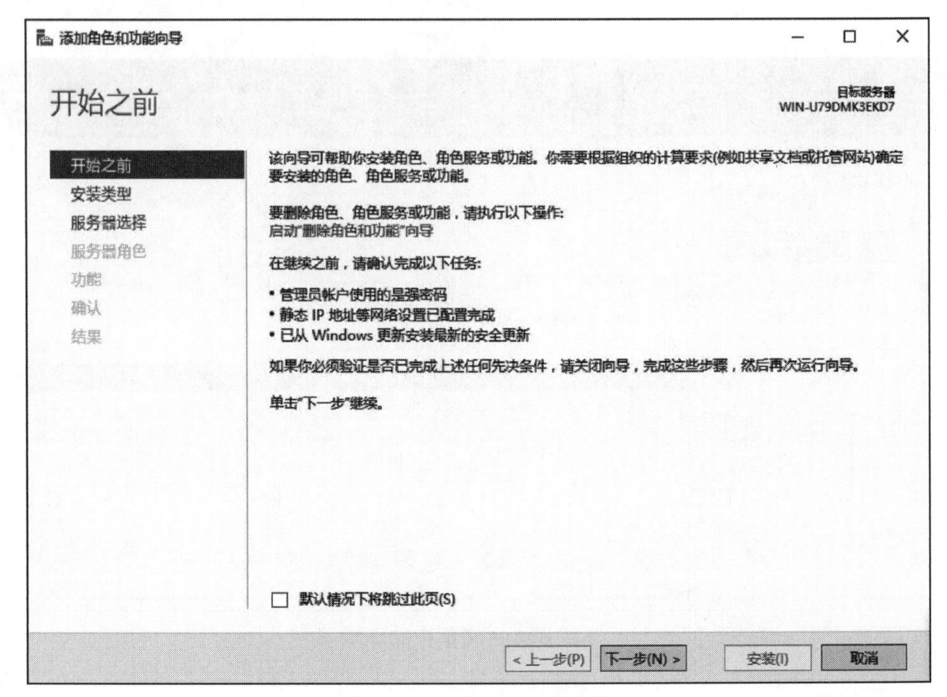

图 6-12　安装 NFS 服务 -2

（3）在“选择安装类型”界面，选中“基于角色或基于功能的安装”单选按钮，如图 6-13 所示，单击“下一步”按钮。

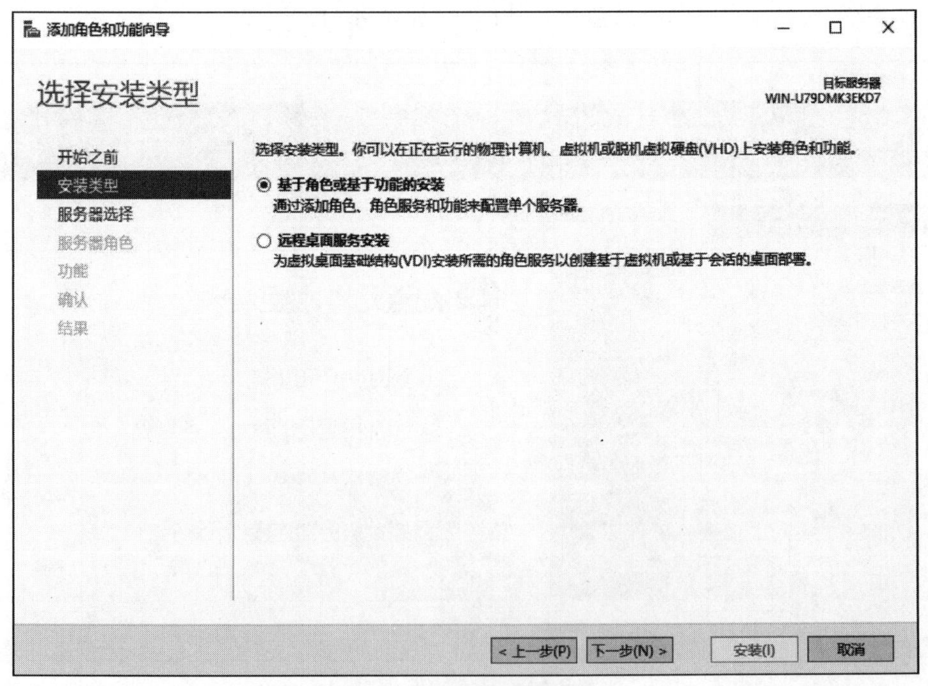

图 6-13　安装 NFS 服务 -3

（4）在“选择目标服务器”界面，选中“从服务器池中选择服务器”单选按钮，选择本主机，如图 6-14 所示，单击“下一步”按钮。

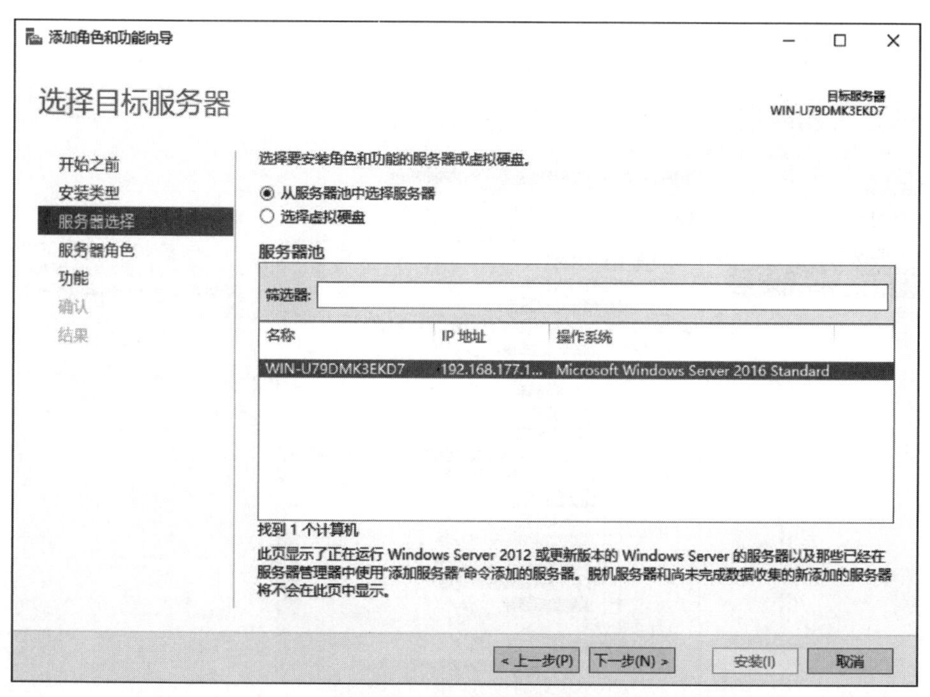

图 6-14　安装 NFS 服务 -4

（5）在“选择服务器角色”界面，依次展开“文件和存储服务”→“文件和 iSCSI 服务”，如图 6-15 所示，勾选“NFS 服务器”，如图 6-16 所示，弹出询问“添加 NFS 服务器所需的功能？”界面，如图 6-17 所示，单击“添加功能”按钮后，“NFS 服务器”已被勾选，如图 6-18 所示，单击“下一步”按钮。

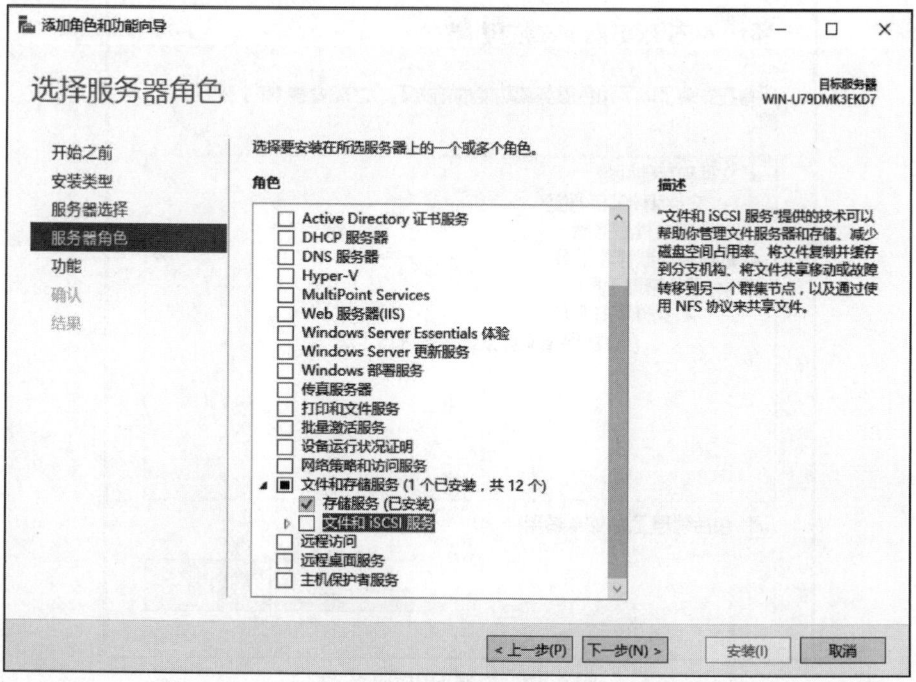

图 6-15　安装 NFS 服务 -5

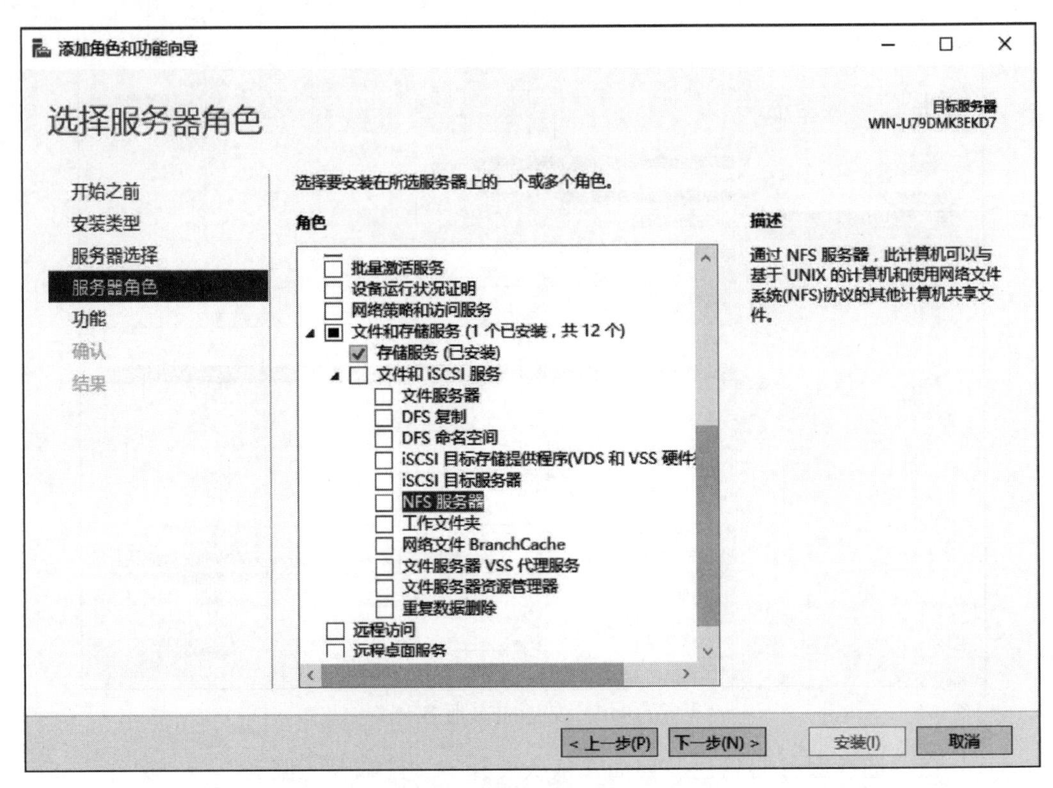

图 6-16　安装 NFS 服务 -6

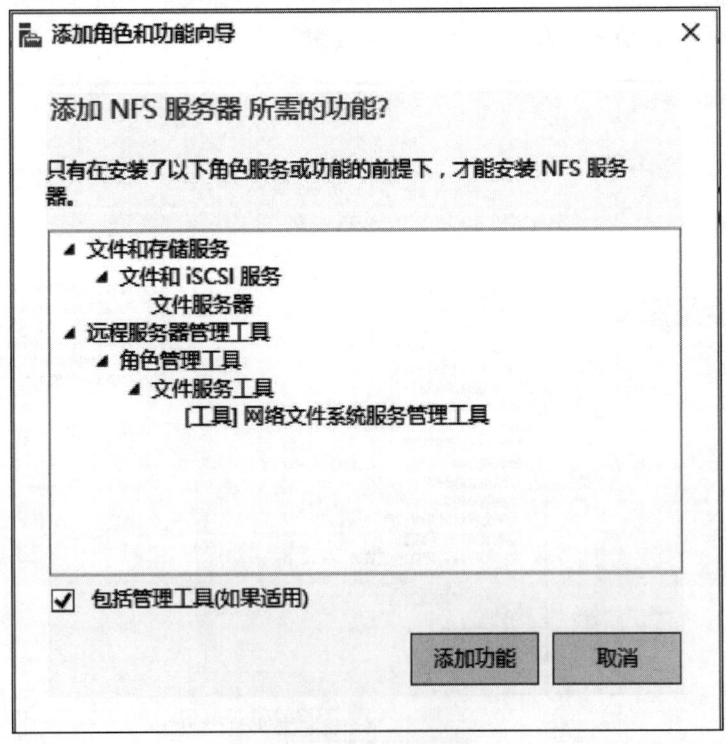

图 6-17　安装 NFS 服务 -7

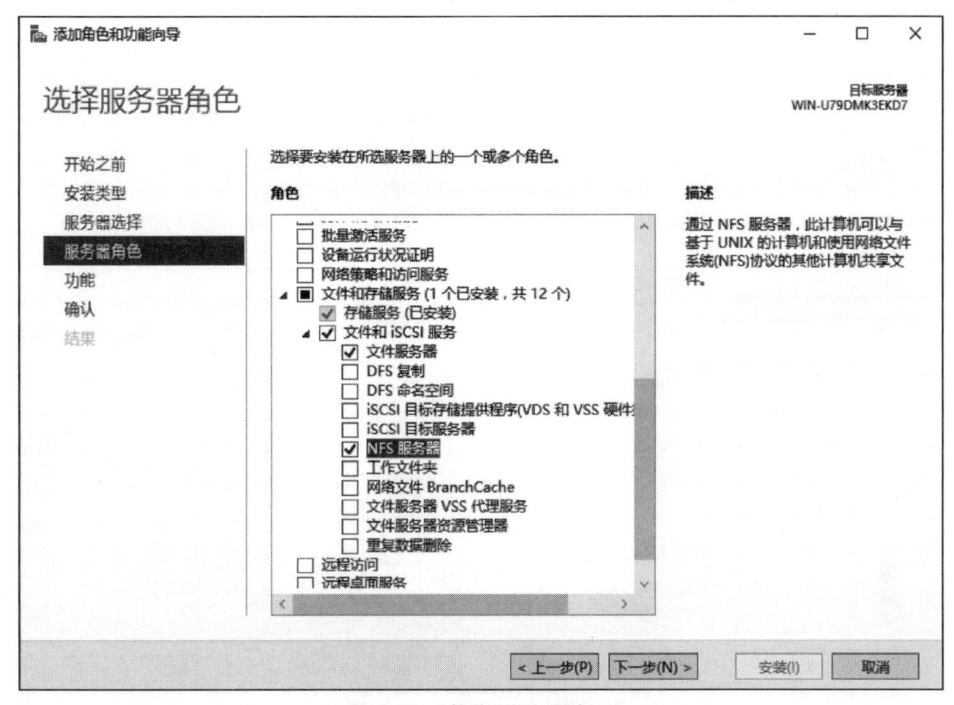

图 6-18　安装 NFS 服务 -8

（6）在“选择功能”界面，保持默认，如图 6-19 所示，单击“下一步”按钮。

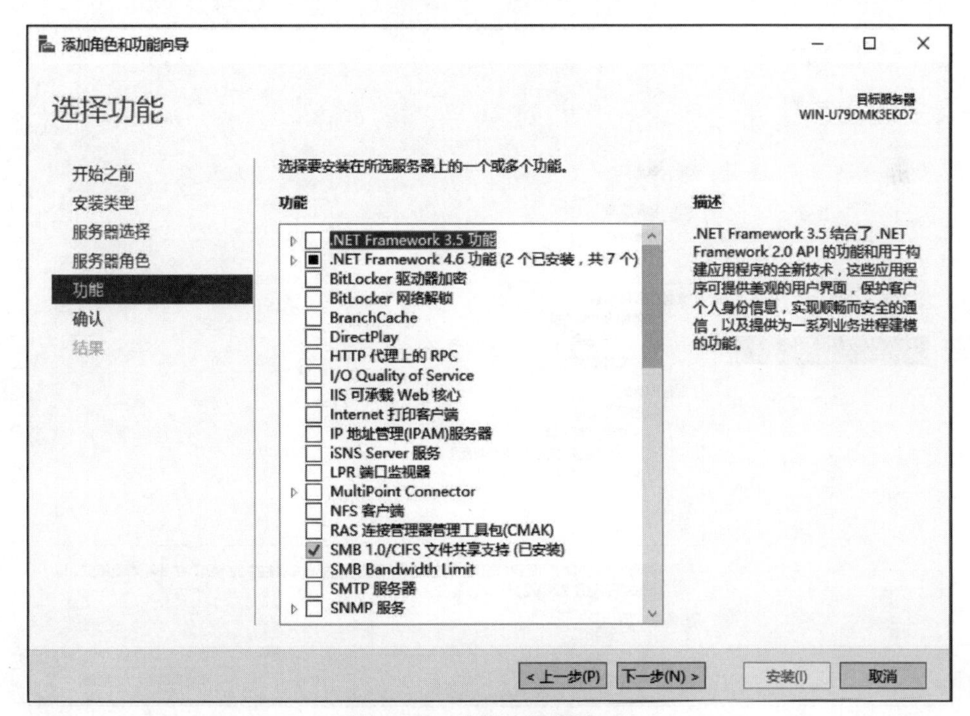

图 6-19　安装 NFS 服务 -9

（7）在“确认安装所选内容”界面，核对需要安装的内容，如图 6-20 所示，确认无误后，单击“安装”按钮。

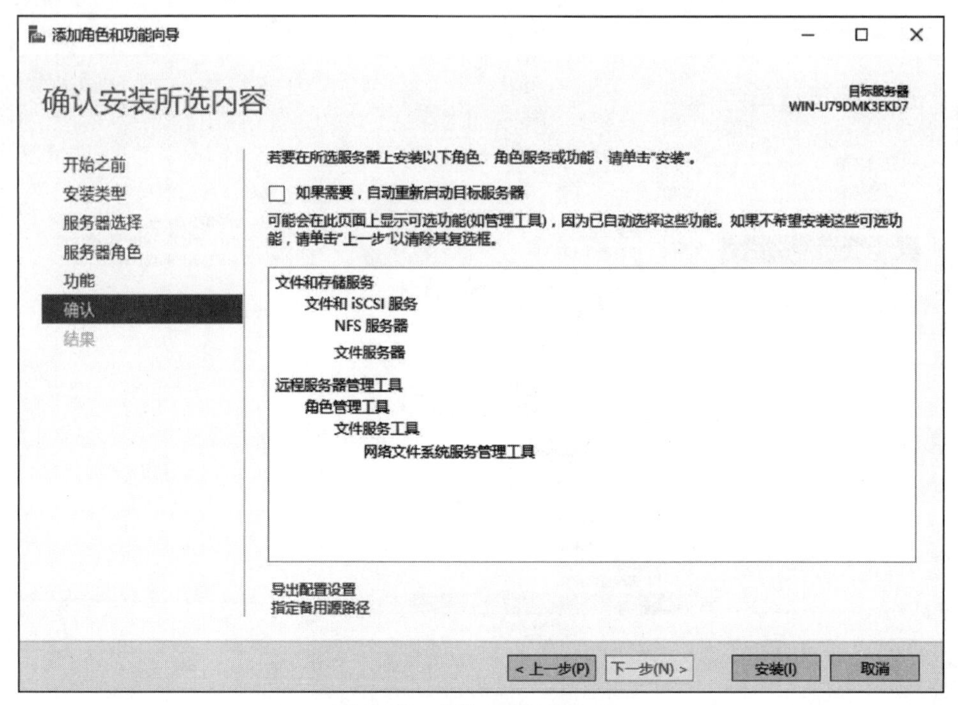

图 6-20　安装 NFS 服务 -10

（8）在“安装进度”界面，安装完成后，单击“关闭”按钮，如图 6-21 所示。

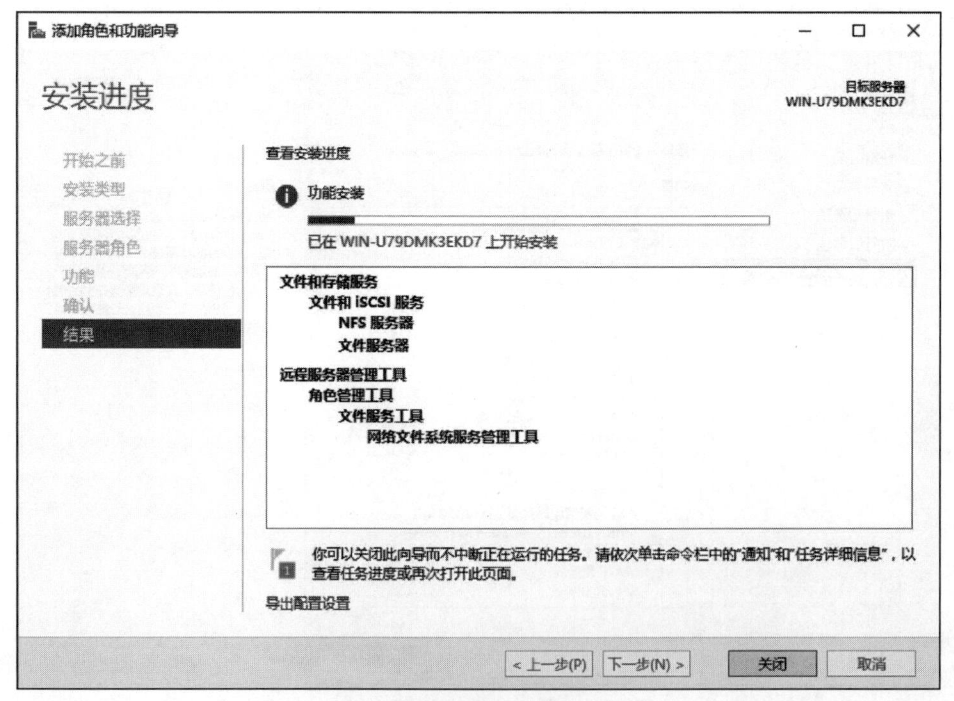

图 6-21　安装 NFS 服务 -11

2. 配置 NFS 服务

（1）打开 Windows Server 2016 的服务器管理器，依次单击“文件和存储服务”→“共享”，单击“若要创建文件共享，请启动新加共享向导”，如图 6-22 所示。

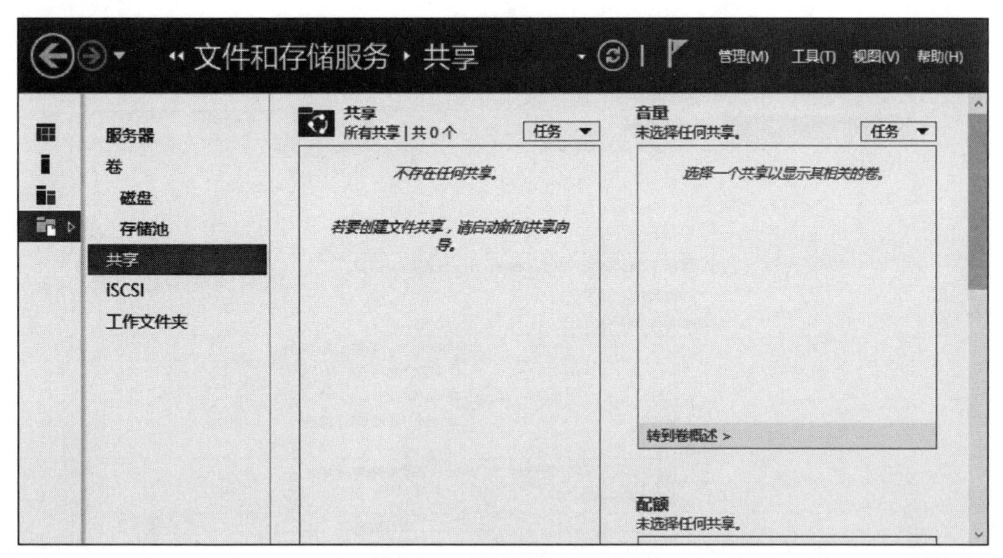

图 6-22　配置 NFS 服务 -1

（2）在“为此共享选择配置文件”界面，选择“NFS 共享 - 快速”，如图 6-23 所示，单击“下一步”按钮。

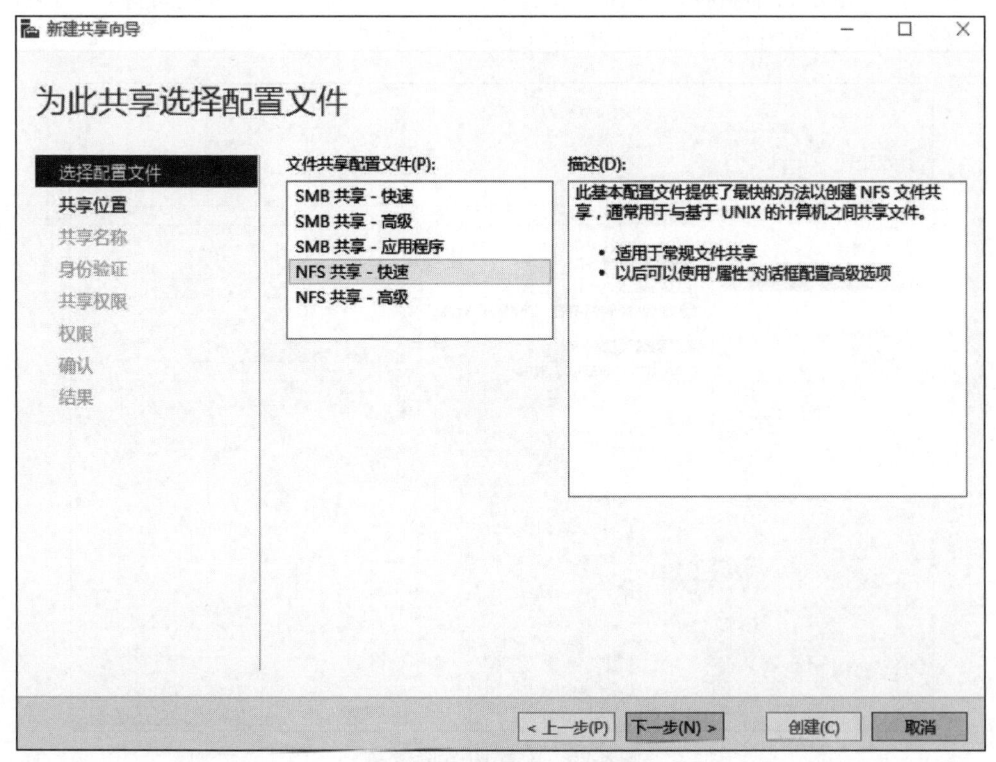

图 6-23　配置 NFS 服务 -2

（3）在“选择服务器和此共享的路径”界面，选中“按卷选择”单选按钮，选择共享的卷信息“卷 E:”，如图 6-24 所示，单击“下一步”按钮。

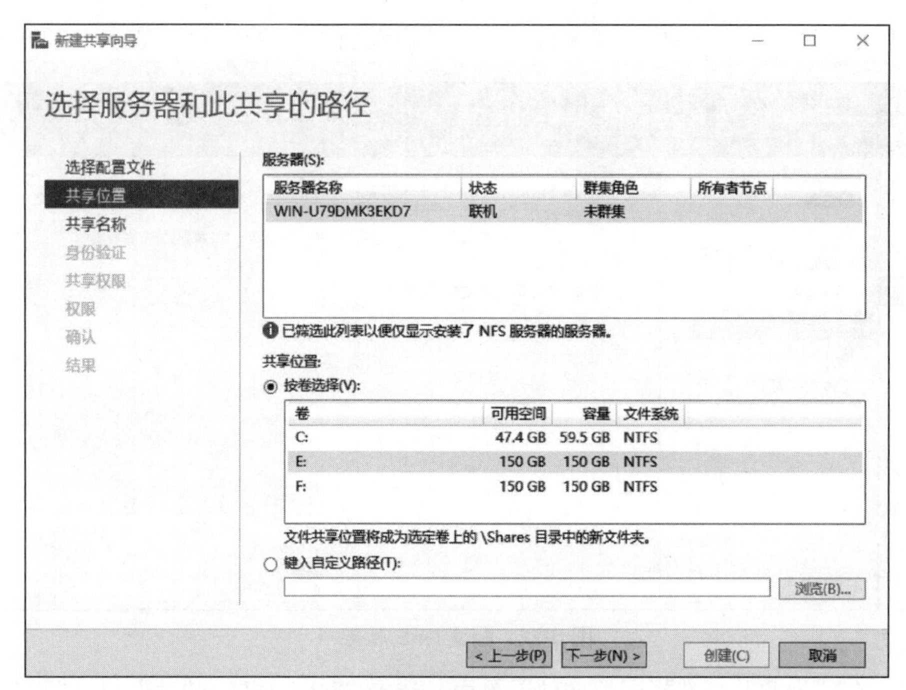

图 6-24　配置 NFS 服务 -3

（4）在“指定共享名称”界面，设置 NFS 的共享名称，在“共享名称”右侧的文本框中输入 NFS，如图 6-25 所示，单击“下一步”按钮。

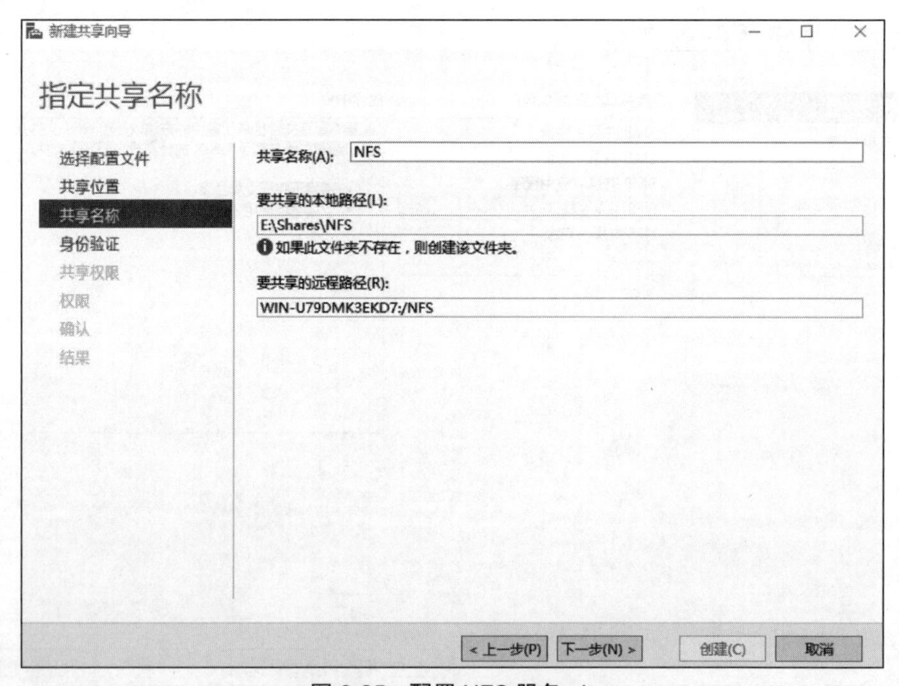

图 6-25　配置 NFS 服务 -4

（5）在“指定身份验证方法”界面，依次勾选“无服务器身份验证”→“启用未映射的用户访问”，设置“允许未映射的用户访问”，如图 6-26 所示，单击“下一步”按钮。

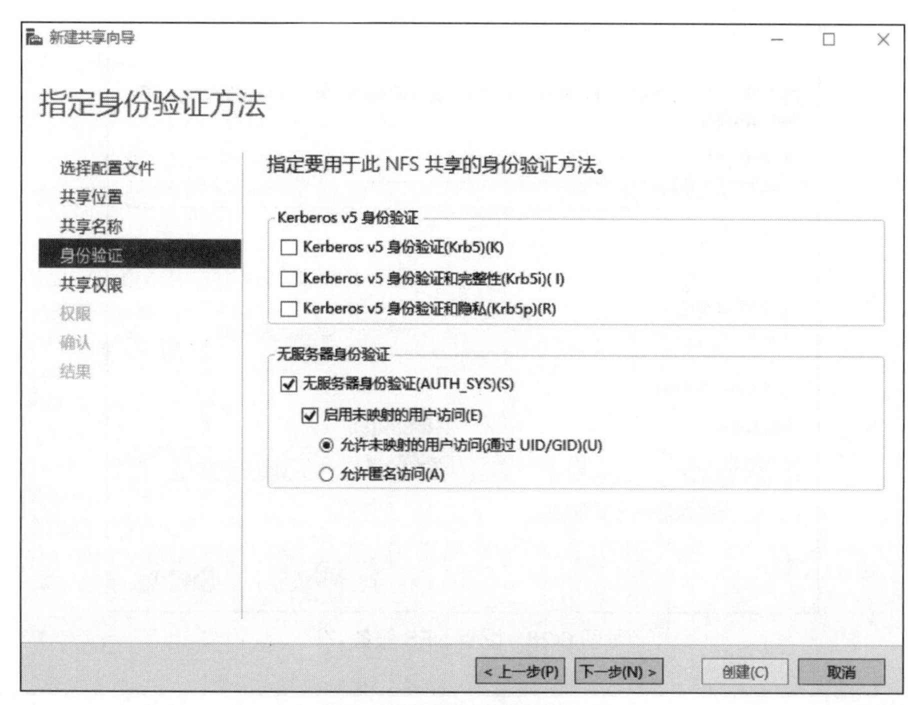

图 6-26　配置 NFS 服务 -5

（6）在“指定共享权限”界面，单击“添加”按钮进行访问权限设置，如图 6-27 所示；在“添加权限”对话框，输入主机的 IP 地址，语言编码中选择 GB2312-80，共享权限选择“读 / 写”，单击“添加”按钮完成权限添加，如图 6-28 所示；将三台 ESXi 主机 IP 地址都添加完成，如图 6-29 所示，单击“下一步”按钮。

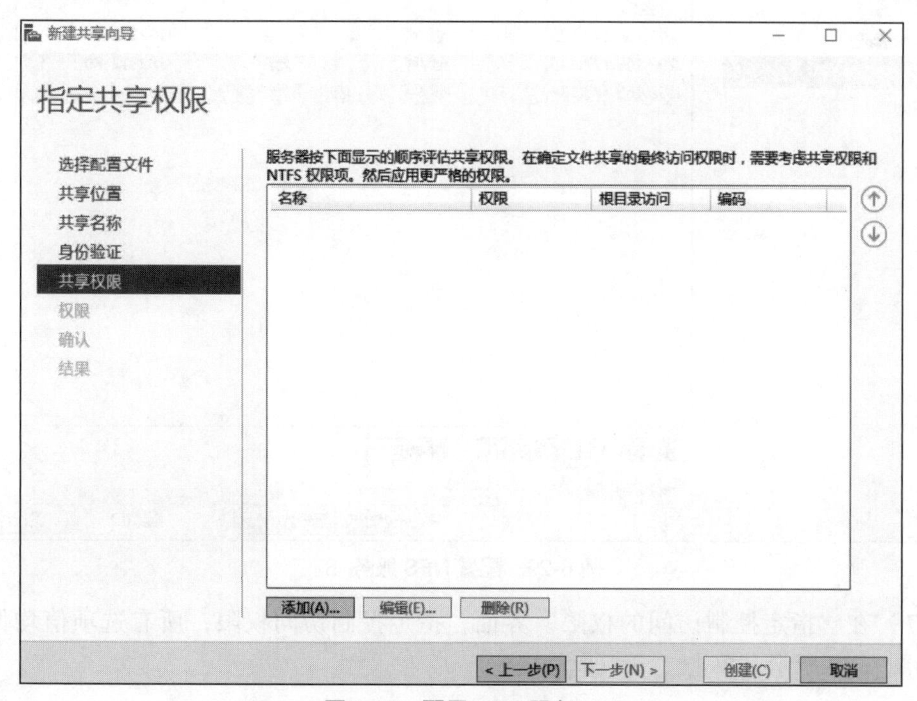

图 6-27　配置 NFS 服务 -6

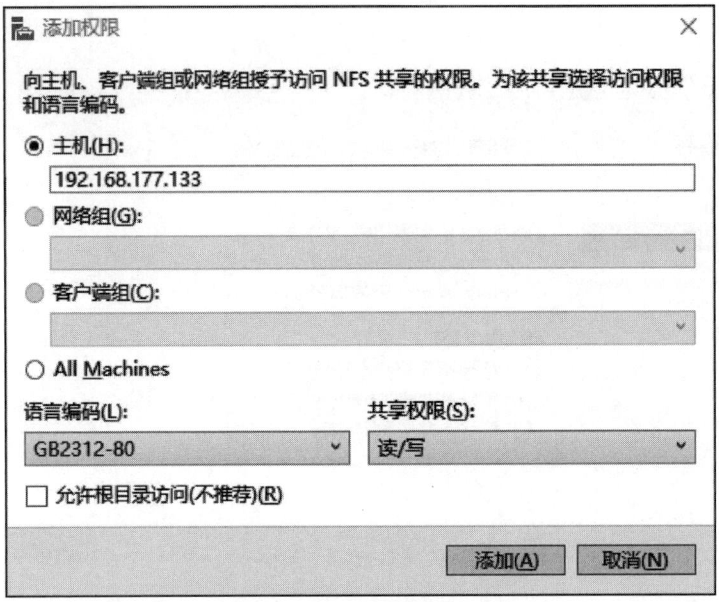

添加权限

向主机、客户端组或网络组授予访问 NFS 共享的权限。为该共享选择访问权限和语言编码。

主机(H):

192.168.177.133

网络组(G):

客户端组(C):

All Machines

语言编码(L): GB2312-80

共享权限(S): 读/写

允许根目录访问(不推荐)(R)

添加(A) 取消(N)

图 6-28　配置 NFS 服务 -7

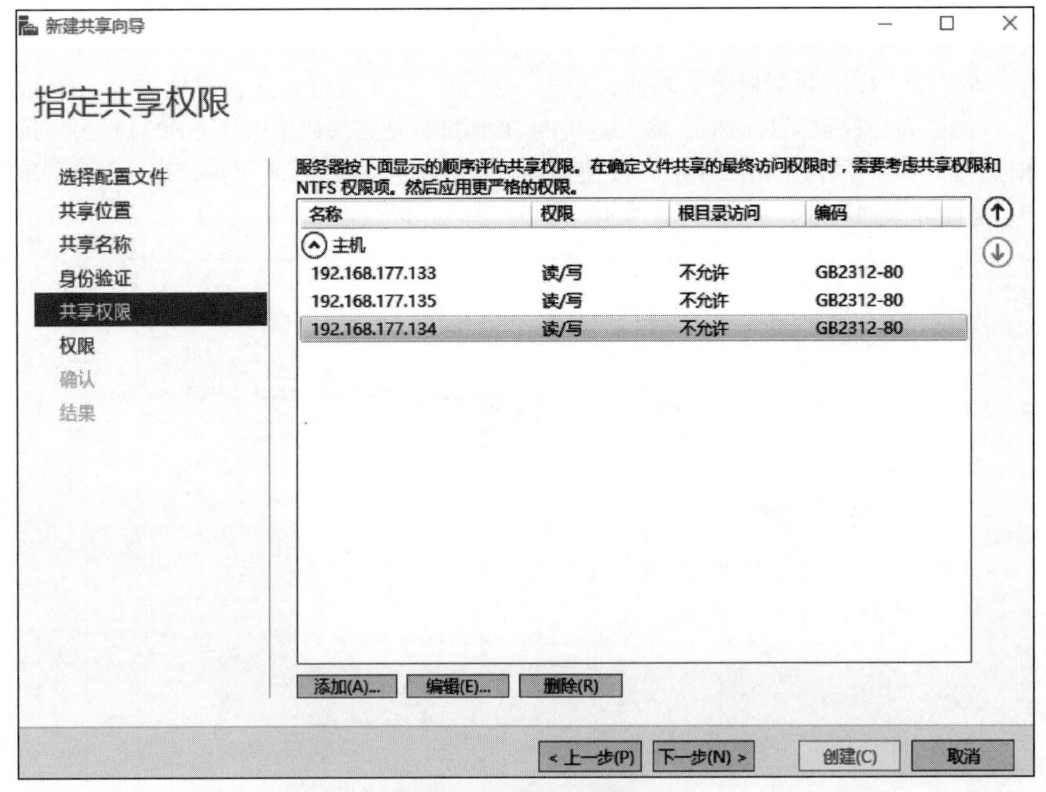

图 6-29　配置 NFS 服务 -8

（7）在“指定控制访问的权限”界面，指定控制访问权限，所有选项值均保持默认，如图 6-30 所示，单击“下一步”按钮。

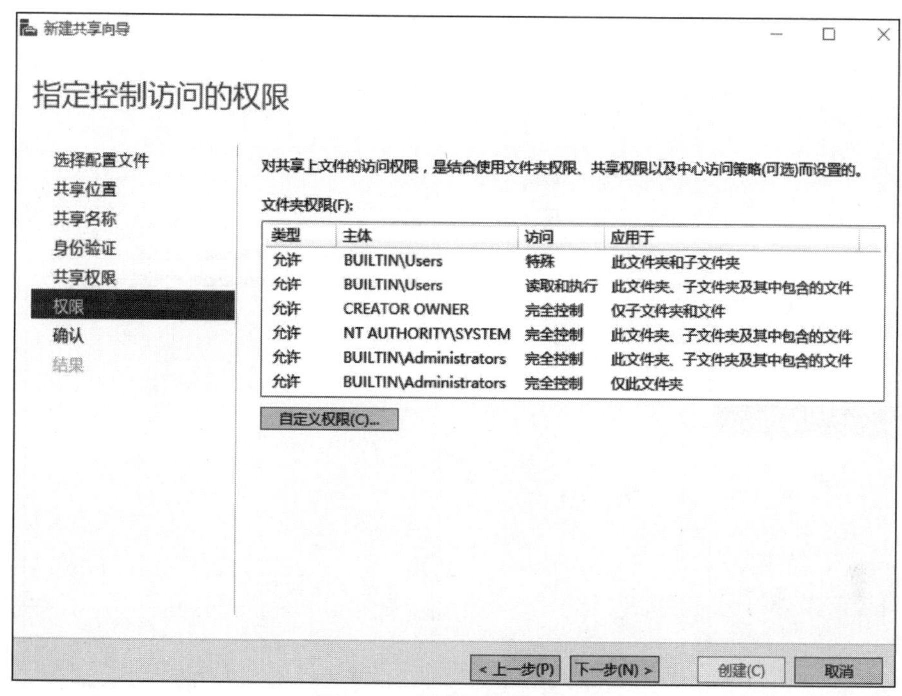

图 6-30　配置 NFS 服务 -9

（8）在“确认选择”界面，确认每一项设置是否正确，如图 6-31 所示，确认无误后，单击“创建”按钮开始创建 NFS 共享服务。当“创建 NFS 共享”和“设置 NFS 权限”完成，界面显示“已成功创建共享”后，单击“关闭”按钮，完成 NFS 共享服务的创建，如图 6-32 所示。图 6-33 为已创建的 NFS 共享。

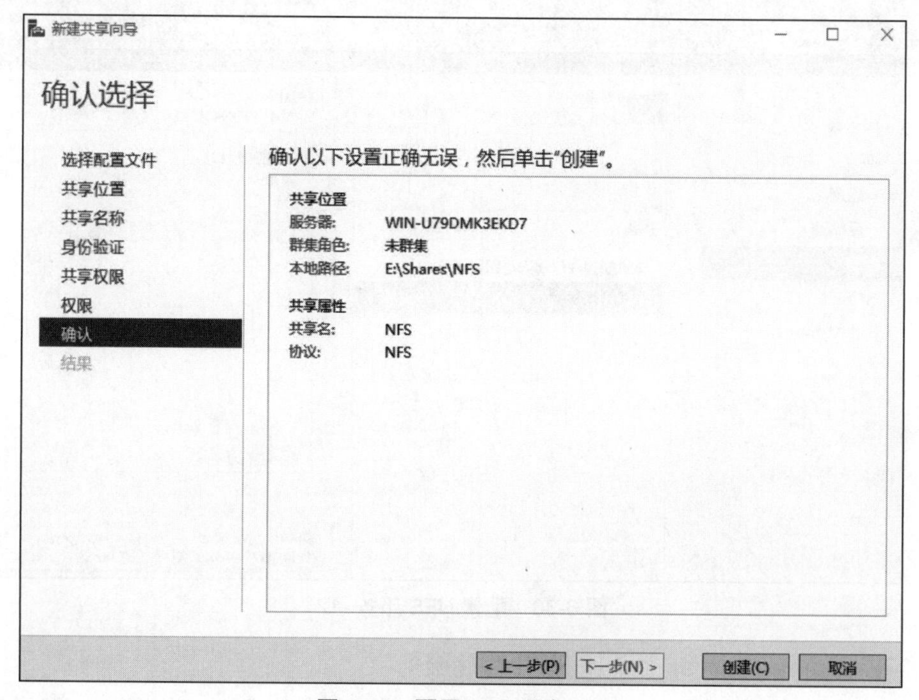

图 6-31　配置 NFS 服务 -10

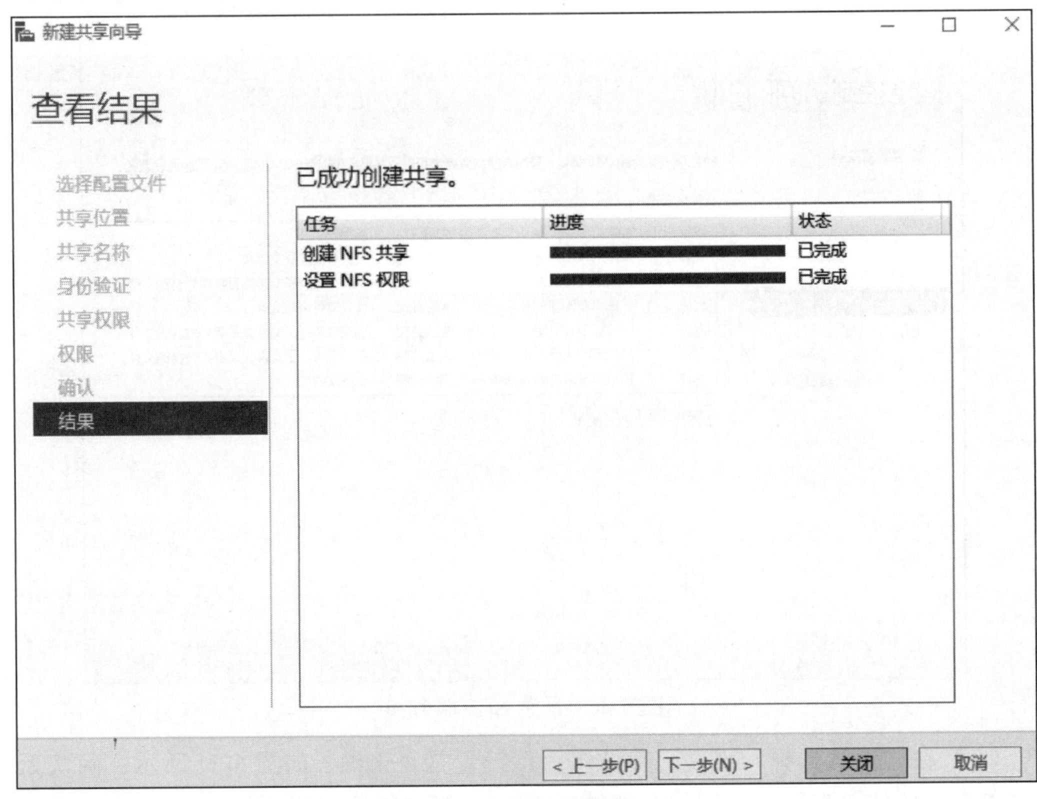

图 6-32　配置 NFS 服务 -11

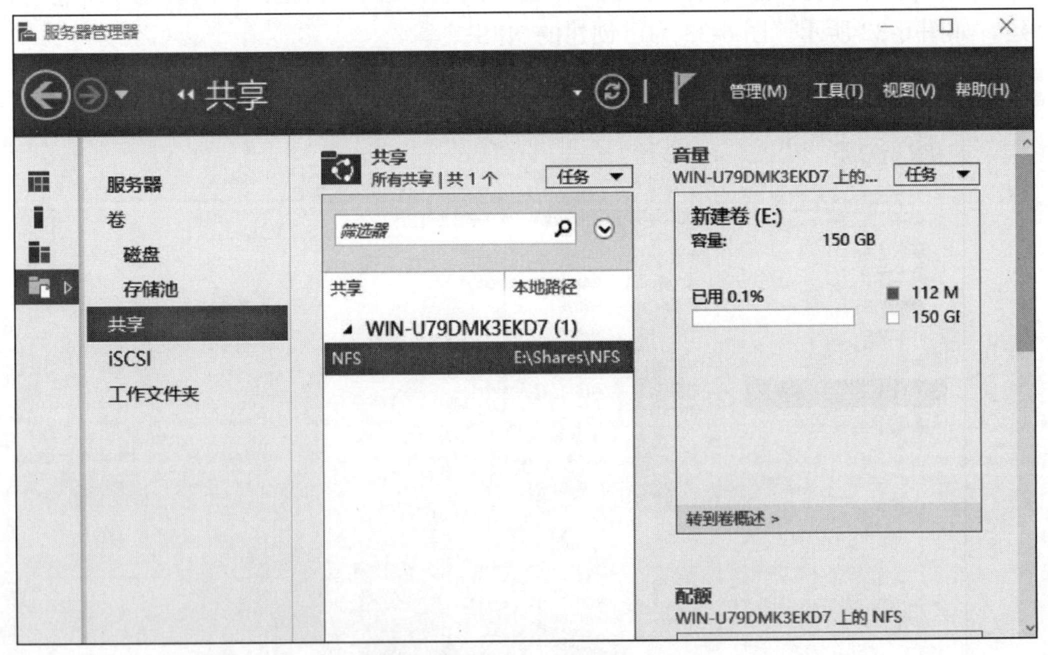

图 6-33　配置 NFS 服务 -12

3. 在 vCenter Server 上添加 NFS 存储服务

（1）使用 vSphere Client 登录到 vCenter 界面，右击数据中心的名字，在弹出的快捷菜单中选择“存储”→“新建数据存储”命令，进入新建数据存储界面，如图 6-34 所示。

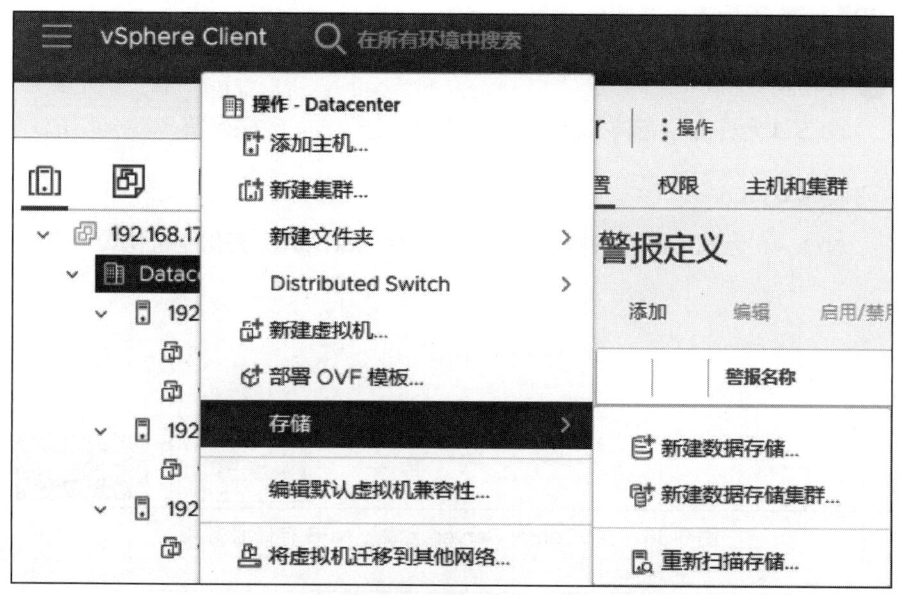

图 6-34　在 vCenter Server 上添加 NFS 存储服务 -1

（2）在“1. 类型”界面指定数据存储类型，选中 NFS 单选按钮，如图 6-35 所示，单击“下一页”按钮。

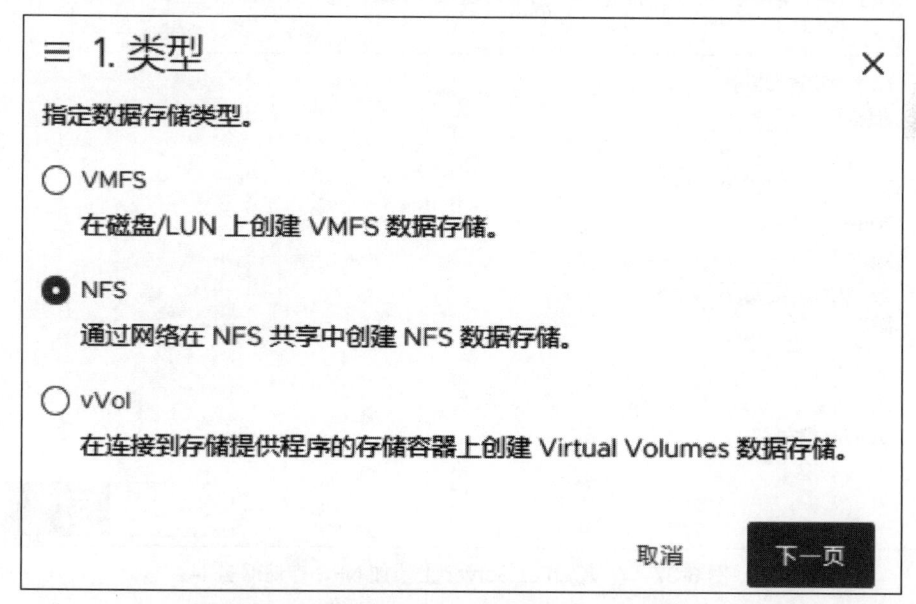

图 6-35　在 vCenter Server 上添加 NFS 存储服务 -2

（3）在“2.NFS 版本”界面，选择 NFS 版本，选择 NFS 3 版本，如图 6-36 所示，单击“下一页”按钮。

（4）在“3. 名称和配置”界面，输入数据存储名称 Datastore-NFS，文件夹名称 NFS，服务器地址 192.168.177.131，如图 6-37 所示，单击“下一页”按钮。

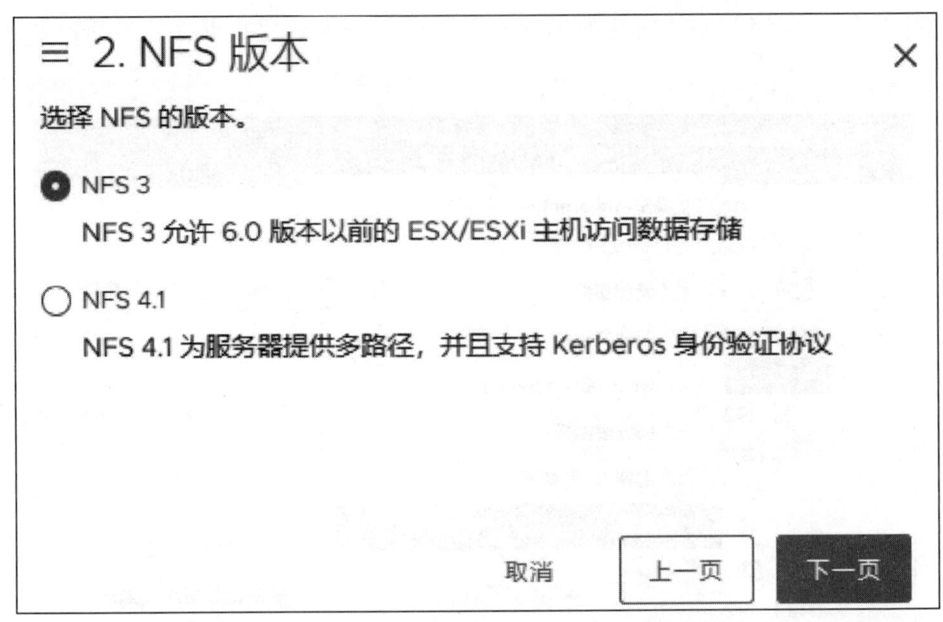

图 6-36　在 vCenter Server 上添加 NFS 存储服务 -3

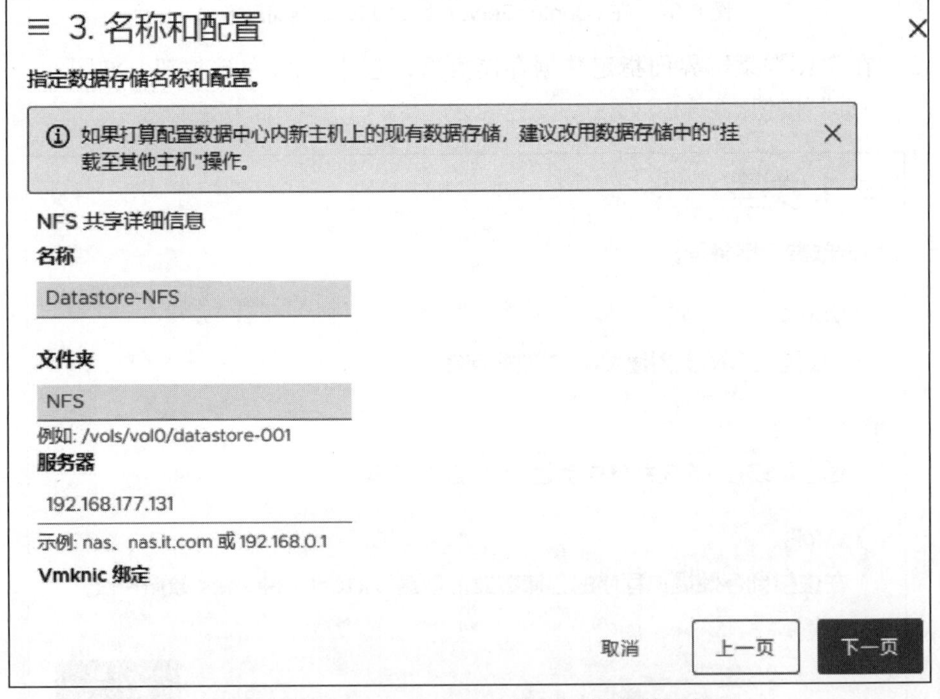

图 6-37　在 vCenter Server 上添加 NFS 存储服务 -4

（5）在“4. 主机可访问性”界面，选择需要访问数据存储的主机，如图 6-38 所示，单击“下一页”按钮。

（6）在“5. 即将完成”界面，对“NFS 版本”“名称和配置”“主机可访问性”信息核对无误，如图 6-39 所示，单击“完成”按钮。

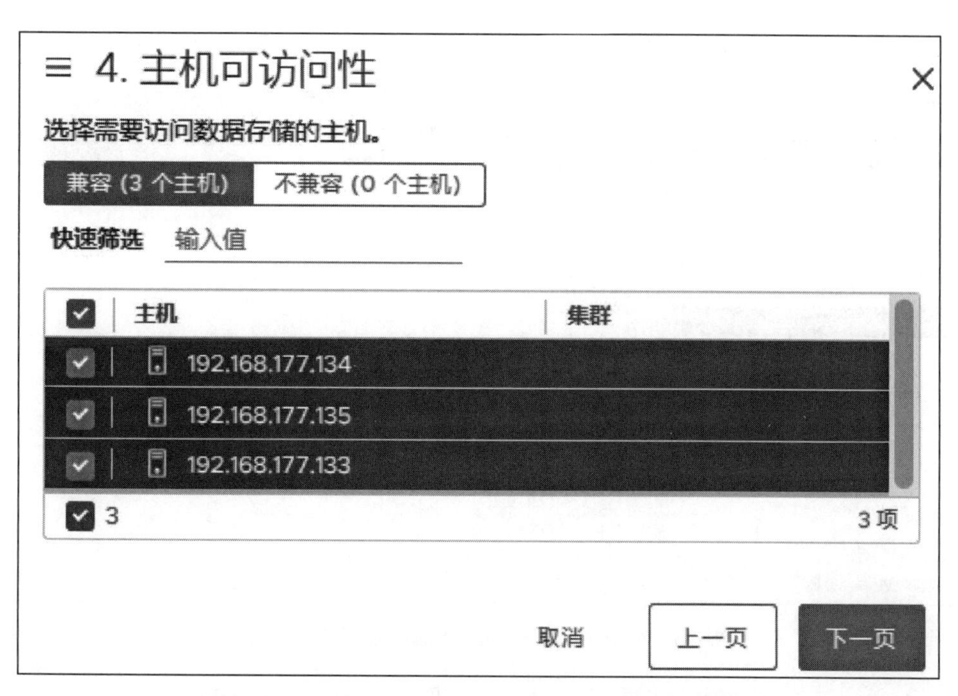

图 6-38　在 vCenter Server 上添加 NFS 存储服务 -5

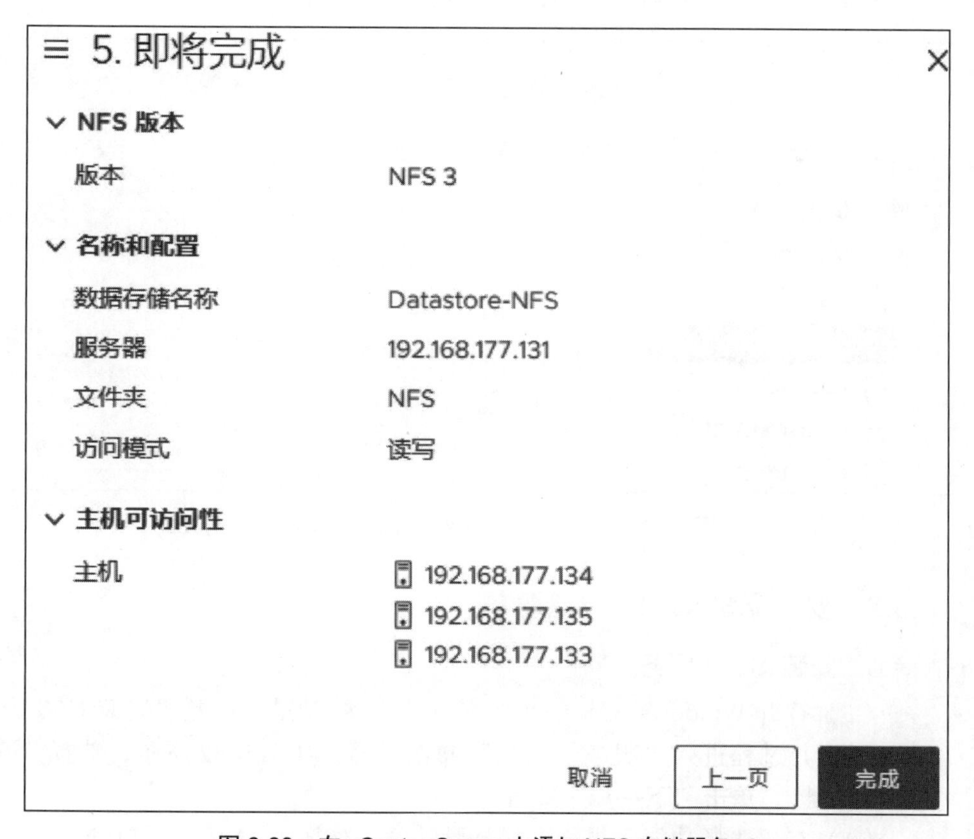

图 6-39　在 vCenter Server 上添加 NFS 存储服务 -6

（7）在 vSphere Client 界面，导航到数据存储界面，能够查看到新添加的 NFS 存储信息，表明 NFS 存储已配置成功，如图 6-40 所示。

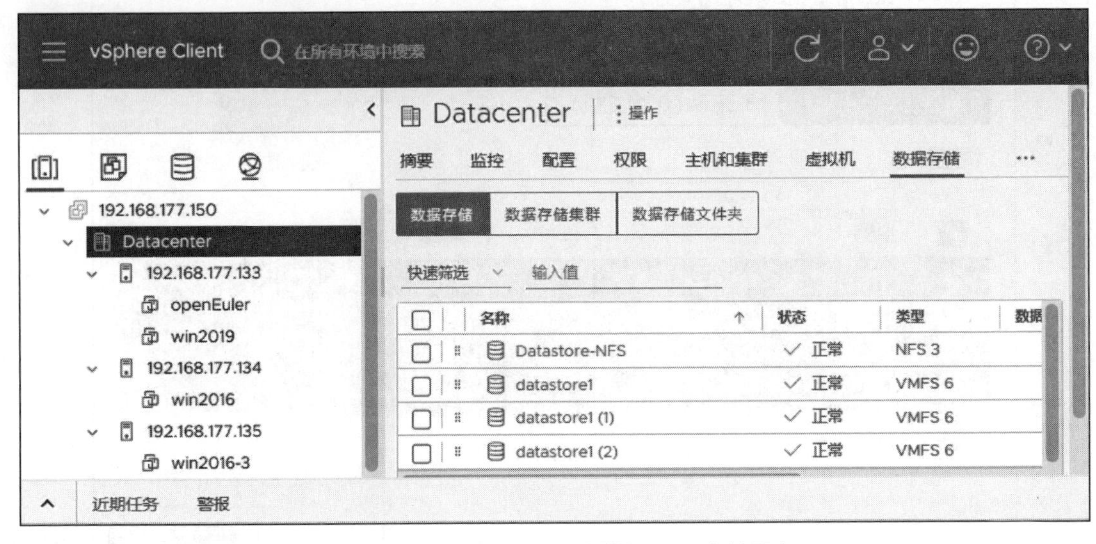

图 6-40　在 vCenter Server 上添加 NFS 存储服务 -7

（8）单击 vCenter Server 界面的“存储”图标，单击 Datastore-NFS 存储，单击操作界面的“主机”，可以查看到使用该共享存储的虚拟机，如图 6-41 所示。

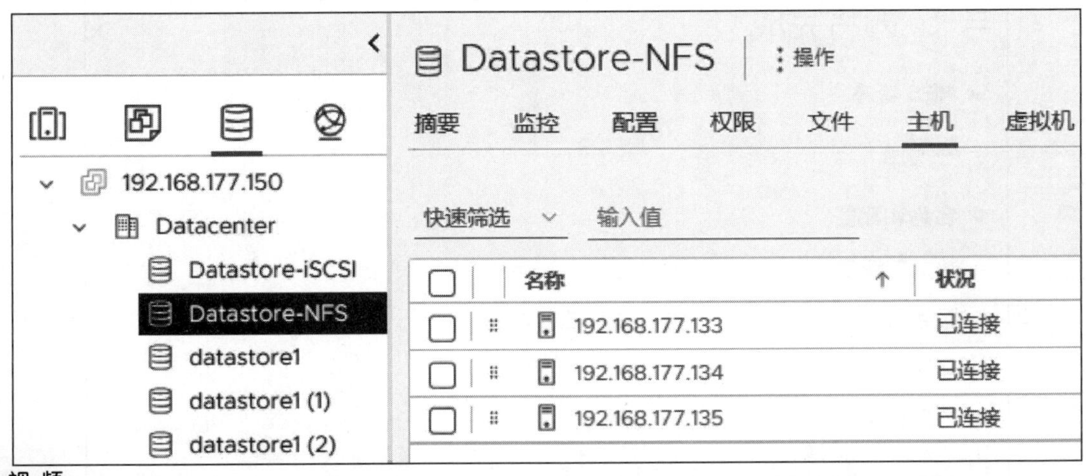

图 6-41　在 vCenter Server 上添加 NFS 存储服务 -8

视频

安装配置iSCSI存储服务

6.3.2　安装配置 iSCSI 存储服务

1. 安装 iSCSI 服务

视频

安装配置iSCSI存储服务-Openfiler

（1）打开 Windows Server 2016 的服务器管理器，参照“安装 NFS 服务”（1）~（5）过程进入“服务器角色”操作界面，如图 6-42 所示，选择“iSCSI 目标服务器”，单击“下一步”按钮。

（2）在“选择功能”界面，保持默认值，如图 6-43 所示，单击“下一步”按钮。

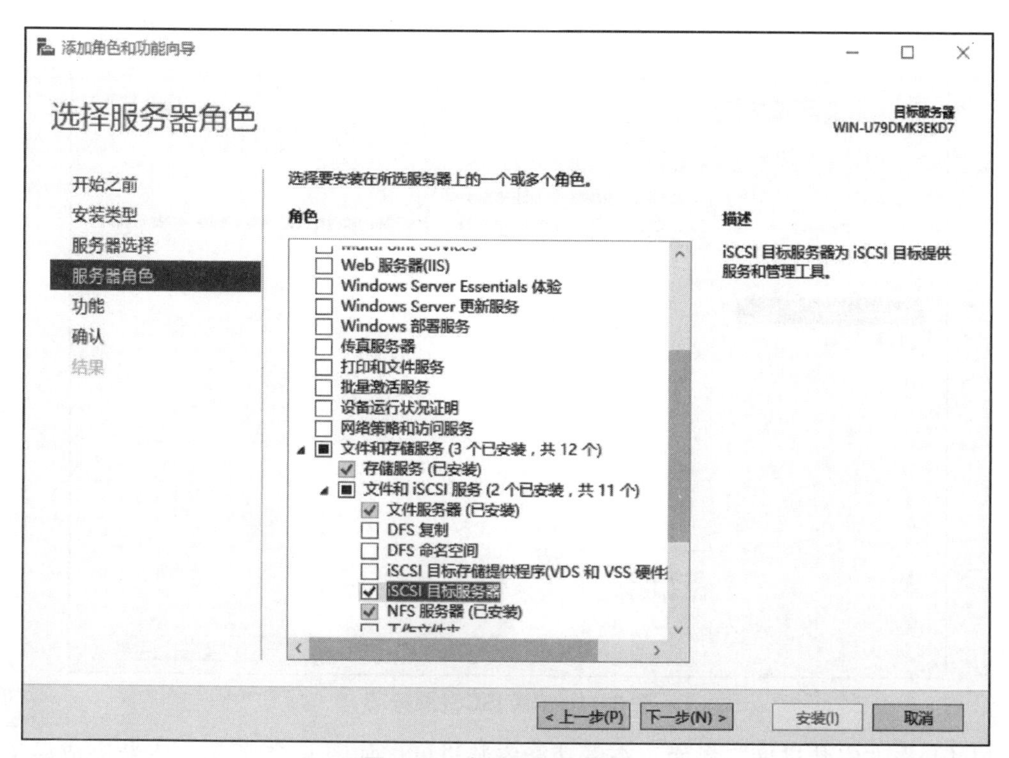

图 6-42　安装 iSCSI 服务 -1

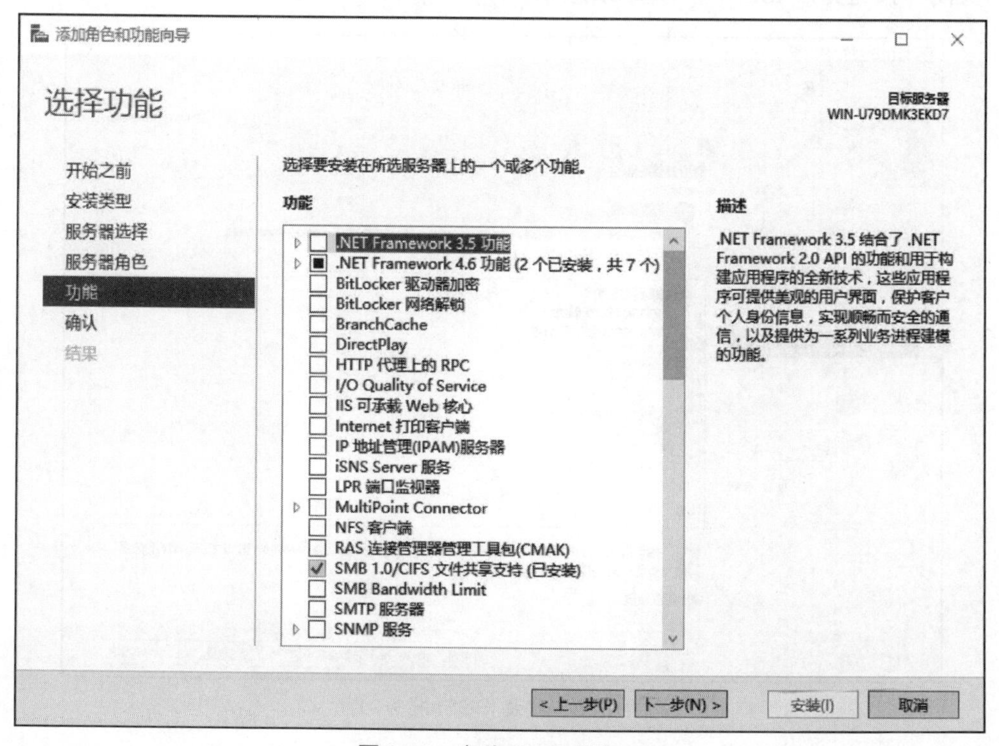

图 6-43　安装 iSCSI 服务 -2

（3）在“确认安装所选内容”界面，查看需要安装的内容，如图 6-44 所示，核对无误后单击“安装”按钮。

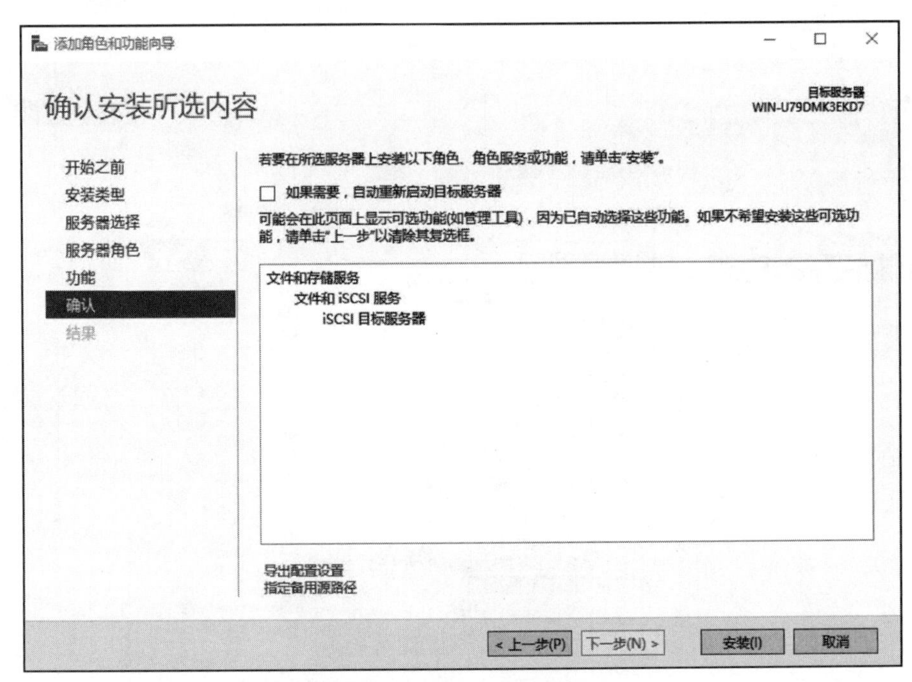

图 6-44　安装 iSCSI 服务 -3

（4）在“安装进度”界面，查看功能安装进度，如图 6-45 所示，安装完成后，单击“关闭”按钮完成 iSCSI 服务器功能安装。

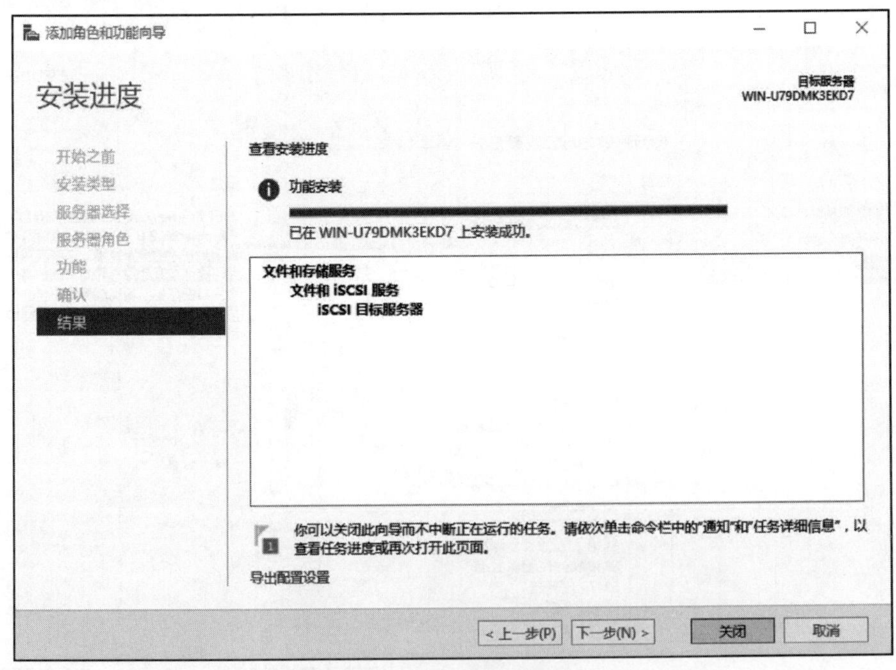

图 6-45　安装 iSCSI 服务 -4

2. 配置 iSCSI 服务

（1）打开 Windows Server 2016 的服务器管理器，依次单击“文件和存储服务”→“iSCSI”，进入系统 iSCSI 服务配置界面，如图 6-46 所示。单击“若要安装

iSCSI 目标服务器，请启动“‘添加角色和功能’向导”，开始配置 iSCSI 服务。

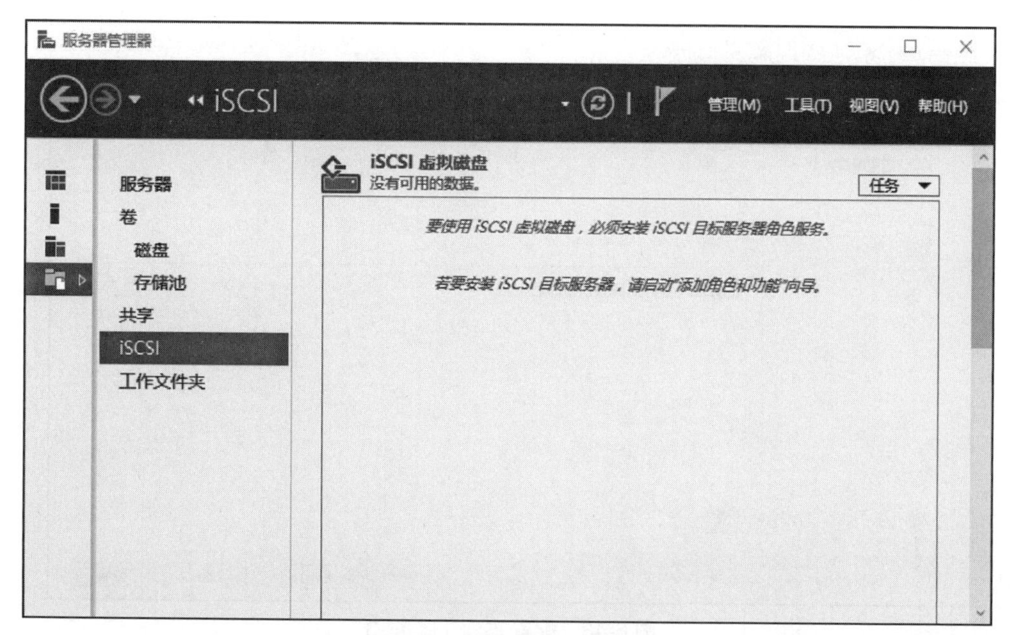

图 6-46　配置 iSCSI 服务 -1

（2）在“选择 iSCSI 虚拟磁盘位置”界面，选中“按卷选择”单选按钮，选择“卷 F:”，如图 6-47 所示，单击“下一步”按钮。

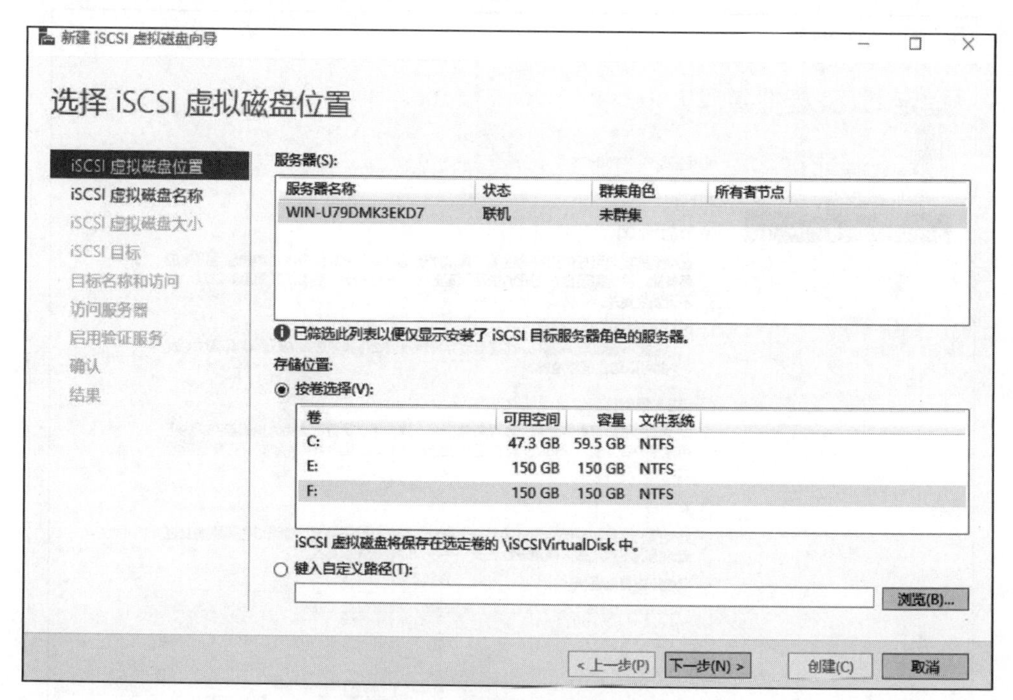

图 6-47　配置 iSCSI 服务 -2

（3）在“指定 iSCSI 虚拟磁盘名称”界面，在“名称”右侧的文本栏中输入 iSCSI，如图 6-48 所示，单击“下一步”按钮。

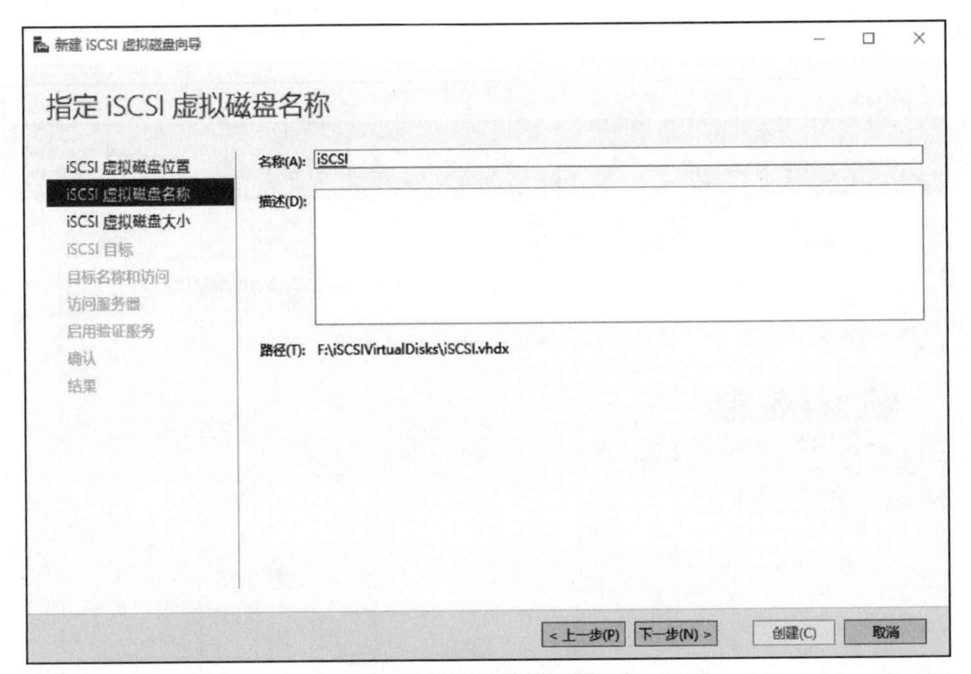

图 6-48　配置 iSCSI 服务 -3

（4）在“指定 iSCSI 虚拟磁盘大小”界面，设置 iSCSI 磁盘大小，其他值均保持默认，如图 6-49 所示，单击“下一步”按钮。

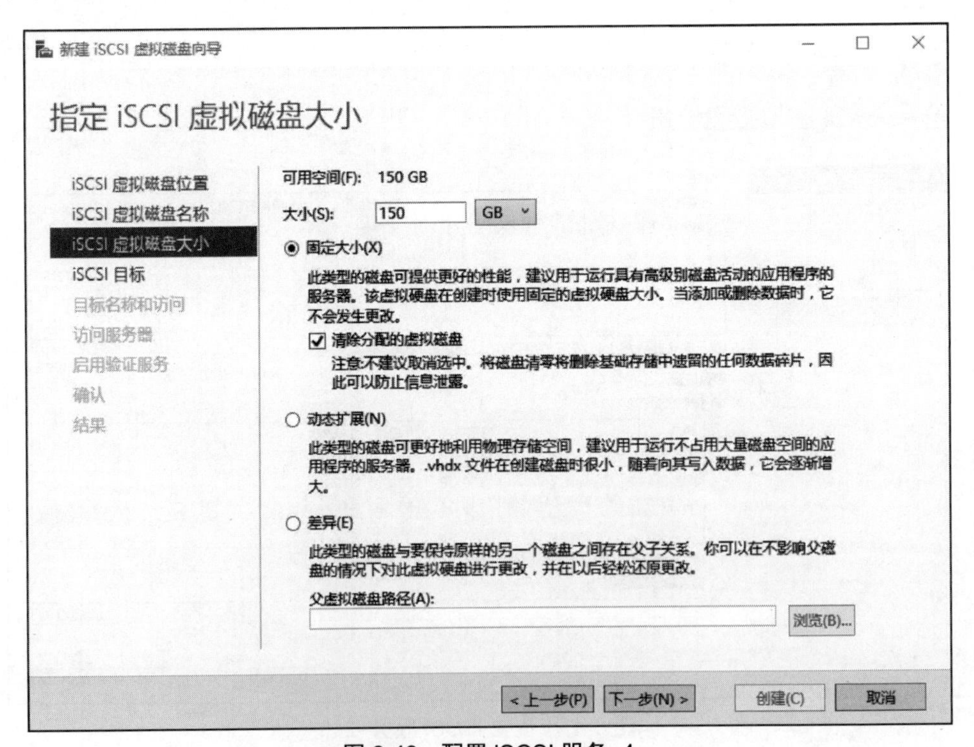

图 6-49　配置 iSCSI 服务 -4

（5）在“分配 iSCSI 目标”界面，选中“新建 iSCSI 目标”单选按钮，如图 6-50 所示，单击“下一步”按钮。

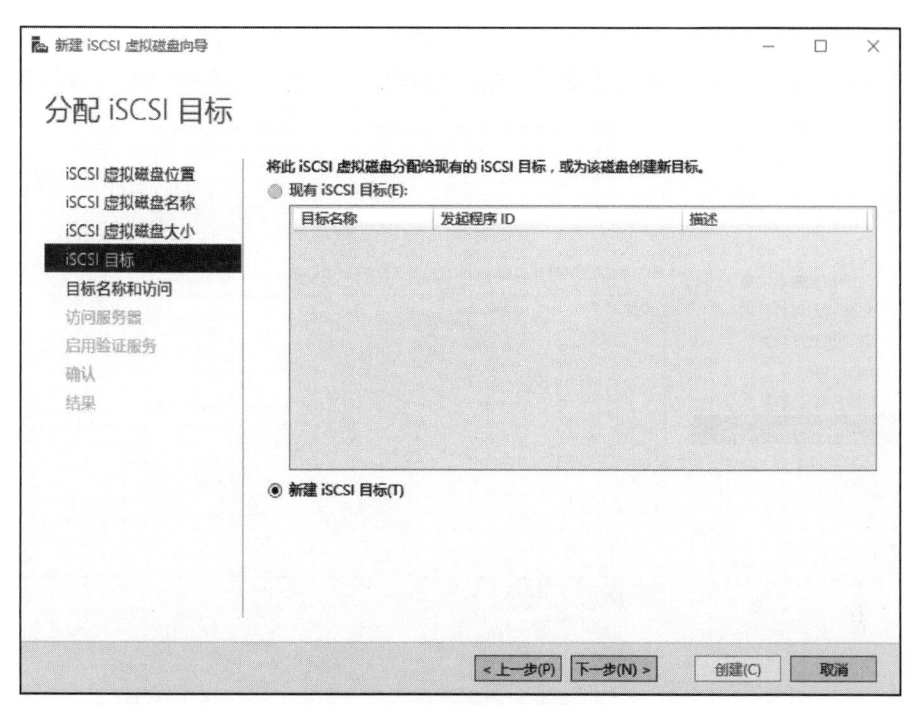

图 6-50　配置 iSCSI 服务 -5

（6）在“指定目标名称”界面，在“名称”右侧的文本框中填写目标名称信息 iSCSI-share，如图 6-51 所示，单击“下一步”按钮。

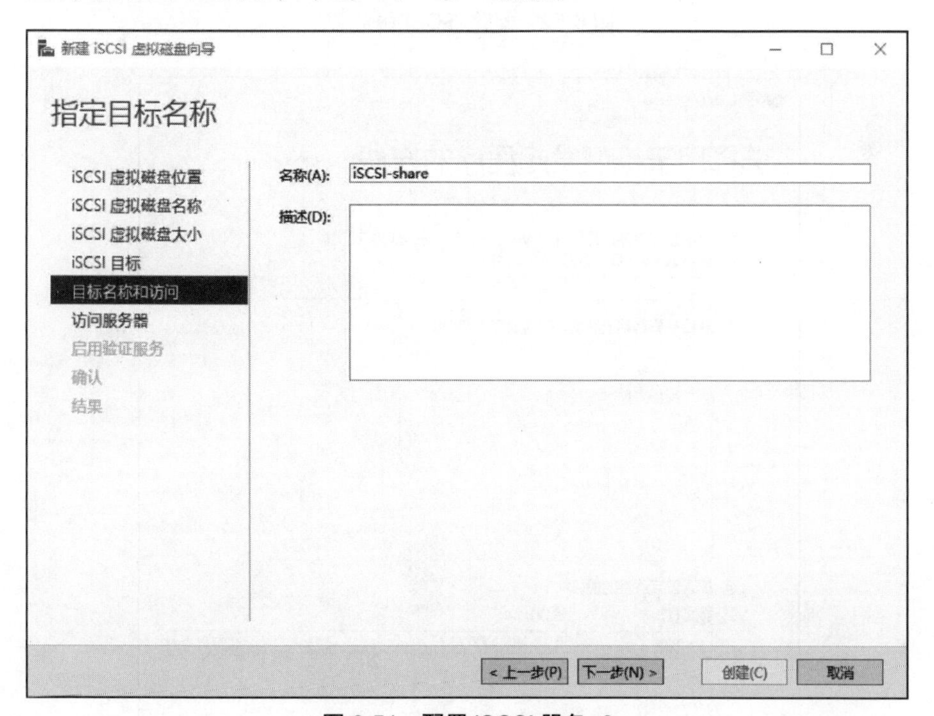

图 6-51　配置 iSCSI 服务 -6

（7）在“指定访问服务器”界面，单击“添加”按钮，如图 6-52 所示，进入“选择用于标识发起程序的方法”界面，选中“输入选定类型的值”单选按钮，在“类型”

中选择“IP 地址”，输入主机的 IP 地址，单击“确定”按钮完成主机的添加，如图 6-53 所示；将三台 ESXi 主机 IP 地址都添加完成，如图 6-54 所示，单击“下一步”按钮。

新建 iSCSI 虚拟磁盘向导
指定访问服务器
iSCSI 虚拟磁盘位置
iSCSI 虚拟磁盘名称
iSCSI 虚拟磁盘大小
iSCSI 目标
目标名称和访问
访问服务器
启用验证服务
确认
结果
单击"添加"以指定将访问此 iSCSI 虚拟磁盘的 iSCSI 发起程序。
类型
值
添加(A)...
删除(R)
< 上一步(P)
下一步(N) >
创建(C)
取消

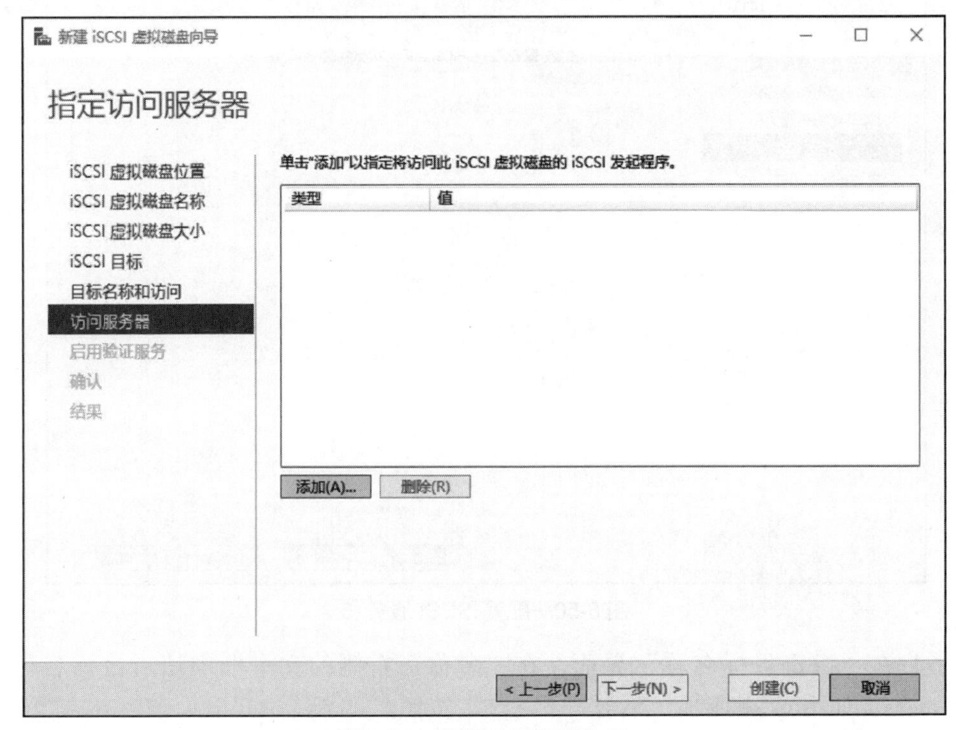

图 6-52　配置 iSCSI 服务 -7

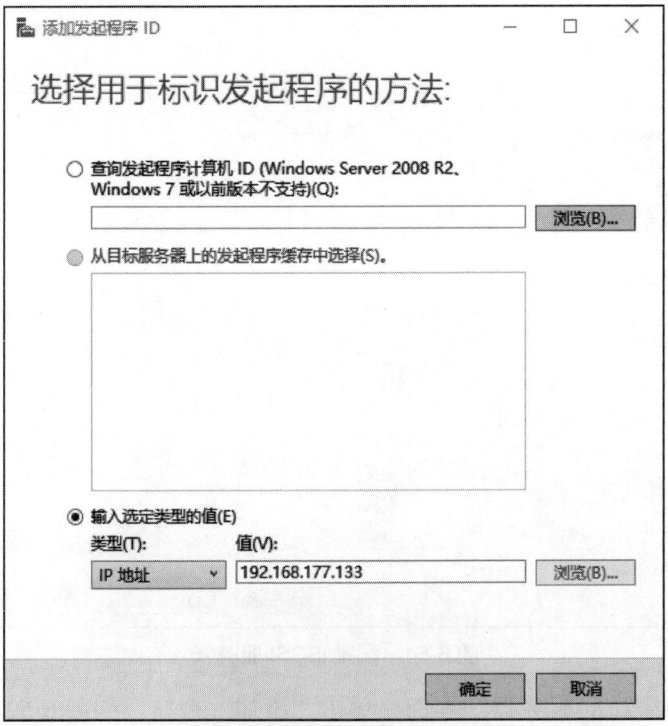

添加发起程序 ID
选择用于标识发起程序的方法:
查询发起程序计算机 ID (Windows Server 2008 R2、Windows 7 或以前版本不支持)(Q):
浏览(B)...
从目标服务器上的发起程序缓存中选择(S)。
输入选定类型的值(E)
类型(T):
值(V):
IP 地址
192.168.177.133
浏览(B)...
确定
取消

图 6-53　配置 iSCSI 服务 -8

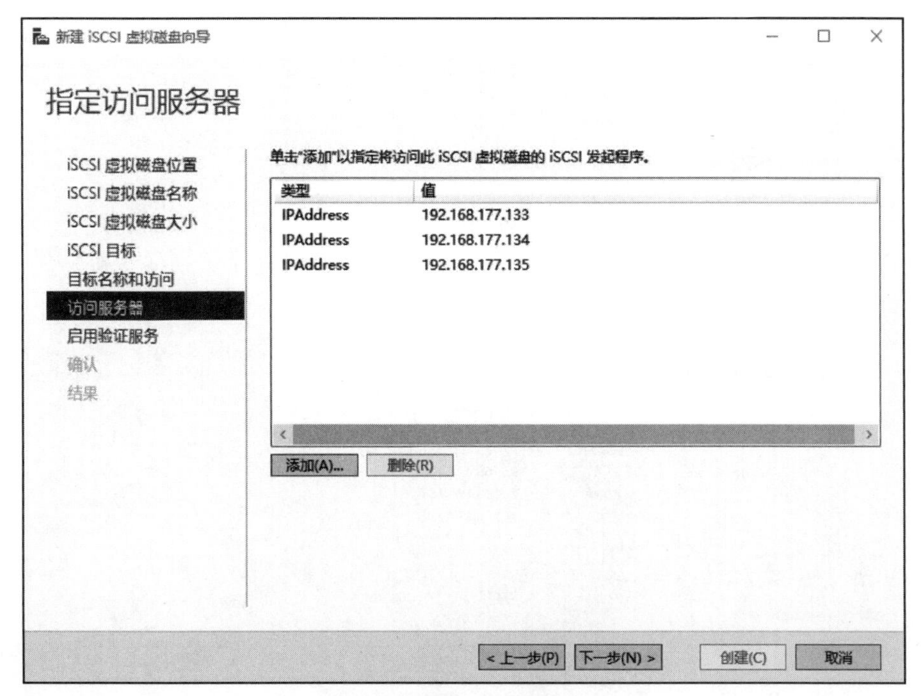

图 6-54　配置 iSCSI 服务 -9

（8）在“启用身份验证”界面，不勾选“启用 CHAP”和“启用反向 CHAP”复选框，如图 6-55 所示，单击“下一步”按钮。

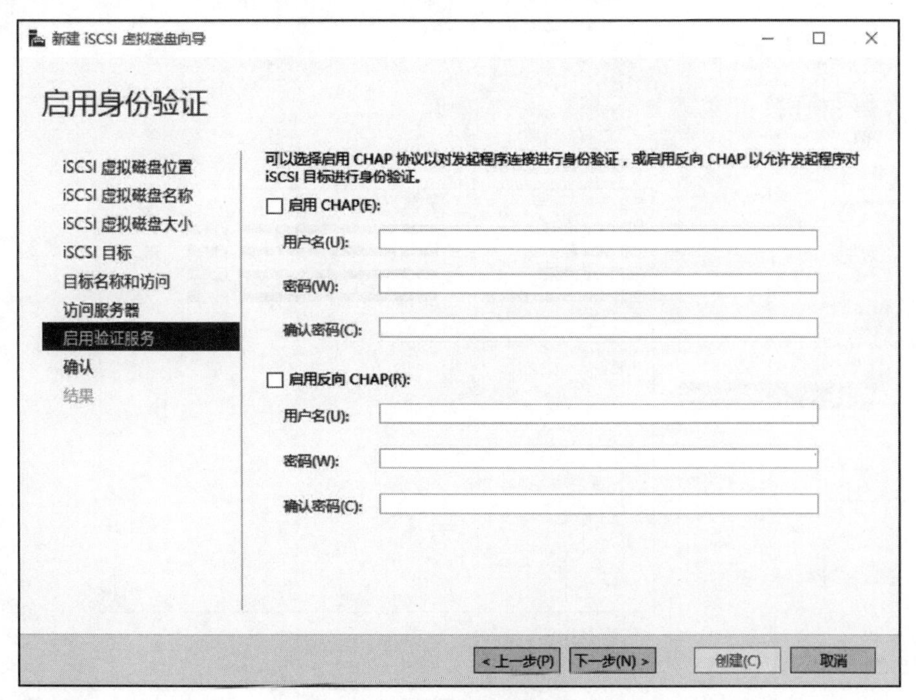

图 6-55　配置 iSCSI 服务 -10

（9）在“确认选择”界面，查看 iSCSI 配置信息是否正确，如图 6-56 所示，核对无误后，单击“创建”按钮进行 iSCSI 服务创建。

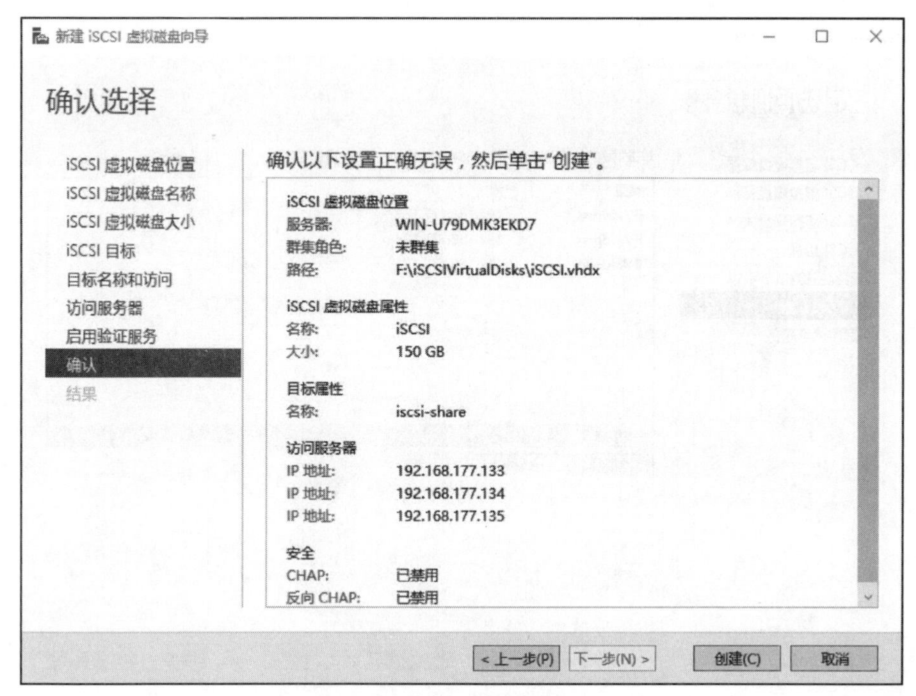

图 6-56　配置 iSCSI 服务 -11

（10）在“查看结果”界面，界面出现“已成功创建 iSCSI 虚拟磁盘”，如图 6-57 所示，单击“关闭”按钮，完成 iSCSI 服务创建。

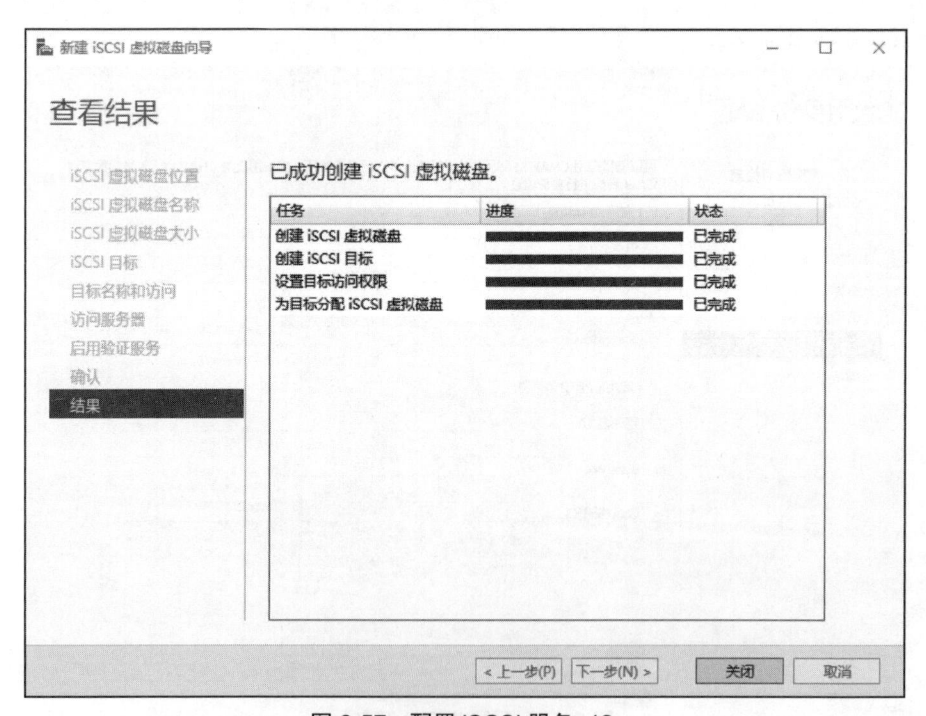

图 6-57　配置 iSCSI 服务 -12

3. 在 vCenter Server 上添加 iSCSI 存储服务

（1）添加软件适配器。使用 vSphere Client 登录到 vCenter Server 界面，单击 ESXi

主机 192.168.177.133，在操作界面，单击“配置”，展开“存储”，依次单击“存储适配器”→“添加软件适配器”，为该 ESXi 主机添加软件 iSCSI 适配器，如图 6-58 所示。

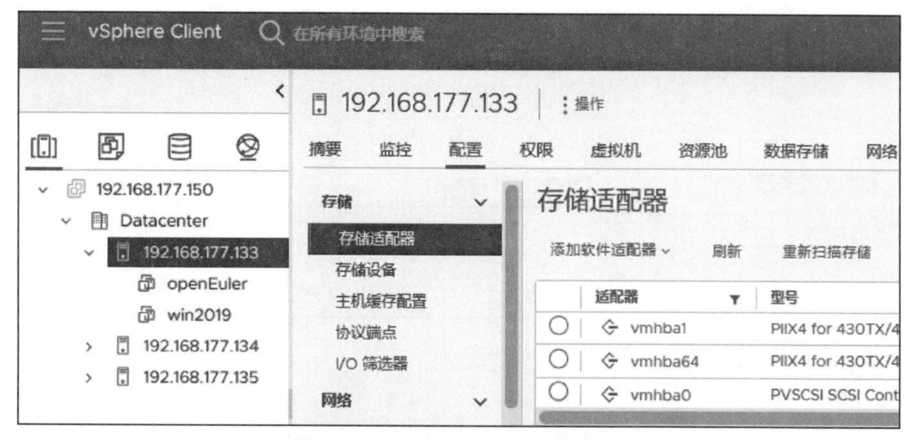

图 6-58　添加 iSCSI 存储服务 -1

（2）在弹出的“添加软件 iSCSI 适配器”对话框单击“确定”按钮，如图 6-59 所示。

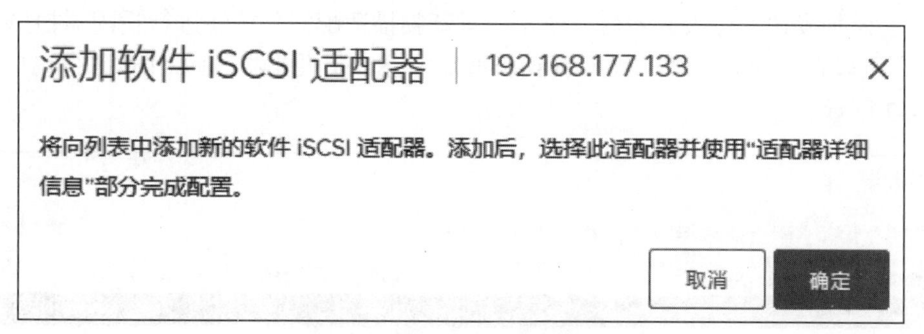

图 6-59　添加 iSCSI 存储服务 -2

（3）单击新添加的 iSCSI 适配器 vmhba65，如图 6-60 所示，依次单击“动态发现”→“添加”。

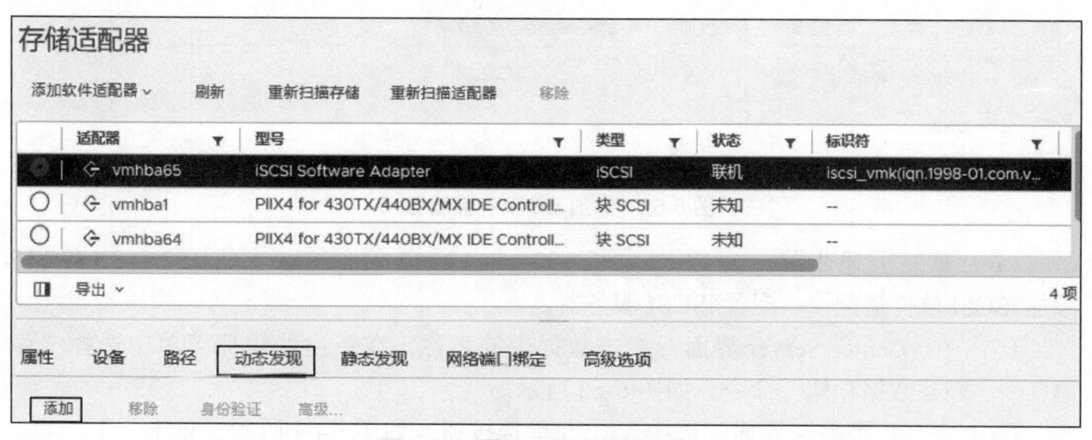

图 6-60　添加 iSCSI 存储服务 -3

（4）在“添加发送目标服务器”对话框，在“iSCSI 服务器”右侧输入栏中输入

iSCSI 服务器的 IP 地址 192.168.177.131，端口值默认，单击“确定”按钮，完成添加发送目标服务器的添加，如图 6-61 所示。

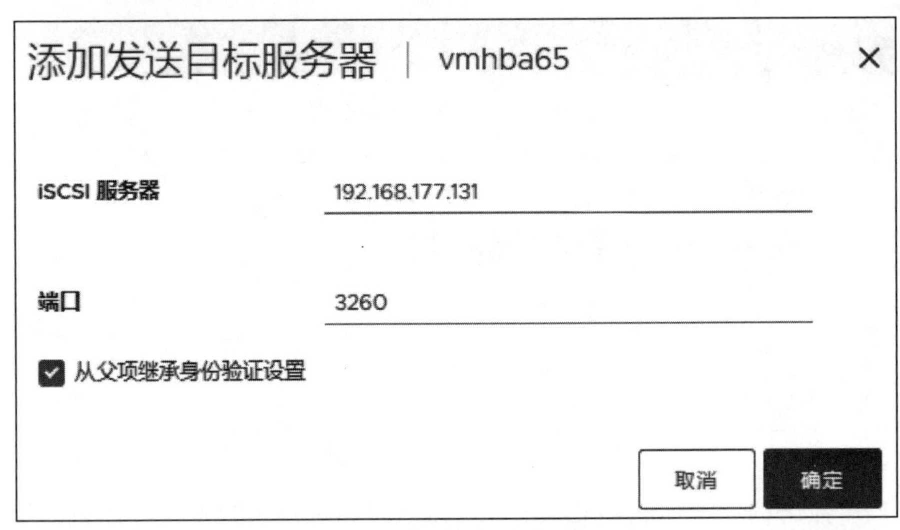

图 6-61 添加 iSCSI 存储服务 -4

（5）添加发送目标服务器后，单击“重新扫描适配器”按钮进行适配器扫描。扫描完成后，可以在“动态发现”界面看到新增加的 iSCSI 服务器“192.168.177.131:3260”，如图 6-62 所示。

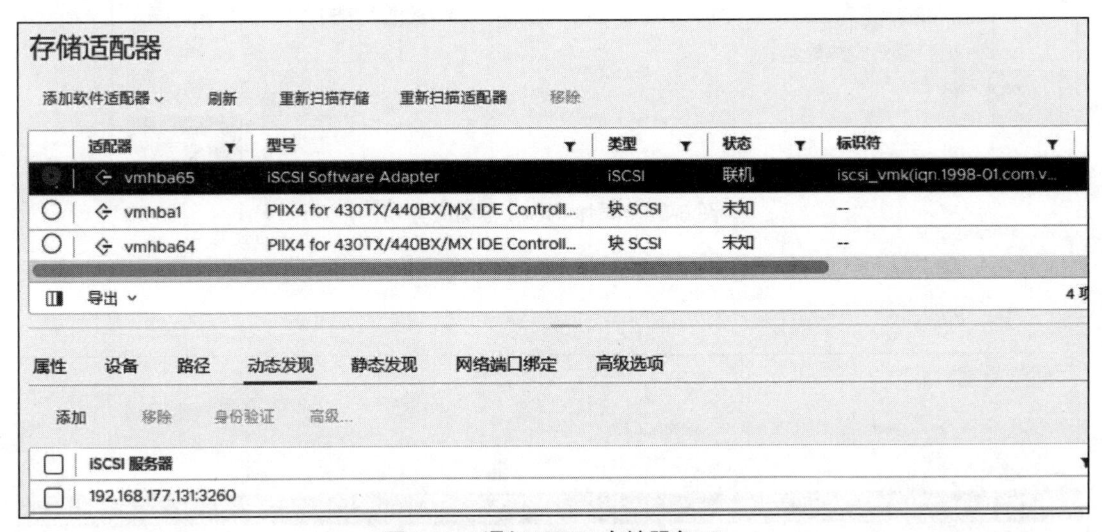

图 6-62 添加 iSCSI 存储服务 -5

（6）重复上述步骤，为 ESXi 主机 192.168.177.134 和 ESXi 主机 192.168.177.135 添加 iSCSI 软件适配器、配置 iSCSI 服务器。

（7）在 vCenter Server 界面，右击数据中的名称，在弹出的快捷菜单中选择“存储”→“新建数据存储”命令，如图 6-63 所示。

（8）在“1. 类型”界面，选中 VMFS 单选按钮，如图 6-64 所示，单击“下一页”按钮。

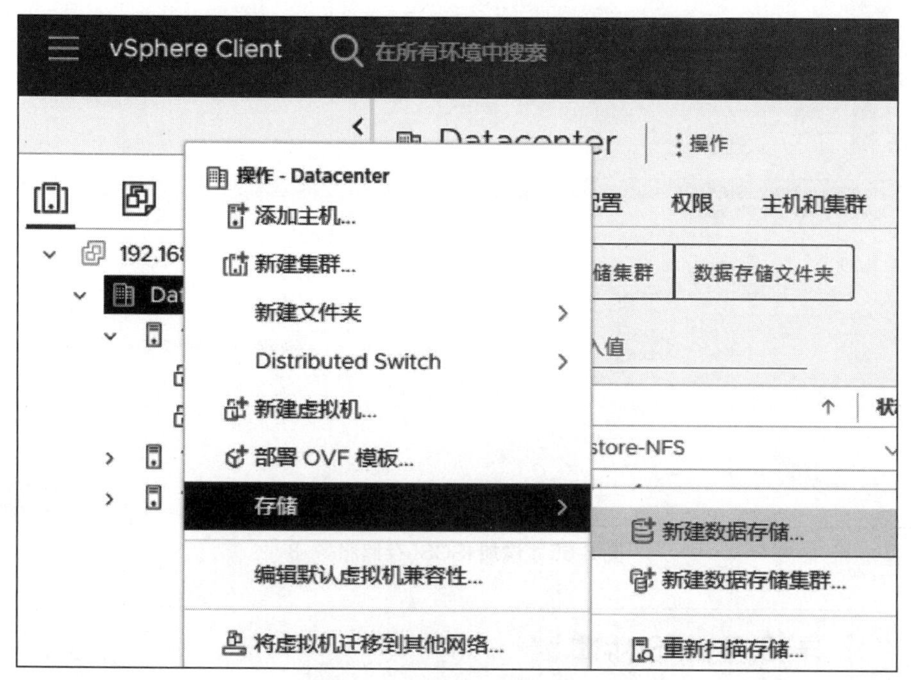

图 6-63　添加 iSCSI 存储服务 -6

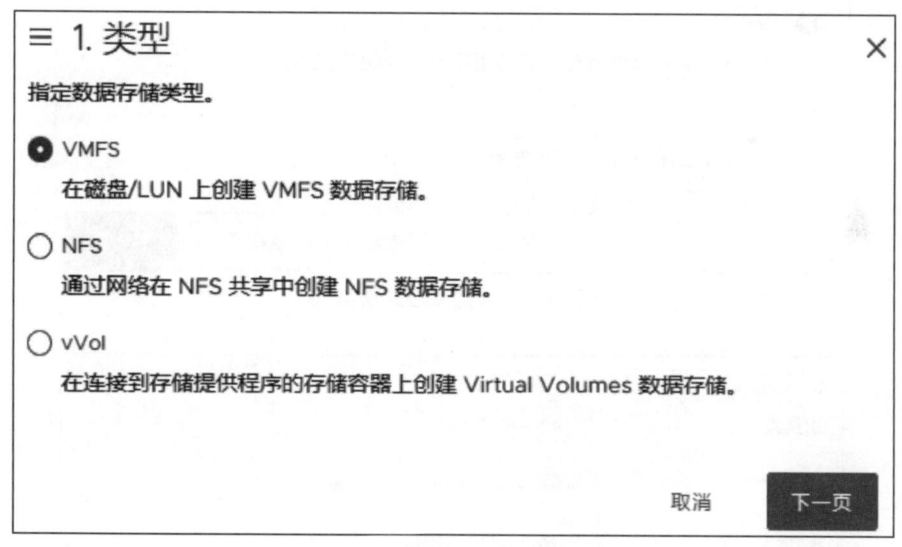

图 6-64　添加 iSCSI 服务 -7

（9）在“2. 名称和设备选择”界面，输入新建数据存储的名称，在这里输入 Datastore-iSCSI，选择一个主机来查看其可访问磁盘 /LUN，在这里选择 192.168.177.133，如图 6-65 所示，单击“下一页”按钮。

（10）在“3.VMFS 版本”界面，选中 VMFS 6 单选按钮，如图 6-66 所示，单击“下一页”按钮。

（11）在“4. 分区配置”界面，均保持默认值，如图 6-67 所示，单击“下一页”按钮。

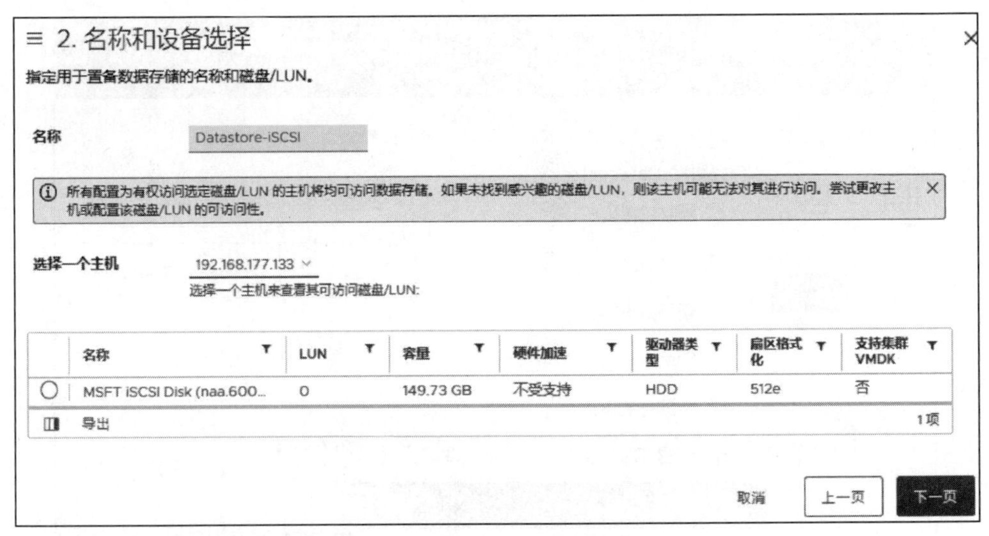

图 6-65　添加 iSCSI 存储服务 -8

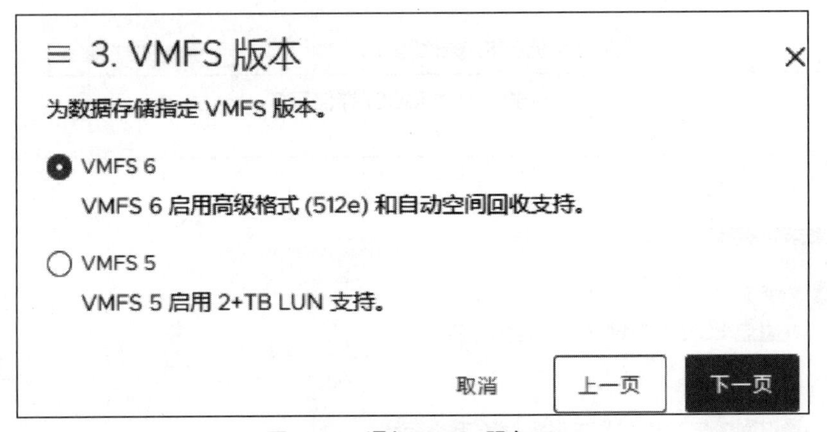

图 6-66　添加 iSCSI 服务 -9

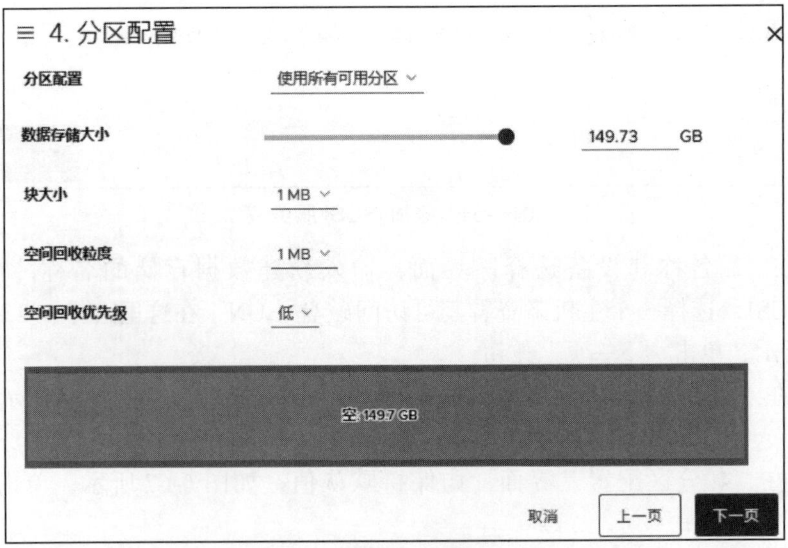

≡ 4. 分区配置

分区配置　使用所有可用分区

数据存储大小　149.73 GB

块大小　1 MB

空间回收粒度　1 MB

空间回收优先级　低

空: 149.7 GB

取消　上一页　下一页

图 6-67　添加 iSCSI 服务 -10

（12）在“5. 即将完成”界面，查看各选项的参数值是否正确，如图 6-68 所示，核对无误后，单击“完成”按钮，完成添加 iSCSI 存储服务。

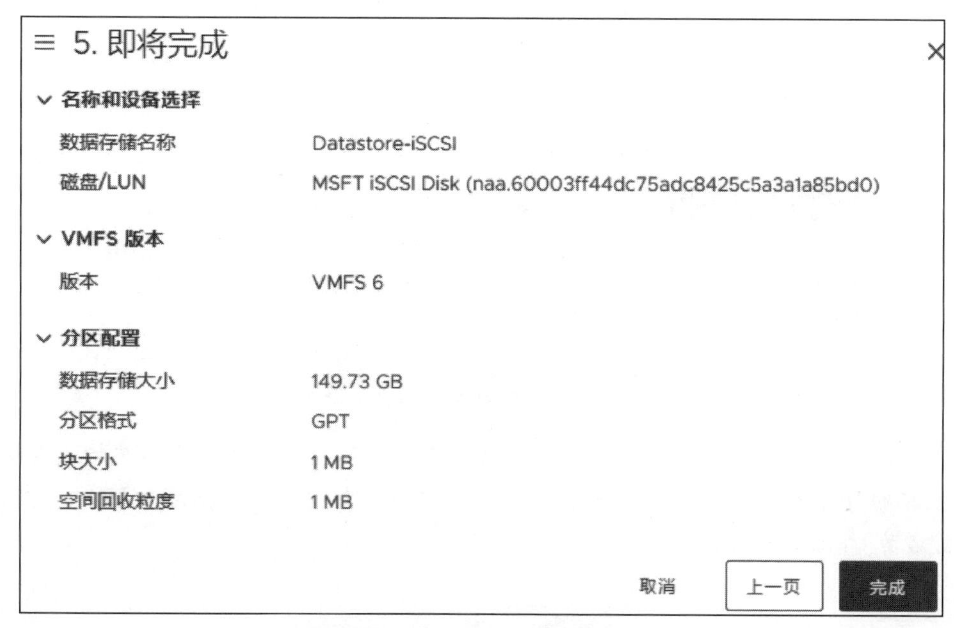

图 6-68　添加 iSCSI 存储服务 -11

（13）导航到 vCenter Server 界面，单击数据中心名称，单击操作界面的“数据存储”，可以看到新增加的 iSCSI 存储 Datastore-iSCSI 已成功添加，如图 6-69 所示。单击 vCenter Server 界面的“存储”图标，单击 Datastore-iSCSI 存储，单击操作界面的“主机”，可以查看到使用该共享存储的虚拟机，如图 6-70 所示。

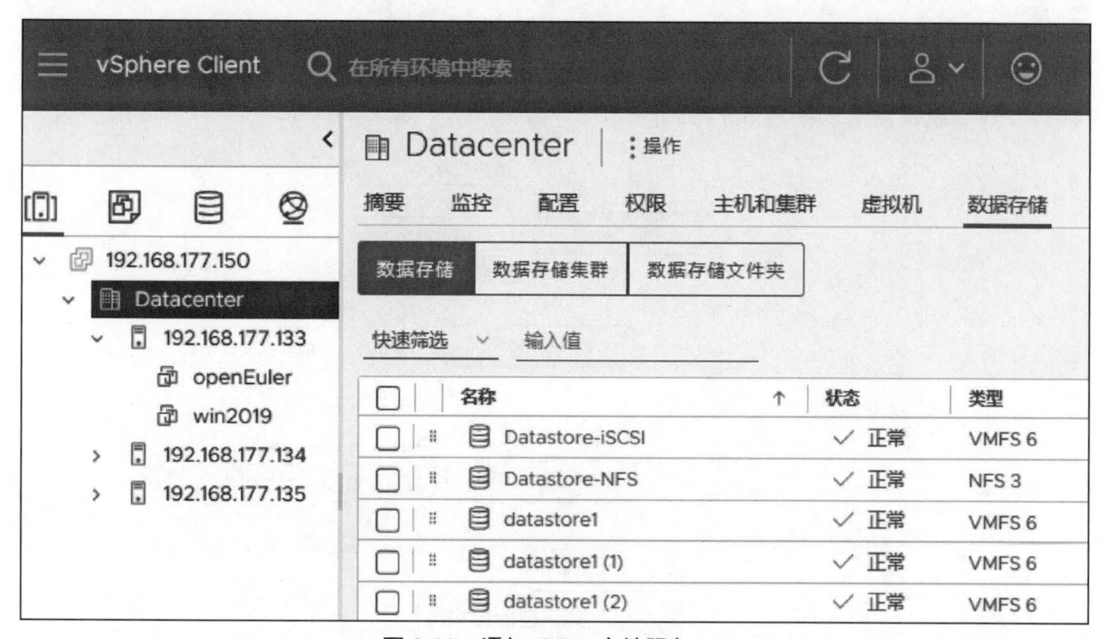

图 6-69　添加 iSCSI 存储服务 -12

图 6-70　添加 iSCSI 存储服务 -13

注：如果无法成功为 VMware ESXi 主机配置 iSCSI 存储服务，则需要检查 VMware ESXi 主机的 IP 地址是否为静态；如果不是，则需要修改 VMware ESXi 的 IP 地址为静态，并重新启动 VMware ESXi 主机。

小　　结

VMware vSphere 存储虚拟化是 vSphere 功能与各种 API 的结合，提供一个抽象层供在虚拟化部署过程中处理、管理和优化物理存储资源之用。在本章中，首先介绍了直连式存储、网络接入存储、存储区域网络和小型计算机系统接口的定义以及优缺点；其次介绍了 vSphere 支持的存储文件格式；最后详细讲述了如何安装配置 NFS 存储服务和 iSCSI 存储服务。

本章知识技能结构如图 6-71 所示。

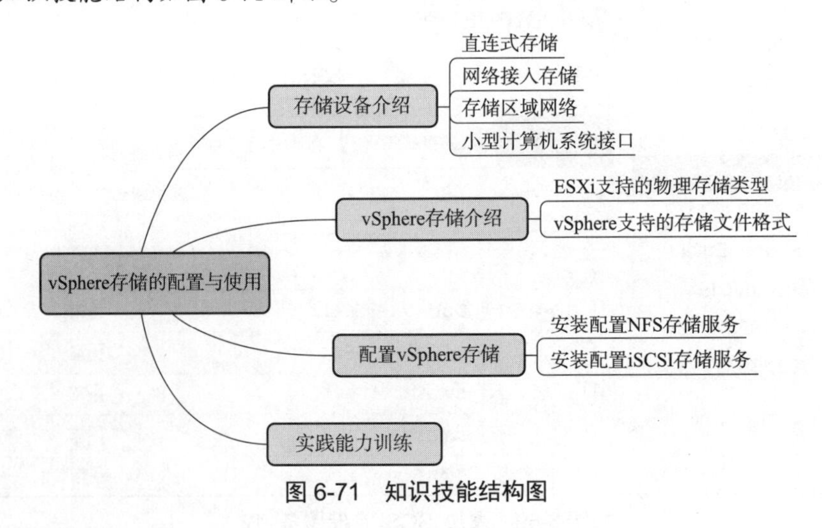

图 6-71　知识技能结构图

习　　题

（1）简述直连式存储的优缺点。

（2）简述网络接入存储的优缺点。

（3）简述存储区域网络的优缺点。

（4）简述小型计算机系统接口的优缺点。

（5）vSphere 存储的主要功能有哪些？

（6）ESXi 支持的物理存储类型有哪些？

（7）vSphere 支持的存储文件格式有哪几种类型？

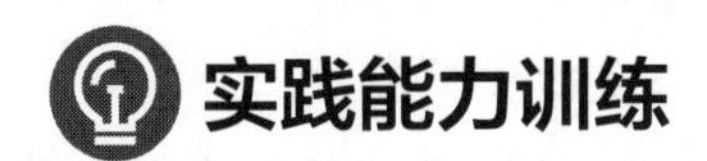

实践能力训练

1. 实训目的

（1）掌握安装配置 NFS 存储服务的方法。

（2）掌握安装配置 iSCSI 存储服务的方法。

（3）培养学生解决问题的能力和独立自主学习的能力。

2. 实训内容

（1）使用在 VMware Workstation 中创建的虚拟机 Win201-storage 作为存储服务器，为 ESXi2、ESXi3 和 ESXi4 三台主机安装与配置 NFS 和 iSCSI 存储服务。

（2）尝试使用 Openfiler 创建外部存储，配置 iSCSI 存储服务。从 Openfiler 官方网站下载存储介质。

3. 实训环境要求

软件：Openfiler 安装软件。

硬件：物理机内存 64 GB 以上，主机系统需要使用具有 AMD-V 支持的 AMD CPU 或者具有 VT-x 支持的 Intel CPU，硬盘至少 1 TB。

第7章 虚拟机迁移

vSphere vMotion 能在实现零停机和服务连续可用的情况下将正在运行的虚拟机从一台物理服务器实时地迁移到另一台物理服务器上，并且能够完全保证事务的完整性。本章介绍了 vMotion 迁移的工作方式，vMotion 迁移虚拟机的条件和限制，详细讲解了使用 vMotion 迁移存储和计算资源的方法。

学习目标

（1）了解 vMotion 迁移的作用和工作方式。

（2）掌握使用 vMotion 迁移虚拟机的方法。

7.1 vMotion 迁移介绍

7.1.1 vMotion 迁移的作用

视频

vMotion迁移技术

（1）通过 vMotion，可以更改运行虚拟机的计算资源，或者同时更改虚拟机的计算资源和存储。

（2）通过 vMotion 迁移虚拟机并选择仅更改主机时，虚拟机的完整状态将移动到新主机。关联虚拟磁盘仍然处于必须在两个主机之间共享的存储器上的同一位置。

（3）选择同时更改主机和数据库时，虚拟机的状态将移动到新主机，虚拟磁盘将移动到其他数据存储。在没有共享存储的 vSphere 环境中，可以通过 vMotion 迁移到其他主机和数据存储。

（4）在虚拟机状况迁移到备用主机后，虚拟机即会在新主机上运行。使用 vMotion 迁移对正在运行的虚拟机完全透明。

（5）选择同时更改计算资源和存储时，可以使用 vMotion 在 vCenter Server 实例、数据中心以及子网之间迁移虚拟机。

7.1.2 vMotion 迁移工作方式

在图 7-1 中显示的是一种基于共享存储的基本配置，下面介绍 vMotion 是如何工作的。

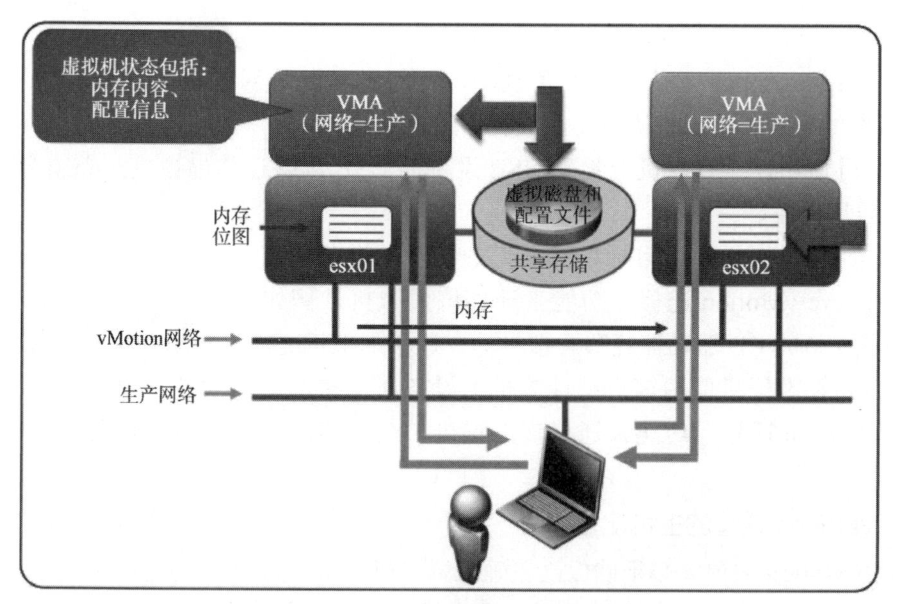

图 7-1　基于共享存储的 vMotion 迁移

（1）虚拟机 A（VM A）从 ESXi01 的主机迁移到 ESXi02 的主机。

（2）激活 vMotion 迁移操作后，会在 ESXi02 主机上产生与 ESXi01 主机一样配置的虚拟机，此时 ESXi01 会创建内存位图，在进行 vMotion 操作时，所有对虚拟机的操作都会记录在内存位图中。

（3）开始克隆 ESXi01 主机虚拟机 VM A 的内存到 ESXi02 上。

（4）ESXi01 的内存位图也需要克隆到 ESXi02 主机，此时会出现短暂的停止时间，但是由于内存位图的克隆时间非常短，用户基本上感觉不到。

（5）内存位图完全克隆完成后，ESXi02 主机会根据内存位图激活虚拟机 VMA。

（6）此时系统会对网卡的 MAC 地址重新对应，当 MAC 地址对应完成后，ESXi01 主机上的 VM A 会被删除，将内存释放，vMotion 操作完成。

3. vMotion 迁移虚拟机条件和限制

要使用 vMotion 迁移虚拟机，虚拟机必须满足特定网络、磁盘、CPU、USB 及其他设备的要求。

使用 vSphere vMotion 时，以下虚拟机条件和限制适用：

（1）源和目标管理网络 IP 地址系列必须匹配。

（2）如果迁移具有大型 vGPU 配置文件的虚拟机，则对 vSphere vMotion 网络使用 1 Gbit/s 网络适配器可能会导致迁移失败。对 vSphere vMotion 网络使用 10 Gbit/s 网络适配器。

（3）如果已启用虚拟 CPU 性能计数器，则可以将虚拟机只迁移到具有兼容 CPU 性能计数器的主机。

（4）可以迁移启用了 3D 图形的虚拟机。如果 3D 渲染器设置为“自动”，虚拟机会使用目标主机上显示的图形渲染器。渲染器可以是主机 CPU 或 GPU 图形卡。要使用设置为“硬件”的 3D 渲染器迁移虚拟机，目标主机必须具有 GPU 图形卡。

（5）从 vSphere 6.7 Update 1 及更高版本开始，vSphere vMotion 支持具有 vGPU 的

虚拟机。

（6）vSphere DRS 支持在没有负载均衡支持的情况下对运行 vSphere 6.7 Update 1 或更高版本的 vGPU 虚拟机进行初始放置。

（7）可使用连接到主机上物理 USB 设备的 USB 设备迁移虚拟机。必须为 vSphere vMotion 启用设备。

（8）如果虚拟机使用目标主机上无法访问的设备所支持的虚拟设备，则不能使用“通过 vSphere vMotion 迁移”功能来迁移该虚拟机。例如，不能使用由源主机上物理 CD 驱动器支持的 CD 驱动器迁移虚拟机。在迁移虚拟机之前，要断开这些设备的连接。

（9）如果虚拟机使用客户端计算机上设备所支持的虚拟设备，则不能使用“通过 vSphere vMotion 迁移”功能来迁移该虚拟机。在迁移虚拟机之前，要断开这些设备的连接。

4. vMotion 迁移的主机配置

使用 vMotion 之前，必须确保已正确配置主机。

（1）必须针对 vMotion 正确许可每台主机。

（2）每台主机必须满足 vMotion 的共享存储器需求。

将要进行 vMotion 操作的主机配置为使用共享存储器，以确保源主机和目标主机均能访问虚拟机。

共享存储可以位于光纤通道存储区域网络（SAN）上，也可以使用 iSCSI 和 NAS 实现。如果使用 vMotion 迁移具有裸设备映射（RDM）文件的虚拟机，确保为所有参与主机中的 RDM 维护一致的 LUN ID。

（3）每台主机必须满足 vMotion 的网络要求。

通过 vMotion 迁移要求已在源主机和目标主机上正确配置网络接口。

为每个主机至少配置一个 vMotion 流量网络接口。为了确保数据传输安全，vMotion 网络必须是只有可信方有权访问的安全网络。额外带宽大大提高了 vMotion 性能。如果在不使用共享存储的情况下通过 vMotion 迁移虚拟机，虚拟磁盘的内容也将通过网络进行传输。

注：vMotion 网络流量未加密。应置备安全专用网络，仅供 vMotion 使用。

①并发 vMotion 迁移的要求。必须确保 vMotion 网络至少为每个并发 vMotion 会话提供 250 Mbit/s 的专用带宽。带宽越大，迁移完成的速度就越快。

②远距离 vMotion 迁移的往返时间。如果已经向环境应用适当的许可证，则可以在通过高网络往返滞后时间分隔的主机之间执行可靠迁移。对于 vMotion 迁移，支持的最大网络往返时间为 150 ms。此往返时间允许将虚拟机迁移到距离较远的其他地理位置。

③多网卡 vMotion。可通过将两个或更多网卡添加到所需的标准交换机或 Distributed Switch，为 vMotion 配置多个网卡。

④网络配置。在每台 ESXi 主机上，为 vMotion 配置 VMkernel 端口组。如果使用标准交换机实现联网，需确保用于虚拟机端口组的网络标签在各主机间一致。在迁移期间，vCenter Server 根据匹配的网络标签将虚拟机分配到相应的端口组。

7.2　使用 vMotion 迁移虚拟机

7.2.1　vMotion 迁移前期准备

视 频

使用vMotion迁移虚拟机

（1）检查 CPU 是否兼容。

（2）确保符合 VMotion 网络要求。

（3）确保所迁移的虚拟机必须位于源主机和目标主机均可访问的存储器上。

（4）确保源主机没有连接软盘和 CD/DVD。

在本书中将在 ESXi 主机 (192.168.177.134) 驻留的虚拟机 win2016 迁移至 ESXi 主机 (192.168.177.135)。

在使用 vMotion 迁移虚拟机之前需要完成以下任务：

（1）配置承载 vMotion 流量的 VMkernel 适配器。在第 5 章中，已经配置了 VMkernel 适配器 vmk2 支持 VMotion 系统流量，并将端口组 vmk2 迁移到分布式交换机上并与分布式端口组 DPortGroup-VMotion&FT&VR 进行了关联。

（2）为数据中心的主机添加共享存储。在第 6 章中，已创建了共享存储 Datastore-NFS 和 Datastore-iSCSI。

7.2.2　迁移虚拟机存储

（1）使用 vSphere Client 登录到 vCenter Server，选中虚拟机 win2016，在操作界面单击“数据存储”，可以看到虚拟机 win2016 的配置文件存储名称为 datastore1（1），如图 7-2 所示。

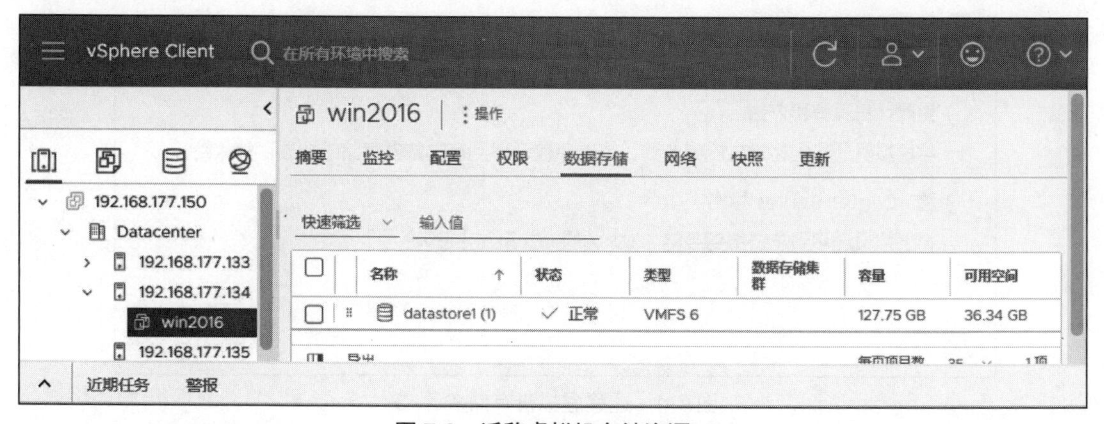

图 7-2　迁移虚拟机存储资源 -1

（2）右击虚拟机 win2016，在弹出的快捷菜单中选择“迁移”命令，如图 7-3 所示。

（3）在“1. 选择迁移类型”界面，迁移类型包括仅更改计算资源、仅更改存储、更改计算资源和存储、跨 vCenter Server 导出四种。选择“仅更改存储”单选按钮，如图 7-4 所示，单击“下一页”按钮。

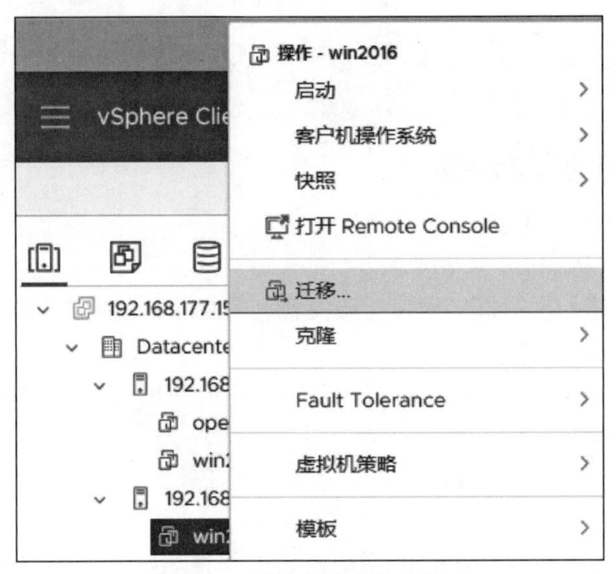

图 7-3　迁移虚拟机存储资源 -2

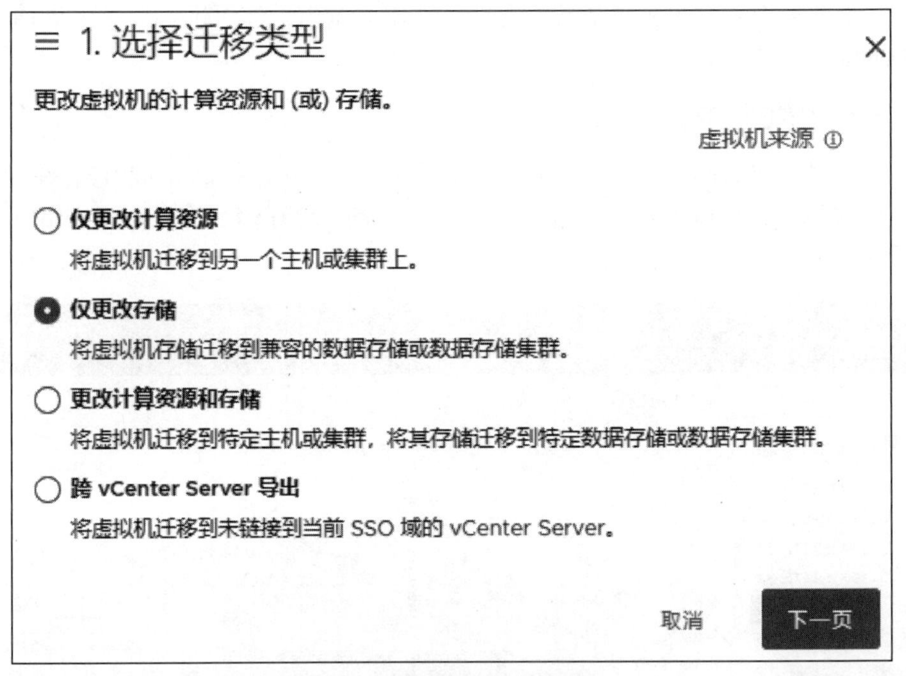

图 7-4　迁移虚拟机存储资源 -3

仅更改计算资源：将虚拟机（而不是其存储）移至其他计算资源，如主机、集群、资源池或 vApp。前提是虚拟机的存储需要放置在共享存储。

仅更改存储：将虚拟机及其存储（包括虚拟磁盘、配置文件或其组合）移至同一主机上的新数据存储。

更改计算资源和存储：将虚拟机移至另一主机，同时将其磁盘或虚拟机文件夹移至另一数据存储。

（4）在“2. 选择存储”界面，在存储列表中选择共享存储 Datastore-iSCSI，如

图 7-5 所示，兼容性检查成功后，单击“下一页”按钮。

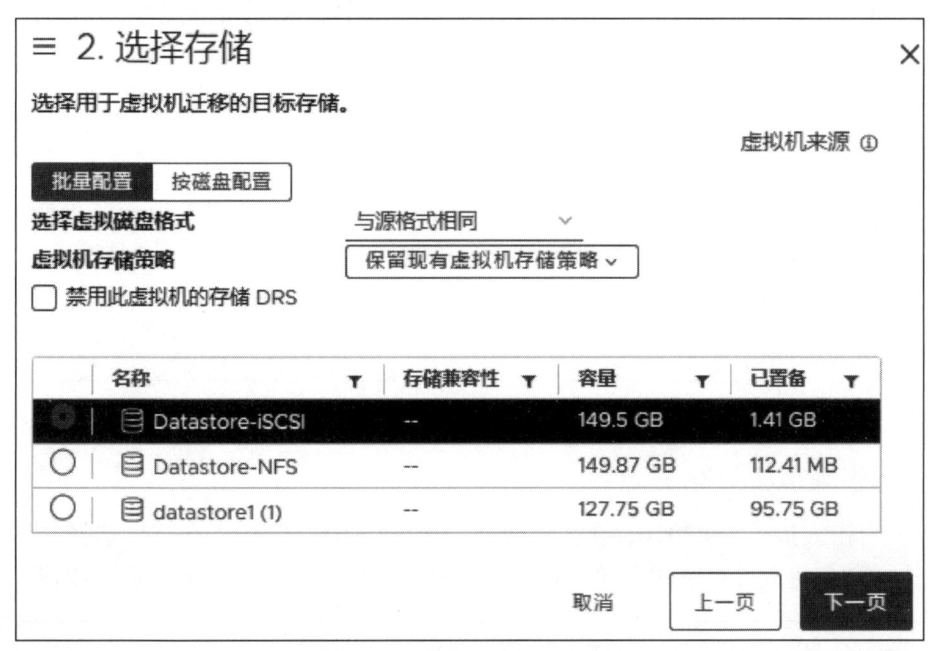

图 7-5　迁移虚拟机存储资源 -4

（5）在“3. 即将完成”界面，确认迁移类型、虚拟机、存储、磁盘格式无误，如图 7-6 所示，单击“完成”按钮，开始迁移虚拟机 win2016 的存储资源。

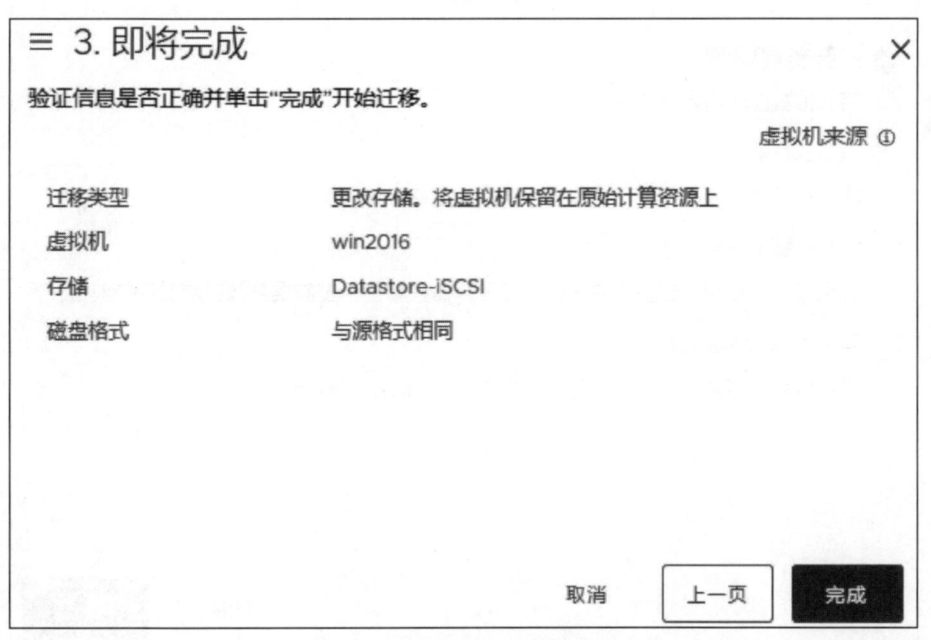

图 7-6　迁移虚拟机存储资源 -5

（6）在 vCenter Server 界面，单击虚拟机 win2016，单击操作界面的“数据存储”，虚拟机 win2016 存储资源已从 datastore1（1）迁移到共享存储 Datastore-iSCSI，如图 7-7 所示。

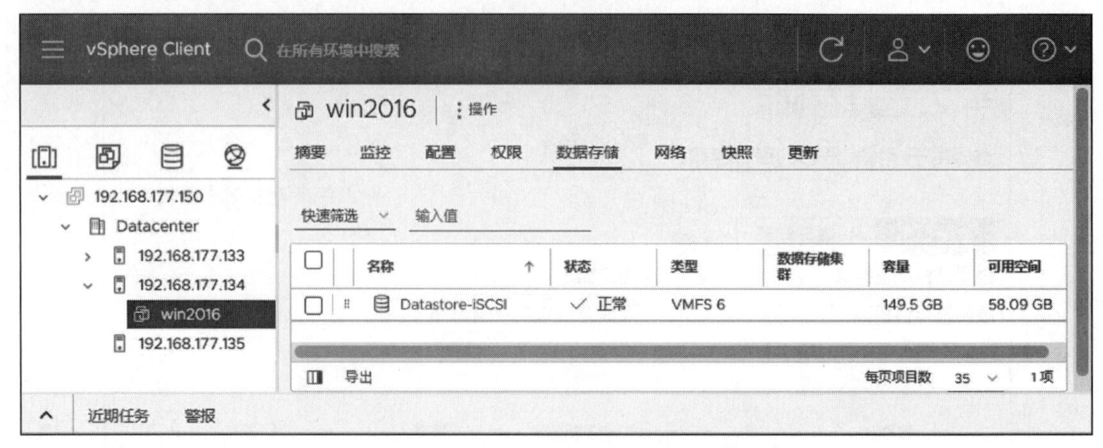

图 7-7　迁移虚拟机存储资源至共享存储

7.2.3　迁移虚拟机计算资源

（1）右击虚拟机 win2016，在弹出快捷菜单中单击“迁移”，在“1. 选择迁移类型”界面，选择“仅更改计算资源”单选按钮，如图 7-8 所示，单击“下一页”按钮。

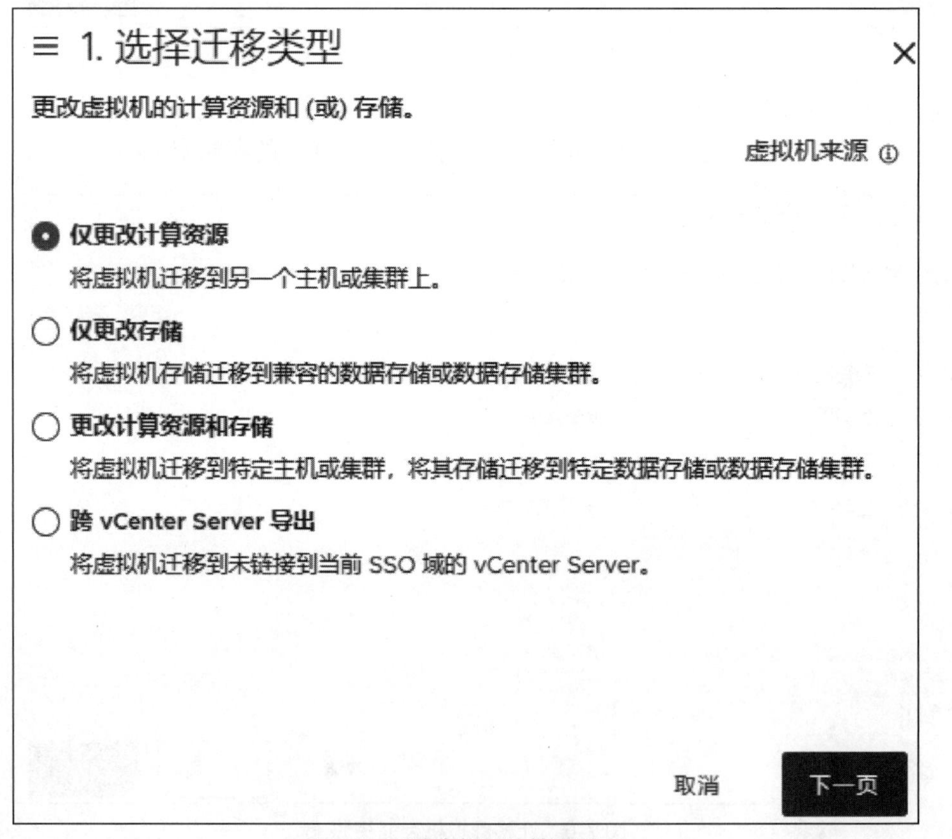

图 7-8　迁移虚拟机计算资源 -1

（2）在“2. 选择计算资源”界面选择目标主机，选择 192.168.177.135 主机，在兼容性验证成功后，如图 7-9 所示，单击“下一页”按钮。

图 7-9　迁移虚拟机计算资源 -2

（3）在“3. 选择网络”界面，选择用于虚拟机迁移的目标网络，选择 DPortGroup-VMotion&FT&VR，如图 7-10 所示，兼容性验证成功后，单击“下一页”按钮。

图 7-10　迁移虚拟机计算资源 -3

（4）在“4. 即将完成”界面，确认各项参数是否正确，如图 7-11 所示，单击“完成”按钮。

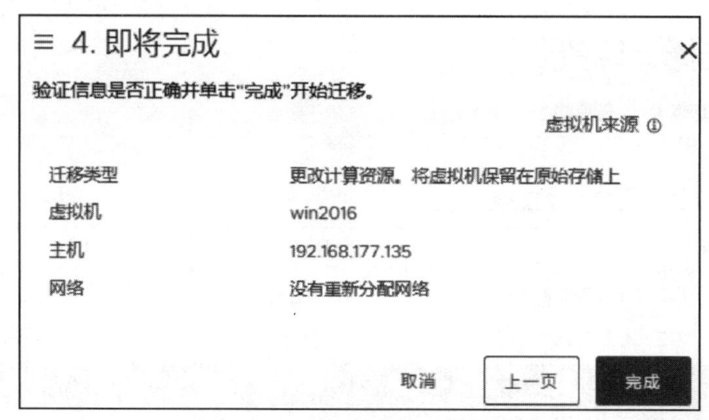

图 7-11　迁移虚拟机计算资源 -4

（5）虚拟机 win2016 已经迁移到 ESXi 主机 192.168.177.135，如图 7-12 所示。

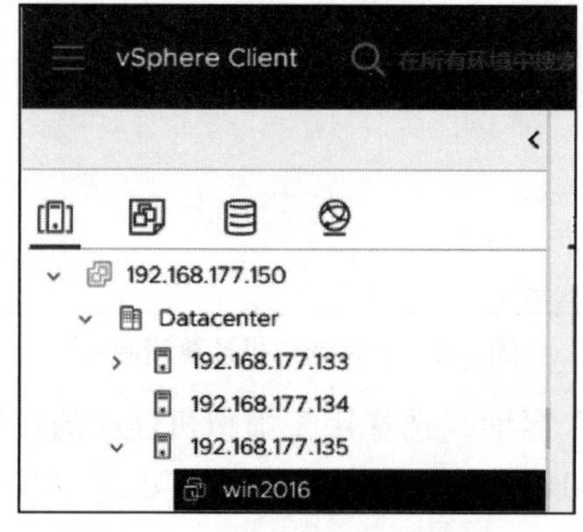

图 7-12　迁移虚拟机计算资源 -5

7.2.4　迁移虚拟机计算资源和存储

现将驻留在 ESXi 主机 (192.168.177.135) 的虚拟机 win2016（见图 7-13）迁移至 ESXi 主机（192.168.177.134)；配置文件从数据存储 Datastore-iSCSI 迁移至 datastore1（1）。

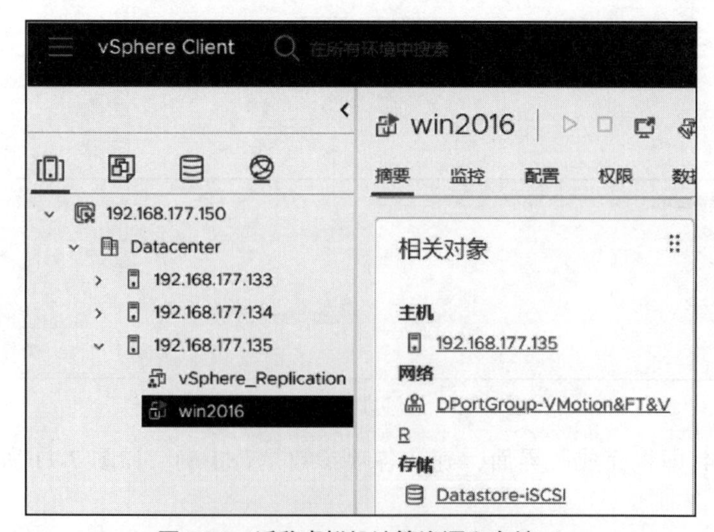

图 7-13　迁移虚拟机计算资源和存储 -1

（1）右击虚拟机 win2016，在弹出的快捷菜单中选择“迁移”命令，在“1. 选择迁移类型”界面，选择“更改计算资源和存储”单选按钮，如图 7-14 所示，单击“下一页”按钮。

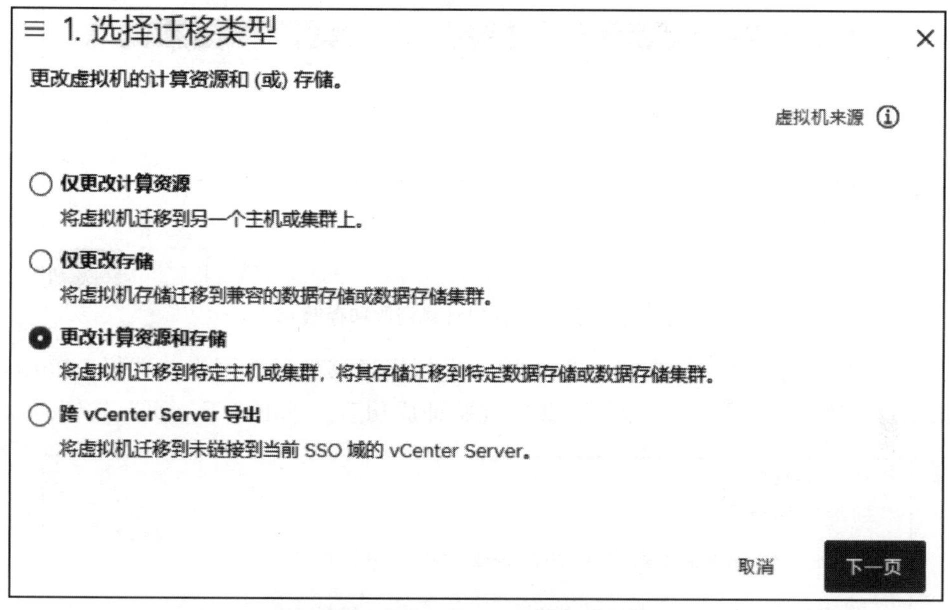

图 7-14　迁移虚拟机计算资源和存储 -2

（2）在“2. 选择计算资源”界面选择目标主机，选择 192.168.177.134 主机，在兼容性验证成功后，如图 7-15 所示，单击“下一页”按钮。

图 7-15　迁移虚拟机计算资源和存储 -3

（3）在“3. 选择存储”界面，在存储列表中选择 datastore1（1），如图 7-16 所示，兼容性检查成功后，单击“下一页”按钮。

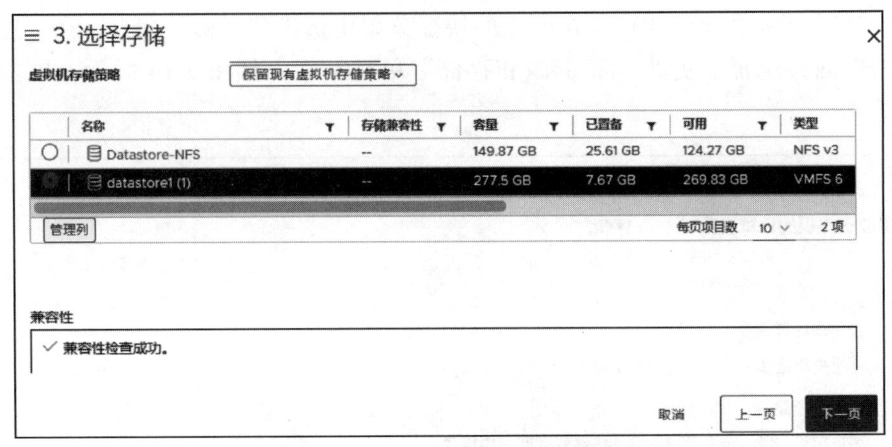

图 7-16　迁移虚拟机计算资源和存储 -4

（4）在“4. 选择网络”界面，选择用于虚拟机迁移的目标网络，选择 DPortGroup-VMotion&FT&VR，如图 7-17 所示，兼容性验证成功后，单击“下一页”按钮。

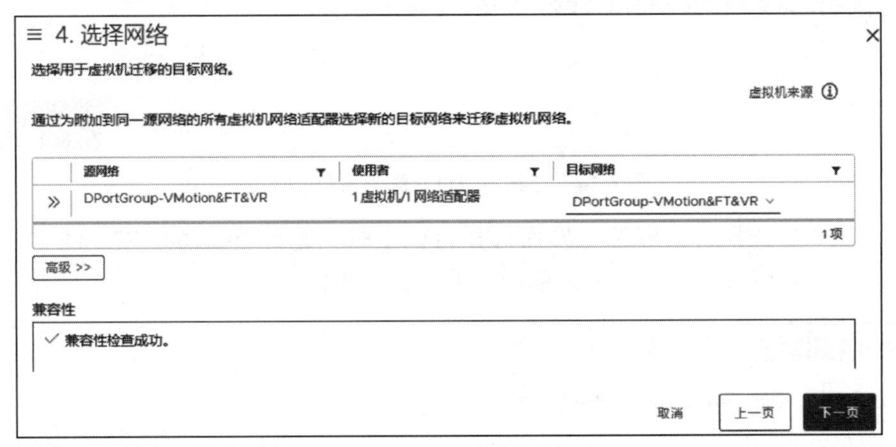

图 7-17　迁移虚拟机计算资源和存储 -5

（5）在“5. 选择 vMotion 优先级”界面，选择“安排优先级高的 vMotion(建议)”，如图 7-18 所示，单击“下一页”按钮。

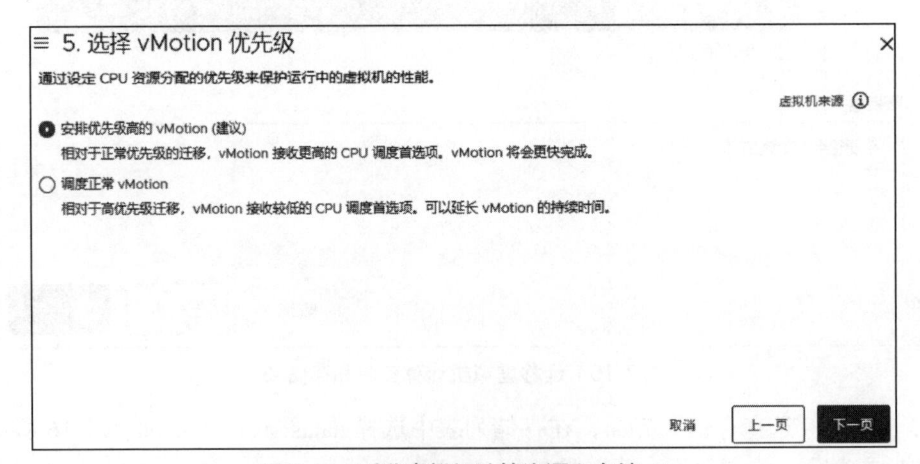

图 7-18　迁移虚拟机计算资源和存储 -6

（6）在“6. 即将完成”界面，确认各项参数是否正确，如图 7-19 所示，单击“完成”按钮，开始迁移虚拟机 win2016。迁移结果如图 7-20 所示。

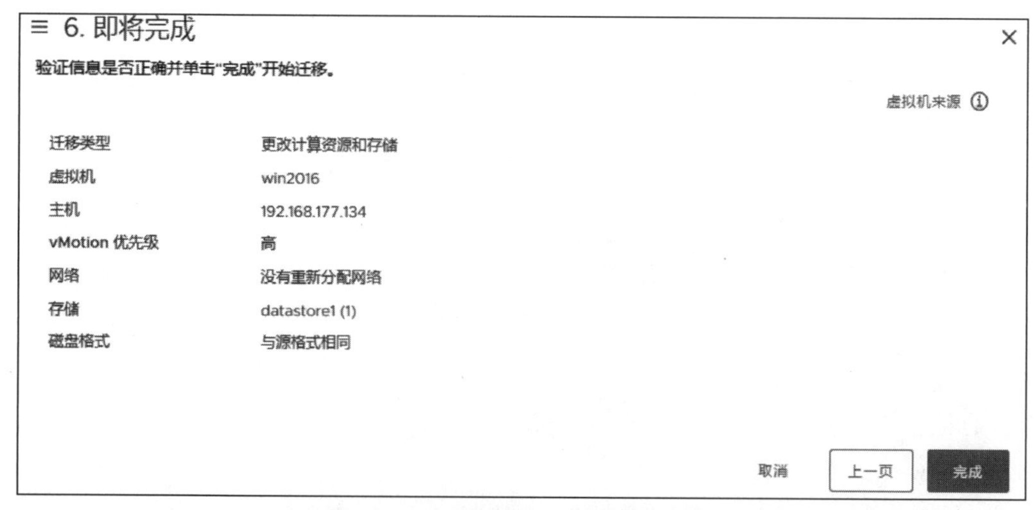

图 7-19　迁移虚拟机计算资源和存储 -7

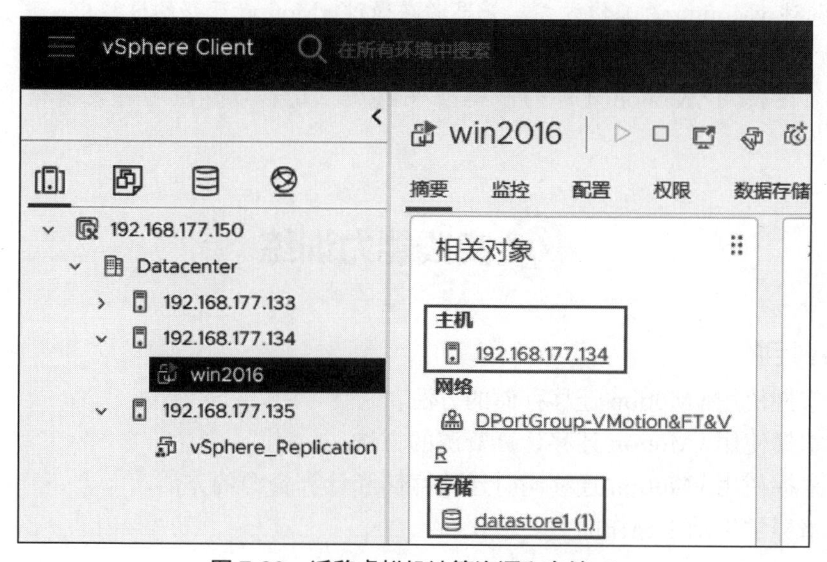

图 7-20　迁移虚拟机计算资源和存储 -8

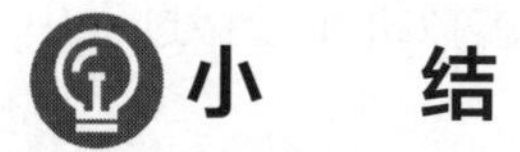

小　结

vSphere vMotion 能够将正在运行的虚拟机从一个物理服务器迁移至另一个物理服务器。本章详细介绍了 vMotion 迁移的作用、迁移原理和虚拟机迁移的条件和限制；介绍了使用 vMotion 完成虚拟机存储和虚拟机计算资源的迁移的操作。

本章知识技能结构如图 7-21 所示。

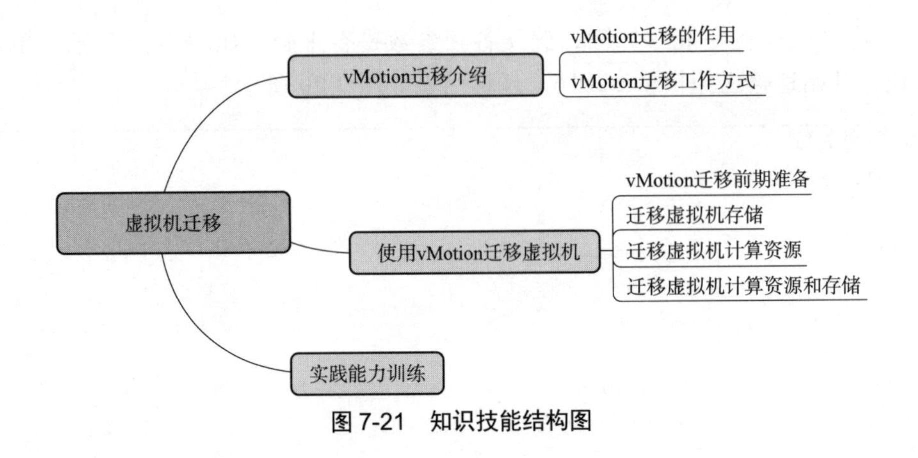

图 7-21　知识技能结构图

习　　题

（1）简述 vMotion 迁移的作用。

（2）简述 vMotion 的工作方式，并思考在通过 vMotion 迁移的过程中，用户在哪个时间点开始访问目标主机上的虚拟机。

（3）简述使用 vMotion 迁移的限制条件以及在迁移计算机资源之前需要搭建哪些环境。

实践能力训练

1. 实训目的

（1）掌握使用 vMotion 迁移存储的方法。

（2）掌握使用 vMotion 迁移计算资源的方法。

（3）掌握使用 vMotion 迁移同时迁移存储和计算资源的方法。

（4）培养学生动手操作能力。

2. 实训内容

使用 vMotion 迁移将 ESXi3 中的虚拟机 Linux-1 迁移至 ESXi4 主机，在迁移过程中，持续监测虚拟机 Linux-1，查看该虚拟机在迁移过程中是否中断。

3. 实训环境要求

硬件：物理机内存 64 GB 以上，主机系统需要使用具有 AMD-V 支持的 AMD CPU 或者具有 VT-x 支持的 Intel CPU，硬盘至少 1 TB。

第 8 章

vSphere 资源管理

充分利用 VMware ESXi 主机资源并避免资源过量使用，防止虚拟机独占主机资源，需要对 vSphere 中的 CPU、内存、存储、网络等资源进行管理。本章讲解 vSphere 资源管理的基础知识和 vSphere DRS 的主要功能以及工作原理，介绍创建与配置集群的方法以及配置和使用 vSphere DRS 的集群的方法。

学习目标

（1）了解 vSphere 资源管理。

（2）了解 vSphere DRS 的主要功能和工作原理。

（3）学会创建集群，配置 vSphere 集群 EVC。

（4）学会配置使用 vSphere DRS。

8.1 vSphere 资源管理基础

视频

vSphere资源管理基础

资源管理是将资源从资源提供方分配到资源用户的一个过程。对于资源管理的需求来自资源过载（即需求大于容量）以及需求与容量随着时间的推移而有所差异的事实。通过资源管理，可以动态重新分配资源，以便更高效地使用可用容量。

资源包括 CPU、内存、电源、存储器和网络资源。

主机和集群（包括数据存储集群）是物理资源的提供方。对于主机，可用的资源是主机的硬件规格减去虚拟化软件所用的资源。集群是一组主机。可以使用 vSphere Client 创建集群，并将多个主机添加到集群。vCenter Server 一起管理这些主机的资源：集群拥有所有主机的全部 CPU 和内存。可以针对联合负载平衡或故障切换来启用集群。

虚拟机是资源用户。

使用 vSphere 执行资源管理除了解决资源超额分配问题外，也可以完成以下任务：

性能隔离：防止虚拟机独占资源并保证服务率的可预测性。

高效使用：利用分配不足的资源并在超额分配时让性能正常降低。

易于管理：控制虚拟机的相对重要性，提供灵活的动态分区并且符合绝对服务级别协议。

8.2 vSphere DRS 介绍

视频

谁也别偷懒—分布式资源调配

分布式资源调配（vSphere distributed resource scheduler，DRS）是 vSphere 的高级特性之一，可以跨 vSphere 服务器持续地监视利用率，并可根据业务需求在虚拟机之间智能分配和平衡可用资源。VMware DRS 能够整合服务器，降低成本，增强灵活性；通过灾难修复，减少停机时间，保持业务的持续性和稳定性；减少需要运行服务器的数量以及动态地切断当前未需使用的服务器的电源，提高了能源的利用率。

8.2.1 vSphere DRS 的主要功能

1. 初始放置

当集群中的某个虚拟机启动时，系统计算 ESXi 主机的负载情况，DRS 会将其放在一个适当的主机上，或者根据选择的自动化级别生成放置建议。

视频

vSphere DRS 介绍

2. 负载平衡

将持续监控集群内所有主机和虚拟机的 CPU 和内存资源的分布情况和使用情况。在给出集群内资源池和虚拟机的属性、当前需求以及不均衡目标的情况下，DRS 会将这些衡量指标与理想状态下的资源使用情况进行比较。然后，DRS 提供建议或相应地执行虚拟机迁移。

3. 电源管理

vSphere distributed power management（DPM）功能启用后，DRS 会将集群级别和主机级别容量与集群的虚拟机需求（包括近期历史需求）进行比较。然后，在找到足够的额外容量时，DRS 建议将主机置于待机状态，或将主机置于待机电源模式。如果需要容量，DRS 会打开主机电源。根据提出的主机电源状况建议，可能需要将虚拟机迁移到主机并从主机迁移虚拟机。

4. 关联性、反关联性规则

虚拟机的关联性规则用于指定应将选定的虚拟机放置在相同主机上（关联性）还是放在不同主机上（反关联性）。

关联性规则用于系统性能会对虚拟机之间的通信能力产生极大影响的多虚拟机系统。

反关联性规则用于负载平衡或要求高可用性的多虚拟机系统。

8.2.2 vSphere DRS 工作原理

DRS 分配资源的方式有两种：将虚拟机迁移到另外一台具有更多合适资源的服务器上，或者将该服务器上其他虚拟机迁移出去，从而为该虚拟机腾出更多的“空间”。虚拟机在不同物理服务器上的实时迁移是由 VMware VMotion 来实现，迁移过程对终端用户是完全透明的。DRS 能够从以下三个层面帮助客户调度资源：

1. 根据业务优先级动态地调整资源

（1）平衡计算容量。

（2）降低数据中心的能耗。

（3）根据业务需求调整资源。

DRS 将 vSphere 主机资源聚合到集群中，并通过监控利用率并持续优化虚拟机跨 vSphere 主机的分发，将这些资源动态自动分发到各虚拟机中。

2. 将 IT 资源动态分配给优先级最高的应用

（1）为业务部门提供专用的信息技术基础架构，同时仍可通过资源池化获得更高的硬件利用率。

（2）使业务部门能够在自己的资源池内创建和管理虚拟机。

3. 平衡计算容量

DRS 不间断地平衡资源池内的计算容量，以提供物理基础架构所不能提供的性能、可扩展性和可用性级别。

（1）提高服务级别并确保每个虚拟机能随时访问相应资源。

（2）通过在不中断系统的情况下重新分发虚拟机，轻松部署新容量。

（3）自动将所有虚拟机迁出物理服务器，以进行无停机的计划内服务器维护允许系统管理员监控和有效管理更多的信息技术基础架构，提高管理员的工作效率。

8.3 实现 vSphere 集群

8.3.1 创建 vSphere 集群

（1）使用 vSphere Client 登录到 vCenter Server，右击数据中心，在弹出的快捷菜单中选择“新建集群”命令，如图 8-1 所示。

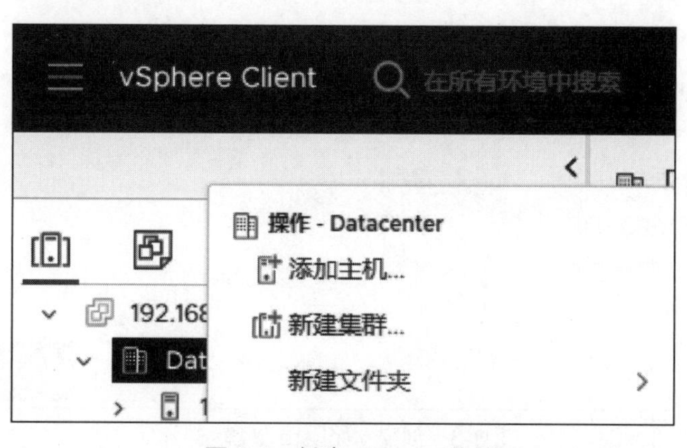

图 8-1 创建 vSphere 集群 -1

（2）在“1. 基础”界面，为新建的集群设置名称，取消勾选“使用单个映像管理集群中的所有主机”复选框，不启动 vSphere DRS、vSphere HA 和 vSAN，如图 8-2 所示，单击“下一页”按钮。

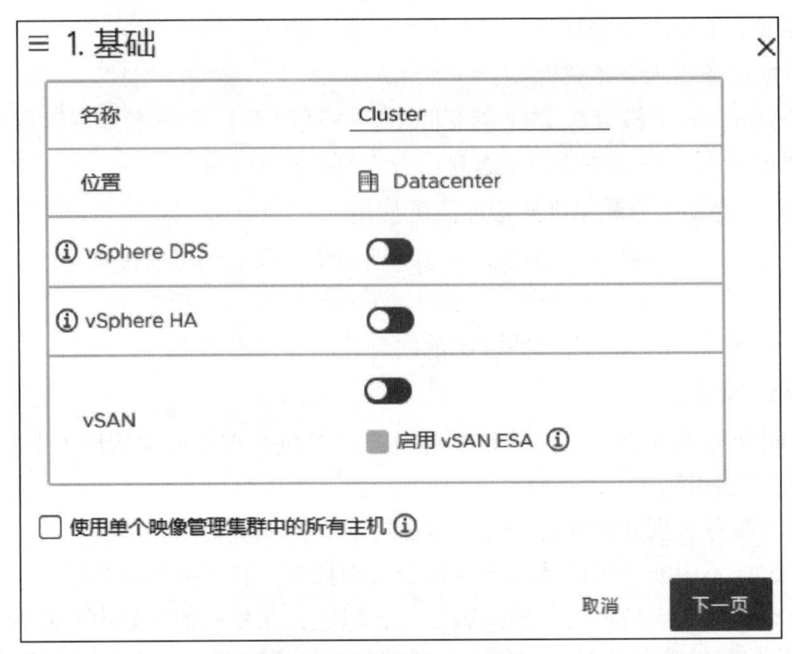

图 8-2　创建 vSphere 集群 -2

（3）在“2. 查看”界面，核对创建的集群信息，如图 8-3 所示，信息确认无误后，单击“完成”按钮，开始创建集群。

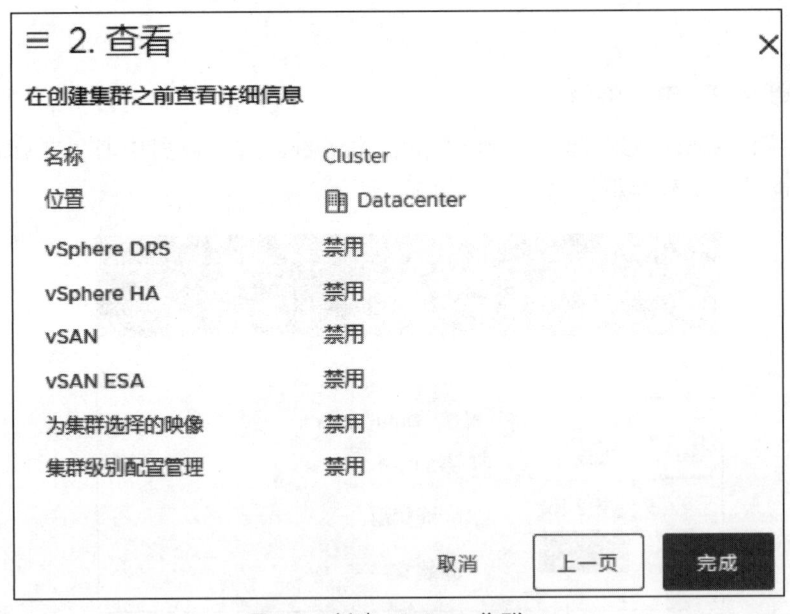

图 8-3　创建 vSphere 集群 -3

（4）集群创建完成后，在 vCenter Serve 界面的“主机和集群”会出现新建的集群 Cluster，如图 8-4 所示。

（5）集群创建好后并没有 ESXi 主机，采用拖动方式可以添加主机。拖动方式是在 vCenter Server 上选中 ESXi 主机，将其拖动到集群中。将三台 ESXi 主机均采用拖动的方式增加到集群 Cluster 中，结果如图 8-5 所示。

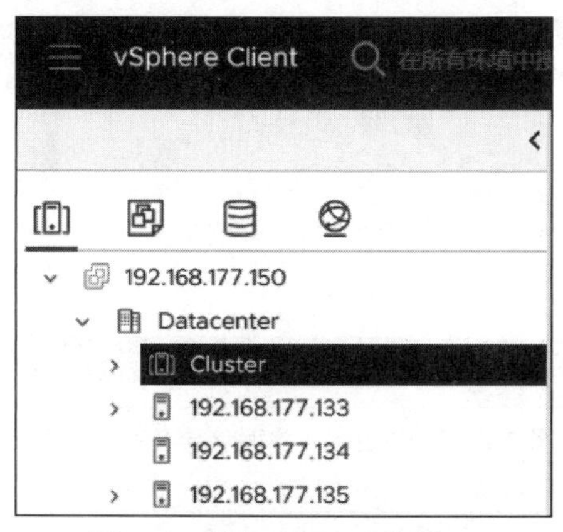

图 8-4　创建 vSphere 集群 -4

图 8-5　vSphere 集群添加 ESXi 主机

（6）如果从 vSphere 集群中移除 ESXi 主机，采用直接拖动方式会出现错误提示对话框，如图 8-6 所示。需要启用维护模式，右击要从集群中移除的 ESXi 主机，在弹出的快捷菜单中选择“维护模式”→“进入维护模式”命令，如图 8-7 所示。弹出“进入维护模式”对话框，如图 8-8 所示，单击“确定”按钮，会弹出“警告”对话框，如图 8-9 所示，单击“确定”按钮后，可以看到 ESXi 主机已进入维护模式，如图 8-10 所示。此时采用拖动的方式将该 ESXi 主机从 vSphere 集群移除，如图 8-11 所示。

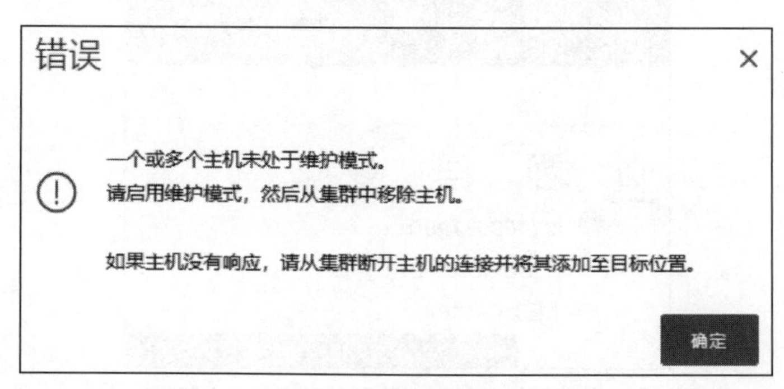

图 8-6　从 vSphere 集群移除 ESXi 主机 -1

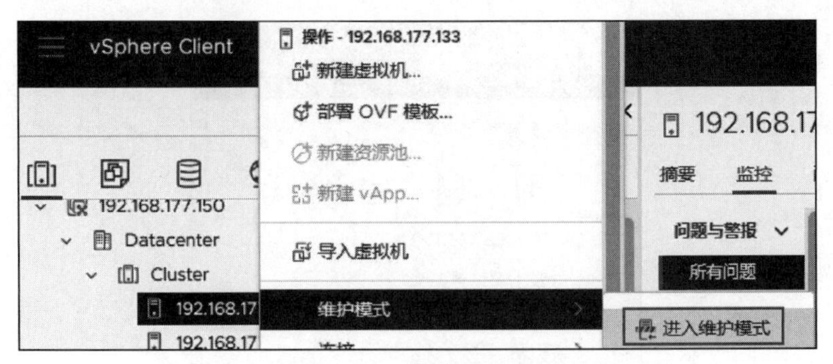

图 8-7　从 vSphere 集群移除 ESXi 主机 -2

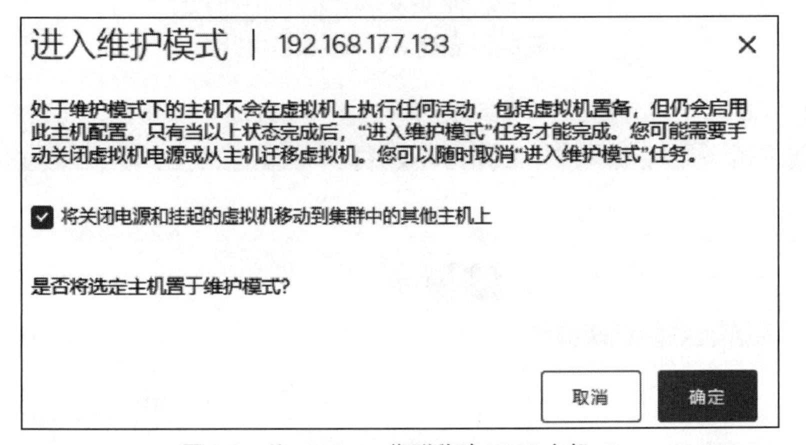

图 8-8　从 vSphere 集群移除 ESXi 主机 -3

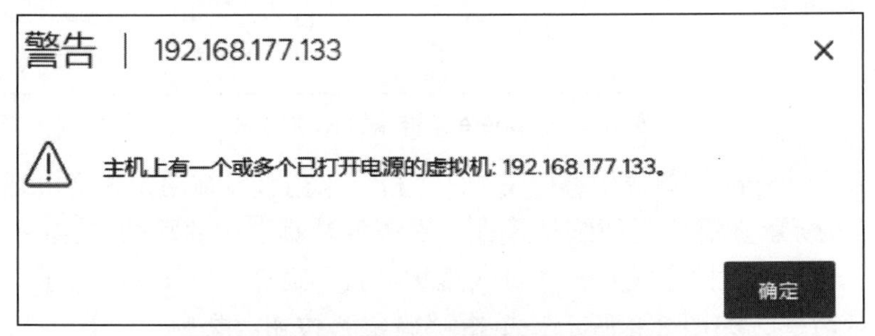

图 8-9　从 vSphere 集群移除 ESXi 主机 -4

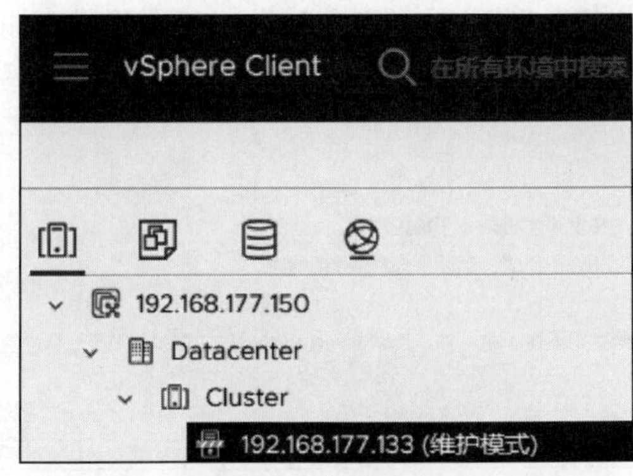

图 8-10　从 vSphere 集群移除 ESXi 主机 -5

图 8-11　从 vSphere 集群移除 ESXi 主机 -6

8.3.2　配置 vSphere 集群 EVC

增强型 vMotion 兼容性（EVC）是一项集群功能，可确保集群中的主机之间的 CPU 兼容性。EVC 使用 AMD-V Extended Migration 技术（适用于 AMD 主机）和 Intel Felx Migration（适用于 Intel 主机）屏蔽功能，以便主机提供早期版本的处理器功能集，可以在 EVC 集群内无缝地迁移虚拟机，可避免因 CPU 不兼容而导致通过 vMotion 迁移失败或 DRS 使用出现问题。

注：在启用 EVC 之前，必须关闭集群中运行的所有虚拟机的电源，或者将这些虚拟机迁移出集群。

（1）在 vSphere Client 界面，单击集群 Cluster，在右侧操作界面依次单击“配置”→ VMware EVC，可以看到 VMware EVC 已禁用，如图 8-12 所示。

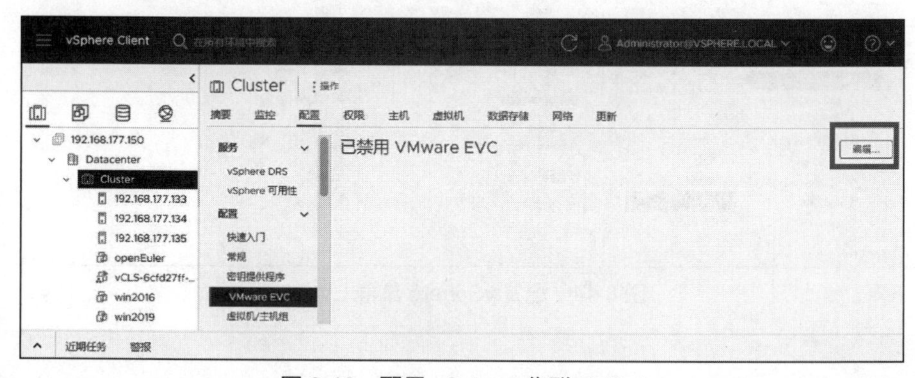

图 8-12　配置 vSphere 集群 EVC-1

（2）单击图 8-12 的“编辑”按钮，弹出“更改 EVC 模式”对话框，设置 CPU 的 EVC 模式。本节使用 ESXi 主机 CPU 类型均为 Intel（R）Xeon（R）W-10855M，所以将 EVC 模式配置为“为 Inter® 主机启用 EVC”，“CPU 模式”选择 Intel®“Merom” Generation，兼容性验证成功后，单击“确定”按钮完成 EVC 模式更改配置，如图 8-13 所示。

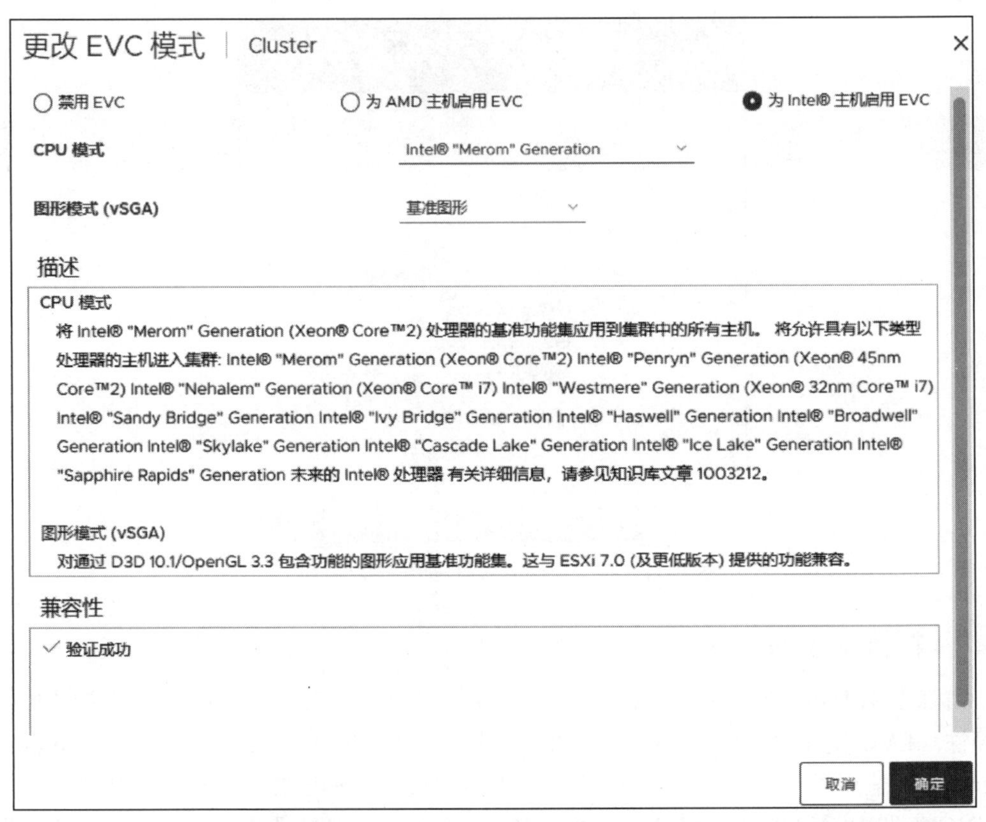

图 8-13　配置 vSphere 集群 EVC-2

（3）EVC 启用完成，如图 8-14 所示。启用后不用担心由于 CPU 指令集不同导致无法迁移等状况的发生。

图 8-14　配置 vSphere 集群 EVC-3

8.4　配置使用 vSphere DRS

8.4.1　配置 vSphere DRS

（1）使用 vSphere Client 登录 vCenter Server，单击集群 Cluster，单击操作界面的

“配置”，展开“服务”，单击 vSphere DRS，可以看到 vSphere DRS 目前的状态为关闭，如图 8-15 所示，单击“已关闭 vSphere DRS”右侧的“编辑”按钮。

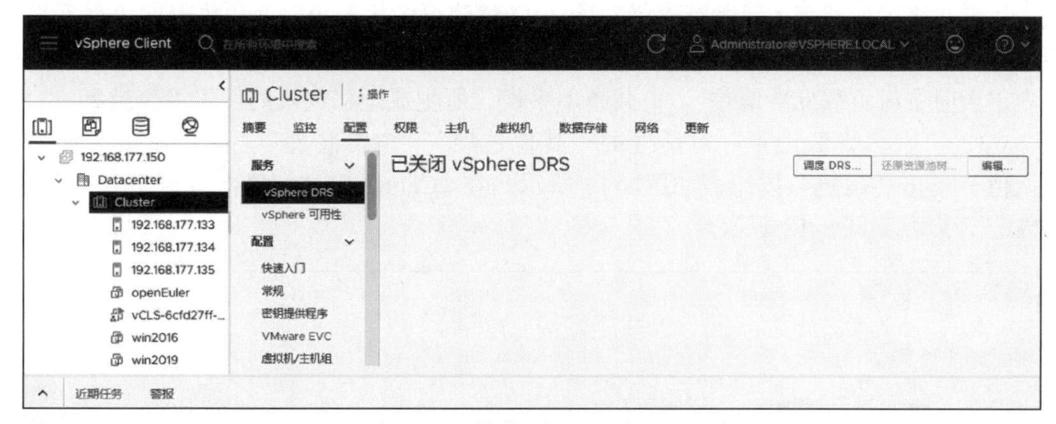

图 8-15　配置 vSphere DRS-1

（2）在“编辑集群设置 - 自动化”界面，启用 vSphere DRS，其他选项的值均保持默认，如图 8-16 所示。

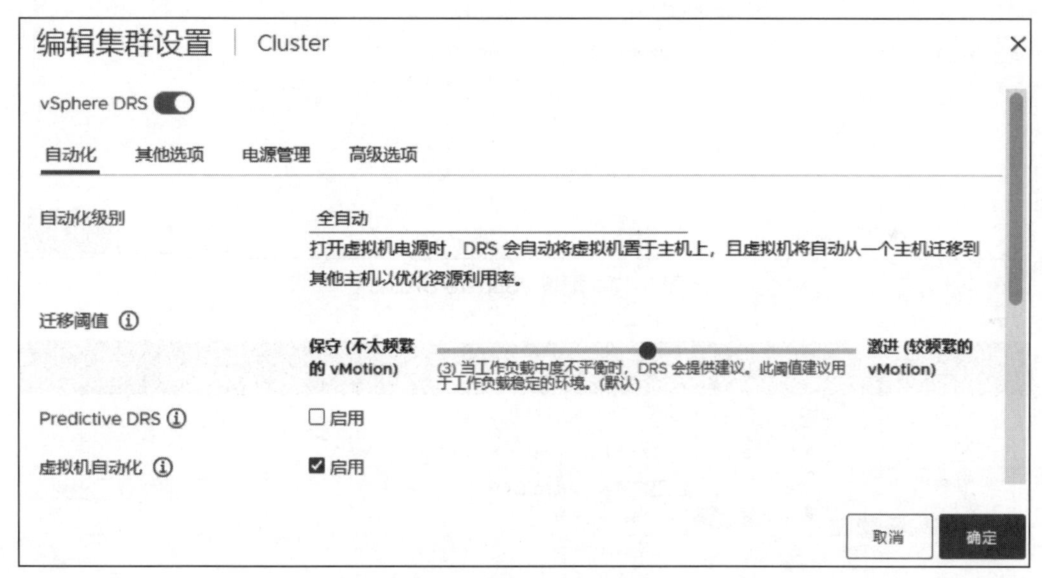

图 8-16　配置 vSphere DRS-2

DRS 的自动化级别分为手动模式、半自动模式和全自动模式。在自动模式中，DRS 自行进行判断，拟定虚拟机在物理服务器之间的最佳分配方案，并自动地将虚拟机迁移到最合适的物理服务器上。在半自动模式中，虚拟机打开电源启动时自动选择在某台 ESXi 主机上启动。当 ESXi 负载过重需要迁移时，由系统给出建议，必须确认后才能执行操作。在手动模式中，VMware DRS 提供一套虚拟机放置的最优方案，然后由系统管理员决定是否根据该方案对虚拟机进行调整。

迁移阈值是系统对 ESXi 主机负载情况的监控，分为五个等级。可以移动阈值滑块以使用从“保守”到“激进”这五个设置中的一个。这五种迁移设置将根据其所分配的优先级生成建议。每次将滑块向右移动一个设置，将会允许包含下一较低优先级的建议。“保守”设置仅生成优先级 1 的建议（强制性建议），向右的下一级别则生成优先级 2 的建议以及更高级别的建议，依此类推，直至“激进”级别，该级别生成优先级 5 的建议和更高级别的建议（即所有建议）。每个迁移建议的优先级是使用集群的负载不平衡衡量指标进行计算的。该衡量指标在 vSphere Web Client 中的集群“摘要”选项卡中显示为“当前主机负载标准偏差”。负载越不平衡，所生成迁移建议的优先级会越高。

（3）“编辑集群设置”对话框的“其他选项”“电源管理”“高级选项”均保持默认值，单击“确定”按钮，如图 8-17 所示。在 vCenter Server 界面可以看到 vSphere DRS 已开启，如图 8-18 所示。

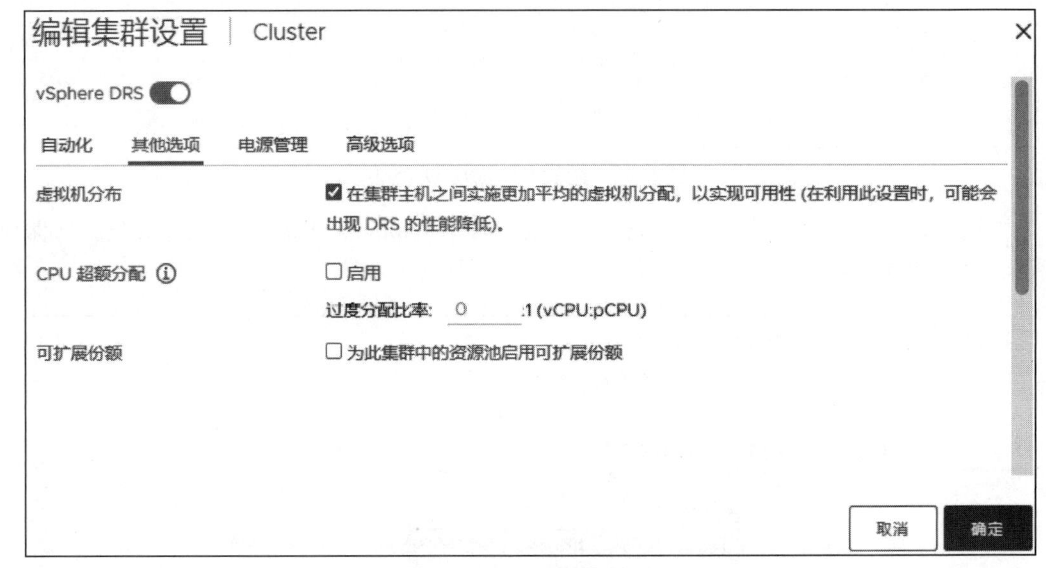

图 8-17　配置 vSphere DRS-3

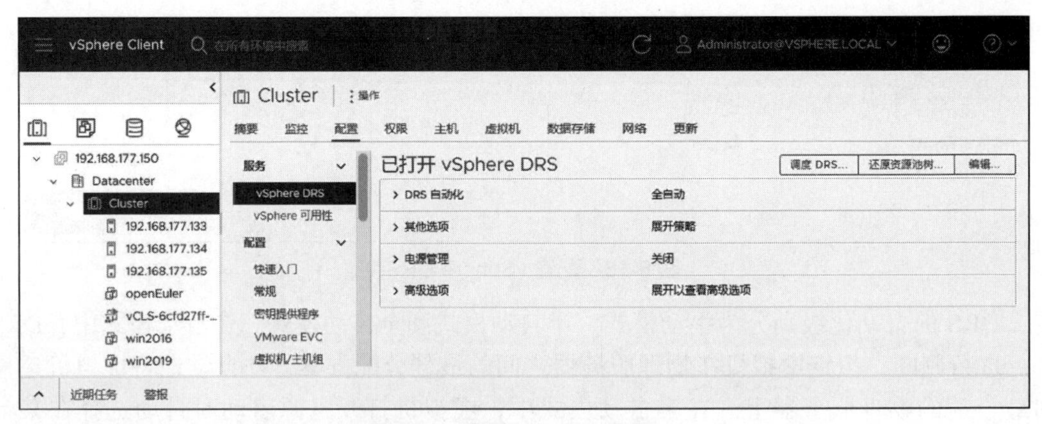

图 8-18　配置 vSphere DRS-4

8.4.2　创建和使用 vSphere DRS 规则

1. 创建 vSphere DRS 规则

（1）在 vCenter Server 界面，单击集群 Cluster，单击右侧操作界面“配置”，展开“配置”，选择“虚拟机 / 主机规则”，单击“添加”按钮，如图 8-19 所示。

图 8-19　配置 vSphere DRS 规则 -1

（2）在“创建虚拟机 / 主机规则”对话框中，为设置的规则填写名称，选中“启用规则”复选框，选择规则的类型。

在这里选择“集中保存虚拟机”，既使用规则后，虚拟机将在同一主机上运行，如图 8-20 所示。单击图 8-20 中的“添加”，添加使用该规则的虚拟机，为验证该规则的有效性，添加的两台虚拟机 openEuler 和虚拟机 win2016 分别驻留在 ESXi 主机 192.168.177.133 和 ESXi 主机 192.168.177.134。添加完成后单击“确定”按钮。

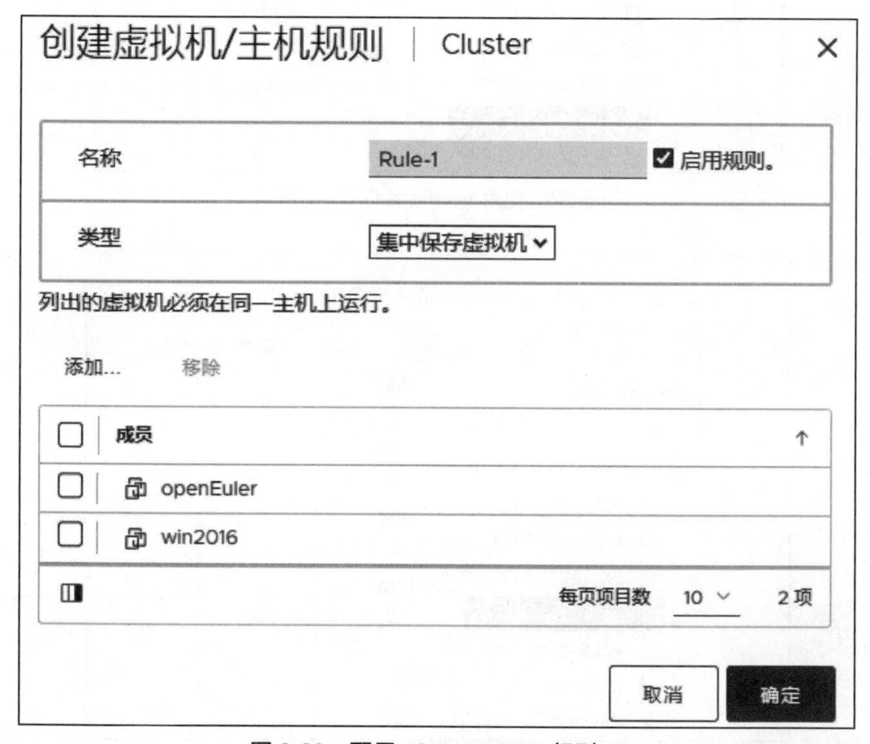

图 8-20　配置 vSphere DRS 规则 -2

（3）导航到 vCenter Server 界面，可以看到已经创建好的规则的名称、类型、规则成员，如图 8-21 所示。

虚拟机/主机规则

添加…　编辑…　删除

	名称	类型	已启用	冲突	定义方
○	Rule-1	聚集虚拟机	是	0	用户

图 8-21　配置 vSphere DRS 规则 -3

2. 验证规则

在使用 DRS 规则之前，虚拟机的配置文件必须迁移到共享存储中。

（1）开启虚拟机 openEuler 和虚拟机 win2016。两台虚拟机均在 ESXi 主机 192.168.177.133 上运行，如图 8-22 和图 8-23 所示。

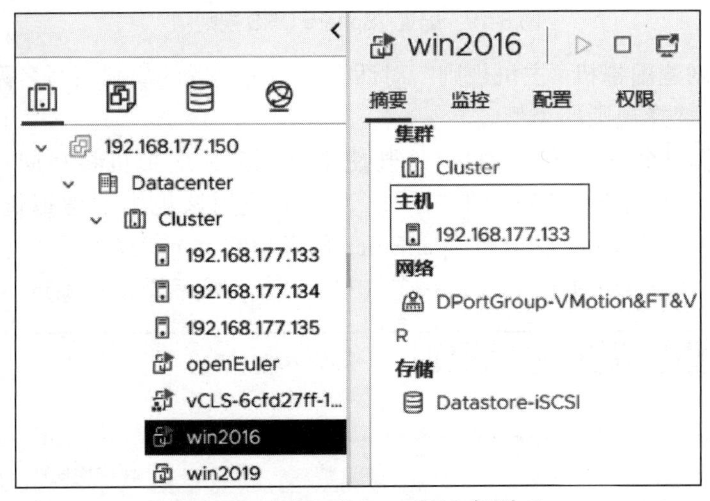

图 8-22　使用 vSphere DRS 规则 -1

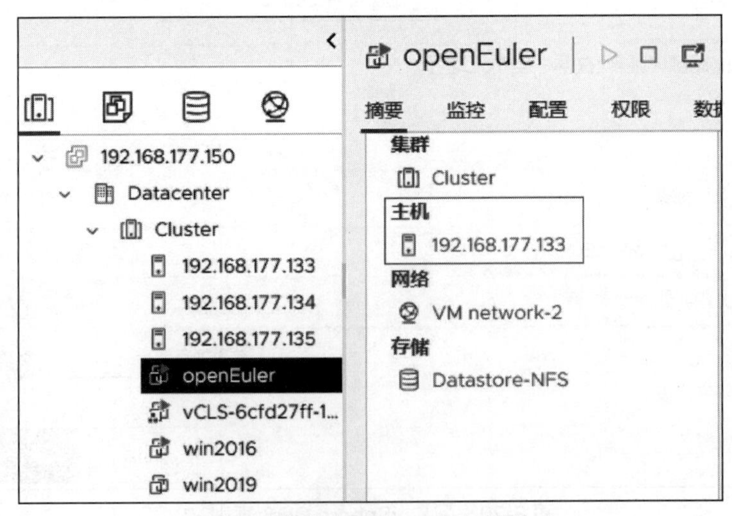

图 8-23　使用 vSphere DRS 规则 -2

（2）在 vCenter Server 界面，单击集群，单击右侧操作界面“监控”，展开 vSphere

DRS，选中“历史记录”，查看虚拟机的运行情况。历史记录显示虚拟机 win2016 从主机 192.168.177.134 迁移到了 192.168.177.133 上运行。设置的规则得到了应用，如图 8-24 所示。

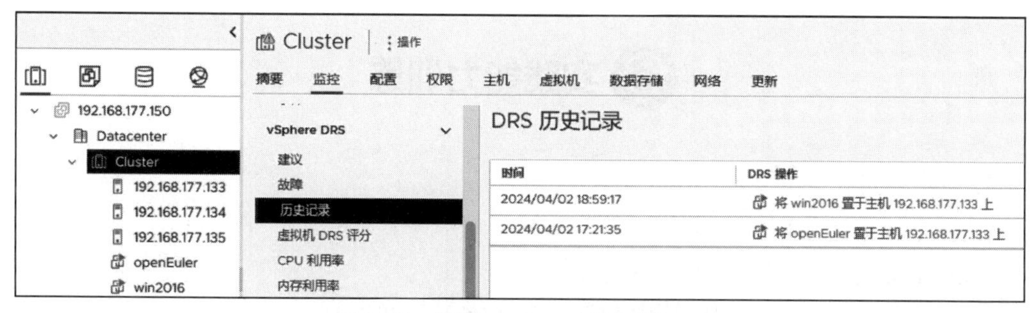

图 8-24　使用 vSphere DRS 规则 -3

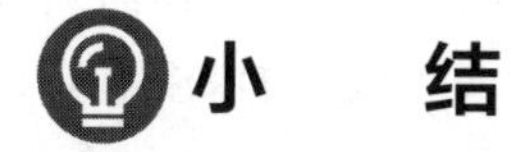

小　　结

资源管理是将资源从资源提供方分配到资源用户的一个过程。资源包括 CPU、内存、电源、存储器和网络资源。在本章中首先介绍了 vSphere 执行资源管理能够完成的工作；其次描述了 vSphere DRS 的主要功能和工作原理；最后介绍了如何创建 vSphere 集群、配置 vSphere 集群 EVC，如何创建和使用 vSphere DRS 规则。

本章知识技能结构如图 8-25 所示。

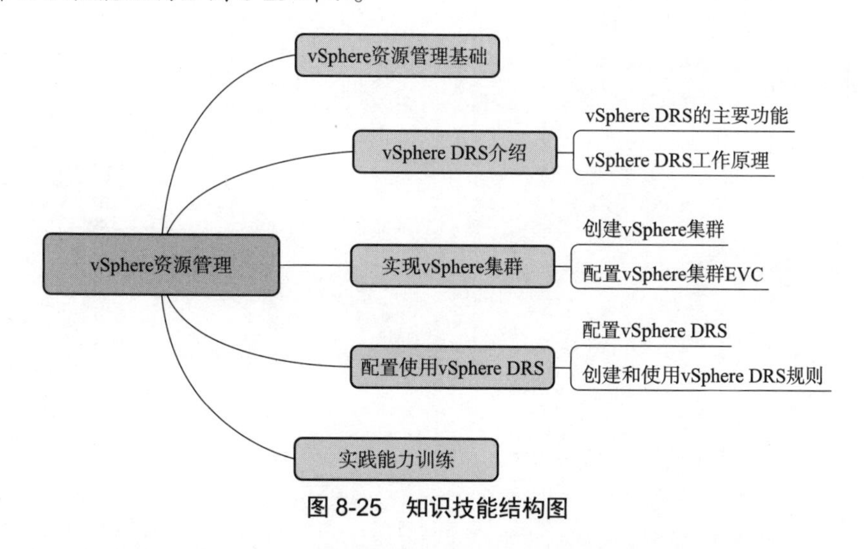

图 8-25　知识技能结构图

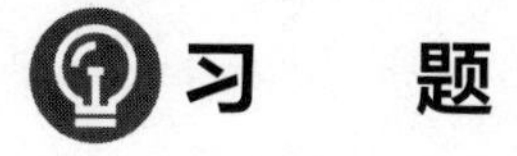

习　　题

（1）什么是资源管理？在 vSphere 环境中资源包括哪些内容？

（2）简述 vSphere 资源管理的作用。

（3）DRS 的主要功能包括哪些？

（4）什么是增强型 vMotion 兼容性（EVC）？有何作用？

（5）VMware DRS 的资源分配方式有哪些？

实践能力训练

1．实训目的

（1）掌握创建集群的方法。

（2）掌握配置 vSphere DRS 的方法。

（3）培养学生解决问题的能力和独立自主学习的能力。

2．实训内容

（1）在已有的 vSphere 环境中创建集群，并命名为 Cluster，将三台 ESXi 主机加入集群中，配置集群 EVC，配置集群 vSphere DRS 服务。

（2）DRS 的自动化级别分为手动、半自动和自动三种模式。在 vSphere DRS 集群设置过程中，分别将 DRS 的自动化级别设置为手动和自动两种模式，开启集群中的虚拟机，比较手动模式和自动化模式的区别。

3．实训环境要求

硬件：物理机内存 64 GB 以上，主机系统需要使用具有 AMD-V 支持的 AMD CPU 或者具有 VT-x 支持的 Intel CPU，硬盘至少 1 TB。

第 9 章

vSphere 可用性

无论是计划停机时间还是非计划停机时间，都会带来相当大的成本。但是，用于确保更高级别可用性的传统解决方案都需要较大开销，并且难以实施和管理。VMware 软件可为重要应用程序提供更高级别的可用性，并且操作更简单，成本更低。本章介绍提供专业连续性的解决方案 vSphere High Availability（HA）和 vSphere Fault Tolerance。

学习目标

（1）了解 vSphere HA 和 vSphere FT 的工作方式。

（2）学会配置使用 vSphere HA。

（3）学会配置使用 vSphere FT。

9.1 vSphere HA

9.1.1 vSphere HA 介绍

视 频

vSphere 可用性

虚拟机高可用性（VMware vSphere high availability，HA）被广泛应用于虚拟化环境中用于提升虚拟机可用性功能。vSphere HA 的工作机制是监控虚拟机以及运行这些虚拟机的 ESXi 主机，通过配置合适的策略，当集群中的 ESXi 主机或者虚拟机出现故障时，可在具有备用容量的其他生产服务器中自动重新启动受影响的虚拟机，最大限度保证重要的服务不中断。若操作系统出现故障，则 vSphere HA 会在同一台物理服务器上重新启动受影响的虚拟机。

1. vSphere HA 的优势

（1）最小化设置：设置 vSphere HA 集群之后，集群内的所有虚拟机无须额外配置即可获得故障切换支持。

（2）减少了硬件成本和设置：虚拟机可充当应用程序的移动容器，可在主机之间移动，管理员可以避免在多台计算机上进行重复配置。使用 vSphere HA 时，必须拥有足够的资源来对要通过 vSphere HA 保护的主机数进行故障切换，vCenter Server 系统会自动管理资源并配置集群。

（3）提高了应用程序的可用性：虚拟机内运行的任何应用程序的可用性变得更高。

虚拟机可以从硬件故障中恢复，提高了在引导周期内启动的所有应用程序的可用性，而且没有额外的计算需求，即使该应用程序本身不是集群应用程序也一样。通过监控和响应 VMware Tools 检测信号并重新启动未响应的虚拟机，可防止客户机操作系统崩溃。

（4）DRS 和 vMotion 集成：如果主机发生了故障，并且在其他主机上重新启动了虚拟机，则 DRS 会提出迁移建议或迁移虚拟机以平衡资源分配。如果迁移的源主机或目标主机发生故障，则 vSphere HA 会帮助其从该故障中恢复。

2. vSphere HA 的工作方式

vSphere HA 可以将虚拟机及其所驻留的主机集中在集群内，从而为虚拟机提供高可用性。集群中的主机均会受到监控，如果发生故障，故障主机上的虚拟机将在备用主机上重新启动。

创建 vSphere HA 集群时，会自动选择一台主机作为首选主机。首选主机可与 vCenter Server 进行通信，并监控所有受保护的虚拟机以及从属主机的状态。可能会发生不同类型的主机故障，首选主机必须检测并相应地处理故障。首选主机必须可以区分故障主机与处于网络分区中或已与网络隔离的主机。首选主机使用网络和数据存储检测信号来确定故障的类型。

如果为集群启用了 vSphere HA，则所有活动主机（未处于待机或维护模式的主机或未断开连接的主机）都将参与选举以选择集群的首选主机，其中一台主机被选举为首选主机。

首选主机主要完成以下任务：

（1）监控所有从属主机的状况。当从属主机发生故障或无法访问，首选主机将确定需要重新启动的虚拟机。

（2）监控所有受保护虚拟机的电源状况。如果有一台虚拟机出现故障，首选主机可确保重新启动该虚拟机。

（3）管理集群主机和受保护的虚拟机列表。

（4）充当集群的 vCenter Server 管理界面并报告集群运行状况。

从属主机的职责如下：

（1）从属主机主要通过本地运行虚拟机、监控其运行时状况和向首选主机报告状况更新对集群发挥作用。首选主机也可运行和监控虚拟机。从属主机和首选主机都可实现虚拟机和应用程序监控功能。

（2）从属主机监控首选主机的健康状态，如果首选主机出现故障，从属主机将会参与首选主机的选举。

9.1.2 配置使用 vSphere HA

1. 配置使用 vSphere HA 的必要条件

视频

配置使用 vSphere HA

（1）集群。vSphere HA 依靠集群实现，因此需要创建集群，并且集群至少包含两台主机，所有主机必须获得 vSphere HA 保护，每台主机均需配置静态 IP 地址。

（2）共享存储。在 vSphere HA 集群中，所有的 ESXi 主机都能够访问相同的共享存储。并且，至少两个共享存储为 vSphere HA 数据存储检测信号提供冗余。虚拟机及配置文件均需驻留在共享存储，否则当主机出现故障时无法进行故障切换。

（3）虚拟网络。在 vSphere HA 集群中，所有 ESXi 主机都必须有完全相同的虚拟网络配置。同时，需要配置至少有两个共有的管理网络，否则 vSphere 会发出警告。

（4）充足的计算资源。当一台 ESXi 主机出现故障或者资源不足时，vSphere HA 将发挥作用，将其上的虚拟机在其他 ESXi 主机上重启。如果其他 ESXi 主机资源不足可能会导致虚拟机无法启动。

（5）VMware Tools。虚拟机必须安装 VMware Tools 才能实现 vSphere HA 的虚拟机监控功能。

在本书中，已在第 5 章创建完成管理网络冗余并增加了 VMkernel 适配器承载 vMotion 流量，在第 6 章完成了共享存储的创建，在第 7 章将虚拟机的配置文件迁移到共享存储，在第 8 章创建了集群并增加了主机。

2. 开启与配置 vSphere HA

（1）在 vCenter Server 界面，单击 Cluster 集群右侧操作界面的“配置”，展开“服务”，选择“vSphere 可用性”，vSphere HA 为关闭状态，Proactive HA 为禁用状态，如图 9-1 所示，单击已关闭 vSphere HA 右侧的“编辑”按钮。

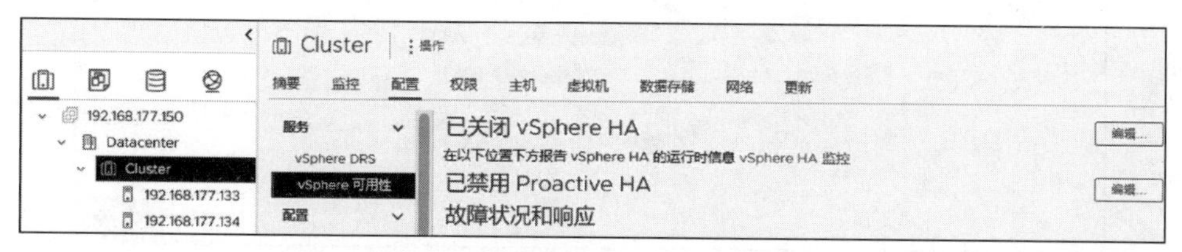

图 9-1　配置和使用 vSphere HA-1

（2）在“编辑集群设置 - 故障和响应”界面，单击 vSphere HA 后面的按钮将其启用，选择“启用主机监控”，配置故障和响应策略的选项值，如图 9-2 所示。

“主机故障响应”选择“重新启动虚拟机”；“针对主机隔离的响应”选择“关闭虚拟机电源再重新启动虚拟机”；“处于 PDL 状态的数据存储”选择“关闭虚拟机电源再重新启动虚拟机”；“处于 APD 状态的数据存储”选择“关闭虚拟机电源并重新启动虚拟机 - 保守的重新启动策略”；“虚拟机监控”选择“虚拟机和应用程序监控”。

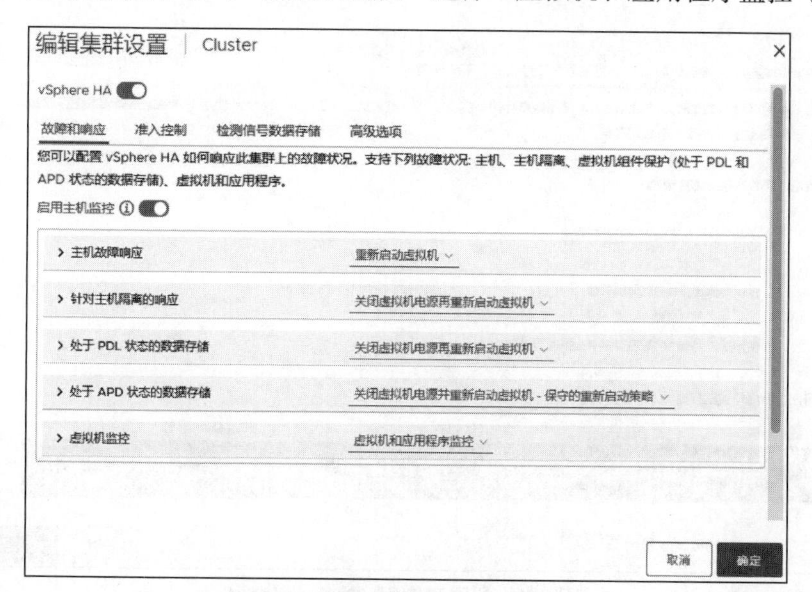

图 9-2　配置和使用 vSphere HA-2

（3）在“编辑集群设置 - 准入控制”界面，“集群允许的主机故障数目”设置为 1，“主机故障切换容量的定义依据”选择“集群资源百分比”，其他配置项选择默认值，如图 9-3 所示。

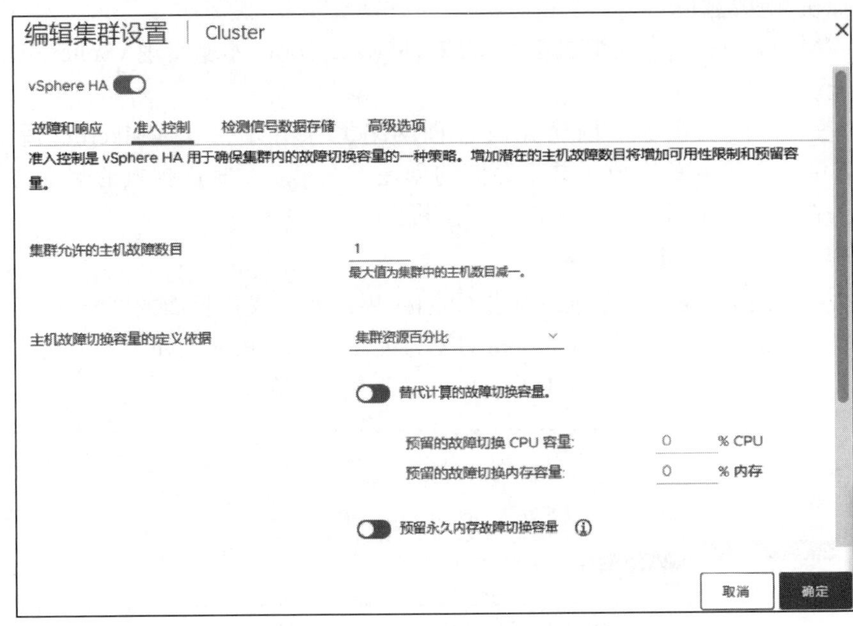

图 9-3　配置和使用 vSphere HA-3

（4）在“编辑集群设置 - 检测信号数据存储”界面，vSphere HA 需要配置两个数据存储用于监控虚拟机和主机。检测信号数据存储选择策略选择仅使用指定列表中的数据存储，如图 9-4 所示。

提示：如果使用一个数据存储用来监控虚拟机和主机会出现警告提示。

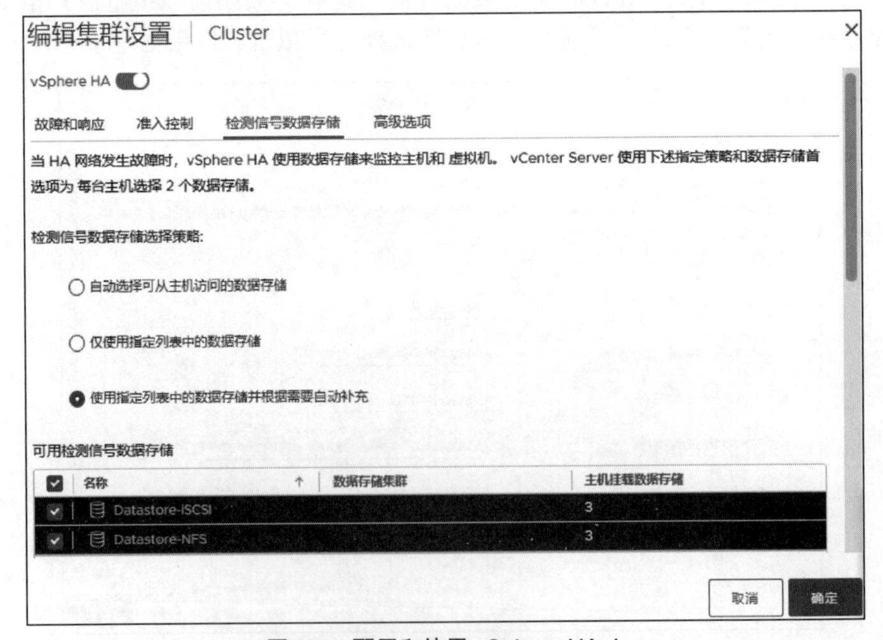

图 9-4　配置和使用 vSphere HA-4

（5）在“高级选项”界面，保持各选项的默认值，如图 9-5 所示。单击“确定”按钮完成 vSphere HA 状态启用和应用配置。vSphere HA 已开启，如图 9-6 所示。

图 9-5　配置和使用 vSphere HA-5

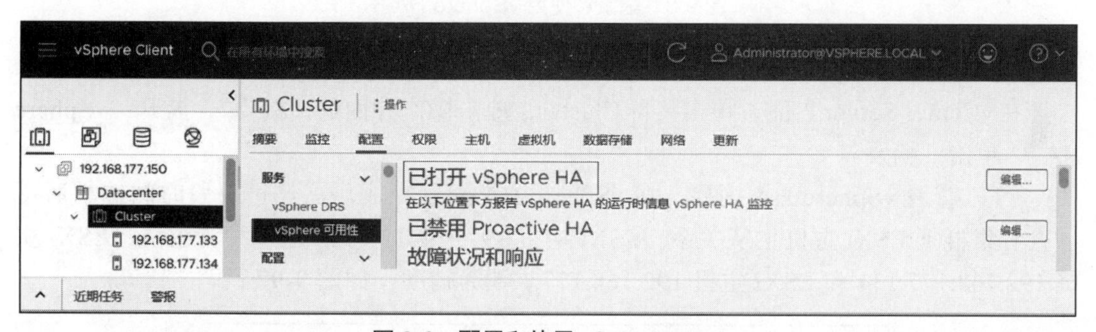

图 9-6　配置和使用 vSphere HA-6

3. 配置 Proactive HA

（1）在开启 vSphere HA 后，Proactive HA 仍为禁用状态。Proactive HA 为管理员配置当提供程序通知 vCenter 其运行状况降级（表示主机出现部分故障）时的响应方式。启用 vSphere HA 后，才能编辑此选项。

在 vCenter Server 界面，单击 Cluster 集群右侧操作界面的“配置”，展开“服务”，选择“vSphere 可用性”，单击 Proactive HA 右侧的“编辑”按钮，弹出“编辑 Proactive HA”对话框，启用 Proactive HA，单击“故障和响应”，“自动化级别”设置为“手动”，“修复”设置为“隔离模式”，如图 9-7 所示，单击“确定”按钮。

（2）在 vSphere Client 界面，单击 Cluster 集群，vSphere HA 已打开，Proactive HA 已开启，如图 9-8 所示。

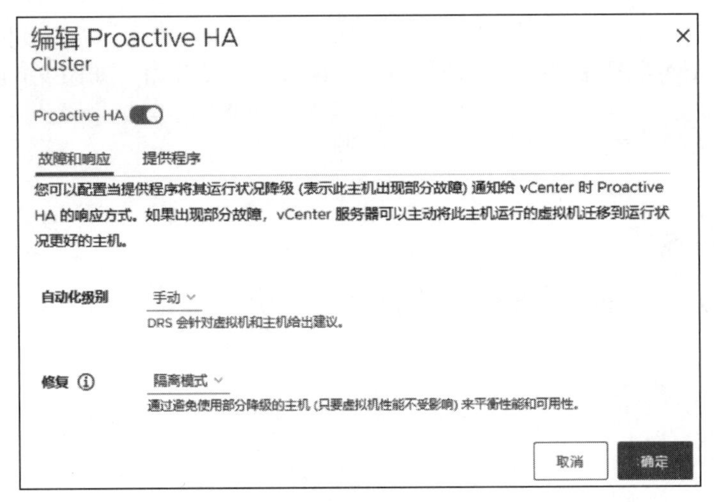

图 9-7　配置和使用 vSphere HA-7

图 9-8　配置和使用 vSphere HA-8

4. 查看 vSphere HA

在 vCenter Server 界面，单击集群 Cluster，单击操作界面的“摘要”，展开“vSphere HA”，单击“摘要”。

（1）查看 vSphere HA 摘要。在 vSphere HA 配置完成后，经过一段时间选举后可以查看集群下 ESXi 主机主从关系。ESXi 主机 192.168.177.133 已选举为主机，ESXi 主机 192.168.177.134 和 ESXi 主机 192.168.177.135 为辅助，如图 9-9 所示。

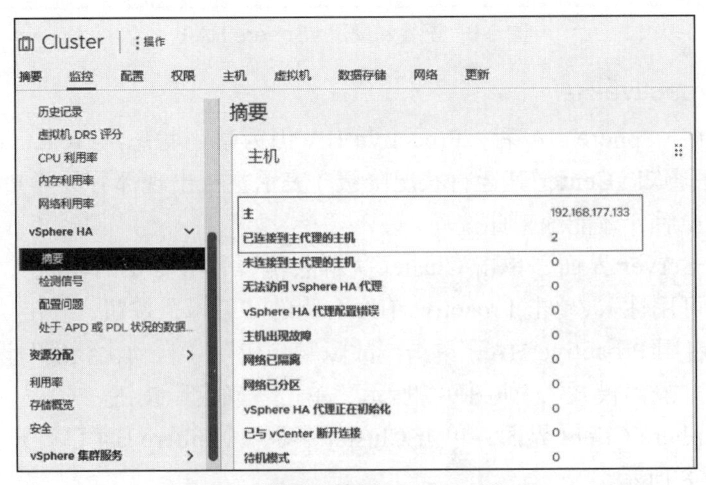

图 9-9　配置和使用 vSphere HA-9

（2）查看检测信号。单击“检测信号”，可以查看到 vCenter Server 用于信号检测的数据存储，如图 9-10 所示。

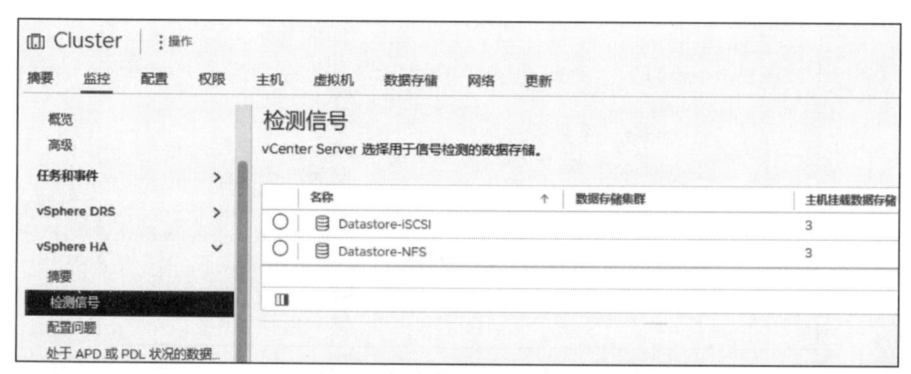

图 9-10　配置和使用 vSphere HA-10

（3）查看配置问题。单击“配置问题”，可以查看到 vSphere HA 配置存在的问题，如图 9-11 所示。

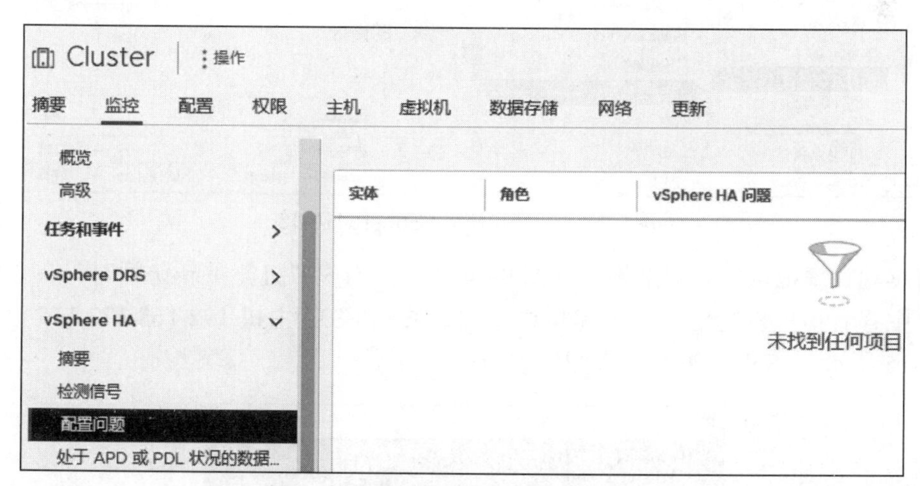

图 9-11　配置和使用 vSphere HA-11

5. 使用 vSphere HA 策略

使用驻留在 ESXi 主机 192.168.177.134 虚拟机 win2016 验证 vSphere HA 是否起作用。

（1）开启虚拟机 win2016，单击界面右侧操作界面的“摘要”，查看虚拟机 win2016 所在集群、主机、网络和主机的信息，如图 9-12 所示。在物理机上的 cmd 命令行界面输入 ping -t 192.168.177.120，192.168.177.120 为 win2016 的 IP 地址，持续监测虚拟机 win2016 与物理机的连通性。

（2）在 VMware workstation 中关闭 ESXi 主机 192.168.220.133，模拟 ESXi 主机故障。

选中集群 Cluster，单击右侧“监控”选项卡，展开“问题与警报”，选择“已触发的警报”，可以监控集群出触发的警报，如图 9-13 所示。单击“警报名称”前面的“<”可以查看详细信息。

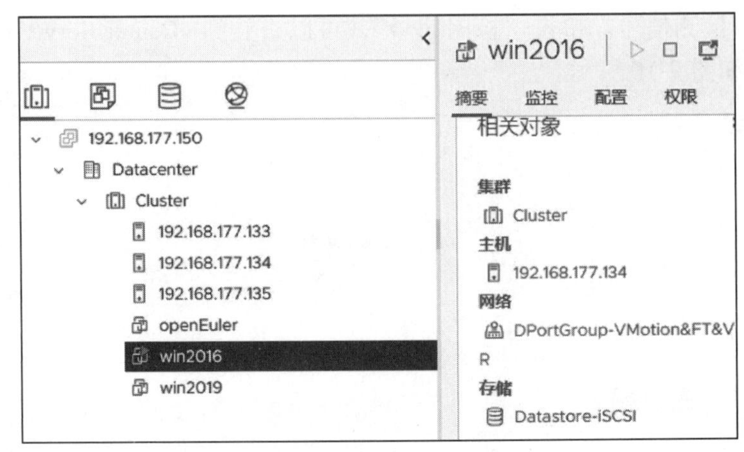

图 9-12　配置和使用 vSphere HA-12

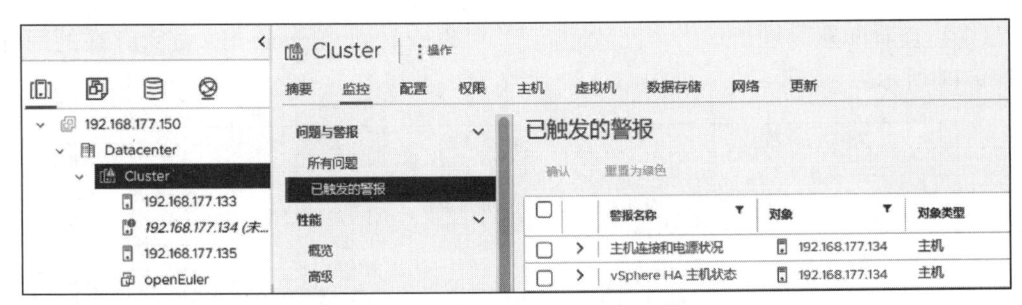

图 9-13　配置和使用 vSphere HA-13

持续观察虚拟机的监测结果，如图 9-14 所示。当虚拟机能重新访问时，在“摘要”选项卡中查看虚拟机的信息，该虚拟机已经迁移到 ESXi 主机 192.168.177.135 上运行，如图 9-15 所示。vSphere HA 应用配置成功。

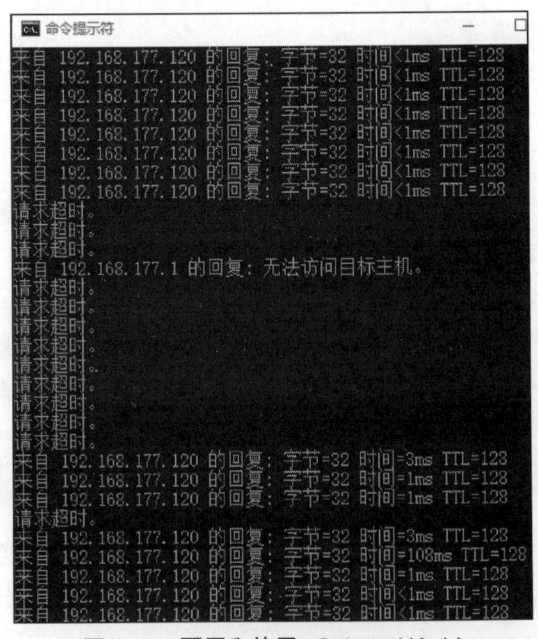

图 9-14　配置和使用 vSphere HA-14

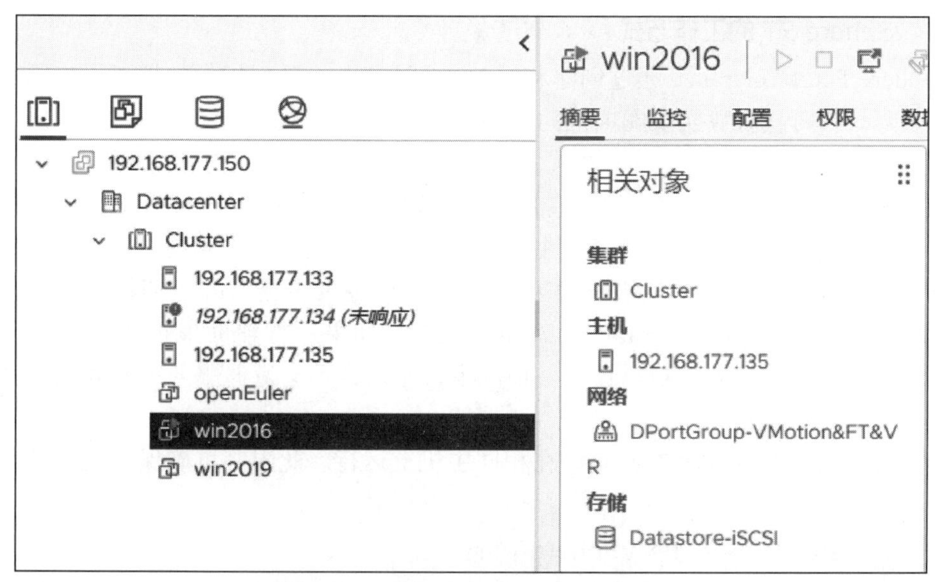

图 9-15　配置和使用 vSphere HA-15

在 ESXi 主机发生故障期间，vSphere HA 会重启虚拟机，而在虚拟机重启过程中，虚拟机提供的应用会终止服务。如果需要实现比 vSphere HA 更高要求的可用性，可以使用 vSphere Fault Tolerance（FT，容错）。

 9.2　vSphere Fault Tolerance

视频
vSphere 容错

vSphere HA 通过在主机出现故障时重新启动虚拟机来为虚拟机提供基本级别的保护。vSphere Fault Tolerance 可提供更高级别的可用性，允许用户对任何虚拟机进行保护以防止主机发生故障时丢失数据、事务或连接。

9.2.1　vSphere Fault Tolerance 介绍

vSphere Fault Tolerance 基于 ESXi 主机平台构建，它通过在单独的主机上运行相同的虚拟机来提供可用性。

1. vSphere FT 的功能

vSphere FT 可以完成如下功能：

（1）在受保护的虚拟机响应失败时自动触发无缝的有状态故障切换，从而实现零停机、零数据丢失的持续可用性。

（2）在故障切换后自动触发新辅助虚拟机的创建工作，以确保应用受到持续保护。

Fault Tolerance 可提供比 vSphere HA 更高级别的业务连续性。当调用辅助虚拟机以替换与其对应的主虚拟机时，辅助虚拟机会立即取代主虚拟机的角色，并会保存其整个状况。应用程序已在运行，并且不需要重新输入或重新加载内存中存储的数据。这不同于 vSphere HA 提供的故障切换，故障切换会重新启动受故障影响的虚拟机。

2. vSphere FT 的工作方式

vSphere Fault Tolerance 通过创建和维护与主虚拟机（受保护的虚拟机）相同，且可在发生故障切换时随时替换主虚拟机的辅助虚拟机（重复虚拟机），来确保虚拟机的连续可用性。

主虚拟机和辅助虚拟机会持续监控彼此的状态以确保维护 Fault Tolerance。如果运行主虚拟机的主机出现故障，或者在主虚拟机内存中遇到不可更正的硬件错误（在这种情况下，将立即激活辅助虚拟机替换主虚拟机），则会发生透明故障切换。启动新的辅助虚拟机，并自动重新建立 Fault Tolerance 冗余。如果运行辅助虚拟机的主机发生故障，则该主机也会立即被替换。在任一情况下，用户都不会遭遇服务中断和数据丢失的情况。

容错虚拟机及其辅助副本不允许在相同主机上运行。此限制可确保主机故障不会导致两个虚拟机都丢失。

3. vSphere FT 不支持的 vSphere 功能

vSphere Fault Tolerance 面临一些有关 vSphere 功能、设备及其可与之交互的其他功能的限制，容错虚拟机不支持以下 vSphere 功能：

（1）快照。在虚拟机上启用 Fault Tolerance 前，必须移除或提交快照。此外，不可能对已启用 Fault Tolerance 的虚拟机创建快照。

（2）Storage vMotion。不能为已启用 Fault Tolerance 的虚拟机调用 Storage vMotion。要迁移存储器，应当先暂时关闭 Fault Tolerance，然后再执行 Storage vMotion 操作。在完成迁移之后，可以重新打开 Fault Tolerance。

（3）链接克隆。不能在为链接克隆的虚拟机上使用 Fault Tolerance，也不能从启用了 FT 的虚拟机创建链接克隆。

（4）FT 不支持启用 VBS 的虚拟机。

（5）FT 不支持虚拟卷数据存储。

（6）FT 不支持基于存储的策略管理。

（7）FT 不支持 I/O 筛选器。

（8）FT 不支持虚拟机命名空间数据库和虚拟机数据集。

4. 不与 Fault Tolerance 兼容的功能和设备以及纠正操作

（1）建议 CD/DVD ROM、软驱在不使用时删除掉，对于 CD/DVD ROM 如果需要使用，建议打到数据存储 ISO 文件位置。

（2）建议不启用 RDM。

（3）如果在虚拟机上存在 USB 设备或声音设备，建议删除。

（4）启用 FT 之后，热插拔功能将失效，如果想启用热插拔功能，建先关闭掉 FT 功能。

（5）串行和并行设备不支持 FT。

（6）建议关闭 3D 视频支持。

（7）虚拟机通信接口（VMCI）不支持 FT。

（8）建议虚拟磁盘在 2 TB 以下。

（9）建议停用虚拟机的 NPIV 配置。

9.2.2　配置使用 vSphere Fault Tolerance

使用 DPortGroup-VMotion&FT&VR 端口组承担 vSphere FT 流量。在为虚拟机配置 Fault Tolerance 之前，必须将虚拟机的磁盘文件和配置文件迁移至共享存储。

（1）在 vCenter Server 界面，导航到“主机和集群”，关闭虚拟机 openEuler，右击该虚拟机，在弹出的快捷菜单中选择 Fault Tolerance →“打开 Fault Tolerance”命令，如图 9-16 所示。

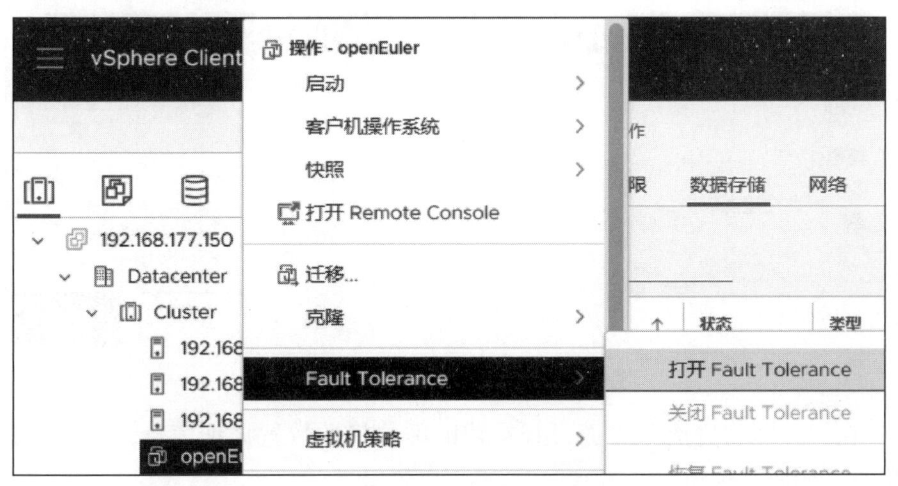

图 9-16　配置和使用 vSphere FT-1

（2）在“1. 选择数据存储”界面，选择用以放置辅助虚拟机磁盘和配置文件的数据存储，如图 9-17 所示，兼容性检查成功后，单击“下一页”按钮。需要注意的是，辅助虚拟机和主虚拟机的配置文件最好不要放在一个数据存储中。

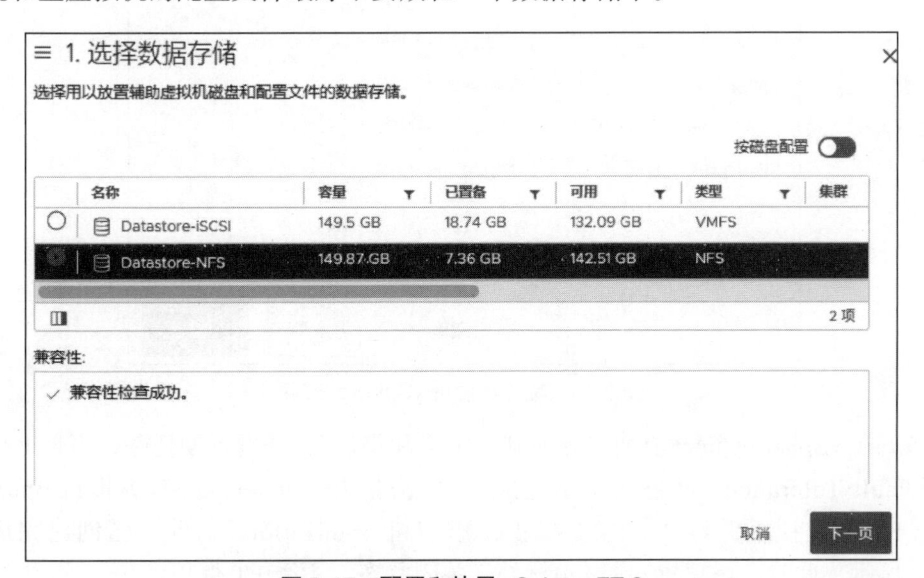

图 9-17　配置和使用 vSphere FT-2

（3）在“2. 选择主机”界面，选择用以放置辅助虚拟机的主机，如图 9-18 所示，兼容性检查成功后，单击“下一页”按钮。

图 9-18　配置和使用 vSphere FT-3

（4）在“3. 即将完成”界面，查看辅助虚拟机的放置详细信息，如图 9-19 所示，无误后单击“完成”按钮。

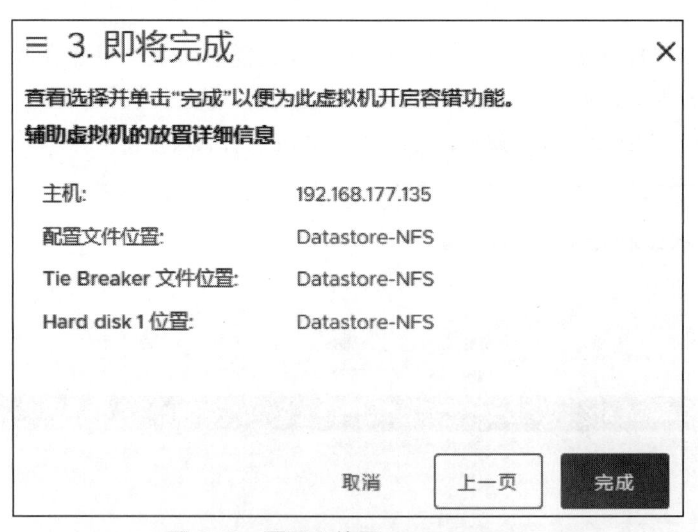

图 9-19　配置和使用 vSphere FT-4

（5）在 vSphere Client 界面，导航到“主机和集群”，查看近期任务，当近期任务中“打开 Fault Tolerance”状态为“已完成”，单击集群 Cluster，此时虚拟机 openEuler 转换为 FT 主虚拟机并以“(主)”标识，虚拟机 openEuler（辅助）已创建完成，如图 9-20 所示。此时，虚拟机 openEuler 处于关闭状态，不受 FT 保护。

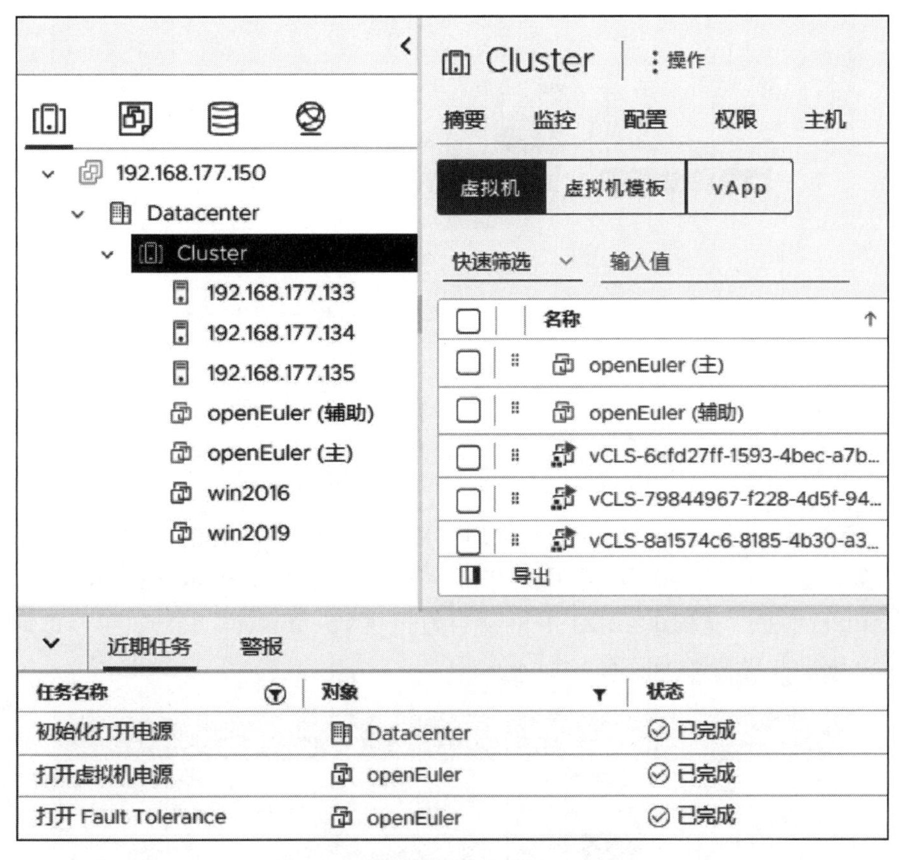

图 9-20　配置和使用 vSphere FT-5

（6）启动虚拟机 openEuler（主），此时虚拟机 openEuler（主）会弹出“虚拟机 Fault Tolerance 状态已更改”的警报，虚拟机图标右上角出现红色叹号，如图 9-21 所示；单击集群 Cluster，在“近期任务”中显示“启用 Fault Tolerance 辅助虚拟机”，如图 9-22 所示。

图 9-21　配置和使用 vSphere FT-6

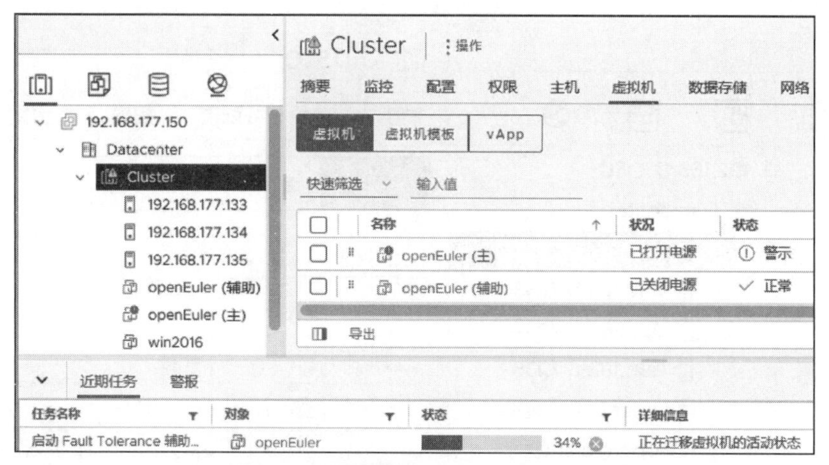

图 9-22 配置和使用 vSphere FT-7

（7）虚拟机 openEuler（辅助）正常启动后，虚拟机 openEuler（主）恢复正常，警报信息消失，如图 9-23 所示。图 9-24 和图 9-25 显示了虚拟机 openEuler（辅助）和虚拟机 openEuler（主）驻留的 ESXi 主机。当虚拟机 openEuler（主）发生修改时虚拟机 openEuler（辅助）也会同步修改。

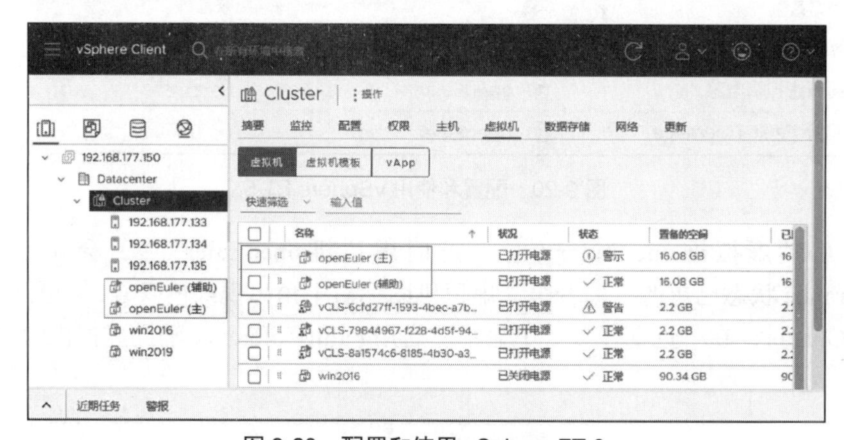

图 9-23 配置和使用 vSphere FT-8

图 9-24 配置和使用 vSphere FT-9

图 9-25　配置和使用 vSphere FT-10

（8）为测试当虚拟机 openEuler 发生故障时，主虚拟机和辅助虚拟机的切换时虚拟机运行是否中断，在物理机持续 ping 虚拟机 openEuler（主），如图 9-26 所示。

图 9-26　配置和使用 vSphere FT-11

（9）在 VMware Workstation 中断开驻留虚拟机 openEuler（主）的 ESXi 主机 (192.168.177.134)，模拟主机故障，在 vCenter Server 界面，ESXi 主机（192.168.177.134) 已断开连接，虚拟机 openEuler（主）出现“虚拟机 Fault Tolerance 状况已更改”的警报信息，如图 9-27 所示。选中虚拟机 openEuler（主），单击右侧操作界面的“监控”，展开“问题与警报”，单击“已触发的警报”，查看警报信息，显示 Datacenter 的集群 Cluster 中主机 192.168.177.135 上的 openEuler（主）的 Fault Tolerance 状况已从正在运行更改为需要辅助虚拟机，如图 9-28 所示。此时，查看虚拟机 openEuler（主）驻留的 ESXi 主机是 192.168. 177.135，即辅助虚拟机已切换为主虚拟机，如图 9-29 所示。图 9-30 是持续访问虚拟机的情况，并没有中断，即主虚拟机和辅助虚拟机的切换时虚拟机运行没有中断。

图 9-27　配置和使用 vSphere FT-12

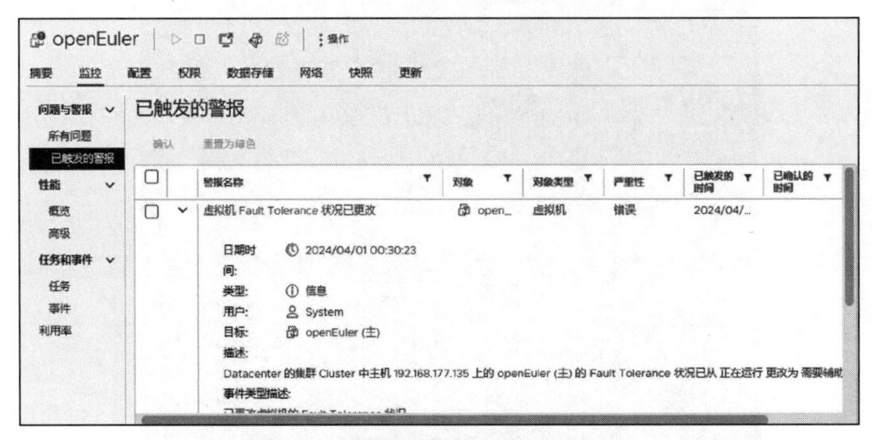

图 9-28　配置和使用 vSphere FT-13

图 9-29　配置和使用 vSphere FT-14

```
命令提示符 - ping 192.168.177.137 -t
来自 192.168.177.137 的回复: 字节=32 时间<1ms TTL=64
来自 192.168.177.137 的回复: 字节=32 时间<1ms TTL=64
来自 192.168.177.137 的回复: 字节=32 时间<1ms TTL=64
来自 192.168.177.137 的回复: 字节=32 时间<1ms TTL=64
来自 192.168.177.137 的回复: 字节=32 时间<1ms TTL=64
来自 192.168.177.137 的回复: 字节=32 时间<1ms TTL=64
来自 192.168.177.137 的回复: 字节=32 时间<1ms TTL=64
来自 192.168.177.137 的回复: 字节=32 时间<1ms TTL=64
来自 192.168.177.137 的回复: 字节=32 时间<1ms TTL=64
来自 192.168.177.137 的回复: 字节=32 时间<1ms TTL=64
来自 192.168.177.137 的回复: 字节=32 时间<1ms TTL=64
来自 192.168.177.137 的回复: 字节=32 时间<1ms TTL=64
来自 192.168.177.137 的回复: 字节=32 时间<1ms TTL=64
来自 192.168.177.137 的回复: 字节=32 时间<1ms TTL=64
来自 192.168.177.137 的回复: 字节=32 时间<1ms TTL=64
来自 192.168.177.137 的回复: 字节=32 时间<1ms TTL=64
来自 192.168.177.137 的回复: 字节=32 时间<1ms TTL=64
来自 192.168.177.137 的回复: 字节=32 时间<1ms TTL=64
来自 192.168.177.137 的回复: 字节=32 时间<1ms TTL=64
来自 192.168.177.137 的回复: 字节=32 时间<1ms TTL=64
来自 192.168.177.137 的回复: 字节=32 时间<1ms TTL=64
来自 192.168.177.137 的回复: 字节=32 时间<1ms TTL=64
来自 192.168.177.137 的回复: 字节=32 时间<1ms TTL=64
来自 192.168.177.137 的回复: 字节=32 时间<1ms TTL=64
来自 192.168.177.137 的回复: 字节=32 时间<1ms TTL=64
来自 192.168.177.137 的回复: 字节=32 时间<1ms TTL=64
来自 192.168.177.137 的回复: 字节=32 时间<1ms TTL=64
来自 192.168.177.137 的回复: 字节=32 时间<1ms TTL=64
来自 192.168.177.137 的回复: 字节=32 时间<1ms TTL=64
```

图 9-30　配置和使用 vSphere FT-15

小　结

虚拟机高可用性广泛应用于虚拟化环境中用于提升虚拟机可用性，其工作机制是监控虚拟机以及运行这些虚拟机的 ESXi 主机，通过配置合适的策略，当集群中的 ESXi 主机或者虚拟机出现故障时，可在具有备用容量的其他生产服务器中自动重新启动受影响的虚拟机，最大限度保证重要的服务不中断。HA 减少了硬件成本和设置，提高了应用程序的可用性，能够和 DRS 的结合使用。Fault Tolerance 通过确保主虚拟机和辅助虚拟机的状态在虚拟机的指令执行的任何时间点均相同来提供连续可用性。vSphere Fault Tolerance 不论使用何种操作系统或底层硬件，均可为应用提供保护并且易于设置，可按虚拟机启用和禁用。

本章知识技能结构如图 9-31 所示。

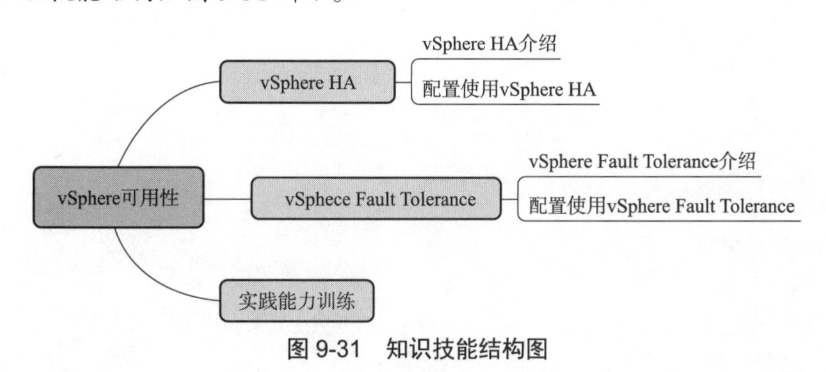

图 9-31　知识技能结构图

习　　题

（1）FT 提供比 vSphere HA 级别更高的业务连续性。这种说法是否正确？

（2）简述 HA 的优势及工作机制。

（3）简述 FT 的功能及主要特点。

（4）容错虚拟机不支持哪些 vSphere 功能？

（5）查阅资料，简述 vSphere HA 和 DRS 关联性规则。

实践能力训练

1. 实训目的

（1）掌握配置使用 HA 的方法。

（2）掌握配置使用 FT 的方法。

（3）培养学生解决问题的能力和独立自主学习的能力。

2. 实训内容

（1）在集群 Cluster 中，开启并配置 vSphere HA。

（2）开启 VMware ESXi 4 主机中驻留的虚拟机 Linux-1，在 VMware Workstation 中关闭 VMware ESXi 4 主机，观察虚拟机 Linux-1 是否能够在其他主机上自动开启。若 HA 故障切换失败，查找原因，解决问题。

（3）开启虚拟机 Linux 的 Fault Tolerance，断开驻留虚拟机 Linux（主）的 ESXi 主机，模拟主机故障，持续监测主虚拟机和辅助虚拟机的切换时虚拟机运行是否中断。

3. 实训环境要求

硬件：物理机内存 64 GB 以上，主机系统需要使用具有 AMD-V 支持的 AMD CPU 或者具有 VT-x 支持的 Intel CPU，硬盘至少 1 TB。

第 10 章 VMware vCenter Converter 的部署与应用

VMware vCenter Converter Standalone 是一种用于将虚拟机和物理机转换为 VMware 虚拟机的可扩展解决方案。使用 VMware vCenter Converter Standalone 工具可以帮助用户将现有的服务器和虚拟机转换到 VMware 虚拟化平台上，从而实现更好的资源管理和运行效率。该工具适用于 Windows 和 Linux 操作系统，并支持多种导入源和目标。本章使用 VMware vCenter Converter Standalone 实现虚拟机迁移。

（1）了解 VMware vCenter Converter Standalone 的作用与特征。

（2）了解 VMware vCenter Converter Standalone 组件的作用。

（3）学会使用 VMware vCenter Converter Standalone 进行虚拟机迁移。

10.1 VMware vCenter Converter Standalone 简介

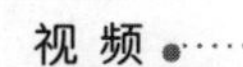

物理机与虚拟机的搬运工

VMware Converter 是一款能将物理计算机系统、VMware 其他版本虚拟机镜像或第三方虚拟机镜像转化为一个虚拟机映像文件的工具。Converter Standalone 简化了以下产品之间的虚拟机交换：

（1）VMware 托管产品既可以是导入源，也可以是导出目标。

（2）在 vCenter Server 管理的 ESXi 主机上运行的虚拟机可以是导入源，相应的 ESXi 和 vCenter Server 实例可以是导出目标。

（3）在非托管 ESXi 主机上运行的虚拟机可以是导入源，相应的 ESXi 主机可以是导出目标。

10.1.1 vCenter Converter Standalone 的作用与特征

使用 Converter Standalone 进行迁移涉及转换物理机、虚拟机和系统映像以供 VMware

托管和受管产品使用。可以转换 vCenter Server 管理的虚拟机以供其他 VMware 产品使用。可以使用 Converter Standalone 执行若干转换任务。

（1）将正在运行的远程物理机和虚拟机作为虚拟机导入独立 ESXi 主机或 vCenter Server 管理的 ESXi 主机。

（2）将由 VMware Workstation 或 Microsoft Hyper-V Server 托管的虚拟机导入到 vCenter Server 管理的 ESXi 主机。

（3）将由 vCenter Server 主机管理的虚拟机导出到其他 VMware 虚拟机格式。

（4）配置 vCenter Server 管理的虚拟机，使其可以引导，并可安装 VMware Tools 或自定义其客户机操作系统。

（5）自定义 vCenter Server 清单中的虚拟机的客户机操作系统（如更改主机名或网络设置)。

（6）缩短设置新虚拟机环境所需的时间。

（7）将旧版服务器迁移到新硬件，而不重新安装操作系统或应用程序软件。

（8）跨异构硬件执行迁移。

（9）重新调整卷大小，并将各卷放在不同的虚拟磁盘上。

10.1.2 VMware vCenter Converter Standalone 组件

VMware vCenter Converter Standalone 的组件，只能安装在 Windows 操作系统上，由 Converter Standalone 服务器、Converter Standalone Worker、Converter Standalone 客户端和 Converter Standalone 代理组成。表 10-1 给出了每个组件的作用。

表 10-1 Converter Standalone 组件

组　件	作　用
Converter Standalone 服务器	启用并执行虚拟机的导入和导出。vCenter Converter Server 包括 vCenter Converter Server 和 vCenter Converter Worker 两个服务。Converter Standalone worker 服务始终与 Converter Standalone 服务器服务一起安装
Converter Standalone 代理	Converter Standalone 服务器会在 Windows 物理机上安装代理，从而将这些物理机作为虚拟机导入。 可选择在导入完成后从物理机中自动或手动移除 vCenter Converter agent
Converter Standalone 客户端	vCenter Converter Server 与 vCenter Converter Client 配合使用。客户端组件包含 vCenter Converter Client 插件，它提供通过 vSphere Client 访问 vCenter Converter 的导入、导出和重新配置向导的权限

10.2 VMware vCenter Converter Standalone 的安装

视频

VMware vCenter Converter Standalone 安装与应用

VMware vCenter Converter Standalone 只能安装在 Windows 操作系统上。

从 WMware 官方网站下载 vCenter Convert Standalone 的最新版本 VMware vCenter Converter 6.4.0 进行安装。

在本节中，主要描述在物理机（操作系统为 Windows 10 64 位）上本地安装 vCenter Converter Standalone。

（1）双击 VMware Converter 安装程序，开始安装 VMware vCenter Converter，如图 10-1 和图 10-2 所示。

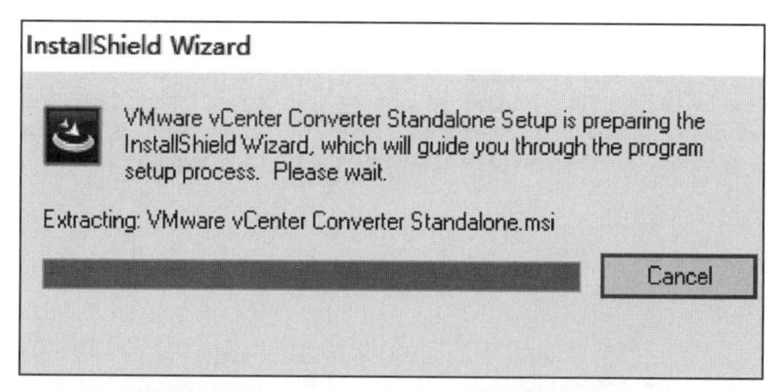

图 10-1　VMware Converter 安装界面 -1

图 10-2　VMware Converter 安装界面 -2

（2）在 Welcome to the Installation Wizard for VMware vCenter Converter Standalone 界面，如图 10-3 所示，单击 Next 按钮。

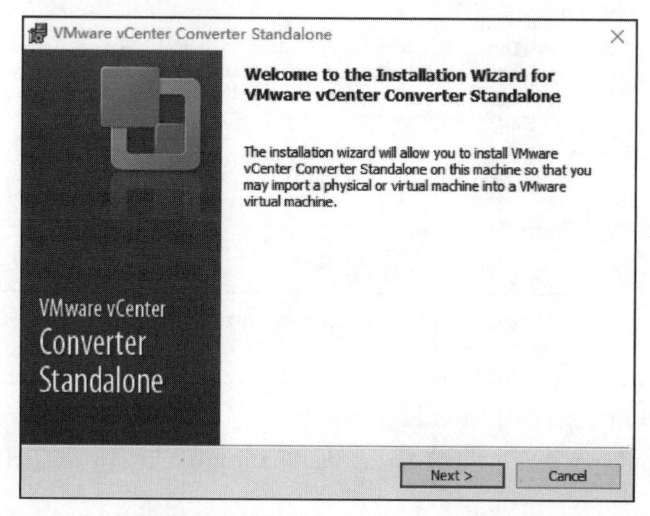

图 10-3　Welcome to the Installation Wizard for VMware vCenter Converter Standalone 界面

（3）在 End-User Patent Agreement 界面，如图 10-4 所示，单击 Next 按钮。

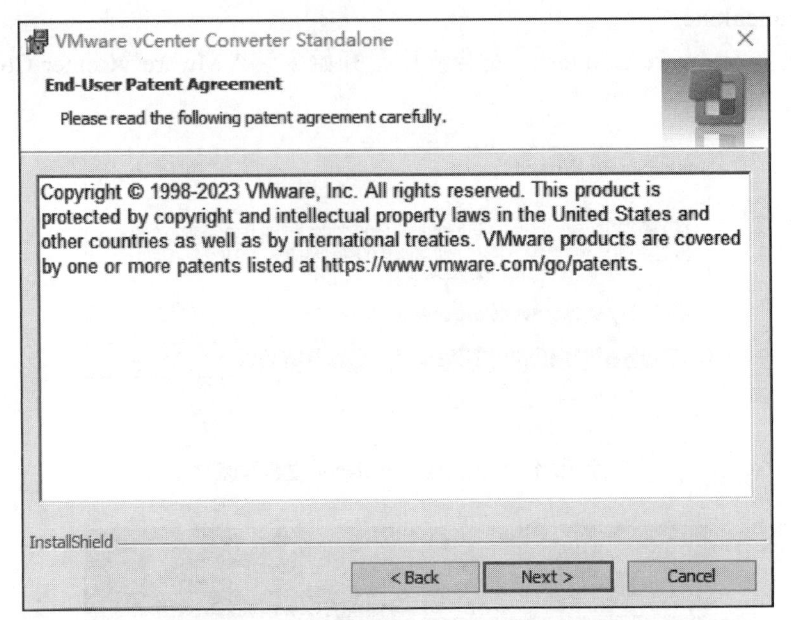

图 10-4　End-User Patent Agreement 界面

（4）在 End-User License Agreement 界面，勾选 I agree to the terms in the License Agreement，如图 10-5 所示，单击 Next 按钮。

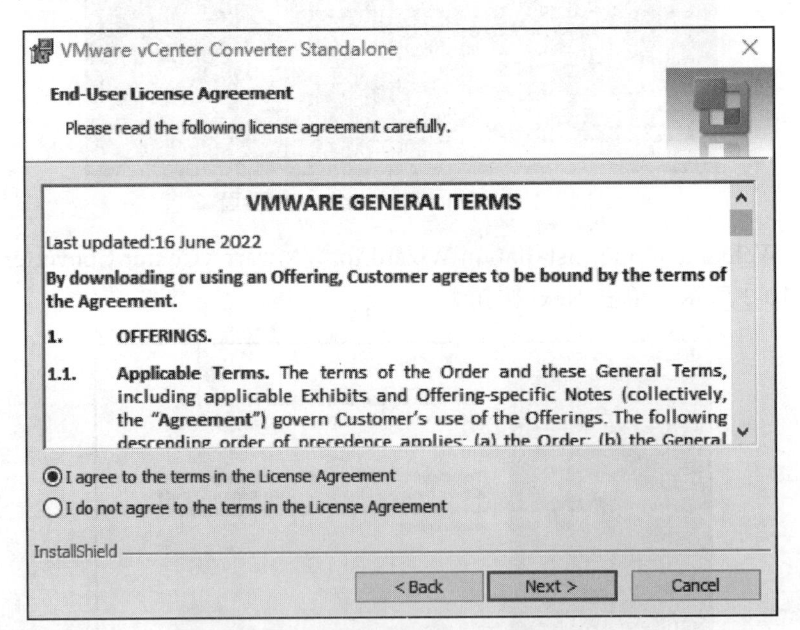

图 10-5　End-User License Agreement 界面

（5）在 Destination Folder 界面，选择 VMware vCenter Converter Standalone 的安装位置，如图 10-6 所示，单击 Next 按钮。

（6）在 Setup Type 界面，勾选 Local installation 单选按钮，如图 10-7 所示，单击 Next 按钮。

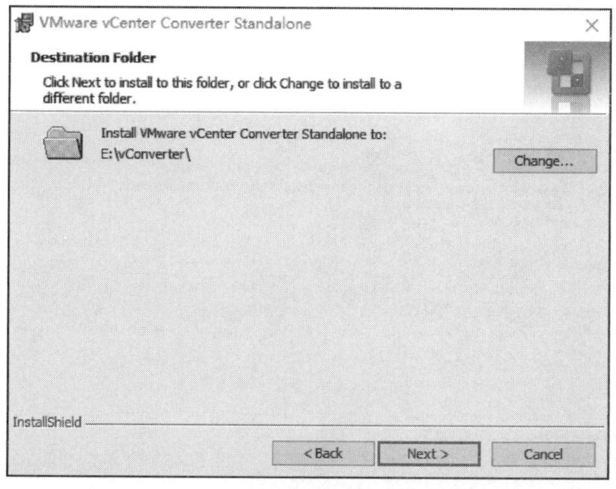

图 10-6　Destination Folder 界面

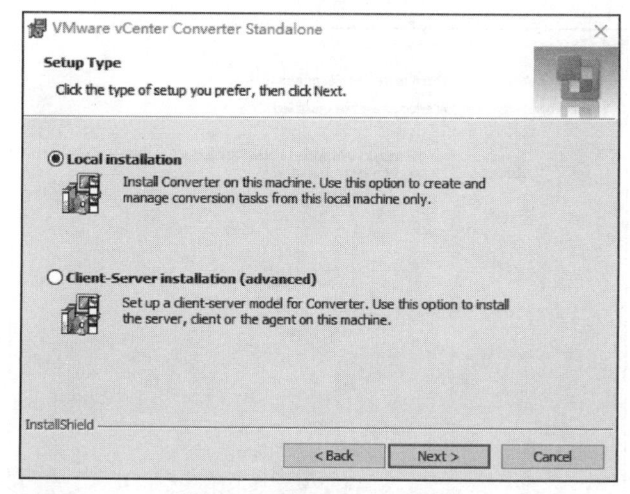

图 10-7　Setup Type 界面

（7）其他选择默认值，直到安装完成，如图 10-8~ 图 10-11 所示。

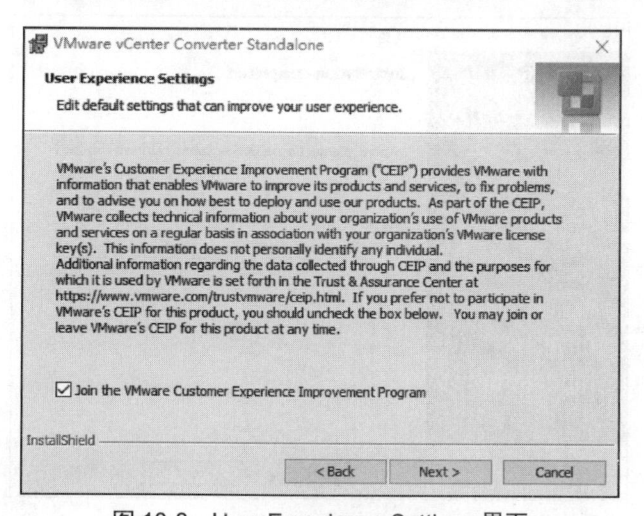

图 10-8　User Experience Settings 界面

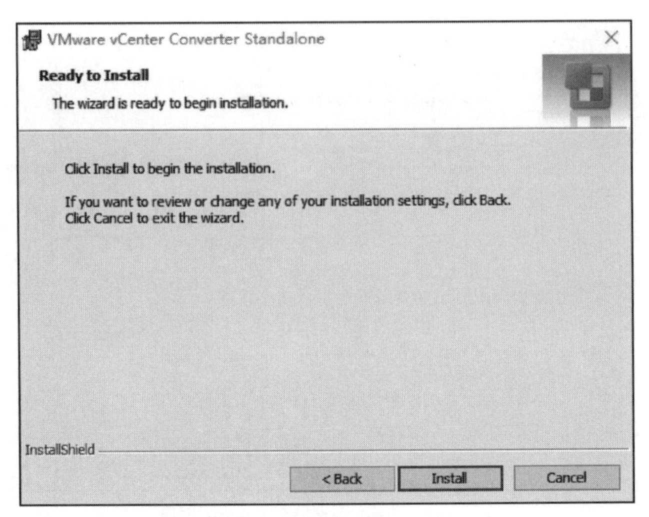

图 10-9　Ready to Install 界面

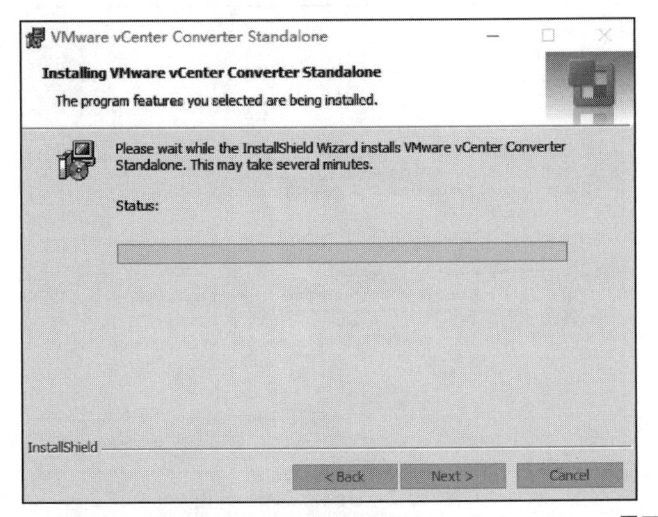

图 10-10　Installing VMware vCenter Converter Standalone 界面

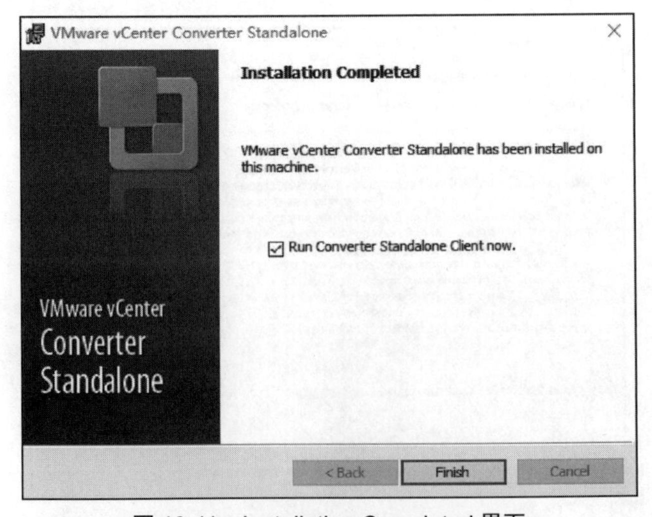

图 10-11　Installation Completed 界面

10.3　转换物理计算机或虚拟机

下面介绍 VMware vCenter Converter Standalone 应用——将 VMware ESXi 主机中的虚拟机 openEuler 迁移到 VMware workstation。

（1）进入管理界面，双击 VMware vCenter Converter 软件图标，打开软件界面，进入操作界面，单击 Convert machine，如图 10-12 所示。

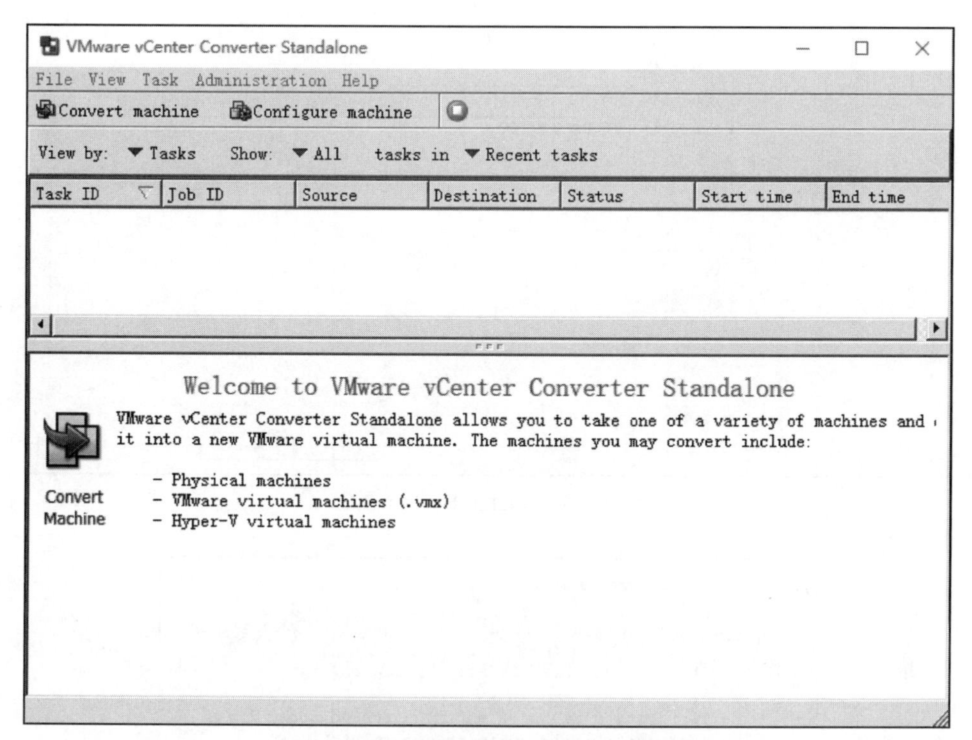

图 10-12　VMware Converter 主界面

（2）在 Source System 界面，选择源类型，在这里选择 VMware Infrastructure virtual machine，输入 ESXi 主机的 IP 地址（在这里选择 ESXi 主机 192.168.177.133）、用户名以及密码，如图 10-13 所示，单击 Next 按钮，在弹出的 Converter Security Warning 对话框，单击 Ignore 按钮，如图 10-14 所示。

在源类型中，分为 Powered on 和 Powered off 两种类型。

① Powered on 是将在线的 Windows 或 Linux 转化迁移到 ESXi，包括内容 Remote Windows machine、Remote Linux machine 和 This local machine 三方面。Remote Windows machine 支持对 Windows 操作系统的源机器进行转换；Remote Linux machine 支持对 Linux 操作系统的源机器进行转换；This local machine 将本地的计算机转换为虚拟机并部署到目标主机中。

② Powered off 包括内容如下：

VMware Infrastructure virtual machine：VMware vSphere 主机下虚拟机，即从 vCenter 或者 ESXi 转换一台虚拟机；

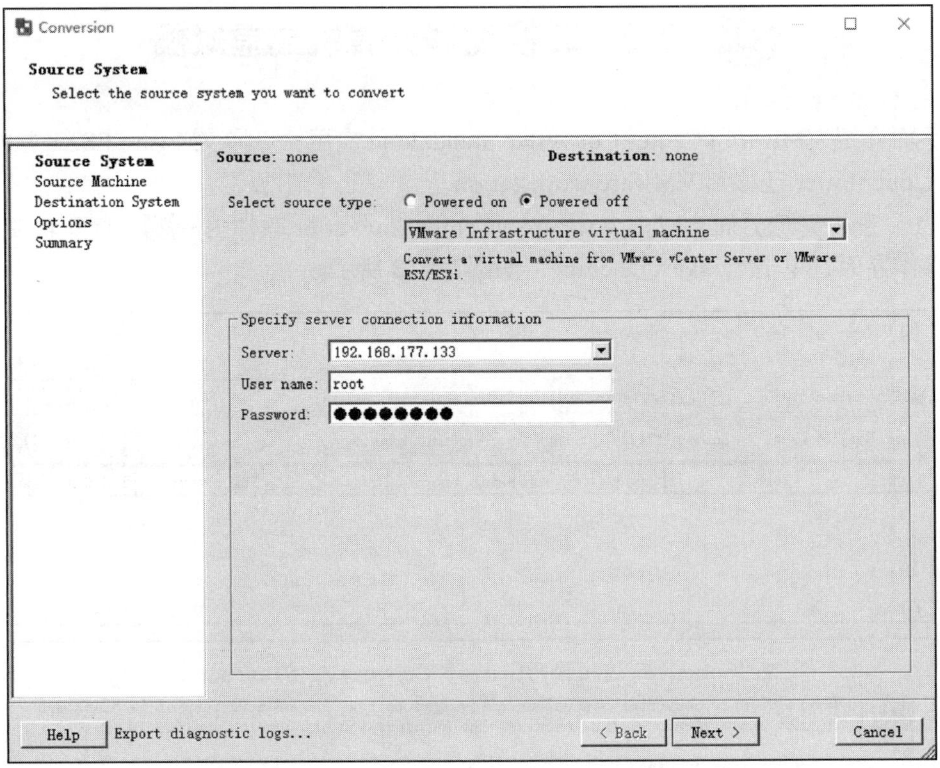

图 10-13　Source System 界面

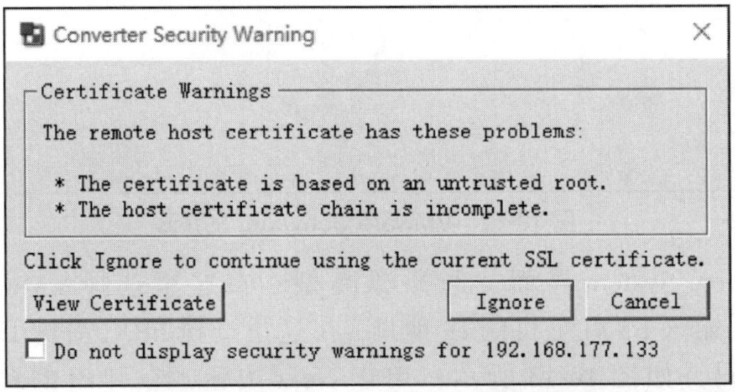

图 10-14　VMware Converter 安装界面

VMware workstation or other VMware virtual machine：从 VMware workstation、VMware Player、VMware Fusion 或者其他 VMware 产品中转换一台虚拟机；

Hyper-v server：从微软 Hyper-v 服务器中转换一台虚拟机。

注：将物理机转换成虚拟机的过程称为 P2V（physical to virtual），其转换的过程实质是热克隆的过程。使用 Converter Standalone 执行远程热克隆的过程中，源物理机不会停机。将虚拟机转换成虚拟机的过程称为 V2V（virtual to virtual），其转换的过程实质是冷克隆的过程，转换前要将源虚拟机关机。

（3）在 Source Machine 界面，选择 ESXi 主机中的虚拟机进行转换，选择虚拟机 openEuler，如图 10-15 所示，单击 Next 按钮。

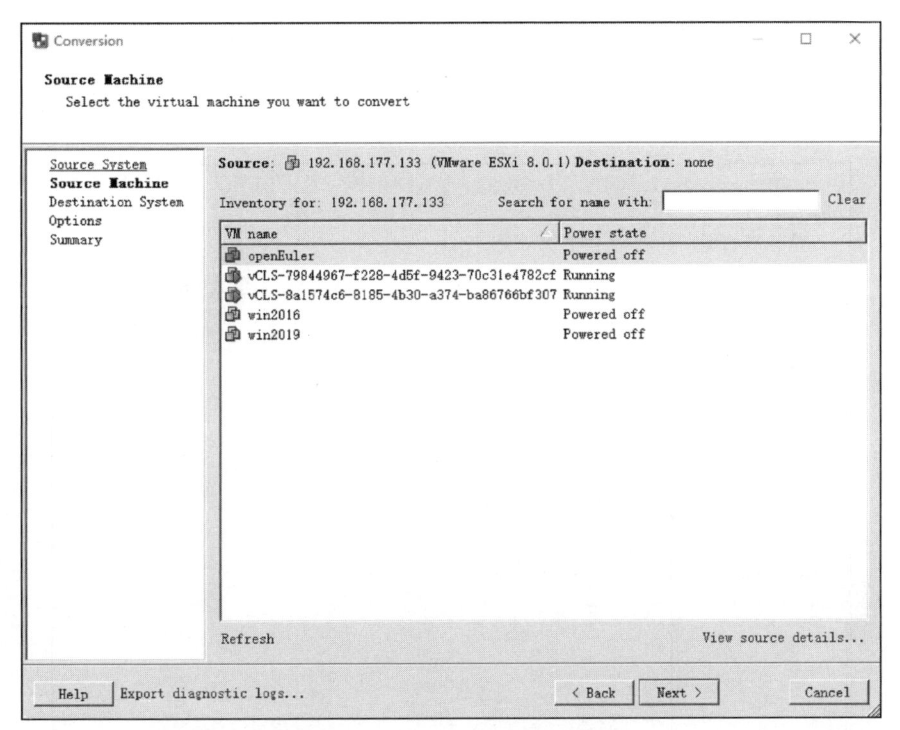

图 10-15　Source Machine 界面

（4）在 Destination System 界面，选择目标文件类型，在这里选择 VMware Workstation or other VM，输入虚拟机的名称和虚拟机的安装位置，如图 10-16 所示，单击 Next 按钮。

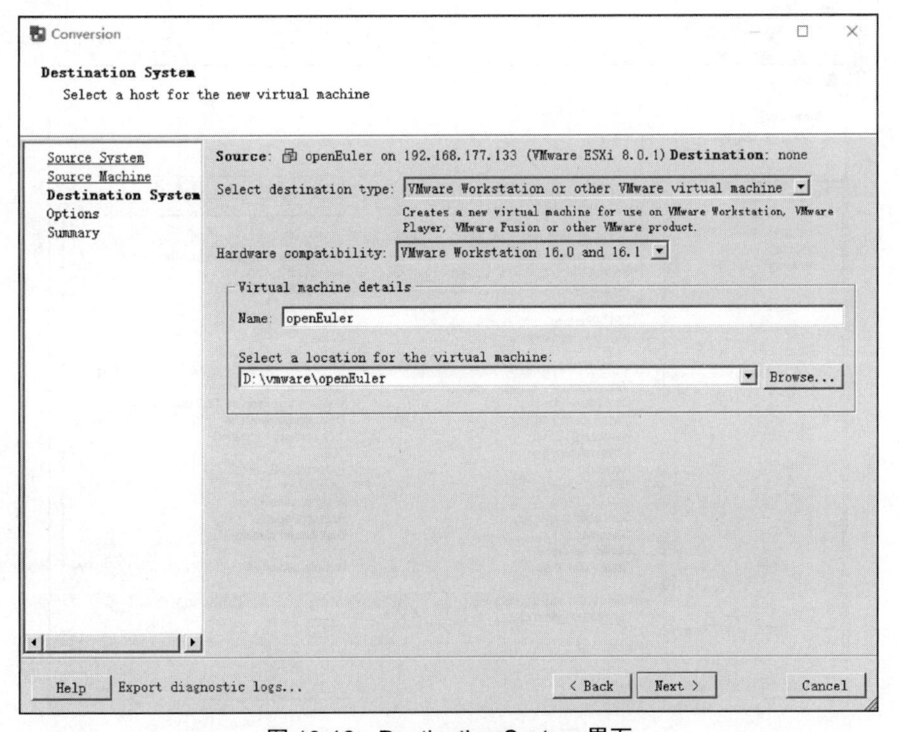

图 10-16　Destination System 界面

（5）在 Options 界面，可编辑多项内容，如转换复制的数据、虚拟机的硬件配置、网络配置、服务配置，以及一些高级选项，单击 Edit 可编辑选项的配置，如图 10-17 所示，单击 Next 按钮。

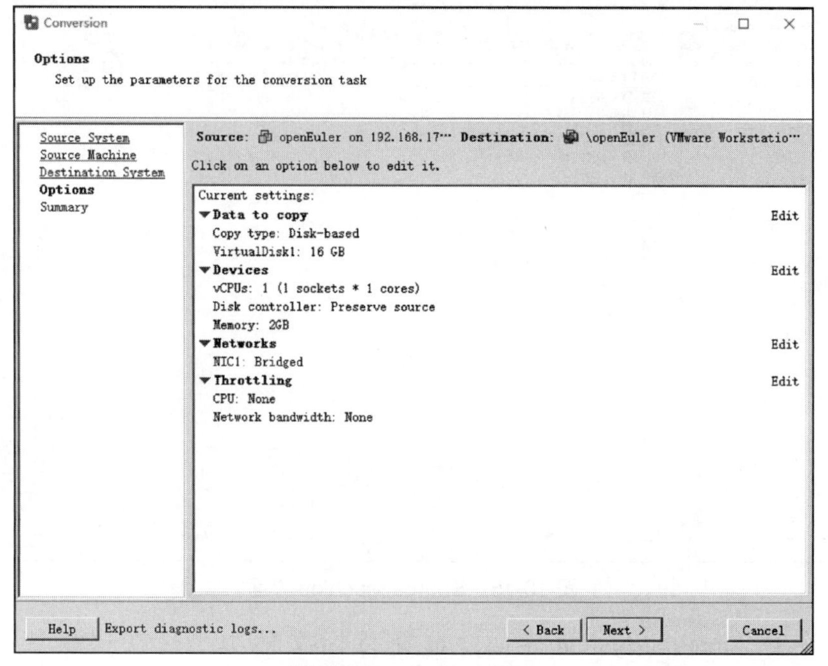

图 10-17　Options 界面

（6）在 Summary 界面，核对各选项的值无误，如图 10-18 所示，单击 Finish 按钮，开始转换虚拟机。

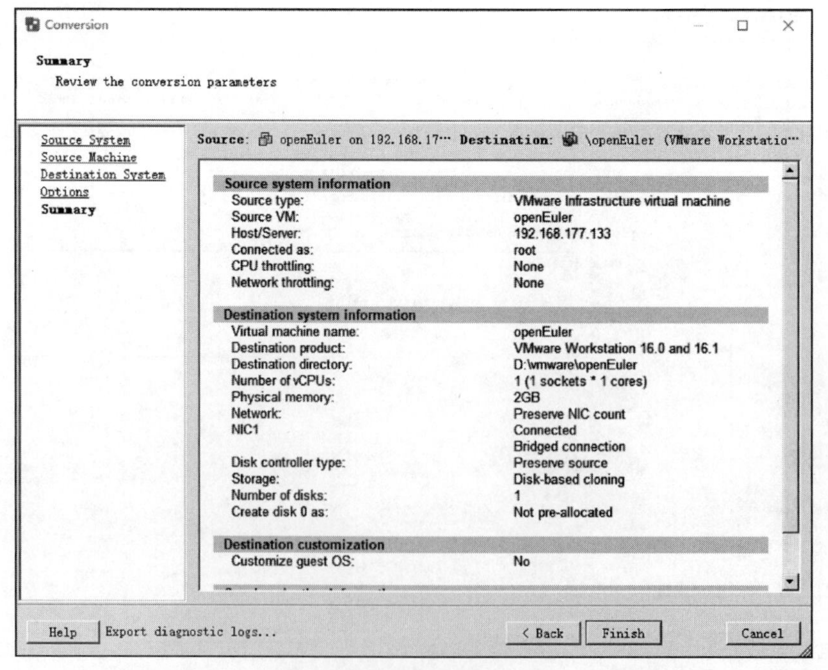

图 10-18　Summary 界面

（7）开始转换虚拟机，当 Status 为 100% 时，转换完成，如图 10-19 所示。

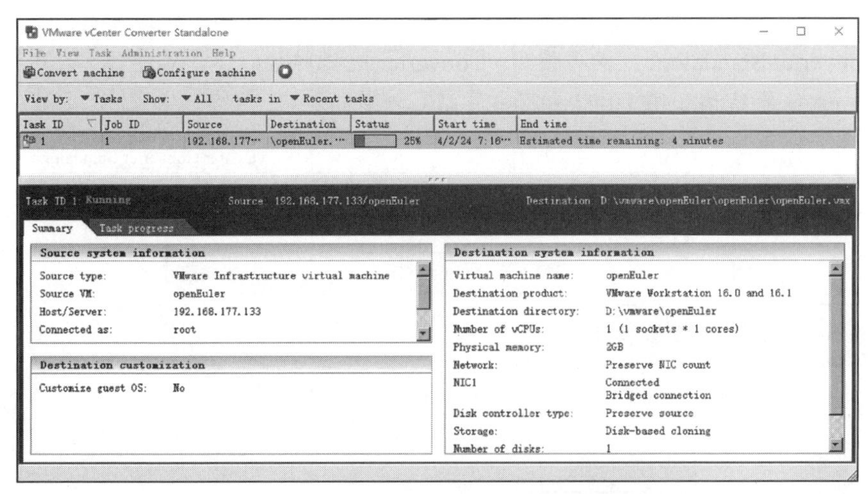

图 10-19　VMware Converter 开始转换界面

（8）启动迁移成功的虚拟机，如图 10-20 所示。

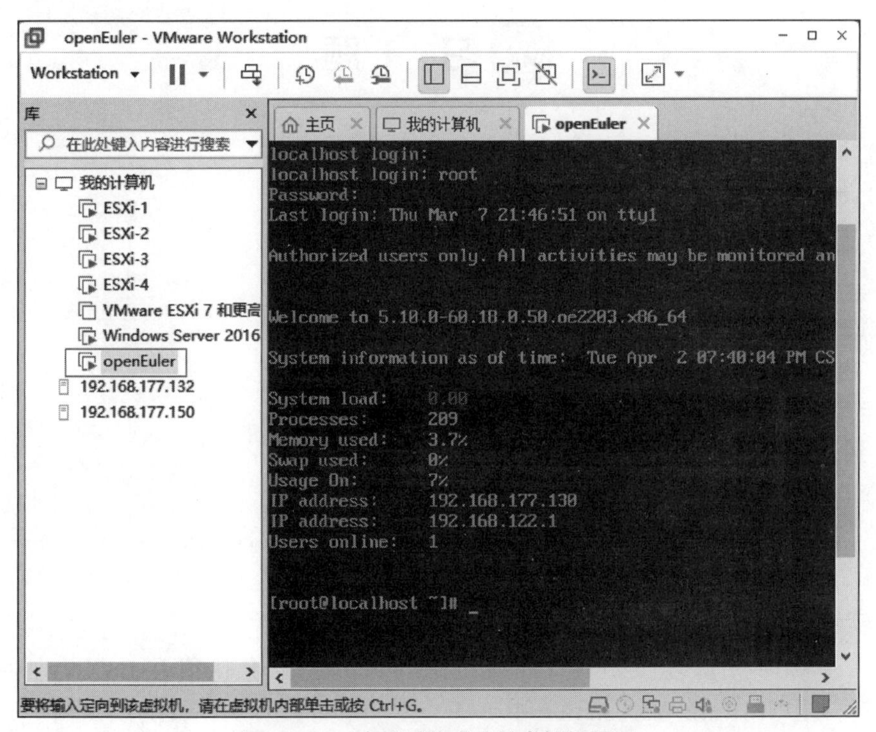

图 10-20　启动迁移成功的虚拟机界面

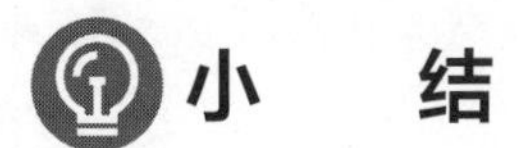

小　结

VMware vCenter Converter Standalone 是一种用于将虚拟机和物理机转换为 VMware 虚拟机的可扩展解决方案。使用 Converter Standalone 可执行若干转换任务。Converter

Standalone 应用程序由 Converter Standalone 服务器、Converter Standalone Worker、Converter Standalone 客户端和 Converter Standalone 代理组成。使用 vConverter 转换首先要安装 VMware vCenter Converter Standalone，其次使用 vConverter 进行转换。

本章知识技能结构如图 10-21 所示。

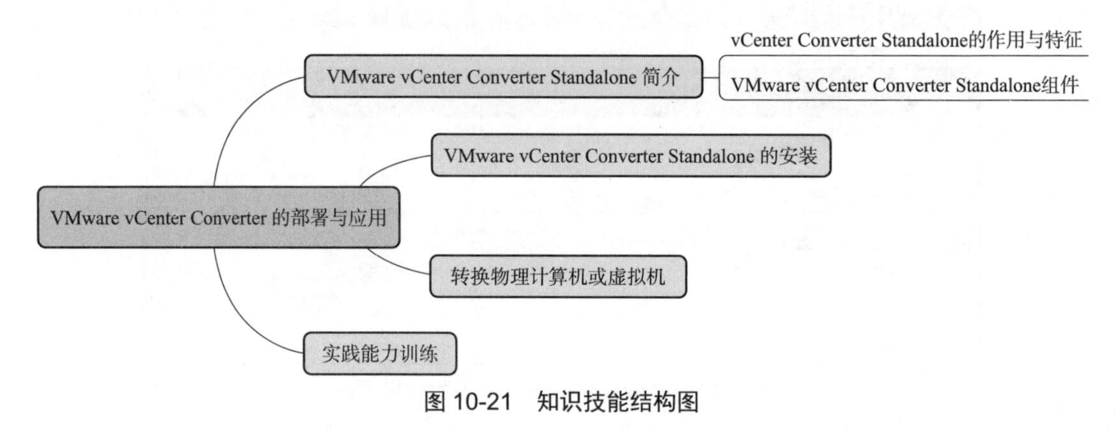

图 10-21　知识技能结构图

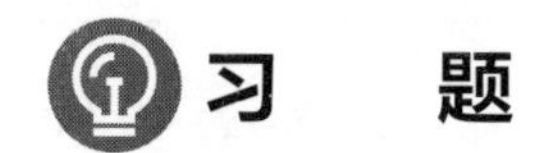

习　题

（1）简述 vConverter 的作用。

（2）解释热克隆和冷克隆，并说明二者之间有何区别。

（3）简述 Converter Standalone 组件的作用。

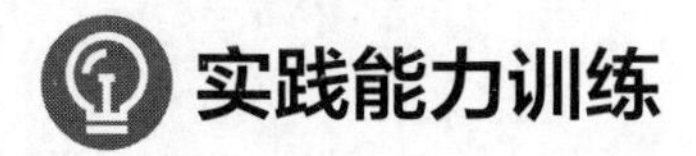

实践能力训练

1. 实训目的

（1）掌握安装 VMware vCenter Converter 的方法。

（2）掌握使用 VMware vCenter Converter 迁移虚拟机的方法。

（3）培养学生解决问题的能力和独立自主学习的能力。

2. 实训内容

（1）在物理机安装 vCenter Converter Standalone，将驻留在 ESXi4 中的虚拟机 Linux-1 迁移至 VMware Workstation 中。

（2）在虚拟机 Win2019-storage 中安装 vCenter Converter Standalone，将虚拟机 Win2019-storage 作为远程主机，使用 vCenter Converter Standalone 将虚拟机 Win2019 迁移至 vCenter Server。

3. 实训环境要求

软件：VMware vCenter Converter 软件。

硬件：物理机内存 64 GB 以上，主机系统需要使用具有 AMD-V 支持的 AMD CPU 或者具有 VT-x 支持的 Intel CPU，硬盘至少 1 TB。

第11章 VMware vSphere Replication 的部署与应用

VMware vSphere Replication 可以将运行中的虚拟机持续不断地复制到另一个地方，从而补充和增强 vSphere 平台的恢复功能，实现快速灾难恢复。VMware vSphere Replication 在集群或另一个站点里面创建了可以本地存储的虚拟机副本，从而为短短几分钟内迅速恢复虚拟机提供了数据源。本章介绍 VMware vSphere Replication 的部署与使用。

学习目标

（1）了解 VMware vSphere Replication 的功能和设备组件。

（2）了解 Site Recovery 客户端插件的作用。

（3）学会部署 VMware vSphere Replication。

（4）学会使用 VMware vSphere Replication 备份和回复虚拟机。

11.1 VMware vSphere Replication 简介

视频

VMware vSphere Replication 简介

VMware vSphere Replication 是 VMware vCenter Server 的扩展，可以将其作为基于存储的复制的备用方案。使用 VMware vSphere Replication，可以在两个或多个站点之间或在同一站点内复制虚拟机，以保护虚拟机免受部分或整个站点故障的影响。

（1）从源站点到目标站点。

（2）在一个站点中从一个集群到另一个集群。

（3）从多个源站点到一个共享远程目标站点。

与基于存储的复制相比较，vSphere Replication 具有多种益处。

（1）每个虚拟机的数据保护成本更低。

（2）复制解决方案允许灵活选择源站点和目标站点的存储供应商。

（3）每次复制的总体成本更低。

11.1.1 VMware vSphere Replication 功能

（1）使用 vSphere Replication 可以快速高效地将虚拟机从源数据中心复制到目标站点。

（2）可以部署附加 vSphere Replication 服务器以满足负载均衡需求。

（3）设置复制基础架构后，可以在不同的恢复点目标（RPO）中选择要复制的虚拟机。可以启用多时间点保留策略来存储已复制虚拟机的多个实例。恢复后，保留的实例可以作为已恢复虚拟机的快照使用。

（4）配置复制时，可以使用 VMware vSAN 数据存储作为目标数据存储，并为副本虚拟机及其磁盘选择目标存储配置文件。

（5）可以在 Site Recovery 用户界面中配置所有 vSphere Replication 功能，如管理站点、注册其他复制服务器监控和管理复制。

11.1.2 Site Recovery 客户端插件

vSphere Replication 设备向 vSphere Client 添加了一个插件。该插件名为 Site Recovery，Site Recovery Manager 也可共享该插件。

可使用 Site Recovery 客户端插件执行所有 vSphere Replication 操作。

（1）查看向同一个 vCenter Single Sign-On 注册的所有 vCenter Server 实例的 vSphere Replication 状态。

（2）打开 Site Recovery 用户界面。

（3）在配置用于复制的虚拟机的摘要选项卡上查看复制配置参数摘要。

（4）通过选择虚拟机并使用上下文菜单，重新配置一个或多个虚拟机的复制。

11.1.3 VMware vSphere Replication 设备组件

VMware vSphere Replication 设备可提供 vSphere Replication 需要的全部组件。

（1）Site Recovery 用户界面，其提供了便于使用 vSphere Replication 的完整功能。

（2）vSphere Client 的插件，可提供用于对 vSphere Replication 运行状况进行故障排除的用户界面以及指向 Site Recovery 独立用户界面的链接。

（3）存储了复制配置和管理信息的 VMware 标准嵌入式 vPostgreSQL 数据库。vSphere Replication 不支持外部数据库。

（4）VMware vSphere Replication 管理服务器：

· 配置 vSphere Replication 服务器。

· 启用、管理和监控复制。

· 对用户进行身份验证，并检查用户执行 vSphere Replication 操作的权限。

（5）提供 vSphere Replication 基础架构核心的 vSphere Replication 服务器。

11.2 VMware vSphere Replication 的部署与配置

视频

部署 VMware vSphere Replication

11.2.1 部署 VMware vSphere Replication

1. 安装前准备

从 VMware 官方网站下载 vSphere Replication 的 ISO 文件，本书采用的是

VMware-vSphere_Replication-9.0.0-23464962。

2. 镜像文件解压

解压 VMware-vSphere_Replication-9.0.0-23464962.iso 文件，在文件夹 bin 里面找到 vSphere_Replication_OVF10.ovf、vSphere_Replication-support.vmdk 和 vSphere_Replication-system.vmdk 三个文件，如图 11-1 所示。

« VMware-vSphere_Replication-9.0.0-23464962 › bin　　在 bin 中搜索

名称	修改日期	类型	大小
vSphere_Replication_AddOn_OVF1...	2024/3/12 3:40	CERT 文件	2 KB
vSphere_Replication_AddOn_OVF1...	2024/3/12 3:40	MF 文件	1 KB
vSphere_Replication_AddOn_OVF1...	2024/3/12 3:40	开放虚拟化格式程序包	49 KB
vSphere_Replication_OVF10.cert	2024/3/12 3:40	CERT 文件	2 KB
vSphere_Replication_OVF10.mf	2024/3/12 3:40	MF 文件	1 KB
vSphere_Replication_OVF10.ovf	2024/3/12 3:40	开放虚拟化格式程序包	194 KB
vSphere_Replication-support.vmdk	2024/3/12 3:40	VMware 虚拟磁盘文件	8,382 KB
vSphere_Replication-system.vmdk	2024/3/12 3:40	VMware 虚拟磁盘文件	1,675,873...

图 11-1　部署 vSphere Replication-1

3. 启动部署向导

在 vCenter Server 界面，右击集群 Cluster，在弹出的快捷菜单中选择“部署 OVF 模板”命令，如图 11-2 所示。

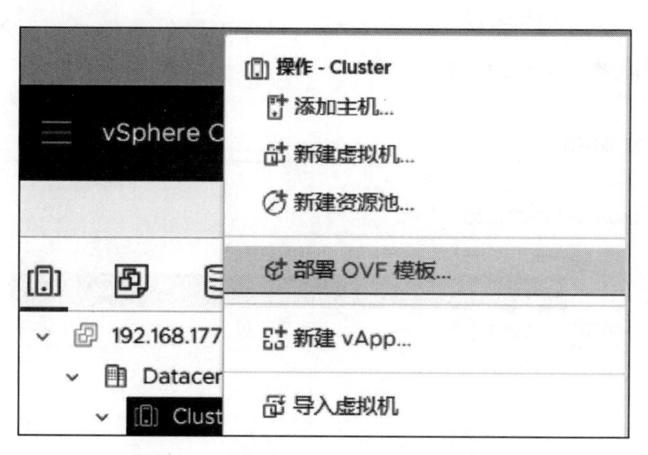

图 11-2　部署 vSphere Replication-2

4. 部署 OVF 模板

（1）在“1. 选择 OVF 模板”界面，选中“本地文件”，单击“上载文件”，浏览并导航到 ISO 镜像中的 \bin 目录，选择 vSphere_Replication_OVF10.ovf、vSphere_Replication-support.vmdk 和 vSphere_Replication-system.vmdk 文件，开始上传文件，如图 11-3 所示，单击“下一页”按钮。

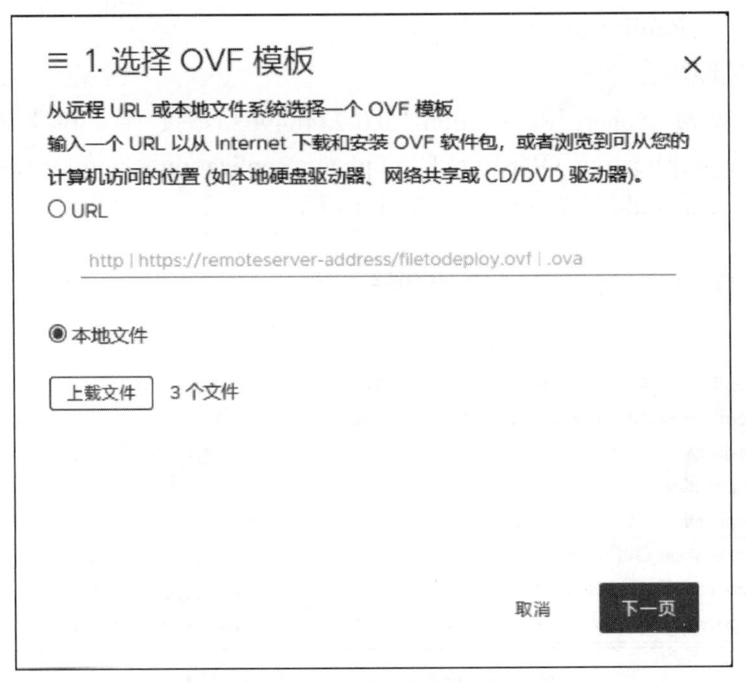

图 11-3　部署 vSphere Replication-3

（2）在“2. 选择名称和文件夹”界面，在“虚拟机名称”右侧输入栏中输入虚拟机的名称，选择虚拟机存放位置，如图 11-4 所示，单击“下一页”按钮。

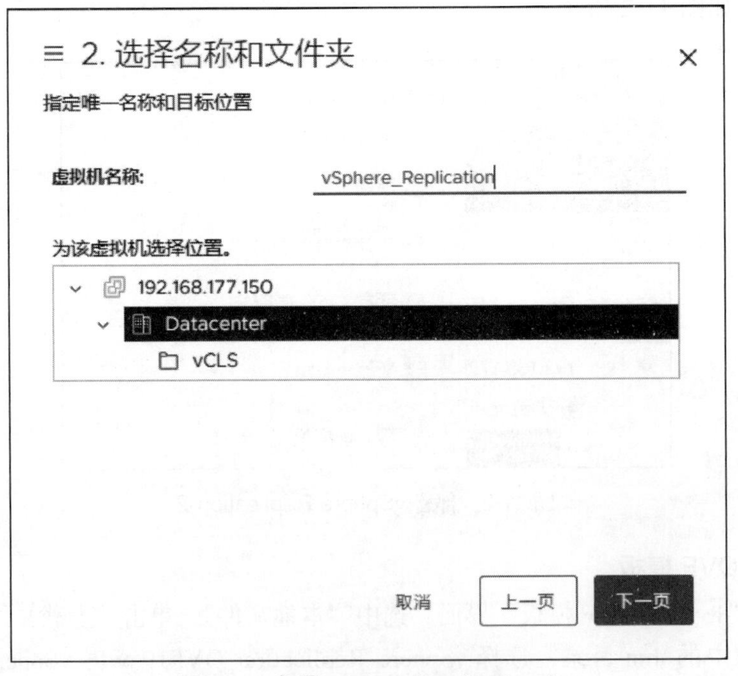

图 11-4　部署 vSphere Replication-4

（3）在“3. 选择计算资源”界面，选择目标 ESXi 主机，如图 11-5 所示，在兼容性检查成功后，单击“下一页”按钮。

图 11-5　部署 vSphere Replication-5

（4）在“4. 查看详细信息”界面，查看 OVF 模板信息和配置信息，单击“下一页”按钮，如图 11-6 所示。

图 11-6　部署 vSphere Replication-6

（5）在“5. 许可协议”界面，勾选“我接受所有许可协议。”复选框，单击“下一页”按钮，如图 11-7 所示。

图 11-7　部署 vSphere Replication-7

（6）在“6. 选择存储”界面，虚拟磁盘格式选择“厚置备延迟置零”，选择虚拟机存放的数据存储，兼容性检查成功后，如图 11-8 所示，单击“下一页”按钮。

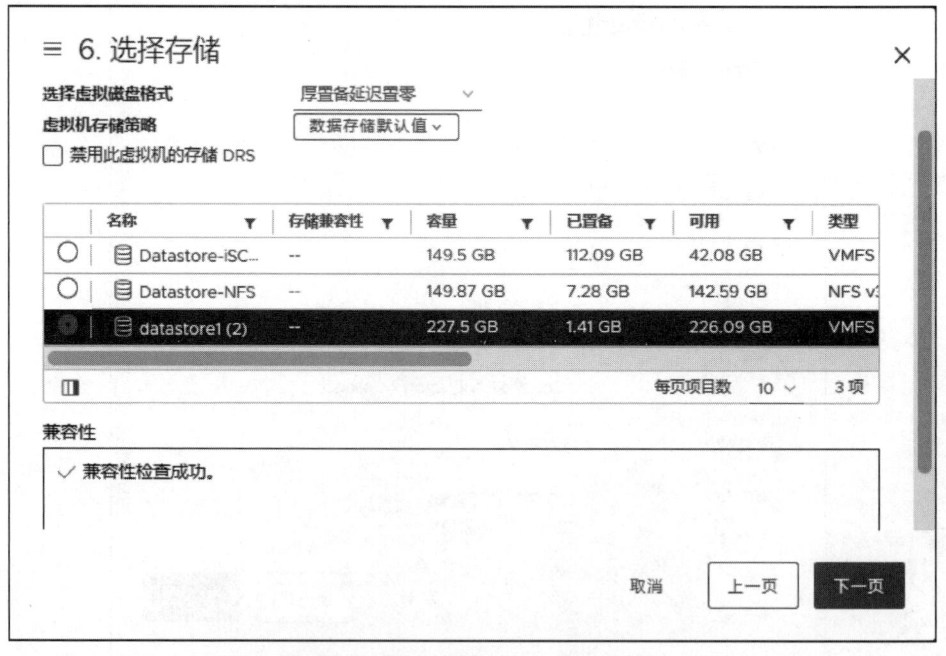

图 11-8　部署 vSphere Replication-8

（7）在“7. 选择网络”界面，选择目标网络，IP 分配选择“静态 - 手动”，IP 协议选择 IPv4，如图 11-9 所示，单击“下一页”按钮。

图 11-9　部署 vSphere Replication-9

（8）在“8. 自定义模板”界面，包括应用程序和网络属性，如图 11-10 所示。

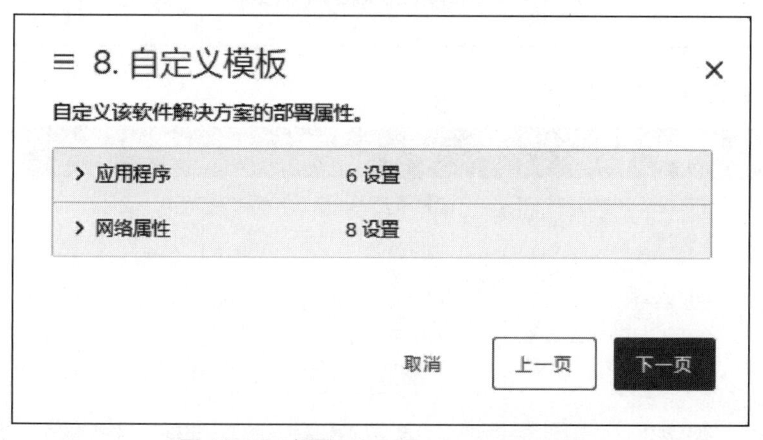

图 11-10　部署 vSphere Replication-10

应用程序主要包括启用 SSHD、初始 root 密码、初始管理员用户密码、NTP 服务器、主机名、文件完整性标记；初始 root 密码用于登录虚拟机本地的命令行界面（Linux），初始管理员密码用于登录 VR 虚拟机的 Web 管理后台，如图 11-11 所示。在本节中，设置初始 root 密码和初始管理员用户密码，其他选项均保持默认值。

网络属性主要包括主机网络 IP 地址族、主机网络模式、默认网关、域名、域搜索路径、域名服务器、网络 IP 地址、网络 1 网络前缀，如图 11-12 所示。在本节中，主机网络 IP 地址族选择 IPv4，主机网络模式选择 DHCP，默认网关填写为 192.168.177.2，网络 1 网络前缀即为子网掩码，设置为 24，域名、域搜索路径、域名服务器、网络 IP 地址均为空。

所有必填选项填好后，单击“下一页”按钮。

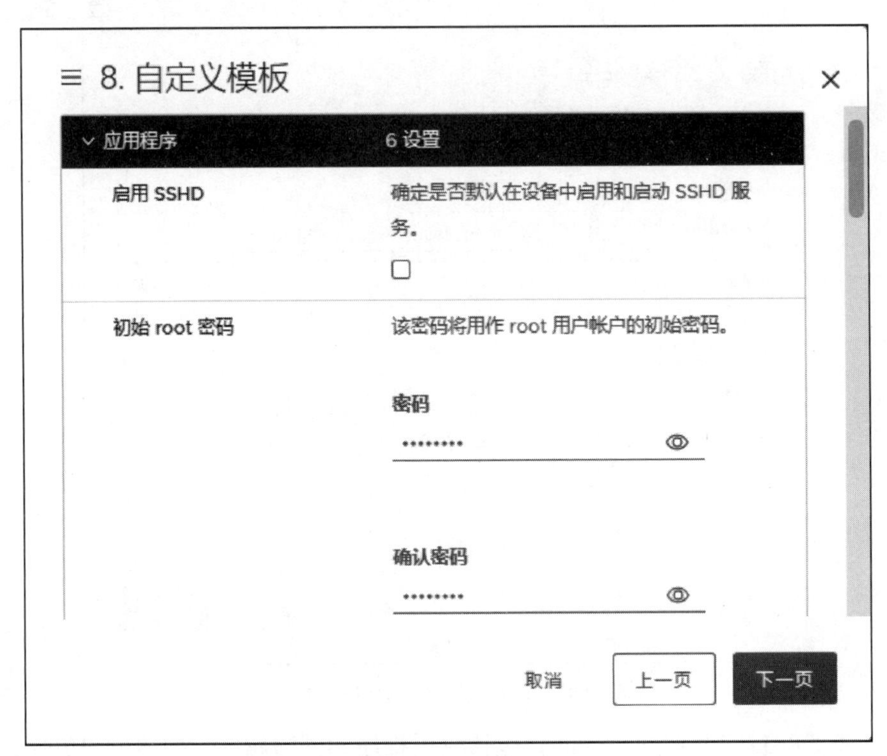

图 11-11 部署 vSphere Replication-11

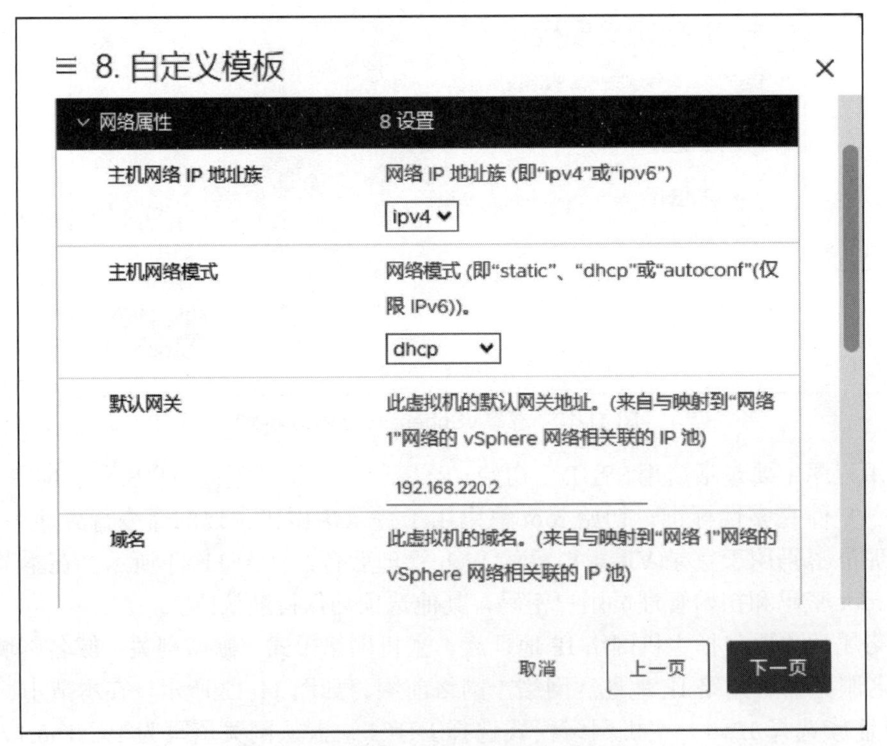

图 11-12 部署 vSphere Replication-12

（9）在“9. 即将完成”界面，核对配置信息是否正确，如图 11-13 所示，确认正确后，单击“完成”按钮，开始部署任务。

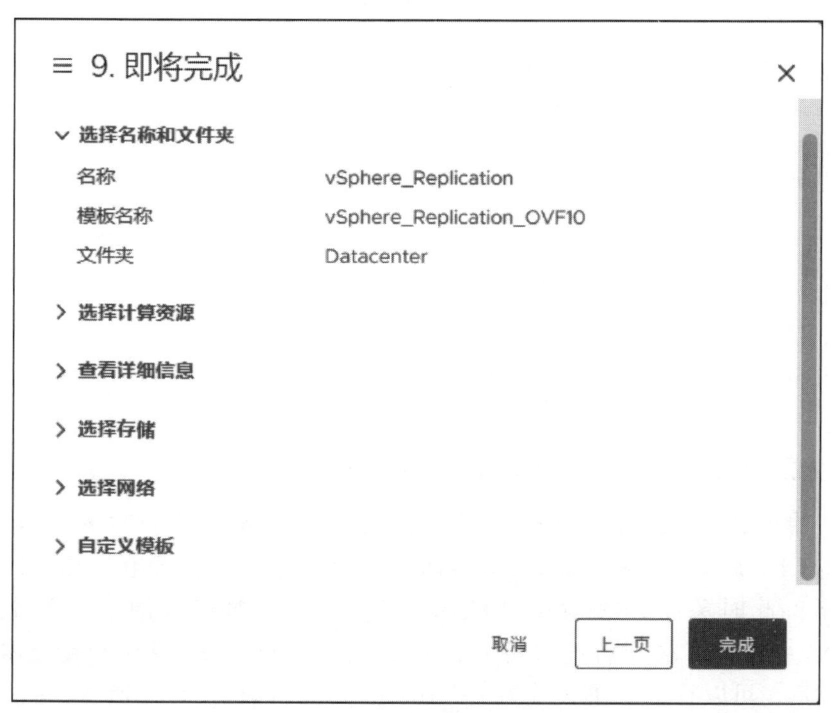

图 11-13　部署 vSphere Replication-13

（10）在 vCenter Server 界面，在“近期任务”中查看 OVF 模板部署状态和 OVF 软件包导入状态，如图 11-14 所示。虚拟机 vSphere_Replication 部署成功，如图 11-15 所示。

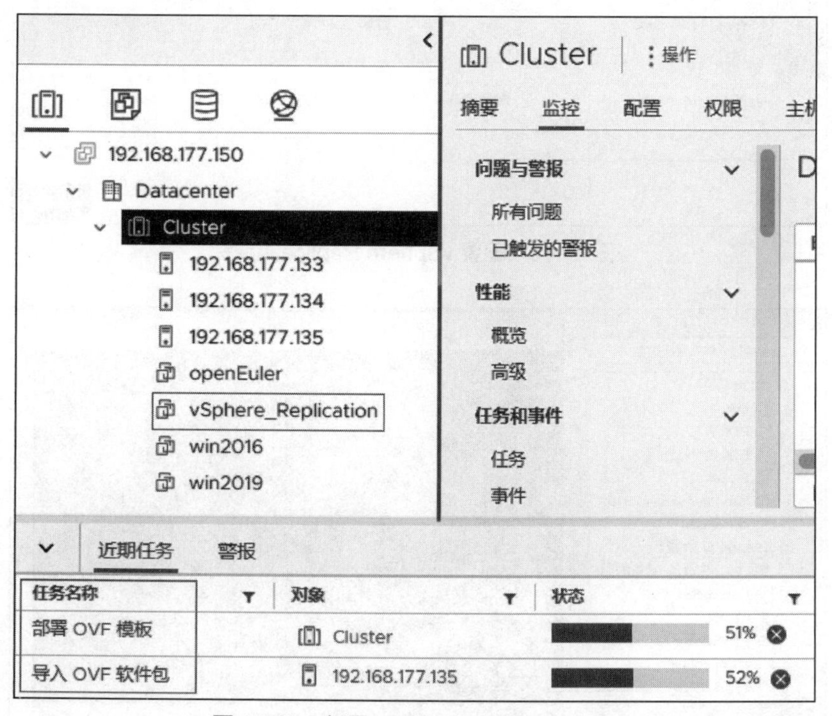

图 11-14　部署 vSphere Replication-14

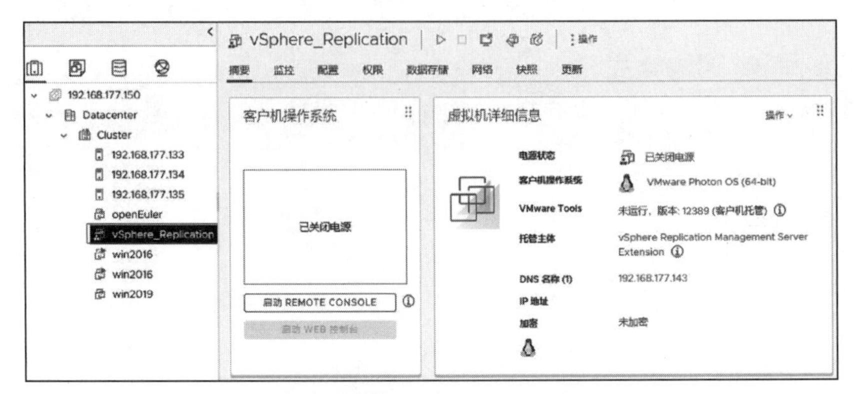

图 11-15　部署 vSphere Replication-15

视 频
配置 VMware vSphere Replication

11.2.2　配置 VMware vSphere Replication

虚拟机 vSphere_Replication 在集群部署完毕后，需要进行初始配置后才能使用。

（1）启动虚拟机 vSphere_Replication，可能会出现打开电源故障，如图 11-16 所示，此时关闭 ESXi 主机 192.168.177.135，增加 CPU 的个数为 4 后，开启 ESXi 主机，再次开启虚拟机 vSphere_Replication。虚拟机 vSphere_Replication 启动后，可以看到其 IP 地址为 192.168.177.143，如图 11-17 所示。

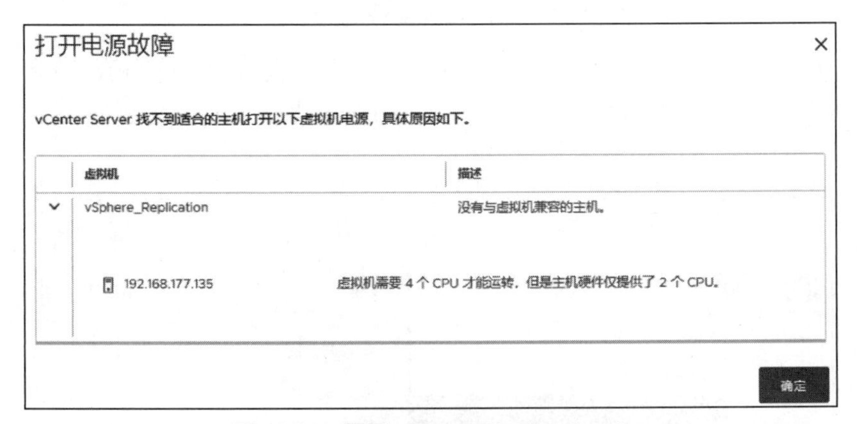

图 11-16　配置 vSphere Replication-1

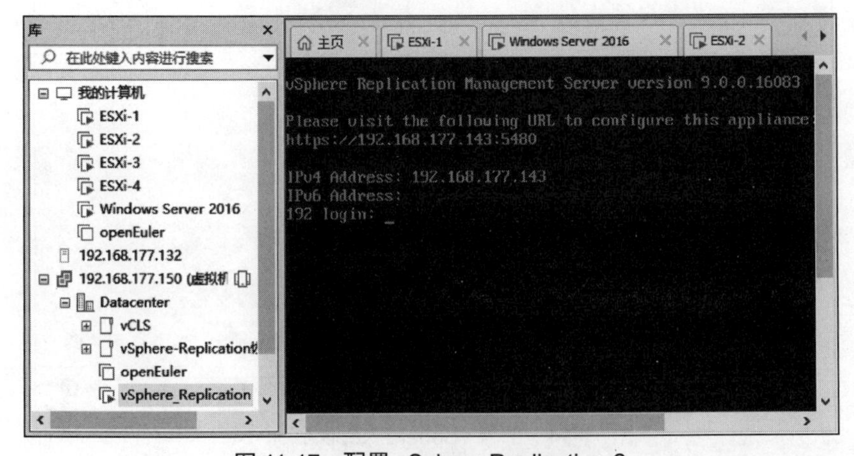

图 11-17　配置 vSphere Replication-2

（2）通过 vSphere Replication URL：https://192.168.177.143:5480/ 访问 vSphere Replication 设备管理，输入用户名 admin 和部署中设置的管理员密码，如图 11-18 所示，单击“登录”按钮，登录到 VRMS 设备管理界面，如图 11-19 所示，单击“配置设备”按钮，开始配置 vSphere Replication。

图 11-18　配置 vSphere Replication-3

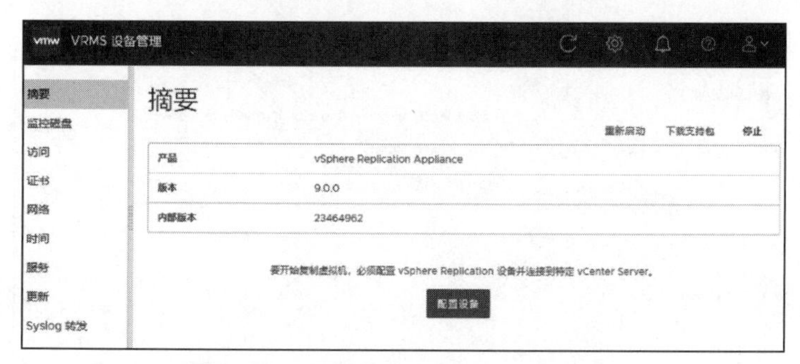

图 11-19　配置 vSphere Replication-4

（3）在“配置 vSphere Replication-Platform Services Controller”界面，在“PSC 主机名”右侧输入栏中输入 vCenter Server 的 IP 地址 192.168.177.150，PSC 端口默认值为 443，在“用户名”和“密码”栏分别输入 vCenter Server 管理员用户名 administrator@vsphere.local 和密码，如图 11-20 所示，单击“下一步”按钮。

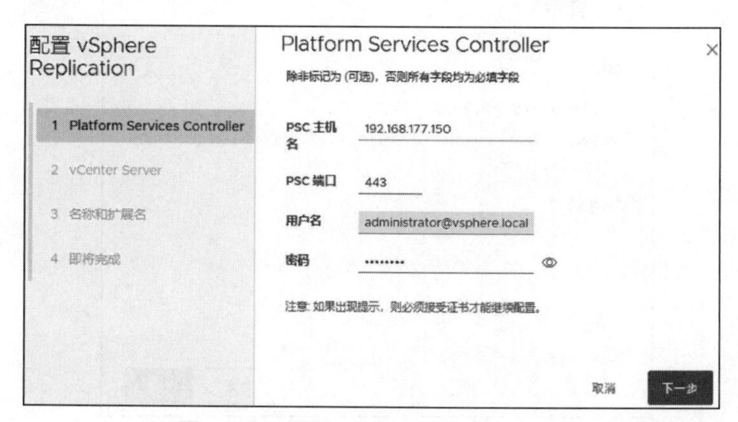

图 11-20　配置 vSphere Replication-5

（4）在“安全警示”对话框，单击“连接”按钮，如图 11-21 所示。

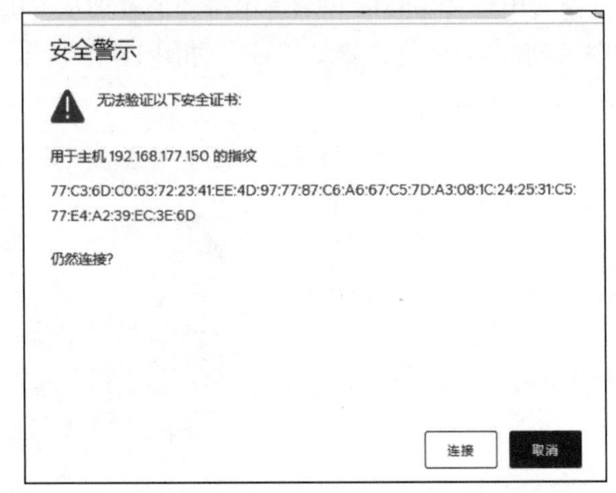

图 11-21　配置 vSphere Replication-6

（5）在“配置 vSphere Replication-vCenter Server”界面，选择要配置的目标 vCenter Server，如图 11-22 所示，单击“下一步”按钮。

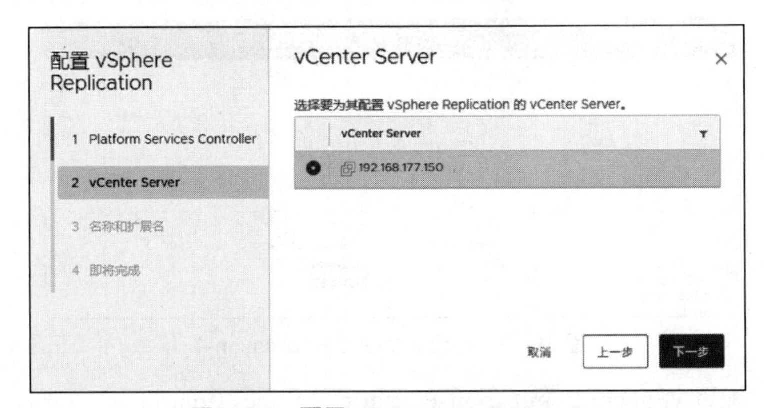

图 11-22　配置 vSphere Replication-7

（6）在“安全警示”对话框，单击“连接”按钮，如图 11-23 所示。

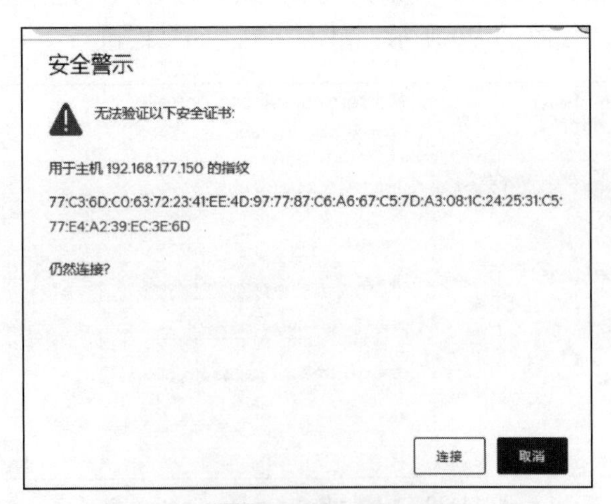

图 11-23　配置 vSphere Replication-8

（7）在“配置 vSphere Replication- 名称和扩展名”界面，在“站点名称”栏输入 vSphere Replication，在“管理员电子邮件”栏输入管理员的邮箱地址，“本地主机”选择 192.168.177.143，其他选项值均保持默认，如图 11-24 所示，单击“下一步”按钮。

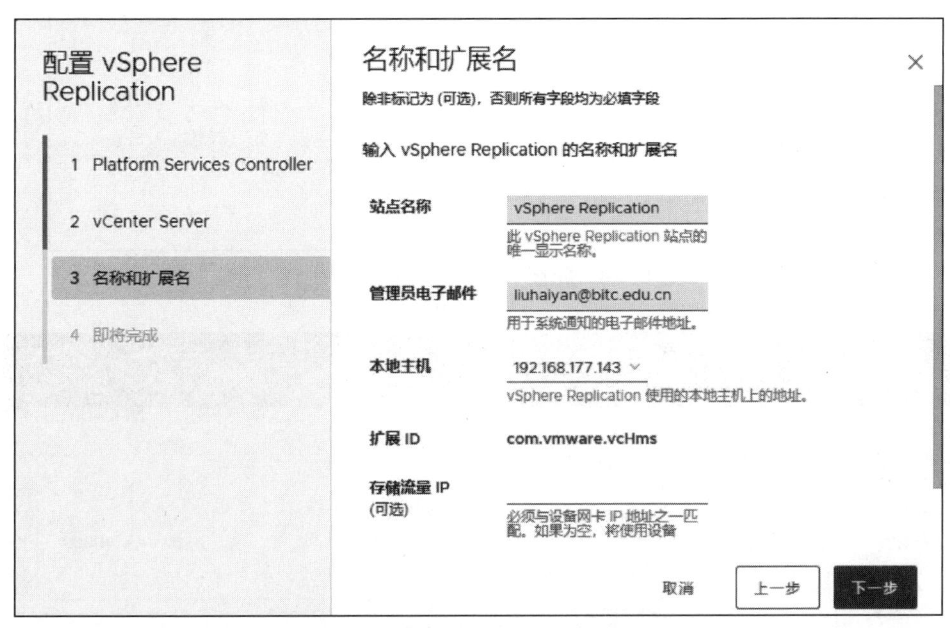

图 11-24 配置 vSphere Replication-9

（8）在“配置 vSphere Replication- 即将完成”界面，核对各个配置项参数值，如图 11-25 所示，无误后单击“完成”按钮。开始配置 vSphere Replication，如图 11-26 所示。vSphere Replication 配置完成界面如图 11-27 所示。

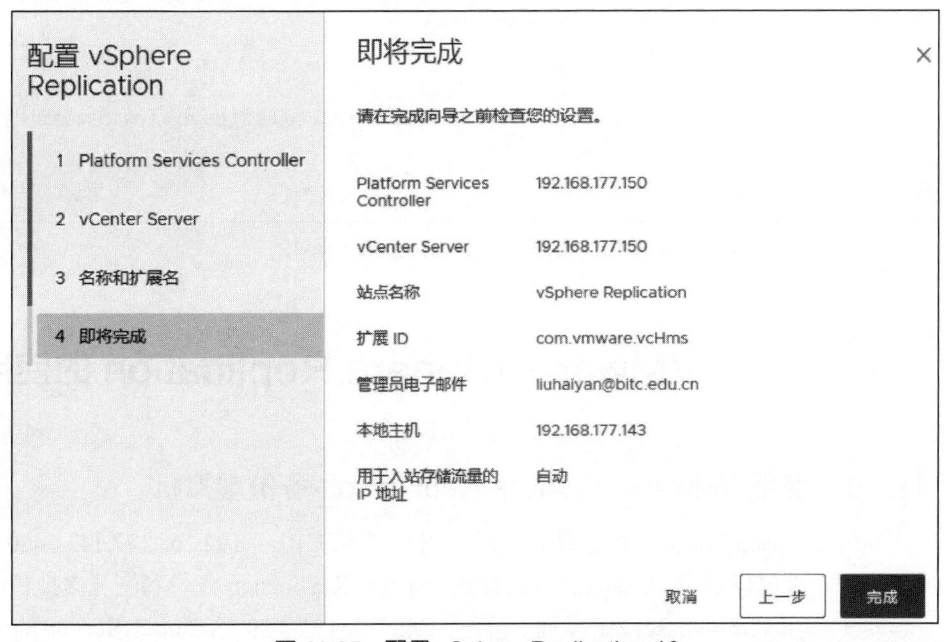

图 11-25 配置 vSphere Replication-10

图 11-26　配置 vSphere Replication-11

图 11-27　配置 vSphere Replication-12

11.3　VMware vSphere Replication 的使用

视频

使用 VMware vSphere Replication 备份与恢复虚拟机

11.3.1　使用 VMware vSphere Replication 备份虚拟机

vSphere Replication 9.0 配置完成后，可以访问 URL：192.168.177.143:5480 监控管理 VR，也可以登录 vCenter Server 使用 vSphere Replication 备份和恢复虚拟机。

（1）在 vCenter Server 界面，单击 192.168.177.150（vCenter Server 的 IP 地址），依次单击“扩展插件”→“VR 管理”，如图 11-28 所示。

图 11-28　使用 vSphere Replication 备份虚拟机 -1

（2）在“VR 管理”界面，单击“摘要”，单击“解决方案”中的“单击以查看”，如图 11-29 所示。

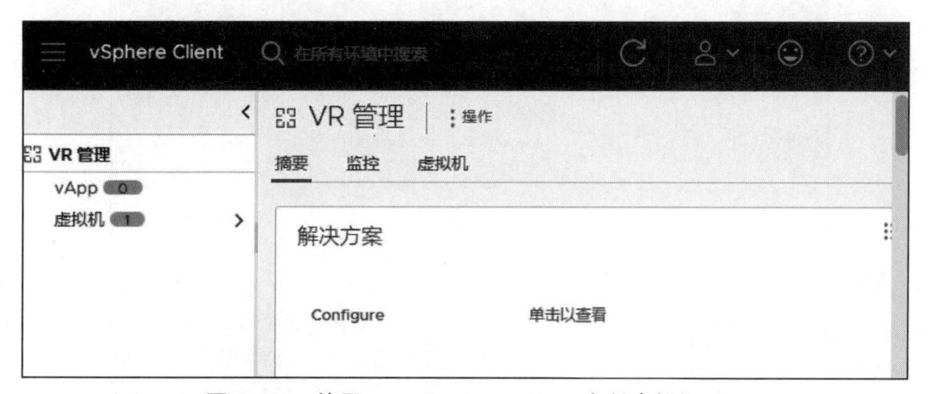

图 11-29　使用 vSphere Replication 备份虚拟机 -2

（3）在“入门”界面，单击“启动 SITE RECOVERY”按钮，如图 11-30 所示，进入 vSphere Replication 服务管理界面，如图 11-31 所示，单击“查看详细信息”按钮。

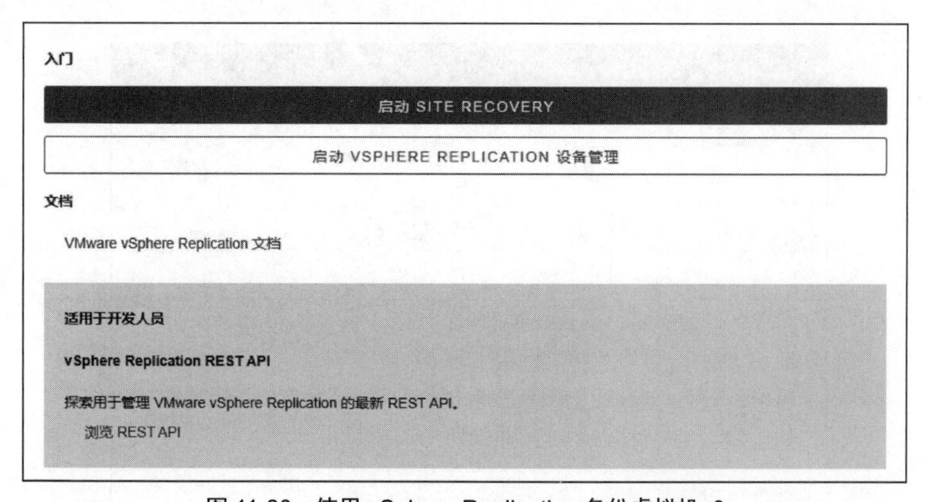

图 11-30　使用 vSphere Replication 备份虚拟机 -3

图 11-31 使用 vSphere Replication 备份虚拟机 -4

（4）在 Site Recovery 界面，单击“站点”按钮，可以查看 vSphere Replication 的摘要信息，如图 11-32 所示。单击“复制”按钮，然后单击“新建”按钮，开始配置进行备份的虚拟机，如图 11-33 所示。

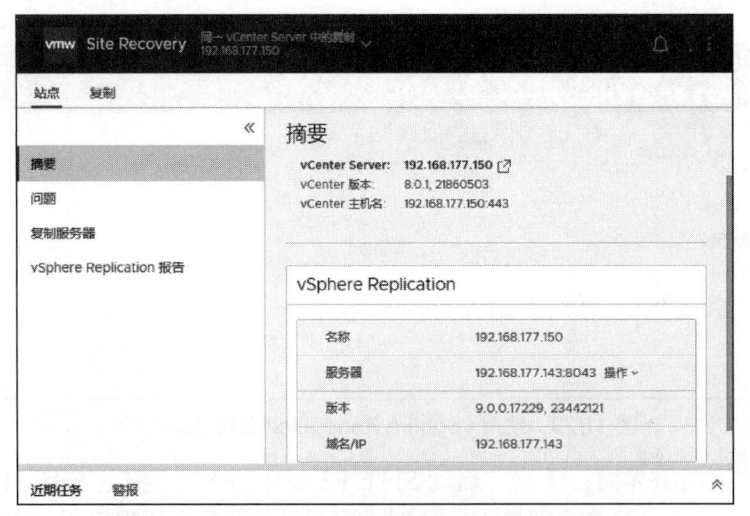

图 11-32 使用 vSphere Replication 备份虚拟机 -5

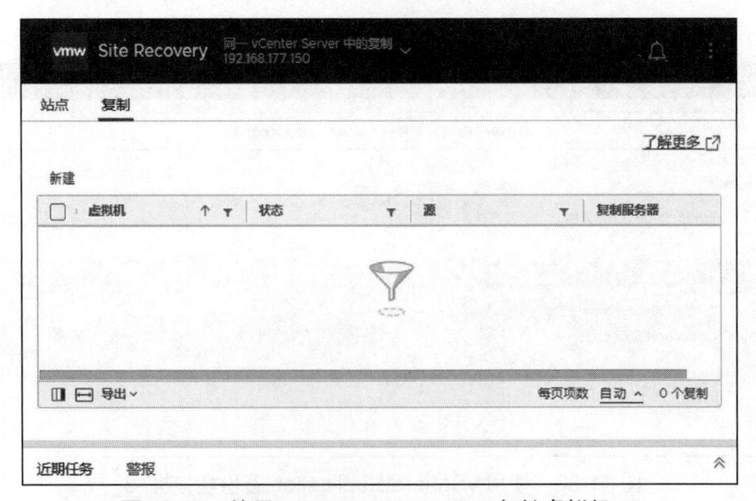

图 11-33 使用 vSphere Replication 备份虚拟机 -6

（5）在“目标站点”对话框，选择“自动分配 vSphere Replication 服务器”选项，如图 11-34 所示，单击“下一步”按钮。

图 11-34　使用 vSphere Replication 备份虚拟机 -7

（6）在“虚拟机”对话框，在虚拟机列表中选择要保护的虚拟机，在这里选择虚拟机 win2016，如图 11-35 所示，单击“下一步”按钮。

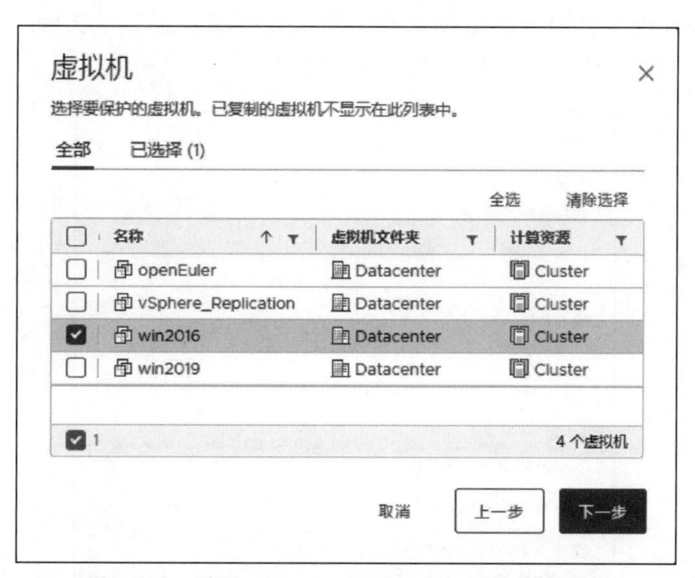

图 11-35　使用 vSphere Replication 备份虚拟机 -8

（7）在“目标数据存储”对话框，选择“datastore1(2)”，勾选“在复制中自动包括新磁盘”复选框，其他配置项均保持默认值，如图 11-36 所示，单击“下一步”按钮。

（8）在“复制设置”对话框配置虚拟机的复制设置。

设置恢复点目标（RPO）值时，需要确定可以忍受的数据丢失上限。将“恢复点目

标 (PRO)”设置为 10 min。

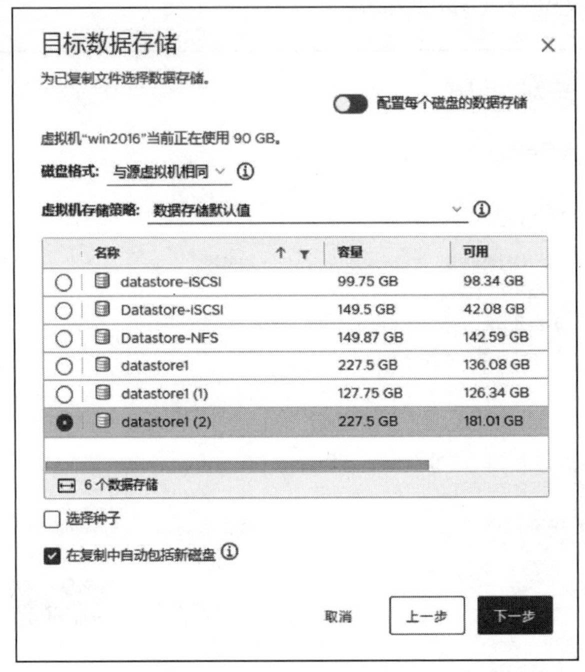

图 11-36　使用 vSphere Replication 备份虚拟机 -9

勾选“启用时间实例”复选框，每日实例数为 3，“天”设置为 5，这表示每天保留目标虚拟机的 3 个备份，保持最近 5 天的备份。

勾选“为 VR 数据启用网络压缩”和“启用数据集复制”复选框，其他配置项均保持默认值，如图 11-37 所示，单击“下一步”按钮。

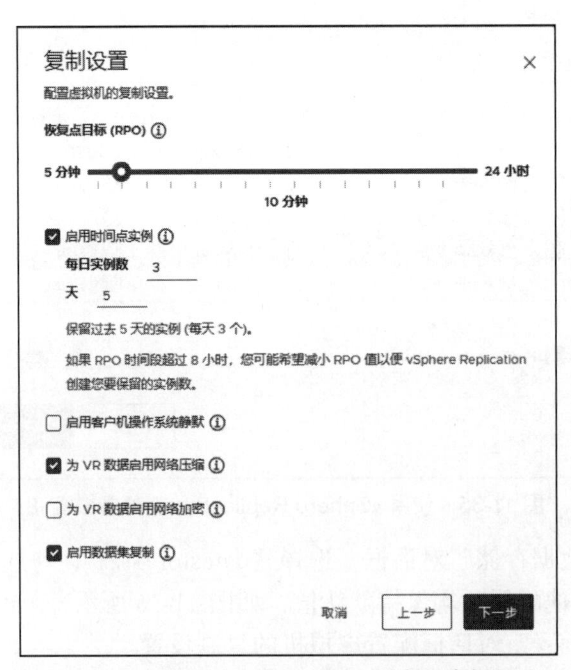

图 11-37　使用 vSphere Replication 备份虚拟机 -10

（9）在“即将完成”对话框，核对各配置项参数值，如图 11-38 所示，单击“完成”按钮。

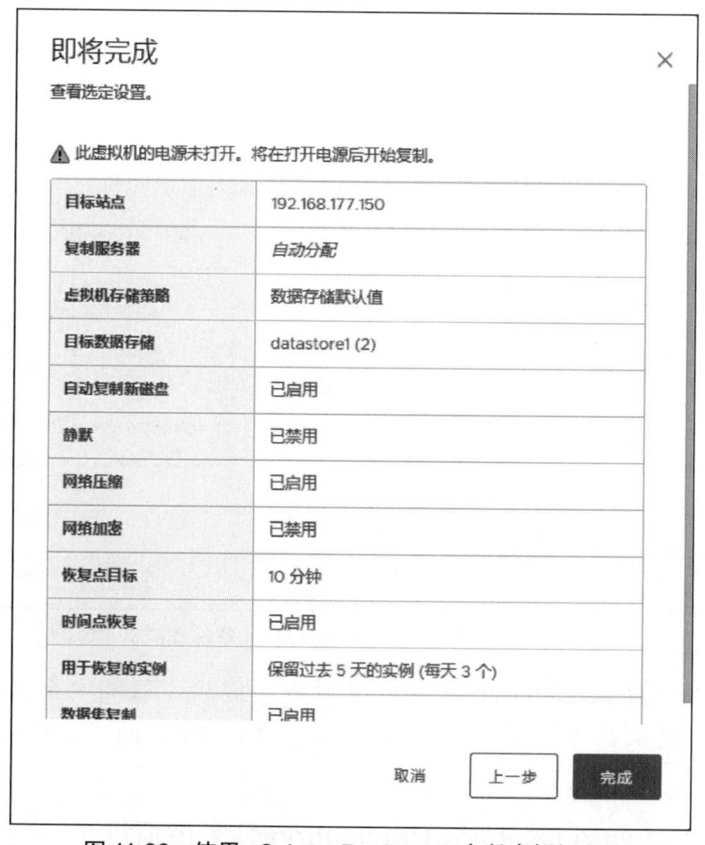

图 11-38　使用 vSphere Replication 备份虚拟机 -11

（10）创建完成的虚拟机备份策略将自动执行初次同步和备份，如图 11-39 所示。初次备份完成如图 11-40 所示。

注：此时虚拟机应为开机状态。

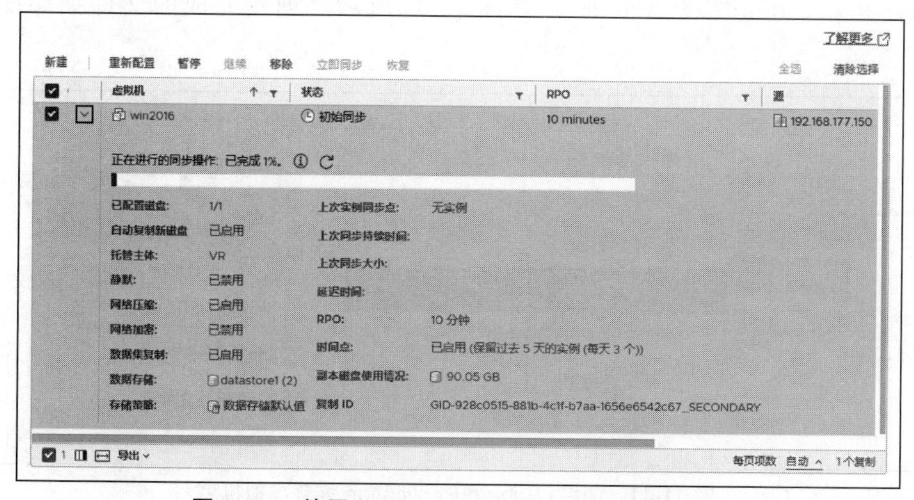

图 11-39　使用 vSphere Replication 备份虚拟机 -12

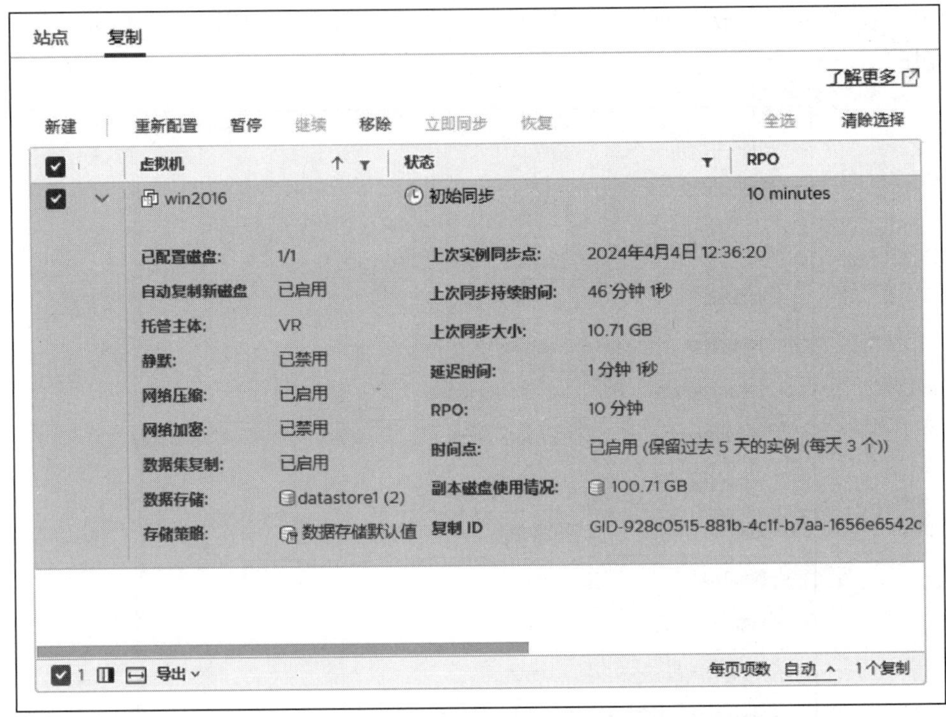

图 11-40　使用 vSphere Replication 备份虚拟机 -13

（11）使用 vSphere Replication 备份虚拟机完成后，每隔一个备份时间 vSphere Replication 将自动执行虚拟机备份，可以单击图 11-40 中的“已启用”查看备份的实例。

11.3.2　使用 VMware vSphere Replication 恢复虚拟机

1. 创建存储 vSphere Replication 恢复的文件夹

（1）右击数据中心，在弹出的快捷菜单中选择“新建文件夹”→“新建虚拟机和模板文件夹”命令，如图 11-41 所示。在“新建文件夹”对话框输入文件夹的名称“vSphere-Replication 恢复虚拟机”，如图 11-42 所示。创建完成的文件夹如图 11-43 所示。

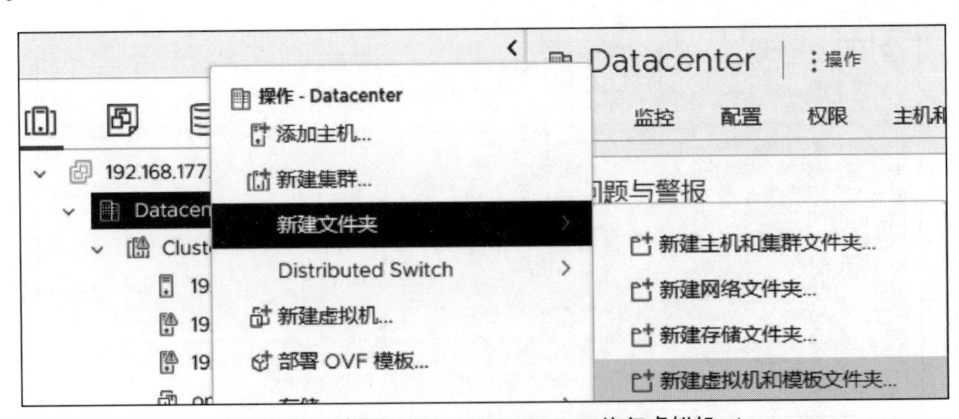

图 11-41　使用 vSphere Replication 恢复虚拟机 -1

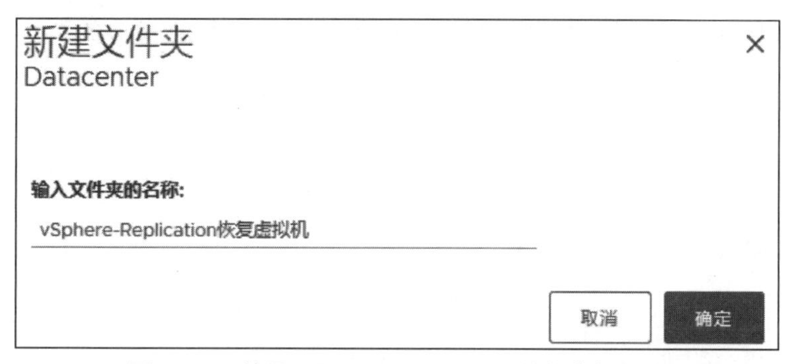

图 11-42　使用 vSphere Replication 恢复虚拟机 -2

图 11-43　使用 vSphere Replication 恢复虚拟机 -3

（2）在虚拟机 win2016 完成初次备份后，创建一个名为 VR-test 的文件夹，如图 11-44 所示。

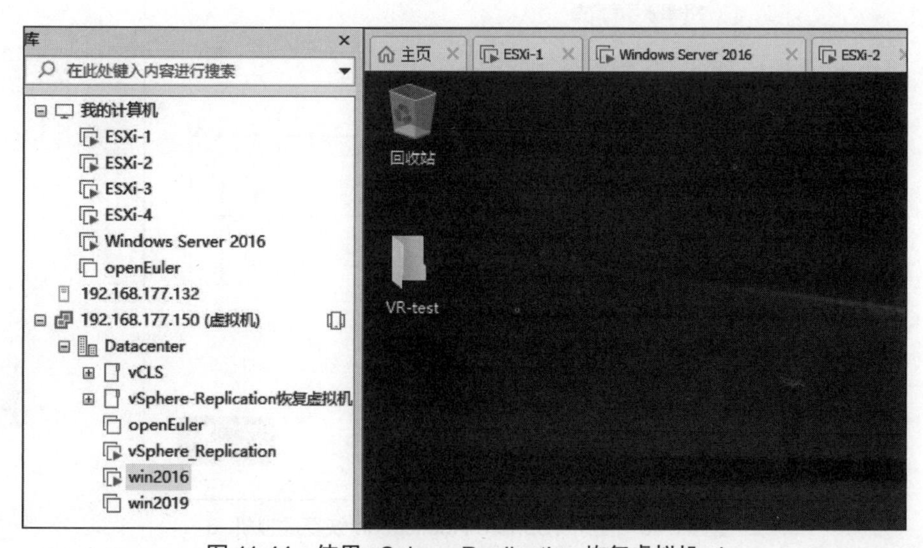

图 11-44　使用 vSphere Replication 恢复虚拟机 -4

（3）单击图 11-40 中的“已启用”，可以查看已经保留的两个备份，一个是初次备份，另一个是最近一次的备份，如图 11-45 所示。

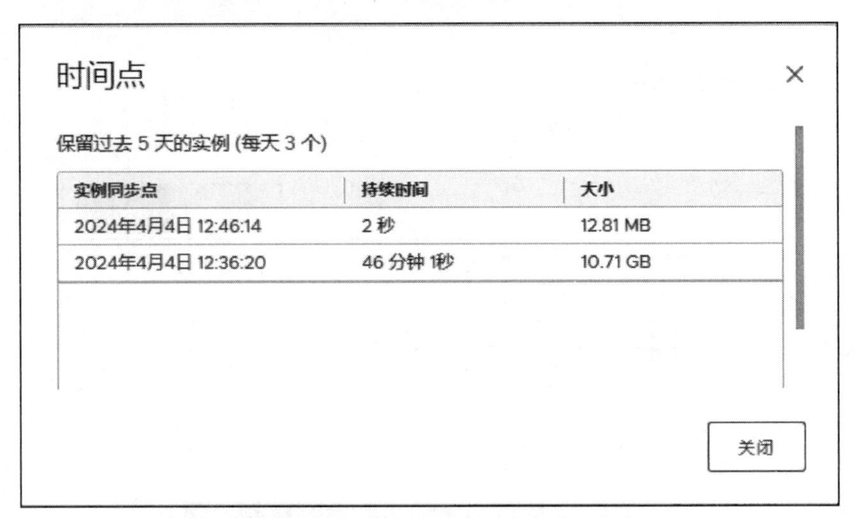

图 11-45　使用 vSphere Replication 恢复虚拟机 -5

2. 恢复虚拟机操作

（1）在 Site Recovery 界面，勾选需要执行恢复的虚拟机 win2016，单击“恢复”按钮。在弹出的“恢复选项”界面，选中“同步最新更改”单选按钮和“恢复后打开虚拟机电源。”复选框，如图 11-46 所示，单击“下一步”按钮。

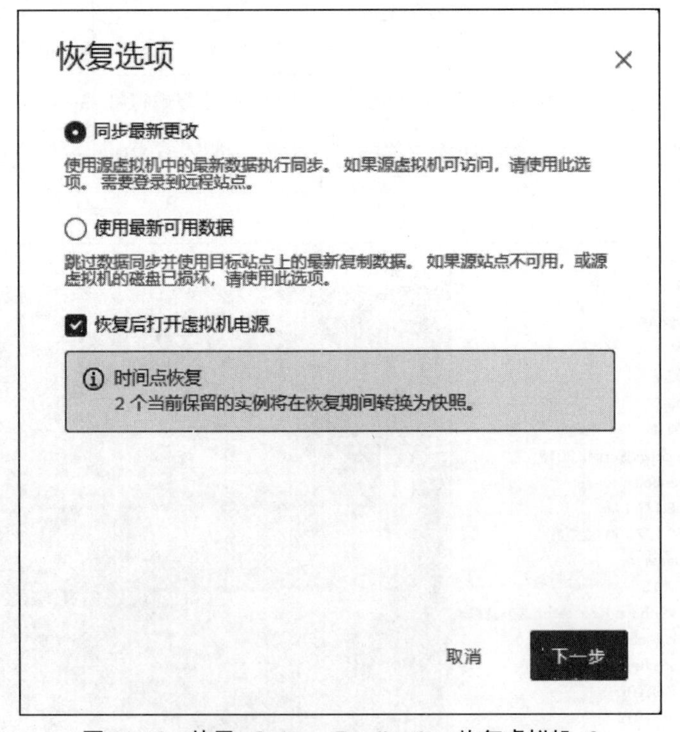

图 11-46　使用 vSphere Replication 恢复虚拟机 -6

（2）在“文件夹”界面，选择已经创建的“vSphere-Replication 恢复虚拟机”文件夹，如图 11-47 所示，单击“下一步”按钮。

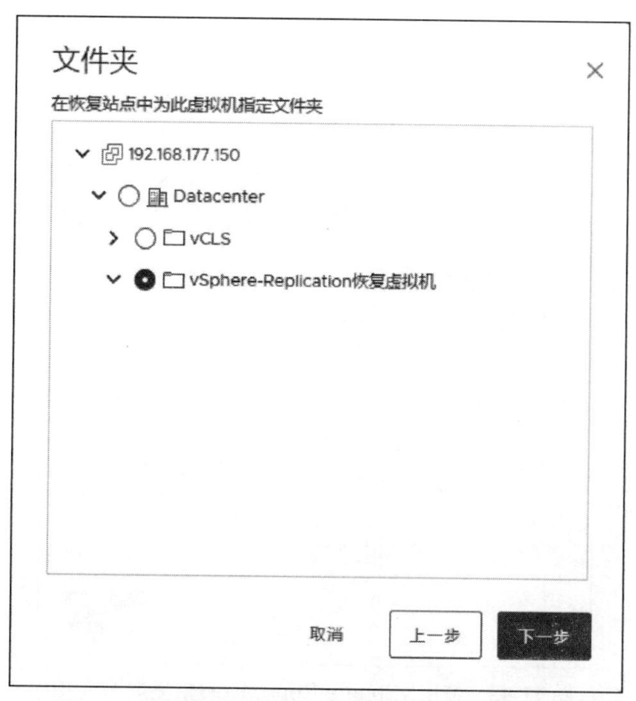

图 11-47　使用 vSphere Replication 恢复虚拟机 -7

（3）在“资源”界面，选择合适的 ESXi 主机，如图 11-48 所示，单击“下一步”按钮。

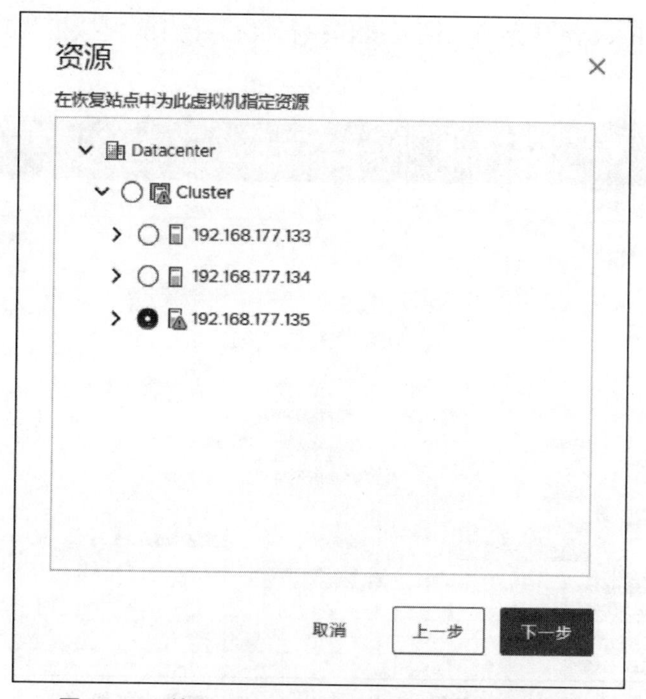

图 11-48　使用 vSphere Replication 恢复虚拟机 -8

（4）在“即将完成”界面，核对各配置项参数值，如图 11-49 所示，单击“完成”按钮。

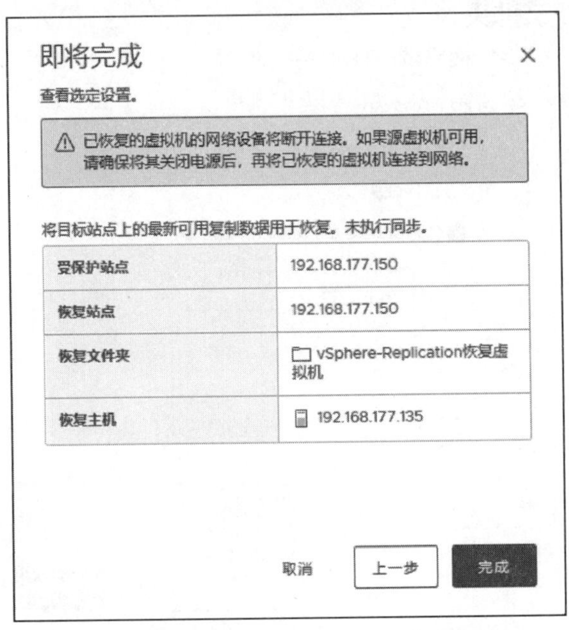

图 11-49　使用 vSphere Replication 恢复虚拟机 -9

注：已恢复的虚拟机的网络设备将断开连接，如果源虚拟机可用，需要确保其关闭电源后，再将已恢复的虚拟机连接到网络。造成此问题的原因是恢复的虚拟机和源虚拟机的 IP 地址冲突。

（5）在 Site Recovery 界面，恢复操作执行完后，当前虚拟机状态显示“已恢复”，如图 11-50 所示。

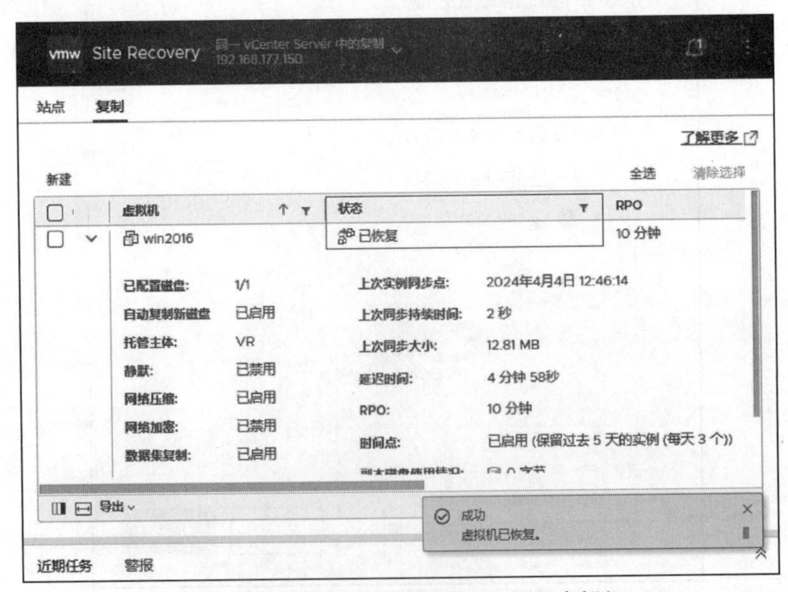

图 11-50　使用 vSphere Replication 恢复虚拟机 -10

（6）虚拟机恢复后，保存的备份实例转换为快照的形式，如图 11-51 所示，可以采用恢复快照的方法，恢复不同时间点的虚拟机状态。例如，选定 2024-04-04 04:36:20 UTC，单击“恢复”，在弹出的“恢复为选定快照”对话框单击“确定”按钮，如图 11-52 所示。登录虚拟机 win2016 观察桌面，如图 11-53 所示。

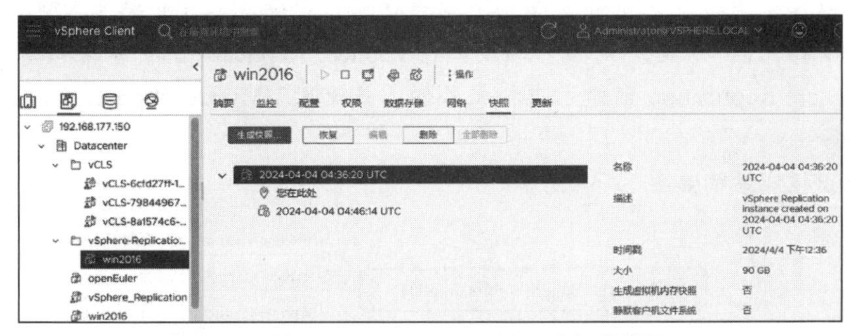

图 11-51　使用 vSphere Replication 恢复虚拟机 -11

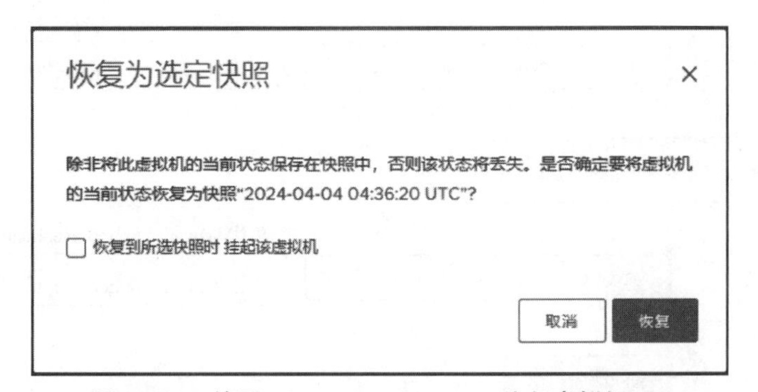

图 11-52　使用 vSphere Replication 恢复虚拟机 -12

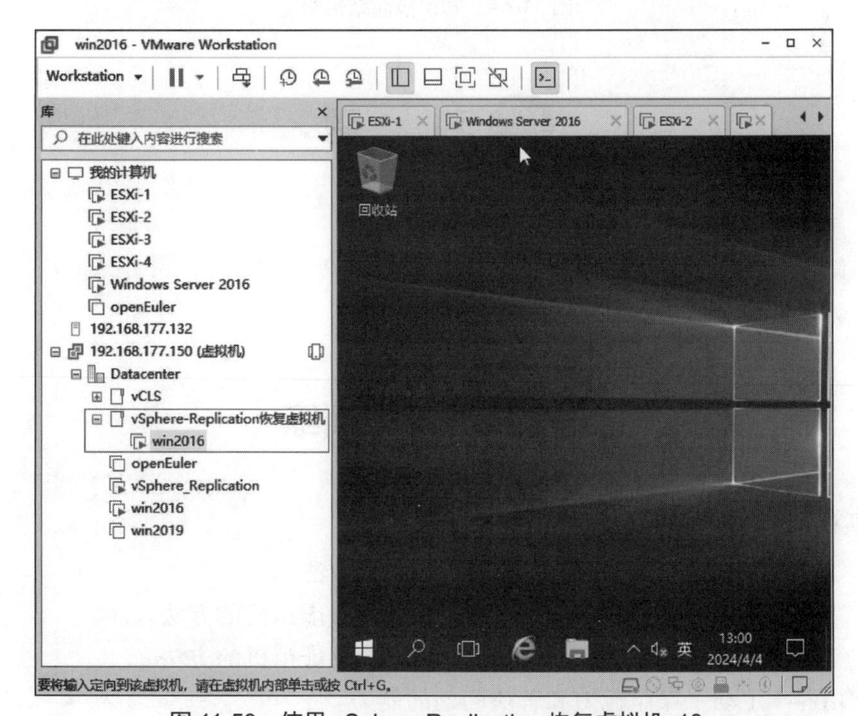

图 11-53　使用 vSphere Replication 恢复虚拟机 -13

小　　结

使用 VMware vSphere Replication，可以在两个或多个站点之间或在同一站点内复制虚拟机，以保护虚拟机免受部分或整个站点故障的影响。本章介绍了 VMware vSphere Replication 的作用与功能，完成了 VMware vSphere Replication 的部署与配置，使用 VMware vSphere Replication 创建了虚拟机备份，并使用 VMware vSphere Replication 恢复了虚拟机备份。

本章知识技能结构如图 11-54 所示。

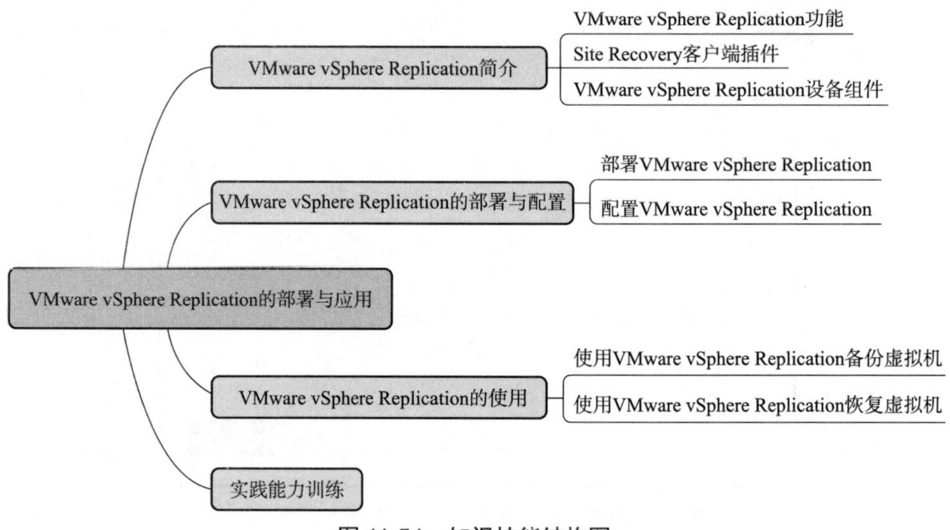

图 11-54　知识技能结构图

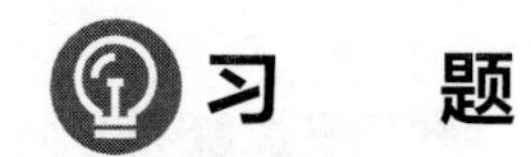

习　　题

（1）简述 VMware vSphere Replication 的作用。

（2）简述 VMware vSphere Replication 的功能。

（3）vSphere Replication 设备组件包括哪几部分?

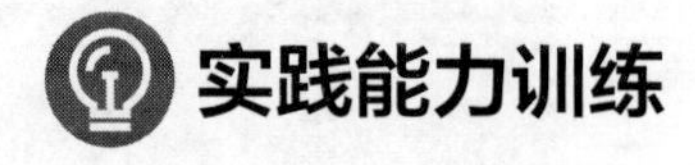

实践能力训练

1. 实训目的

（1）掌握部署 VMware vSphere Replication 的方法。

（2）掌握使用 VMware vSphere Replication 备份虚拟机的方法。

（3）掌握使用 VMware vSphere Replication 恢复虚拟机的方法。

（4）培养学生动手操作能力和解决问题的能力。

2. 实训内容

在 vSphere 环境中，部署与配置 VMware vSphere Replication，使用 VMware vSphere Replication 对任意 ESXi 主机中的虚拟机执行备份和恢复操作。

3. 实训环境要求

软件：VMware vSphere Replication 镜像。

硬件：物理机内存 64 GB 以上，主机系统需要使用具有 AMD-V 支持的 AMD CPU 或者具有 VT-x 支持的 Intel CPU，硬盘至少 1 TB。

第12章 项目综合实训

通过对 VMware vSphere 虚拟化平台的部署、vCenter Server 平台的搭建、网络和存储服务器的搭建、服务器虚拟化高可用性的部署与实施、虚拟化平台运维的学习，读者可以对 VMware 虚拟化技术有了深入的了解。本章通过一个真实的企业案例，进一步巩固读者的业务能力，培养其规范的职业习惯。

学习目标

（1）学会服务器虚拟化平台的搭建。

（2）学会服务器虚拟化平台的运维。

12.1 项目背景

CloudStar 是一家中小型科技公司，专注于软件开发和 IT 解决方案的提供。随着公司的业务不断增长，需要建立一套先进的 IT 基础设施来支持其日益繁忙的业务需求和持续创新。

CloudStar 一直依赖传统的物理服务器来托管和运行其软件开发和测试环境。然而，随着项目数量和团队规模的增长，传统服务器架构的局限性逐渐显现出来。他们面临着以下挑战：

（1）低资源利用率：每个项目都需要单独的物理服务器，导致资源利用率低下。部分服务器处于闲置状态，而另一些服务器则过于负载。

（2）复杂的管理：由于每个项目使用独立的物理服务器，管理和维护工作异常复杂。团队需要投入大量时间和资源来采购、配置和管理这些服务器。

（3）缺乏高可靠性和弹性：传统的服务器架构无法提供足够的高可用性和灾备功能，一旦服务器出现故障，项目和业务将面临停摆的风险。

为解决以上问题，CloudStar 决定实施虚拟化技术，并选择了 VMware 作为关键的虚拟化解决方案。他们计划：

（1）在多台物理服务器上安装 VMware ESXi 主机，每台主机安装虚拟机，进行虚拟化，将现有的项目环境迁移到虚拟机中。

（2）部署 NFS 和 iSCSI 外部存储，为虚拟机提供高性能和可靠的存储解决方案。

通过实施这一方案，CloudStar 将会优化以下内容：

（1）提高资源利用率：可以在少数几台物理服务器上同时运行多个虚拟机，以提高服务器资源的利用率，并节约硬件资源和能源消耗。

（2）简化管理：通过集中的虚拟化管理平台，可以轻松管理和监控所有虚拟机和物理主机，减少管理工作的复杂性和工作量。

（3）提供高可靠性和弹性：通过虚拟机的迁移和灾备功能，CloudStar 可以实现业务连续性和灾备计划，并提供高可靠性的服务。

（4）提高开发效率：虚拟化环境为开发和测试团队提供了独立且灵活的测试环境，可以快速创建、复制和管理虚拟机，加快软件开发和测试流程。

（5）降低成本：通过减少物理服务器数量、降低管理和维护成本，CloudStar 可以实现显著的成本节约。

12.2　项目要求

1. 创建 VMware ESXi 主机和 NFS 及 iSCSI 服务器

使用 VMware Workstation 创建四台 VMware ESXi 主机和两台 Windows Server 2016 虚拟机，具体要求见表 12-1~ 表 12-5。

表 12-1　VMware ESXi 主机 1

参　数	要　求
名称	姓名缩写 - 学号后三位 -ESXi1，如 ZS-001-ESXI1
vCPU	4
内存	16 GB
虚拟磁盘	300 GB
镜像文件	VMware ESXi 8.0
网络	NAT 模式

表 12-2　VMware ESXi 主机 2

参　数	要　求
名称	姓名缩写 - 学号后三位 -ESXi1，如 ZS-001-ESXI1
vCPU	2
内存	8 GB
虚拟磁盘	200 GB
镜像文件	VMware ESXi 8.0
网络	NAT 模式

表 12-3　VMware ESXi 主机 3

参　　数	要　　求
名称	姓名缩写 - 学号后三位 -ESXi1，如 ZS-001-ESXI1
vCPU	2
内存	8 GB
虚拟磁盘	142 GB
镜像文件	VMware ESXi 8.0
网络	NAT 模式

表 12-4　VMware ESXi 主机 4

参　　数	要　　求
名称	姓名缩写 - 学号后三位 -ESXi1，如 ZS-001-ESXI1
vCPU	2
内存	8 GB
虚拟磁盘	142 GB
镜像文件	VMware ESXi 8.0
网络	NAT 模式

表 12-5　NFS 和 iSCSI 服务器

参　　数	要　　求
名称	NFS&iSCSI
vCPU	2
内存	4 GB
虚拟磁盘 1	142 GB
虚拟磁盘 2	150 GB
虚拟磁盘 3	150 GB
操作系统	cn_windows_server_2016_vl_x64_dvd_11636695.iso
网络	NAT 模式

提醒：在项目实施过程中，虚拟机和 ESXi 主机的 IP 地址均使用静态 IP 地址。

2. 创建虚拟机

在 VMware ESXi 主机 1-3 上分别创建虚拟机，具体要求见表 12-6~ 表 12-8。

表 12-6　VMware ESXi 主机 1

VMware ESXi-1	参　　数
名称	Win2016-vCenter
vCPU	2 个
内存	4 GB

续表

VMware ESXi-1	参　数
ISO 镜像	cn_windows_server_2016_vl_x64_dvd_11636695.iso
磁盘大小	90 GB
网络	NAT 模式

表 12-7　VMware ESXi 主机 2

VMware ESXi-2	参　数
名称	Win2016
vCPU	2 个
内存	4 GB
ISO 镜像	cn_windows_server_2016_vl_x64_dvd_11636695.iso
磁盘大小	90 GB
网络	NAT 模式

表 12-8　VMware ESXi 主机 3

VMware ESXi-3	参　数
名称	openEuler
vCPU	2 个
内存	2 GB
ISO 镜像	openEuler-22.03-LTS-everything-x86_64-dvd.iso
磁盘大小	25 GB
网络	NAT 模式

3. 部署 vCenter Server

使用 GUI 的方式在 ESXi 主机部署 vCenter Server 8.0，具体要求见表 12-9。

表 12-9　VMware vCenter Server 安装要求

vCenter Server 部署	参　数
ESXi 主机名称	姓名缩写 - 学号后三位 -ESXi1（第一台 ESXi 主机）
虚拟机名称	Win2016
安装方式	GUI
ISO 镜像	VMware vCenter Server 8.0
部署环境	微型（内存 14 GB，2 个 vCPU，存储 579 GB）
数据存储	启用精简磁盘模式
网络	NAT 模式

4. 管理虚拟机

将 ESXi2、ESXi3 和 ESXi4 三台主机添加至数据中心，并将驻留在 ESXi3 主机的虚拟机 openEuler 制作为模板部署虚拟机，具体要求见表 12-10。

表 12-10　虚拟机管理

虚拟机管理要求	描　　述
创建数据中心	创建名为“Datacenter- 姓名缩写”的数据中心
添加主机	将 ESXi2、ESXi3 和 ESXi4 三台主机分别添加至数据中心
使用模板部署虚拟机	创建 Linux 虚拟机自定义规范，将驻留在 ESXi3 主机的虚拟机 openEuler 克隆为模板，命名为 openEuler-model，使用该模板在 ESXi4 主机部署虚拟机，命名为 openEuler-1

5. 配置虚拟网络

在 ESXi2、ESXi3 和 ESXi4 三台主机分别创建标准交换机 vSwitch1 并配置 vmk1，用于承载管理、vMotion、NFS、VR 和 FT 流量；创建分布式交换机及其分布式端口组，并将 vSwitch1 中的 vmk1 迁移至分布式交换机，具体要求见表 12-11。

表 12-11　vSphere 网络配置要求

vSphere 网络配置要求	描　　述
网络适配器	每台 ESXi 主机分别增加四个网络适配器
VMkernel 适配器	创建 VMkernel 适配器，用于承载管理、vMotion、NFS、VR 和 FT 流量
分布式交换机	创建分布式交换机 DSwitch
分布式端口组	创建分布式端口组 DPortGroup-vMotion
增加主机	将三台主机添加至 DSwitch，并将 vSwitch1 中的 vmk1 迁移至分布式交换机
网络	NAT 模式

6. 配置共享存储

为 ESXi2、ESXi3 和 ESXi4 三台主机配置都能访问到 NFS 和 iSCSI 共享存储，具体要求见表 12-12。

表 12-12　共享存储配置要求

共享存储配置要求	描　　述
新建卷	将虚拟机 NFS&iSCSI 新增加的两块 150 GB 的硬盘创建为新卷，作为共享存储使用
安装配置 NFS 存储服务	安装与配置 NFS 服务，在 vCenter Server 上添加 NFS 存储服务
安装配置 iSCSI 存储服务	安装与配置 iSCSI 服务，在 vCenter Server 上添加 iSCSI 存储服务

7. 服务器虚拟化的高可用性部署与实施

使用 vSphere vMotion、vSphere DRS、vSphere HA 以及 vSphere FT 等组件管理 vSphere 资源、管理主机故障，提高资源利用率，简化管理，具体要求见表 12-13。

表 12-13　服务器虚拟化的高可用性部署与实施配置要求

高可用性配置要求	描　　述
使用 vMotion 迁移	将驻留在 ESXi2 与 ESXi3 的虚拟机 Win2016 和 openEuler 的存储迁移到共享存储
创建 vSphere 集群	创建集群，命名为 Cluster，并将三台 ESXi 主机加入 Cluster 集群；配置 vSphere 集群 EVC

续表

高可用性配置要求	描　述
配置集群 vSphere DRS 服务	开启 vSphere DRS 服务，配置 DRS“聚焦虚拟机”规则，观察虚拟机驻留主机的变化
配置集群 vSphere HA 服务	正确配置 vSphere HA 服务，模拟主机运行故障，观察 vSphere HA 执行过程并记录实验结果
开启 vSphere FT 保护	为集群中的虚拟机 openEuler 开启 vSphere FT 保护，模拟主机故障，记录 vSphere FT 执行过程

8. 虚拟化运维

使用 VMware vSphere Replication 和 VMware Converter，实现 vSphere 的运维管理，具体要求见表 12-14。

表 12-14　虚拟化运维具体要求

虚拟化运维要求	描　述
VMware vCenter Converter 安装与应用	将 VMware vCenter Converter 安装在物理机，并将 ESXi 4 驻留的虚拟机 openEuler-1 转换为 VMware Workstation 可以运行的虚拟机
VMware vSphere Replication 部署与应用	部署与配置 VMware vSphere Replication； 对集群中的虚拟机 Win2016 备份，备份之后在虚拟机 Win2016 中创建 test-VR 文件夹； 使用 VMware vSphere Replication 恢复 Win2016

12.3 项目实施

根据项目要求，撰写项目实施文档，具体要求如下：

（1）根据项目要求和项目背景画出该项目的拓扑图；

（2）规划各个设备的 IP 地址，填入表 12-15 中。

表 12-15　IP 地址划分

设 备 名 称	IP 地址分配

（3）根据项目要求，分步骤书写项目书，详细书写每个步骤的工作并附上截图（见图 12-1）。确保格式美观、步骤清晰。

例如：

步骤 1：创建 VMware ESXi 主机和 NFS&iSCSI 服务器（三级标题）

步骤 1-1：在 VMwareWorkstation 中创建用于安装 VMware ESXi 的虚拟机，内存为……GB，vCPU 个数为……个……（正文）

截 图 粘 贴 处

图 12-1 VMware ESXi 主机安装截图

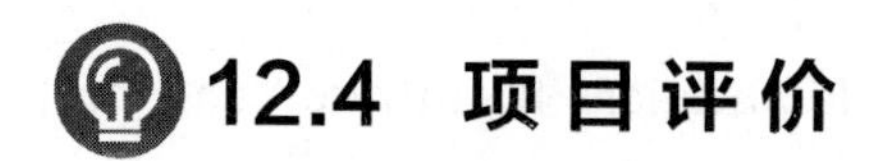

12.4 项目评价

项目评价见表 12-16。

表 12-16 项目评价表

序号	主要内容	考核要求	评分标准	配分	扣分	得分
1	方案设计	项目规划设计	（1）网络规划设计符合项目要求	5 分		
			（2）拓扑图符合项目要求，美观	5 分		
2	项目实施	（1）创建 VMware ESXi 主机和 NFS&iSCSI 服务器	按照项目要求完成实验，完成内容书写详细	12 分		
		（2）创建虚拟机	按照项目要求完成实验，完成内容书写详细	8 分		
		（3）部署 vCenter Server	按照项目要求完成实验，完成内容书写详细	10 分		
		（4）管理虚拟机	按照项目要求完成实验，完成内容书写详细	5 分		
		（5）配置虚拟网络	按照项目要求完成实验，完成内容书写详细	8 分		
		（6）配置共享存储	按照项目要求完成实验，完成内容书写详细	7 分		
		（7）服务器虚拟化的高可用性部署与实施	按照项目要求完成实验，完成内容书写详细	15 分		
		（8）虚拟化运维	按照项目要求完成实验，完成内容书写详细	10 分		
3	职业素养	（1）文档排版规范； （2）独立完成任务	（1）能够正确使用截图工具截图，每张图有说明，有图标	3 分		
			（2）任务书中页面设置、正文标题、正文格式规范	3 分		
			（3）积极解决任务实施过程中遇到的问题	3 分		
			（4）同学之间能够积极沟通	3 分		
			（5）独立完成任务，杜绝抄袭	3 分		

续表

序号	主要内容	考核要求	评分标准	配分	扣分	得分
备注			合计	100		
学生签名						
教师签名						
日期						

小　　结

在本章中主要通过实训项目对安装 ESXi 主机、部署 vCenter 等进行模拟，对管理 ESXi 主机、配置 vSphere 网络和共享存储、vSphere 资源管理、虚拟机运维等进行了模拟训练。

本章知识技能结构如图 12-2 所示。

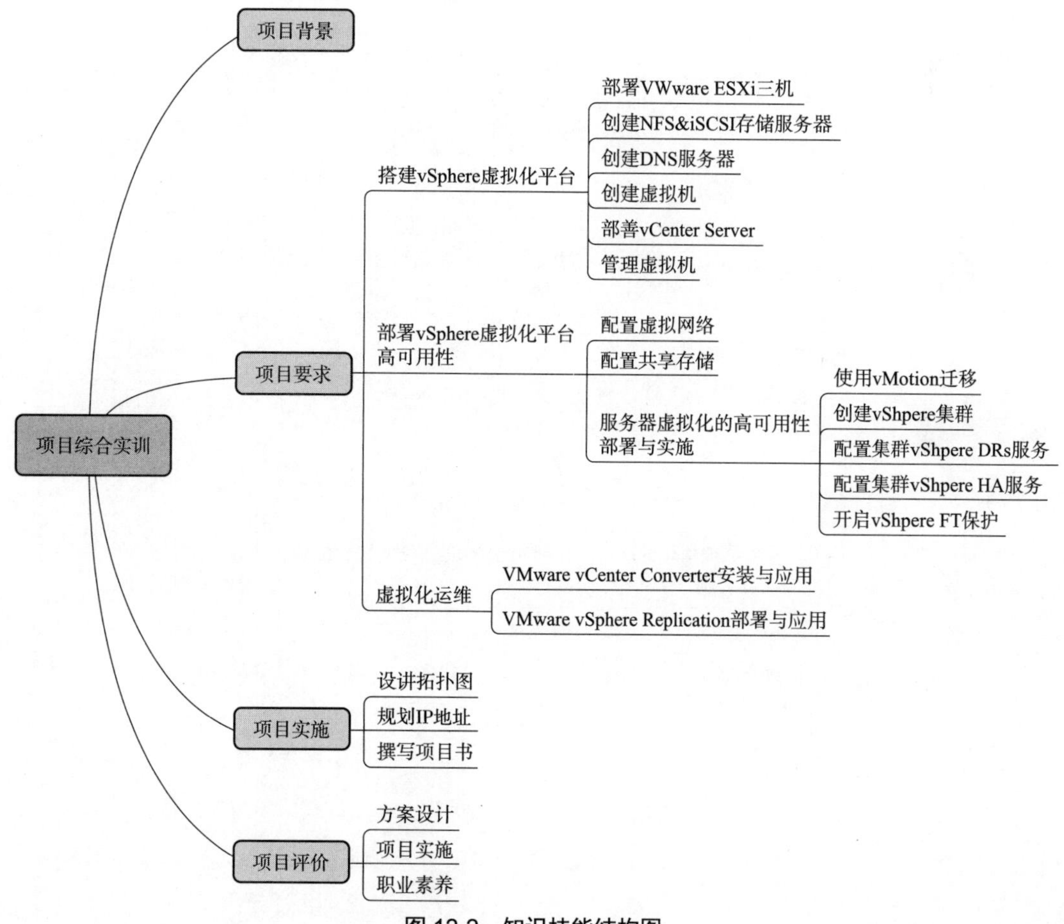

图 12-2　知识技能结构图

参 考 文 献

[1] 黄科 . 基于微服务的虚拟机自动化编排系统的设计与实现 [D]. 成都：电子科技大学，2019.

[2] 刘好斌，殷民，杨丰玉 . 基于云计算技术的实践教学云平台研究 [J]. 南昌航空大学学报（自然科学版)，2021，35(4)：120-126.

[3] 孙力，郭立 . 基于校园私有云的高校经管实验教学平台的构建与研究 [J]. 数字技术与应用，2019，37(3)：69-71.

[4] 张元龙 . 基于 XenServer 的虚拟化系统接口的研究与设计 [D]. 西安：西安科技大学，2015.

[5] 谭阳，彭治湘 . 虚拟化技术与应用 [M]. 大连：大连理工大学出版社，2023.